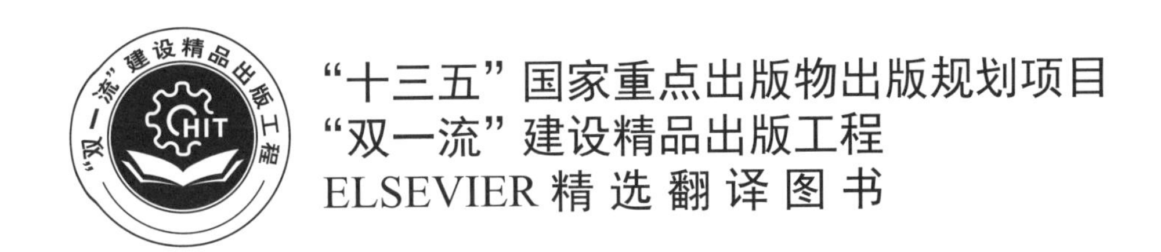

综合膜科学与工程（第2版）

第4册 膜应用

COMPREHENSIVE MEMBRANE SCIENCE AND ENGINEERING (SECOND EDITION)

VOLUME 4 MEMBRANE APPLICATIONS

[意] Enrico Drioli
[意] Lidietta Giorno 著
[意] Enrica Fontananova

杜耘辰 张彬 译

内容简介

由意大利国家研究委员会膜技术研究所(Institute on Membrane Technology of the National Research Council of Italy, ITM-CNR)的科学家Enrico Drioli、Lidietta Giorno、Enrica Fontananova撰写的《综合膜科学与工程(第2版)》共分为4册,分别为:第1册,膜科学与技术;第2册,先进分子分离中的膜操作;第3册,化学/能量转换膜和膜接触器;第4册,膜应用。

本册共14章,其中第1~4章从膜的结晶工艺和过程强化出发,详细介绍了以膜为基本单元的可持续性处理工艺,并探讨了海水反渗透淡化过程中,膜的生物淤积评估与抑制策略,以及如何实现膜污染的高级监测和控制;第5~8章介绍了膜生物反应器和膜的集成系统在"百万吨水处理系统"中的应用情况;第9~13章概述了膜技术在石油化工、农产品生物技术、人体器官仿生和哺乳动物细胞培养等方面的应用;第14章主要讨论了报废膜的回收与再利用,并指明了相关领域未来的工作和研究方向。

本书可供膜材料研究人员和膜技术系统操作人员及教学人员作为参考资料使用。

图书在版编目(CIP)数据

综合膜科学与工程:第2版.第4册,膜应用/(意)恩瑞克·德利奥里(Enrico Drioli),(意)利迪塔·吉奥诺(Lidietta Giorno),(意)恩里卡·丰塔纳诺娃(Enrica Fontananova)著;杜耘辰,张彬译.—哈尔滨:哈尔滨工业大学出版社,2022.9

ISBN 978-7-5603-8632-4

Ⅰ.①综… Ⅱ.①恩… ②利… ③恩… ④杜… ⑤张… Ⅲ.①膜材料 Ⅳ.①TB383

中国版本图书馆CIP数据核字(2020)第017579号

策划编辑 许雅莹
责任编辑 杨 硕
封面设计 高永利
出版发行 哈尔滨工业大学出版社
社 址 哈尔滨市南岗区复华四道街10号 邮编150006
传 真 0451-86414749
网 址 http://hitpress.hit.edu.cn
印 刷 哈尔滨博奇印刷有限公司
开 本 787mm×1096mm 1/16 印张30.5 字数723千字
版 次 2022年9月第1版 2022年9月第1次印刷
书 号 ISBN 978-7-5603-8632-4
定 价 248.00元

黑版贸审字 08 - 2020 - 085 号

Comprehensive Membrane Science and Engineering, 2nd Edition
Enrico Drioli, Lidietta Giorno, Enrica Fontananova
Copyright © 2017 Elsevier BV. All rights reserved.
ISBN: 978 - 0 - 444 - 63775 - 8

《综合膜科学与工程,第 4 册 膜应用》(第 2 版)(杜耘辰,张彬 译)
ISBN: 9787560386324

译 者 序

《综合膜科学与工程(第2版)》由意大利国家研究委员会膜技术研究所(ITM－CNR)的科学家Enrico Drioli、Lidietta Giorno、Enrica Fontananova撰写。本书从基本原理、结构设计、产业应用等方面详细地总结了膜科学与工程的发展,对于从事相关研究工作的科技工作者和研究生具有很好的参考价值。全书共分为4册,分别为:第1册,膜科学与技术;第2册,先进分子分离中的膜操作;第3册,化学/能量转换膜与膜接触器;第4册,膜应用。

第1册,从生物膜和人工合成膜出发,讨论了人工合成膜传输的基础知识以及它们在各种结构中制备的基本原理,概述了用于膜制备的有机材料和无机材料的发展现状和前景,以及膜相关的基本与先进表征方法。

第2册,针对先进分子分离过程中膜相关的操作,如液相和气相中的压力驱动膜分离及其他分离过程(如光伏和电化学膜过程),分析和讨论了它们的基本原理及应用。

第3册,介绍了广泛存在于生物系统中的分子分离与化学和能量转换相结合的研究进展,以及膜接触器(包括膜蒸馏、膜结晶、膜乳化剂、膜冷凝器和膜干燥器)的基本原理和发展前景。

第4册,侧重描述了在单个工业生产周期中,前3册中所描述的各种膜操作的组合,这有利于过程强化策略下完全创新的产业转型设计,不仅对工业界有益,在人工器官的设计和再生医学的发展中,也可以借鉴同样的策略。

哈尔滨工业大学化工与化学学院多位年轻教师和研究生对本书进行了翻译,希望能让我国读者更好地理解和掌握膜科学与工程的基本知识和发展前景。

本册由杜耘辰、张彬译,王娜、马文杰、刘大伟、王亚辉、崔丽茹、赵红红、张磊江、孙博婧、王莹、刘永蕾、盖莉雪等博士研究生也参与了本册的翻译。

鉴于译者水平和能力有限,疏漏之处在所难免,欢迎广大读者对中文译本中的疏漏和不确切之处提出批评和指正。

徐平,邵路,姜再兴,杜耘辰

2022年3月

第 2 版前言

《综合膜科学与工程(第 2 版)》是一部由来自不同研究背景和行业的顶尖专家撰写的跨学科的膜科学与技术著作,共 58 章,重点介绍了近年来膜科学领域的研究进展及今后的发展方向,并更新了 2010 年第 1 版出版以来的最新成果。近年来,能推动现有膜分离技术局限性的新型膜材料已取得长足进展,比如一些用于气体分离的微孔聚合物膜和用于快速水传输的自组装石墨化纳米结构膜。一些众所周知的膜制备工艺,如电纺丝,也在纳米复合膜和纳米结构膜的合成方面取得了新的进展和应用。尽管一些膜操作的基本概念在几十年前就已经为人们所熟知,但最近几年它们才从实验室转移到实际应用中,比如基于膜能量转换过程的盐度梯度功率(SGP)生产工艺(包括压力阻滞渗透(PRO)和反向电渗析(RED))。这些在膜科学方面的进展是怎样取得的,下一步的研究是什么,以及哪些膜材料及其工艺的效率低于预期,这些问题都是本书的关注点。在第 2 版中,更加强调基础研究和实际应用之间的联系,涵盖了膜污染和先进检测与控制技术等内容,给出了对这些领域更全面更新颖的见解;介绍了膜的建模和模拟的最新进展、膜的操作和耐受性,以及组织工程和再生医学领域相关内容;并列举了关于膜操作的中大型应用的案例研究,特别关注了集成膜工艺策略。因此,本书对于科研人员、生产实践人员和创业者、高年级本科生和研究生,都是一本极具参考价值的工具书。

在全球人口水平增长、平均寿命显著延长和生活质量标准全面提高的刺激下,对一些国家来说,过去的几十年是巨大的资源密集型工业发展时期。正如在第 1 版中介绍,这些积极的发展也伴随着相关问题的出现,如水资源压力、环境污染、大气中二氧化碳排放量的增加以及与年龄相关的健康问题等。这些问题与缺乏创新性技术相关。废水处理技术就是一个典型的例子。如图 1(a)所示,过去水处理工艺基本上延续了相同的理念,但在近几十年中出现了新的膜操作技术(图 1(b))。如今,实现知识密集型工业发展的必要性已得到充分认识,这将实现从以数量为基础的工业系统向以质量为基础的工业系统过渡。人力资本正日益成为这种社会经济转型的驱动力,可持续增长的挑战依赖于先进技术的使用。膜技术在许多领域已经被认为是能够促进这一进程的最佳可用技术之一(图 2)。工艺过程是技术创新中涉及学科最多的领域,也是当今和未来世界所必须要应对的新问题之一。近年来,过程强化理念被认为是解决这一问题的最佳方法,它由创新的设备、设计和工艺开发方法组成,这些方法有望为化学和其他制造与加工领域带来实质性的改进,如减小设备尺寸、降低生产成本、减少能源消耗和废物产生,并改善远程控制、信息通量和工艺灵活性(图 3)。然而,如何推进这些工艺过程仍旧不是很明朗,而现代膜工程的不断发展基本满足了过程强化的要求。膜操作具有效率高、操作简单、对特定成分传输具有高选择性和高渗透率的内在特性,不同膜操作在集成系统中的兼容性好、能量要求低、运行条件和环境相容性好、易于控制和放大、操作灵活性大等特点为化学和其他工业生产的合理化提供了一个可行的方法。许多膜操作实际上基于相同的硬件(设备、材料),只是软件不同(膜性质、方法)。传统的膜分离操作(反渗透(RO)、微滤(MF)、超滤(UF)、纳滤(NF)、电渗析(ED)、渗透汽化(PV)等),已广泛应用于许多不同的应用领域,如今已经与新的膜系统相结合,如催化膜反应器和膜接触器。目前,通过结合各种适合于分离和转化的膜单元,重新规划重要的工业生产循环,进而实现高集成度的膜工艺展现了良好的前景。在各个领域,膜操作已经成为主导技术,如海水淡化(图4)、废水处理和再利用(图5),以及人工器官制造(图6)等。

(a)过去的水处理工艺　　(b)新型的膜操作技术

图1　过去与现在的废水处理方法

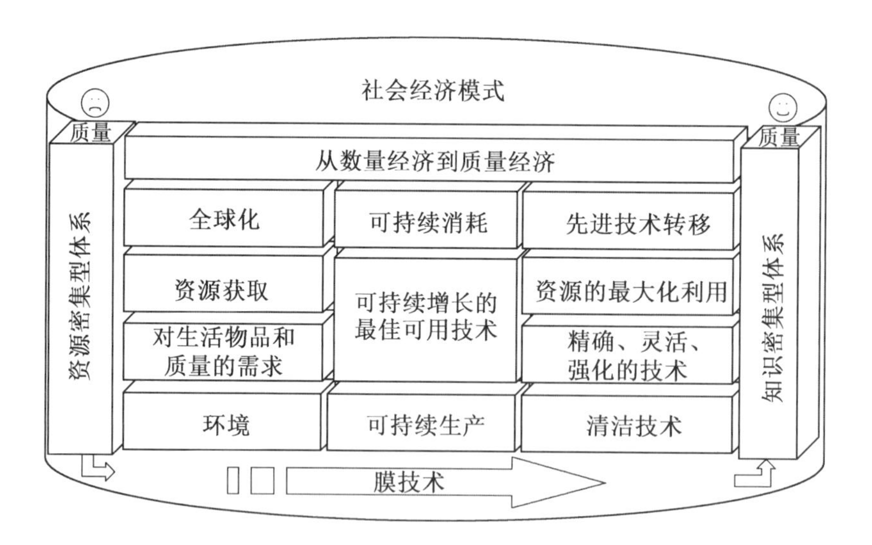

图2　当前社会经济技术推动资源密集型体系向知识密集型体系转型的过程示意图

图3　过程强化技术

(Charpentier，J. C.，2007，*Industrial and Engineering Chemistry Research*)

有趣的是，如今在工业层面上实现的大部分膜工艺，自生命诞生以来就存在于生物系统和自然界中。事实上，生物系统的一个重要组成部分就是膜，它负责分子分离，化学转化，分子识别，能量、质量和信息传递等(图7)，其中一些功能已成功地移植到工业生产中。然而，在再现生物膜的复杂性和效率，整合各种功能、修复损伤的能力，以及保持长时间的特殊活性，避免污染问题和各种功能退化，保持系统活性等方面还有困难。因此，未来的膜科学家和工程师将致力于探究和重筑新的自然系统。《综合膜科学与工程(第2版)》介绍和讨论了膜科学与工程的最新成果。来自世界各地的资深科学家和博士生完成了4册的内容，包括膜的制备和表征，以及它们在不同的操作单元中的应用、膜反应器中分子分离到化学转化和质能转化的优化、膜乳化剂配方等，强调了它们在能源、环境、生物医药、生物技术、农用食品、化工等领域的应用。如今，在工业生产中重新设计、整合大量的膜操作单元正变得越来越现实，并极具吸引力。然而，要将现有的膜工程知识传播给公众，并让读者越来越多地了解这些创造性、动态和重要的学科的基础和应用，必须付出巨大努力。作者将在本书中尽力为此做出贡献。

图4　EI Paso海水淡化厂反渗透膜(RO)装置

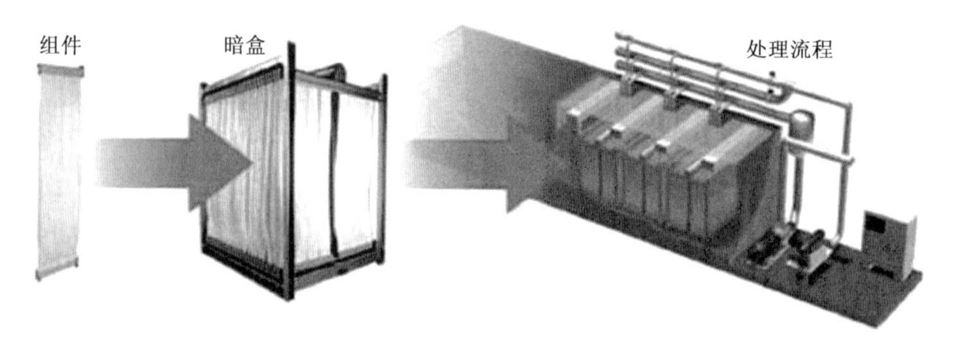

图5 用于废水处理的浸没式膜组件

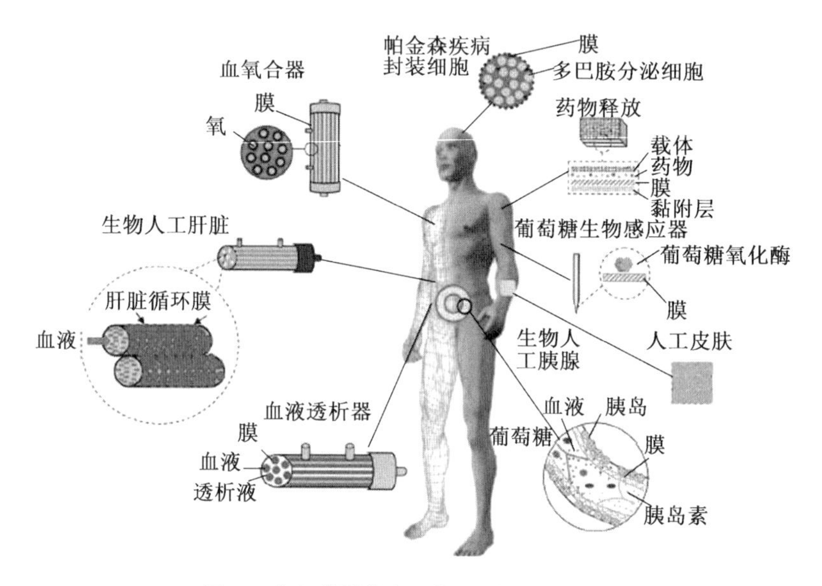

图6 膜和膜器件在生物医学中的应用

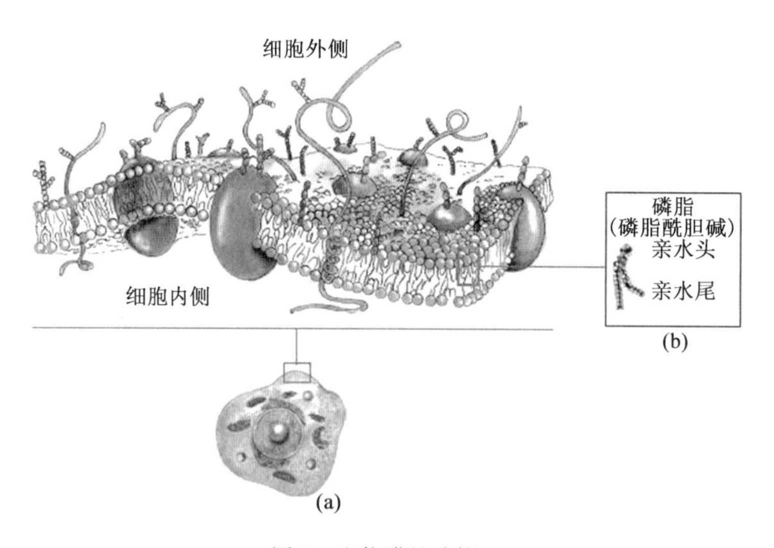

图7 生物膜的功能

目　　录

第1章　膜结晶工艺和过程强化

1.1　概　述

结晶是化工和制药工业中最古老、应用最广泛的分离纯化工艺之一。但在现有设计方法中，以有限数量的工业结晶器类型作为设计的起点，限制了工业结晶工艺的进一步发展。其中一些基本案例，例如缺少灵活性、非线性行为，以及产品质量变化等都未得到充分解决。另外，大多数结晶工艺仍是分步实现的，与一体化过程相比，其成本、机器占地、质量控制和安全性都较差。

蒸发结晶工艺中存在许多局限性。其中有效蒸发的表面积限制着过饱和速率的大小。为了避免液滴进入冷凝器，蒸发速率不可过大。再者，由于混合的局限性，会出现显著的过饱和梯度，呈现出不具有实质性的过饱和区域，从而降低结晶器的效率。此外，沸腾区过饱和度较高，对结晶器的动态行为将产生显著的影响。同时，由于低温蒸发结晶的投资成本往往过高，故而不采取此法生产热稳定性不佳的化合物。

除了上述设计及操作方面的限制，由于必须提供汽化潜热，蒸发结晶器将消耗巨大的能量（尤其对于稀释体系）。

在结晶工艺中，冷却结晶工艺是最为方便和常用的方法。然而，冷却结晶器也存在一定的缺陷，其冷却表面常常会发生结晶和结垢，因而结晶出来的化合物的溶解度低而过饱和度高。另外，冷却结晶工艺的结晶产量也较为有限。

过程强化的理念要求一种新的设计策略，以便在制造和加工中呈现明显的优势，膜技术的出现为改善上述蒸发和冷却结晶工艺中的缺陷提供了可能。自20世纪80年代，人们便开始研究利用膜技术辅助草酸钙的结晶或沉淀过程，主要研究具有极低可溶性生物分子晶体的非均相成核。之后人们认识到，如果使用反渗透（RO）或者膜蒸馏（MD），膜辅助的结晶（MaC）工艺也可应用于可溶性化合物。在过去的一段时间内，MaC工艺引起了很多关注，研究者们发表了大量优秀的综述论文，对MaC工艺及其设计等不同方面进行了概述，揭示了将膜分离技术和结晶工艺结合成一种混合工艺的潜力。Drioli及其同事以时间为脉络，对不同Mac工艺的发展历程做了概述。

近年来，以零排放脱盐为目标的水处理技术的应用已经引起了人们的广泛关注。但研究证明，在工业结晶工艺中，使用膜接触器辅助结晶过程有以下优点：①结晶器的高回收率性能仅受系统杂质的限制；②灵活性、可持续性和可控性等优势突出。上述改进与过程强化原则是一致的，可以应用于能量、协同和时间域。Chabanon及其同事概述了搅

拌容器中不同的结晶工艺,其中膜工艺在传统结晶工艺的转变中,扮演了重要角色。这种膜可以通过以下功能来实现结晶:

①冷却,膜充当热交换器。

②浓缩,通过选择性传质去除溶剂。

③稀释,通过选择性传质添加溶剂。

④蒸发,溶剂以气相选择性迁移。

⑤通过选择性传质使其中一种反应物通过膜进行混合反应。

但是,在一些应用中,传热和传质高度耦合在一起,很难分开。例如,在直接接触式膜蒸馏(DCMD)中,膜的进料侧与渗透侧的温度差产生传质的驱动力,而溶剂在膜孔中的迁移及其在热传导过程中的蒸发(进料侧)与冷凝(渗透侧)又直接影响传质过程。正如Chabanon等所述,结晶与膜技术集成所面临的一个重要问题是如何实现这种集成工艺。在膜结晶工艺中,分立的容器能够实现结晶和膜分离,或作为膜结晶接触器,在这些容器中膜与结晶的功能被高度集成(图1.1)。在图1.1(a)所示配置中,可以在一定程度上设计膜单元和结晶器中的条件;在图1.1(b)所示配置中,条件实际上是固定的,这很容易导致膜表面的异相成核,极大地影响性能和该过程的长期稳定性。近年来,有关膜表面或膜孔对有机晶体成核的影响,以及通过调整膜的性能来控制成核速率甚至多晶型的研究引起了人们的广泛关注。膜的使用还有一些潜在的应用,例如在反应结晶或沉淀中控制添加的反应物或降低溶质在结晶溶剂中的溶解度。

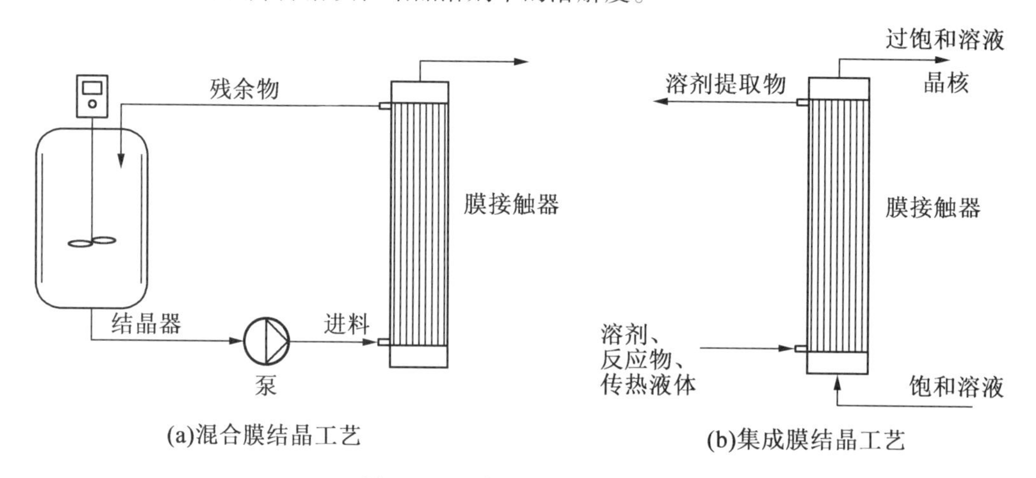

图1.1　不同膜结晶工艺设计示意图

(Chabanon, E.; Mangin, D.; Charcosset, C., 2016 *J. Membr. Sci.*)

下面讨论膜技术与结晶过程结合的优点。

在集成的MaC工艺中,过饱和溶液会产生与主结晶过程脱离的现象,这是由于膜组件作为物理分离容器会产生过饱和现象并控制其在结晶器中的均匀性。可见,这就需要膜分离和结晶过程同步进行,以便设计一种强化分离过程,可以直接提供所需的过饱和度,同时膜污染和强极化效应的风险也能最小化。

可见,膜有可能取代传统的能源密集型技术,如蒸发结晶。与单级蒸发相比,使用

RO 能量消耗可降低为原来的 1/10，同时可获得比冷却结晶高得多的结晶产率。在 MD 的情况下，因为 MD 和渗透蒸馏（OD）都是在低温下浓缩溶液，因此该过程可以与低级废料或替代能源耦合，从而显著降低能量成本。

此外，由于其模块化的应用和良好性能，膜能够采用线性放大方法。它们可以并联添加以增加系统容量或串联添加以提高分离水平。因此，与传统工艺相比，膜可以容易且有效地集成到新的或预先存在的生产线中。

在工业上从批量工艺向连续工艺的转变趋势中，MaC 是一个前景广阔的技术，可用于强化工业批量操作的结晶工艺，以实现连续操作的可扩展和模块化结晶工艺。

本章回顾和讨论了以膜技术强化工业结晶的应用：主要着眼于工艺设计，展示使用膜技术提升大规模晶体生产的可能性；最后，讨论膜技术在结晶环境应用中面临的一些挑战。

本章详细讨论了 RO 和 MD 在辅助结晶（RO - MaC 或 MD - MaC）过程中的应用。对于降低结晶过程能耗，RO - MaC 无疑是最具潜力的方法。然而其应用受到饱和溶液渗透压的限制，即该渗透压不能超过膜的临界压力。此外，MD - MaC 可以作为一种补充技术，将 MaC 的适用性扩展到具有小分子量的可溶性化合物中，但代价是增加能量消耗。

1.2 RO - MaC

RO 是一个压力驱动的过程。在半渗透膜的两侧，有两种浓度不同的溶液，其中一种溶液以浓盐水为缓蚀剂，另一种溶液以几乎纯的水流为缓蚀剂。该膜可渗透水或其他溶剂，但对溶解的化合物是高度不渗透的。聚合物膜由薄的无孔活性层和多孔支撑层组成。为了克服渗透压，在进料侧需要施加高达 65 bar（$1\ \text{bar} = 10^5\ \text{Pa}$）的压力。RO 是从海水或微咸水中产生淡水的最常用的膜技术。由于是压力驱动的分离，不需要相变，所以 RO - MaC 的优点是能耗低。

RO 与 MaC 的组合可以提高水处理中的水回收率或结晶产物的产率，但其应用受溶质溶解度的限制，而溶质决定溶液的渗透压：

$$\Delta\pi = -\frac{RT}{V_b}\ln x_w$$

式中，$\Delta\pi$ 是渗透压；V_b 是分子体积；x_w 是溶液中水的摩尔分数。

Kuhn 等展示了以水为溶剂的 RO - MaC 生产己二酸的可行性，他们使用了一种混合装置，其中膜分离发生在带有聚酰胺膜的壳层和管状 RO 模块的结晶器中。为了避免溶质在膜材料上结晶，膜组件在升温条件下操作，并使用高进料流速使浓度极化最小。对于己二酸/水体系，可以获得高膜流动性和选择性；而对于硫酸铵/水体系，可以获得低膜流动性和低选择性。

为了设计和优化这一过程，推导并验证了一个模型，该模型把通过膜单元的溶剂通量作为温度、浓度和跨膜压差的函数，并且考虑了浓度极化。作者表明，溶剂通量可以描述为膜上压力差和滞留物一侧溶质浓度的函数。

$$N_w = -\frac{P_{0,w}^{eff}}{T}\exp\left(\frac{-E_{app}}{RT}\right)(\Delta p - RTc_A^M)$$

式中,N_w 是水通量;$P_{0,w}^{eff}$是不同浓度下的渗透率;E_{app}是表现活化能;Δp 是膜上的压力差;c_A^M 是溶质的浓度。

最后,将膜模型和基于粒度平衡的结晶模型结合起来,通过晶体产品质量的最大化或在给定生产过程中能量消耗的最小化来优化批量操作的 RO - MaC 过程。

结果表明,理想的过饱和度曲线可以非常接近地显示出该 RO - MaC 工艺设计和操作的灵活性。此外,对膜组件出口处的溶质浓度施加了约束优化,从而避免了膜表面发生非预期成核的现象。与蒸发结晶相比,优化后的系统能耗可降低为原来的1/6,同时非常接近理想的超饱和度。

为了推广 RO - MaC 的适用性,作者计算了该过程与水溶性化合物单级蒸发相比的能量消耗,作为描述溶解度特性函数的温度指数函数:

$$c_{sat}(T_M) = c_{sat}(T_C)\exp[a(T_M - T_C)]$$

式中,$c_{sat}(T_C)$是结晶器温度下的摩尔饱和浓度;a 是溶解度曲线的陡度。

该模型考虑了膜层最大压力、膜单元最高温度和结晶器最低温度的约束条件,确定了蒸发结晶的最小能耗。对这一假设的溶解度特性进行了广泛的分析,结果表明,对于中低溶解度的体系(以浓度计),节能可以达到1个数量级以上。此外,溶解度变化越大,系统的分离效果就越好。对于具有非常高溶解度的系统,需要很高的膜温度以避免在膜上结晶,而且在结晶器温度下溶解度很高、渗透压过高时,对蒸发结晶更有利。

从上述分析中可以看出,RO - MaC 在推进结晶工业化过程中具有很大的潜力,其可以在设计和操作过程中提供更好的灵活性,从而在批量结晶过程中获得最优过饱和度,降低能源消耗。尽管这些优点也适用于膜分离,但从经济方面考虑,膜的长期稳定性仍然存在不足。

1.3 MD - MaC

对于具有高渗透压的化合物,可以用 MD 技术替代 RO 技术。MD 是蒸馏领域的术语,它是一种非等温膜过程,首次出现于20世纪60年代。一般来说,MD 分离过程涉及蒸汽在狭窄和非湿润性薄孔中的运输。这种非等温蒸汽传输的驱动力是穿过膜的分压梯度。热进料液体与膜直接接触,而穿过膜的蒸汽最终将冷凝在冷渗透物侧内部或外部。膜组件取决于 MD 配置,其中四个最重要的 MD 配置是:DCMD、气隙膜蒸馏(AGMD)、气扫式膜蒸馏(SGMD)和真空膜蒸馏(VMD)。Gryta 提出将 OD 用于温度敏感化合物。OD 的驱动力是浓度差,它可以在相对较低的温度下操作。

就能量消耗而言,MD 与单级蒸发相当,不如 RO 有利。MD 的优点是可以在相对低的温度下使用,可以应用于温度敏感的化合物,而且消耗热量非常低(低质量蒸汽)。

由于分离过程中没有相变,所以 RO - MaC 在降低该过程的能耗方面具有很高的潜力,但它同时也受到渗透压的限制。作为一种替代技术,MD 可以承受相当高的通量,这一点已在文献[23]中被广泛报道。DCMD 是文献[24]中最常见的配置,但它由于跨膜传导而导致严重的热损失,会造成高温极化。在 DCMD 配置中,热溶液(进料)与膜的进料侧直接接触。蒸汽通过膜上的压力差移动到渗透侧,并在膜的冷渗透侧冷凝,其与(冷)渗透液直接接触。Gryta 在 NaCl 溶液的结晶过程中研究了 DCMD,其平均产生的 NaCl 量为 55 kg/(m^2·d),但温度和浓度极化,促进了膜上/中的盐成核,从而显著降低了膜的流动。此外还需要再生被 NaCl 溶液润湿的薄膜。

为了减少热量损失,可在膜和冷凝液之间的渗透侧引入滞留空气,使得蒸汽穿过气隙在冷表面冷凝,从而优化 AGMD 的配置。作为替代方案,可以使用鼓吹气体来扫过膜的渗透空隙中的蒸汽,这样的操作增强了气流传质。这种配置即 SGMD。因为 MD 主要是为海水淡化行业开发的,SGMD 仍然是研究最少的 MD 配置,所以需要外部冷凝器冷凝来自吹扫气体的蒸汽,这种配制会使系统更加复杂化。但是,这种方法并不适用于浓缩一种溶液,这意味着 SGMD 在 SGMD - MaC 体系中能够辅助 L - 抗坏血酸的结晶。结果表明,该膜单元提供了可控的过饱和速率和过饱和量,大大提高了 MaC 的应用领域。图 1.2 显示了具有 2 L 结晶器的 MD - MaC 工艺设置,其中 A 循环负责产生过饱和状态,并能独立运行,B 循环是结晶器与膜单元的集合。在它们之间使用缓冲容器以适应膜的温度从而避免其表面上的结晶。据报道,操纵一些工艺条件,主要是空气流速和进料温度,可以优化膜通量。

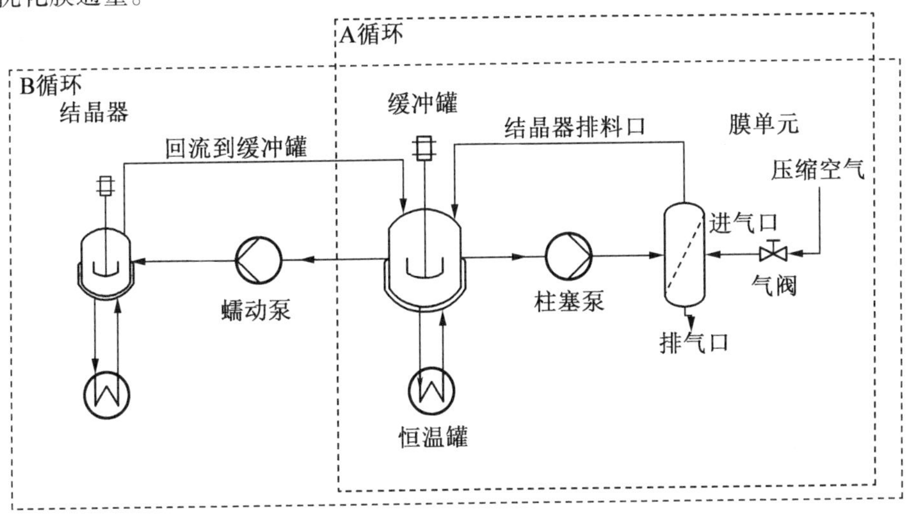

图 1.2 MD - MaC 设置的示意图

在他们的工作中,膜单元进一步与气载结晶器集成为 MaC 单元,进行连续膜辅助结晶实验。结果表明,当结晶器温度与进料温度相同时,膜通量可使 18 L 气升式结晶器产生所需的过饱和度。由于温度稳定性好,产品质量得到了改善,这可以进一步减少不受控制的成核。使用这样的配置可以简单地操纵产生过饱和速率,显著改善结晶器的可控性。

为进一步降低热导损失,改善膜近侧进料效率,研究者研究了挡板、隔片、振动、曝气等因素的影响。虽然已经取得了一些进展,但是在某些情况下,结垢和可能的膜润湿仍会受到晶体生长速率的影响。例如,在结晶器和膜单元之间使用缓冲容器,并通过提高缓冲容器的温度和循环使用不含晶体溶液,可以避免膜表面结晶。

VMD 是另一种配置,其中冷凝主要发生在膜组件外部,并且不需要考虑通过膜传导引起的热传递,这使得它在节能方面具有很大潜力,但 VMD 配置中液体渗透的可能性高于其他 MD 配置。因此,通常建议使用小孔径薄膜,这限制了它的应用范围。

MD 的质量通量通常与膜两侧之间的化学势成比例,取决于温度、压力和浓度。由于这种情况下的驱动力是跨膜蒸气压差,因此质量通量 J 被定义为

$$J = C_m(p_f - p_p)$$

式中,C_m 是膜系数,可用总质量传递系数估算,也取决于膜的特性;p_f 和 p_p 分别是进料侧和渗透侧膜表面的蒸气压。

对于所有 MD 配置,需要结合传质和传热来估算传质系数和传热系数,以便进一步得到膜表面的蒸气压。文献[27-29]中针对不同的 MD 配置采取了不同的传质和传热结合方法,但一般都是假设在膜孔两端形成的液-气界面处的动力学效应可以忽略不计,并且液相和气相在平衡中分别对应于每一侧的温度。一个完整的模型会结合所有通过膜的传输机制,即 Knudsen 扩散、普通分子扩散及黏性或 Poiseuille 型流体。除了表面扩散,这些被称为尘气模型。尽管该模型最初是为等温系统开发的,但如果假设膜上的平均温度是相同的,就可以把该模型推广至 MD 中。对于传热计算,通常考虑三个步骤:①通过进料边界层的热传递;②通过孔和膜材料的热传递;③通过渗透物边界层的热传递。然后根据膜材料及其气体填充孔的传导和与蒸发的溶剂流相关的潜热计算总热通量。

一般认为,在液体压力低到足以避免孔隙湿润的条件下,渗透通量会随膜孔径的增大而增大。需要注意的是,渗透通量与膜厚度成反比。MD-MaC 工艺的设计需要一个精确的工艺模型,该工艺模型应该是膜通量、温度及极化浓度的函数,从而根据所用的膜类型和配置得出相应的工艺条件,如膜两侧的温度、溶质浓度、进料的流速和恒流控制。稳定的膜操作需要将溶质浓度保持在饱和点以下,同时考虑到温度极化,这一点已经在使用 DCMD 进行 NaCl 结晶的 MD-MaC 过程中得到了证明。结果表明,尽管结晶器温度低得多,但由于水通量的增加和温度极化的增加,NaCl 结晶的溶解性曲线是平坦的,但在较高的加入温度下,结晶器的结晶性会发生变化。此外,还建立了一个完整的抗坏血酸水系统模型,并对其进行了验证。该模型通过在实验室建立的实验数据集合进行验证。如图 1.3 所示,结果表明,模拟值与实验数据吻合较好,说明该模型可以对相应的技术处理能力进行预判。

将膜模型与结晶模型相结合,用 2 L 结晶器设计并模拟了 MD-MaC 实验。为了满足结晶器所需的过饱和,模型计算了所需的通量,并提供了所需的工艺条件,以避免膜表面形成超过饱和点的临界浓度。

该模型还成功地为同一膜组件与 18 L 气升式结晶器的连续结晶过程提供了所需的工艺条件。

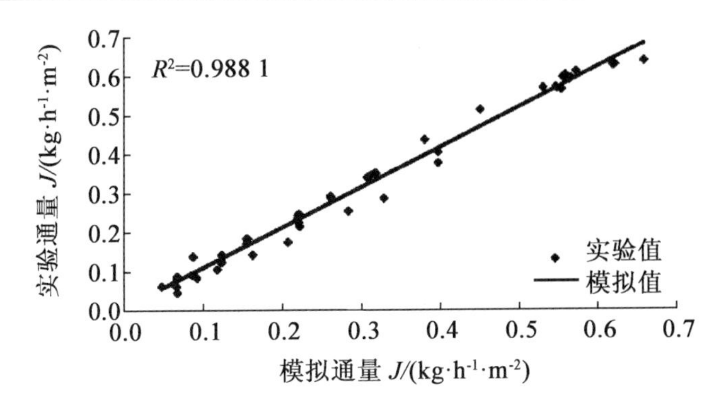

图1.3 模拟和实验膜通量的比较

1.4 结垢和稳定性

由于结晶过程中的操作接近平衡浓度，极化和污垢效应极易发生在MaC过程中，因此有必要对极化和污垢效应在MaC系统中的长期影响和可逆性进行系统研究。浓度和温度极化会限制膜输送的驱动力，必须在工艺设计中进行估算。如前所述，已经成功建立的膜流动、温度和浓度极化的模型，可应用于MaC工艺的设计中。

据报道，膜污染将导致膜通量和预期寿命的下降，通过反冲洗和引入溶解循环回路才能恢复一部分的通量和预期寿命。

在更高的进料温度下，膜表面也会出现NaCl的结晶，这是由于通过膜的水通量增强导致了温度和浓度极化的增强。膜结垢导致膜通量明显下降，膜孔润湿增加，膜腔增大。作者建议在膜表面的浓度保持临界蒸汽通量，不超过溶质的饱和浓度。

Chen等以聚偏二氟乙烯中空纤维模块作为连续MD结晶装置的一部分，研究了其中的结垢行为，发现NaCl的结晶发生在膜单元下游的结晶器中。作者认为，流动减少只能通过用纯水冲洗膜单元来部分补偿。然而，晶体明显损坏了膜表面，导致了盐通量增强，说明避免膜组件中的结晶是十分重要的。Gryta还揭示了结晶对膜表面和孔隙中溶液润湿和膜结构机械损伤的影响。

为避免膜污染，Ji等在低膜流动和生产速率下开展了海水中的批量结晶实验。结果表明，尽管NaCl晶体会在膜表面生长，但是水通量和盐通量没有变化。

因此，在将膜技术应用于实际过程中时，污染、润湿和结垢是最主要的挑战。在设计过程的优化阶段需要正确解决这些问题。

1.5 本章小结

本章以MaC为例，说明了如何强化分离工艺，从而使之成为一种可持续、更高效的工艺，尤其适用于制备温度敏感材料，讨论了目前最有发展前景和研究最多的膜结晶配置

RO - MaC 和 MD - MaC,并展示了近年来文献中广泛描述和分析的这种混合分离技术的机遇和优势。然而,虽然已有文献报道了膜技术与结晶过程相结合的成功结果,但要大规模应用该技术还存在一些需要克服的挑战。一些关键因素的突破有望解决这些混合工艺中膜组件的放大生产和长期运行问题。

本章参考文献

[1] Lakerveld, R.; Kramer, H. J. M.; Jansens, P. J.; Grievink, J. The Application of a Task - Based Concept for Design of Innovative Industrial Crystallizers. In 10th International Symposium on Process Systems Engineering, 2009, 27, 909 - 914.

[2] Kuhn, J.; Lakerveld, R.; Kramer, H. J. M.; Grievink, J.; Jansens, P. J. Characterization and Dynamic Optimization of Membrane - Assisted Crystallization of Adipic Acid. Ind. Eng. Chem. Res. 2009, 48 (11), 5360 - 5369.

[3] Lakerveld, R.; Kuhn, J.; Kramer, H. J. M.; Jansens, P. J.; Grievink, J. Membrane Assisted Crystallization Using Reverse Osmosis: Influence of Solubility Characteristics on Experimental Application and Energy Saving Potential. Chem. Eng. Sci. 2010, 65 (9), 2689 - 2699.

[4] Bermingham, S. K.; Verheijen, P. J. T.; Kramer, H. J. M. Optimal Design of Solution Crystallization Processes With Rigorous Models. Chem. Eng. Res. Des. 2003, 81 (A8), 893 - 903.

[5] Menon, A. R.; Pande, A. A.; Kramer, H. J. M.; Jansens, P. J.; Grievink, J. A Task - Based Synthesis Approach Toward the Design of Industrial Crystallization Process Units. Ind. Eng. Chem. Res. 2007, 46 (12), 3979 - 3996.

[6] Chabanon, E.; Mangin, D.; Charcosset, C. Membranes and Crystallization Processes: State of the Art and Prospects. J. Membr. Sci. 2016, 509, 57 - 67.

[7] Drioli, E.; Di Profio, G.; Curcio, E. Progress in Membrane Crystallization. Curr. Opin. Chem. Eng. 2012, 1 (2), 178 - 182.

[8] Drioli, E.; Stankiewicz, A. I.; Macedonio, F. Membrane Engineering in Process Intensification - An Overview. J. Membr. Sci. 2011, 380 (1 - 2), 1 - 8.

[9] Pramanik, B. K.; Thangavadivel, K.; Shu, L.; Jegatheesan, V. A Critical Review of Membrane Crystallization for the Purification of Water and Recovery of Minerals. Rev. Environ. Sci. Biotechnol. 2016, 15 (3), 411 - 439.

[10] Drioli, E.; Di Profio, G.; Curcio, E. Advances in Chemical and Process Engineering; Membrane Assisted Crystallization Technology; Imperial College Press: London, 2015.

[11] Tong, T.; Elimelech, M. The Global Rise of Zero Liquid Discharge for Wastewater Management: Drivers, Technologies, and Future Directions. Environ. Sci. Technol.

2016, 50 (13), 6846 -6855.

[12] Charcosset, C.; Kieffer, R.; Mangin, D.; Puel, F. Coupling Between Membrane Processes and Crystallization Operations. Ind. Eng. Chem. Res. 2010, 49 (12), 5489 -5495.

[13] Van Gerven, T.; Stankiewicz, A. Structure, Energy, Synergy, Time - The Fundamentals of Process Intensification. Ind. Eng. Chem. Res. 2009, 48 (5), 2465 - 2474.

[14] Chen, D. Y.; Singh, D.; Sirkar, K. K.; Pfeffer, R. Continuous Preparation of Polymer Coated Drug Crystals by Solid Hollow Fiber Membrane - Based Cooling Crystallization. Int. J. Pharm. 2016, 499 (1 -2), 395 -402.

[15] Di Profio, G.; Perrone, G.; Curcio, E.; Cassetta, A.; Lamba, D.; Drioli, E. Preparation of Enzyme Crystals With Tunable Morphology in Membrane Crystallizers. Ind. Eng. Chem. Res. 2005, 44 (26), 10005 -10012.

[16] Di Profio, G.; Tucci, S.; Curcio, E.; Drioli, E. Selective Glycine Polymorph Crystallization by Using Microporous Membranes. Cryst. Growth Des. 2007, 7 (3), 526 - 530.

[17] Di Profio, G.; Stabile, C.; Caridi, A.; Curcio, E.; Drioli, E. Antisolvent Membrane Crystallization of Pharmaceutical Compounds. J. Pharm. Sci. 2009, 98 (12), 4902 -4913.

[18] Fritzmann, C.; Lowenberg, J.; Wintgens, T.; Melin, T. State - of - the - Art of Reverse Osmosis Desalination. Desalination 2007, 216 (1 -3), 1 -76.

[19] Alkhudhiri, A.; Darwish, N.; Hilal, N. Membrane Distillation: A Comprehensive Review. Desalination 2012, 287, 2 -18.

[20] Khayet, M. Membranes and Theoretical Modeling of Membrane Distillation: A Review. Adv. Colloid Interface Sci. 2011, 164 (1 -2), 56 -88.

[21] Gryta, M. Osmotic MD and Other Membrane Distillation Variants. J. Membr. Sci. 2005, 246 (2), 145 -156.

[22] Gryta, M.; Tomaszewska, M. Heat Transport in the Membrane Distillation Process. J. Membr. Sci. 1998, 144 (1), 211 -222.

[23] Tomaszewska, M. Membrane Distillation - Examples of Applications in Technology and Environmental Protection. Pol. J. Environ. Stud. 2000, 9 (1), 27 -36.

[24] Gryta, M. Direct Contact Membrane Distillation with Crystallization Applied to NaCl Solutions. Chem. Papers 2002, 56 (1), 14 -19.

[25] Anisi, F.; Thomas, K. M.; Kramer, H. J. Membrane - Assisted Crystallization: Membrane Characterization, Modelling and Experiments. Chem. Eng. Sci. 2017, 158, 277 -286.

[26] Karanikola, V.; Corral, A. F.; Jiang, H.; Sáez, A. E.; Ela, W. P.; Arnold, R. G. Sweeping Gas Membrane Distillation: Numerical Simulation of Mass and Heat

Transfer in a Hollow Fiber Membrane Module. J. Membr. Sci. 2015, 483, 15 -24.

[27] Khayet, M.; Godino, P.; Mengual, J. I. Nature of Flow on Sweeping Gas Membrane Distillation. J. Membr. Sci. 2000, 170 (2), 243 -255.

[28] Khayet, M.; Godino, P.; Mengual, J. I. Theory and Experiments on Sweeping Gas Membrane Distillation. J. Membr. Sci. 2000, 165 (2), 261 -272.

[29] Edwie, F.; Chung, T. S. Development of Simultaneous Membrane Distillation - Crystallization (SMDC) Technology for Treatment of Saturated Brine. Chem. Eng. Sci. 2013, 98, 160 -172.

[30] Curcio, E.; Di Profio, G.; Drioli, E. Membrane Crystallization of Macromolecular Solutions. Desalination 2002, 145 (1 -3), 173 -177.

[31] Curcio, E.; Di Profio, G.; Drioli, E. Recovery of Fumaric Acid by Membrane Crystallization in the Production of L - Malic Acid. Sep. Purif. Technol. 2003, 33 (1), 63 -73.

[32] Di Profio, G.; Curcio, E.; Cassetta, A.; Lamba, D.; Drioli, E. Membrane Crystallization of Lysozyme: Kinetic Aspects. J. Cryst. Growth 2003, 257 (3 -4), 359 - 369.

[33] Di Profio, G.; Curcio, E.; Drioli, E. Controlling Protein Crystallization Kinetics in Membrane Crystallizers: Effects on Morphology and Structure. Desalination 2006, 200 (1 -3), 598 -600.

[34] Fountoukidis, E.; Maroulis, Z. B.; Marinoskouris, D. Crystallization of Calcium - Sulfate on Reverse - Osmosis Membranes. Desalination 1990, 79 (1), 47 -63.

[35] Chen, G. Z.; Lu, Y. H.; Krantz, W. B.; Wang, R.; Fane, A. G. Optimization of Operating Conditions for a Continuous Membrane Distillation Crystallization Process With Zero Salty Water Discharge. J. Membr. Sci. 2014, 450, 1 -11.

[36] Ji, X.; Curcio, E.; Al Obaidani, S.; Di Profio, G.; Fontananova, E.; Drioli, E. Membrane Distillation - Crystallization of Seawater Reverse Osmosis Brines. Sep. Purif. Technol. 2010, 71 (1), 76 -82.

[37] Souhaimi, M. K.; Matsuura, T. Membrane Distillation: Principles and Applications; Amsterdam, the Netherlands: Elsevier, 2011.

第2章　可持续性工艺综合-集约化：膜基单元操作的作用

2.1　概　述

为了实现更多可持续性的工艺设计，全面考虑及优化环境与经济因素，现有的设计方法需要进一步延伸，而新的方法也需要继续发展。可持续性工艺设计是指那些在经济、生命周期评估（LCA）和可持续发展度量上有提升的工艺设计。可持续性的工艺设计可以通过应用不同的方法来实现，但是这些方法仅被应用于单元操作规模，因此它们的应用也受限于现有的或常见的操作单元。这些方法还有一些其他缺点：不能应用于复合/集约化的单元操作，并且没有太多应用于新单元操作的机会。此外，这种现象只会在多个单元和大规模操作上存在（图2.1）。

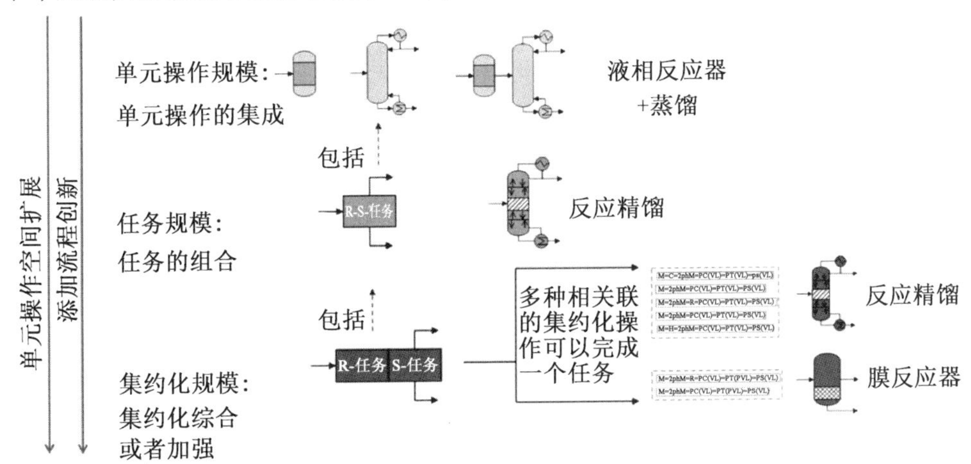

图2.1　在不同尺度上考虑工艺集约化之后工艺创新的各种类别

因此，为了实现可持续性的工艺设计，对于单元操作的探索需要拓展到使用复合/集约化设备和制造新的单元操作方面上；实现这些目标的一个途径就是工艺综合-集约化。工艺综合-集约化是指在不同规模下工艺上的改善。操作规模变大，相应的工艺创新程度也会随之增加（图2.1）；因为任务可以被合并，然后形成与之前不同的任务导向的集约化结构。总而言之，通过同时进行过程综合与集约化，那些与单元操作相关联的缺点便能够以系统的方式被克服。

从图2.1中可以看出，在最低级别（现象级）的操作规模下，依然可以利用之前在较高规模(任务和单元操作)下获得的工艺设计,在不考虑其他替代方案时,混合/强化单元操作能够使设计更为灵活。膜技术可以被直接植入,因此它成为重要的操作单元;或者它也可以与其他单元操作(如反应器或者精馏柱)混合使用。膜技术在单元操作中的一大重要特性是它们不被分离热力学所限制。在分离共沸混合物时,膜在得到高纯度产物时仍可以提供有效的隔离带,所以它更受欢迎。以膜辅助的精馏过程为例,膜(渗透蒸发或者蒸气渗透)可以与常见的精馏及分离柱联用来拆分低沸点的恒沸物;膜反应器可以原位去除不想要的产物以改变反应平衡;膜精馏也可以用来处理矿物酸和醇类。

膜基的单元操作被划分为一种复合/集约化设备。虽然这些集约化设备相关的基础性的知识和模型已被较好地阐述,但是它们在可持续工艺设计中的广泛应用还没有被深入研究。而且,该过程也需要计算机辅助的方法和工具去系统地评估工艺综合-集约化中产生的大量的有价值的方法。这些都可以通过定量分析和系统化筛选技术实现。

因此,需要一种更灵活、系统和有效的工艺设计去辨认何时、何处来使用复合/集约化操作以改进现有的和新的可持续性工艺。也就是说,为了实现上述目标,必须同时进行过程综合与集约化来得到包含膜基单元操作和其他复合/集约化单元操作的工艺设计。

本章的目标是展现一个如何使用工艺综合-集约化去实现更多可持续性工艺设计的框架。本章呈现了这个框架以及为解决和实施综合-集约化问题而设计的工艺流程。介绍了该框架现阶段可用的系统方法和进行计算使用的计算机辅助工具,以及工业过程中的实例。本章举了两个例子,其中明确了可以实现综合-集约化的条件。这些条件取决于物理因素、实践指南以及多个过程强化案例中已被验证的数据。

2.2 工艺综合-集约化框架

Babi等为工艺综合-集约化提出的框架如图2.2所示。该框架支持一套计算机辅助的方法和工具(设计、模拟和分析工具)。它支持单元操作、集约化以及几种多尺度的操作。也就是说,该框架有三种主要的阶段,代表可持续工艺设计技术的三个阶段。这个框架为工艺综合-集约化辨认何时使用复合/集约化设备提供了系统的和复杂的管理结构。

在阶段1中,综合了可将一系列原材料转化为所需产品的最佳加工路径(流程图)。阶段2设计并评价了识别加工热点的最佳加工路径。工艺热点的定义是与任务相关联的工艺的限制/瓶颈,如果确认了,就可以提供全面的工艺改进。将这些工艺热点引入到设计目标中,就可以实现更多可持续性的工艺。在阶段3中,应用了工艺综合-集约化去产生与阶段2中设计目标相匹配的其他过程。框架的使用者也可以在不同的阶段进入或离开。比如,如果使用者想要从很多工艺中确定一个新的工艺路径,他就可以使用阶段1;如果使用者已经有了一个工艺路径,但是想实现更加具体的设计和分析,同时辨认工艺集约化/优化中的热点和机会,那么他应该在阶段2中进入;如果使用者已经有了工艺路径,但是他想得到更多可持续性的设计,那么当工艺热点被转换为与更多可持续性工艺设计相匹配的目标时，他可以使用阶段 2～3。

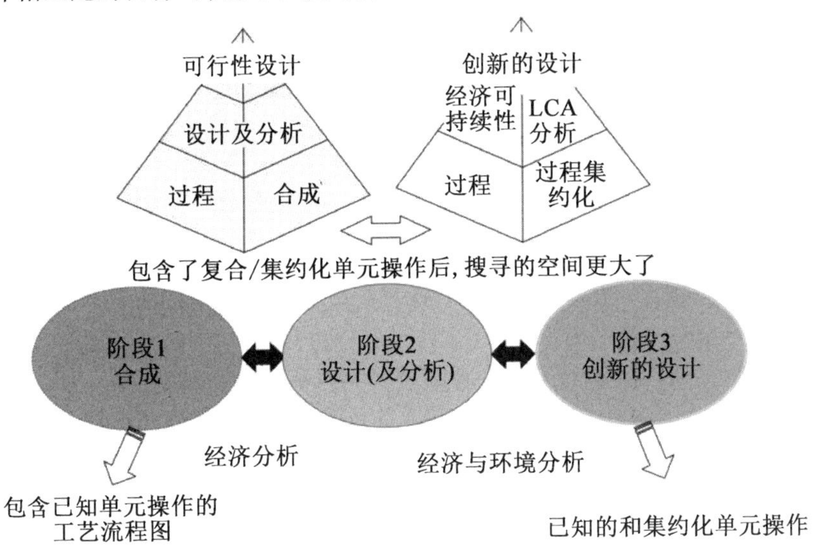

图 2.2 以实现更多可持续性设计为目标的计算机辅助多阶段和多尺度框架

2.2.1 框架数学公式和解决方法

1. 框架数学公式

可持续工艺设计问题的定义如下：

$$\min/\max\ F_{obj}=F_{obj}(x,y,d,z,\theta) \tag{2.1}$$

$$\text{s.t.}\quad h_1(x,y,d,z,\theta)=0 \tag{2.2}$$

$$b^l\leqslant B_1x+B_2y\leqslant b^u \tag{2.3}$$

$$h_3^l\leqslant h_3(x,y)\leqslant h_3^u \tag{2.4}$$

$$g^l\leqslant g(x,y)\leqslant g^u \tag{2.5}$$

其中

$$y_j=0/1,j=1,2,\cdots,n_y,x\geqslant 0 \tag{2.6}$$

最小化/最大化的目标函数定义如公式(2.1)所示，它受制于一系列设计和优化变量 x，一系列二进制(0,1)决定的整体变量 y、一系列设备变量 d、一系列热力学变量 z 和一系列过程规格 θ。当稳态包含大规模操作和质量、能量平衡公式时，公式(2.2)代表一系列线性/非线性过程模型公式。公式(2.3)和公式(2.4)代表与设计规格和设备设计参数相关的限制条件。公式(2.5)代表一系列与集约化设备的设计规格和性能标准(LCA 因素和可持续性标准)相关的加强限制条件，因此只有使用包含复合/集约化设备的工艺流程图才能满足这些条件。

当目标函数/限制条件包括线性和非线性公式及二进制整数变量时，可以将待解决的综合－集约化问题(公式(2.1)～(2.6))看作 MINLP(混合整数的非线性编程问题)，然后通过公式化的方式解决。

2. 解决方法

为了控制综合 - 集约化 MINLP 的复杂性,在问题被分解为可通过预定的计算解决的小问题时,可以使用一种有效和系统化的解决方法。最终的小问题可作为一系列的 NLP(非线性编程问题)或者 MINLP 被解决。这种方式被称为以分解为基础的方法策略,它有以下几种特点和优势。

(1)特点。

①问题被分解为可处理的小问题。

②除了最终的问题,每个小问题只需要解决最初问题规划的限制条件中的几个子集问题。

③最终将要被解决的小问题是现存限制条件目标函数的解。

(2)优势。

①为了管理综合 - 集约化问题的复杂性,问题被分解为可管理的小问题。Karunanithi 等证实使用分解的方法得到的问题的解与最初 MINLP 的解等同。

②解决每个小问题时,相当于在筛选工艺流程图,因此随着每个小问题逐渐被解决,不可行的方法也会被剔除。

③小问题的解决方法满足了最初问题定义时的限制。因此,只要使用最优的算法去解决问题,从减少的 MINLP 方法中发现一种最优的方法是可行的。

综合 - 集约化工艺流程图设计问题的解决在每个阶段的过程可用公式(2.1)~(2.6)来描述:

①阶段1:过程模型公式(公式(2.2))在解决上受制于公式(2.3)和公式(2.4)中定义的限制条件及目标函数(公式(2.1))。这也产生了一种最优的处理路径(基本案例)。

②阶段2:评估处理路径是为了辨认被转换为设计目标的工艺热点,也就是指集约化性能标准(公式(2.5))。

③阶段3:产生包含复合/集约化单元操作的工艺流程图,这可以满足公式(2.3)和公式(2.4)中定义的限制条件和公式(2.5)中定义的性能标准。重新计算和排序目标函数值(公式(2.1))可以得到更多可持续性的工艺。

Monlijnet、Lutze 和 Babi 等提出可以用多种性能标准来评价工艺综合 - 集约化,如在可持续性标准的提升、单元操作数量的减少和原材料的有效利用方面。这些标准直接影响和提升废物利用、工艺经济学、能源效率及环境前景。

2.2.2　框架计算机辅助方法

框架为集成方法和以工艺集约化为目标的计算机辅助工具提供了体系结构。这些混合方法是基于模型建立起来的,并通过过程观察、确定规则和数学规划的方法来缩小备选方案的搜索空间,以寻找最优的综合 - 集约化问题解决方案。

1. 阶段1:过程综合

已知——原材料和产品;寻找——工艺路线。

为了确定一种工艺路径,在没有可行的基本设计时,可以使用一种基于群体贡献的方法。该方法通过计算机辅助分子设计（CAMD）技术，以同样的方式合成原子或原子团，并将其结合形成分子。其目的是通过使用过程组，将用于属性评估的基于群体贡献的方法应用于工艺综合－集约化设计问题。在使用该方法预测分子/混合物的纯组分/混合物性质时，分子的同一性是由一组键合在一起形成分子结构的原子官能团来描述的。一旦分子结构被功能基团以唯一的方式表示，特定的性质可通过代表分子的功能基团回归的贡献来评估。有了这些基团，一种合适的CAMD技术可以通过一种特定的方式与基团结合去确定新颖的分子和混合物，并且它们满足了预先定义的性能标准。可以设想一下，每一个用来代表一部分分子的组都可以被用来代表在过程工艺流程图中的一种工艺操作或者一组操作。一种功能性的工艺组代表一种单元操作（如反应堆或蒸馏塔），或代表一组单元操作（如萃取蒸馏中的两个蒸馏塔）。工艺组的联系描绘了单元操作之间的数据流，类似于分子中用来成键的官能团。与CAMD应用连接性规则结合分子官能团形成可行的分子结构一样，功能过程群也有组合规则用来结合过程群形成（结构上）可行的过程替代方案。最后，使用流程图属性模型和相应的流程组贡献，可以预测各种流程图属性，这些属性可以作为筛选备选方案的性能标准，以找到最佳（最优）流程图。

2. 阶段2：设计和分析

已知——工艺路线；寻找——具体设计。

阶段1中最优的工艺流程包括两个主要部分，即一个分离部分和一个反应部分。对于分离单元操作的设计来说，比如，精馏及分离柱和分离膜，通过对混合物分析以确定恒沸物的存在及其压力依赖性、闭式沸腾化合物、对混合物性能的影响以及通过添加溶剂来确定恒沸物，或者是实现特定分离的驱动力时，可以采用Gani和Bek－Pedersen提出的驱动力方法。

对于反应体系的设计，Hamid等提出用集成化方法来设计反应器和选择合适的操作条件。为了找到最优的反应设计和条件，该方法采用可得区预分析概念来选择在最大驱动力下的特定反应任务的设计目标。可得区的最大值暗示了反应最高的选择性。在后续分析中，最优操作条件的选择验证了特定的设计目标。

分析工艺流程时，必须考虑到经济和环境方面的因素。经济分析是以成本法为基础建立的，该方法是Peters等在化学工业领域提出的一个概念。LCA分析是基于ISO14040标准得到的一种指标性的方法。可持续性分析也是指示性的方法。使用一组计算出的封闭和开放路径指标来确定设计中的流程热点，因为这些指标的排序可以显示出流程的哪个部分具有最高的改进潜力。可持续性指标以及应采取哪些缓解措施来改进流程的方法如下：

①材料附加值（MVA）：材料附加值是指已知一个路径在开始和终端的附加值。负值暗示组分在已知开放的路径上没有意义。

②能源浪费成本（EWC，适用于开放和封闭路径）：能源浪费成本是指已知在工艺中，每个路径能节省的最大理论能量。高的数值表明高的能量消耗和浪费的费用。

③总的附加值（TVA）：总的附加值是指MVA和EWC之间的差距，也就是说，在一个给定的路径上，它给出了一种化合物经济影响的量度。负值表明操作费用非常高。

3. 阶段3:更多可持续性的设计

已知——设计;寻找——另外的可持续性工艺路线。

为了实现更多可持续性的设计,应用基于现象的过程强化或根据物理因素、实践指南和多个过程强化案例中已被验证的数据,这些方法与过程强化的多个案例研究相对应。基于规则的方法生成的新颖流程图替代了现有的复合/集约化单元操作方案。基于现象的过程强化被定义为通过在现象(最低)尺度上结合现象构建块(PBB)来生成更可持续的过程设计。这些PBB的组合在任务(更高)规模上执行一个任务或一组任务。在基于现象的合成中,PBB被组合以形成同步现象构建块(SPB),这些构建块使用重新定义的规则组合形成基本结构(执行和完成任务或任务集)。最后,这些基本结构被转化为单元操作(最高规模),构成最终的更可持续(强化)的工艺流程。构成基本结构的PBB组合是基于规则的,与CAMD类似。

一个PBB被认为是工艺中实现所需任务的最小单元。一个SPB的定义是使用预设的规则去结合一个或者多个的PBB。大多数化学过程可以通过质量、能量和动量转移现象的不同结合方式来表现,比如混合(M)、两相混合(2phM)、热量(H)、冷却(C)、反应(R)、相接触(PC)、相转变(PT)、相分离(PS)和区分(D)。对PBB做区分是指将一个支流分为一个或多个支流。每个PBB对解决系统边界的质量和能量平衡都有贡献。PBBs入口和出口流的状态可以是气体(V)、液体(L)和固体(S),或者是一种混合状态,如气体-液体(VL)、液体-液体(LL)和固体-液体(SL)。需要指出的是,所有可能的结合都来源于之前所述的九种PBB。多种SPB使用预设规则相互结合,并且实现了一个或者一系列的目标任务,称为一个基本的结构。结合之后形成基本结构的SPBs可分为引发部分、中间部分和终止部分。引发部分的SPB实现了任务的主要目标,但是可能无法完成全部的任务。当中间部分和终止部分的SPB被选择加入基本结构后,全部的任务会被完成。一个引发部分的SPB,如果被重复多次来完成一个任务,它就可以被定义为一个中间部分的SPB。一个终止部分的SPB能够完成整体所需要的确定的需求。当一个基本结构被扩张和组成一个任务时,它进而会被转换为单元操作。PBBs结合之后会形成SPBs,SPBs相互结合可以形成基本结构和操作,它们被转换为单元操作的过程如图2.3所示。对于一个闪蒸柱,基本结构也是一个操作并且它完成了最优的分离任务;但是,对于精馏柱,必须加入中间部分的SPBs,直至达到性能标准为止。

在闪蒸柱中,下部的PBBs同时出现,因此它们相互结合形成了SPBs。该过程可表述为:首先气体和液体两相混合,然后两相之间发生转换,最后分离。因此,这就要求后续的PBBs产生可行的SPBs,这些SPBs代表闪蒸柱,如M、2phM、PC(VL)和PS(VL)。同样的概念也适用于精馏及分离柱,也就是说,PBBs同时出现在精馏及分离柱和闪蒸柱,以及它们所代表的冷却和加热器中。因此,下部的PBBs也需要产生可行的、代表精馏及分离柱的SPBs、M、2phM、PC(VL)、PT(VL)、PS(VL)、H和C,并且某些SPBs必须被重复多次来实现分离任务,如图2.3(b)中的中间态SPB,M=2phM=PC(VL)=PT(VL)=PS(VL)。

4. 框架计算机辅助工具

将在框架中解决综合-集约化问题的计算机辅助工具列于表2.1。

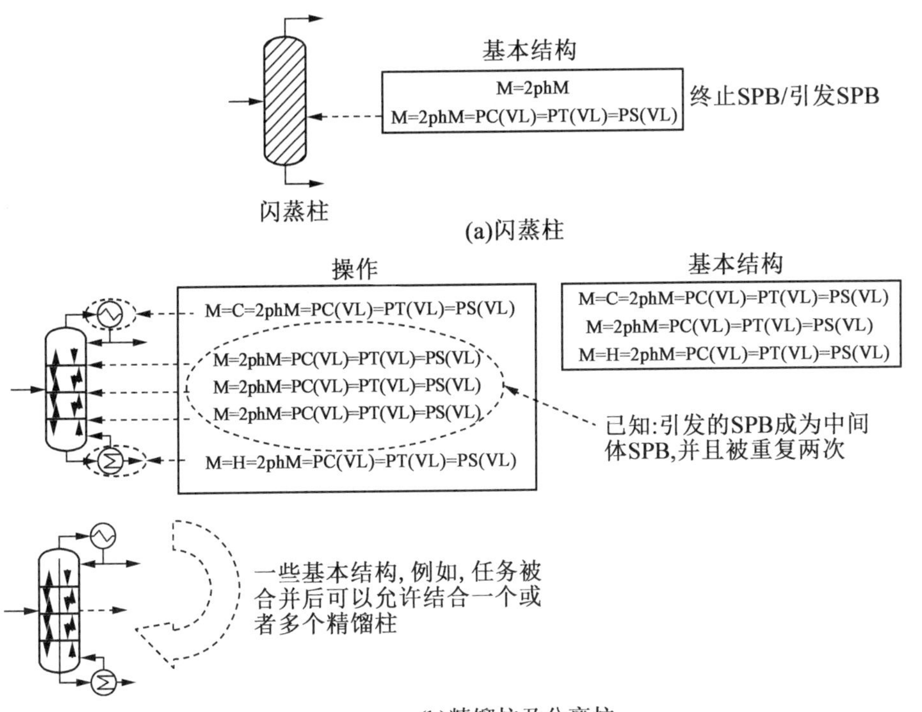

图2.3 从PBBs到单元操作

表2.1 在综合-集约化框架中使用的计算机辅助工具

目标	方法	工具名称/类型	备注
生成相图	基于属性模型	ICAS-实用程序[a]/分析	基团贡献(GC)法用于气-液平衡(VLE)、液-液平衡(LLE)、固-液平衡(SLE)、蒸馏边界、残渣曲线等的计算
溶剂选择	CAMD;数据库搜索	ProCAMD[a]/选择	产品设计:溶剂选择-设计
经济分析	模型/基于探索	ECON[a]/选择	用从Max得到的模型来进行费用评估
可持续性分析	基于模型	SustainPro[a]/分析	基于指标的方法
寿命循环评估	基于模型	LCSoft[a]	基于指标的方法进行LCA分析
纯组分性质分析	基于模型	CAPSS[a]/分析	二元比例分析
纯组分性质预测	基于模型	ProPred[a]	GC法
精馏(有或者没有反应)	基于驱动力;基于平衡	过程设计软件(PDS)[a]/设计、分析	相图的产生和驱动力图表
建模	方程式导向问题方法	MoT[a]/分析	通过优化编程时间快速生成、求解过程和属性模型
各种过程模拟	模型基的计算	过程集约化知识基 Aspen Plus、PRO Ⅱ/分析	将单元操作转换为PBB,确定所需任务,并将连接的PBB转换为单元操作;精馏、反应精馏等严格模型

注:[a] 部分ICAS结果

2.3 工艺综合 - 集约化框架工作流程

工艺综合 - 集约化框架流程图(图2.4)展示了整个强化过程综合框架中数据库、计算机辅助方法和工具的使用情况。工作流程(不包括基于规则方法的步骤)由8个步骤和4个基于任务现象的集成合成(IT - PBS)步骤组成,其各自在任务和现象层面上操作。在工作流程的发展中,每个步骤都必须实现一定的目标以达到下一步骤,也就是说,前一步骤的信息是下一步骤的输入信息。在必要的地方,需要输入另外的数据/信息来进入下一步。

2.3.1 步骤1:需要识别

目标:获得产品和原材料以及产物相关的费用信息。

输入数据是使用与产品用途、需求和年总产量相关的关键字进行的文献调查的结果。输出数据是产品的主要用途及其选定的年度生产目标。

2.3.2 步骤2:问题定义

目标:用目标函数和约束条件定义数学问题。

输入的数据是一个新工艺或者一个改进的设计问题。输出的数据是目标函数,如用操作费用、每年的费用总和、明确的约束条件和特定的性能标准来定义。目标函数连同约束条件(θ)和性能标准(φ)一起被定义。约束条件的四种类型是逻辑约束(θ_1)、结构约束(θ_2)、操作约束(θ_3)和性能约束(θ_4)。比如,每个约束条件和性能标准如下:θ_1,产品纯度;θ_2,基于结合规则形成的SPBs;θ_3,原材料假设是较纯的(除非另有定义);φ,可持续性和LCA因素必须是更有利于可持续性设计的。

2.3.3 步骤3:反应识别/选择

目标:选择原料状态、催化剂、反应途径,确定反应类型,即反应是放热的还是吸热的。

找到能产生理想产物的反应路径,以此为关键词搜索文献,将调研结果设为输入数据。输出的数据是一个选定的反应路径、反应类型和所用原材料或催化剂的状态和纯度。收集所有关于这个反应的信息如反应操作条件、平衡数据及动力学数据等。反应的类型是由每种组分的形成焓所决定的,而这些数据是从数据库(ICAS[31])或性质预测(ProPred[31])得到的。

2.3.4 步骤4:核实有效性 - 基本案例

目标:基于文献调查或者合成步骤选择一个工艺路径(预选设计)。如果一个预选设计是应用工艺流程时的起点,那么可以应用步骤5,否则应用步骤6。

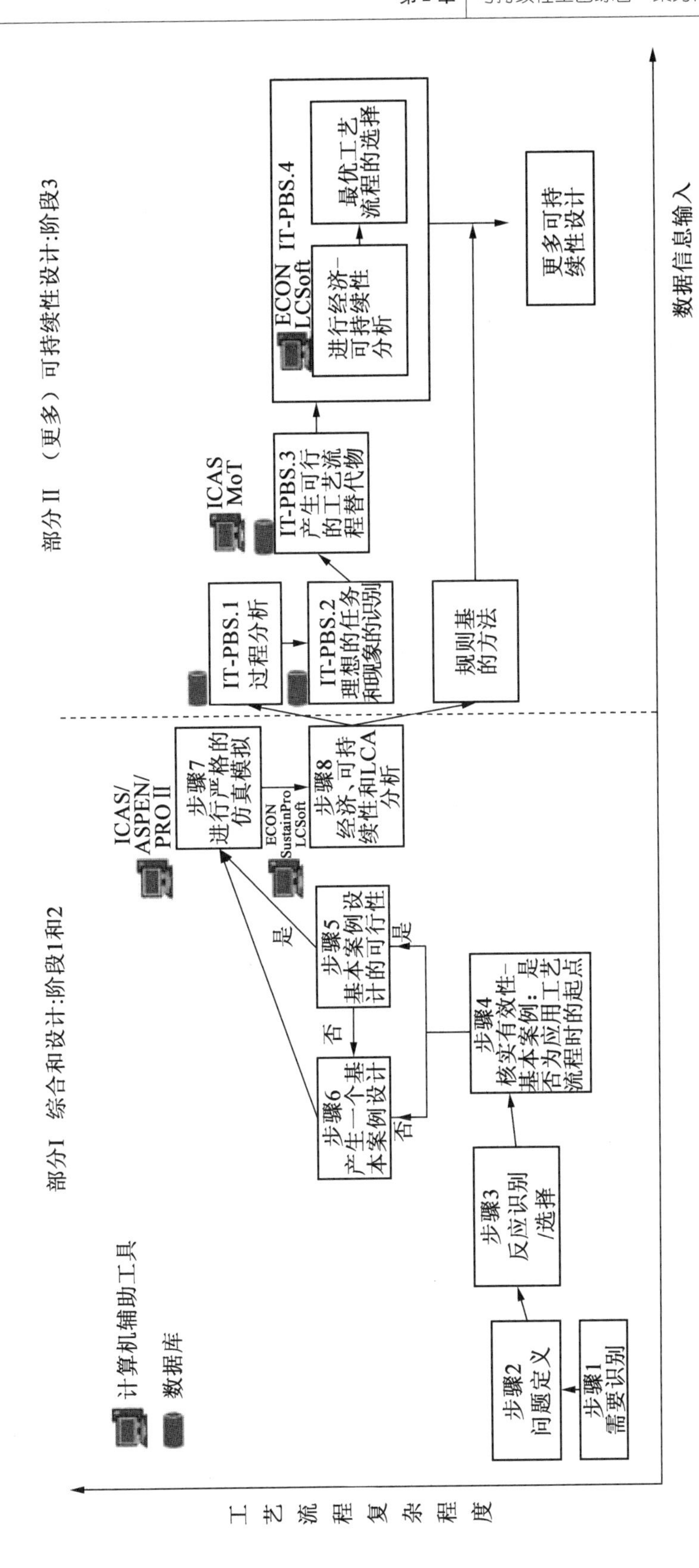

图2.4 工艺综合–集约化框架流程

2.3.5 步骤5:检查基本案例设计的可行性

目标:确认步骤4中基本案例设计的可行性。

输入数据是从预设中得到的信息(分批或者连续、原材料的工艺输入/输出、清洗等,分离结构和能量结构)。输出数据是应用Douglas(1985)的方法确认的预选设计。已选择的设计必须满足Douglas(1985)在过程合成方法中给出的规则。如果设计通过了确认测试,它就可以被列为基础案例,如果不能被确认,则输入步骤6。

2.3.6 步骤6(如果步骤4的输出为否):产生一个基本案例设计

目标:得到从所选原料和反应途径生产产品的基础案例。

这一步骤输入的数据是工艺输入(原材料)、输出(产品)、反应路径和反应数据/动力学。输出的数据是能将已有的原始材料转换为产品的最优处理路线。首先,运用一种纯的化合物和混合物去辨认可行的分离技术。其次,为混合物中的每一个化合物选择工艺组,并且所有的组合都可以被列举出来。表2.2展示了在精馏工艺组中,含有几种化合物的多组分混合物辨认不同分离组合的例子。接下来,使用一套能够被简单表示为SFILES的工艺流程,它可以存储大量的可选择方案,然后将列举的工艺组结合起来。最后,这些组合会被评估,目标函数也会被计算得到(公式(2.1))并排序从而筛选出最优的工艺路径。不管产生多少个工艺流程,都可以用目标函数来计算,因为每个工艺-基团都贡献了目标函数的价值,其中,每个在分子中的组都贡献了一个分子的全部特性(如蒸发热)。

表2.2 为一个分离技术n辨认的不同分离组合

<table>
<tr><td>待回收化合物</td><td colspan="3">A、B、C、D</td></tr>
<tr><td>要实现的分离任务</td><td colspan="3">分离B和C</td></tr>
<tr><td>分离技术选择的性质相关性</td><td colspan="3">气压、蒸发热、沸点</td></tr>
<tr><td>选择的分离技术</td><td colspan="3">精馏</td></tr>
<tr><td>化合物分裂的数量</td><td>2</td><td>3</td><td>4</td></tr>
<tr><td rowspan="2">化合物分离结合</td><td rowspan="2">BC</td><td>ABC</td><td rowspan="2">ABCD</td></tr>
<tr><td>BCD</td></tr>
<tr><td rowspan="2">确定的分离结合过程组</td><td rowspan="2">dB/C</td><td>dAB/C</td><td rowspan="2">dAB/CD</td></tr>
<tr><td>dB/CD</td></tr>
</table>

2.3.7 步骤7:进行严格的仿真模拟

目标:严格模拟基本案例设计。

输入的数据是原始材料、反应路径和基本案例工艺结构。输出的数据是工艺流性质、质量和能量平衡数据,还有单元操作设计数据,如产品生产速率和单元操作能量消耗。这些数据可以输入经济、可持续性和 LCA 分析,以此来确认工艺过程的热点。

2.3.8 步骤 8:经济、可持续性和 LCA 分析

目标:确认工艺热点并把它们转换为实现可持续性设计的目标。

输入数据全都是从步骤 7 中得到的工艺相关信息。输出数据是基础案例的过程热点和过程改进的设计目标。表 2.3 列出了经济、可持续性和 LCA 分析中确认的工艺热点,表 2.4 列出了从工艺热点到设计目标的转换。这是由于这些目标实现之后,热点会被最小化或除去;为了设计一个产品,顾客需求必须被转换为一些性质;一旦满足这些要求,也就满足了顾客的需求。查看表 2.3,可以发现其目的就是从经济、可持续性以及 LCA 分析中识别工艺热点。首先,辨认一些关键的数据;其次,引起基本案例的限制/瓶颈连同其原因也可以一起被确认。而且,潜在的与关键指示数值相关的工艺热点也会被识别出来。表 2.4 的目标是识别集约化设计目标。工艺热点在表中被选择,并且相应的设计目标(连同工艺热点)也会被识别出来。

表 2.3 指标分析和工艺热点之间的关系

指示器数值	基本案例特性	原因	已确认的工艺热点
α_1 = 原材料循环/费用	未反应的初始材料	平衡反应	激活问题、极限平衡/原材料损失
β_1 = MVA	—	—	原材料的接触问题/受限的传质和传热
α_2 = 公共设施费用 β_2 = EWC γ_1 = CO_2 当量	反应热 $\Delta H_{rxn} > 0$ 反应冷却	放热反应	强放热的反应
α_2 = 公共设施费用 α_3 = 资本成本	反应操作条件	反应器的温度和压力操作窗口	爆炸性混合物、温度导致的产物降级
α_2 = 公共设施费用 β_1 = MVA	未反应的初始材料和产品恢复	恒沸物的压力、高能使用(加热/冷却)	恒沸物、驱动力低导致分离困难
β_2 = EWC γ_1 = CO_2 当量 γ_2 = PEI	—	—	高能消耗/需求

注:PEI,聚乙烯亚胺

表 2.4 从工艺热点到设计目标的转换

工艺热点	活化问题	限制平衡	原材料的接触问题/受限的质量传输	受限的热传输	高度放热的反应	高度吸热的反应	爆炸性混合物	降温	副产物形成	恒沸物	低驱动力导致分离困难	高能消耗/需求
设计目标	*	*	*	*						*	*	*
增加原材料转换												
溶剂在反应中的使用	*	*	*						*	*	*	*
反应混合		*	*									
减少产品损失	*	*	*	*					*	*	*	*
减少原材料损失								*		*	*	*
减少能耗				*	*	*	*	*		*	*	*
减少公共设施费用				*	*	*	*	*		*	*	*
LCA 中的提升/可持续性指标	*	*	*	*	*	*	*	*	*	*	*	*
减少单元操作数量	*	*	*	*	*	*	*	*	*	*	*	*
产品纯度	*	*	*	*	*	*	*	*	*	*	*	*
产物目标	*	*	*	*	*	*	*	*	*	*	*	*
减少操作费用	*	*	*	*	*	*	*	*	*	*	*	*
废物最小化	*	*	*	*	*	*	*	*	*	*	*	*

2.3.9 IT－PBS.1:过程分析

目标:把基本案例转变为任务和 PBBs,并确认与 PBBs 相关的每个热点。

输入的数据是基本案例工艺结构和精确的模拟结果。输出数据是在基本案例、PBBs、基于任务和现象的流程图,以及纯净物和混合物分析中的不同任务。图 2.5 和表 2.5 给出了为一个特定的单元操作识别任务和 PBBs 的例子。利用表 2.5,基本案例中的单元操作首先会被定义(可以是反应,也可以是分离),并且相应的任务和 PBBs 也可以得到。继续观察可以看出,表 2.5 的目的就是确定基本案例中的任务和 PBBs。选择基本情况下的单元操作(和进料阶段),并基于反应和/或分离确定执行的相应任务。其次,识别代表任务主要目的 PBB,以及另外的 PBBs。比如,对于一个出现在连续搅拌反应器(CSTR)的放热液相反应,其相应的任务是一个反应任务,因为反应是放热的,所以主要的 PBB 是 R,另外的 PBB 是 C。接下来,基于已确定的 PBBs,新产生或加入的相可以与分离中使用的溶剂一起被识别。纯的化合物分析可以通过在混合物中分析两者的比例来实现。混合物分析阐明了恒沸物的本质(均相/非均相)、恒沸物的压力相关性和化合物的溶混性。

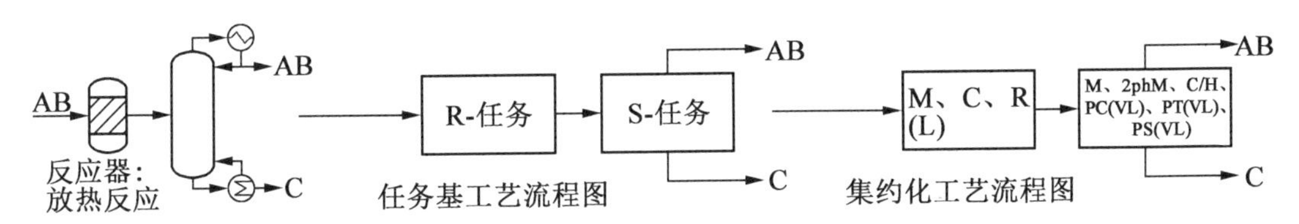

图 2.5 从更高尺度到更低尺度:从单元操作到大规模操作

表 2.5 工艺综合－集约化知识基的工具亮点:从单元操作到确认 PBBs

分离操作	进料相	任务	基本的PBB	PBBs	新产生或加入的相	MSA(有/无)	分离试剂
批量反应器	固体、气(气体)和/或液体	反应	R	R、C(放热)、H(吸热)	—	有/无	MSA 和 ESA
半批式反应器	固体、气(气体)和/或液体	反应	R	R、C(放热)、H(吸热)	—	有/无	MSA 和 ESA
CSTR	液体	反应	R	R、C(放热)、H(吸热)	—	有/无	MSA 和 ESA
管式反应器	气(蒸气)	反应	R	R、C(放热)、H(吸热)	—	有/无	ESA
床式反应器	固体和气(蒸气)	反应	R	R、C(放热)、H(吸热)	—	无	ESA
部分浓缩或者蒸发	蒸气和/或液体	分离	PT(VL)	PC(VL)、PT(VL)、PS(VL)	液体或者气体	无	ESA

续表 2.5

分离操作	进料相	任务	基本的PBB	PBBs	新产生或加入的相	MSA(有/无)	分离试剂
闪蒸	液体	分离	PT(VL)	PC(VL)、PT(VL)、PS(VL)	气体	无	减少压力
精馏	蒸气和/或者液体	分离	PT(VL)	PC(VL)、PT(VL)、PS(VL)、C、H	液体和气体	无	ESA 和某时工作传输
萃取精馏	蒸气和/或液体	分离	PT(VL)	PC(VL)、PT(VL)、PS(VL)、C、H	液体和气体	有	MSA 和 ESA
煮沸吸附	蒸气和/或液体	分离	PT(VL)	PC(VL)、PT(VL)、PS(VL)、C、H	液体和气体	有	MSA 和 ESA
反应精馏	蒸气和/或液体	反应-分离	R、PT(VL)	R、PC(VL)、PT(VL)、PS(VL)、C、H	液体和气体	无	ESA

注:MSA,质量分离试剂;ESA,能量分离试剂

2.3.10 IT-PBS.2:理想的任务和现象的识别

目标:确定理想的任务和PBBs克服工艺热点。

输入的数据是步骤8中已辨认的工艺热点。输出数据识别了理想的任务、对减小或消除热点工艺有最高潜力的PBBs和在PBB搜索空间内每个选定PBB的操作窗口。已确定的PBBs在IT-PBS.1中被加入PBBs的列表中,因此,这也定义了整个PBB搜索空间。表2.6给出了识别所需任务的示例和识别工艺过程热点的PBBs。从中可以看出,表2.6的目的是确定理想的任务和PBBs,从步骤8中尽量减少或消除已确定的过程热点。首先,与一个主要任务相关联的、已识别的工艺热点被用来确定一个可供选择的任务,比如,若该工艺热点会限制平衡,那么一个副产物也可以被反应完全而使平衡向更高产物形成的方向移动。接下来,基于已识别的理想的任务、理想的PBBs和溶剂使用信息,合适的PBBs会被确认。通过应用在步骤2中定义的结构限制θ_2和性能标准φ,PBB的搜索空间会被缩小。比如,若为了实现产物废物较少的目标,应用一个传质分离试剂的工艺流程是不合适的,所以可以应用θ_2来反映这个限制。因此,需要使用溶剂的PBBs,如PT(LL)(一种液液分离的类型),将会被除去。表2.7给出了识别PBBs操作窗口的一些

例子。表2.7的目标是识别最终选定的PBBs的操作窗口。首先,确认想要进行的理想任务;其次,确认影响PBBs操作的相关变量;再次,所确定的PBB必须能够满足化合物的性质,例如对于一个液相反应,那么R PBB的反应条件(如温度)必须高于反应混合物中所有化合物的熔点(T_M)。

表2.6 对最优任务和PBBs的识别

工艺热点	主要任务	性质/二元比例	可选择的任务	是否需要质量分离剂	附加说明	PBB
活化问题	反应	计算 ΔG_{rxn}	反应	否	催化剂的使用	M、H
限制平衡	反应	溶解度参数	分离	是	平衡偏移	PC(LL)
		气压、蒸发焓、沸点	分离	否	平衡偏移	PT(LL)、PS(LL) PC(VL)、PT(VL)、PS(VL)
		摩尔体积、可溶性参数、旋转半径、偶极矩	分离	否	平衡偏移	PT(PVL)、PT(VV)、PS(VV)
高度吸热	反应	计算 ΔH_{rxn}	反应	否	加热	H
高度放热	反应	计算 ΔH_{rxn}	反应	否	冷却	C
副产物形成	反应	溶解度参数	分离	是	分离副产物	PC(LL)、PT(LL)、PS(LL)
		气压、蒸发焓、沸点	分离	否	分离副产物	PC(VL)、PT(VL)、PS(VL)
		摩尔体积、溶解度参数、旋转半径、偶极矩	分离	否	分离副产物	PT(PVL)、PT(VV)、PS(VV)
原材料的接触问题/受限的质量传输	反应	—	混合	否	混合可选择物	M、2phM
爆炸性混合物	反应	混合物闪点	反应	是	冷却	C
爆炸性混合物	反应	溶解度参数	分离	—	混合物闪点、移除影响闪点的化合物	PC(LL)、PT(LL)、PS(LL)
降温	反应	—	反应	否	冷却	C

表2.7 对PBBs操作窗口的识别

任务	PBB	操作变量	化合物性质评估	举例
单相反应 (提示：所有的浓度都在露点线以下)	R	T、p	T_{Bi}、T_{Mi}、T 恒沸物	单相:液相 p—反应压力（如文献中所报道） T—最低沸点的化合物或者恒沸物 T—最高沸点的化合物
两相反应	R	T、p	T_{Bi}、T_{Mi}、T 恒沸物	相：VL p—反应压力 T—液相最高沸点的混合物 T—低熔点化合物
单相混合 (提示：所有的浓度都在露点线以下)	M	T、p	T_{Bi}、T_{Mi}、T 恒沸物	理想的混合：T—最低熔点化合物 理想混合：T—最高沸点混合物 气相混合：T—最低沸点化合物或者最小沸点恒沸物
两相混合 (提示：V－L 平衡区域间的所有浓度都在露点和起泡点之间)	2phM	T、p	T_{Bi}、T_{Mi}、T 恒沸物	T—最低熔点混合物 T—第二高沸点化合物或者最低沸点恒沸物
加热/冷却	H/C	T	—	NA
相接触	PC	—	—	VL：NA LL：NA SL：NA
相转换 (提示:V－L 平衡区域所有浓度露点和起泡点之间)	PT	T、p	T_{Bi}、T 恒沸物	T—最低沸点化合物或者最低沸点恒沸物 T—最高沸点化合物或者最高沸点恒沸物
相分离	PS	—	—	VL：NA LL：NA SL：NA

注：NA，不可以用；T，温度；p，压力；T_{Bi}，化合物 i 的沸点；T_{Mi}，化合物 i 的熔点

2.3.11 IT－PBS.3:产生可行的工艺流程替代物

目标:得到合适的集约化工艺流程。

输入的数据是选定的PBB搜索空间(从步骤IT－PBS.2)、结合PBBs去形成SPBs的结合规则、形成基本结构和操作的结合规则以及将操作转换为单元操作的规则。所有可行的SPBs都连同任务基的上层结构一起产生。整个SPB搜索空间是使用公式(2.7)计

算得到的。NSPB 是计算的 SPBs 的总量,nPBB 是 PBBs 在 PBB 搜索空间里的总量,$n\mathrm{PBB}_E$ 和 $n\mathrm{PBB}_M$ 是能量和混合 PBBs 各自的总量,D 是 PBB 的积分。

$$\mathrm{NSPB}_{\max} = \sum_{k=1}^{n_{\mathrm{PBB,max}}} \left[\frac{(n\mathrm{PPB} - 1)!}{(n\mathrm{PBB} - k - 1)!k!} \right] + 1 \tag{2.7}$$

$$n_{\mathrm{PBB,max}} = n\mathrm{PBB} - (n\mathrm{PBB}_E - 1) - (n\mathrm{PBB}_M - 1) - n\mathrm{PBB}_D$$

将可行的 SPBs 结合起来,得到基本结构。多种的基本结构能展现出一个单独的任务,随后扩大单元操作的搜索空间;或者一个单独的基本结构能实现多个任务,随后减少单元操作数量。表 2.8 给出了产生可行 SPBs 的结合规则。表 2.9 给出了实现一个任务的基本结构。基本结构被用来从任务基的上层结构中辨认可行的工艺流程。基本结构转化为操作单元,包括经典结构 + 新颖结构/成熟结构组合/强化的操作单元(如果适用)。表 2.10 给出了关于工艺集约化知识基的部分数据库,它们的目标是将基本结构转变为任务和基本单元。输出的数据是可能包含复合/集约化单元操作的可行的工艺流程。例如,考虑到 AB 混合物气 - 液分离,需要的任务是分离任务。它将使用表 2.8 中的结合规则与 PBBs 进行结合而产生 SPBs,之后形成基本结构去实现分离,也就是说,选定的 PBBs 是 M、2PhM、PC(VL)、PT(VL)和 PS(VL)。为了实现这个任务并且通过分离冷却和必要的加热来维持 VL,其他选定的 SPB 建筑模块是 M = C 和 M = H,联合起来就是 PC = PT = PS,最后就是 M = C = 2phM = PC(VL) = PT(VL) = PS(VL)以及 M = H = 2phM = PC(VL) = PT(VL) = PS(VL)。得到的 SPBs 会被结合并且产生基本结构(表 2.9),而且基本结构被转换为与 SPB 初始基本结构相关的单元操作。从表 2.10 中可以看出,如果以 SPB 初始的基本结构为基础,那么就可以选择多个单元操作,比如,精馏和萃取精馏。这是从大规模应用中产生工艺流程的优点之一,因为在单元操作规模上,很多可供选择的流程可以被几套 PBBs 来代表。

表 2.8　使用结合规则得到的 SPB 和可行的 SPBs 举例

SPB 构件		入口	规则
SPB 建筑模块	M = C/H	1,…,n(L、V、VL)	实现流的冷却/加热
	M = 2phM = C	1,…,n(L、V、LL、VL)	含有两相流的混合和冷却
	M = R	1,…,n(L、V、VL)	进行一个不加外界能量源的反应
	PC = PT	1,…,n(VL、LL)	进行两相的接触
	PC = PT = PS	1,…,n(VL、LL)	进行两相的分离
SPB(可行的)	M = 2phM = PC = PT	1,…,n(LL、VL)	进行两相的混合
	M = R = C M = R = H	1,…,n(L、V、VL)	进行有外界能量源加热/冷却的反应
	M = R = 2phM = PC = PT = PS M = R = C = 2phM = PC = PT = PS	1,…,n(LL、VL)	执行反应,产生相 和有外界能量源冷却的 PS

表 2.9 已识别的、完成一个任务的基本结构

任务*		基本结构
反应任务	Rt$_i$(i=1, …, n) → R-任务 → Rt$_i$(i=1, …, n) P$_j$(j=1, …, n)	M(L)=R(L) M(L)=C
分离任务1	NC$_i$ (i=1,2) → S-任务 → NC$_i$ (i=1或2)；NC$_j$ (j=1，i=2 或 j=2i=1)	M(VL)=C=2phM=PC(VL)=PT(VL)=PS(VL) M(VL)=2phM=PC(VL)=PT(VL)=PS(VL) M(VL)=H=2phM=PC(VL)=PT(VL)=PS(VL)
分离任务2		M(VL)=C=2phM=PC(VL)=PT(VL)=PS(VL) M(VL)=2phM=PC(VL)=PT(VL)=PS(VL) M(VL)=H=2phM=PC(VL)=PT(VL)=PS(VL) M(VL)=2phM M(L)=2phM=PC(VL)=PT(PVL)=PS(VL)

注:R, 反应; Rt, 反应物; P, 产物; NC, 化合物数量

表 2.10 从进料流中识别的基本结构单元操作及 MSA 使用和出现的恒沸物

基本结构中的 SPB 引发剂	任务	反应/分离操作	筛选1:供给相	筛选2:MSA(有/无)	筛选3:恒沸物
=2phM=PC(VL)=PT(VL)=PS(VL)	分离	部分冷凝或气化	气体和/或液体	无	否
* =2phM=PC(VL)=PT(VL)=PS(VL)	分离	精馏	气体和/或液体	无	是/否
=2phM=PC(VL)=PT(VL)=PS(VL)	分离	萃取精馏	气体和/或液体	有	否
=2phM=PC(VL)=PT(VL)=PS(VL)	分离	再沸吸附	气体和/或液体	有	否
=2phM=PC(VL)=PT(VL)=PS(VL)	分离	剥离	液体	有	否
=2phM=PC(VL)=PT(VL)=PS(VL)	分离	再沸剥离	液体	无	否
=2phM=PC(VL)=PT(VL)=PS(VL)	分离	蒸发	液体	无	否
=2phM=PC(VL)=PT(VL)=PS(VL)	分离	分离的壁柱	气体和/或液体	无	否
* =PC(VL)=PT(PVL)=PS(VL)	分离	膜渗透蒸发	气体	无	是
* =PC(VL)=PT(VV)=PS(VV)	分离	膜-气渗透	气体	无	是

注:* 精馏和膜基的复合/集约化单元操作

需要注意的是,如果基于模型的分析被用来研究复合/集约化单元操作的性能,这些单元操作就可能会组成 IT-PBS.4 中的其他工艺流程。模型可从 ICAS-MOT32 自带的模型库中检索,并用于混合/强化的操作单元,比如,一个膜反应器。产生的集约化工艺

流程可以在 IT - PBS.4 中用几个已经定义的变量来筛选,比如逻辑约束(θ_1)、结构约束(θ_2)和操作约束(θ_3)。ICAS - MOT32 的优点是可以迅速地在不同尺度上使用文本基模型代表的自动翻译功能,这样有利于灵敏度、不确定性分析,仿真,参数拟合和优化分析。

2.3.12 IT - PBS.4 最优工艺流程的选择

目标:通过经济和环境优化以及目标函数的计算选择最优的工艺流程。

输入的数据是可能的工艺流程和所有工艺相关的信息。每个工艺流程在经济、可持续性和 LCA 指标上被评估。计算排序每个可选择的目标函数,挑出满足逻辑、结构、操作和性能标准的最佳选择。输出数据是可能包含复合/集约化单元操作的更多可持续性的过程。与环境因素相关的改进是性能标准的一部分(公式(2.5)),它们可以与基本案例设计相比较。只有在经济和环境因素上都有改进的才会被选择,因此最后只能找到唯一的方法。

2.3.13 工艺集约化相关的规则方法

集约化规则的使用取决于物理因素、操作指南,以及不同规模的多个过程强化案例中已被验证的数据。

这些规则提供了一个迅速而又全面的方法来识别何时可以在工艺中使用集约化/复合单元操作,以此来达到步骤 8 中的限制和性能标准。鉴于该方法是以规则为基础的,它可以被融入到方法合成中,可以同时评价大量可替代的工艺和包含集约化/复合单元操作的工艺流程。这些规则方法为了增加原材料的使用和分离效率而产生了复合反应方案(HRS)和复合分离方案(HSS)。当常见的精馏过程不能分离一些混合物时,可以使用 HSS,如恒沸物或者沸点接近的混合物的分离。反应任务的定义:已知,原材料和一个反应路径;需求,一种满足反应相关设计限制和性能标准的 HRS。分离任务的定义:已知,一种混合物被分离成不同的产物流;需求,识别满足这些分离限制的 HSS。

Babi 和 Gani 首次提出了一套规则,这里把它们进行了扩展。Babi 和 Gani 也为具体的设计和集约化/复合单元操作的分析给出了模型基的计算机辅助方法和工具。这些规则不是很全面,因此,当表 2.11 中列出的反应装置被拓展时,它们也可以相应地进一步拓展。理想产物的定义很重要,因为如果与设计目标不太相关联时,就没有必要去从纯物质态得到化合物。

表 2.11 使用规则基方法产生的复合反应/分离框架

HRS/HDS 类型	第一个任务	第二个任务	外加的试剂
膜基反应(M - HRS)	反应	原位移除副产物	膜
反应精馏(RD - HDS)	反应	原位移除副产物	反应的焓
反应分离壁(RDW - HDS)	反应	精馏 - 分离理想的产物流	温度、压力
反应可提取的分离壁(REDW - HDS)	反应/萃取溶质(提示:溶剂可以充当反应介质)	精馏 - 萃取溶质/溶质复原	溶剂

续表 2.11

可变压型(PS－HDS)	在压力 p_1 下精馏	在压力 p_2 下精馏	压力
溶剂型(S－HDS)	萃取溶质	溶剂复原	溶剂
HRS/HDS 类型	第一个任务	第二个任务	外加的试剂
基于膜型(M－HDS)	渗透一种化合物	产品复原	膜
分离壁（DW－HDS)	近沸点化合物之间的精馏－分离	理想产物流的精馏－复原	温度、压力
萃取分离柱（EDW－HDS)	萃取溶质	溶剂复原	溶剂

注:HDS, 复合精馏框架

规则1:如果混合物有两种并且是对压力敏感的恒沸物,那么选择 PS－HSS。

规则2:如果混合物有两种并且恒沸物不是压力敏感的,那么选择 S－HSS,或者 M－HSS,或者 EDW－HSS。

规则3:如果混合物是多组分的,形成的是非恒沸物,并且至少有两种恒沸物形成或者接近沸点,那么选择 S－HSS(仅适用于近沸点/恒沸物质对),或者 M－HSS(仅适用于近沸点/恒沸物质对),或者 EDW－HSS。

规则4:如果混合物是多组分的,并且至少有一对恒沸物形成或者接近沸点,那么首先分离形成恒沸物的那一对物质;对于不形成恒沸物的一对来说,将它们按顺序分离出来,基于设计目标选择 DW－HSS。然后按照后续的规则,即规则1或规则2进行。

如果恒沸物不是理想产物的一部分,就分离恒沸物。

规则5:如果混合物是会反应的,并且呈现出一个反应平衡,此外,产物与其他反应物或者近沸点的混合物会形成恒沸物,则选择 MR－HSS,或者 RD－HSS,或者 RDW－HSS,或者 REDW－HSS。

规则6:如果混合物之间会发生反应,并且反应呈现一个平衡,此外,产物没有和未反应的物料或者彼此之间形成恒沸物,那么选择 MR－HSS,或者 RD－HSS,或者 RDW－HSS。

规则7:如果混合物之间不发生反应,并且化合物没有形成恒沸物,沸点也不相近,那么选择 DW－HSS。

从集约化规则方法选择出的复合方案如图2.6所示。可以从规则方法产生的复合方案列表见表2.11。基于复合方案的选择规则,将要反应的混合物,或者将要被分离的混合物之间的关系列举出来,见表2.12。

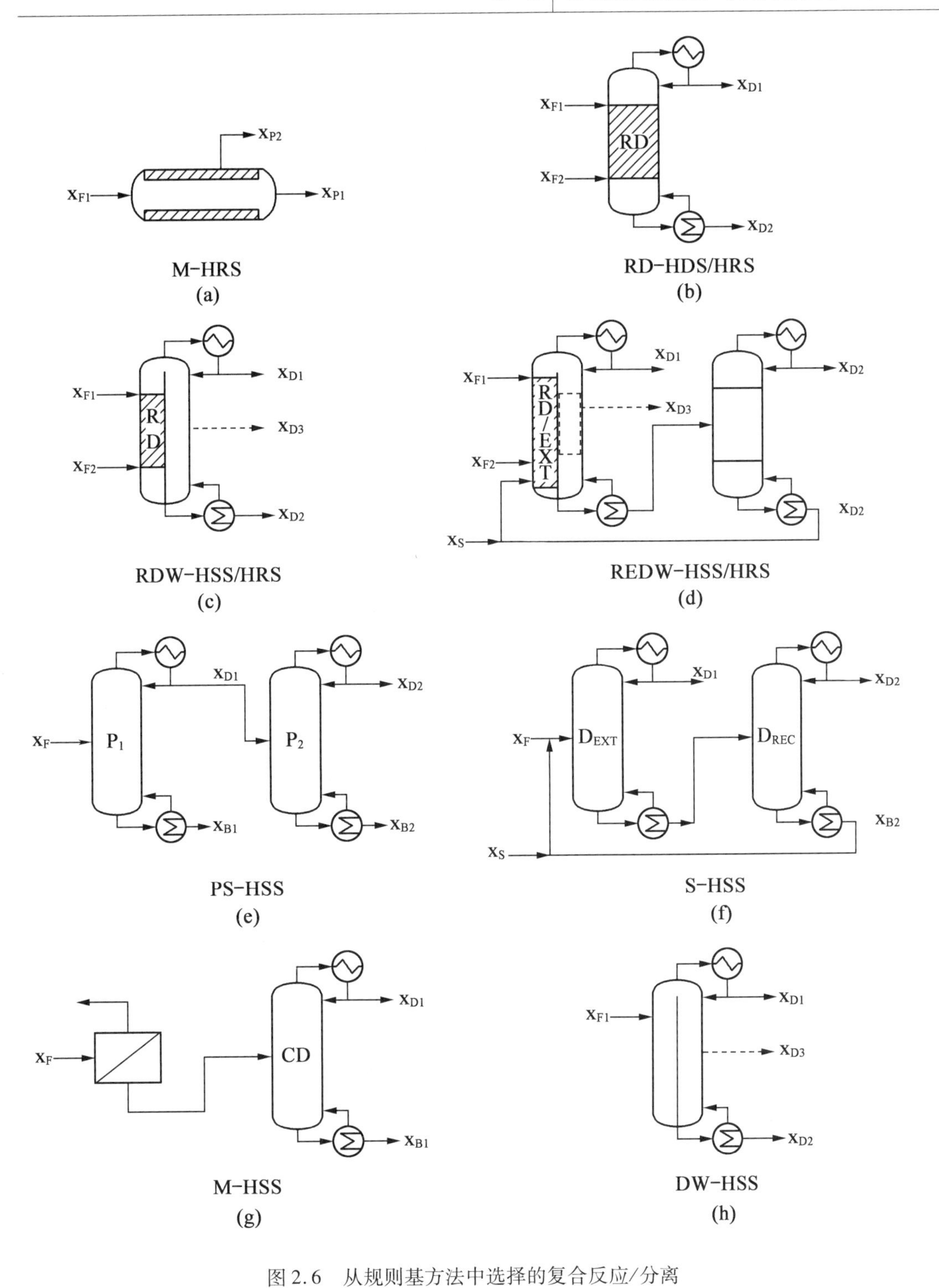

图 2.6　从规则基方法中选择的复合反应/分离

(HRS—复合反应框架;HSS—复合分离框架;CD—通用的精馏;EXT—萃取;REC—复原;F—进料;D—精馏产品;B—底部产物;S—溶剂;x—组分)

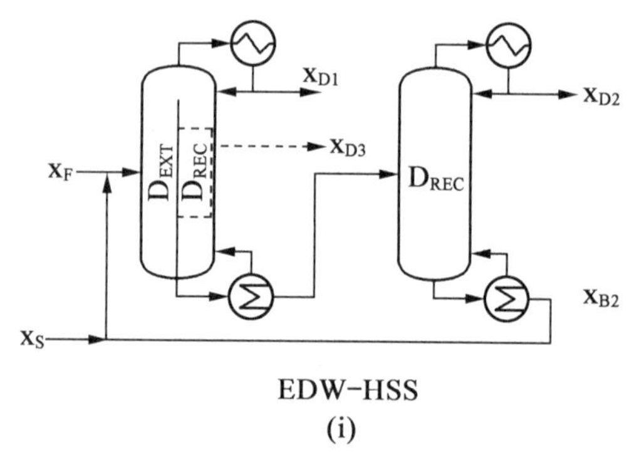

EDW-HSS
(i)

续图 2.6

表 2.12 基于混合物特性的复合框架选择

类型	恒沸物/接近沸点			活性混合物	HRS/HDS 组合	设计(图 2.6)
	当前的恒沸物	对压力敏感	是否接近沸点			
双组分	是	否	否	否	S-HDS, M-HDS, EDW-HDS	(f), (g), (i)
	是	是	否	否	PS-HDS, S-HDS, M-HDS, EDW-HDS	(e), (f), (g), (i)
	否	—	是	否	S-HDS, M-HDS, EDW-HDS	(f), (g), (i)
多组分	是*	否	否	否	CD+S-HDS, M-HDS, EDW-HDS	(f), (g), (i)
	是*	是*	否	否	PS-HDS, CD+S-HDS, M-HDS, EDW-HDS	(e), (f), (g), (i)
	是*	否	是	否	CD+S-HDS, M-HDS, EDW-HDS	(f), (g), (i)
	是*	是*	是*	否	PS-HDS, CD+S-HDS, M-HDS, EDW-HDS	(e), (f), (g), (i)
	否	否	否	是	MR-HRS, RD-HDS, RDW-HDS	(a), (b), (c)
	是*	否	否	是	MR-HRS+CD, RD-HDS+M-HDS, RDW-HDS	(a), (b)+(g), (c)
	是*	是*	否	是	RD-HDS+PS-HDS, RDW-HDS, REDW-HDS	(b)+(e), (c), (d)
	是*	是*	是*	否	PS-HDS, CD+S-HDS, M-HDS, DW-HDS, EDWHDS	(e), (f), (g), (h), (i)

注: * 表明至少一组化合物形成了恒沸物或者沸点接近

2.4 应用举例

通过使用两个实例来强调工艺综合-集约化方法在框架中的应用,采用的是基于膜的单元操作。第一个例子是关于碳酸二甲酯(DMC)的生产,该部分应用框架中的阶段3产生了更多可持续性的设计方案。第二个例子是乙酸甲酯的生产,其中应用规则方法产生了更多可持续性的设计方案。对于每个应用例子,可以看出膜和膜基的单元操作在产生更经济和更多可持续性过程中起到了重要的作用。

2.4.1 碳酸二甲酯的生产

1. 步骤1:需要识别

碳酸二甲酯是燃料添加剂中一种重要(环境友好)的化学物质,它被认为是甲基叔丁醚的一类工艺流程。碳酸丙烯酯和甲醇(MeOH)之间反应的副产物也是有价值的产品,比如丙二醇(PG),是制造塑料和飞机除冰混合物的原材料之一。

DMC主要的三个生产商是河南省中原大化集团有限责任公司、UBE和Highchem,它们的年产量可达100 000 t。因此,确定的生产目标是1 700 kg/h,产品和副产物(DMC和PG)的纯度(质量分数)应该高于99.9%。

2. 步骤2:问题定义

问题陈述:根据约束条件和性能标准确定DMC生产工艺流程的备选方案,并实现PC的较优转化。目标函数关于每年的费用可表示为

$$\max F_{\text{obj}} = \frac{\left(\sum E_i C_{\text{Ut},i} + \dfrac{C_{\text{Equip}}}{t_{\text{proj}}}\right)}{m_{\text{prod}}} \tag{2.8}$$

式中,E是能量流;C是费用,Ut是公共设施,Equip是设备;t_{proj}是项目设置为十年的使用期;m_{prod}是产品质量流。

公式(2.8)中的限制条件和性能标准受制于表2.13中给出的信息。

表2.13 DMC产品综合-集约化的设计约束条件和性能标准

目标	约束条件			性能标准
	θ_1	θ_2	θ_3	(ϕ)
工艺流程结构:反应+分离	*			
反应出现在第一个单元操作	*			
DMC和PG的产物纯度定义为99%	*			
PBBs结合之后基于结合规则形成SPBs		*		
SPBs结合之后基于结合规则形成基本结构		*		

续表 2.13

目标	限制条件			性能标准
	θ_1	θ_2	θ_3	(ϕ)
不要在反应/分离中使用大量分离试剂		*		
循环未反应的初始材料		*		
如果没有必要,不使用循环流		*		
假设初始材料、MeOH 和 PC 处在纯的状态			*	
平衡转化率定义为 54% (有可能增加)			*	
DMC 的产物目标定为 122×10^2 t/年			*	
从基本结构到单元操作的 PI 筛选标准:可行的新颖设备 探索增加 MeOH 转化率 最小化/减少能量消耗				* * *
集约化设备				*
减少单元操作数量				*
废物最小化				*
可持续性指标应与 LCA 一致或者更好				*

注:* 与目标相关的限制条件

3. 步骤 3:反应识别/选择

原材料是甲醇和丙烯碳酸酯,并且反应是在液相中发生的。反应使用基本的催化剂来催化,如安伯莱托 IRA-68。反应是一个平衡反应,如下:

$$2MeOH + PC \longleftrightarrow DMC + PG \tag{2.9}$$

产物和副产物都是液相,反应的焓为 -41.67 kJ/mol,平衡时的转化率为 54%,因为反应的焓 $\Delta H_{rxn}<0$,所以该反应是可逆和放热的。

4. 步骤 4:核实有效性-基本案例

通过文献调研,预先选择一个参考设计方案(图2.7)。基本案例包括五个单元操作,即一个反应器(R1)和四个精馏塔(T1、T2、T3 和 T4)。关于预选设计方案的阐述如下:原材料和过量的 MeOH 以 5:1 的摩尔比加入到反应器中,在这里酯基和甲醇的交换反应产生了 DMC 和 PG。反应流出物是包含 MeOH、PC、DMC 和 PG 的多组分混合物。在 MeOH 和 DMC 之间存在一个最低值的沸点恒沸物。第一个精馏及分离柱从 MeOH 和 DMC(T1 的顶部产品)中分离出了 PC 和 PG(T1 的底部产品)。采用变压蒸馏分离,在 T2 和 T3 中分离 T1 的顶部产品(MeOH 和 DMC)。在 T2 中,进料组分在柱压为 10 bar 时加入,并且位于恒沸物的左手边。因此 DMC 可以在底部产物中得到,柱压为 10 bar 时,顶部产物是 MeOH/DMC 恒沸物。在 T3 中,进料组分是在柱压为 1 bar 时加入的,在恒沸物的右手边,因此,MeOH 是在底部产物中得到的,它被循环到反应器中,MeOH/DMC 恒沸物被循环到 T2 中。T4 使 PG 从 PC 中分离。没有反应的 PC 被循环到反应器中。

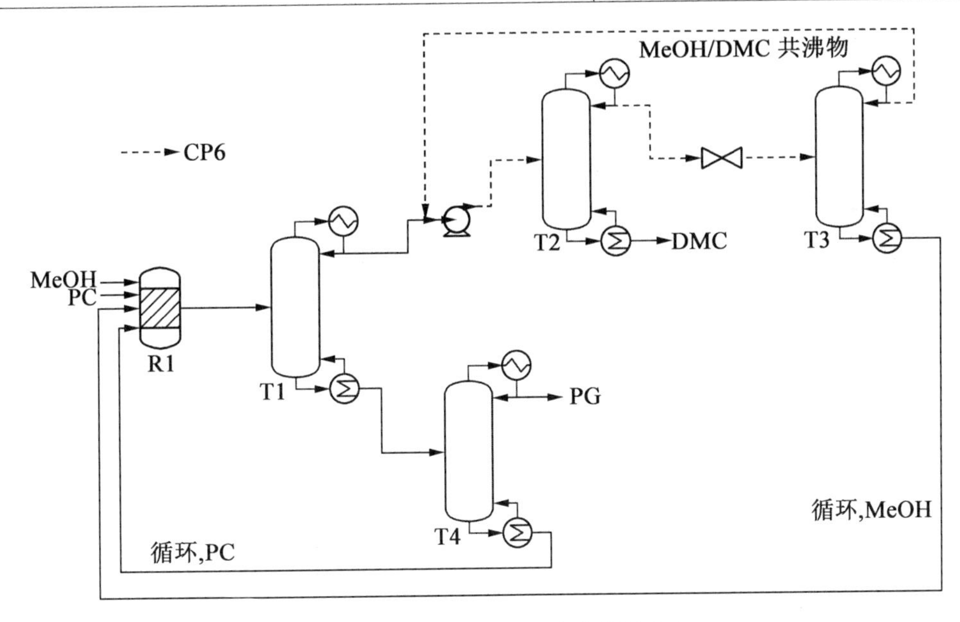

图 2.7 生产 DMC 时的参考设计方案
(CP 是步骤 8 的输出口,已用虚线标示的输出口)

5. 步骤 5:核实基本问题设计的可行性

为了验证预先选择的设计方案是否可行,使用 Douglas(1985)过程合成方法来进行分析。从分析来看,已选择的设计满足了 Douglas(1985)的合成方法,因此,它被选择为基本案例设计(图 2.7)。

6. 步骤 7:进行严格的仿真模拟

为模拟液相的非理想性,选择 UNIQUAC 作为热力学模型。基本案例设计实验使用反应器平衡基模型和 Aspen Custom 分离模型来建模分析。为了达到近似于平衡转换的效果,甲醇是过量的。仿真结果见表 2.14。

为了在步骤 8 中实现经济和环境的分析,详细的质量和能量平衡数据、数据流量和单元操作都是从基本案例的模拟中获取的。

表 2.14 基本案例设计模拟中重要的结果

变量	数值
进料摩尔比(x(MeOH): x(PC))	5:1
DMC 产量 /($kg \cdot h^{-1}$)	1 700
能量使用/($MJ \cdot h^{-1}$)	133 563
公共设施费用/(美元·年$^{-1}$)	4 393 537

7. 步骤 8:经济、可持续性和 LCA 分析

进行经济、可持续性和 LCA 分析后的结果如图 2.8 和表 2.15 所示。表 2.15 中,工艺中最重要的路径已在图 2.7 中展示。

闭合的路径 6(CP6)追踪了甲醇(原材料),并且具有较高的环境和能源浪费成本(EWC);也就是说大量的甲醇被循环利用,这也导致了能量和水电的高额使用费用。属于 CP6 的操作单元(图 2.7)为 T2 和 T3,它们具有高碳排放,分别占单元总成本(重沸器的热需求)的 30% 和 15%。表 2.16 给出了已确认的工艺热点,需要被满足的设计目标如下:

①减少能量损耗。

②减少公共设施费用。

③提升 LCA/可持续性指标。

④减少操作单元。

⑤产品纯度(与基本案例一致)。

⑥目标产量(与基本案例一致)。

⑦减少操作费用。

⑧废弃物最少化。

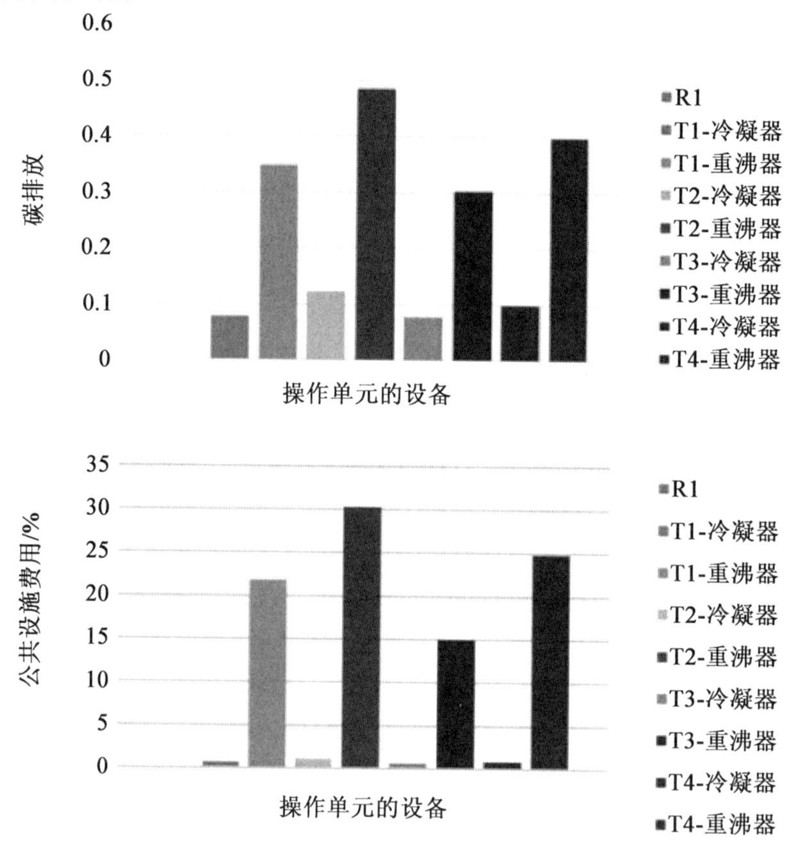

图 2.8 基本案例设计的 LCA 分析和经济分析(彩图见附录)

表 2.15　有最大提升潜力的基本案例设计中最重要的路径

路径	化合物	流速($kg\cdot h^{-1}$)	MVA/(10^3 美元·年$^{-1}$)	TVA/(10^3 美元·年$^{-1}$)	EWC/(10^3 美元·年$^{-1}$)
CP6	MeOH	761.83	—	—	10 253

表 2.16　基本案例中将要被转换为设计目标的已识别的工艺热点

指示器数值	基本案例特性	原因	识别的过程热点
α_1 = 初始材料循环/费用	未反应的初始材料	平衡反应	极限平衡/初始材料损失
β_1 = MVA	—	—	—
α_2 = 公共设施费用	未反应的初始材料和产物恢复	出现恒沸物	恒沸物
β_1 = MVA	—	能源使用——加热或者冷却	难分离:驱动力低 能源消耗和/或需求高
β_2 = EWC	—	—	—
γ_1 = CO_2	—	—	—
γ_2 = PEI	—	—	—

8. IT－PBS.1:过程分析

基本案例中的任务工艺流程如图 2.9 所示,现象工艺流程如图 2.10 所示,已辨认的 PBBs 如下:

①反应任务:

M、C、R。

②分离任务:

气－液:M、2phM、C/H、PC(VL)、PT(VL)、PS(VL)。

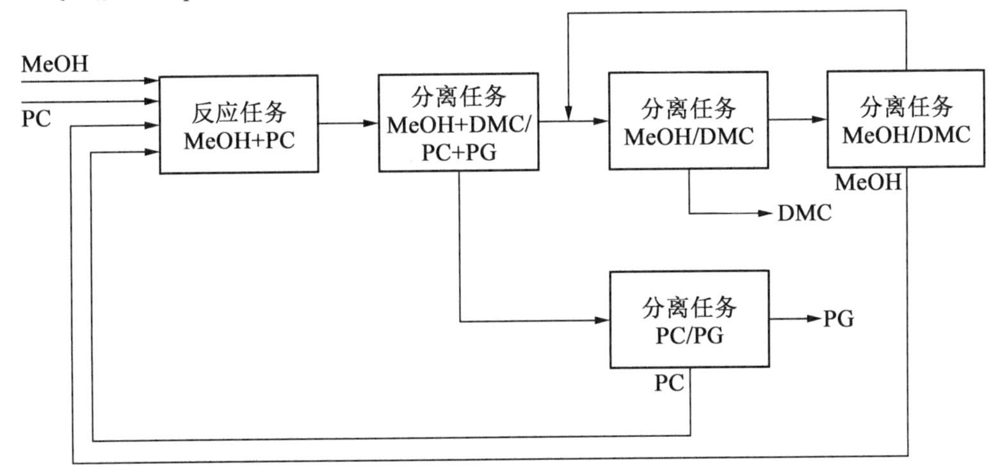

图 2.9　基本案例中的任务工艺流程

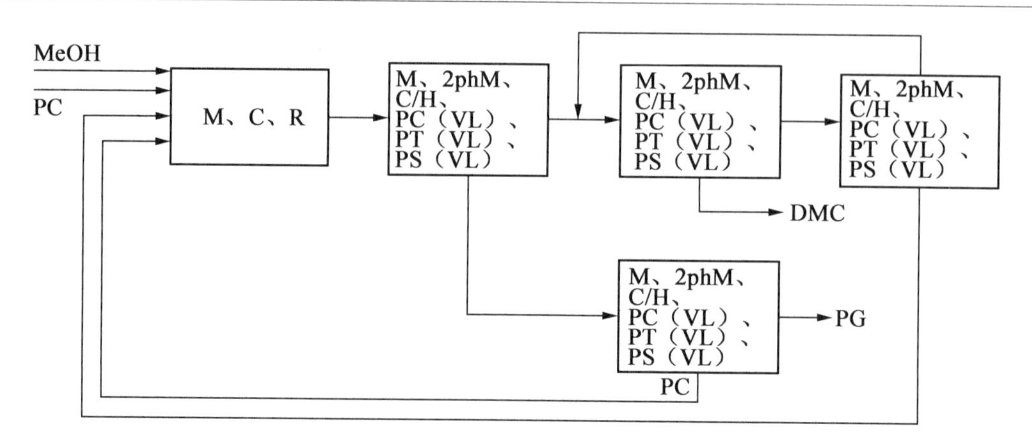

图2.10　基本案例中的现象工艺流程

表2.17和图2.11分别给出了二元的矩阵模型和恒沸物分析结果。表2.17表明在MeOH和DMC之间存在一种恒沸物,因为这一对物质沸点接近一致。这可以通过MeOH和DMC之间的混合物分析来确认。如图2.11所示,MeOH/DMC恒沸物是与压力有关的,在低压下恒沸物中MeOH纯度(摩尔分数)达到80%;在高压下,恒沸物消失。这个信息在IT-PBS.3中可能对工艺流程的产生有所帮助。

表2.17　一组特定性质的二元矩阵模型

r_{ij}	M	T_m	T_b	R	δ	V_V	V	p
MeOH/PC	3.19	1.28	1.52	2.2	1.13	2.08	2.1	2 736.13
MeOH/DMC	2.81	1.56	1.08	2.09	1.46	2.13	2.09	2.28
MeOH/PG	2.37	1.21	1.36	2.03	1	2.15	1.82	980.63
PC/DMC	1.13	1.22	1.42	1.05	1.3	1.02	1.01	1 198.69
PC/PG	1.34	1.05	1.12	1.08	1.12	1.03	1.16	2.79
DMC/PG	1.18	1.28	1.27	1.03	1.46	1.01	1.15	429.61

注:r_{ij},双组分;M,分子量;T_b,标准沸点;R,回转半径;T_m,标准熔点;V_V,摩尔体积;δ,溶解度参数;V,范德瓦耳斯体积;p,压强

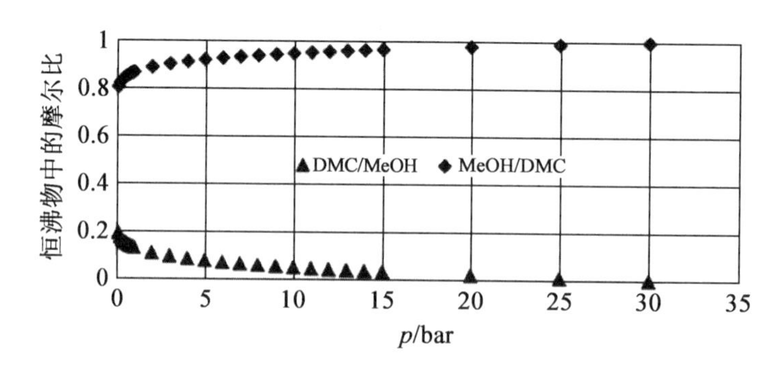

图2.11　不同压力下,MeOH/DMC恒沸物的摩尔组成变化曲线

9. IT-PBS.2:理想的任务和现象的识别

由于需要分离出现的恒沸物,因此选择的另外的 PBBs 是 PT(PVL)、PT(VV)和 PS(VV)。因此,PBBs 总的列表是 R、M、2phM、C、H、PT(VL)、PT(PVL)、PT(VV)、PC(VL)、PS(VL)、PS(VV)和 D。满足步骤2中的限制条件后剩余的 PBBs 只有 R、M(假设四种类型:理想液体、流动相、矩形和理想气体)、2phM、C、H、PT(VL)、PT(PVL)、PT(VV)、PC(VL)、PS(VL)、PS(VV)和 D。每个 PBB 的操作窗口见表2.18。

表2.18 特定 PBBs 的操作窗口

现象	操作窗口
R	T_{low} = 175.15 K(最低熔点) T_{high} = 313.15 K(反应器操作的最大温度)
M_V	T_{low} = 337.70 K(最低的锅炉温度) T_{high} = 514.70 K(最高的锅炉温度)
M_{ld}	T_{low} = 175.15 K(最低的熔化器温度) T_{high} = 514.70 K(最高的锅炉温度)
M_V, 2phM	T_{low} = 336.66 K(最低的恒沸物温度)
PC(VL)	V-L 当前
PT(VL)	T_{low} = 336.66 K(最低的恒沸物温度) T_{high} = 514.70 K(最高的锅炉温度)
PS(VL)	V-L 当前
PT(PVL)	组分关系
PT(VV)	组分关系
PS(VV)	V-V 当前(所有的组分在气相)
H	—
C	—
D	—

注:所有的浓度都低于露点线且高于始沸点

10. IT-PBS.3:产生可行的工艺流程替代物

根据公式(2.7)可以得出 PBBs 能相互结合形成最大的 SPB 数量是11,而能得到的总 SPBs 数量是16 278。表2.19列出了一系列可行的 SPBs,假设在液相中,每个 SPB 有三种混合类型,分别是理想液体、流动相和矩形,那么产生的任务基的上层结构如图2.12所示。

表2.19 部分可行的SPBs

SPB	联结的PBB	进口	出口	实现的任务
SPB.1	M	1,…,*n*(L、VL、V)	1(L、VL、V)	Mix.
SPB.2	M=2phM	1,…,*n*(L、VL、V)	1(L、VL、V)	Mix.
SPB.3	M=R	1,…,*n*(L、VL、V)	1(L、VL、V)	Mix. +React.
SPB.4	M=H	1,…,*n*(L、VL、V)	1(L、VL、V)	Mix. +Heat.
SPB.5	M=C	1,…,*n*(L、VL、V)	1(L、VL、V)	Mix. +Cool.
SPB.6	M=R=H	1,…,*n*(L、VL、V)	1(L、VL、V)	React. +Heat.
SPB.7	M=R=C	1,…,*n*(L、VL、V)	1(L、VL、V)	React. +Cool.
SPB.8	M=R=H=PC(VL)=PT(VL)	1,…,*n*(L、VL、V)	1(L、VL、V)	React. +Heat.
SPB.9	M=R=C=PC(VL)=PT(VL)	1,…,*n*(L、VL、V)	1(L、VL、V)	React. +Cool.
SPB.10	M=R=2phM=PC(VL)=PT(VL)	1,…,*n*(L、VL)	2(V/L)	React. +Sep.
SPB.11	M=R=2phM=PC(VL)=PT(VL)=PS(VL)	1,…,*n*(L、VL)	2(V;L)	React. +Sep.
SPB.12	M=R=2phM=PC(VL)=PT(PVL)=PS(VL)	1,…,*n*(L、VL)	2(V;L)	React. +Sep.
SPB.13	M=R=H=2phM=PC(VL)=PT(PVL)=PS(VL)	1,…,*n*(L、VL)	2(V;L)	React. +Sep.
SPB.14	M=R=C=2phM=PC(VL)=PT(PVL)=PS(VL)	1,…,*n*(L、VL)	2(V;L)	React. +Sep.
SPB.15	M=2phM=PC(VL)=PT(VL)	1,…,*n*(L、VL)	2(V;L)	Mix. +Ph. Cr.
SPB.16	M=2phM=C=PC(VL)=PT(VL)	1,…,*n*(L、VL)	2(V;L)	Mix. +Ph. Cr.
SPB.17	M=2phM=H=PC(VL)=PT(VL)	1,…,*n*(L、VL)	2(V;L)	Mix. +Ph. Cr.
SPB.18	M=2phM=PC(VL)=PT(VL)=PS(VL)	1,…,*n*(L、VL)	2(V;L)	Mix. +Sep.
SPB.19	M=C=2phM=PC(VL)=PT(VL)=PS(VL)	1,…,*n*(L、VL)	2(V;L)	Cool. +Sep.
SPB.20	M=H=2phM=PC(VL)=PT(VL)=PS(VL)	1,…,*n*(VL)	2(V;L)	Heat. +Sep.
SPB.21	M=2phM=PC(VL)=PT(PVL)=PS(VL)	1,…,*n*(VL)	2(V;L)	Mix. +Sep.
SPB.22	M=2phM=PC(VL)=PT(VV)=PS(VV)	1,…,*n*(L、VL、V)	2(V;V)	Mix. +Sep.
SPB.23	M=2phM=PT(VV)=PS(VV)	1,…,*n*(V)	2(V;V)	Mix. +Sep.
⋮	⋮	⋮	⋮	⋮
SPB.70	D	1(L;VL、V)	1..*n*(L;V; VL)	Stream Div.

注:Mix.,混合;Cool.,冷却;Heat.,加热;React.,反应;Sep.,分离;Ph. Cr.,产生新相;Stream Div.,分流

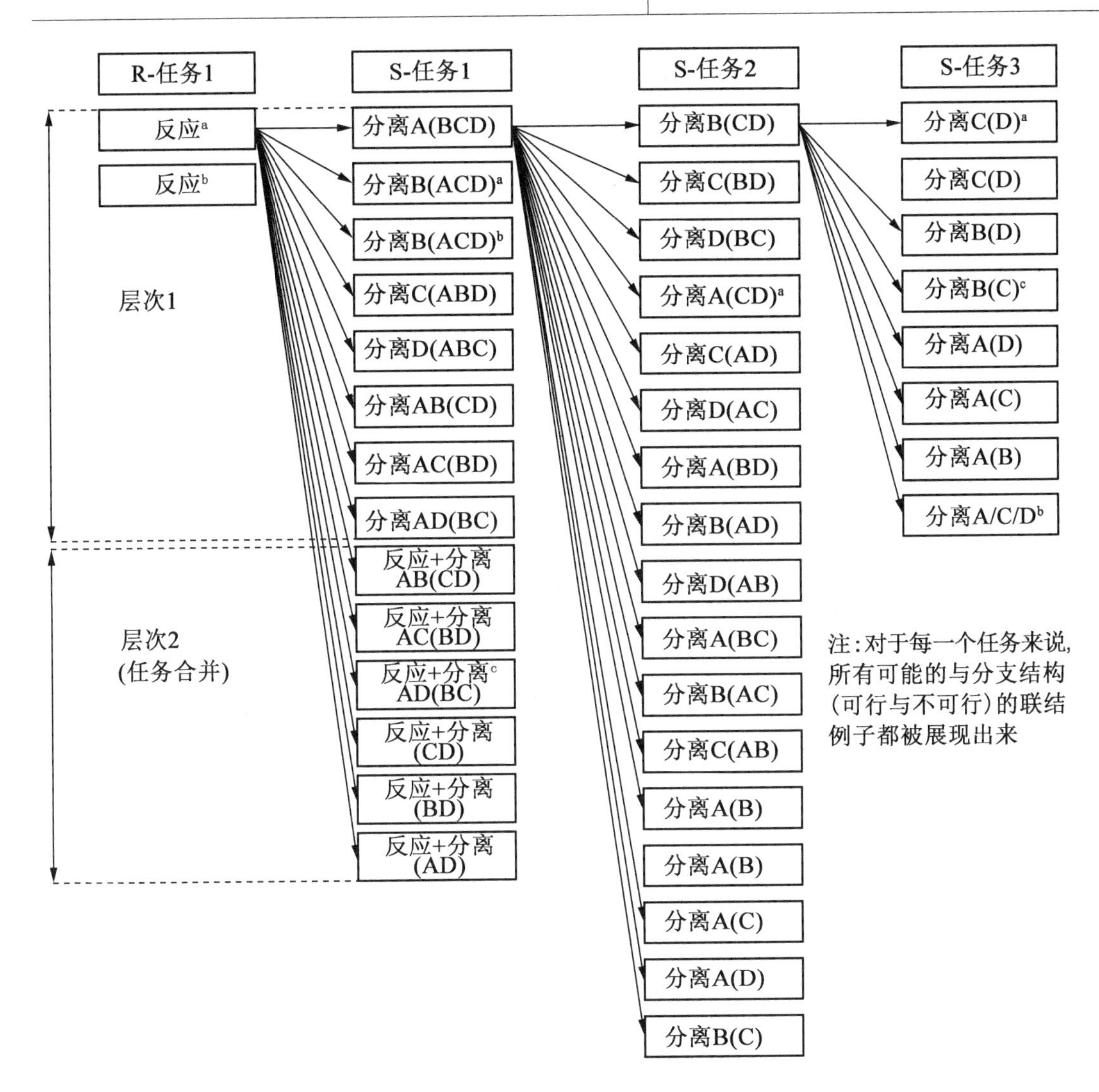

图2.12 任务基的上层结构

([a] 工艺流程工艺流程3；[b] 工艺流程工艺流程5；[c] 工艺流程工艺流程9。
A—PC；B—甲醇；C—DMC；D—PG)

已确认的基本结构能进行实验和分离任务，然后从任务的上层结构中选择合适的工艺流程，其中，已确认的基本结构见表2.20～2.22。

表 2.20 为生产 DMC 和 PG 以及回收理想产物而展现出的单个或多个任务的基本结构

SPB*	基本结构	任务表现
SPB.7	M(L)=R(L)=C	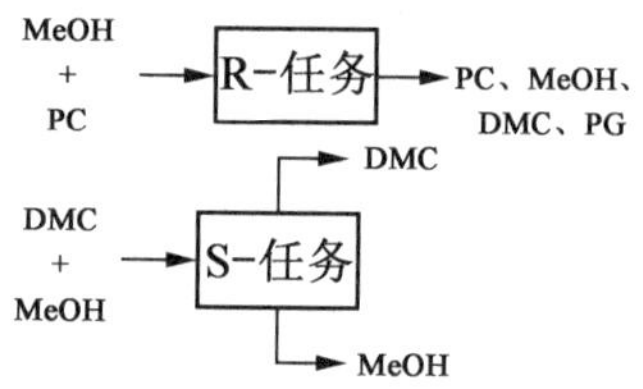 MeOH + PC → R-任务 → PC、MeOH、DMC、PG
SPB.2	M(VL)=2phM	DMC + MeOH → S-任务 → DMC；→ MeOH
SPB.5	M(L)=2phM=PC(VL)=PT(PVL)=PS(VL)	
SPB.18	M(V)=C	
SPB.19	M(V)=2phM	
SPB.20	M(V)=2phM=PT(VV)=PS(VV)	
SPB.21	M(VL)=C=2phM=PC(VL)=PT(VL)=PS(VL)	
SPB.23	M(VL)=2phM=PC(VL)=PT(VL)=PS(VL)	
	M(VL)=H=2phM=PC(VL)=PT(VL)=PS(VL)	
SPB.18	M(VL)=C=2phM=PC(VL)=PT(VL)=PS(VL)	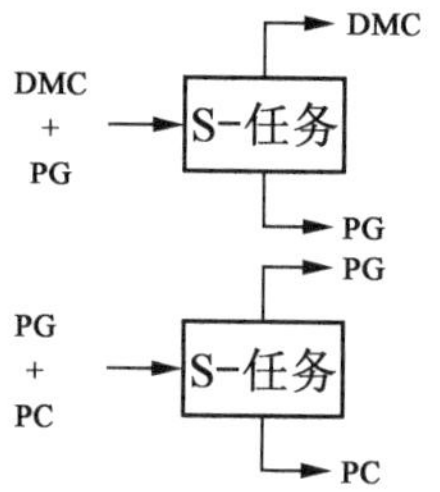 DMC + PG → S-任务 → DMC；→ PG
SPB.19	M(VL)=2phM=PC(VL)=PT(VL)=PS(VL)	PG + PC → S-任务 → PG；→ PC
SPB.20	M(VL)=H=2phM=PC(VL)=PT(VL)=PS(VL)	

注:①SPB 编号对应于表 2.19 中提供的 SPB。

②对于组合基本结构,仅呈现组合基本结构中存在的 SPB。

③请注意,代表任务入口的每个二元对代表正在考虑的两个关键化合物。

④R,反应;S,分离

表 2.21 工艺流程工艺流程 4 ~ 5 中已识别的基本结构

SPB*	基本结构	任务表现
SPB.7	M(L)=R(L)=C	MeOH + PC → R-任务 → PC、MeOH、DMC、PG
SPB.2	M(VL)=2phM	DMC + MeOH → S-任务 → DMC；MeOH
SPB.5	M(L)=2phM=PC(VL)=PT(PVL)=PS(VL)	
SPB.21	M(V)=C	
SPB.23	M(V)=2phM	
	M(V)=2phM=PT(VV)=PS(VV)	
SPB.18	M(VL)=C=2phM=PC(VL)=PT(VL)=PS(VL)	DMC + PG → S-任务 → DMC；PG PG + PC → S-任务 → PG；PC ↓ PC、DMC、PG → S-任务 → DMC；PG；PC 任务合并
SPB.19	M(VL)=2phM=PC(VL)=PT(VL)=PS(VL)	
SPB.20	M(VL)=H=2phM=PC(VL)=PT(VL)=PS(VL)	

表 2.22　工艺流程工艺流程 6 ~ 9 中已识别的基本结构

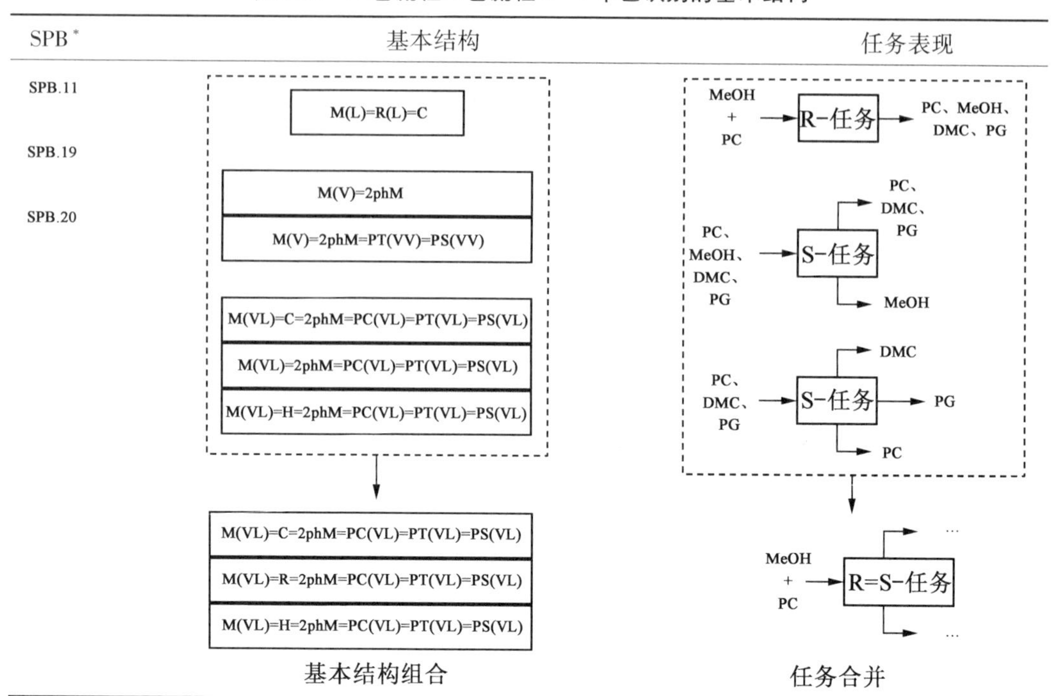

已确认的任务的工艺流程可以分为两个层次。层次一中无须融合任务，层次二中必须通过融合任务来得到工艺流程。因此将产生的所有的工艺流程在图 2.12 中重点进行阐述，其中具体的过程可以做如下解释：

(1)层次 1：工艺流程 2 ~ 3。需要注意的是，工艺流程备选方案 1 无法显示，因为存在概念设计之外进一步开发流程图的可能。

工艺流程 2 ~ 3：将甲醇与 PG 以摩尔比 5∶1 进料。该反应是可逆平衡的液相反应，因此，选择包含 R(L)PBB 的一个基本结构来进行反应任务。从混合物分析来看，这里出现了一个最小的沸点、压力相关的恒沸物。因此应该使用表 2.20 确认的一套基本结构，它包含 PT(PVL)或者 PT(VV)PBB，它们将会从 DMC、PG 和 PC 中分离 MeOH。S - 任务 1 包括了 DMC、PG、PC，且没有恒沸物。从表 2.20 中辨认的基本结构来看，它选择一个结构来进行 S - 任务 1 和 S - 任务 2，并且所有未反应的原材料会被回收，最终任务工艺流程将会关闭。

(2)层次 2：可选择的工艺流程 3 ~ 4。

①工艺流程 4 ~ 5：因为相同的基本结构完成相同的任务，所以可以考虑合并某些任务。在满足理想设计目标时，合并任务的概念减少了任务被执行的数量，也因此减少了单元操作的最终数量。因为 S - 任务 1 和 S - 任务 2 紧挨着，所以先来考虑它们。相同的基本结构有相同的任务，基于 DMC、PG 和 PC 的混合特性来看，这些任务可以被一起合并，也就是说，不同化合物有不同的沸点，并且它们之间没有产生恒沸物，见表 2.21。

②工艺流程 6 ~ 9：因为将 PBBs 结合起来进行反应和分离之后，任务会被进一步合

并。新产生的R-任务、S-任务、S-任务2和S-任务3可以被考虑。因为基本结构包含了反应和PBBs相关的分离,所以基本的结构可以相互结合起来同时进行反应和分离过程,见表2.22。

完成不同任务的基本结构被转换成了单元操作,最终的工艺流程呈现在图2.13中。

为了给IT-PBS.4选择合适的工艺流程,进一步分析和筛选其他工艺流程。筛选过程如图2.14所示。使用后续的模型对工艺流程进行分析,它们满足了步骤2中定义的逻辑和操作限制,DMC产品的纯度(质量分数)定义为超过99%,DMC产物的目标定为超过1 700 kg/h:

①工艺流程2~6:从已知的膜数据来看,在这里选择一种气体可透过的膜。因为反应的出口是液体,所以一个渗透蒸发的膜将是最好的选择,然而,这里的限制是这些膜数据是否适用于这个膜。接下来用Rangaiah等、Halvorsen和Skogestad等使用的方法进一步研究单独的柱壁。

②工艺流程6~9:Holtbruegge等研究了反应精馏过程。它发现最好的构型是有反应/不反应两种阶段的双进料反应精馏。最上面的组分是MeOH/DMC混合物,而底部的是PG。由于柱顶端的物质已经是气态,继续填料后,在甲醇被除去的地方,物料继续被加入到气态反应膜中,直到DMC能被VL分离出去且组分在恒沸物的另一边。

在IT-PBS.4中,为了进一步分析而选择的四种工艺流程是工艺流程1、使用气体透过膜的工艺流程3(图2.13(a))、使用一种气体透过膜和分离的柱的工艺流程5(图2.13(b))以及使用反应精馏及分离柱和气体透过膜的工艺流程9(图2.13(c)和(d))。

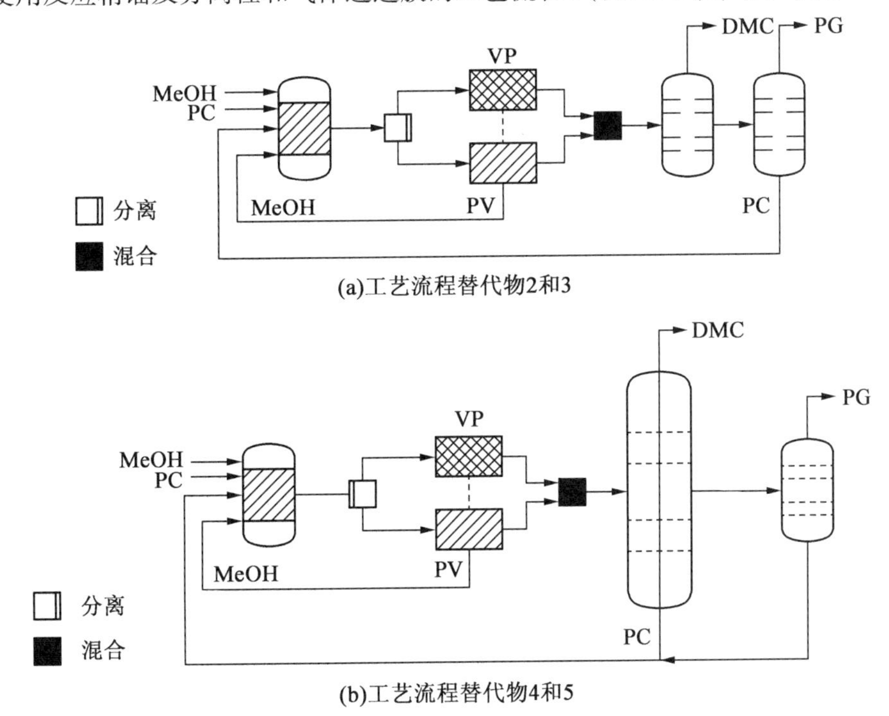

图2.13 更多可持续的DMC生产工艺流程

(VP—蒸气渗透膜;PV—渗透蒸发膜)

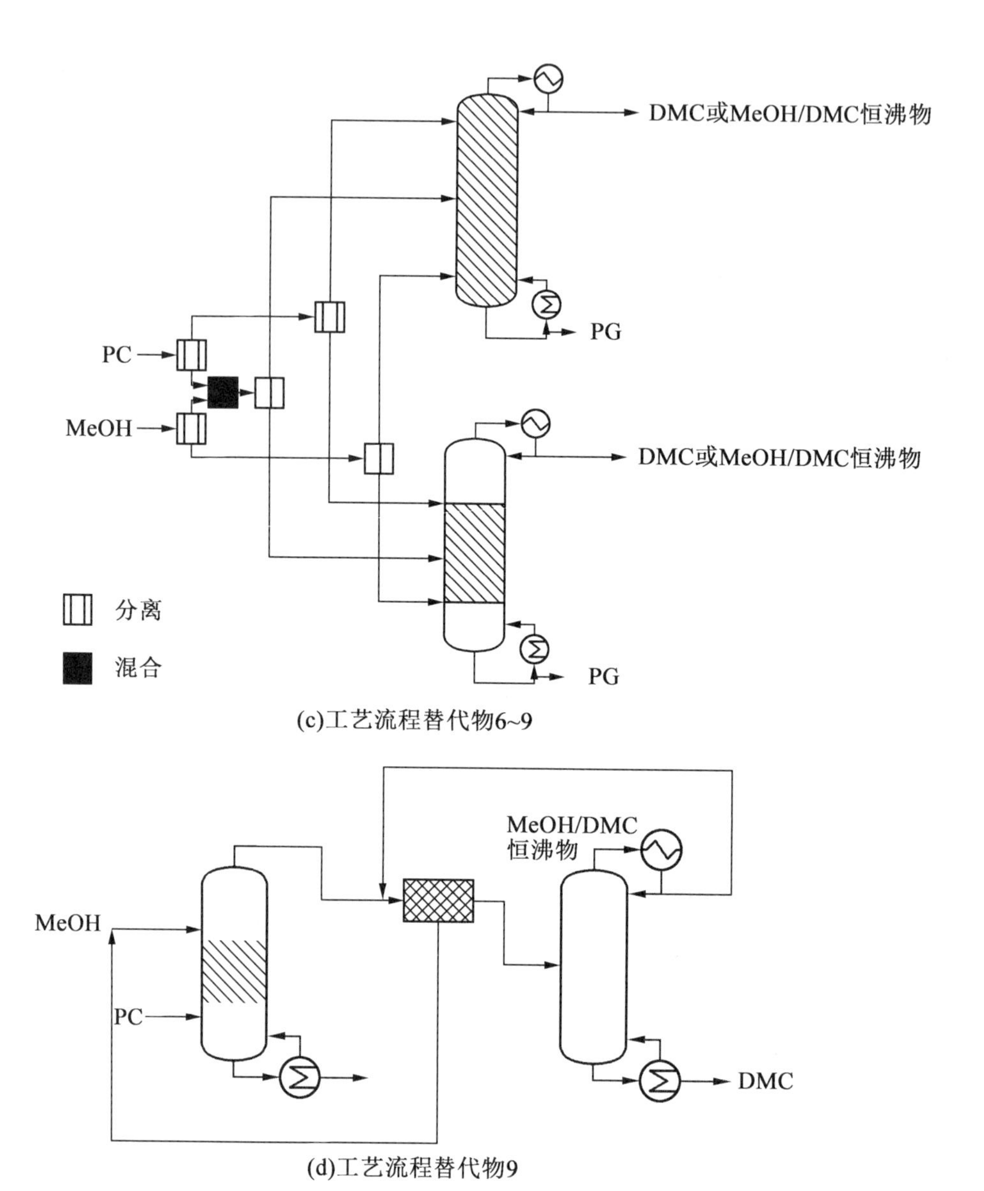

(c)工艺流程替代物6~9

(d)工艺流程替代物9

续图2.13

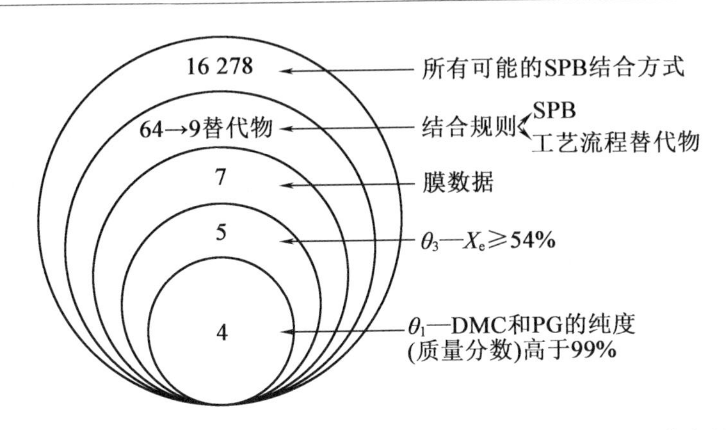

图2.14 使用特定的设计限制来筛选SPBs后产生的工艺流程工艺流程

11. IT－PBS.4:最优工艺流程的选择

表2.23给出了IT－PBS.3中四种可行方案的经济性、可持续性和LCA分析。Peters等公布的不同公共设施费用的价格如下:冷却水是0.35美元/GJ、低压蒸汽是7.78美元/GJ、电费是16.80美元/GJ。

表2.23 四种可用于DMC生产的工艺流程的经济性、可持续性的LCA分析

对比层组(单元)	基本案例	工艺流程1	工艺流程3	工艺流程5	工艺流程9
入口信息					
进料摩尔比	5:1	2:1	5:1	5:1	12.5:1
反应器中的进料摩尔比/($\times10^3$mol·h^{-1})	177:35	70:35	38:19	38:19	237:19
进料组成摩尔比/($\times10^3$mol·h^{-1})	38:19	38:19	—	—	38:19
PC转化率	0.54	0.535	0.54	0.54	99.5
MeOH输入量/(kg·h^{-1})	1 215.65	1 212.329	1 211.614	1 211.614	1 214.456 94
PC输入量/(kg·h^{-1})	1 936.6	1 937.97	1 949.66	1 953.859	1 934.696 58
总输入量/(kg·h^{-1})	3 152.25	3 150.299	3 161.274	3 165.473	3 149.153 52
出口信息					
DMC产品量/(kg·h^{-1})	1 698	1 698	1 702	1 699	1 698
操作天数/天	300	300	300	300	300
产品纯度(DMC质量分数)/%	99.9	99.9	99.92	98.9	99.9
副产物纯度(PG质量分数)/%	99	99.1	98.6	98.1	99
原材料MeOH损失量/(kg·h^{-1})	4.86	0.72	0.00	0.00	6.24
原材料PC损失量/(kg·h^{-1})	7.74	7.79	0.19	23.70	9.95
原材料总损失量/(kg·h^{-1})	12.59	8.51	0.19	23.70	16.19
结果小结					
能耗/(MJ·h^{-1})	133 563	28 424	17 818	17 734	64 816

续表 2.23

对比层组（单元）	基本案例	工艺流程1	工艺流程3	工艺流程5	工艺流程9
公共设施费用/(美元·年$^{-1}$)	4 393 537	979 301	906 474	593 541	2 011 964
原材料费用/(美元·年$^{-1}$)	24 853 986	24 858 022	24 981 958	24 820 352	24 829 564
操作费用/(美元·年$^{-1}$)	29 247 523	25 837 323	25 888 432	25 413 893	26 841 528
初始性能指标					
原材料使用（每千克DMC产品使用的原材料)/kg	1.86	1.85	1.86	1.86	1.85
每千克产品的能耗（每千克DMC产品)/MJ	78.65	16.74	10.47	10.44	38.17
每千克产品原材料费用（每千克DMC产品)/美元	2.03	2.03	2.04	2.03	2.03
每千克产品公共设施费用（每千克DMC产品)/美元	0.36	0.08	0.07	0.05	0.16
最少操作费用（每千克DMC产品)/美元	2.39	2.11	2.11	2.08	2.20
产品销售/(美元·年$^{-1}$)	32 580 433	32 415 861	32 672 416	32 538 792	32 550 111
每千克产品的消耗（每千克DMC产品)/美元	2.66	2.65	2.67	2.66	2.66
最大利润（每千克DMC产品)/美元	0.27	0.54	0.55	0.58	0.47
F_{obj} – TAC(最小成本目标函数)（每千克DMC产品)/美元	0.36	0.08	0.09	0.06	0.18
LCA结果					
总碳排放（每千克DMC产生的CO_2)/kg	2.08	0.46	0.31	0.31	0.98
人类允许摄入毒性(HTPI)(半致死量)	2.83×10^{-4}	2.76×10^{-4}	2.75×10^{-4}	6.08×10^{-5}	2.78×10^{-4}
全球变暖潜力（GWP)（CO_2当量）	6.15	4.53	4.37	3.70	5.05
人体致癌毒性（HTC)（相当于每千克苯）	4.68×10^{-3}	4.01×10^{-3}	3.94×10^{-3}	3.80×10^{-3}	4.20×10^{-3}
人体非致癌毒性（HTNC)（相当于每千克甲苯）	6.84×10^{-2}	6.68×10^{-2}	6.65×10^{-2}	6.63×10^{-2}	6.73×10^{-2}

目标函数(公式(2.8))的计算结果也列于表2.23中。工艺流程1和5给出了目标函数满足性能标准后的最佳值,它们有最低的碳排放量。当与基本案例相比时,这些工艺流程都有至少50%的提升。

表2.23中的结果也可以用雷达图来表示(图2.15),可以看出,所有得到的工艺流程

都能够满足设计的限制条件和性能指标，并且其他方面也没有折扣。因此，这些工艺流程比基本案例更好。

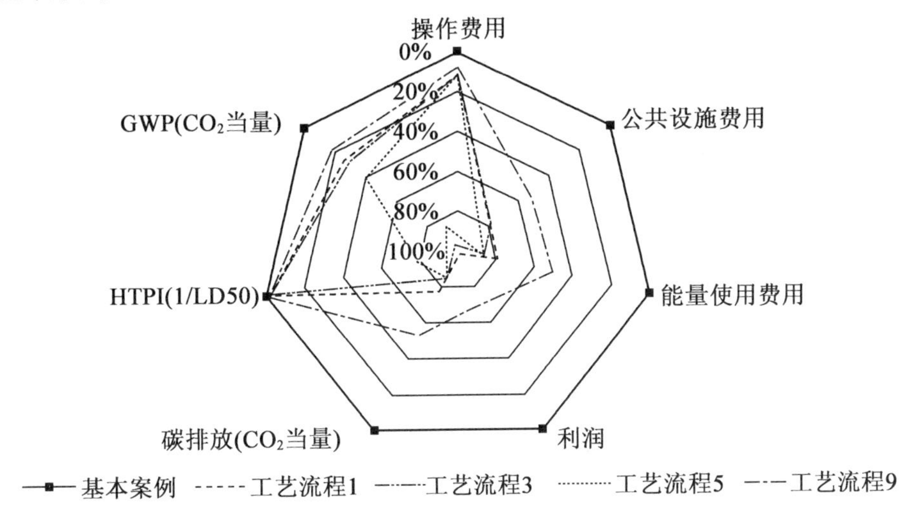

图 2.15 相对于基本案例的经济性和环境性提升
（HTPI—人类允许摄入毒性；GWP—全球变暖潜力）

总结表 2.23 中的结果和步骤 8 中的设计目标，可以得到如下结论：

①减少能量损耗——是的；

②减少公共设施费用——是的；

③提升 LCA/可持续性指标——是的，所有变量出现在图 2.15 中；

④减少单元操作——是的，五个基本案例、四个工艺流程 3、四个工艺流程 5 和三个工艺流程 9；

⑤满足产品纯度——是的；

⑥减少操作费用——是的；

⑦废弃物最小化——是的。

2.4.2 乙酸甲酯的生产

这些工艺框架及相关方法和工具的使用在甲基醋酸纤维的生产中也有很好的应用。为了强调规则方法的运用，总结了步骤 1 ~ 8。

1. 步骤 1 ~ 8

乙酸甲酯（MeOAc）是一类重要的化学物质，它在（染料）和指甲油去除剂中可以当溶剂使用。设定的目标产量是 17 009 kg/h（122×10^{6} t/年）。产品纯度（摩尔分数）应该至少不低于 99%。

所面临的问题是确定 MeOAc 的生产工艺流程，以实现 HOAc 最优的转化率，并得到满足一定条件和性能标准的最大目标函数（公式（2.10））。

$$\max F_{\text{obj}} = \frac{\left(\sum m_j C_{\text{Prod},j} - \sum m_j C_{\text{RM},j} - \sum E_j C_{\text{Ut},j}\right)}{\text{kgprod}} \tag{2.10}$$

以下是定义的限制:逻辑(θ_1)、结构(θ_2)、操作(θ_3)和性能标准(φ);反应发生在第一操作单元(θ_1),反应流按一定次序连接(θ_1),MeOAc 的纯度(摩尔分数)设置在 99%(θ_1),副产物纯度(摩尔分数)是 99%(θ_1),PBBs 是基于现象结合规则(θ_2)相互连接的。为了产生最少的废物(θ_2),应尽可能避免溶剂的使用,循环使用未反应的原材料(θ_2),保持原材料较纯的状态(θ_3),HOAc 转化率高于平衡转化(θ_3),MeOAc 产量定于 17 009 kg/h(θ_3),操作单元的数量在工艺流程中须少于基本案例(φ),并且可持续性和 LCA 因素至少与基本案例(φ)一样好。

比如,某个以醋酸和甲醇作为原材料、以水为副产物的可逆反应(公式(2.11))。放热反应出现在液相中,并且催化剂是 Amberlyst 。反应的焓计算为 $\Delta H = -5.42$ kJ/mol。公式(2.11)给出了该反应的化学式。假定反应的原材料是纯的状态,使用吸附的模型计算平衡转化率为 71.4%。

$$\mathrm{MeOH + HOAc \longleftrightarrow MeOAc + H_2O} \tag{2.11}$$

基本案例设计如图 2.16 所示,它包含了九个单元操作(一个反应器、六个精馏及分离柱和一个液-液提取器、一个倾注洗涤器)。

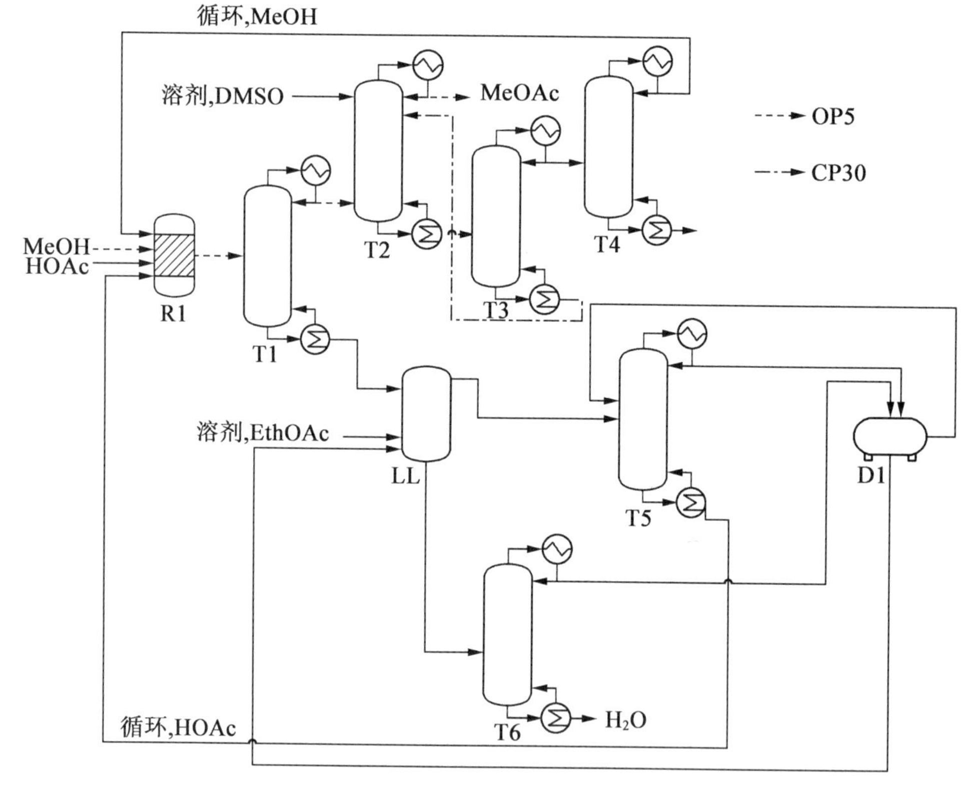

图 2.16 生产 MeOAc 的参考设计
(步骤 8 中的闭合路径和开放路径使用虚线进行了标记)

使用 UNIQUAC 来模拟基本案例中液相的非理想性,这样可以获得具体的质量和能量平衡数据。模拟的结果总结在表 2.24 中。

表 2.24 基本案例模拟的一些重要结果

变量	数值
进料摩尔比(x(MeOH): x(HOAc))	2:1
MeOAc 产量/($kg \cdot h^{-1}$)	17 009
能量使用/ ($MJ \cdot h^{-1}$)	372 198
公共设施费用/ (美元 · 年$^{-1}$)	12 343 384

为了得到步骤 8 中对经济性和环境的分析,具体的质量和能量平衡数据、流量数和操作单元,需要从基本案例的模拟中进行补偿。经济性分析和 LCA 分析的结果展示在图 2.17 中,可持续性结果在表 2.25 中给出(在图 2.16 中进行了标记)。

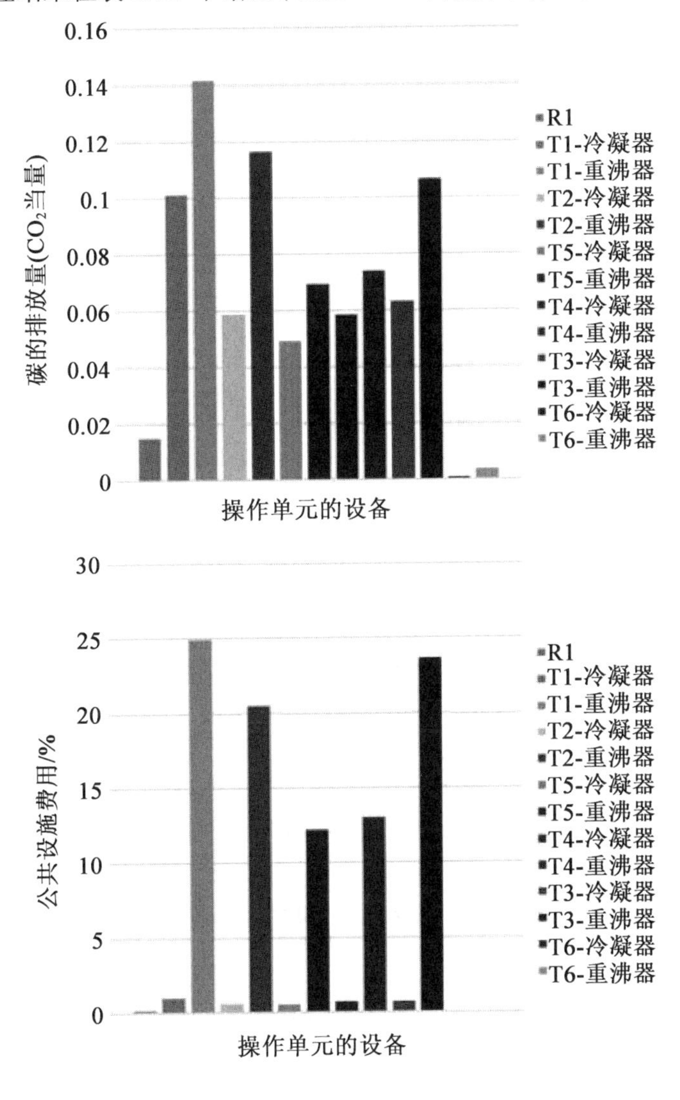

图 2.17 基本案例设计的经济分析和 LCA 分析(彩图见附录)
(基本案例设计的碳排放量和公共设施费用对比)

表2.25 基本案例设计中最重要的路径

路径	化合物	流速/($kg\cdot h^{-1}$)	MVA/(10^3 美元·年$^{-1}$)	TVA/(10^3 美元·年$^{-1}$)	EWC/(10^3 美元·年$^{-1}$)
OP5	MeOH	166	-477	—	—
CP30	DMSO	78 133	—	—	4 440

注:CP,闭合路径;OP,开放路径

开放路径5记录了MeOH(原材料)的路径并且发现它有一个更负的MVA值。这意味着原材料在该路径正在被消耗。基本案例中使用的溶剂是DMSO,它有一个高的EWC值,也就是说,溶剂的分离将导致高的能量和公共设施费用。属于CP6的操作单元是有较高碳排放的T2和T3,它们占据了24%的公共设施费用(重沸器的热需求)。工艺热点列于表2.25中,需要的设计目标如下:

①增加原材料转换;

②减少原材料损失;

③减少能耗;

④减少公共设施费用;

⑤提升LCA/可持续性指标;

⑥减少操作单元;

⑦产品纯度(与基本案例一致);

⑧目标产品(与基本案例一致);

⑨减少操作费用;

⑩废弃物最少化。

2. 规则方法

应用规则方法来产生更多可持续性的、包含集约化/复合操作单元的工艺流程。

(1) 规则方法:混合物分析。

为了识别使用规则方法的工艺流程,需要对纯的组分和混合物进行分析。表2.26和图2.18中给出了二元矩阵模型和恒沸物分析结果。表2.26说明由于两相沸点的不同,恒沸物出现在HOAc/H_2O、MeOH/MeOAc和MeOAc/H_2O当中,这可以进一步通过混合物分析来确认。从图2.18中可以看出,三个恒沸物是与MeOAc/MeOH压力有关的,和HOAc/H_2O体系压力相关性稍小。在低压下,MeOAc/H_2O恒沸物消失,然而在MeOH/MeOAc恒沸物中,MeOAc的纯度(摩尔分数)达到大约80%。

表2.26 一组特定性质的二元矩阵模型

r_{ij}	M	T_m	T_b	R	δ	V_V	V	p
MeOH/HOAc	1.87	1.65	1.16	1.68	1.56	1.53	1.42	8.1
MeOH/MeOAc	2.31	1	1.02	1.93	1.53	1.96	1.97	1.7
MeOH/H_2O	1.78	1.56	1.1	2.52	1.62	1.76	2.25	5.31

续表 2.26

r_{ij}	M	T_m	T_b	R	δ	V_V	V	p
HOAc/MeOAc	1.23	1.65	1.18	1.15	1.02	1.28	1.39	13.76
HOAc/H_2O	3.33	1.06	1.05	4.24	2.52	2.69	3.19	1.52
MeOAc/H_2O	4.11	1.56	1.13	4.87	2.47	3.44	4.42	9.02

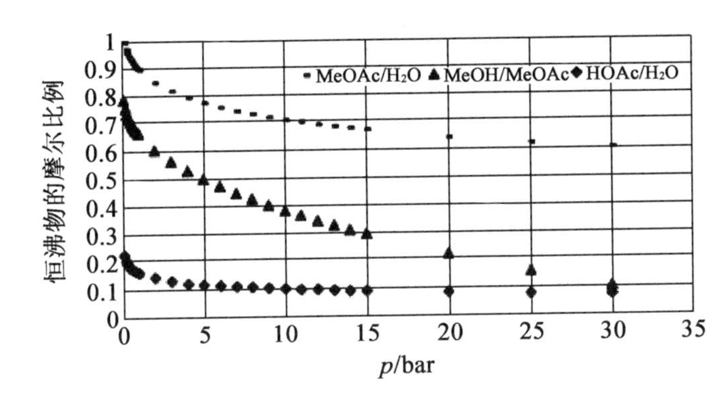

图 2.18 MeOAc/H_2O、MeOH/MeOAc 和 HOAc/H_2O 恒沸物的摩尔比例变化曲线

(2)规则方法:混合反应/分离框架选择 H_2O。

应用规则去选择可能满足设计限制条件和性能标准的复合分离、反应以及反应 - 分离机制。当选择它们并且得到工艺流程之后,将在后面详细分析和给出相关的信息。

①规则方法:分离。

当分离含有溶剂的 MeOH 和 MeOAc 时,闭合回路(CP)30 具有较高的能量消耗。在这个路径中,有 H_2O 和两三种恒沸物存在,因此,更好的方法是打破其中一种恒沸物。在此,选择打破的恒沸物是 MeOAc/H_2O,因为 H_2O 是没有价值的副产物。以下规则可用来得到工艺流程 1:

a. MeOAc/H_2O 恒沸物的破坏。已知基于特定的结构约束(θ_2),溶剂分离将不被选择:

规则 3:M - HDS 被选择。

b. MeOH/MeOAc 和 HOAc/H_2O 恒沸物的破坏(打破)。已知基于特定的结构约束(θ_2),溶剂分离将不被选择:

规则 1:PS - HDS 被选择。

三种恒沸物中,有两种都有 H_2O 的存在,因此在进行第一步分离前,应该先除去 H_2O,进而打破 HOAc/H_2O 和 MeOAc/H_2O 恒沸物。以下规则可以用来产生工艺流程 2:

a. HOAc/H_2O 和 MeOAc/H_2O 恒沸物的破坏。已知基于特定的结构约束(θ_2),溶剂的分离将不被选择:

规则:M - HDS 被选择。

②规则方法:反应。

生成 MeOAc 的反应是一个平衡反应,因此在反应期间原位除去副产物将会一定程度上促进反应的平衡。在工艺流程1~2中,因为三种恒沸物中有两种都有H_2O,所以先除去它,并且H_2O是没有价值的副产物。因为基于特定的操作限制,如HOAc转化率应该比平衡转化率(θ_3)更大,所以H_2O会被除去。以下规则可用于工艺流程3~9的产生:

a. 进料条件:与基本案例相同并且H_2O被除去(工艺流程4)。

规则5:MR-HDS被选择。

b. 进料条件:由于副产物原位被除去,平衡会发生改变。

规则5:MR-HDS和RD-HDS被选择。

③ 规则方法:分析和筛选。

一种可能的工艺流程如图2.19所示。注意,没有显示流程图备选方案5,因为存在概念设计之外进一步开发流程图的可能。

使用在步骤2中定义的逻辑θ_1和操作约束条件θ_3进一步分析和筛选工艺流程;θ_1,MeOAc产品纯度(摩尔分数)要大于99%;θ_3,HOAc的平衡转化率将会进一步超过71.4%;θ_3,产物MeOAc的目标限制为17 009 kg/h。在工艺流程1~2中,HOAc的平衡转换与基本方案一致,因此并没有满足θ_3这一限制。在工艺流程3~5中,由于膜反应器的使用(θ_3被满足),HOAc的转化率比基本方案的更大。使用ICAS-MoT(表2.1)来分析和解决半反应器模型。从模型基的膜反应器分析来看,HOAc的转化率可以达到92%。Van Baelen等研究了PERVAP2201对MeOH/H_2O混合物的影响,通过调节H_2O在膜中进料的质量比,可以让MeOH和H_2O全部通过膜渗透或者只让H_2O可以透过(图2.20)。

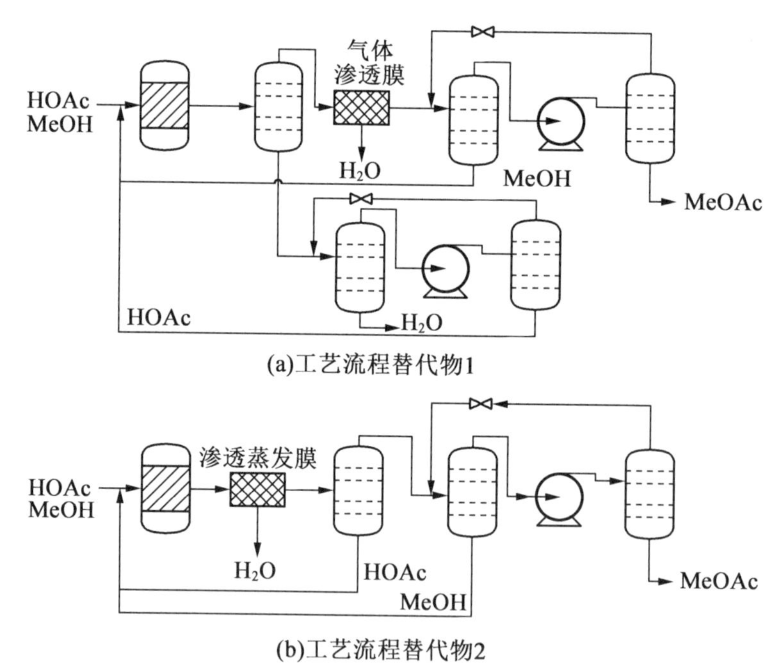

图2.19 使用规则基方法产生的工艺流程

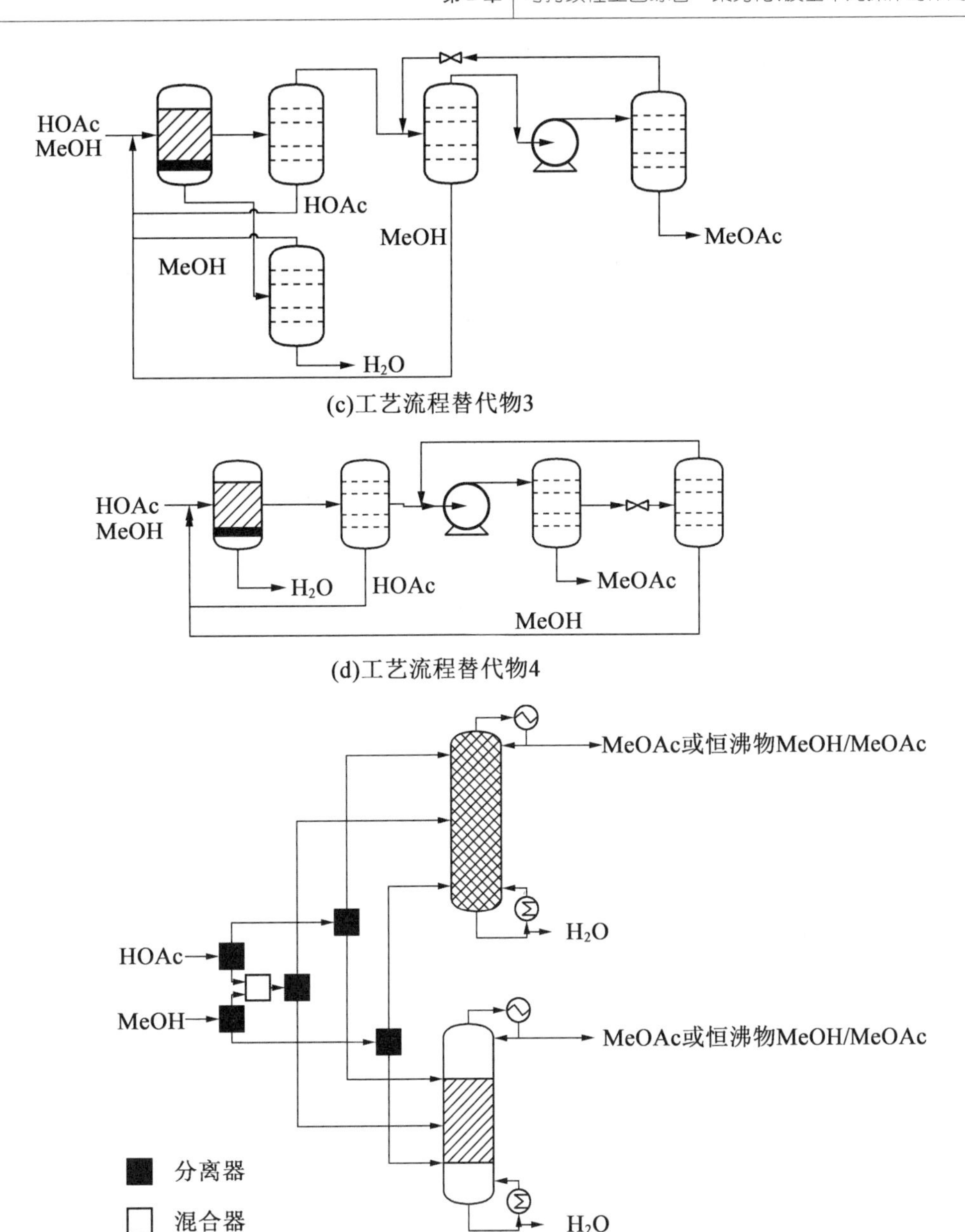

(c)工艺流程替代物3

(d)工艺流程替代物4

(e)反应蒸馏工艺流程替代物6~9的上层结构

续图 2.19

公式(2.12)中给出了排除膜影响后(渗透作用)反应器总体的质量平衡。在公式(2.12)中,N_i 是组分的物质的量,v_i 是计量比系数,r_i 是消耗/产生的速率。

$$\frac{\mathrm{d}N_i}{\mathrm{d}t}=v_i r_i \tag{2.12}$$

考虑到通过膜组分的渗透效应,公式(2.12)变成公式(2.13)

$$\frac{dN_i}{dt}=v_i r_i - Q_i \tag{2.13}$$

在公式(2.13)中,Q_i 是组分通过膜后的渗透率,它们在公式(2.14)中被定义。在公式(2.14)中,A 是膜的面积,P_i 是渗透系数,a_i 是组分的活性。

$$Q_i = AP_i a_i \tag{2.14}$$

Popken 等给出了动力学和 UNIQUAC 热力学数据,Assabumrungrat 等给出了渗透系数数据。因此公式(2.13)变成公式(2.15)。

$$\frac{dN_i}{dt}=v_i m_{cat}\left[\frac{k_1 a'_{HOAc}a'_{HOAc}-k_{-1}a'_{MeOAc}a'_{H_2O}}{(a'_{HOAc}+a'_{HOAc}+a'_{MeOAc}+a'_{H_2O})^2}\right]-AP_i a_i \tag{2.15}$$

为了分析半反应模型,公式(2.15)无量纲化后变成了公式(2.16)。在公式(2.16)中,F_{HOAc0} 是其最初进料时的量。

$$\frac{d\frac{N_i}{F_{HOAc0}}}{dt}=v_i\frac{(k_1 m_{cat})}{F_{HOAc0}}\left[\frac{a'_{HOAc}a'_{HOAc}-a'_{MeOAc}a'_{H_2O}/K_a}{(a'_{HOAc}+a'_{HOAc}+a'_{MeOAc}+a'_{H_2O})^2}\right]-\left(\frac{k_1 m_{cat}}{F_{HOAc0}}\right)\left(\frac{P_{H_2O}A}{k_1 m_{cat}}\right)\left(\frac{1}{\frac{P_{H_2O}}{P_i}}\right)a_i$$

$$\frac{d\overline{N}_i}{dt}=v_i Da\left(\frac{r_i}{k_1}\right)-\overline{Q}_i \tag{2.16}$$

半反应模型最终无量纲化的形式为公式(2.17)。在公式(2.17)中,相关参数如下:

a. Damkohler 数,Da——典型的液体保留时间与反应时间无量纲的比值。Da 数值较高时表明向前的反应是较快的,数值较低时说明反应是动力学控制的。

b. 产量比,δ——透过率与反应速率无量纲的比值。

c. 膜的选择性,β——膜选择性的无量纲比值。数值较高时,说明膜对特定的组分没有选择性。

$$\frac{dN_i}{dt}=v_i Da\left[\frac{a'_{HOAc}a'_{HOAc}-a'_{MeOAc}a'_{H_2O}/K_a}{(a'_{HOAc}+a'_{HOAc}+a'_{MeOAc}+a'_{H_2O})^2}\right]-\frac{Da\delta a_i}{\beta_i} \tag{2.17}$$

基于吸附基的模型,公式(2.18)给出了反应速率。在公式(2.18)中,K_i 是吸附平衡常数,M_i 是化合物的摩尔质量。

$$r=m_{cat}\left[\frac{a'_{HOAc}a'_{HOAc}-a'_{MeOAc}a'_{H_2O}/K_a}{(a'_{HOAc}+a'_{HOAc}+a'_{MeOAc}+a'_{H_2O})^2}\right]$$

$$a'_i \in \frac{K_i a_i}{M_i} \tag{2.18}$$

膜反应器中理想的膜应该是仅对 H_2O 有选择性,然而,PERVAP 2201 对 MeOH 有选择性(图2.20)并且对 MeOAc 有弱选择性。因此,公式(2.17)中最重要的常数是 β。余下的可以通过模型基反应分析来理解:

a. 验证 HOAc 是否可以实现已设置的转化率——设置为大于等于90%。

b. 提出 β 的最小值,也就是说,设计标准是必须使用一个已选择的膜;因为它指明了提升膜性能的方向,所以这也是有用的。

c. 膜对于 MeOAc 生产操作情况的影响,也就是指 HOAc 的转化率。

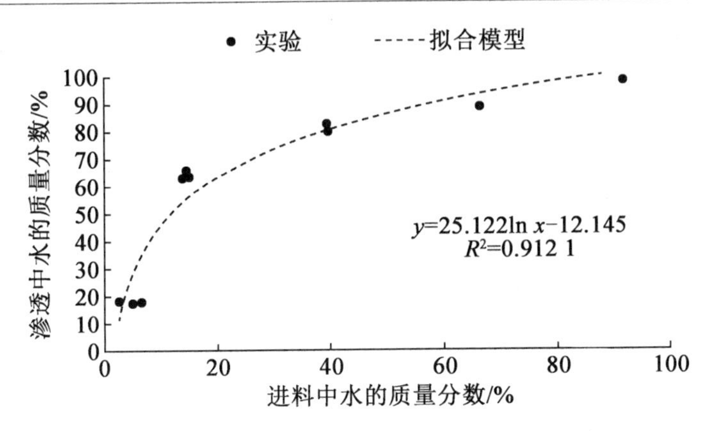

图2.20 PERVAP 2201 计算得到的水的渗透率

从膜分析中得到的结果如下:

a. Da 和 δ 对 β 的影响如图2.21和图2.22所示。从 Da 和 δ 的分析中确定我们选定的值是20和0.05,推荐的数值是 $\beta=9.15$(计算得出)。

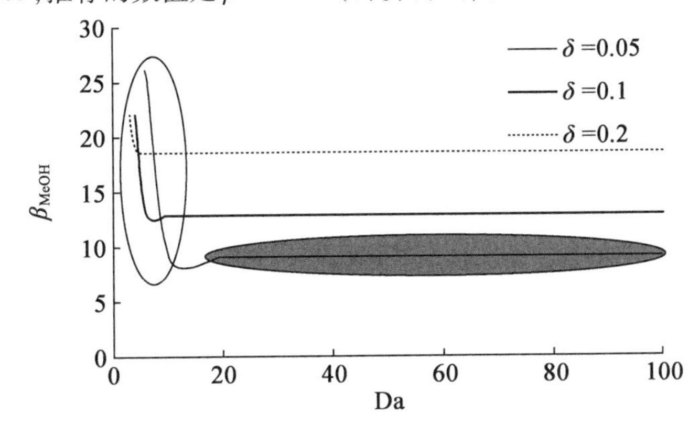

图2.21 HOAc 转化率为0.92时,Da 数值在不同 δ 数值下对膜选择性的影响

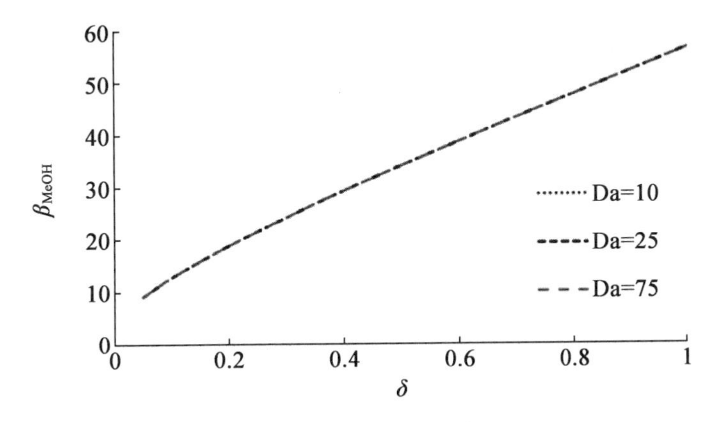

图2.22 HOAc 转化率为0.92时,产量比(δ)在不同 Da 数值下对膜选择性的影响(彩图见附录)

如图2.20所示,对甲醇来说,增加 Da 的值可以减少膜的选择性(β_{MeOH})。由于反应

速率增加会使 MeOH 与 HOAc 反应,这种情况就会发生。对于相同 Da 数值来说,增加产量比(δ)也会增加 β_{MeOH},因为膜至少要对 MeOH 有选择性,这也是为了防止 MeOH 通过膜时产生损失。在这里,膜的操作窗口以灰色着重标出,而不是圈出的区域。

如图 2.21 所示,对 MeOH 来说,增加比值 δ 也会增加 β_{MeOH}。因为 MeOH 会在通过膜时有损失,这就导致没有足够的 MeOH 与 HOAc 反应。同样,因为 Da 数值会决定反应发生的速率,而不是膜的行为,所以 Da 数值对 δ 没有影响。

b. 在 HOAc 转化率方面,选定的 β 值对 Da 数值和 δ 的影响展示在图 2.23 和图 2.24 中。

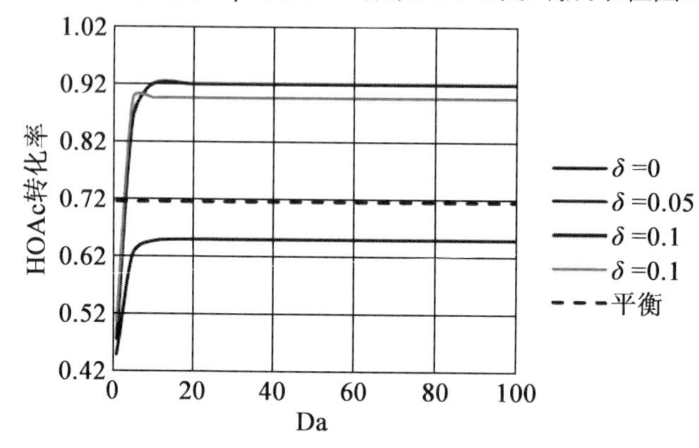

图 2.23　Da 数值在不同产量比下对 HOAc 转化率的影响(彩图见附录)

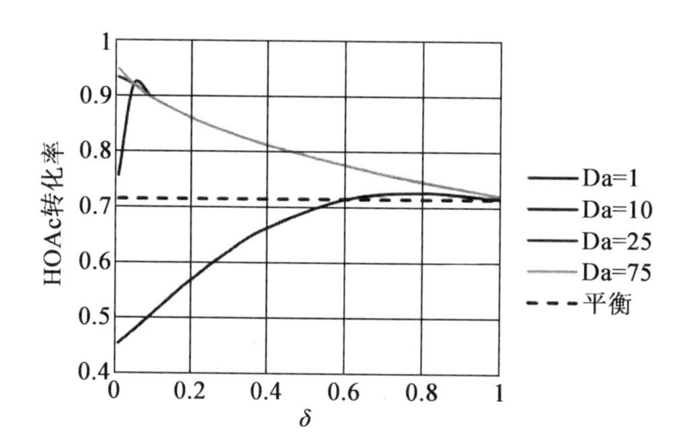

图 2.24　产量比在不同 Da 数值下对 HOAc 转化率的影响(彩图见附录)

如图 2.23 所示,确定 δ 的数值,反应保留时间会增加,因此 HOAc 转化率随着 Da 数值的增加而增加。当增加 δ 和 Da 数值的时候,由于去除副产物水的速率不断增加,转化率是有可能上升到超过平衡转化率的。并且特定的膜也是对甲醇和 HOAc 都有选择性的(较弱),因此,MeOH 也会同时从反应器中被移除。

如图 2.24 所示,确定 Da 的数值,并且增加 δ,会使 HOAc 的转化加快,与此同时,水的去除速率也会加快,最后平衡转化随之改变。同样,为了实现一定的转化率,那么甲醇也不必过量(会使甲醇透过膜)。这就是可工艺流程 3 和 4(甲醇进料时不过量)相比存在的差异。已知在较低的 Da 数值下,反应是动力学控制的,所以它不会超过平衡转化效率。Da 数值接近或者等于 0 时(Da 远小于 1),由于没有反应发生,HOAc 的转化率将会接近或者等于 0。

工艺流程 6 ~9 中使用了反应精馏,因此,从反应区域原位除去原材料/副产物是可行的。Daza 等使用基于元素的方法研究了反应精馏的可行性。图 2.25(a)和(b)分别展示了反应的 VLE 相图和残余曲线图。NC =4 的多组分系统可以用三个元素来代表(表 2.27),也就是说,使用一个可代替的假组分转化,四个组分的体系(或者混合物数量更高时)可以被减少为三个组分的体系。如此一来,三元和四元体系发展的图表方法就可以被拓展应用到反应的设计、分离和反应 - 分离操作单元方面。图 2.25(b)表明如果反应 - 分离同时进行,那么 MeOH/MeOAc 恒沸物可以作为顶部产品而得到,而由于残余曲线的起点是从 MeOH/MeOAc 恒沸物开始的,HOAc/H_2O 可以被当作底部产品。为了研究这个结果,严格模拟了反应的精馏及分离柱,最后发现这个结果是正确的。也就是说,反应的精馏及分离柱要么仅有发生反应这一个阶段(工艺流程 6),要么有发生反应和不反应两个阶段(工艺流程 7),最后将从 MeOH/MeOAc 中产生的单一物料作为顶部产品。然而,为了得到理想产品,也可以想办法不得到 MeOH/MeOAc(顶部产物)。通过使用发生反应的精馏及分离柱,MeOAc 要么仅有发生反应阶段(工艺流程 8),要么在两个进料口的情况下同时拥有反应和不反应两个阶段(工艺流程 9)。与单一的进料输入相比,这就增加了 HOAc 的转化,且水就变成了底部产物。这是因为 HOAc 表现得像萃取剂,它们可以除去上升到柱子顶部的大部分的甲醇,并且它们会在反应区域被消耗掉。同样,也可以说有反应和不反应阶段的双进料精馏及分离柱优于只有反应阶段的柱子,因为假设柱子的规格是相同的,它们在催化剂费用上的区别会比较大。表 2.28 提供了工艺流程的筛选结果。

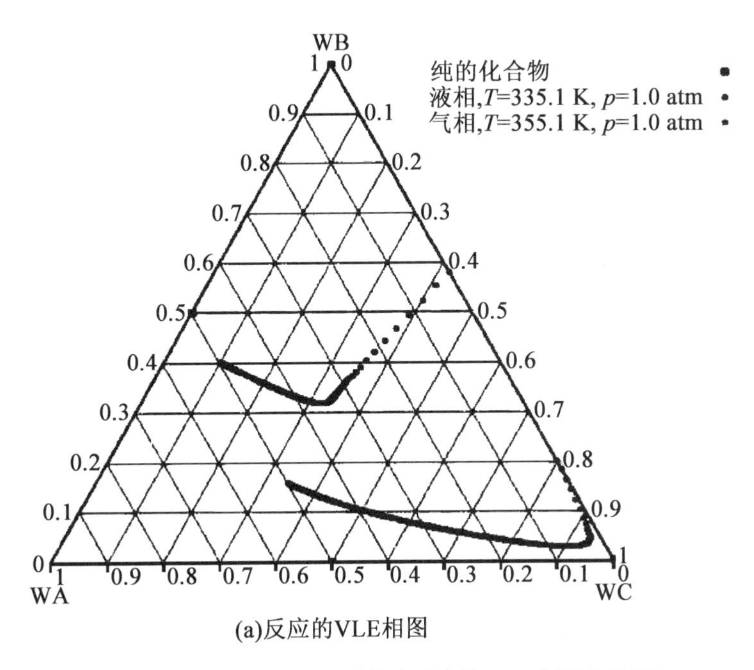

图 2.25 三种因素代表的 MeOAc 系统中反应的 VLE 相图和 RCM

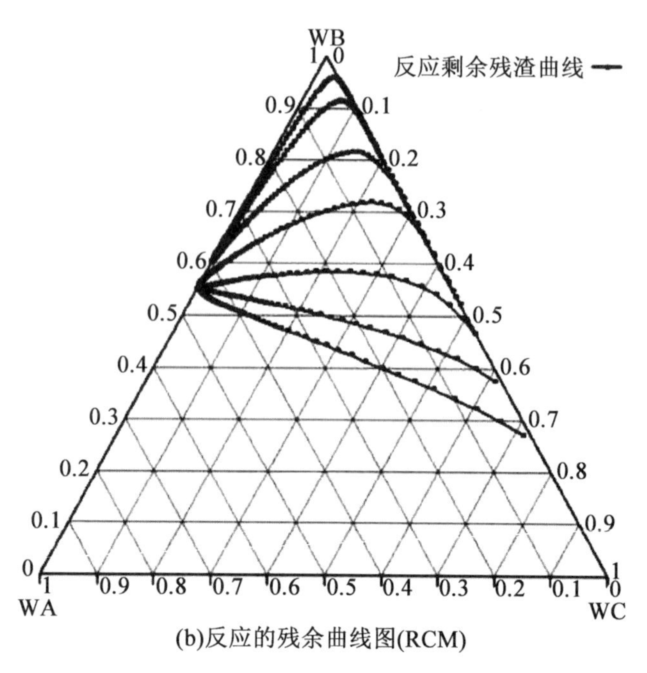

(b)反应的残余曲线图(RCM)

图 2.25(续)

表 2.27 HOAc、MeOH、MeOAc 和 H_2O 混合物组成的公式矩阵

元素/组分	MeOH	HOAc	MeOAc	H_2O
$A = C_2H_2O$	0	1	1	0
$B = CH_4O$	1	0	1	0
$C = H_2O$	0	1	0	1

为了比较经济和环境因素,本书选择的四种可行的工艺流程是使用膜反应器的工艺流程 3 ~4(图 2.19(c)和(d))、工艺流程 5 和使用一个反应精馏及分离柱的工艺流程 9(图 2.19(e),双进料方式,反应的和不反应的阶段)。

表 2.28 从规则基方法产生的工艺流程工艺流程被筛选后的结果

工艺流程	(设计)限制	剩余的方案
1、2、3、4、5、6、7、8、9	θ_3, HOAc 的转化率大于平衡转化率	3、4、5、6、7、8、9
3、4、5、6、7、8、9	θ_1, MeOAc 的纯度(摩尔分数)达到 99%	3、4、5、8、9
3、4、5、8、9	θ_1, H_2O 的纯度(摩尔分数)设为 99%	3、4、5、9

④规则方法:对比和选择最好的工艺流程。

对四种可行的工艺流程进行经济分析和 LCA 分析,将分析后的结果列于表 2.29 中,图 2.26 也给出了相应的雷达图。

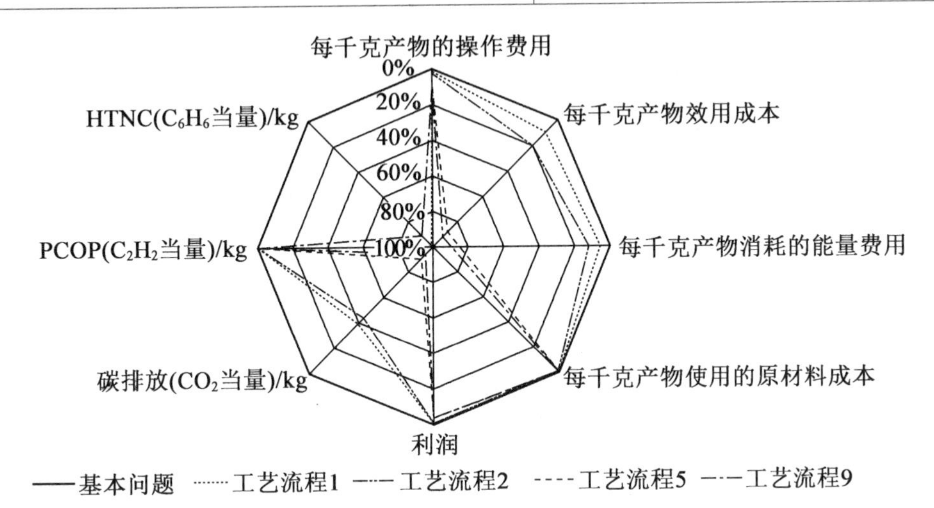

图 2.26 相对于基本案例设计的经济和 LCA 提升

（PCOP，光化学氧化潜力；HTNC，非致癌性人类毒性）

表 2.29 给出了最大目标函数的结果（公式（2.10））。工艺流程 5 和 9 给出了目标函数满足性能标准后最佳的值（图 2.26）。这两种工艺流程有最低的碳排放，相比于著名的生产 MeOAc 的活性精馏过程，工艺流程 5 可以说是一个新的方案。

从图 2.26 可以看出，产生的工艺流程都给出了满足设计限制条件和性能标准的解决方法。因此，这些方案都比最初的设计方案更好。

表 2.29 四种可用于 MeOAc 生产的工艺流程的经济性、可持续性和 LCA 分析

对比层组（单元）	基本案例	工艺流程 1	工艺流程 3	工艺流程 5	工艺流程 9
入口信息					
进料摩尔比	2:1	2:1	2:1	1:1	1:1
反应器中的进料摩尔比 /($\times 10^3$ mol · h^{-1})	560:280	499.13:249.57	499.13:249.57	249.57:249.57	230.15:230.15
进料组成摩尔比 /($\times 10^3$ mol · h^{-1})	234.81:229.66	229.64:229.6	229.62:229.64	229.72:229.61	—
HOAc 转化率	0.82	0.92	0.92	0.92	0.98
MeOH 输入量/(kg · h^{-1})	7 524	7 358	7 357	7 361	7 379
HOAc 输入量/(kg · h^{-1})	13 792	13 788	13 790	13 789	13 829
总输入量/(kg · h^{-1})	3 152.25	3 150.299	3 161.274	3 165.473	3 149.153 52
出口信息					
MeOAc 产品量/(kg · h^{-1})	17 009	17 008	17 008	17 009	17 009
操作天数/天	300	300	300	300	300

续表 2.29

对比层组(单元)	基本案例	工艺流程1	工艺流程3	工艺流程5	工艺流程9
产品纯度(MeOAc质量分数)/%	99.02	99.99	99.99	99.97	99.91
副产物纯度(H_2O质量分数)/%	99.9	99.50	1.00	1.00	98.67
原材料MeOH损失量/(kg·h^{-1})	166.78	0.00	0.54	3.75	14.77
原材料HOAc损失量/(kg·h^{-1})	3.72	0.00	2.19	0.87	40.79
原材料总损失量/(kg·h^{-1})	170.49	0.00	2.72	4.62	55.56
结果小结					
能耗/(MJ·h^{-1})	372 198	349 862	325 215	61 295	38 210
公共设施费用/(美元·年$^{-1}$)	12 343 384	11 162 783	9 866 031	1 479 538	959 945
原材料费用/(美元·年$^{-1}$)	107 653 098	106 834 774	106 842 343	106 850 799	107 144 908
操作费用/(美元·年$^{-1}$)	119 996 482	117 997 557	116 708 374	108 330 337	108 104 853
初始性能指标					
原材料使用(每千克甲醇产品使用的原材料)/kg	1.25	1.24	1.24	1.24	1.25
每千克产品的能耗(每千克DMC产品)/MJ	21.88	20.57	19.12	3.60	2.25
每千克产品原材料费用(每千克DMC产品)/美元	0.88	0.87	0.87	0.87	0.87
每千克产品公共设施费用(每千克DMC产品)/美元	0.10	0.09	0.08	0.01	0.01
F_{obj}(利润)	2.06	2.08	2.09	2.16	2.16
LCA结果					
总的碳排放(每千克DMC产生的CO_2)/kg	0.647	0.558	0.517	0.088	0.055
人类允许摄入毒性(HTPI)(半致死量)	9.19×10^{-4}	1.36×10^{-4}	2.93×10^{-4}	2.92×10^{-5}	7.52×10^{-4}
人体暴露毒性(HTPE)(时量平均浓度)	1.31×10^{-5}	1.16×10^{-5}	1.16×10^{-5}	1.16×10^{-5}	1.16×10^{-5}
全球变暖情况(GWP)(CO_2当量)	2.06	1.783	1.741	1.313	1.284

续表 2.29

对比层组(单元)	基本案例	工艺流程1	工艺流程3	工艺流程5	工艺流程9
人体致癌毒性(HTC)(千克苯当量)	5.9×10^{-5}	5.09×10^{-5}	5.09×10^{-5}	5.02×10^{-5}	5.03×10^{-5}
人体非致癌毒性(HTNC)(千克甲苯当量)	1.34×10^{-2}	2.23×10^{-2}	1.66×10^{-3}	1.20×10^{-3}	0.141

2.5 本章小结

总体来说,本章展现了以可持续性工艺综合-集约化为目标的与电脑辅助方法和工具相关的框架。该框架结构是弹性的,在可行的条件下,它提供了一个产生基本单元设计的机会。拥有基本单元后,为了确认改进的目标,它可以指导使用者以不同的电脑辅助方法-工具来分析基本单元;若可行,这也将促进更多可持续性设计方案的产生。它们的产生通过两个方面:一个是目标确认的匹配,另一个是产生集约化工艺流程的大规模工艺方法的应用。本章通过两个应用例子着重阐述了框架的使用。可以看出,膜基的操作单元在与已知操作单元/复合操作相结合去创新方面扮演了重要的角色。当考虑现有的工业过程集约化时,为了快速选择不同的膜基单元操作与其他复合/集约化单元操作的结合方法,一个规则方法对于做出选择和快速筛选将是十分有益的。

本章参考文献

[1] Babi, D. K.; Holtbruegge, J.; Lutze, P.; Gorak, A.; Woodley, J. M.; Gani, R. Sustainable Process Synthesis - Intensification. Comput. Chem. Eng. 2014, 81, 218 - 244. http://dx.doi.org/10.1016/j.compchemeng.2015.04.030.

[2] Babi, D. K.; Lutze, P.; Woodley, J. M.; Gani, R. A Process Synthesis - Intensification Framework for the Development of Sustainable Membrane - Based Operations. Chem. Eng. Process. Process Intens. 2014, 86, 173 - 195. http://dx.doi.org/10.1016/j.cep.2014.07.001.

[3] Halim, I.; Carvalho, A.; Srinivasan, R.; Matos, H. A.; Gani, R. A Combined Heuristic and Indicator - Based Methodology for Design of Sustainable Chemical Process Plants. Comput. Chem. Eng. 2011, 35 (8), 1343 - 1358. http://dx.doi.org/10.1016/j.compchemeng.2011.03.015.

[4] Smith, R. L.; Ruiz - Mercado, G. J.; Gonzalez, M. A. Using Greenscope for Sus-

tainable Process Design: An Educational Opportunity. Comput. Aided Chem. Eng. 2014, 34. http://doi.org/10.1016/B978-0-444-63433-7.50108-5.

[5] Tieri, S. M.; Vrana, B. M.; Grise, S. L.; McConnell, D. E.; Drew, D. W. Process Modeling—Enabling Sustainable & Economically Attractive Innovation. Comput. Aided Chem. Eng. 2014, 34, 447-452, http://doi.org/10.1016/B978-0-444-63433-7.50059-6.

[6] Agreda, V. H.; Partin, L. R.; Heise, W. H. High-Purity Methyl Acetate Via Reactive Distillation. Chem. Eng. Prog. 1990, 86, 40-46.

[7] Siirola, J. J. Strategic Process Synthesis: Advances in the Hierarchical Approach. Comput. Chem. Eng. 1996, 20, S1637-S1643. http://dx.doi.org/10.1016/0098-1354(96)85982-5.

[8] Babi, D. K.; Gani, R. Hybrid Distillation Schemes: Design, Analysis, and Application. In Distillation, Fundamentals and Principles; Gôrak, A.; Sørensen, E., Eds.; Elsevier Science, 2014; pp. 357-380. http://dx.doi.org/10.1016/B978-0-12-386547-2.00009-0.

[9] Lutze, P.; Babi, D. K.; Woodley, J. M.; Gani, R. Phenomena Based Methodology for Process Synthesis Incorporating Process Intensification. Indust. Eng. Chem. Res. 2013, 52 (22), 7127-7144. http://dx.doi.org/10.1021/ie302513y.

[10] Holtbruegge, J.; Kuhlmann, H.; Lutze, P. Process Analysis and Economic Optimization of Intensified Process Alternatives for Simultaneous Industrial Scale Production of Dimethyl Carbonate and Propylene Glycol. Chem. Eng. Res. Des. 2015, 93, 411-431, http://doi.org/10.1016/j.cherd.2014.05.002.

[11] Drioli, E.; Giorno, L. Comprehensive Membrane Science and Engineering; Elsevier: London, 2010.

[12] Kongpanna, P.; Babi, D. K.; Pavarajarn, V.; Assabumrungrat, S.; Gani, R. Systematic Methods and Tools for Design of Sustainable Chemical Processes for CO2 Utilization. Comput. Chem. Eng. 2016, 87, 125-144, http://doi.org/10.1016/j.compchemeng.2016.01.006.

[13] Verhoef, A.; Degrève, J.; Huybrechs, B.; van Veen, H.; Pex, P.; Van der Bruggen, B. Simulation of a Hybrid Pervaporation-Distillation Process. Comput. Chem. Eng. 2008, 32 (6), 1135-1146. http://dx.doi.org/10.1016/j.compchemeng.2007.04.014.

[14] Wang, P.; Chung, T.-S. Recent Advances in Membrane Distillation Processes: Membrane Development, Configuration Design and Application Exploring. J. Membr. Sci. 2015, 474, 39-56. http://dx.doi.org/10.1016/j.memsci.2014.09.016.

[15] Abetz, V. ; Brinkmann, T. ; Dijkstra, M. ; Ebert, K. ; Fritsch, D. ; Ohlrogge, K. ; Schossig, M. Developments in Membrane Research:From Material Via Process Design to Industrial Application. Adv. Eng. Mater. 2006, 8 (5), 328 – 358. http://dx. doi. org/10. 1002/adem. 200600032.

[16] Babi, D. K. ; Cruz, M. S. ; Gani, R. Fundamentals of Process Intensification: A Process Systems Engineering View. In Process Intensification in Chemical Engineering: Design Optimization and Control; Segovia – Hernández, G. J. ; Bonilla – Petriciolet, A. , Eds. ; Springer International Publishing, 2016; pp. 7 – 33. http://dx. doi. org/10. 1007/978 – 3 – 319 – 28392 – 0_2.

[17] Papadakis, E. ; Tula, A. K. ; Anantpinijwtna, A. ; Babi, D. K. ; Gani, R. Sustainable Chemical Process Development Through an Integrated Framework. Comput. Aided Chem. Eng. 2016, 38, 841 – 846. http://dx. doi. org/10. 1016/B978 – 0 – 444 – 63428 – 3. 50145 – 4.

[18] Zhang, L. ; Babi, D. K. ; Gani, R. New Vistas in Chemical Product and Process Design. Annu. Rev. Chem. Biomol. Eng. 2016, 7 (1), 557 – 582. http://dx. doi. org/10. 1146/annurev – chembioeng – 080615 – 034439.

[19] Karunanithi, A. T. ; Achenie, L. E. K. ; Gani, R. A New Decomposition – Based Computer – Aided Molecular/Mixture Design Methodology for the Design of Optimal Solvents and Solvent Mixtures. Indust. Eng. Chem. Res. 2005, 44 (13), 4785 – 4797. http://dx. doi. org/10. 1021/ie049328h.

[20] Moulijn, J. A. ; Stankiewicz, A. ; Grievink, J. ; Górak, A. Process Intensification and Process Systems Engineering: A Friendly Symbiosis. Comput. Chem. Eng. 2008, 32 (1 – 2), 3 – 11. http://dx. doi. org/10. 1016/j. compchemeng. 2007. 05. 014.

[21] Tula, A. K. ; Eden, M. R. ; Gani, R. Process Synthesis, Design and Analysis Using a Process – Group Contribution Method. Comput. Chem. Eng. 2015, 81, 245 – 259. http://dx. doi. org/10. 1016/j. compchemeng. 2015. 04. 019.

[22] Harper, P. M. ; Gani, R. A Multi – Step and Multi – Level Approach for Computer Aided Molecular Design. Comput. Chem. Eng. 2000, 24, 2 – 7.

[23] Marrero, J. ; Gani, R. Group – Contribution Based Estimation of Pure Component Properties. Fluid Phase Equilib. 2001, 183 – 184, 183 – 208. http://dx. doi. org/10. 1016/S0378 – 3812(01)00431 – 9.

[24] Gani, R. ; Bek – Pedersen, E. Simple New Algorithm for Distillation Column Design. AIChE 2000, 46 (6), 1271 – 1274. http://dx. doi. org/10. 1002/aic. 690460619.

[25] Mitkowski, P. T. ; Buchaly, C. ; Kreis, P. ; Jonsson, G. ; Górak, A. ; Gani, R. Computer Aided Design, Analysis and Experimental Investigation of Membrane Assis-

ted Batch Reaction - Separation Systems. Comput. Chem. Eng. 2009, 33 (3), 551 -574. http://dx.doi.org/10.1016/j.compchemeng.2008.07.012.

[26] Hamid, M. K. A.; Sin, G.; Gani, R. Integration of Process Design and Controller Design for Chemical Processes Using Model - Based Methodology. Comput. Chem. Eng. 2010, 34 (5), 683 -699. http://dx.doi.org/10.1016/j.compchemeng.2010.01.016.

[27] Peters, M. S.; Timmerhaus, K. D.; West, R. E. In Design and Economics for Chemical Engineers, 5th ed; Peters, M. S.; Timmerhaus, K. D.; West, R. E., Eds.; Mc Graw Hill: New York, 2003. Retrieved from http://catalogs.mhhe.com/mhhe/viewProductDetails.do? isbn = 007239266528] Kalakul, S.; Malakul, P.; Siemanond, K.; Gani, R. Integration of Life Cycle Assessment Software With Tools for Economic and Sustainability Analyses and Process Simulation for Sustainable Process Design. J. Clean. Prod. 2014, 71, 98 -109. http://dx.doi.org/10.1016/j.jclepro.2014.01.022.

[29] Carvalho, A.; Matos, H. A.; Gani, R. SustainPro—A Tool for Systematic Process Analysis, Generation and Evaluation of Sustainable Design Alternatives. Comput. Chem. Eng. 2013, 50, 8 -27. http://dx.doi.org/10.1016/j.compchemeng.2012.11.007.

[30] Jaksland, C. A.; Gani, R.; Lien, K. M. Separation process design and synthesis based on thermodynamic insights. Chem. Eng. Sci. 1995, 50, 511 -530. http://dx.doi.org/10.1016/0009 -2509(94)00216 -E.

[31] Gani, R.; Hytoft, G.; Jaksland, C.; Jensen, A. K. An integrated computer aided system for integrated design of chemical processes. Comput. Chem. Eng. 1997, 21 (10), 1135 -1146. http://dx.doi.org/10.1016/S0098 -1354(96)00324 -9.

[32] Heitzig, M.; Gregson, C.; Sin, G.; Gani, R. 21st European Symposium on Computer Aided Process Engineering. Comput. Aided Chem. Eng. 2011, 29, 1 -2029. http://dx.doi.org/10.1016/B978 -0 -444 -53711 -9.50004 -3.

[33] Bilde, M.; Møgelberg, T. E.; Sehested, J.; Nielsen, O. J.; Wallington, T. J.; Hurley, M. D.; Japar, S. M.; Dill, M.; Orkin, V. L.; Buckley, T. J.; Huie, R. E.; Kurylo, M. J. Atmospheric Chemistry of Dimethyl Carbonate: Reaction With OH Radicals, UV Spectra of $CH_3OC(O)OCH_2$ and $CH_3OC(O)OCH_2O_2$ Radicals, Reactions of $CH_3OC(O)OCH_2O_2$ With NO and NO_2, and Fate of $CH_3OC(O)OCH_2O$ Radicals. J. Phys. Chem. A 1997, 101 (19), 3514 -3525. http://dx.doi.org/10.1021/jp961664r.

[34] CEFIC. Propylene - glycol; 2008; retrieved from: http://www.propylene - glycol.

com/uploads/PropyleneGlycolAdvocacybrochure. pdf.

[35] World of Chemicals. UBE forms dimethyl carbonate JV in China; 2012; retrieved from http://www. worldofchemicals. com/media/ube – forms – dimethyl – carbonate – jv – in – china/2995. html.

[36] Holtbruegge, J. ; Heile, S. ; Lutze, P. ; Górak, A. Synthesis of Dimethyl Carbonate and Propylene Glycol in a Pilot – Scale Reactive Distillation Column:Experimental Investigation, Modeling and Process Analysis. Chem. Eng. J. 2013, 234, 448 –463. http://dx. doi. org/10. 1016/j. cej. 2013. 08. 054.

[37] Holtbruegge, J. ; Wierschem, M. ; Steinruecken, S. ; Voss, D. ; Parhomenko, L. ; Lutze, P. Experimental Investigation, Modeling and Scale – Up of Hydrophilic Vapor Permeation Membranes: Separation of Azeotropic Dimethyl Carbonate/Methanol Mixtures. Sep. Purif. Technol. 2013, 118, 862 –878. http://dx. doi. org/10. 1016/j. seppur. 2013. 08. 025.

[38] Schlosberg, R. H. ; Buchanan, S. J. ; Santiesteban, J. G. ; Jiang, Z. ; Weber, W. A. Low Corrosive Integrated Process for Preparing Dialkyl Carbonates. 2002; retrieved from http://www. freepatentsonline. com/y2003/0023109. html.

[39] Rangaiah, G. P. ; Ooi, E. L. ; Premkumar, R. A Simplified Procedure for Quick Design of Dividing – Wall Columns for Industrial Applications. Chem. Prod. Process Model. 2009, 4 (1); http://doi. org/10. 2202/1934 –2659. 1265.

[40] Halvorsen, I. J. ; Skogestad, S. Energy Efficient Distillation. J. Nat. Gas Sci. Eng. 2011, 3 (4), 571 –580, http://doi. org/10. 1016/j. jngse. 2011. 06. 002.

[41] Huss, R. S. ; Chen, F. ; Malone, M. F. ; Doherty, M. F. Reactive Distillation for Methyl Acetate Production. Comput. Chem. Eng. 2003, 27 (12), 1855 –1866, http://doi. org/10. 1016/S0098 –1354(03)00156 –X.

[42] Pöpken, T. ; Götze, L. ; Gmehling, J. Reaction Kinetics and Chemical Equilibrium of Homogeneously and Heterogeneously Catalyzed Acetic Acid Esterification With Methanol and Methyl Acetate Hydrolysis. Indust. Eng. Chem. Res. 2000, 39 (7), 2601 –2611, http://doi. org/10. 1021/ie000063q.

[43] Inoue, T. ; Nagase, T. ; Hasegawa, Y. ; Kiyozumi, Y. ; Sato, K. ; Nishioka, M. ; Hamakawa, S. ; Mizukami, F. Stoichiometric Ester Condensation Reaction Processes by Pervaporative Water Removal Via Acid – Tolerant Zeolite Membranes. Indust. Eng. Chem. Res. 2007, 46 (11), 3743 –3750, http://doi. org/10. 1021/ie0615178.

[44] Assabumrungrat, S. ; Phongpatthanapanich, J. ; Praserthdam, P. ; Tagawa, T. ; Goto, S. Theoretical Study on the Synthesis of Methyl Acetate From Methanol and Acetic Acid in Pervaporation Membrane Reactors:Effect of Continuous – Flow Modes. Chem.

Eng. J. 2003, 95 (1 -3), 57 -65. http://dx. doi. org/10. 1016/S1385 -8947(03) 00084 -6.

[45] Van Baelen, D. ; Van der Bruggen, B. ; Van den Dungen, K. ; Degreve, J. ; Vandecasteele, C. Pervaporation of Water - Alcohol Mixtures and Acetic Acid - Water Mixtures. Chem. Eng. Sci. 2005, 60 (6), 1583 - 1590, http://doi. org/10. 1016/j. ces. 2004. 10. 030.

[46] Daza, O. S. ; Pérez - Cisneros, E. S. ; Bek - Pedersen, E. ; Gani, R. Graphical and Stage - to - Stage Methods for Reactive Distillation Column Design. AIChE 2003, 49 (11), 2822 -2841, http://doi. org/10. 1002/aic. 690491115.

第3章　膜生物污染:海水反渗透脱盐中生物污染的评估与治理策略

3.1　概　述

本章旨在阐明与生物污染相关的重要问题以及生物污染控制预处理系统的应用。这里的重点是在反渗透(RO)膜(或生物偶联电位)上影响生物偶联形成的各种因素。本章还强调了评估海水微生物污染指标的必要性,介绍了海水表征方法和生物污染指标的具体技术。

3.1.1　海水反渗透脱盐

海水反渗透(SWRO)是指通过施加高于海水渗透压的外部压力来克服渗透压。因此,水以相反的方向流过膜产生自然流动,留下溶解的盐随浓度的增加而增加。无须加热或换相。脱盐所需要的主要动力是对海水施加的压力。典型的SWRO大型工厂主要由海水预处理、高压泵、主膜工艺和产品水后处理四大部分组成。未经处理的海水通过拦污栅和滤网流入进水结构,清除海水中的碎屑物。海水在多媒介重力过滤器中进行进一步的清洁,去除悬浮固体。典型的过滤介质是无烟煤、二氧化硅和花岗岩,或者仅沙子和无烟煤。当海水从介质流向微米滤筒,能够过滤掉大于10 μm的颗粒。过滤后的海水能够有效地保护高压泵和RO装置。高压泵将预处理后的进料水的压力提高到与膜相适应的压力。半透膜在允许水通过的同时限制溶解盐的通过。最后,浓缩的盐水被排放到海里。图3.1给出了一个典型的SWRO流程示例。

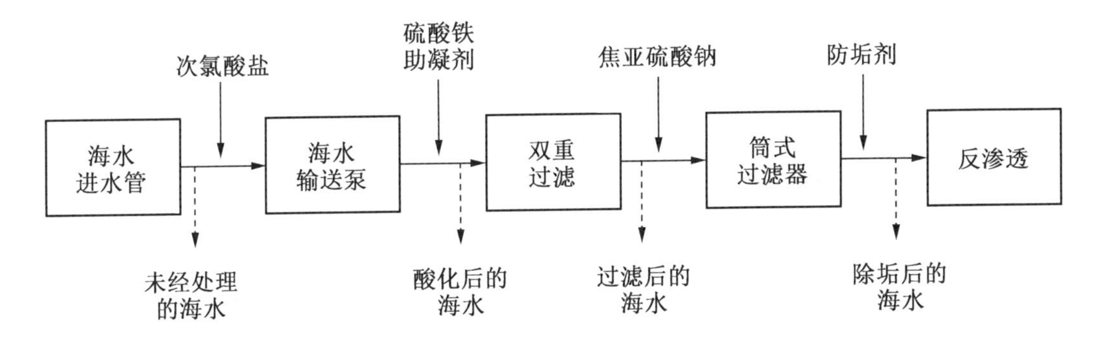

图3.1　典型的SWRO流程示例

1. 海水性质

世界各地海水的总溶解固体(TDS)质量浓度通常在35 000~45 000 mg/L之间。表3.1列出了海水(全球平均水平)和其他几个海水来源(地中海和澳大利亚旺萨吉)主要离子平均质量浓度。海水质量浓度量浓度在水易蒸发或易结冰的地区有所增加,而由于降雨、河流流动和冰川融化,海水质量浓度会降低。盐质量浓度特别高的地区包括地中海和红海,部分地区的盐质量浓度最高可达39 000和41 000 mg/L。

表3.1 全球海水中主要离子质量浓度比较

mg/L

参数	全球平均水平[a]	地中海[b]	澳大利亚,旺萨吉
氯化物,Cl^-	18 980	21 000~23 000	20 200
钠,Na^+	10 556	10 945~12 000	11 430
硫酸盐,SO_4^{2-}	2 649	2 400~2 985	2 910
镁,Mg^{2+}	1 272	1 371~1 550	1 400
钙,Ca^{2+}	400	440~670	420
钾,K^+	380	410~620	490
碳酸氢盐,HCO_3^-	140	120~161	—
溴化物,Br^-	65	45~69	62
硼酸盐,$H_2BO_3^-$	26	—	—
锶,Sr^{2+}	13	5~8	8
氟化物,F^-	1.0	1.2~1.6	0.9
TDS	34 482	38 000~40 000	2 800

注:[a] 数据来自可持续发展与环境部,2008年(文献[8]),Gaid和Treal(文献[9]),Suckow等(文献[10]);

[b] 地中海的数值取自Greenlee等(文献[6])

海水特性对反渗透能力的确定起着重要作用。这是因为RO过程不仅受到浓度极化增加的限制,还受到膜污染的限制(Frizman等,2007)。由于胶体和颗粒物、有机大分子(有机污染)、难溶性无机化合物(结垢)和微生物(生物污染)在膜上的聚集,膜污染的发生会因海水含量而异。这些因素的积累会形成一个连续的层,减少或抑制跨膜传质,系统地降低膜的渗透性。

2. 生物污染问题

反渗透膜技术在海水淡化中的应用受到生物污染问题设计的限制,这些问题会对过滤性能产生不利影响。反渗透膜的主要污垢类型是结垢(无机)、有机、颗粒(或胶体)和微生物(或生物)。通过预处理可以很大程度地减少前三种污垢,而生物污染却难以控制,因为沉积下来的微生物细胞会生长、繁殖和迁移。生物絮凝主要是微生物在膜表面的聚集,伴随着细胞以外物质的聚集。当微生物附着在膜表面时,它开始聚集成生物膜基质。即使99.99%的细菌都能通过预处理(如微滤或杀菌剂)被清除,少数存活的细胞仍会进入系统,黏附在表面,并以溶解在水相中的可生物降解(或生物可利用)物质为原料进行增殖。因此,即使在对反渗透膜进行周期性清洗和连续上游应用杀生剂和消毒剂(如氯)后,膜生物污染仍然在反渗透膜上广泛存在。此外,聚合物膜对氧化消毒剂敏感。连续添加杀菌剂(使用消毒剂和杀菌剂)也会影响耐细菌的生长。生物污染会导致渗透通量下降和排盐能力下降,清洗频繁,从而导致水处理系统的能源需求高。它可以通过去除进料水中的可生物降解组分来控制。

污染需要经常进行化学处理。这样会缩短膜的使用寿命,从而给RO膜厂的运行带来巨大的经济负担(高达总运行成本的50%)。此外,用于控制RO膜结垢的化学物质,如阻垢剂和酸,在促进微生物生长的能力方面存在很大差异。某些市面上可买到的阻垢剂甚至会引起生物污染。

3. 生物污染机制

生物污染是由生物膜引起的,其形成过程涉及三个阶段(图3.2):①微生物向表面的运输;②附着于基质;③在表面生长。

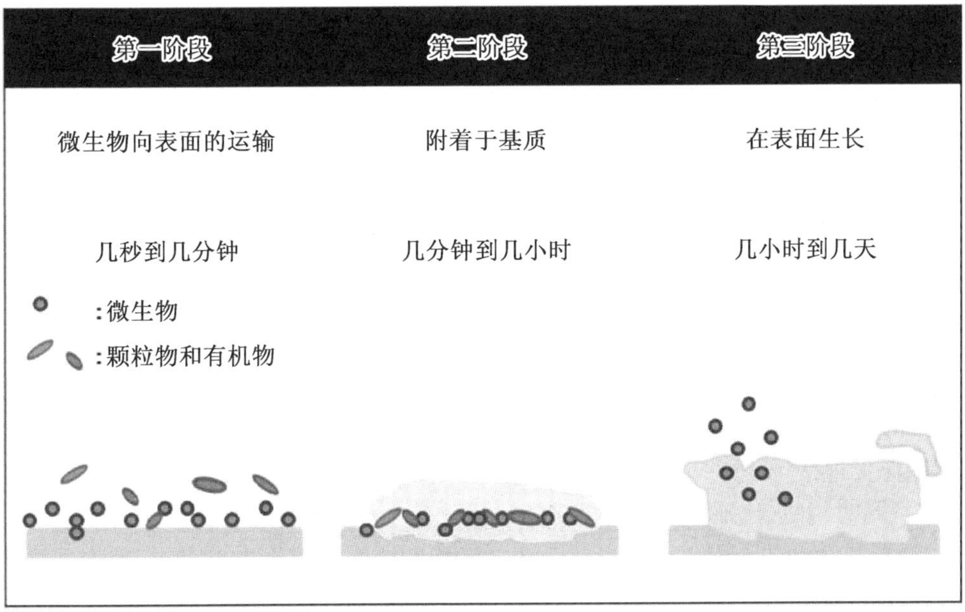

第一阶段 第二阶段 第三阶段
微生物向表面的运输 附着于基质 在表面生长
几秒到几分钟 几分钟到几小时 几小时到几天
:微生物
:颗粒物和有机物

图3.2 生物膜形成步骤示意图

生物膜形成的第一阶段是当进料水与膜接触时,大量进料水中含有的溶解或悬浮颗粒、胶体和营养物的沉积。因此,在最初的几秒钟或几分钟的操作中,各种无机和有机化合物以及细菌细胞被保留在水和膜的界面。细菌对膜表面的附着是通过最初的菌落形成的。胞外聚合物(EPS)的产生与有机物的聚集加速了细胞外多聚物的生成。随后,一种生物膜通过调节微生物菌落分化形成更复杂的细菌细胞,这些细胞具有微生物源性的有机聚合物基质。最重要的是,细菌细胞和有机物(大分子)在接触膜和进料水几分钟后发生不可逆附着。这是很难消除的,需要额外的能量。因此,在进料水接触膜前,需要对进料水进行强化处理。

影响膜表面细菌初始发育的因素很多,包括:①进料水的化学性质,如pH、温度、离子强度、总溶解固体的存在等;②进料水的微生物种类、悬浮细胞的浓度、提供给细胞的营养物质的数量和种类等情况;③膜的表面电荷、粗糙度、疏水性等性能。

4. 生物污染治理策略

反渗透装置的运行费用大部分来自于生物污染引起的损坏修复及其监测和预防。这给工厂带来了巨大的经济负担,限制了膜分离技术的广泛应用。

生物污染的治理策略可分为膜生物污染的控制和预防。首先,生物污染控制是通过化学清洗对膜进行修复,以恢复膜通量。目前控制生物絮凝的方法是增加清洗次数,但这增加了清洗化学品的使用量,从而导致废水产量的增加,膜寿命的降低。因此,经过多次清洗后,膜组件不可逆转地受到污染,需要更换以恢复产水水平。这就导致了供水设备容量的损失。

与控制相比,生物污染的预防是通过去除膜系统进水中的营养物质和细菌来降低生物污染的可能性。例如,这可以通过微滤(MF)或超滤(UF)的预处理来实现。此外,还可以通过使用杀菌剂或紫外线照射来灭活细菌。这样会涉及更少的成本和更小的能量消耗,同时尽可能减少化学品的使用和对环境的影响。因此,预防比尝试控制生物污染更适合于管理生物污染。其主要采用两种策略:①进料水预处理,包括去除营养物质、有机物和细菌;②膜修饰,以防止被吸收的细菌黏附或灭活。目前,后者还需要进一步研究应用。另外,据报道,前者有利于无故障和低成本效益的脱盐,始终为RO系统提供过滤良好和无污染的原料。为了选择合适的预处理工艺,通过对进料水的检测来确定生物膜生成的水的质量是十分重要的。需要通过对污染源的表征和监测来准确了解它们。

3.1.2 RO与传统技术结合

全面了解进料水水质和特征,以及水资源类型(如地表水、咸水、海水和工业盐水),对于在RO系统之前选择合适的预处理技术至关重要。例如,与地下水储量的吸附和过滤作用相比,地表水与井源水具有较高的浊度、淤泥密度指数(SDI)和天然有机物(NOM)。同时,井水比地表水含有更多的二氧化硅。一些从井里抽出来大颗粒可以使用网式过滤器或移动式滤网从进料水中去除。移动式滤网对地表水更有用,因为地表水通常含有高浓度的生物碎屑。传统的预处理过程可能包括以下全部或部分处理步骤:①大粒子去除粗滤器;②氯化;③浮选和絮凝澄清;④石灰处理去除硬度;⑤过滤;⑥降低pH控制碱度;⑦使用阻垢剂;⑧亚硫酸氢钠或活性炭去除游离氯;⑨紫外线辐射;⑩用筒过滤去除悬浮粒子。

SWRO工艺的设计和运行很大程度上取决于待处理的进料水水质。SWRO系统的性能依赖于生产高质量的预处理水的量。事实上,海水预处理是每一个膜式海水淡化装置的关键组成部分。预处理系统的主要目的是去除海水中存在的颗粒、胶体、有机、矿物和微生物污染物,防止其在下游SWRO膜上聚集,保护膜不受污染。海水中的污染物性质和含量影响会不同于预处理体系的性能。

本章介绍了各种方法,以更好地表征原始海水样品,以及评估不同预处理的性能。

1.胶体污染物

胶体一般定义为特征尺寸在1 nm~1 μm范围内的细小颗粒。在海水等自然水域中,胶体可分为两大类。

(1)刚性无机胶体。常见的无机胶体包括硅、铁(氧)氢氧化物和各种硅酸铝矿物。其他不太常见的无机胶体包括氧化铝、氧化锰、硫和金属硫化物。

(2)大分子。大分子可以进一步分为生物聚合物(以高分子量的多糖为主,具有较长的持久性)、一般难溶的腐殖质和生物聚合物(包括蛋白质),以及一些低分子量的有机分子(分子量<1 000 u)(大分子一般被称为海水有机质(SWOM),其详细特征及其在RO中产生污垢的相关内容将在3.1.3节中讨论)。

无机胶体污垢在反渗透膜中具有特殊的研究价值,因为胶体的大小、形状、电荷以及与进料水离子的特殊相互作用,其本身就容易引起膜污垢。RO中最常见的无机胶体颗粒污垢与硅酸铝黏土(0.3~1 mm)和铁、硅胶体有关。这是因为硅和许多铝硅酸盐和无机胶体在中性pH附近带负电荷,而大多数RO膜在pH<6的pH_{pzc}处带正电荷。粒子与反渗透膜表面之间的静电相互作用对带电粒子表面具有吸引力。以往的研究已经证实,硅溶胶污垢会导致严重的通量降低。此外,高离子强度、高胶体浓度和高初始渗透通量等因素也加剧了反渗透膜的通量降低。长期来看,高压下降、膜损坏、运行不稳定、能量损失和总成本增加等原因,造成工艺设备效率下降。金属和二氧化硅去除的一种常用预处理方法是沉淀和凝固(Frizman等,2007)。

3.1.3 结垢物质

膜结垢是由供给溶液中富集的无机化合物过饱和引起的。过饱和盐会沉淀在膜表面形成一层薄层,阻碍膜的传质。由于膜附近盐浓度的增加,结垢通常发生在膜表面,因此,RO阶段下游部分最容易发生结垢,结垢之后导致进料溶液浓度最高。硫酸钙($CaSO_4$)和碳酸钙($CaCO_3$)是SWRO过程中的主要析出物。由于SWRO的回收率较低,结垢问题较少,在大型RO系统中通常通过酸化来降低pH和碳酸氢盐浓度,或使用阻垢剂来抑制晶体的生长,或根据水化学将二者结合(Frizman等,2007)。阻垢剂是在供给原料进入RO模块之前添加到进料水中的有机磷、多磷酸盐或聚合物类化合物。阻垢剂通过破坏结晶阶段的一个或多个过程来防止沉淀。而且阻垢剂可以在相对较低的质量浓度(<10 mg/L)下使用,其离子质量浓度在化学计量上要高得多。需要强调的是,阻垢剂只能在低质量浓度下使用,因为如果使用过量,阻垢剂本身会变成污垢。

1.海水有机物

之前的研究表明,每升海水中有1~3 mg溶解有机碳(DOC)。以往关于SWOM化学成分的数据是通过直接分析海水中选定的化合物或通过使用疏水树脂分离化学分馏组分得到的。这些方法只能解释总DOC池总成分的1%~15%,而且分馏出的样品不太可能代表整个SWOM中的混合物。以往对树脂分离物的化学分析研究形成了一种看法,即世界海洋中的大部分SWOM是一种难降解的、高分子量的类似腐殖质的物质,在生物循环中几乎没有动力学作用。至少,有机化合物中有一部分是质子受体,其容量最大,pH

在7.8~9.0之间。最可能含有可替换氢原子的生化化合物是羧酸和氨基酸盐。由于精矿中有机物质具有较强的缓冲作用,研究者认为这些物质在$CaCO_3$溶解度关系中具有很强的作用。溶解SWOM涉及二氧化碳(CO_2)平衡关系,因此必须在理解CO_2系统的动力学过程中加以考虑。海水中的有机成分分析是从样品采集到个体或个体类分析再到个体成分分析。

海水中有机物分子量(MW)分别代表生物大分子(多糖和蛋白质)、腐殖质(或黄腐酸)、构建废料(腐殖质的水解物)、低分子量(LMW)酸和低分子量中性物质(表3.2)。

表3.2　海水中有机物的化学组成(液相色谱-有机碳检测,LC-OCD)

部分	分子量	特性	备注
生物大分子	>20 000 u	无紫外吸收,亲水性	多糖和蛋白质、生物有机质
腐殖质	800~1 000 u	强紫外吸收,疏水性	根据IHSS河流标准进行校正
构建废料	350~600 u	紫外可吸收	腐殖质的分解产物
低分子量酸	4 350 u	带负电荷	脂肪族和低分子量有机酸、生物有机物质
低分子量中性物质	4 350 u	弱亲水的或者不带电的亲水的,两亲的	醇、醛、酮、氨基酸、生物有机质

3.1.4　藻类有机物(AOM)

SWOM也可能是由植物和藻类物质的腐烂造成的。此外,藻类在生长和呼吸的过程中,会将可溶性有机物(EOM)输送到水中。藻类还可以传递细胞内有机物(IOM)。在一些文献中,EOM和IOM被称为藻类有机物(AOM)。AOM化合物由酸、蛋白质、单糖、阴离子聚合物和带负电荷或中性的多糖组成。另外,如果没有较好的预处理,由于反渗透膜的压力,被运送到反渗透膜的藻类会发生细胞裂解,释放IOM。释放的化合物是可溶性的,可生物降解的,同时也和RO膜生物污染问题有关。

直流式过滤器是首选的方式,因为它们可以将海水中的藻类生物量保留在过滤介质的上层,并将海藻细胞破裂的可能性降到最低,从而促使在过滤后的海水中释放可溶性生物降解有机物,并将加速SWRO膜的生物污染。无机碳提供了碱性和缓冲强度,在与海水有关的几种化学和生化反应中起着重要作用。同时包括与大气的二氧化碳交换、与碳酸盐矿物的溶解度反应、藻类的生长和呼吸,以及有机物的细菌腐烂。

3.2　有机和胶体污染预处理

传统预处理如絮凝、深层过滤、滤芯过滤等,其主要缺点是化学药品消耗大,操作不一致。例如,Chua等指出深层滤池产生的滤液质量较差,极不一致。Leparc等指出,双介质过滤器和盒式过滤器并没有减少SWOM的含量。先进的预处理方法,如MF和UF,最近已被广泛使用,并愈加重要,因为所使用的化学品的数量可以忽略不计。与传统的预处理方法相比,该方法操作稳定。然而,据报道,MF/UF 预处理系统还存在其他污染问题。

3.2.1 混凝/絮凝

SWOM 的混凝是防止 RO 膜污染的重要预处理步骤。Voutchkov 报告说,如果总有机碳含量(TOC)降低到 0.5 mg/L 或更低,则不太可能产生生物污染,而 TOC 高于2.0 mg/L 的海水则最有可能产生生物污染。颗粒活性炭(GAC)或过滤处理难以达到 0.5 mg/L 的 TOC。在评价海水混凝预处理效果时,推荐 1.0 ~2.0 mg/L 作为评价指标。

混凝(粒子电荷的中和)和不稳定的粒子聚集常发生在絮凝过程中。也有报道称,在扫絮条件下产生的团聚体比在电荷中和条件下更具有可压缩性,从而在膜过滤系统加压时被压实。Lee 等报道了电荷中和法的电阻比扫絮(当水中的颗粒通过混凝作用与絮凝体结合时,称为扫絮)更小。这是由于形成了可压缩性差、多孔性强的滤饼。他们还报道了在电荷中和法或扫絮条件下的混凝悬浮液在横流 MF 模式下表现出相似的稳态通量。

絮凝有三个目的:一是消除胶体颗粒渗透到膜孔的可能;二是增加临界通量;三是调整沉积物的特征。有效的传统混凝条件会产生较大的颗粒,通过减少膜孔中的吸附、增加滤饼孔隙度和增加污染物从膜表面的迁移,从而降低膜过滤过程中的污染。Bian 等认为,膜过滤前使用低剂量的混凝剂,可以实现高通量与高水质的结合。

虽然海水含盐量高,但胶体性质的颗粒不容易凝结和沉淀。在沿海水域可能发现的颗粒物质的主要成分是微生物、碎屑、石英和黏土矿物。有足够的表面活性有机物吸附在颗粒表面,从而保持颗粒的离散性。混凝/絮凝联合双介质过滤是目前 SWRO 厂最常用的预处理方法。传统上,过滤是一种去除海水中颗粒物的预处理方法。大多数装置在过滤步骤之前,利用在线(接触)凝结或传统澄清方法作为破胶手段。与传统系统相比,采用高效的在线絮凝方式可以实现紧凑的设计。与常规絮凝相比,在线絮凝在较短的水力停留时间内具有相似的去除效率。对于这两种方法,建议对絮凝剂进行初步测试。

特别是,混凝大大降低了 AOM 滤饼/凝胶层的污垢点位和压缩性。在 Fe 质量浓度大于 1 mg/L 的混凝剂剂量下,混凝的影响尤其显著。混凝也大大降低了 AOM 结垢电位对通量的依赖性,导致恒通量过滤实验压力呈线性趋势。这是由于生物聚合物吸附在沉淀的氢氧化铁上,形成铁 - 生物聚合物团聚体,使得氢氧化铁沉淀的污垢特性占优势,AOM 污垢特性减弱。在低混凝剂量下,UF 内联混凝去除 AOM 的效果优于其他两种混凝模式。在高混凝剂浓度下,以扫絮条件为主,AOM 去除率较高,且受混凝剂浓度而不是混凝方式的控制。

3.2.2 吸附

吸附是另一种物理化学预处理方法,可以去除溶解的有机物,从而减少膜污染。吸附剂(如活性炭粉末(PAC))添加到大量溶液中、膜组件内部或膜表面都会表现出不同的行为。碳颗粒在大体积溶液中可以与纳米或金属发生反应。此外,PAC 与胶体、金属和天然有机物(NOM)结合形成饼层,为进一步去除 NOM 提供吸附区,或为渗透提供水力阻力层。因此,可能的PAC反应和在膜系统中新形成的滤饼层有可能改善PAC吸附膜的性能(Ye等,2010)。Suzuki等发现,在膜吸附混合体系中,有很大一部分有机物被PAC吸附,这些有机物主要是腐殖质,其尺寸小于MF膜中的微孔。PAC被MF膜完全分离。此外,该体系中膜渗透率的下降速度较慢,这可能是有机物在与膜接触前吸附在PAC上,减小了膜的有机负荷降低所致。由于PAC颗粒的存在,NOM对膜的污染更加复杂。有研究报道称,虽然膜吸附过程中PAC的加入促进了NOM的去除,但PAC的存在也增加了污垢问题并会使通量下降。综上所述,PAC在通量增强中的重要性来自于其对膜表面物理冲刷、滤饼比电阻的降低,以及对细小胶体和溶解有机物的吸附。

利用PAC对有机物的吸附,可以增强吸附和混凝相结合的方法对海水中有机物的去除率。这种方法的另一个优点是,与不经混凝进行的吸附相比,在去除腐殖酸方面更有效。在处理后的溶液中加入PAC,不仅可以吸附有机物,还可以提高絮凝体的沉降性。

3.2.3 膜技术

在RO应用于海水淡化之前,通常使用过滤和滤芯过滤器等工艺进行预处理。近年来,膜过滤已被当作这些传统预处理方法的替代解决方案。所有海水膜净化预处理实验均采用UF膜,其瞬时通量小于100 L/(m^2·h)。结果表明,海水预处理和反冲洗过程中使用的试剂对反渗透膜的渗透率和滤液质量均有影响。

与传统预处理相比,膜预处理(UF/NF(纳滤))通过RO系统可以更有效地实现在大范围盐度(435 000 mg/L)下的良好水质。MF/UF的出现促使人们致力于用这些低压过滤膜来取代传统的介质过滤。膜预处理可以提高反渗透通量、增加反渗透回收率、增长反渗透膜寿命、节省化学成本、降低能源成本、增加工厂实用性,以及占用更小的工厂占地面积。能有效降低有机/生物污染,单位水费维持在0.05美元/m^3左右。例如,膜生物反应器(MBR)技术(虽然被认为是主流的处理工艺)有潜力被用作RO预处理。其能有效降低低盐水RO系统中的生物污染;同时,也可与其他常规或非常规预处理技术联合应用于高盐水中。

由于这些优点,近年来UF/MF逐渐成为RO首选的预处理方法。它能有效屏蔽固体颗粒,并在原料来源不同时产出质量一致的处理水。低盐度至中盐度海水具有提高RO性能的优点,从而降低RO运行成本。对于38 000 mg/L TDS及以上的高矿化度供给,RO在提高通量和回收率方面的贡献是有限的,但操作成本效益仍然可以证明使用UF/MF预处理是合理的。UF/MF为RO系统提供了更好的安全性和流动时间。

UF可以去除所有的悬浮颗粒和部分溶解的有机化合物,其去除率取决于它们的MW和膜的分子截留量(MWCO)。一般水处理UF的典型去除能力为0.01~0.02 μm。有些新材料甚至可以过滤0.005 μm的微粒。MF移除的颗粒通常比UF大一个数量级(为0.1~0.2 μm)。因此,UF具有优于MF的特点,即提供更好的消毒屏障,因为UF的孔径可以排除病毒。

UF与常规预处理相比,其主要优点是水质改善、占地面积小、所需化学品量少、运行稳定,同时在总体成本上具有竞争力。虽然水下超滤系统在地表水和废水处理中得到了广泛的应用,如膜生物反应器,但其应用还没有像SWRO预处理脱盐那样受到足够的重视。水下超滤中空纤维在去除NOM方面已被证明是一种可行的海水预处理技术,表明其可以作为海水预处理一体化膜脱盐系统中的一环,为操作条件的确定和优化提供了帮助。

虽然膜预处理技术具有显著的工艺和经济效益,但是目前还没有足够的技术来预先评价其在某一新项目中的优点。文献中一些数据是其在海水中试装置实验中获得的,但这些数据具有很强的现场针对性。因此,颗粒过滤和膜过滤的经济性评价和比较仍需要大量的中试工作。

3.2.4 膜混合系统

膜过滤与混凝、吸附等物理化学过程相结合,可以提高膜的出水的质量和渗透性。

在MF前或膜反应器内加入混凝剂通常称为膜下混凝混合系统。混凝通过降低膜上沉积的滤饼阻力来改善MF的过滤特性。膜处理的预期效益之一是减少混凝剂的用量。膜过滤去除与传统技术不同,最终影响混凝剂的用量、应用点、混凝剂的种类等。混凝、絮凝和膜过滤的结合也是在相对较低的混凝剂浓度下处理高NOM浓度地表水的有效和可靠的方法。它可以在最佳pH条件下进行操作。

当混凝/絮凝与膜过滤相结合时,病毒的去除可能会更有效,因为微生物会被膜吸附或包含在由膜保留的更大絮体中。

PAC吸附作为一种预处理方法,已广泛应用于辅助MF等低压驱动膜过滤工艺以去除污水中溶解的有机溶质。在水下膜系统中,向槽内注入气泡提供混合作用,并在膜表面引入剪切作用,以防止颗粒沉积。在这个混合体系中,有机物被吸附到PAC上,最终带有有机物的PAC被膜分离。

水下膜吸附混合系统在长期运行中具有许多优点。PAC最初充当吸附剂。PAC表面微生物生长后,微生物对有机物进行生物降解,PAC从而得以长期使用。同时膜也没有污垢(或非常少的污垢),因此也可以长期使用,无须清洗。由于几乎所有的有机物都被PAC除去,膜的作用仅仅是保留PAC和其他悬浮物,所以膜不会被污染。而且能量要求很低,没有淤泥问题。

将有机物预吸附到PAC上,有利于降低膜污染,保持渗透通量的一致性。这种PAC工艺流程既能激发生物活性,又能促进吸附,优化了混合体系的运行。Guo等报道,使用这种PAC工艺流程后,系统的有机去除效率可超过90%。

利用Fe(Ⅵ)和UF膜处理工艺强化混凝,对脱盐RO预处理工艺进行了3~4个月的实验研究。研究发现,生物矿化形成过程是生物吸附和无机生物吸附在有机基质上的过程,因此,生物量的增长取决于进料水质。增强混凝和UF膜预处理结果显示,浊度小于0.5 NTU,铁质量浓度不超过0.2 mg/L,Si质量浓度不超过0.1 mg/L,对藻类和微生物的去除率大于98%。从而避免了生物矿化的形成。

同时对海水UF进行了在线电凝(EC)预处理。水力清洗后,EC生成的饼层去除效率低于氯化铁基饼层,导致跨膜压差随时间增加。两种预处理方法都成功地减少了超滤膜的污垢,并产出适合反渗透进料水的产品水。虽然从预处理的角度看,中试规模的实验证明EC是有效的,但还需要考虑额外的EC反应器设计和经济成本以及在现场水净化操作期间优化系统的实用性和可持续性。

3.3 生物污染治理策略

如前所述,生物污染治理可以分为预防和控制。预防主要包括膜改性、水消毒和生化进料水预处理,而控制主要是膜的清洗。因此,生物污染治理策略也经常被分为膜的直接法和间接法(表3.3)。

表3.3 RO膜生物污染治理策略比较

治理策略	描述	优点	缺点
直接法(膜)			
膜改性	对膜的物理化学性质进行改性	防止微生物黏附	昂贵;微生物会改变膜表面环境,导致更多污染
膜清洗	加入清洗剂后膜性能恢复	对性能影响大,见效快	导致系统关闭,膜损坏和额外的浪费
间接法(膜)			
进料水处理	生产污染潜力小的进料水	微生物和营养物质可随后去除	导致膜污染,需要逆流清洗和正向清洗
生化法	调节微生物不同的生物活性	环境友好	成本高,效率低,工业限制
水消毒	抑制微生物对膜的黏附	在微生物进入反渗透膜单元之前,先使其失活	化学方法:会产生消毒副产物(DBPs)、形成致突变剂。加热方法:受位置和天气影响。紫外线:效果不好

3.3.1 直接法(膜)

直接法是从膜组件制造的初始阶段开始进行生物污染控制,并在操作阶段对其进行有效去除。这包括通过直接在膜上应用防污剂对生物污染进行现场控制,以及对污染的RO膜进行有效的清洗。这将延长RO膜的使用寿命,从而降低操作成本。

1. 膜改性

膜改性改善了膜的表面粗糙度、官能团、电荷和亲水性等物理化学性质,从而影响膜的污染。近年来,各种防污材料在膜改性中得到了广泛的应用。

可通过降低细菌对膜表面的黏附和微生物的失活来提高RO通量。光滑的膜可以降低微生物附着在膜表面的速率。将表面电荷调整为负电荷也可以减少生物污染,因为大多数微生物在溶液状态下都带有负电荷。然而,这会导致带负电荷的污垢沉积到膜上。

亲水性的增加可以降低膜上微生物的吸引力。亲水性的增加会引起地表水中亲水组分的增加,从而带来有机污垢。生物表面活性剂还可以降低水溶液和碳氢化合物混合物的表面张力和界面张力。与化学表面活性剂相比,生物表面活性剂具有毒性小、生物可降解性强、环境相容性好、发泡率高、选择性强、在极端条件(温度、pH、盐度)下比活性高、能够利用可再生资源合成等优点。

虽然这种改性能在短期内有效地防止微生物黏附,但也存在一些缺陷。微生物在不同的环境条件下容易产生黏附,因此成本较高,只有部分微生物无法适应改性膜表面的新条件。因此,在使用改性方法时,也需要相应降低 RO 膜供给溶液中微生物的浓度。

2. 膜清洗

许多研究集中在有效的化学清洗条件上。可以通过清洗膜来克服大部分膜性能的衰退。据报道,清洗效率取决于清洗剂、浓度、pH、温度和清洗时间。一般情况下,在渗透率下降 10% 左右,或进料压力增加 10% 左右,或压差增加 15% ~50% 时进行清洗。在大多数反渗透海水淡化厂中,膜清洗的成本占运行成本的 5% ~20% 。

生物膜的机械稳定性可以通过以下方法来克服:①使用适当的化学物质来削弱生物膜基质;②利用剪切力去除膜表面生物膜。采用次氯酸钠(NaClO)和氢氧化钠(NaOH)作为生物污染控制剂,用 NaOH 清洗 20 min,生物污染的降低效率超过 95% 。然而,这些清洗方法并不能有效地控制生物污染,因为生物物质并不能完全从膜中去除。因此,它会导致细菌迅速再生。此外,这些清洗技术还会引起系统关闭,致使出现渗透率降低、膜损坏、废物污染等问题。

3.3.2 间接法(膜)

间接法包括从膜系统(如 MF 和 UF)的进料水中物理去除细菌,以及使用生物杀菌剂(生化)或消毒剂使细菌代谢失活。

1. 生物絮凝控制的进料水预处理

反渗透预处理系统的设计目的是生产具有较低污染潜力的进料水,它们通过去除颗粒、微污染物和微生物以及防止无机污垢形成来达到这一目的。根据以往的经验,预处理是 RO 成功运行最重要的工艺之一,因为它可以减少有机物和细菌,而这些有机物和细菌会导致膜生物污染。低浓度的微生物存在于反渗透供给中可以降低微生物黏附在膜上的可能性。

(1)常规过滤问题。

RO 系统中生物污染治理的过滤技术包括传统的颗粒介质过滤技术和非传统的压力驱动膜过滤技术。颗粒介质过滤技术可以应用于三种介质:单介质、双介质和混合介质。增加过滤过程中所涉及的介质的数量,可以改善颗粒过滤器从粗到细的过滤过程。当受污染的水通过颗粒状过滤器时,微生物和其他污染物被吸附到过滤介质上,或吸附到最初附着在介质表面的污染物上。决定颗粒过滤器容量的因素有很多,包括操作参数、大小和过滤介质的种类。

采用传统的复杂进料水预处理系统很难达到稳定的反渗透水质。为了控制生物污染,采用不同的预处理方案,如混凝和双介质过滤,使进料水中的细菌数量减少32%～100%。在大多数情况下,混凝和过滤能有效地去除进料水中很大一部分细菌(约82%)。

尽管采用过滤技术能够让生物污染控制达到可接受的水平,但这些技术仍然面临一些挑战。例如,高浓度的微生物和营养物质可以在反洗期间通过颗粒过滤器,在达到理想的过滤器压实度之前,微生物可能有机会通过并定植膜表面,形成生物膜。同样,膜过滤预处理过程的效率也会因为污垢和生物污染问题而显著下降。

(2)膜滤法。

膜滤法被认为是一种比传统预处理更有效的预处理方法,因为膜预处理系统通常比传统预处理系统需要更少的空间和化学物质。随着膜成本的不断降低,采用膜处理技术的工厂在经济效益方面会得到更大的利好。

膜滤法对微生物的吸附机理是两种现象的结合:一是膜与微生物之间的物理化学相互作用;二是筛分效应。大于膜孔大小的微生物被截留下来,而带有负电荷的膜同样可以通过静电排斥力截留微生物。

过滤和膜预处理系统主要通过去除RO系统供给流中微生物可利用的营养物质来减少生物污染的形成。当在反渗透系统前使用过滤技术时,过滤器可以形成一个屏障,在经过的水中保留可用的养分,使反渗透进料水中的微生物处于饥饿状态。饥饿会损害微生物的再生性并减弱它们产生致密和广泛的生物膜的能力。

2. 生化法

利用酶、抗生素和信号分子等生物化学物质可以降解生物膜的强健结构。抗生素可以定义为感染细菌的病毒。信号分子(群体感应抑制)是一种特殊的生物分子,它调节微生物的不同生物活性,如生物膜细菌群落中的细胞-细胞通信活动。这些技术通常用于去除表面上已经形成的生物膜。应用生物化学技术去除表面已形成的生物膜,存在生产生物化学物质成本高(工业规模有限)、分离底物附着微生物不稳定、效率低(灵敏度低)等缺点。

3. 水消毒法

氯、臭氧和紫外线等杀菌剂已被用来控制与反渗透膜生物污染相关的微生物生长。其中,游离氯的使用最为频繁。然而,游离氯往往与膜损伤、消毒副产物的形成和微生物的生长有关,这是由于使用了亚硫酸氢钠淬火过程。溴酸盐是富溴盐水臭氧化过程中形成的一种致癌物,可限制处理水变为饮用水。另外,紫外线处理由于不产生任何副产品,不使用亚硫酸氢钠就能熄灭剩余的氯,并且在盐水中氧化有机物,因此越来越受欢迎。

对RO膜系统进行消毒预处理是抑制微生物对膜黏附的有效途径。消毒技术有可能在附着前使微生物失活。水消毒过程包括广泛的处理方法,从传统的处理技术,如化学和热处理,到非传统的处理方法,如紫外光处理、电气处理、机械处理和超声波处理。

水消毒的化学处理包括向水中添加化学物质,如氯和臭氧,这些化学物质可能使水中现有的微生物失去活性。尽管化学方法具有成本低、能有效灭活多种微生物等优点,但这些技术在消毒副产物的产生、致突变剂对反渗透膜材料的破坏和传质限制等方面仍存在一些不足。

因此,像太阳能这样的热处理已经成为一种替代选择。太阳能消毒被认为是一种低成本的水消毒技术,但其效率取决于地理位置和气候条件,这可能会限制其广泛应用。

紫外光处理是一种替代的处理技术。尽管如此,使用紫外线作为消毒剂仍有一些局限性,如其在光散射和吸光溶液中表现不佳。

利用超声波技术对水体进行消毒是一项非常有价值的应用,因为超声波具有环保的作用,而且能够使病原微生物群失活和分解。超声波对微生物的分解作用在于超声波空穴的协同作用。超声波空穴定义为气泡的产生、生长和随后的坍塌过程,是超声波通过液体时的响应。

3.4 污染监控

颗粒、有机物等杂质在膜表面的沉积和积累不仅会导致渗透通量随时间下降,而且在许多情况下还会使渗透质量恶化。膜污染虽然受到通量、回收率等情况的影响,但造成膜污染的根本原因是进料水的性质。这就是所谓的污染潜能。

3.4.1 SWOM 测量与表征

限制 SWOM 测量与表征的是由大量有机物(OM)造成的有机污染。有机污染的分类与胶体污染和生物污染的分类相同。除了大分子外,有机污染物还包括有机胶体。

生物污染是一种生物形式的有机污垢,而微生物来源的细胞碎片形成的 OM 被认为是生物污染的一种非生物形式。

表 3.4 为进料水样的各种 SWOM 测量及表征。

表 3.4 进料水样的各种 SWOM 测量及表征

测量分类	标准
溶解有机碳(DOC)	OM 的量
溶解有机氮(DON)	OM 中氮的量
UVA 吸光度@ 254 nm (UVA254)	OM 的芳香性
特定的 UVA (SUVA$^{1}/_{4}$ UVA254/DOC)	腐殖质 OM(高 SUVA)与非腐殖质 OM(低 SUVA)的相对量
分子量(MW)分布的粒度排除色谱在线 DOC 检测(SEC - DOC)	OM 为高分子量(MW)多糖(PS)对应的色谱峰,中 MW 腐殖质(HS)为腐殖酸和富里酸,低 MW 酸(LMA);该技术在概念上等价于 LC - OCD,液相色谱与有机碳检测
疏水/超亲水/亲水 DOC 分布	XAD - 8/XAD - 4 树脂吸附色谱,显示 OM 的极性分布
三维荧光激发发射矩阵 (3D - FEEM)	区分类腐殖质和类蛋白 OM,并提供 OM 源(即陆生或微生物)
热裂解 - 气相色谱/质谱联用	OM 生物高聚物合成聚羟基芳族化合物、多糖、蛋白质和氨基糖(NOM 分离鉴定)

为了更好地表征OM,研究人员开发了新的分析工具。为了提高对海水中OM的认识,不仅采用了基本的SWOM表征,而且采用了新的技术。

XAD树脂已被广泛用于海水中NOM的表征和浓缩。Martin - Mousset等描述了一种更具体的方法,利用XAD8和XAD4树脂,将溶解的有机物分为三类极性,即疏水性(HPO)、超亲水性(TPI,一种中间极性或过渡极性)和亲水性(HPI)。LC - OCD是一种尺寸排阻色谱法和连续分析仪的结合,能够定量分析DOC、OCD和UVA254。荧光EEM(FEEM)是根据海水中NOM化学性质检测其在不同碎片上分布的一种快捷工具。

3.4.2 生物量测量与表征

测量生物量的参数包括腺苷5′ - 三磷酸(ATP)、总直接细胞计数(TDC)和异养板计数(HPC)。较高浓度的生物质增加了归一化压降和/或降低了归一化通量(MTC)的操作参数值。ATP是一种快速、简便的测定海水系统中总生物量的方法。用萤光素和萤火虫萤光素酶的酶促反应测定其浓度。测定光产生量,并根据光产生量与参考ATP浓度之间的线性关系得出ATP浓度。TDC值通过使用SYTO、吖啶橙和4′ - 6 - 二氨基 - 2 - 苯林多尔(DAPI)等染料的荧光显微镜测定。然而,这些荧光染色剂对所有进入样本的细菌细胞进行了染色。因此,测量了样品中的活细胞和死细胞。HPC可以通过将水样在R2A平板上涂布,在201 ℃或281 ℃下孵育5 ~ 7天得到,对生物质悬浮液样品中发现的异养菌进行计数。TDC比HPC更能评价预处理装置的性能,但两种计数方法对以团聚体形式传递的细胞的定量均不理想。ATP分析更加准确和独特;因此,ATP与细胞数分析相结合是膜元件与进料水比较合适的生物量参数。除海水中的微生物数量外,不同的细菌群落也会严重影响海水淡化过程中的预处理步骤。海水中有许多不同种类的细菌。了解不同菌种的丰度对设计合理的海水淡化预处理策略具有重要意义。如前所述,优势群或特定细菌可能会增加高分子量有机物或微生物EPS(或生物聚合物)的浓度。

3.4.3 水污染趋势

1. 微粒污染趋势

建立一种可靠的方法来测量和预测进料水对膜过滤系统的颗粒污染趋势是有必要的。它可以在设计阶段用于评估所需的预处理,并在工厂运行期间监控预处理系统的有效性和性能。此外,颗粒污染可以通过生物污染或生物膜的形成来增强,为表面条件或为微生物提供良好的环境。

SDI和改进的污垢指数(MFI)是应用最广泛的方法。起初,使用微过滤器(0.45 mm)(MF - MFI)来评估颗粒物的污染潜力,但Moueddeb等证明了MF - MFI对海水的限制。Boerlage等介绍了UF - MFI测试作为水质监测仪,该测试可以测量单一给定进料水类型的污染潜力,并在膜安装前后记录进料水水质的变化。

2. 胞外聚合物

微生物对无生命表面的黏附和生物淤积层的黏附都是通过EPS实现的,EPS由微生物起源的多糖、蛋白质、糖蛋白、脂蛋白等大分子组成。它们形成黏液基质,黏液基质将细胞“粘”在表面,并使生物膜保持在一起。

特别是近年来,透明高分子颗粒(TEP)作为生物膜形成的主要指示剂被引入RO系统,可能进一步导致生物膜的污染。TEP具有很高的黏性,易于在RO膜上积累,从而在系统中引发生物膜的形成。许多研究报告说,在海水中发现的细菌总数中,有很大比例(高达68%)与TEP有关。TEP不仅是一个指示剂,而且在促进系统微生物生长方面也起着至关重要的作用。因此,有必要监测反渗透装置进料水中TEP的存在,以便更好地了解它们对膜污染的贡献。

3. 生物污染潜力

生物污染潜力是由无处不在的微生物和营养物质的有效性决定的。这些被认为是潜在的生物量。生物膜的积累取决于不同的因素:①养分浓度、类型和有效性;②剪切力;③生物膜基质的力学稳定性。有效地监测生物污染潜力可以节省大量的杀菌剂。

可生物降解有机物(BOM)是细菌生长的限制性营养物质,因此BOM的浓度可以量化为可吸收有机碳(AOC)和可生物降解溶解性有机碳(BDOC)。两者都是细菌再生潜力指标。此外,AOC实际上与水样中的细菌数量有关。DOC和BDOC通常与高分子量化合物(如腐殖酸)关系更大,而低分子量化合物则被量化为AOC(如醋酸和氨基酸)。

(1)可同化有机碳。

AOC是TOC的一部分,可以被细菌利用,导致生物量浓度的增加。AOC通常只占TOC的很小一部分(0.1%~9.0%)。AOC分析是通过菌落计数监测水样中的细菌生长。根据标准有机化合物浓度的校准曲线,将培养过程中观察到的平均生长数量(N_{avg})转化为AOC。Van der Kooij发现,当AOC水平低于10 mg/L时,异养细菌没有增加。

(2)AOC可用的方法。

目前,已有许多AOC方法从Van der Kooij等提出的传统原则精简而来,见表3.5。其中一些方法利用天然微生物群落,而不是纯培养。此外,由于采用不同的分析方法(如电镀、ATP、浊度、流式细胞仪、发光等)测量生长,结果也会发生变化,利用相关的转换因子从细胞/生物量浓度中得到AOC浓度。新的AOC方法以改进AOC的检测为目标,使检测变得更快更容易。

表3.5 可用的AOC方法

方法	Van der Kooji	Dutch	Werner – Hambsch	Eawag	哈氏弧菌	费氏弧菌
目标	饮用水(600)	自来水	营养盐	自来水	海水	海水
培养	伪单胞菌荧光菌株P–17、螺菌氮氧化物NOX	P–17、NOX	自然群落	预培养天然微生物群落	哈氏弧菌	费氏弧菌
灭菌	70 ℃,30 min	70 ℃	0.22 μm过滤	0.2 μm注射器过滤	—	70 ℃,30 min

表3.5 可用的AOC方法

方法		Van der Kooji	Dutch	Werner - Hambsch	Eawag	哈氏弧菌	费氏弧菌
接种		500 CFU[①]/mL	—	50 000 细胞/mL	10^4 CFU/mL	—	3×10^4 CFU/mL
孵化	温度/℃	15	15	22	30	30	25
	时间	7~9天	2~14天	2~4天	2~3天	<1天	<1 h
细胞计数		营养琼脂平板	ATP分析+平板浊度	浊度	流式细胞术	荧光	荧光
底物		醋酸盐	醋酸盐	醋酸盐	醋酸盐	醋酸盐	葡萄糖
检出限		10 μg/L 醋酸盐-碳当量	—	10 μg/L 醋酸盐-碳当量	10 μg/L	<10 μg/L	0.1 μg/L 葡萄糖-碳当量
文献		[146]	[147]	[144]	[148]	[149]	[150]

注:①菌落形成单位

①Van der Kooij 方法。

a. 方法描述。这种生物测定法根据菌落形成单位(CFU)在静止期(不再生长时)的数量,定量地测定了给定水样中细菌细胞分批生长的浓度。本方法以伪单胞菌荧光菌株P-17和螺菌菌株NOX的纯培养为实验菌株。接种后(规定500 CFU/mL),对水样(600 mL)进行孵育,在营养琼脂平板上电镀定量微生物生长(孵育时间可在9~12天之间)。结果(平均净生长)与实验生物在醋酸盐(P-17)或草酸盐(NOX)纯溶液中的生长量有关,最终结果为醋酸盐-碳当量。该方法检出限为10 μg/L醋酸盐-碳当量。

b. 优点。该方法是第一个建立的AOC方法,因此已经被许多研究测试和应用。此外,这种方法也可以在标准实验室中进行,因为它不需要特定的设备。许多应用这种方法的研究都可以在同行评议的文献中找到参考资料。

c. 缺点。这种方法的主要缺点之一是不适合海水的应用。此外,该方法非常费时费力(结果可达14天),缺乏标准的方法(改变温度和接种周期)。

②Dutch 方法。

a. 方法描述。这种方法与Van der Kooij的方法非常相似,即采用ATP分析来定量小瓶和固定室温下样品的生长。

b. 优点。ATP分析的细胞计数检测快速,避免了烦琐的电镀方法(分析需要几分钟而不是几天)。此外,培养温度的提高可以使细菌生长达到更快的稳定阶段。

c. 缺点。与Van der Kooij方法类似,该方法不能用于海水AOC的检测。此外,使用ATP作为测定方法,ATP转化为生物量,取决于解释结果的可靠性,从而影响结果。

③Werner - Hambsch 方法。

a. 方法描述。该方法基于接种菌在目标水样中生长后浊度与总细菌细胞数(TCN)

的相关性。样品经过滤灭菌后,放入 250 mL 的试管中,加入不含碳的无菌营养盐溶液。将样品接种到约 5×10^4 TCN/mL 的溶液中,其中含有从消毒过滤器中冲洗的悬浮细菌,试管在约 22 ℃的特殊改性浊度计中孵育。浊度每 30 min 测量一次,持续 2 ~4 天,直到达到稳定相。生长曲线绘制成浊度对孵化时间的对数。曲线的斜率表示生长速率(μ),是基体质量的指标,生长因子表示基体数量。醋酸盐当量是根据醋酸盐的浊度随浊度率的增加而增加来计算的。检测限为 10 mg/L 醋酸盐 - 碳当量。并在实验开始和结束时分析了 DOC 的去除和细胞总数的增加。

b. 优点。该方法适用于海水等海洋环境。此外,它还可以生成动态信息(具体来说是生长速率与 AOC 质量有关)和附加值(如 DOC 去除和细胞总数的增加)。

c. 缺点。虽然该方法可以用于海水条件,但 10 mg/L 醋酸盐 - 碳当量的检测限可能不够敏感。而且该方法仍然耗时(2 ~4 天),一次处理的样品数量有限。此外,使用天然微生物群落所产生的可变性可以与纯培养相比较。

④Eawag 方法。

a. 方法描述。Eawag - AOC 方法包括用 0.2 mm 注射过滤器过滤目标水样,用预培养的自然微生物群落接种过滤后的样品,在 30 ℃下培养样品,直到生长细菌培养达到固定阶段,用荧光色素染色生长细胞,流式细胞仪计数细菌。

b. 优点。Eawag 方法可以在 2 ~3 天内测量 AOC,使用流式细胞仪可以实现高精度(小于 10% 标准差)、高通量(每天处理 20 ~30 个样品,一式三份)。

c. 缺点。该方法不适用于海水环境。此外,使用流式细胞仪测量细胞数量非常昂贵,而且测试结果不稳定。流式细胞仪通常需要专门的熟练操作人员,而非熟练操作人员不能使用;流式细胞仪参数考虑越多,分析结果就越复杂。该方法的另一个缺点是结果的可靠性不确定,因为它对该方法模式的处理和解释是高度主观的。此外,流式细胞仪只能检测直径 0.5 ~40 mm 的微生物,并且它很昂贵,这也是一个重要的因素:其成本在 10 万 ~25 万美元之间,包括机器、配件和试剂。

⑤哈氏弧菌方法。

a. 方法描述。该方法以纯培养的哈氏弧菌(*Vibrio harveyi*)为实验对象。样品在30 ℃下培养 7 天,直到细菌培养达到稳定阶段。接种后,在指数和固定阶段监测样品,以测量和捕获发光的最大水平(N_{max}),并将最终结果以醋酸盐 - 碳当量给出。

b. 优点。适合海水条件,采用生物发光法。

c. 缺点。该方法仍需较长时间的培养。

⑥费氏弧菌方法。

a. 方法描述。在此方法中,纯培养的费氏弧菌(*Vibrio fischeri*)被用作测试生物体。以葡萄糖为碳源,在人工海水中孵育一整夜(12 h ~1 天)。将直接用于菌株制备的海洋琼脂培养基置于 25 ℃下孵育,用荧光仪测量天然生物发光(图 3.3)。

b. 优点。这种方法与其他方法的显著区别之一是培养所需的时间较短,只需要 30 min。利用海洋琼脂板直接制备菌株,缩短了总实验时间。在菌体方面,采用费氏弧菌新 AOC 法的菌株与哈氏弧菌染色相比,即使在低于 50 mg/L 的低碳质量浓度下,细胞数量与发光的相关性也相对较高。费氏弧菌方法的另一个优点是,由于该细菌是一种海洋分离物,它适应高盐条件,因此它的代谢适合于检测海洋样品中的 AOC 浓度。由于费氏弧菌方法简单,因此其优于 Eawag 方法:Eawag 方法检测不到较低的细胞数量($<10^2$ 细胞/mL),而费氏弧菌方法可以检测到较低的细胞数量($<10^2$ 细胞/mL)。此外,葡萄糖作为碳源,其在实际海水样品中比醋酸盐更敏感。

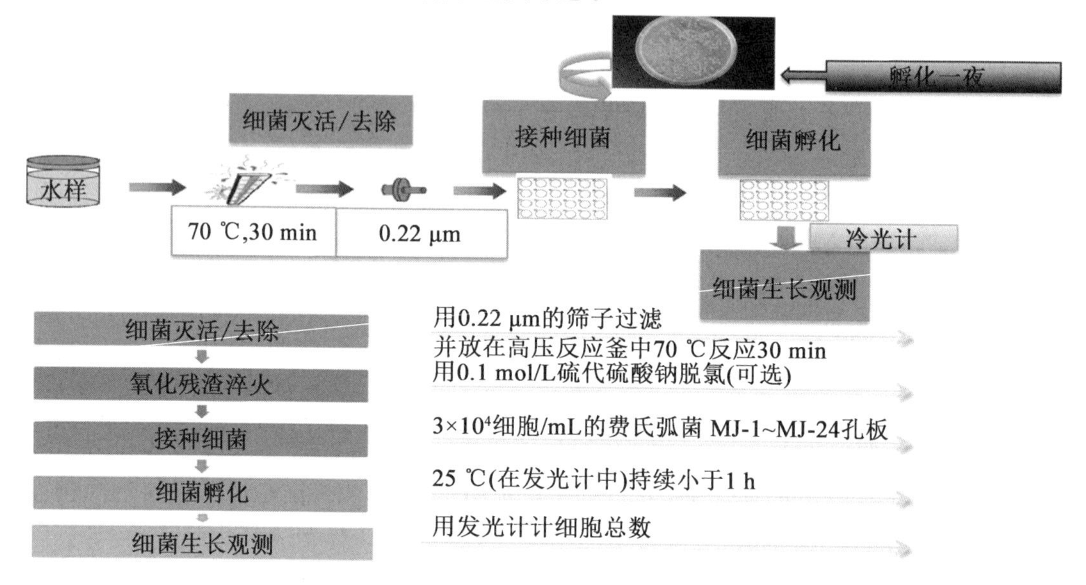

图 3.3 基于费氏弧菌生物发光 AOC 法

(3)可生物降解溶解性有机碳(BDOC)。

BDOC 含量表示被异养菌群同化和/或矿化的 DOC 的分数。实验用的接种物由环境细菌组成,这些细菌可以悬浮在支架上,也可以固定在支架上,如沙子或多孔的珠子。BDOC 是水样初始 DOC 与悬浮原生菌潜伏期 28 天或附砂菌潜伏期 5~7 天后观察到的最小 DOC 之差。然而,Van der Kooij 的一项研究表明,BDOC 不能用于预测再生水平,因为异养菌数与 BDOC 浓度之间没有显著相关性。检测限 0.1 mg/L,可检测 AOC 水平。近年来,BDOC 的测定已被应用于水处理中,作为一种生物降解性的测定方法。

(4)生物质生产潜力(BPP)。

生物质生产潜力(BPP, ATP_{max}/mg 产品,或每升水)实验是通过测定在 25 ℃培养的水样中本地细菌种群 ATP 的最大浓度来进行的。当水样中存在的可生物降解化学物质不能被 AOC 实验中使用的菌株利用时,该实验是有用的。

(5)生物膜生成速率(BFR)。

生物膜生成速率(BFR)值是利用在线操作的生物膜监测仪在 0.2 m/s 的连续线性流速下确定的。本监测仪玻璃环表面活性生物量(以 ATP 表示)的积累是时间的函数,BFR 值表示为 pgATPcm^2/天。

3.4.4 膜的表征

污染膜的表征对于了解有机物和生物污染物及其对膜性能的影响具有重要意义(表 3.6)。

污染膜的表征包括对污垢层和生物膜结构的观察。当污染情况比较复杂时,膜解剖是一个强大的诊断工具,可以提高系统的性能。有效控制污垢需要对存在的污垢进行良好的诊断。反渗透膜上的污垢有多种识别方法。目前最好的解剖方法是开发更多的原位工具,对膜材料进行无损分析。

3.4.5 膜生物污染治理的潜在预处理

通过遵循最佳管理实践和偶尔对RO进料进行冲击氯化然后脱氯,可以防止生物污染。

深层过滤是水处理中常用的预处理方法,也是去除悬浮物或颗粒的海水淡化方法。这种过滤工艺通常用于净化质量浓度小于500 mg/L的稀悬浮液。颗粒主要附着在表面,并引入过滤层本身。随着过滤过程的不断进行,颗粒沉积在过滤孔内,导致孔的几何形状和水动力条件的变化。清除沉淀物可以在过滤器的整个内部深度进行。然而,传统的深床过滤无法去除SWOM,而SWOM又是生物污染的主要原因。

表3.6 污染膜的表征

测量范畴	标准
纯水透过率(PWP)	
孔径或分子截留量(MWCO)	
接触角	疏水性指数
电动电势	表面指数
电荷表面粗糙度	
原子力显微镜	从(膜)表面形貌和孔分布来看污垢层形貌
共聚焦激光扫描显微镜(CLSM)	生物膜联合体和生物膜/地层相互作用的存在和生存能力
红外线分光光度测定法(FTIR)	由含胺(蛋白质)、碳水化合物(多糖)、羧酸(腐殖质)等有机官能团的腐殖质层组成
核磁共振成像(MRI)	在线性梯度磁场下的核磁共振测量序列
光学相干层析成像(OCT)	光学信号采集和处理方法,允许从光学散射介质(或反射结构)内部获取高质量、微米分辨率的三维图像
扫描电子显微镜(SEM)	污垢层形貌
透射电子显微镜(TEM)	生物膜基质中微生物空间关系的横断面信息

3.4.6 深层细菌过滤器(DBF)

当通量相对较低时,DBF起生物过滤作用(图3.4)。生物膜是在介质上形成的,它有助于分解可生物降解的有机材料。在有机物吸附到过滤介质之后,最初的降解是由大分子的胞外酶水解到更小的基质上,然后再被输送到生物膜中。过滤介质中的微生物膜群落发生进一步降解。

在此背景下,Naidu等基于详细的微生物活性对GAC生物过滤器20天的有效性进行了评估。结果表明,活性生物量(基于 ATP 测定)在介质表层有较高的积累,附着生物量随介质深度的增加而减少。因此,在 GAC 培养基的顶层检测到较高的菌细胞数(1.0×10^8 CFU/g)。此外,生物量浓度随着时间的推移而增加,初始阶段(0 ~ 5 天)时仅为(0.9 ± 0.5) mg ATP/g 培养基,15 ~ 20 天后显著增加至(51.0 ± 11.8) mg ATP/g 培养基。观察了 GAC 生物滤池对 DOC 的去除率和总生物量的变化趋势,发现 GAC 生物滤池在达到稳定条件(15 ~ 20 天)时,出水水质良好(DOC 为(0.51 ± 0.12) mg/L)。GAC 培养基上高活性生物量的积累归因于高有机物去除率。这项研究表明,与沙子和无烟煤等介质相比,GAC 的孔隙更为丰富,因此能在表面得到较厚的微生物层,保持较高的生物量。

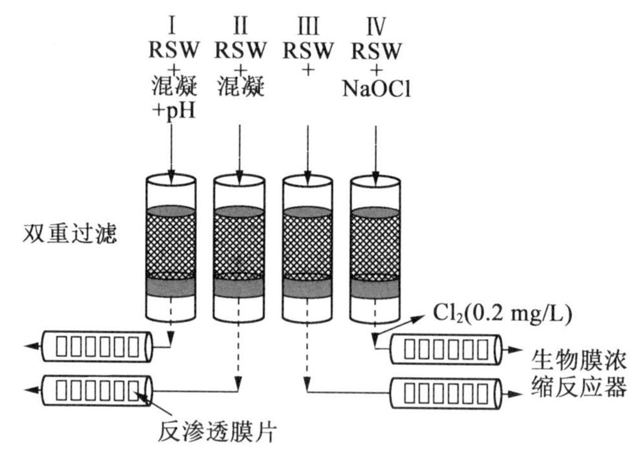

图 3.4 双介质滤池(DMF)生物膜浓缩反应器(BER)过滤实验

RSW—回收固体废物

在这方面,Jeong 等曾对 GAC 和无烟煤介质运行了 75 天的生物过滤器进行了详细的研究。利用末端限制性片段长度多态性(T - RFLP)结合主成分分析(PCA)、样品聚合类和 16S rRNA 基因测序对培养基微生物群落进行评价。GAC 生物滤池由多种异养菌组成,无烟煤生物滤池主要由硫氧化还原菌组成,无烟煤中存在硫杂质和碱性硝化异养菌。无烟煤中异养细菌相对较少,其原因是无烟煤对海水中有机物的去除率较低。

GAC 生物滤池还能较好地还原海水中的 AOC,这与其微生物含量有关。他们观察到,在最初的过滤阶段,通过 GAC 生物滤池的出水 AOC 质量浓度为(18.0 ± 1.4) μg/L 葡萄糖 - 碳当量。初始阶段 AOC 质量浓度高与微生物降解过程中高分子量有机物转化为低分子量有机物有关。当过滤器运行到成熟阶段(15 ~ 20 天)时,AOC 质量浓度降至(0.6 ± 0.2) μg/L葡萄糖 - 碳当量。这是由于 GAC 生物滤池中 LMW 有机化合物在 GAC 介质上被同化而形成特定微生物群落。AOC 的去除模式与 LMW 有机化合物的下降趋势相似。该研究结果表明,GAC 生物滤池作为海水预处理对生物淤积趋势的控制是有效的。

尽管生物滤池提供了良好的生物污染控制,但这种预处理仍面临一些挑战。例如,高浓度的微生物和营养物质可以在反洗期间和达到理想的过滤密实度之前通过颗粒过滤器,微生物有机会通过和定植膜表面并形成生物膜。此外,必须密切监测过滤介质类型、通量和反冲洗频率,以便有效地发挥生物过滤器的作用。

3.4.7 接触混凝-过滤(CFF)

在反渗透装置中,常用的有金属混凝剂如铝或铁的氢氧化物。凝固也可以通过相变去除 NOM。溶解的 NOM 直接通过沉淀或吸附在凝结剂产生的团聚粒子上而进入粒子。

因此,CFF 是 SWRO 工艺前改善进料水水质的一种有前途的预处理方法(图 3.5)。CFF 是 DBF 与在线絮凝相结合的产物。在 CFF 中,颗粒的絮凝和絮凝体的过滤发生在滤床内部。当絮凝剂在过滤器(直接过滤和 CFF)中在线使用时,该化学品(即与单独絮凝过滤相比,$FeCl_3$ 的剂量)通常降低 30% ~40%。同时,CFF 可以有效去除低 $FeCl_3$ 质量浓度(低至 0.5 mg/L 的 Fe)的疏水和亲水有机化合物。较低地使用 $FeCl_3$ 可以将絮凝污泥处理的风险降到最低。然而,目前对用于海水淡化预处理的 CFF 系统的生物活性了解甚少。由于这些过滤器经常发生反冲洗且水流速度较快,因此 CFF 中生物活性的影响被认为是最小的。然而,最近的一些研究已经证实了 CFF 的生物污染控制能力。例如,Jeong 等研究了沙子和无烟煤介质 CFF 作为基于 TEP 和 LMW 中性物质的生物过滤器的潜力。无烟煤介质 CFF 在 90 天内去除 65% TEP 和 80% 以上 LMW 中性体,砂质 CFF 在 50 天内去除 57% ~60% TEP 和 LMW 中性体。结果表明,无烟煤填料的 CFF 虽然需要较长的时间(90 天)才能达到生物稳定,但其生物过滤效果优于砂填料的 CFF(50 天)。

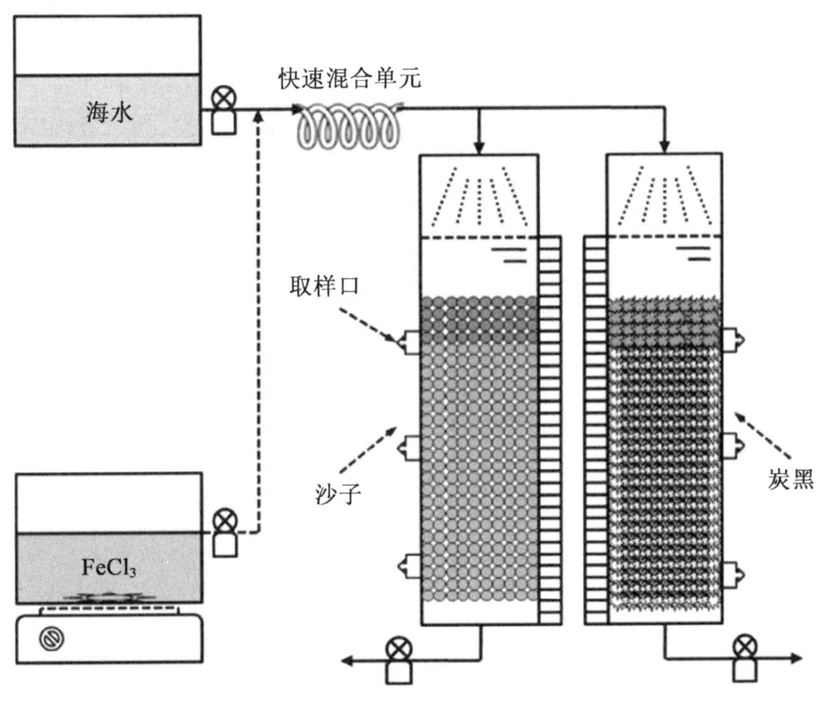

图 3.5 CFF 设置示意图

3.4.8 低压膜预处理

细菌的生长是靠进料水养分维持的。因此,通过对 SWRO 进料水的预处理来消除有机污染物比在 RO 阶段控制生物絮凝更为重要。研究表明,即使通过预处理消除了99.99%的细菌,一些幸存的细胞也将进入系统,黏附在表面上,并以溶解在大量水相中的可生物降解物质为代价繁殖,导致生物污染普遍发生在 RO 膜上。因此,生物降解有机物的去除和微生物的灭活是控制生物污染的有效手段。最近,低压膜的应用由于其简单的操作条件而被认为是预处理的理想方法,与需要许多参数控制的生物过滤和 CFF 相比,低压膜减少了化学品(絮凝剂/凝结剂)的使用,因此它是有效且环保的,并且几乎不需要维护。

3.4.9 膜生物反应器

膜生物反应器(MBR)是一种很有前途的低压膜预处理方法。然而,传统的 MBR 系统并不能完全去除有机污染物。

3.4.10 浸膜吸附生物反应器(SMABR)

与 MBR 相比,浸膜吸附生物反应器(SMABR)有望去除更多的有机污染物。这是因为在浸没式 MBR 中少量添加吸附剂,提高了对有机污染物的去除能力。SMABR 系统可以通过消除 BOM 来降低 RO 膜生物污染(图 3.6)。在一项短期研究中,Jeong 等研究了与 PAC 吸附(1.5 g/L 的 PAC)相结合的浸没膜系统。脱除率为 76.6%,其中亲水组分的脱除率为 73.3%。亲水性部分的详细分析表明,生物聚合物、腐殖质、建筑材料和中性材料的去除率分别高达 92.3%、70.0%、89.5%和 88.9%。采用 SMABR 预处理海水进行 RO 实验室规模的横流,可以使初始渗透通量提高 6.2 L/(m^2 · h),并使渗透通量降低得更缓慢,取得了较好的效果。除此之外,RO 膜(由更少的生物聚合物组成)上的污垢更少,细菌细胞数量和细胞活力显著下降。然而,SMABR 应用的可持续性取决于吸附剂的用量。在此背景下,Jeong 等从 DOC 去除和生物量稳定性两个方面对 SMABR 的 PAC 补给优化进行了评价。在 SMABR 中加入少量 PAC(约 2.13 g/m^3 海水)就可以得到具有低生物污损潜力的污水。在 PAC 停留时间为 66 天的情况下,脱 DOC 效率较高,跨膜压差(TMP)略有增加,污染潜力较低。对蛋白质、TEP 等生物聚合物的去除率较高。在初始海水 AOC 质量浓度为(20.8 ± 4.0)μg/L葡萄糖 - 碳当量的情况下,能够实现污染潜力的下降,66 天后,AOC 质量浓度降为(6.0 ± 2.9)μg/L葡萄糖 - 碳当量。在生物活性方面,该研究报道在 SMABR 整个运行过程中,ATP 质量浓度从 1.17 pg/L 逐渐增加到6.30 pg/L,说明活性生物量随时间增加。换句话说,PAC 控制有助于活性生物量的增长。这种生物活性表现出与有机去除相同的趋势。吸附对生物活性的主导作用大致受活性炭在反应器内停留时间(或活性炭停留时间)的控制。

图 3.6 Semipilot SMABR 系统

在 SMABR 中,吸附和生物降解都在整个过程中发挥作用。当操作开始时,吸附是主要的,PAC 的这种有效的有机吸附有助于微生物的生长和微生物所承担的生物脱级过程。它们迅速占据主导地位,并导致更有效的有机物去除(图 3.7)。在整个操作期间,SMABR 出水 AOC 质量浓度均小于 10 μg/L葡萄糖碳当量。据报道,小于 10 μg/L 的 AOC 水平可以抑制某些 HPC 和大肠菌群的生长/再生长。因此,SMABR 可以通过去除 AOC 化合物和生物量来降低生物污染潜力。

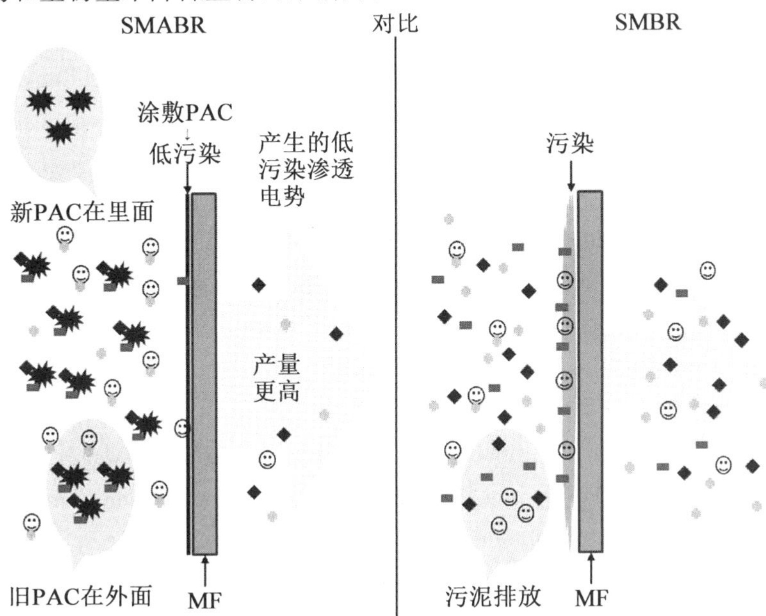

图 3.7 SMABR 与 SMBR 比较

3.5 本章小结

SWRO海水淡化过程中存在微生物和有机附着在膜表面的问题,导致生物淤积和有机污染。这反过来又会降低膜的性能,增加了整个操作成本。因此,预处理是去除或减少原海水中有机物、生物量等不良物质的关键。在大多数情况下,有机污染物会导致生物生长。为了有效地控制污染,有机物(尤其是可生物降解有机物)必须通过微生物灭活去除。然而,有机污染和生物污染的控制是非常困难的,因为它需要先进行预处理。此外,生物污染会导致额外的能源成本、化学清洗(和废物处理)、额外的人力和停机时间、降低膜寿命。这些因素反过来又会增加业务成本。如果不进行定期监测,污染只有在后期才会被发现。

本章参考文献

[1] Al - Badawi, A. R.; Al - Harthi, S. S.; Imai, H.; Iwahashi, H.; Katsube, M.; Fujiwara, N. Operation and Analysis of Jeddah 1 - Phase II Plant. In Proceedings of the IDA and World Congress on Desalination and Water Sciences, Abu Dhabi, United Arab Emirates 1995, 3(18 - 24), 41 - 54.

[2] Ayyash, Y.; Imai, H.; Yamada, T.; Fukuda, T.; Yanaga, Y.; Taniyama, T. Performance of Reverse Osmosis Membrane in Jeddah Phase I Plant. Desalination 1994, 96 (1), 215 - 224.

[3] Baig, M. B.; Al - Kutbi, A. Design Features of a 20 Migd SWRO Desalination Plant, Al Jubail, Saudi Arabia. Water Supply 1999, 17 (1), 127 - 134.

[4] Nada, N.; Yanaga, Y.; Tanaka, K. Design Features of the Largest SWRO Plant in the World—33.8 MGD in Madina and Yanbu. In Proceedings of the IDA and World Congress on Desalination and Water Sciences, Abu Dhabi, United Arab Emirates, 1995, 5(18 - 24), 3 - 15.

[5] Jeong, S.; Naidu, G.; Vollprecht, R.; Leiknes, T.; Vigneswaran, S. In - Depth Analyses of Organic Matters in a Full - Scale Seawater Desalination Plant and an Autopsy of Reverse Osmosis Membrane. Sep. Purif. Technol. 2016, 162, 171 - 179.

[6] Greenlee, L. F.; Lawler, D. F.; Freeman, B. D.; Marrot, B.; Moulin, P. Reverse Osmosis Desalination:Water Sources, Technology, and Today's Challenges. Water Res. 2009, 43 (9), 2317 - 2348.

[7] Ladewig, B.; Asquith, B. Desalination Concentrate Management; Chapter 2, Springer:Berlin Heidelberg, 2012.

[8] Department of Sustainability and Environment. Environmental Effects of Marine Struc-

tures:Vol. 2, Chapter 5, Marine ecological existing conditions, 2008.

[9] Gaid, K. ; Treal, Y. Le Dessalement des Eaux par Osmose Inverse: l' expérience de Véolia Water. Desalination 2007, 203 (1 –3), 1 –14.

[10] Suckow, M. A. ; Weisbroth, S. H. ; Franklin, C. L. Salinity in the Oceans. In Seawater, 2nd ed; Mark, A. S. ; Steven, H. W. ; Craig, L. F. , Eds. ; Butterworth – Heinemann: Oxford, 1995, 29 –38.

[11] Millero, F. J. Chemical Oceanography, 3rd ed. ; CRC Press: Boca Raton, 2006.

[12] Mohamed, A. M. O. ; Maraqa, M. ; Al Handhaly, J. Impact of Land Disposal of Reject Brine from Desalination Plants on Soil and Groundwater. Desalination 2005, 182 (1 –3), 411 –433.

[13] Vrouwenvelder, J. S. ; Graf von der Schulenburg, D. A. ; Kruithof, J. C. ; Johns, M. L. ; van Loosdrecht, M. C. M. Biofouling of Spiral Wound Nanofiltration and Reverse Osmosis Membranes: A Feed Spacer Problem. Water Res. 2009, 43, 583 –594.

[14] Wingender, J. ; Neu, T. R. ; Flemming, H. C. Microbial Extracellular Polymeric Substances: Characterization, Structure, and Function; Springer – Verlag: Berlin Heidelberg 3 –540 –65720 –7, 1999.

[15] Flemming, H. C. ; Schaule, G. ; Griebe, T. ; Schmitt, J. ; Tamachkiarowa, A. Biofouling—The Achilles Heel of Membrane Processes. Desalination 1997, 113, 215.

[16] Kang, G. D. ; Gao, C. J. ; Chen, W. D. ; Jie, X. M. ; Cao, Y. M. ; Yuan, Q. Study on Hypochlorite Degradation of Aromatic Polyamide Reverse Osmosis Membrane. J. Membr. Sci. 2007, 300, 165 –171.

[17] Shannon, M. A. ; Bohn, P. W. ; Elimelech, M. ; Georgiadis, J. G. ; Marinas, B. J. ; Mayes, A. M. Science and Technology for Water Purification in the Coming Decades. Nature 2008, 452 (7185), 301 –310.

[18] Vrouwenvelder, J. S. ; van der Kooij, D. Diagnosis, Prediction and Prevention of Biofouling of NF and RO Membranes. Desalination 2001, 139, 65 –71.

[19] Vrouwenvelder, J. S. ; van Loosdrecht, M. C. M. ; Kruithof, J. C. Early Warning of Biofouling in Spiral Wound Nanofiltration and Reverse Osmosis Membranes. Desalination 2011, 265, 206 –212.

[20] Ridgway, H. F. Biological Fouling of Separation Membranes Used in Water Treatment Applications; AWWA Research Foundation: Colorado, USA, 2003.

[21] Vrouwenvelder, J. S. ; Manolarakis, S. A. ; Veenendaal, H. R. ; van der Kooij, D. Biofouling Potential of Chemicals Used for Scale Control in RO and NF Membranes. Desalination 2000, 132, 1 –10.

[22] Al – Juboori, R. A. ; Yusaf, T. Biofouling in RO System: Mechanisms, Monitoring and Controlling. Desalination 2012, 302, 1 –23.

[23] Flemming, H. C. ; Schaule, G. Biofouling on Membranes—A Microbiological Approach. Desalination 1988, 70 (1), 95 –119.

[24] Schneider, R. P.; Ferreira, L. M.; Binder, P.; Bejarano, E. M.; Góes, K. P.; Slongo, E.; Machado, C. R.; Rosa, G. M. Z. Dynamics of Organic Carbon and of Bacterial Populations in a Conventional Pretreatment Train of a Reverse Osmosis Unit Experiencing Severe Biofouling. J. Membr. Sci. 2005, 266, 18 - 29.

[25] Amjad, Z. Reverse Osmosis: Membrane Technology, Water Chemistry and Industrial Applications; Van Nostrand Reinhold: New York, 1993, ISBN 0 - 442 - 23964 - 5.

[26] Flemming, H. C. Biofouling in Water Systems—Cases, Causes and Countermeasures. Appl. Microbiol. Biotechnol. 2002, 59 (6), 629 - 640.

[27] Flemming, H. C. Reverse Osmosis Membrane Biofouling. Exp. Thermal Fluid Sci. 1997, 14 (4), 382 - 391.

[28] Matin, A.; Khan, Z.; Zaidi, S. M. J.; Boyce, M. C. Biofouling in Reverse Osmosis Membranes for Seawater Desalination: Phenomena and Prevention. Desalination 2011, 281, 1 - 16.

[29] Buffle, J.; Leppard, G. G. Characterization of Aquatic Colloids and Macromolecules. 1] Structure and Behavior of Colloidal Material. Environ. Sci. Technol. 1995, 29 (9), 2169 - 2175.

[30] Stumm, W. Aquatic Colloids as Chemical Reactants. Surface Structure and Reactivity. Colloids Surf. A 1993, 73, 1 - 18.

[31] Bacchin, P.; Aimar, P.; Field, R. W. Critical and Sustainable Fluxes: Theory, Experiments and Applications. J. Membr. Sci. 2006, 281, 42 - 69.

[32] Fritzmann, C.; Löwenberg, J.; Wintgens, T.; Melin, T. State - of - the - Art of Reverse Osmosis Desalination. Desalination 2007, 216, 1 - 76.

[33] Tang, C. Y.; Chong, T.; Fane, A. G. Colloidal Interactions and Fouling of NF and RO Membranes: A Review. Adv. Colloid Interface Sci. 2011, 164 (1), 126 - 143.

[34] Elimelech, M.; Zhu, X. H.; Childress, A. E.; Hong, S. K. Role of Membrane Surface Morphology in Colloidal Fouling of Cellulose Acetate and Composite Aromatic Polyamide Reverse Osmosis Membranes. J. Membr. Sci. 1997, 127 (1), 101 - 109.

[35] Rahardianto, A.; Shih, W. Y.; Lee, R. W.; Cohen, Y. Diagnostic Characterization of Gypsum Scale Formation and Control in RO Membrane Desalination of Brackish Water. J. Membr. Sci. 2006, 279 (1), 655 - 668.

[36] Bader, R. G.; Hood, D. W.; Smith, J. B. Recovery of Dissolved Organic Matter in Sea - Water and Organic Sorption by Particulate Material. Geochim. Cosmochim. Acta 1960, 19 (4), 236 - 243.

[37] Preston, M. R. Water Analysis/Seawater - Organic Compounds. In Encyclopedia of Analytical Science; Elsevier: London, 2005, 269 - 277.

[38] Huber, S. A.; Balz, A.; Abert, M.; Pronk, W. Characterisation of Aquatic Humic and Non - Humic Matter with Size - Exclusion Chromatography - Organic Carbon Detection - Organic Nitrogen Detection (LC - OCD - OND). Water Res. 2011, 45 (2),

879 - 885.

[39] Tabatabai, S. A. A.; Schippers, J. C.; Kennedy, M. D. Effect of Coagulation on Fouling Potential and Removal of Algal Organic Matter in Ultrafiltration Pretreatment to Seawater Reverse Osmosis. Water Res. 2014, 59, 283 - 294.

[40] Edzwald, J. K.; Haarhoff, J. Seawater Pretreatment for Reverse Osmosis: Chemistry, Contaminants, and Coagulation. Water Res. 2011, 45 (17), 5428 - 5440.

[41] Teng, C. K.; Hawlader, M. N. A.; Malek, A. An Experiment with Different Pretreatment Methods. Desalination 2003, 156 (1), 51 - 58.

[42] Chua, K. T.; Hawlader, M. N. A.; Malek, A. Pretreatment of Seawater: Results of Pilot Trials in Singapore. Desalination 2003, 159 (3), 225 - 243.

[43] Leparc, J.; Rapenne, S.; Courties, C.; Lebaron, P.; Croué, J. P.; Jacquemet, V.; Turner, G. Water Quality and Performance Evaluation at Seawater Reverse Osmosis Plants Through the Use of Advanced Analytical Tools. Desalination 2007, 203 (1), 243 - 255.

[44] Voutchkov, N. Considerations for Selection of Seawater Filtration Pretreatment System. Desalination 2010, 261, 354 - 364.

[45] Anthlmi, D.; Cabane, B.; Meireles, M.; Aimar, P. Cake Collapse in Pressure Filtration. Langmuir 2001, 17, 7137 - 7144.

[46] Cabane, B.; Meireles, M.; Aimar, P. Cake Collapse in Frontal Filtration of Colloidal Aggregates Mechanisms and Consequences. Desalination 2002, 146, 155 - 161.

[47] Choi, K. Y. J.; Dempsey, B. A. In - Line Coagulation With Low - Pressure Membrane Filtration. Water Res. 2004, 38 (19), 4271 - 4281.

[48] Lee, J. D.; Lee, S. H.; Jo, M. H.; Park, P. K.; Lee, C. H.; Kwak, J. W. Effect of Coagulation Conditions on Membrane Filtration Characteristics in Coagulation—Microfiltration Process for Water Treatment. Environ. Sci. Technol. 2000, 34 (17), 3780 - 3788.

[49] Mietton, M.; Ben Aim, R. Improvement of Crossflow Microfiltration Performances With Flocculation. J. Membr. Sci. 1992, 68 (3), 241 - 248.

[50] Hwang, K. J.; Liu, H. C. Cross - Flow Microfiltration of Aggregated Submicron Particles. J. Membr. Sci. 2002, 201 (1), 137 - 148.

[51] Bian, R.; Watanabe, Y.; Ozawa, G.; Tambo, N. Removal of Natural Organic Matters, Iron and Manganese by Ultrafiltration With Coagulation. J. Jpn. Water Works Assoc. 1997, 66 (4), 24 - 33.

[52] Bian, R.; Watanabe, Y.; Ozawa, G.; Tambo, N. Removal of Humic Substances by UF and NF Membrane Systems. Water Sci. Technol. 1999, 40 (9), 121 - 129.

[53] Adin, A.; Klein - Banay, C. Pretreatment of Seawater by Flocculation and Settling for Particulates Removal. Desalination 1986, 58 (3), 227 - 242.

[54] Oh, H.; Yu, M.; Takizawa, S.; Ohgaki, S. Evaluation of PAC Behavior and Foul-

ing Formation in an Integrated PAC – UF Membrane for Surface Water Treatment. Desalination 2006, 192, 54 – 62.

[55] Suzuki, T.; Watanabe, Y.; Ozawa, G.; Ikeda, S. Removal of Soluble Organics and Manganese by a Hybrid MF Hollow Fiber Membrane System. Desalination 1998, 117, 119 – 129.

[56] Adham, S. S.; Snoeyink, V. L.; Clark, M. M.; Bersillon, J. L. Predicting and Verifying Organics Removal by PAC in an Ultrafiltration System. J. Am. Water Works Assoc. 1991, 83 (12), 81 – 91.

[57] Adham, S. S.; Snoeyink, V. L.; Clark, M. M.; Anselme, C. Predicting and Verifying TOC Removal by PAC in Pilot – Scale UF Systems. J. Am. Water Works Assoc. 1993, 85 (12), 58.

[58] Jacangelo, J. G.; Adham, S. S.; Laine, J. – M. Mechanism of Cryptosporidium, Giardia, and MS2 Virus Removal by MF and UF. J. Am. Water Works Assoc. 1995, 87 (9),

[59] Carroll, T.; King, S.; Gray, S. R.; Bolto, B. A.; Booker, N. A. The Fouling of Microfiltration Membranes by NOM after Coagulation Treatment. Water Res. 2000, 34, 2861 – 2868.

[60] Han, S. S.; Bae, T. H.; Jang, G. G.; Tak, T. M. Influence of Sludge Retention Time on Membrane Fouling and Bioactivities in Membrane Bioreactor System. Process Biochem. 2005, 40 (7), 2393 – 2400.

[61] Lin, C. F.; Huang, Y. J.; Hao, O. J. Ultrafiltration Processes for Removing Humic Acid Substances: Effect of Molecular Weight Fractions and PAC Treatment. Water Res. 1999, 33, 1252 – 1264.

[62] Tomaszewska, M.; Mozia, S.; Morawski, A. W. Removal of Organic Matter by Coagulation Enhanced With Adsorption on PAC. Desalination 2004, 161 (1), 79 – 87.

[63] Jamaly, S.; Darwish, N. N.; Ahmed, I.; Hasan, S. W. A Short Review on Reverse Osmosis Pretreatment Technologies. Desalination 2014, 354, 30 – 38.

[64] Pearce, G. K. The Case for UF/MF Pretreatment to RO in Seawater Applications. Desalination 2007, 203, 286 – 295.

[65] Lau, W. J.; Goh, P. S.; Ismail, A. F.; Lai, S. O. Ultrafiltration as a Pretreatment for Seawater Desalination: A Review. Membr. Water Treat. 2014, 5 (1), 15 – 29, http://dx.doi.org/10.12989/mwt.2014.5.1.015

[66] Di Profio, G.; Ji, X.; Curcio, E.; Drioli, E. Submerged Hollow Fiber Ultrafiltration as Seawater Pretreatment in the Logic of Integrated Membrane Desalination Systems. Desalination 2011, 269 (1), 128 – 135.

[67] Sutzkover – Gutman, I.; Hasson, D. Feed Water Pretreatment for Desalination Plants. Desalination 2010, 264 (3), 289 – 296.

[68] Maartens, A.; Swart, P.; Jacobs, E. P. Feed – Water Pretreatment: Methods to Re-

duce Membrane Fouling by Natural Organic Matter. J. Membr. Sci. 1999, 163 (1), 51 -62.

[69] Jeong, S.; Choi, Y. J.; Nguyen, T. V.; Vigneswaran, S.; Hwang, T. M. Submerged Membrane Hybrid Systems as Pretreatment in Seawater Reverse Osmosis (SWRO): Optimisation and Fouling Mechanism Determination. J. Membr. Sci. 2012, 411, 173 -181.

[70] Cho, M. K.; Lee, C. H.; Lee, S. Effect of Flocculation Conditions on Membrane Permeability in Coagulation - Microfiltration. Desalination 2006, 191, 386 -396.

[71] Guigui, C.; Rouch, J. C.; Durand - Bourlier, L.; Bonnelye, V.; Aptel, P. Impact of Coagulation Conditions on the In - Line Coagulation/UF Process for Drinking Water Production. Desalination 2002, 147 (1), 95 -100.

[72] Guo, W. S.; Vigneswaran, S.; Ngo, H. H.; Xing, W.; Goteti, P. Comparison of the Performance of Submerged Membrane Bioreactor (SMBR) and Submerged Membrane Adsorption Bioreactor (SMABR). Bioresour. Technol. 2008, 99 (5), 1012 - 1017.

[73] Guo, W. S.; Vigneswaran, S.; Ngo, H. H.; Chapman, H. Experimental Investigation of Adsorption - Flocculation - Microfiltration Hybrid System in Wastewater Reuse. J. Membr. Sci. 2004, 242 (1 -2), 27 -35.

[74] Vigneswaran, S.; Guo, W. S.; Smith, P.; Ngo, H. H. Submerged Membrane Adsorption Hybrid System (SMAHS): Process Control and Optimization of Operating Parameters. Desalination 2007, 202 (1), 392 -399.

[75] Ma, W.; Zhao, Y.; Wang, L. The Pretreatment with Enhanced Coagulation and a UF Membrane for Seawater Desalination with Reverse Osmosis. Desalination 2007, 203 (1), 256 -259.

[76] Timmes, T. C.; Kim, H. C.; Dempsey, B. A. Electrocoagulation Pretreatment of Seawater Prior to Ultrafiltration: Pilot - Scale Applications for Military Water Purification Systems. Desalination 2010, 250 (1), 6 -13.

[77] Chae, S. R.; Wang, S.; Hendren, Z. D.; Wiesner, M. R.; Watanabe, Y.; Gunsch, C. K. Effects of Fullerene Nanoparticles on Escherichia Coli K12 Respiratory Activity in Aqueous Suspension and Potential Use for Membrane Biofouling Control. J. Membr. Sci. 2009, 329 (1), 68 -74.

[78] Louie, J. S.; Pinnau, I.; Ciobanu, I.; Ishida, K. P.; Ng, A.; Reinhard, M. Effects of Polyether - Polyamide Block Copolymer Coating on Performance and Fouling of Reverse Osmosis Membranes. J. Membr. Sci. 2006, 280, 762 -770.

[79] Malaisamy, R.; Berry, D.; Holder, D.; Raskin, L.; Lepak, L.; Jones, K. L. Development of Reactive Thin Film Polymer Brush Membranes to Prevent Biofouling. J. Membr. Sci. 2010, 350 (1), 361 -370.

[80] Miller, D. J.; Araújo, P. A.; Correia, P.; Ramsey, M. M.; Kruithof, J. C.; van

Loosdrecht, M.; Freeman, B. D.; Paul, D. R.; Whiteley, M.; Vrouwenvelder, J. S. Short - Term Adhesion and Long - Term Biofouling Testing of Polydopamine and Poly (Ethylene Glycol) Surface Modifications of Membranes and Feed Spacers for Biofouling Control. Water Res. 2012, 46 (12), 3737 - 3753.

[81] Hori, K.; Matsumoto, S. Bacterial Adhesion: From Mechanism to Control. Biochem. Eng. J. 2010, 48 (3), 424 - 434.

[82] Kwon, B.; Lee, S.; Cho, J.; Ahn, H.; Lee, D.; Shin, H. S. Biodegradability, DBP Formation, and Membrane Fouling Potential of Natural Organic Matter: Characterization and Controllability. Environ. Sci. Technol. 2004, 39, 732 - 739.

[83] Chapman Wilbert, M.; Pellegrino, J.; Zydney, A. Bench - Scale Testing of Surfactant - Modified Reverse Osmosis/Nanofiltration Membranes. Desalination 1998, 115 (1), 15 - 32.

[84] Desai, J. D.; Banat, I. M. Microbial Production of Surfactants and Their Commercial Potential. Microbiol. Mol. Biol. Rev. 1997, 61 (1), 47 - 64.

[85] Madaeni, S. S.; Mansourpanah, Y. Chemical Cleaning of Reverse Osmosis Membranes Fouled by Whey. Desalination 2004, 161, 13 - 24.

[86] Sadhwani, J. J.; Vesa, J. M. Cleaning Tests for Seawater Reverse Osmosis Membranes. Desalination 2001, 139, 177 - 182.

[87] Al - Amoudi, A. S.; Farooque, A. M. Performance Restoration and Autopsy of NF Membranes Used in Seawater Pretreatment. Desalination 2005, 178 (1), 261 - 271.

[88] Fane, A. G. In Proc., Symposium on Characterization of Polymers with Surface. Lappeenranta, Finland, 1997, 51.

[89] Subramani, A.; Hoek, E. Biofilm Formation, Cleaning, Re - Formation on Polyamide Composite Membranes. Desalination 2010, 257 (1), 73 - 79.

[90] Kim, L.; Jang, A.; Yu, H. - W.; Kim, S. - J.; Kim, I. S. Effect of Chemical Cleaning on Membrane Biofouling in Seawater Reverse Osmosis Processes. Desalin. Water Treat. 2011, 33, 289 - 294.

[91] Kim, D.; Jung, S.; Sohn, J.; Kim, H.; Lee, S. Biocide Application for Controlling Biofouling of SWRO Membranes—An Overview. Desalination 2009, 238 (1), 43 - 52.

[92] Bereschenko, L. A.; Prummel, H.; Euverink, G. J. W.; Stams, A. J. M.; Van Loosdrecht, M. C. M. Effect of Conventional Chemical Treatment on the Microbial Population in a Biofouling Layer of Reverse Osmosis Systems. Water Res. 2011, 45 (2), 405 - 416.

[93] Vrouwenvelder, J. S.; Kappelhof, J. W. N. M.; Heijman, S. G. J.; Schippers, J. C.; van der Kooij, D. Tools for Fouling Diagnosis of NF and RO Membranes and Assessment of the Fouling Potential of Feed Water. Desalination 2003, 157, 361 - 365.

[94] Khan, M. M. T.; Stewart, P. S.; Moll, D. J.; Mickols, W. E.; Burr, M. D.;

Nelson, S. E. ; Camper, A. K. Assessing Biofouling on Polyamide Reverse Osmosis (RO) Membrane Surfaces in a Laboratory System. J. Membr. Sci. 2010, 349, 429 - 437.

[95] Kumar, K. V. ; Sivanesan, S. Pseudo Second Order Kinetic Models for Safranin onto Rice Husk: Comparison of Linear and Non - Linear Regression Analysis. Process Biochem. 2006, 41 (5), 1198 - 1202.

[96] Prihasto, N. ; Liu, Q. F. ; Kim, S. H. Pre - Treatment Strategies for Seawater Desalination by Reverse Osmosis System. Desalination 2009, 249, 308 - 316.

[97] Jegatheesan, V. ; Vigneswaran, S. The Effect of Concentration on the Early Stages of Deep Bed Filtration of Submicron Particles. Water Res. 1997, 31 (11), 2910 - 2913.

[98] Al - Tisan, I. A. ; Chandy, J. ; Abanmy, A. ; Hassan, A. M. Optimization of Seawater Reverse Osmosis Pretreatment: Part III - A Microbiological Approach. In Proceedings of the IDA Water Congress on Desalination, 1995, 18 - 24.

[99] Sadr Ghayeni, S. B. ; Beatson, P. J. ; Schneider, R. P. ; Fane, A. G. Adhesion of Waste Water Bacteria to Reverse Osmosis Membranes. J. Membr. Sci. 1998, 138 (1), 29 - 42.

[100] Brehant, A. ; Bonnelye, V. ; Perez, M. Comparison of MF/UF Pretreatment with Conventional Filtration Prior to RO Membranes for Surface Seawater Desalination. Desalination 2002, 144 (1), 353 - 360.

[101] Valavala, R. ; Sohn, J. ; Han, J. ; Her, N. ; Yoon, Y. Pretreatment in Reverse Osmosis Seawater Desalination: A Short Review. Environ. Eng. Res. 2011, 16 (4), 205 - 212.

[102] Košutić, K. ; Kunst, B. Removal of Organics From Aqueous Solutions by Commercial RO and NF Membranes of Characterized Porosities. Desalination 2002, 142 (1), 47 - 56.

[103] Van der Bruggen, B. ; Schaep, J. ; Wilms, D. ; Vandecasteele, C. Influence of Molecular Size, Polarity and Charge on the Retention of Organic Molecules by Nanofiltration. J. Membr. Sci. 1999, 156 (1), 29 - 41.

[104] Al - Juboori, R. A. ; Yusaf, T. ; Aravinthan, V. Investigating the Efficiency of Thermosonication for Controlling Biofouling in Batch Membrane Systems. Desalination 2012, 286, 349 - 357.

[105] Flemming, H. C. Microbial Biofouling: Unsolved Problems, Insufficient Approaches, and Possible Solutions Biofilm Highlights. In Flemming, H. C. ; Wingender, J. ; Szewzyk, U. , Eds. ; Springer: Berlin Heidelberg, 2011, 81 - 109.

[106] Fu, W. ; Forster, T. ; Mayer, O. ; Curtin, J. J. ; Lehman, S. M. ; Donlan, R. M. Bacteriophage Cocktail for the Prevention of Biofilm Formation by Pseudomonas Aeruginosa on Catheters in an In Vitro Model System. Antimicrob. Agents Chemoth-

er. 2010, 54 (1), 397 - 404.

[107] Davies, D. G.; Marques, C. N. A Fatty Acid Messenger Is Responsible for Inducing Dispersion in Microbial Biofilms. J. Bacteriol. 2009, 191 (5), 1393 - 1403.

[108] Richards, M.; Cloete, T. E. Nanoenzymes for Biofilm Removal. Nanotechnology in Water Treatment Applications; Caister Academic Press: Norfolk, 2010, 89 - 102.

[109] Gogate, P. R. Application of Cavitational Reactors for Water Disinfection: Current Status and Path Forward. J. Environ. Manage. 2007, 85, 801 - 815.

[110] Hulsmans, A.; Joris, K.; Lambert, N.; Rediers, H.; Declerck, P.; Delaedt, Y.; Ollevier, F.; Liers, S. Evaluation of Process Parameters of Ultrasonic Treatment of Bacterial Suspensions in a Pilot Scale Water Disinfection System. Ultrason. Sonochem. 2010, 17 (6), 1004 - 1009.

[111] Davies, C. M.; Roser, D. J.; Feitz, A. J.; Ashbolt, N. J. Solar Radiation Disinfection of Drinking Water at Temperate Latitudes: Inactivation Rates for an Optimised Reactor Configuration. Water Res. 2009, 43, 643 - 652.

[112] Schwartz, T.; Hoffmann, S.; Obst, U. Formation of Natural Biofilms During Chlorine Dioxide and u. v. Disinfection in a Public Drinking Water Distribution System. J. Appl. Microbiol. 2003, 95, 591 - 601.

[113] Parker, J. A.; Darby, J. L. Particle - Associated Coliform in Secondary Effluents: Shielding from Ultraviolet Light Disinfection. Water Environ. Res. 1995, 67, 1065 - 1075.

[114] Harris, G. D.; Adams, V. D.; Sorensen, D. L.; Curtis, M. S. Ultraviolet Inactivation of Selected Bacteria and Viruses with Photoreactivation of the Bacteria. Water Res. 1987, 21, 687 - 692.

[115] Gogate, P. R.; Kabadi, A. M. A Review of Applications of Cavitation in Biochemical Engineering/Biotechnology. Biochem. Eng. J. 2009, 44, 60 - 72.

[116] Joyce, E.; Mason, T. J.; Phull, S. S.; Lorimer, J. P. The Development and Evaluation of Electrolysis in Conjunction with Power Ultrasound for the Disinfection of Bacterial Suspensions. Ultrason. Sonochem. 2003, 10, 231 - 234.

[117] Vichare, N. P.; Senthilkumar, P.; Moholkar, V. S.; Gogate, P. R.; Pandit, A. B. Energy Analysis in Acoustic Cavitation. Ind. Eng. Chem. Res. 2000, 39, 1480 - 1486.

[118] Hoek, E. M.; Elimelech, M. Cake - Enhanced Concentration Polarization: A New Fouling Mechanism for Salt - Rejecting Membranes. Environ. Sci. Technol. 2003, 37 (24), 5581 - 5588.

[119] Ng, H. Y.; Elimelech, M. Influence of Colloidal Fouling on Rejection of Trace Organic Contaminants by Reverse Osmosis. J. Membr. Sci. 2004, 244 (1), 215 - 226.

[120] Chen, K. L.; Song, L.; Ong, S. L.; Ng, W. J. The Development of Membrane

Fouling in Full - Scale RO Processes. J. Membr. Sci. 2004, 232, 63 - 72.
[121] Kremen, S. S.; Tanner, M. Silt Density Indices (SDI), Percent Plugging Factor (% PF):Their Relation to Actual Foulant Deposition. Desalination 1998, 119 (1), 259 - 262.
[122] Amy, G. Fundamental Understanding of Organic Matter Fouling of Membranes. Desalination 2008, 231 (1), 44 - 51.
[123] Amador, J.; Milne, P. J.; Moore, C. A.; Zika, R. G. Extraction of Chromophoric Humic Substances From Seawater. Mar. Chem. 1990, 29, 1 - 17.
[124] Lara, R. J.; Thomas, D. N. XAD - Fractionation of "New" Dissolved Organic Matter:Is the Hydrophobic Fraction Seriously Underestimated? Mar. Chem. 1994, 47 (1), 93 - 96.
[125] Lepane, V. Comparison of XAD Resins for the Isolation of Humic Substances from Seawater. J. Chromatogr. A 1999, 845 (1), 329 - 335.
[126] Martin - Mousset, B.; Croué, J. P.; Lefebvre, E.; Legube, B. Distribution et Caractérisation de la Matière Organique Dissoute d'eaux Naturelles de Surface. Water Res. 1997, 31 (3), 541 - 553.
[127] Huber, S. A.; Frimmel, F. H. Direct gel Chromatographic Characterization and Quantification of Marine Dissolved Organic Carbon Using High - Sensitivity DOC Detection. Environ. Sci. Technol. 1994, 28 (6), 1194 - 1197.
[128] Coble, P. G. Characterization of Marine and Terrestrial DOM in Seawater Using Excitation Emission Matrix Spectroscopy. Mar. Chem. 1996, 51, 325 - 346.
[129] Sierra, M. M. D.; Giovanela, M.; Parlanti, E.; Soriano - Sierra, E. J. Fluorescence Fingerprint of Fulvic and Humic Acids From Varied Origins as Viewed by Single - Scan and Excitation/Emission Matrix Techniques. Chemosphere 2005, 58, 715 - 733.
[130] Vrouwenvelder, J. S.; Van Loosdrecht, M. C. M.; Kruithof, J. C. A Novel Scenario for Biofouling Control of Spiral Wound Membrane Systems. Water Res. 2011, 45 (13), 3890 - 3898.
[131] Veza, J. M.; Ortiz, M.; Sadhwani, J. J.; Gonzalez, J. E.; Santana, F. J. Measurement of Biofouling in Seawater: Some Practical Tests. Desalination 2008, 220 (1), 326 - 334.
[132] Vrouwenvelder, J. S.; Manolarakis, S. A.; van der Hoek, J. P.; van Paassen, J. A. M.; van der Meer, W. G. J.; van Agtmaal, J. M. C.; Prummel, H. D. M.; Kruithof, J. C.; van Loosdrecht, M. C. M. Quantitative Biofouling Diagnosis in Full Scale Nanofiltration and Reverse Osmosis Installations. Water Res. 2008, 42, 4856 - 4868.
[133] Cottrell, M. T.; Kirchman, D. L. Natural Assemblages of Marine Proteobacteria and Members of the Cytophaga - Flavobacter Cluster Consuming Low - and High -

Molecular – Weight Dissolved Organic Matter. Appl. Environ. Microbiol. 2000, 66 (4), 1692 – 1697.

[134] Frias – Lopez, J.; Zerkle, A. L.; Bonheyo, G. T.; Fouke, B. W. Partitioning of Bacterial Communities Between Seawater and Healthy, Black Band Diseased, and Dead Coral Surfaces. Appl. Environ. Microbiol. 2002, 68, 2214 – 2228.

[135] Boerlage, S. F.; Kennedy, M. D.; Aniye, M. P.; Abogrean, E.; Tarawneh, Z. S.; Schippers, J. C. The MFI – UF as a Water Quality Test and Monitor. J. Membr. Sci. 2003, 211 (2), 271 – 289.

[136] Moueddeb, H.; Jaouen, P.; Schlumpf, J. P.; Quemeneur, F. Basis and Limits of the Fouling Index: Application to the Study of the Fouling Powder of Nonsolubles Substances in Seawater, 7th World Filtration Congress, Budapest, 1996, 67 – 71.

[137] Berman, T. Biofouling: TEP – A Major Challenge for Water Filtration. Filtr. Sep. 2010, 47 (2), 20 – 22.

[138] Li, S.; Winters, H.; Jeong, S.; Emwas, A. H.; Vigneswaran, S.; Amy, G. L. Marine Bacterial Transparent Exopolymer Particles (TEP) and TEP Precursors: Characterization and RO Fouling Potential. Desalination 2016, 379, 68 – 74.

[139] Alldredge, A. L.; Passow, U.; Logan, B. E. The Abundance and Significance of a Class of Large, Transparent Organic Particles in the Ocean. Deep – Sea Res. I Oceanogr. Res. Pap. 1993, 40 (6), 1131 – 1140.

[140] Passow, U.; Alldredge, A. L. Distribution, Size and Bacterial Colonization of Transparent Exopolymer Particles (TEP) in the Ocean. Mar. Ecol. Prog. Ser. 1994, 113 (1), 185 – 198.

[141] Villacorte, L. O.; Kennedy, M. D.; Amy, G. L.; Schippers, J. C. The Fate of Transparent Exopolymer Particles (TEP) in Integrated Membrane Systems: Removal through Pre – Treatment Processes and Deposition on Reverse Osmosis Membranes. Water Res. 2009, 43 (20), 5039 – 5052.

[142] Vrouwenvelder, J. S.; Bakker, S. M.; Wessels, L. P.; van Paassen, J. A. M. The Membrane Fouling Simulator as a New Tool for Biofouling Control of Spiral – Wound Membranes. Desalination 2007, 204 (1), 170 – 174.

[143] LeChevallier, M. W.; Schulz, W.; Lee, R. G. Bacterial Nutrients in Drinking Water. Appl. Environ. Microbiol. 1991, 57 (3), 857 – 862.

[144] Hambsch, B.; Werner, P. The Removal of Regrowth Enhancing Organic Matter by Slow Sand Filtration. In Advances in Slow Sand and Alternative Biological Filtration John Wiley & Sons: Chichester, 1996, 21 – 22.

[145] Van der Kooij, D. Assimilable Organic Carbon as Indicator of Bacterial Regrowth. J. Am. Water Works Assoc. 1992, 84, 57.

[146] Van der Kooij, D.; Visser, A.; Hijnen, W. A. M. Determination of Easily Assimilable Organic Carbon in Drinking Water. J. Am. Water Works Assoc. 1982, 74, 540 –

545.
[147] LeChevallier, M. W.; Shaw, N. E.; Kaplan, L. A.; Bott, T. L. Development of a Rapid Assimilable Organic Carbon Method for Water. Appl. Environ. Microbiol. 1993, 59 (5), 1526 -1531.
[148] Hammes, F. A.; Egli, T. New Method for Assimilable Organic Carbon Determination Using Flow - Cytometric Enumeration and a Natural Microbial Consortium as Inoculums. Environ. Sci. Technol. 2005, 39 (9), 3289 -3294.
[149] Weinrich, L. A.; Schneider, O. D.; LeChevallier, M. W. Bioluminescence - Based Method for Measuring Assimilable Organic Carbon in Pretreatment Water for Reverse Osmosis Membrane Desalination. Appl. Environ. Microbiol. 2011, 77 (3), 1148 -1150.
[150] Jeong, S.; Naidu, G.; Vigneswaran, S.; Ma, C. H.; Rice, S. A. A Rapid Bioluminescence - Based Test of Assimilable Organic Carbon for Seawater. Desalination 2013, 317, 160 -165.
[151] Kaplan, L. A.; Bott, T. L.; Reasoner, D. J. Evaluation and Simplification of Assimilable Organic Carbon Nutrient Bioassay for Bacterial Growth in Drinking Water. Appl. Environ. Microbiol. 1993, 59 (5), 1532 -1539.
[152] Servais, P.; Billen, G.; Hascoët, M. C. Determination of the Biodegradable Fraction of Dissolved Organic Matter in Waters. Water Res. 1987, 21 (4), 445 -450.
[153] Van der Kooij, D.; Veenendaal, H. R.; Baars - Lorist, C.; van der Klift, D. W.; Drost, Y. C. Biofilm Formation on Surfaces of Glass and Teflon Exposed to Treated Water. Water Res. 1995, 29 (7), 1655 -1662.
[154] Lawrence, P.; Adham, S.; Barrott, L. Ensuring Water Re - Use Projects Succeed—Institutional and Technical Issues for Treated Wastewater Re - Use. Desalination 2003, 152 (1), 291 -298.
[155] Tansel, B.; Sager, J.; Garland, J.; Xu, S.; Levine, L.; Bisbee, P. Deposition of Extracellular Polymeric Substances (EPS) and Microtopographical Changes on Membrane Surfaces During Intermittent Filtration Conditions. J. Membr. Sci. 2006, 285 (1), 225 -231.
[156] Xu, P.; Bellona, C.; Drewes, J. E. Fouling of Nanofiltration and Reverse Osmosis Membranes During Municipal Wastewater Reclamation: Membrane Autopsy Results From Pilot - Scale Investigations. J. Membr. Sci. 2010, 353 (1), 111 -121; Ye, Y.; Sim, L. N.; Herulah, B.; Chen, V.; Fane, A. G. Effects of Operating Conditions on Submerged Hollow Fibre Membrane Systems Used as Pre - Treatment for Seawater Reverse Osmosis. J. Membr. Sci. 2010, 365, 78 -88.
[157] Pontié, M.; Rapenne, S.; Thekkedath, A.; Duchesne, J.; Jacquemet, V.; Leparc, J. H.; Suty, H. Tools for Membrane Autopsies and Antifouling Strategies in Seawater Feeds: A Review. Desalination 2005, 181, 75 -90.

[158] Kumar, M. ; Adham, S. S. ; Pearce, W. R. Investigation of Seawater Reverse Osmosis Fouling and Its Relationship to Pretreatment Type. Environ. Sci. Technol. 2006, 40 (6), 2037 -2044.

[159] Lee, J. J. ; Johir, A. H. ; Chinu, K. H. ; Shon, H. K. ; Vigneswaran, S. ; Kandasamy, J. ; Kim, C. W. ; Shaw, K. Hybrid Filtration Method for Pre - Treatment of Seawater Reverse Osmosis (SWRO). Desalination 2009, 247, 15 -24.

[160] Hu, J. Y. ; Song, L. F. ; Ong, S. L. ; Phua, E. T. ; Ng, W. J. Biofiltration Pretreatment for Reverse Osmosis (RO) Membrane in a Water Reclamation System. Chemosphere 2005, 59, 127 -133.

[161] Larsen, T. A. ; Harremoes, P. Degradation Mechanisms of Colloidal Organic Matter in Biofilm Reactors. Water Res. 1994, 28, 1443 -1452.

[162] Naidu, G. ; Jeong, S. ; Vigneswaran, S. ; Rice, S. A. Microbial Activity in Biofilter Used as a Pretreatment for Seawater Desalination. Desalination 2013, 309, 254 - 260.

[163] Wang, J. Z. ; Summers, R. S. ; Miltner, R. J. Biofiltration Performance: Part 1, Relationship to Biomass. J. Am. Water Works Assoc. 1995, 87, 55 -63.

[164] Jeong, S. ; Bae, H. ; Naidu, G. ; Jeong, D. ; Lee, S. ; Vigneswaran, S. Bacterial Community Structure in a Biofilter Used as a Pretreatment for Seawater Desalination. Ecol. Eng. 2013, 60, 370 -381.

[165] Visvanathan, C. ; Ben Aim, R. Studies on Colloidal Membrane Fouling Mechanisms in Crossflow. J. Membr. Sci. 1989, 45, 3 -15.

[166] Jeong, S. ; Naidu, G. ; Vigneswaran, S. Submerged Membrane Adsorption Bioreactor as a Pretreatment in Seawater Desalination for Biofouling Control. Bioresour. Technol. 2013, 141, 57 -64.

[167] Lehman, S. G. ; Liu, L. Application of Ceramic Membranes with Pre - Ozonation for Treatment of Secondary Wastewater Effluent. Water Res. 2009, 43, 2020 -2028.

[168] Jeong, S. ; Nguyen, T. V. ; Shon, H. K. ; Vigneswaran, S. The Performance of Contact Flocculation - Filtration as Pretreatment of Seawater Reverse Osmosis. Desalin. Water Treat. 2012, 43, 246 -252.

[169] Jeong, S. ; Sathasivan, A. ; Kastl, G. ; Shim, W. G. ; Vigneswaran, S. Experimental Investigation and Modeling of Dissolved Organic Carbon Removal by Coagulation from Seawater. Chemosphere 2014, 95, 310 -316.

[170] Orem, Y. ; Messalem, R. ; Ben - David, E. ; Herzberg, M. ; Kushmaro, A. ; Ji, X. ; Di Profio, G. ; Curcio, E. ; Drioli, E. Evaluation and Comparison of Seawater and Brackish Water Pre - treatment. Chapter 2, In Membrane Based Desalination an Integrated Approach; Diroli, E. , Ed. ; IWA Publishing: London, 2011.

[171] Jeong, S. ; Nguyen, T. V. ; Vigneswaran, S. Pretreatment of Seawater for Organic Removal Using Powder Activated Carbon. In IDA World Congress on Desalination

and Water Reuse, 5 –9 September, Perth, Australia, 2011.

[172] Jeong, S. ; Kim, L. ; Kim, S. J. ; Nguyen, T. V. ; Vigneswaran, S. ; Kim, I. S. Biofouling Potential Reductions Using a Membrane Hybrid System as a Pre – Treatment to Seawater Reverse Osmosis. Appl. Biochem. Biotechnol. 2012, 167 (6), 1716 –1727.

[173] Heran, M. ; Aryal, R. ; Shon, H. K. ; Vigneswaran, S. ; Elmaleh, S. ; Grasmick, A. How to Optimize Hollow – Fiber Submerged Membrane Bioreactors. Water Environ. Res. 2012, 84 (2), 115 –119.

[174] Jeong, S. ; Cho, K. ; Bae, H. ; Keshvardoust, P. ; Rice, S. A. ; Vigneswaran, S. ; Lee, S. ; Leiknes, T. Effect of Microbial Community Structure on Organic Removal and Biofouling in Membrane Adsorption Bioreactor Used in Seawater Pretreatment. Chem. Eng. J. 2016, 294, 30 –39.

[175] Van der Kooij, D. ; Veenendaal, H. R. Biofilm Development on Surfaces in Drinking Water Distribution Systems. Water Supply 1994, 12 (12), SS1 –SS7.

[176] Jeong, S. ; Vigneswaran, S. Assessment of Biological Activity in Contact Flocculation Filtration Used as a Pretreatment in Seawater Desalination. Chem. Eng. J. 2013, 228, 976 –983.

第 4 章　膜污染的高级监测和控制技术

4.1　概　述

在水资源匮乏的紧迫形势下,膜技术由于可以在更小的范围内提供更高效的处理方法,彻底改变了整个水处理行业。微滤(MF)、超滤(UF)、纳滤(NF)、反渗透(RO)、正向渗透(FO)、压阻渗透(PRO)、膜蒸馏(MD)和电渗析等是使用比较广泛的处理技术。本书研究和讨论内容将只涉及 MF、UF、NF 和 RO 技术。MF 和 UF 是废水处理中纳滤/反渗透工艺与膜生物反应器工艺的常用预处理方法;UF 也可以用于由地表淡水生产饮用水。NF/RO 工艺用于微咸水和海水的脱盐,RO 在水资源化中的作用越来越大。虽然上述技术被视为解决日益严重的水资源问题的灵丹妙药,但它们仍旧面临一个重大的挑战,那就是膜污染问题可能会限制它们的处理效能。更准确地说,膜污染会导致生产率下降、能源消耗增加、产品质量下降和膜寿命缩短等问题。通常,膜污染被定义为沉积在膜表面、膜孔或两者的混合物中的不溶性物质。它包括少量可溶性盐的结垢和生物膜的生物降解。关于膜工艺中污垢的描述可以参考文献[3]。污染会导致阻力增加,从而导致恒定的跨膜压差(TMP)的通量下降。或者,如果通量保持恒定,则会导致更高的 TMP 下降。膜污染是由于进料中与膜表面各种污垢物质间的物理和化学作用而引起的复杂现象。对污垢率有显著影响的参数:①溶质和溶剂的性质和浓度;②化学性质;③膜表面形貌;④组件的构型;⑤膜组件内流体动力学,包括通量和交叉流。

由于膜污染是任何膜处理工艺中不可避免的一部分,因此对膜污染及其相关现象的有效监测对于成功的膜操作变得更加重要。传统的污垢监测方法:①监测压降;②监测通量下降;③监测产品的质量,如导电性和浊度等。然而,这些参数的变化通常反映的是后期污染,而不能够当作“早期预警”。并且,它们不能提供任何关于导致污染原因的信息。因此,在多数情况下,进行膜解剖研究可以更好地了解污染产生的根源。膜解剖确实可以提供一些关于污染类型和原因的有用信息,但它们既昂贵又耗时,工厂不得不停业对此来进行调整。因此,发展可以跟踪过滤过程并监测污垢问题的发生的膜污染监测技术是十分有必要的。并且,监测工具还应该有助于阐明污垢层生长的机理和性质。这种治理措施可以密切监测过滤过程的性能和监测污垢问题的发生,并且通过进一步优化来降低化学成本、能源、故障时间以及膜。本章介绍了不同的膜工艺监测技术,特别是原位、实时和无创方法的发展。这些技术涵盖了适合工厂应用的技术以及更适合基础研究的技术。这些监测技术包括研究区域、信息等级、无创技术、响应时间、特定组件、污染物类型及应用领域。接下来对各种技术进行描述和比较。

4.1.1 研究区域

Chen 等确定了三种监测技术来了解膜工艺性能的研究区域。研究区域分别是膜、膜与进水侧界面和包括污染层的边界层以及组件内的体相流体,如图 4.1 所示。

由于大多数过滤过程的特性,溶质或颗粒通过对流进入膜表面。在膜表面残留的溶质或粒子的积累形成一个浓缩层,称为浓差极化。在足够高的浓度下,这些溶质或颗粒会形成沉淀物,导致不可逆的污染。由于这些现象主要发生在膜与进水侧界面,所以大多数可用的监测技术会对该区域的现象做出反应。膜过滤的性能也受到系统流体动力学的影响,如横向流动剪切和涡流的形成。同样,有一些技术可以研究组件内的局部流体速度及其对膜表面颗粒沉积的影响。除了对上述区域的行为进行原位监测外,进水的污染倾向还可以提供给定的进水会污染膜的可能性的信息。

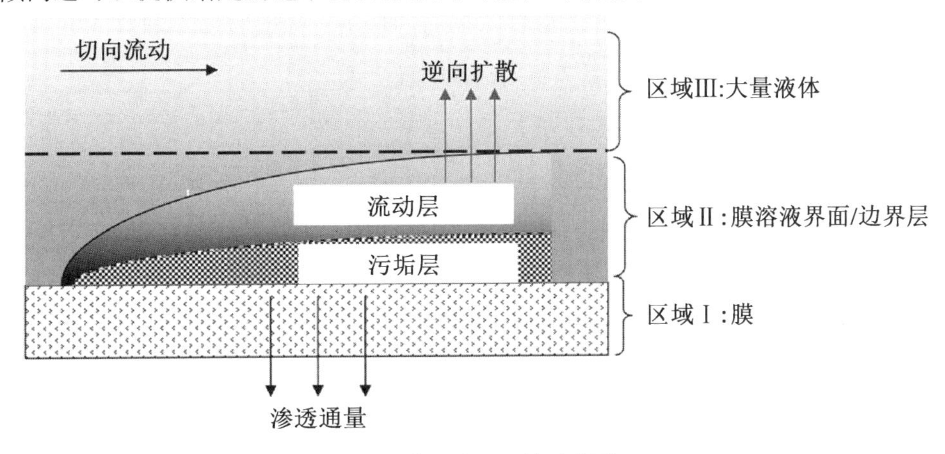

图 4.1 膜过滤过程的示意图

4.1.2 信息等级

Flemming 将可用的生物污染源监测技术分为三个不同的等级。这些描述也适用于一般污垢。这些监测技术的三个等级可以提供一些信息,见表 4.1。1 级监测技术提供膜表面污染物初期沉积的信息和厚度的变化。当传统的方法如监测跨膜压差和压降只能提供整个组件或压力容器的整体性能信息时,这会是一个很有用的信息。2 级监测技术提供关于污染物的性质是无机的还是有机的额外信息。这在决定使用何种清洁剂时特别有用。例如,如果发现沉积物富含有机物质,可以采用碱性清洗剂而不需要进行由酸碱清洗组成的整个清洗周期。这样可以降低化学成本并且更有效地去除膜表面的污垢。3 级监测技术提供了更全面的关于污染物化学成分的信息。利用这些信息,可以在不进行膜解剖的情况下确定污染物的根源,可以更有效地针对目标污染物进行缓解措施或合适的预处理措施。

表4.1 污染监测技术的分类

等级	描述
1	能够监测沉积动力学和污垢层厚度的变化,但对污垢组成没有响应
2	能够区分有机和无机污垢
3	能够提供关于污垢层化学成分的详细信息

4.1.3 无创技术

无创技术是对膜工艺操作影响很小的方法。通常,这些技术需要外部信号的产生和检测,安装时不会干扰到过滤过程。其他一些方法需要引入额外的材料,如示踪剂,来对操作过程的影响降到最低,这些方法被称为类无创技术。其他的类无创技术可能需要一些插入到近膜位置的小型微传感器。

4.1.4 响应时间

在监测动态过程如膜过滤操作过程中,反应时间是另一个重要的问题。通常,优先选择观察实时的膜工艺。实时监测意味着该技术能够快速检测任何变化,使用户能够实时地看到问题并立即对这些情况进行补救。然而,许多可用的监测方法依赖于收集一段时间内的数据,并通过对这些数据的分析来获得具有代表性的参数。因此,这是测量时间间隔内的"平均"现象。虽然这些方法可能不适用于监测在短时间内(几秒到几分钟)发生的污染过程,但它们可以监测典型污染的逐渐过渡的过程(几分钟到几小时)。

4.1.5 特定组件

大多数监测技术都是适用于一些特定的设备,例如,一些技术只适用于特殊设计的平板组件。这些特定的组件可能有一个窗口,可以通过光学设备实现可视化监测。这样的设计可能会在实际应用过程中增加将设备安装在商业组件上的困难。因此,在实践中往往会使用旁路流动系统。Vrouwenvelder 等开发了一种名为膜过滤模拟器(MFS)的监测工具,用于污染监测、预测和控制。膜过滤模拟器用于纳滤和反渗透工艺中螺旋缠绕膜组件的膜污染监测。然而,膜过滤模拟器需在无通量条件下运行。Fane 等提出了一种被称为金丝雀细胞的污染监测装置。金丝雀细胞是高压细胞,是一种在材料、流道尺寸和液压方面具有代表性的螺旋缠绕反渗透组件。当金丝雀细胞处在与螺旋缠绕组件相似的流体动力的条件下时,其行为与螺旋缠绕组件相似。并且,金丝雀细胞对不同监控技术的集成具有灵活性,这将在下一节中进行讨论。

4.1.6 污染物类型

膜系统有各种不同类型的污染过程,例如:①由于颗粒/胶体物质的沉积导致的颗粒/胶体污垢;②由于溶解的离子物种形成不溶性沉淀物而导致的结晶或表面结垢;③有机化合物吸附造成的有机污染;④微生物的黏附和生物膜的开发造成的生物污染。有一些监测技术是专门为这些目标污染物而开发的,因此对这类污染物有更好的敏感性。

4.1.7 应用领域

人们一直致力于发展更先进、更灵敏的膜监测系统以提高过滤过程的效率。在实验室的研究中,许多技术已经可以作为研究工具来提供污染和浓差极化现象的一些基本的信息。然而,商业工厂却很少采用这种技术。造成这一现象的原因有很多,例如将这些方法与商业组件和系统结合具有很大的复杂性和难度。但可以预料的是一些现有的实验室技术将最终过渡到商业工厂监测中。

基于上述特征,表4.2中对不同的无创监测技术进行了比较,包括这些技术是否更适合实验室或已进行现场测试。表4.2是在Chen等的对比结果的基础上做的更新和修改,同时考虑了复杂度、成本,以及基础模型等特性。

4.2 光学技术

4.2.1 通过薄膜进行定向观测和直接观测

穿透膜直接观测技术(DOTM)最早是1998年在联合国教科文组织(UNESO)的膜科学与技术研究中心(UNSW)发展起来的。这个技术可以实现横流式过滤系统中对于膜表面颗粒附着的持续原位监测。

图4.2所示是一种配有DOTM的实验规模的横流式膜过滤系统。穿透膜直接观测技术系统的主要部分是配备有透射和反射光源的光学显微镜。该显微镜装有图像记录装置,以便能够捕捉粒子沉积的特征。显微镜放置在横流膜组件(Perpex)的顶部,在渗透侧有一扇玻璃窗,使渗透侧朝上,朝向检测目标。光线通过薄膜传播。然后,通过薄膜聚焦到进水侧与薄膜界面以获取图像。对于DOTM来说,在过滤测试中透明膜是一个重要的需求,也是它的局限性之一。然而,DOTM的优点是它可以在不受流动进料悬浮液阻塞的情况下观察膜表面。

DOTM不仅仅用于研究粒子在膜表面沉积的性质;Li等进一步改进了该技术,确定了在给定的进料和水动力条件下发生污染的临界通量。图4.3显示了在MF过程中两种不同通量和横流速度下的酵母颗粒沉积图像。图4.3(a)和(b)分别显示了在低通量(20 L/(m^2·h))和高横向气流速度(0.74 m/s)下很微弱的颗粒沉积,表明了操作远低于临界通量。相反,图4.3(c)和(d)显示了在高通量(38 L/(m^2·h))和低横向气流速度(0.42 m/s)下瞬时的颗粒沉积。膜表面在小于1 min内被沉积的颗粒覆盖,表明施加的通量明显高于临界通量。

表 4.2 膜工程中的无创监测技术

技术	响应区域[a]	信息水平(表4.1)	无创[b]	响应时间[c]	应用组件[d]	近似分辨率	污染类型[e]	复杂度[f]	成本[f]	基础模型[g]	应用[h]	参考文献
DOTM/直接观测(DO)	Ⅱ	1	Y	R	F、H	>0.5 μm	A	L	M	N	R	[16-25]
激光三角器	Ⅱ	1	Y	R	F	>3 μm	P	L	M	N	R	[26-29]
光中断传感器	Ⅱ	1	Y	R	F	10 μm~5 mm	P	L	L	N	R	[30-33]
粒子图像测速仪(PIV)	Ⅱ、Ⅲ	1	Q	R	F、H	约10 μm	流体	H	M	Y	R	[34-36]
荧光	Ⅰ、Ⅱ	(应用模型[i])	Q	R	F	<5 μm	A[i]	M	H	N	R	[37-43]
OCT	Ⅰ、Ⅱ、Ⅲ	1	Y	R、P	F	约10 μm	A	H	H	Y	R	[44-49]
非原位尺度观测探测器(EXSOD)	Ⅰ、Ⅱ	1	Y	R	F	>100 μm	S	M	M	Y	F	[50-54]
非光学电化学阻抗谱	Ⅰ、Ⅱ、Ⅲ	2	Y	P	F、H	约1 nm	A	H	H	Y	F	[55-63]
核磁共振(NMR)谱	Ⅰ、Ⅱ、Ⅲ	3	Y	R	F、H、T、SW	10 μm	A	H	H	N	R	[64-69]
超声技术	Ⅰ、Ⅱ	1	Y	R	F、H、T、SW	0.75 μm	P, O, S	L	M	Y	F	[70-78]
X射线微成像	Ⅰ、Ⅱ、Ⅲ	1	Y	R	H	1 μm	A	H	H	N	R	[35,79-81]
流体动力测量(FDG)	Ⅱ	1	Q	R	F	5 mm	A	L	L	Y	R	[82-88]

注：[a] Ⅰ，膜；Ⅱ，膜-溶液界面和边界层；Ⅲ，本体溶液。

[b] Y，是；Q，准无创。

[c] R，快速；S，比较慢；P，获得的数据需要处理。

[d] F，扁平模块；SW，螺旋缠绕；T，管状；HF，中空纤维；A，全部。

[e] P，微粒；O，有机的；S，缩放；B，生物污垢；A，所有污垢类型。

[f] H，高；M，中等；L，低。

[g] Y，是；N，否。

[h] R，研究；F，已应用于现场或中试阶段。

[i] 使用适当的荧光标记

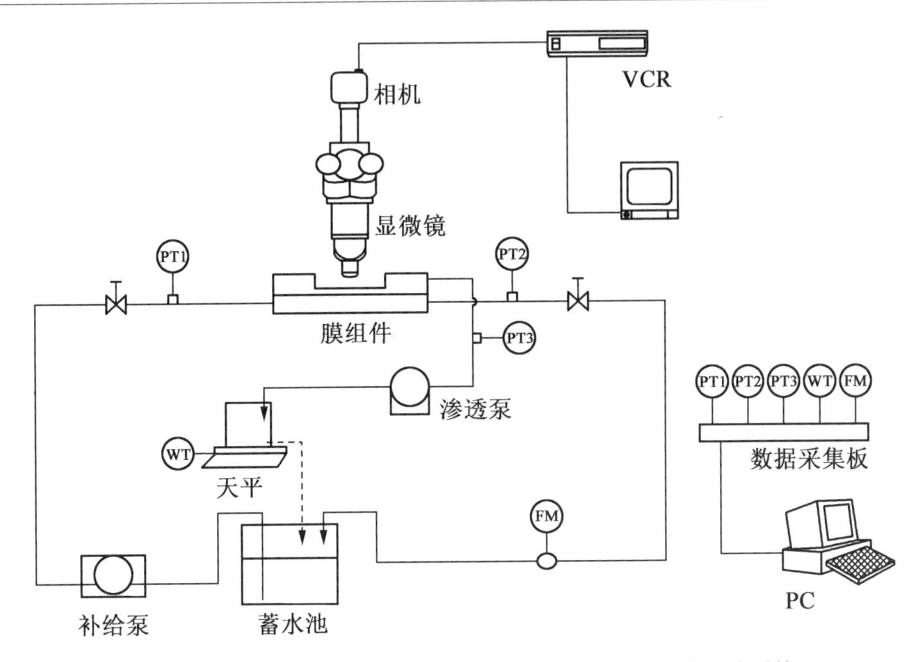

图4.2 一种结合穿透膜直接观测技术的典型横流式膜过滤系统

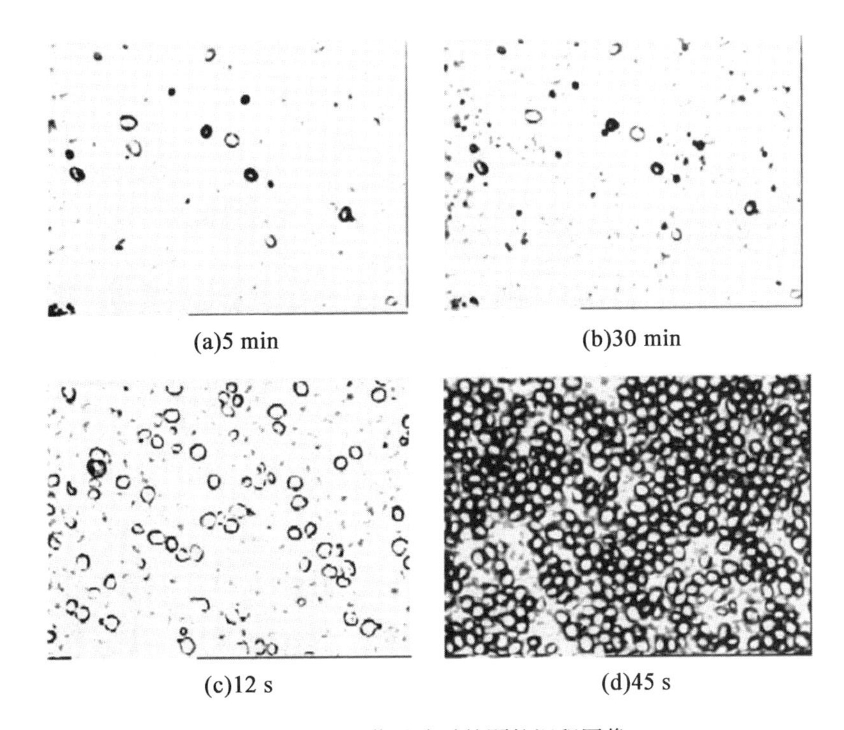

图4.3 酵母菌过滤时的颗粒沉积图像

((a)和(b)为0.74 m/s横向气流速度与20 L/(m^2·h)通量时5 min和30 min的图像;(c)和(d)为0.42 m/s横向气流速度与38 L/(m^2·h)通量时12 s和45 s的图像)

通过在原有的DOTM中结合荧光显微镜,在空间填充的通道中观察污染行为,了解乳化油在膜表面的污垢机理,DOTM的应用已经延伸到可以观察膜表面亚微米细菌的沉积和清除。

可以修改DOTM的设置使其能够通过将显微镜定位在膜的进料侧直接观察膜表面,这称为直接目测或直接观测法(DO)。Mores和Davis采用直接观察法观察了MF平面膜快速反脉动法对酵母的沉积和去除。DO已经被进一步用来监测中空纤维膜外表面的滤饼形成过程。DO可以清楚地观察到静态和流动态污染层的发展。由于可能实现滤饼的高度量化,因此对滤饼阻力和滤饼质量的估算变得不那么重要。Marselina等用DO来观察粒子在膜表面附近的运动。最后,颗粒运动停止并形成一层静态的污垢层。此外,他们还进行了反向清洗去除滤饼的研究,如图4.4所示。图4.4(c)显示了两种结构:膨胀层和流动层。滤饼膨胀和逐渐侵蚀机制的结合是污染层去除的主要机制。

DO也可以用来观察以微藻作为悬浮模型体的正向渗透膜/压阻渗透过程的污染机理。研究表明,直接观察法对于检测正向渗透膜/压阻渗透过程中的早期污染是非常灵敏的。他们还观察到,可以采用临界浓度(提取液,DS)概念来确定正向渗透过程中的"临界通量"行为。当提取液浓度低于临界值时,可以得到相对稳定的通量,如图4.5所示。

直接观测技术是可视化过滤过程中观察污垢机理和临界通量现象的有力方法,其中所使用的颗粒尺寸需要大于1 μm。DOTM和DO也有局限性。DOTM需要透明膜,而DO需要相对透明(稀)的进料溶液。因此,直接观测技术更适合于在实验室中了解基本的污染动力学过程。

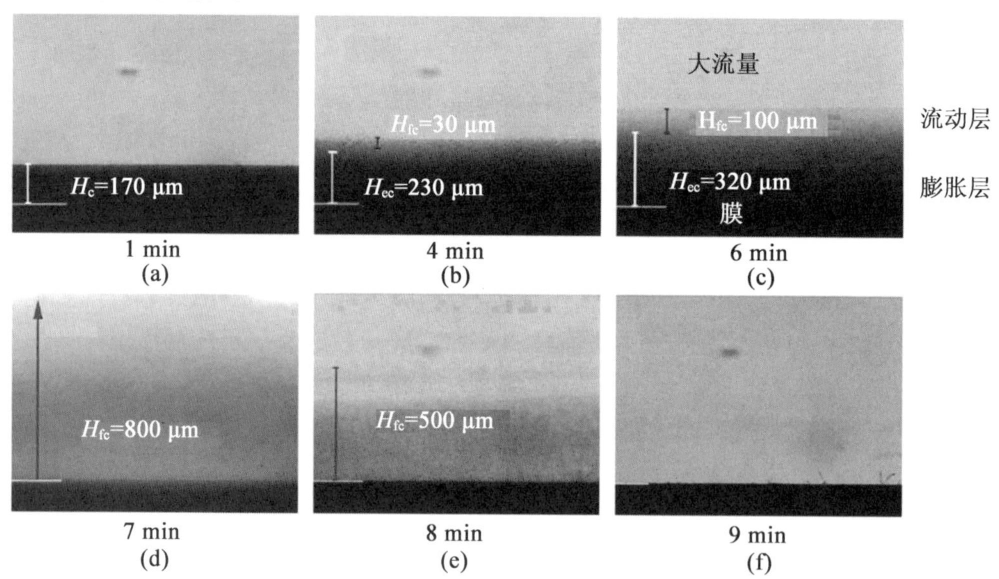

图4.4 在污染去除过程中清洗时间为1、4、6、7、8和9 min时滤饼的变化

H_c—静态滤饼高度;H_{ec}—膨胀后的滤饼高度;H_{fc}—流动态的滤饼高度

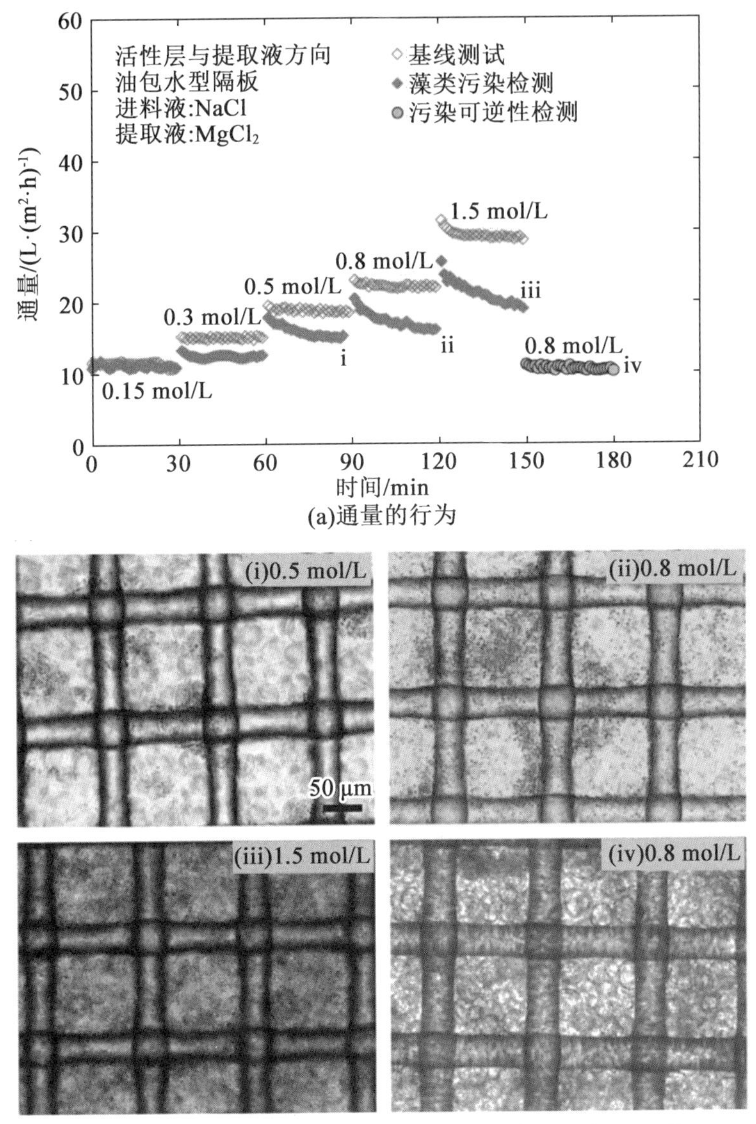

(a)通量的行为

(b)受污染的正向渗透膜的光学照片:(i ~iii)提取液浓度由0.5 mol/L到1.5 mol/L;(iv)为提取液浓度从1.5 mol/L降为0.8 mol/L时的可逆测试

图4.5 正向渗透膜在活性层与提取液方向的污染行为

(0.15 ~1.5 mol/L 的 $MgCl_2$ 作为提取液,进料溶液含有 10 mmol/L NaCl 和 100 mg/L 微藻)

4.2.2 激光三角测量

激光三角测量的原理是基于激光在薄膜表面反射行为确定的。随着滤饼在膜表面的堆积,反射光束(角度)发生偏移。通过测量这个偏移的角度可以得出沉积物厚度,分辨率约为 5 μm。Altmann 和 Ripperger 利用激光三角测量技术研究了硅藻土颗粒的沉积机理。研究发现当通量降至一定值时,膜表面不再沉积较大的颗粒。更确切地说,最小的颗粒仍然在填补滤饼的空隙,这增加了滤饼的阻力。这一观察结果有力地证明了在横流过滤过程中存在颗粒分类。

由于 Altmann 和 Ripperger 提出的激光三角测量技术只提供单点测量,Mendret 等人改进了这个技术,使用一个激光片,实现了在更大的范围内去观测滤饼的厚度。在改进的技术中,将激光片置于相对于过滤单元的掠入射位置,其中 CCD 相机正垂直于薄膜,如图4.6(a)所示。当膜表面有滤饼时,激光从滤饼的顶部反射。当薄膜干净时,反射光会偏离原来的位置。两束反射光之间的距离 $\Delta X(t)$ 可用来评估滤饼的形成,如图4.6(b)所示。在视频图像上测量位移并使用软件进行处理。Mendret 等用黏土悬浮液在终端恒压模式下进行实验。他们将污染物沉积动力学与通量下降联系起来,得到了约 3 μm 的分辨率。通过表征多个单一点的厚度,他们观察到沿通道宽度滤饼厚度的不均匀性。

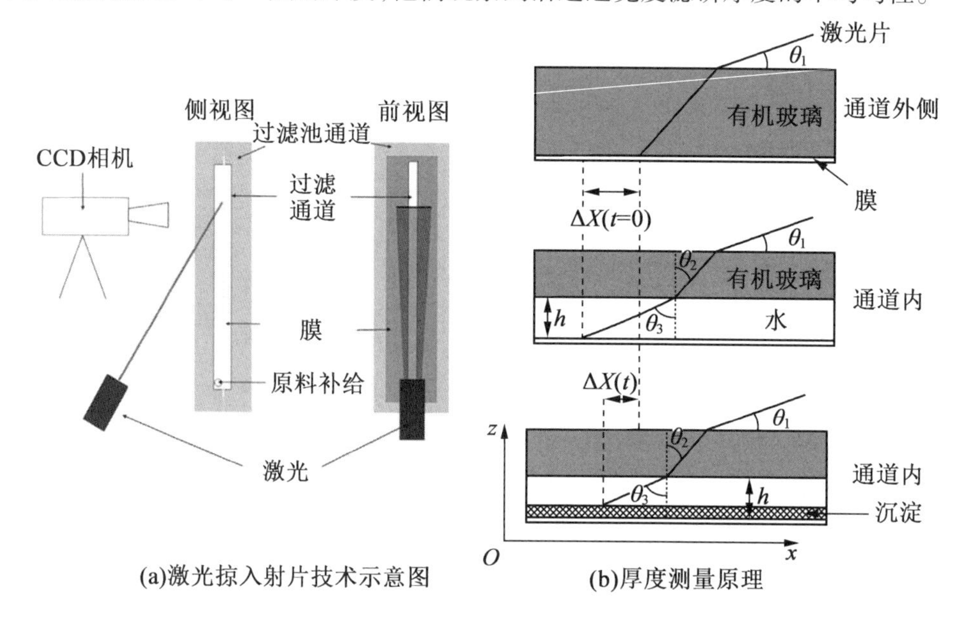

图4.6 改进的激光三角量技术结构示意图

Loulergue 等用类似的技术研究了生物流体过滤过程中的局部滤饼压缩系数。他们把这种技术称为激光掠入射片技术(LSGI)。在他们的一项实验中,激光掠入射片技术清楚地表明,随着生物流体中加入三聚氰胺颗粒,滤饼结构被大大改变,变得更厚,更具有渗透性。

虽然这项技术能够提供关于膜表面滤饼厚度的大量信息,但它也有一些局限性。例如,厚度的准确性取决于从像素到毫米的转换。与许多光学方法一样,这种技术也仅限于悬浮液的浓度。此外,这种技术可能不适合检测透明的污垢,比如海藻酸盐。

4.2.3 光中断传感器

Tung 等建议使用一个光中断传感器来监测在膜工艺中生长的滤饼厚度。该传感器是一种由发射器和信号收集器组成的高灵敏度反射式超小型光中断传感器,采用高强度红外发光二极管(LED)作为发射器和高增益硅光达灵顿晶体管作为集电极。传感器被放置在过滤单元的顶部。光中断传感器的基本原理是,当 LED 发出的红外光束遇到障碍物(滤饼)时,它会被反射,并被收集器检测到强度。反射光的强度根据传感器和滤饼之间的距离而变化。因此,强度的变化可以用来确定滤饼的厚度,如图 4.7 所示。

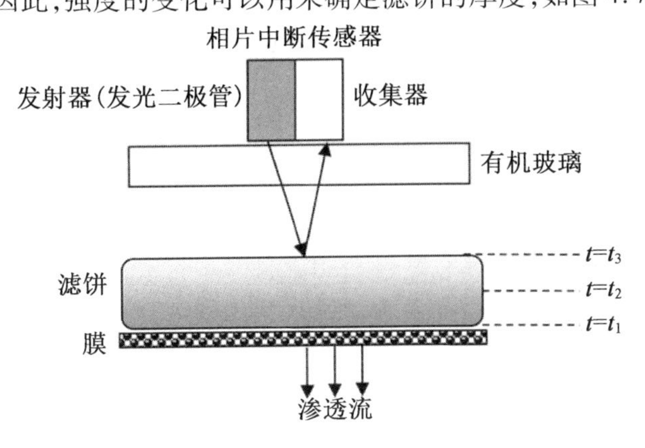

图 4.7　用光中断传感器测定滤饼厚度的原理图

Tung 等一直在应用光中断传感器来观察浸没膜过滤过程中滤饼厚度的增长。将光中断传感器阵列封装在玻璃管中,以保护传感器在浸入进料槽时不与溶液直接接触。分隔 15 mm 的传感器阵列分布可以沿过滤组件测量厚度(图 4.8)。传感器阵列的信号可以转化为三维滤饼等高线,如图 4.9 所示。可以看到膜被均匀的污染物覆盖,沿 X 方向平均厚度(L)为 2.8 mm,沿 Y 方向为 2.75 mm。模块底部的平均厚度要比顶部的厚,这可能是由于膜模块底部的压力较大。通过无创技术确定的滤饼厚度信息非常有用,因此它被进一步用于验证研究人员开发的过滤模型。

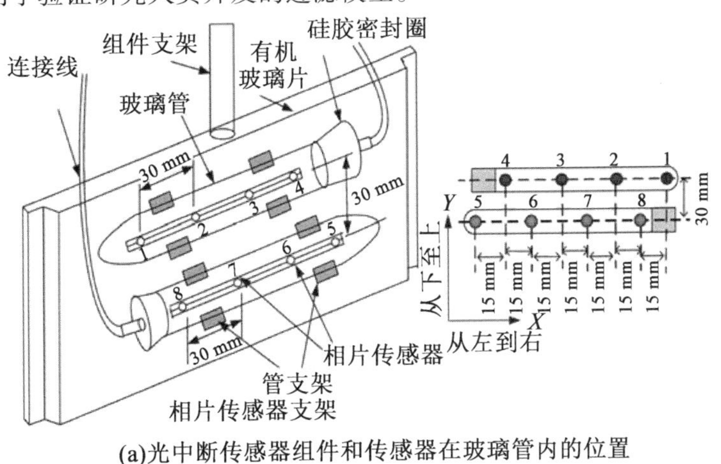

(a)光中断传感器组件和传感器在玻璃管内的位置

图 4.8　浸入式膜过滤工艺

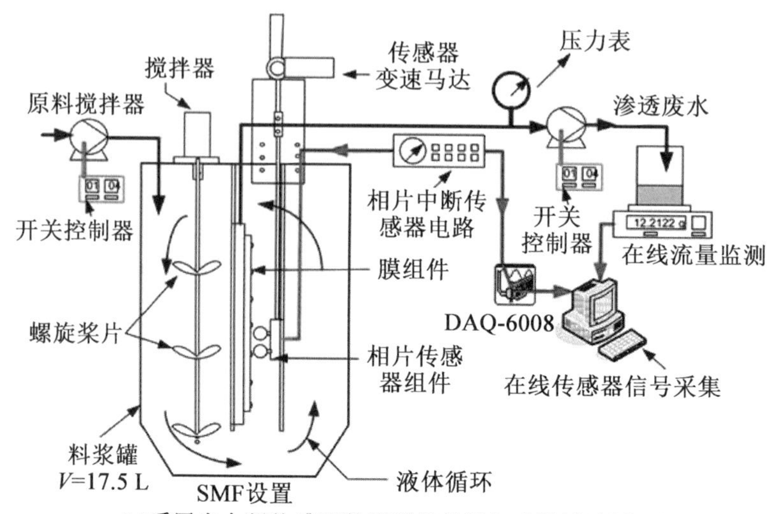

(b)采用光中断传感器监测系统的浸入式膜过滤原理图

续图 4.8

光中断传感器技术为膜工艺的滤饼厚度和分布提供了有价值的信息。然而,它也有一些局限性。该技术不适合高浊度进料水,对膜的颜色非常敏感。Ouazzani 和 Bentama 观察到,两种不同颜色的膜的校准曲线有显著差异。白色的膜完全反射光线,而深色的膜倾向于吸收部分光线。因此,当膜的颜色变深时,该方法的灵敏度下降。因此,该技术更适合于具有相同颜色的膜和污染物。

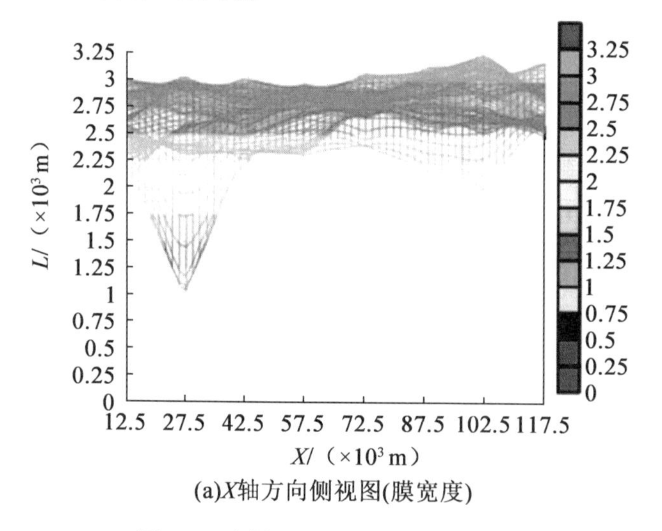

(a)X轴方向侧视图(膜宽度)

图 4.9 滤饼厚度分布(彩图见附录)

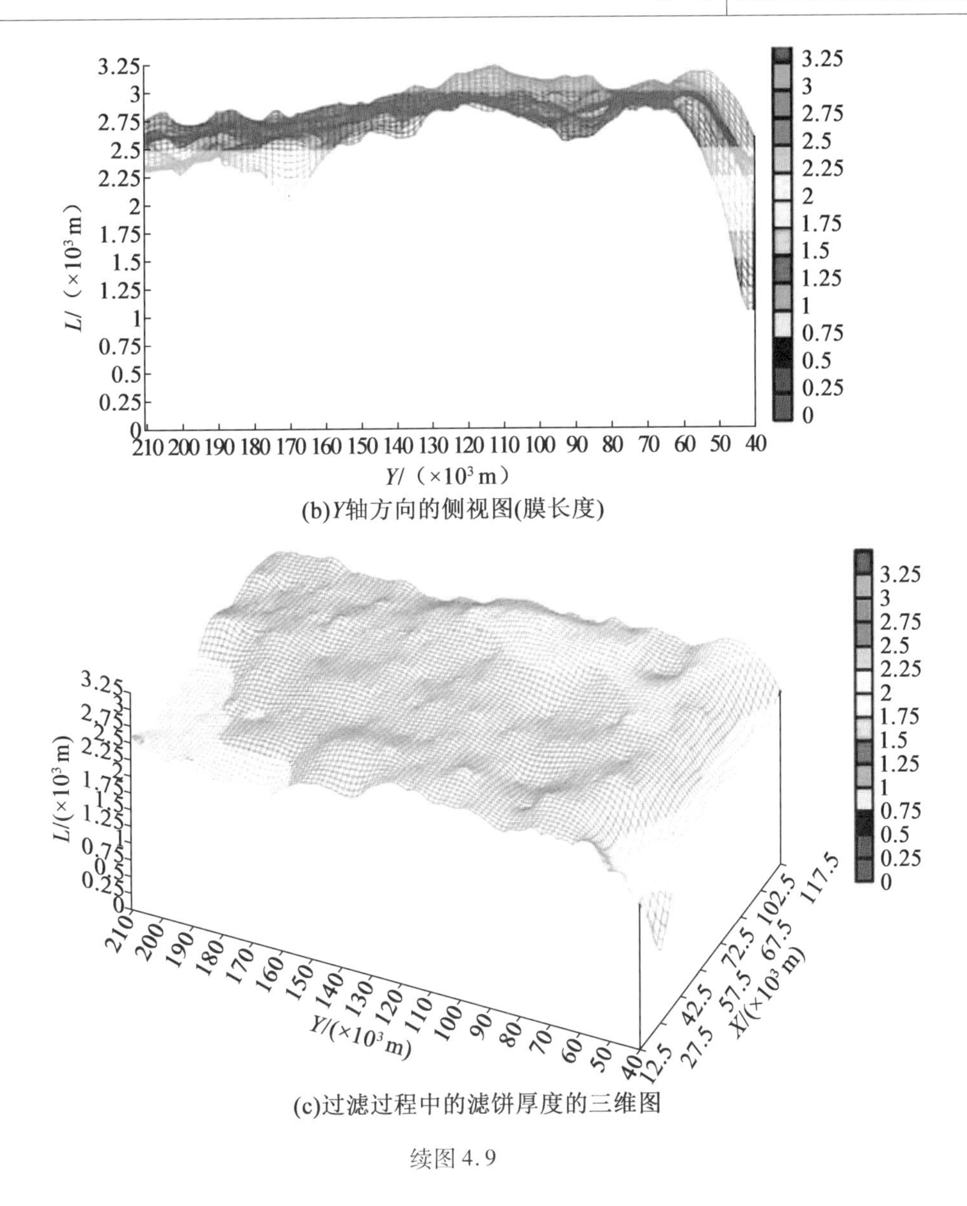

(b)Y轴方向的侧视图(膜长度)

(c)过滤过程中的滤饼厚度的三维图

续图 4.9

4.2.4 粒子图像测速

粒子图像测速仪(PIV)1984 年 4 月首次应用于工程领域,现已被广泛应用于流体流动的研究。它可以研究流腔内流动的层流和湍流的流型和速度。由于具备这些特点,这项技术适用于膜工艺以研究流体在膜腔中的流动以及流动如何影响污染的机理。PIV 的一般原理是利用约 10 μm 的小型示踪粒子的平面激光照射到感兴趣的流场中,然后用高速摄像机捕捉到这些示踪粒子的运动,相隔几毫秒的两张图片每秒钟可以拍 4 次。已知两幅连续图像之间的时间间隔,可以跟踪流体内粒子的位移,利用这些信息,就可以得到速度矢量场。图 4.10 描述了典型的 PIV 设备配置。

多项研究利用 PIV 测量了不同膜系统的流场,如交叉流室、空间填充膜室、旋转膜过滤器、中空纤维。Yeo 等使用 PIV 研究了有无气泡的中空纤维束内的流体动力学,观察到在没有充气时速度矢量是单向的。然而,当引入气泡时,通过 PIV 可以清晰地观察到流场中的尾流效应,如图 4.11 所示。气泡存在时,污垢率明显提高。结果表明,污垢率与中空纤维膜表面气泡产生的剪切应力有关。利用 PIV 获得的局部速度矢量图可以计算局部剪应力。

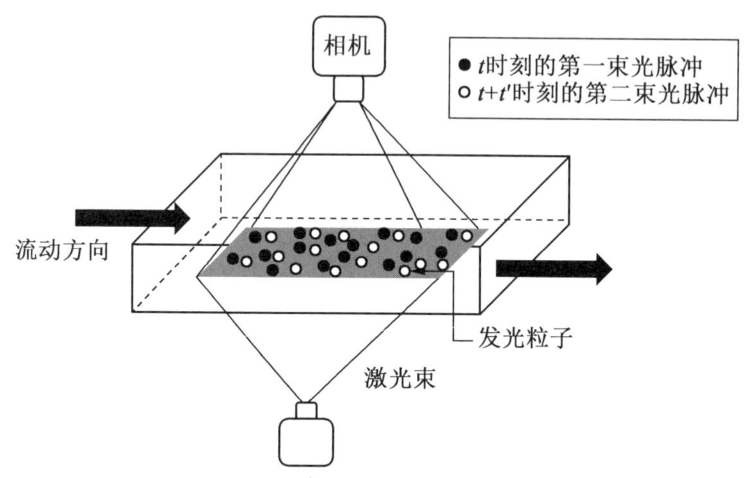

图 4.10　PIV 设备配置与过滤流动单元相结合

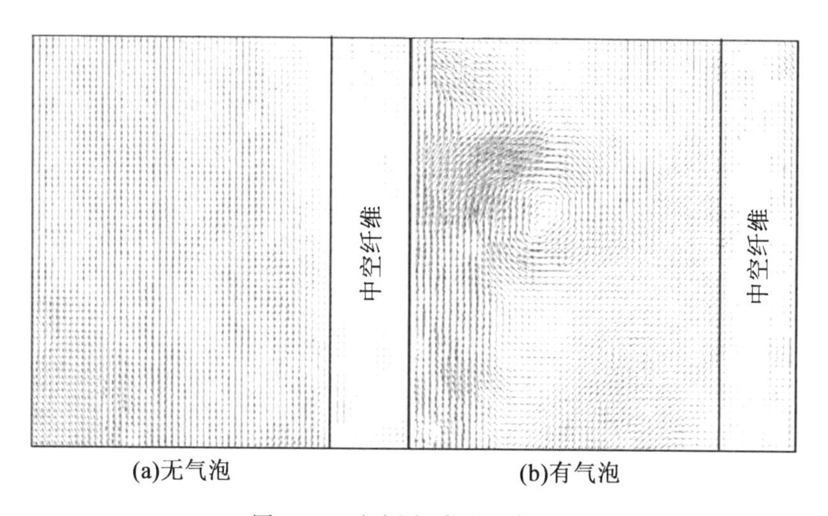

图 4.11　速度图(彩图见附录)

Bucs 等使用 PIV 系统在不同条件下检测了空间填充流动单元内的通量分配。空间填充流动单元旨在模拟螺旋缠绕模块内的流体动力学,从而优化模块内的流动条件。研究发现当横向流速增加时,通量在循环涡流中变得不稳定。这可能导致模块的轴向压力大幅下降。因此,在实际操作中通常应该避免高速操作。此外,他们基于稳态层流假设进行了计算流体动力学(CFD)模拟,并发现与 PIV 测量的流速刚好吻合。这项进展对优化膜组件的流动状态、优化操作条件和空间几何结构具有一定的参考价值。综上所述,PIV 是一种非常有用的膜研究技术,但不适合膜设备监测。

4.2.5 荧光检测技术

如 4.2.1 节所述,可见光显微镜已经被应用在将膜表面的滤饼形成的形象化处理。这些图像的分辨率大约为 0.5 μm,因此更适用于可视的微米级粒子。为了观察一些粒径比传统光学显微镜可分辨的粒子粒径小的溶质,比如蛋白质和细菌,经常需要荧光显微镜。最常见的技术是共聚焦激光扫描显微镜(CLSM),它是在 20 世纪 90 年代早期商业化开发的。与典型的可见光显微镜和扫描电子显微镜相比,它具有几个优势:首先,由于允许高深度识别,它能够根据荧光区分不同的物种。此外,它还能在膜表面生成污染物的三维图像。为了使用 CLSM 时溶质可见,在待观察的溶质上附有荧光标记。通常,利用 CLSM 可以对污染物进行原位观察。从模块中取出受污染的膜,用适当的荧光进行标记,然后通过 CLSM 来查看荧光染色膜,进而对膜表面的物质进行鉴别。例如,用 SYTO 9 和碘化丙酸染色生物膜可以识别生物膜基质中的活菌(染荧光绿色)和死菌(染荧光红色)。随着专业图像处理软件的发展,可以定量分析生物膜基质,如面积和生物体积计算。Spettmann 等用 CLSM 在终端过滤过程中使用合适的荧光染料观察有机、无机颗粒和细菌的混合沉积物。在不同荧光标记物的基础上,CLSM 可以清楚地观察到不同类型的污染物的沉积。这可以有效地确定哪些污染物类型比较容易附着在膜上,并可以评估不同污染物类型的去除效率。

然而,CLSM 并不适用于膜工艺的原位观测。滤饼的孔隙度等性质取决于水动力条件;一旦压力释放,滤饼的结构就会发生变化。因此,通常与 CLSM 一起使用的原位表征在过滤过程中只能提供有限的滤饼结构信息。Hughes 等与 Hassan 等提出了一种原位在线荧光成像方法来研究各种颗粒和酵母在膜上的沉积机理。研究者们专门设计了一种顶板有玻璃窗的过滤单元,将其置于显微镜下并与过滤回路连接。Hassan 等研究了不同类型的颗粒,包括两种尺寸的荧光颗粒(1 μm 和 4.8 μm),酵母和细菌在微滤(0.8 μm)过程中滤饼在终端过滤下的起始和构建过程。

Hughes 等利用近红外非线性飞秒激光激发技术(称为三维飞秒成像,3DFI)观察微滤膜(0.22 μm)表面荧光标记酵母滤饼的形成。与传统 CLSM 相比,这种技术的优势在于更高的穿透深度,可以获得滤饼的高分辨率三维图像。通过三维飞秒图像还可以识别出薄膜表面形成的滤饼的精细结构特征和厚度。图 4.12 是整个过滤过程中采集到的 3DFI 图像的一个例子,显示了随着时间推移酵母沉积量的增加,污染物结块层逐渐发展。利用该软件可以确定细胞所覆盖的滤饼厚度和分数面积,如图 4.13 所示。

图 4.12 为过滤初期(过滤 15 min)膜表面颗粒沉积情况,过滤前通量数据未见明显下降。这说明直接观测方法是检测颗粒沉积和膜污染最敏感的方法。因此,该方法适合作为预警系统。

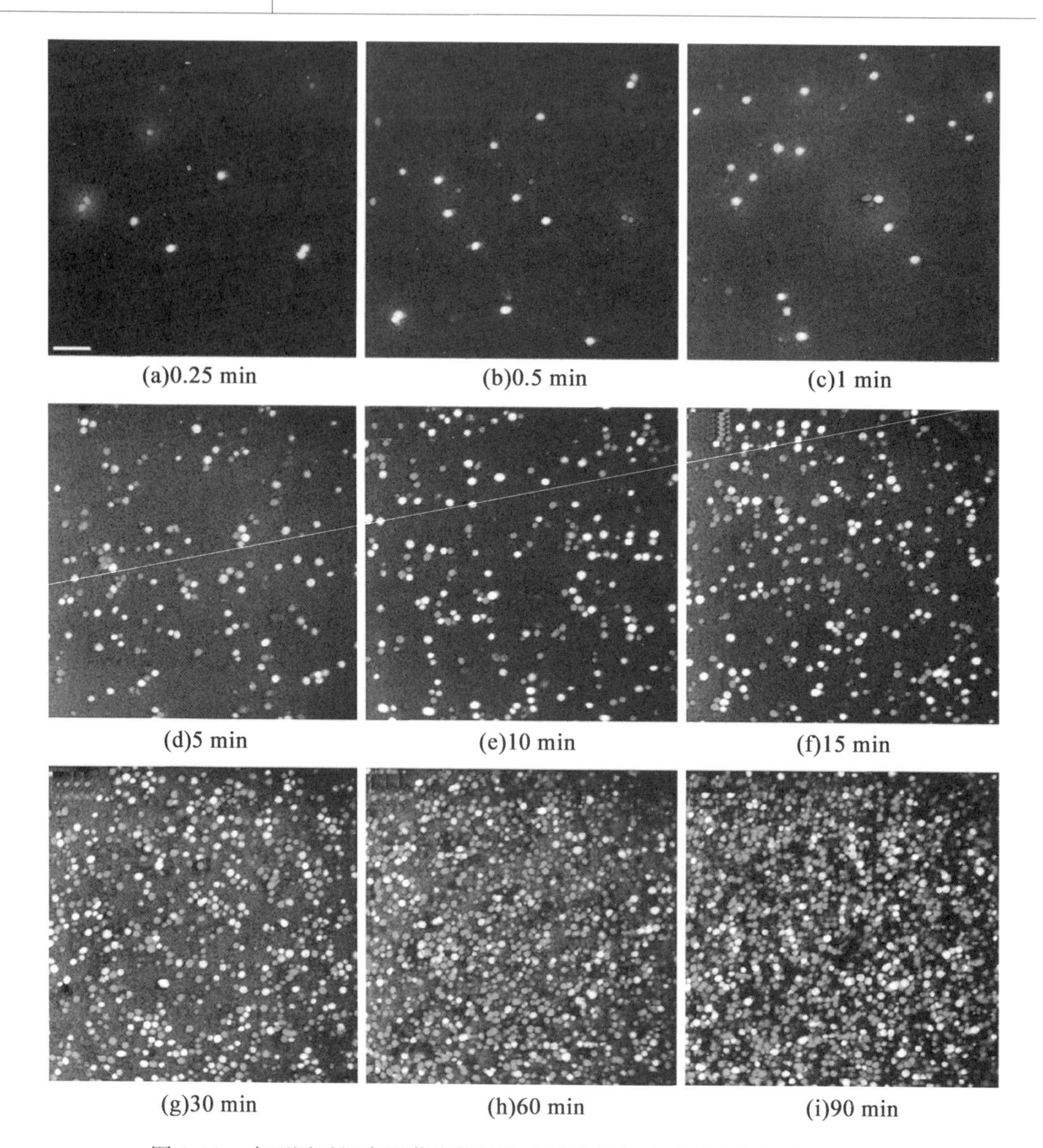

图4.12 在不同时间点用荧光标记和水洗酵母细胞悬浮液制备滤饼的定时系列3DFI图像(彩图见附录)

(酵母菌质量浓度为0.007 4 g/L,TMP为5.0×10^{3} Pa(0.05 bar),横流速度(CFV)为0.08 m/s。图片尺寸为206 μm×206 μm。插图标尺为20 μm。荧光蓝色表示用荧光增白剂标记的细胞壁;荧光红色表示使用碘化丙酸标记的死亡细胞。酸橙用来表示活细胞的pH。酸性细胞呈荧光红色或紫色,碱性细胞呈荧光绿色)

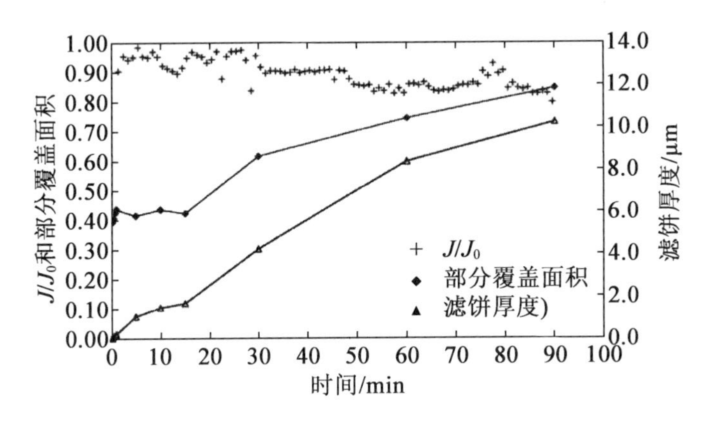

图 4.13 归一化通量(J/J_0)、滤饼厚度和部分覆盖面积

(酵母菌质量浓度为 0.007 4 g/L,TMP 为 5.0×10^3 Pa(0.05 bar),CFV 为 0.08 m/s)

4.2.6 光学相干层析成像

光学相干层析成像(OCT)是一种成熟的无创三维成像技术,已作为诊断工具应用于医疗领域。它是根据对近红外光从参考臂和样品臂中分离出来并重新组合产生的光干扰特性的分析实现的。它使用相对较长的波长的光可以更深入地渗透到散射介质中,并且能够达到大约 10 μm 的微米级分辨率。OCT 设备有不同的配置,即时域 OCT(TD - OCT)、傅立叶域 OCT(FD - OCT)和扫频源 OCT(SS - OCT)。FD - OCT 和 SS - OCT 通常合称为谱域 OCT。TD - OCT 是 OCT 技术的早期版本,它的一只手臂上有移动的参考镜,另一只手臂上有样品。这种技术依靠一个单一的探测器来捕获产生的干涉图,它是光沿着两臂来回移动的时间延迟的函数。FD - OCT 和光谱域(SD - OCT)使用一组光电探测器从中间光捕获信号。OCT 有很多优势,例如它可以在不染色的情况下显示生物组织的结构信息,并且能够以相对较快的速度进行横断面成像。

除了医学用途外,OCT 还被用来观察和推断配水系统的流道内生物膜的形成。例如,Haisch 和 Niessner 展示了 OCT 在流动细胞中监测生物膜结构的能力,在流动细胞中可以根据 OCT 信号强度来计算生物膜密度。此外,当生物膜受 0.3% 过氧化氢处理时,利用 OCT 可以监测生物膜层的降解情况。OCT 图像结果表明 H_2O_2 与生物膜的反应导致净化循环后形成气泡和残余生物膜。

最近,Gao 等采用了多普勒 - OCT 系统来表征空间填充通道中的流体动力学。这是 OCT 系统首次被用到交叉流膜系统中实现对过滤过程进行无创和原位的观察。此后,人们利用 OCT 对膜污染进行了多项研究。与其他直接观察技术类似,膜过滤单元是专门设计的,在进料侧顶部有一个观察玻璃窗,与 OCT 成像系统集成的探针直接放置在细胞膜上。与 TD - OCT 相比,FD - OCT 具有较高的扫描速度和较好的图像质量,因此 FD - OCT 组态通常用于膜污染监测。FD - OCT 的工作原理如图 4.14 所示。光源发出的光束分裂成膜细胞和参比镜。入射光从过滤通道不同深度的结构层反散射。将背散射光与参比镜反射的光重新组合,用光谱仪检测得到干涉光谱,然后进行傅立叶变换将干涉谱转换为干涉图并将它重新构造以获得样本的深度信息,这通常称为A-扫描。当一系列A-扫描沿着一条直线进行时,它被称为B-扫描,表示样本的二维深度剖面。为了获得样品的三维图像,必须在一个矩形区域进行多次A-扫描。

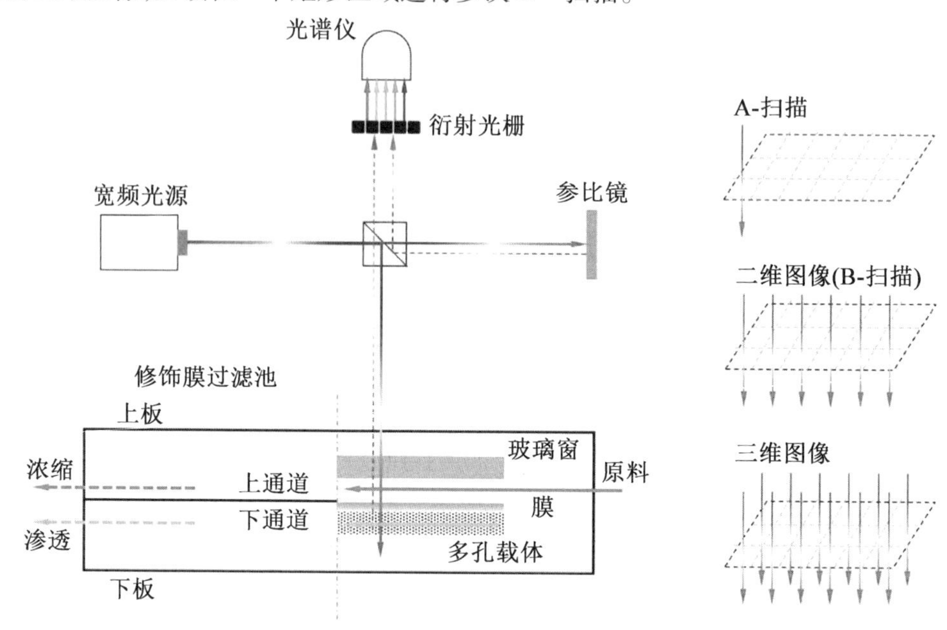

图4.14 FD-OCT在膜过滤单元滤饼过程可视化中的基本原理

Li等利用OCT结合新的成像处理方法研究了膜污染的演化过程。其图像处理方法的主要特点是可以从采集到的0时刻的数据集中识别出膜表面的立体像素,并利用其跟踪后续数据集中的表面移动。利用这个方法可以解释膜压实和流动波动引起的膜表面的潜在位移,这样就可以更精确地测量滤饼的特性,比如滤饼的比沉积率和表面覆盖度。在他们的研究中,胶体二氧化硅(10 nm)和膨润土(10 μm)被用作模型污染物。虽然由于分辨率的原因单硅不能在OCT中显示,但仍可以观察到在薄膜表面堆积或形成滤饼的区域内的显著信号。利用成像处理技术观察到OCT前后硅结垢的演化过程,如图4.15所示。

OCT还用于监测膜表面生物膜的形成和去除。Dreszer等用OCT研究了微滤膜上生物膜的形成和分离过程。通过OCT观察,可以清楚地观察到膜表面生物膜的演化过程及其脱离,如图4.16所示。这是首次以非破坏性的方式观察到生物膜的横截面结构。此外,OCT还可以观察渗透通量变化时生物膜结构的变化。研究表明当渗透通量增大到较高值时,生物膜变薄,但水力阻力增大,这可能是生物膜被增加的对流阻力压缩时孔隙度降低所致。

OCT是一种新兴的监测膜污染的先进技术,能够在不干扰膜工艺的情况下观察滤饼的生长。OCT技术的主要缺点是存在运动伪影。在数据采集过程中,当样本移动时,这些伪影就会出现,但在图像重建过程中,这些伪影是静止的。因此,如果这些人为因素在分析过程中被忽略,膜上的污染条件就可能被曲解。在这个阶段,OCT是一种研究工具,但它可以被整合到 canary(侧流)细胞中。

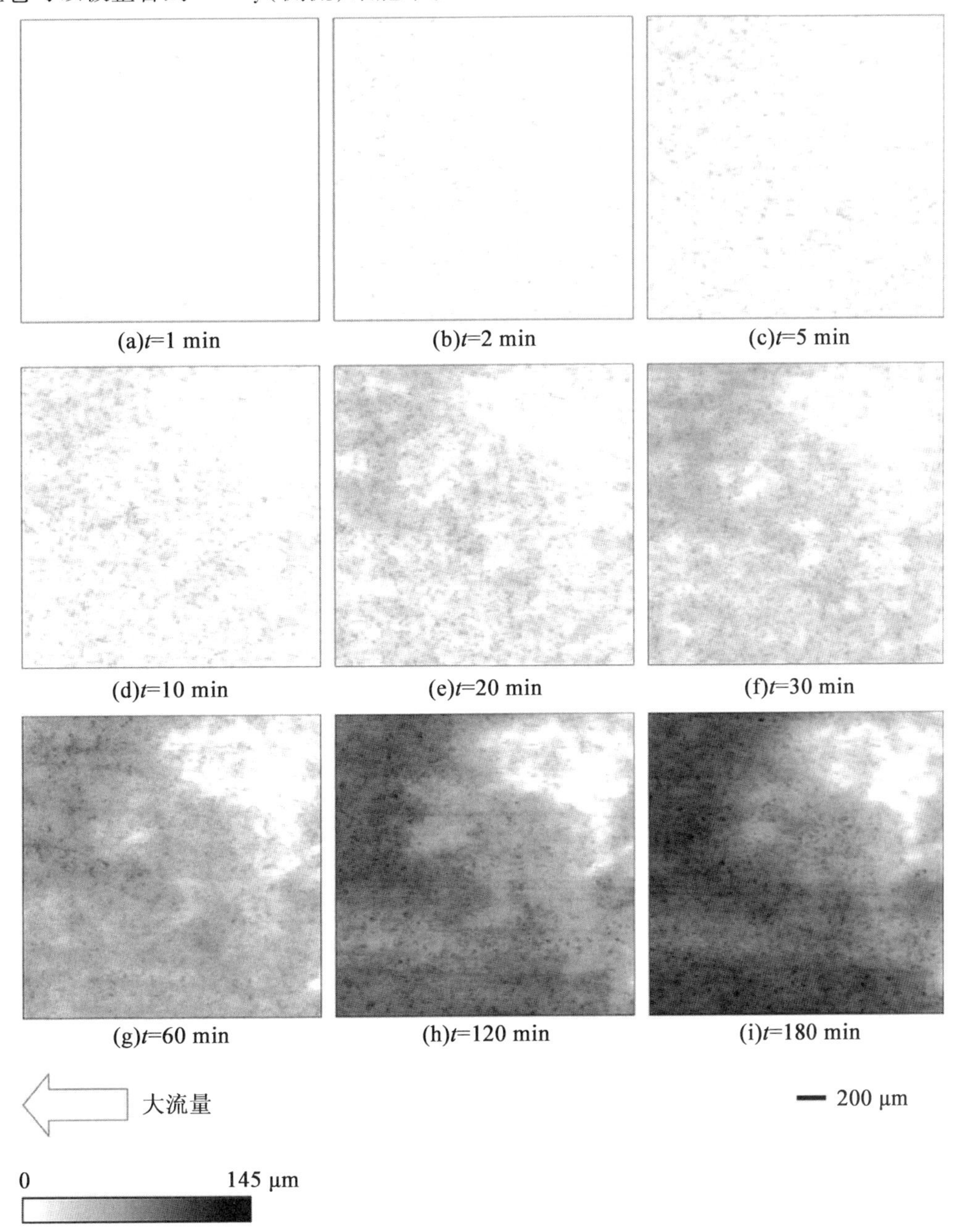

图 4.15 OCT 前后硅结垢的演化过程

(10 ku 聚醚砜膜,TMP 为 1.3 bar,二氧化硅粒子质量浓度为 1.2 g/L,横向流速为 6 cm/s。灰度表示滤饼的局部厚度,最大归一化 145 μm)

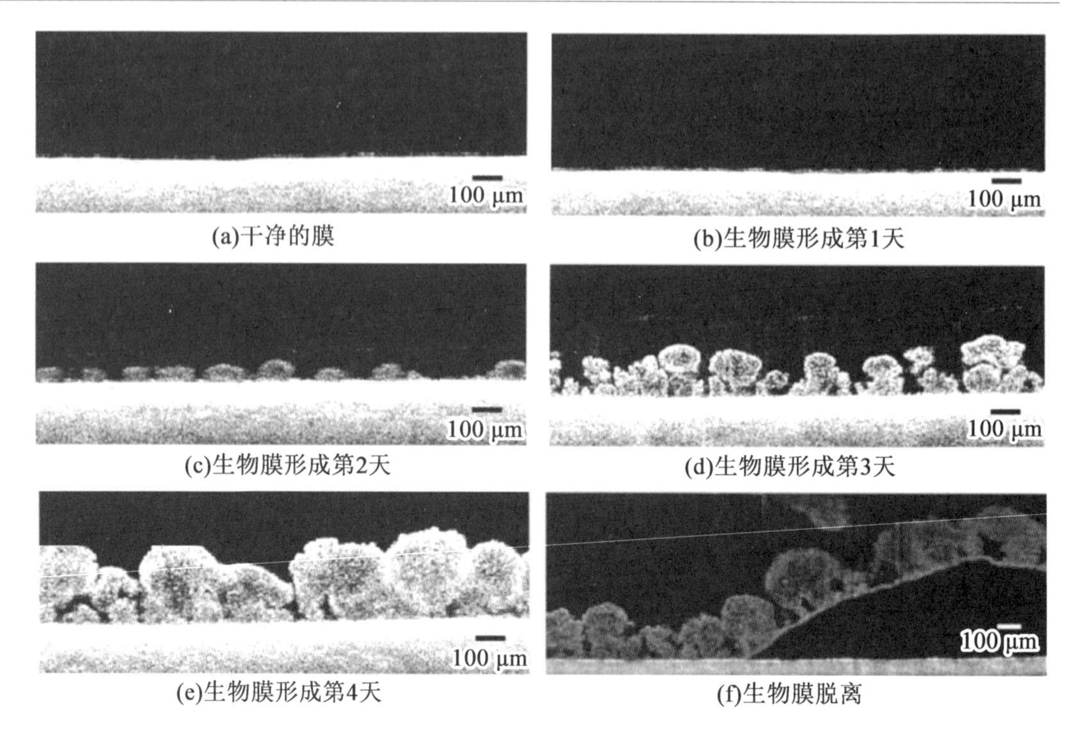

(a)干净的膜

(b)生物膜形成第1天

(c)生物膜形成第2天

(d)生物膜形成第3天

(e)生物膜形成第4天

(f)生物膜脱离

图4.16 OCT图

(横向流速为0.1 m/s;渗透通量为20 L/($m^2 \cdot h$))

4.2.7 非原位结垢检测器

结垢是NF/RO操作中的主要问题之一,限制了脱盐过程的恢复。为了发展一种最佳的减轻水垢的策略,需要开发一种可以显示水垢形成和去除的直接观测法。为此,Cohen和Uchymiak开发了非原位结垢检测器(EXSOD)。EXSOD可以实现反渗透膜表面矿物晶体的直接观察和早期检测。EXSOD体系由反渗透监测单元和成像系统组成,其中成像系统由一个显微镜和相机组成。监测单元有一个光学窗口,上面放置一个显微镜。由于常见矿物结垢化合物的晶体通常是透明的,因此在该系统中采用了暗场显微镜技术。此外,它还能很好地解析晶体边界的细微变化。为了使膜表面具有低角度、暗场照明,需要在膜表面以一定角度放置一个或多个镜子。图4.17 EXSOD技术的基本原理中显示了放置在单元格中的镜子排列的示例。这些镜子以45°角放置在膜的表面并位于流道两侧。这种排列的镜子能够将入射光指向与薄膜表面平行的方向。当光线遇到薄膜表面的任何晶体的形成时,光线会衍射并反射到显微镜透镜上,并被摄像机捕捉到。然后,经过图像分析处理这些照片来量化晶体群的生长。

Uchymiak等进行了一系列以石膏为模型结垢物质的结垢实验,证明了用EXSOD技术可以检测结垢的形成并观察了晶体表面数密度的演化,如图4.18所示。这项研究表明了EXSOD能在任何可测量的通量下降中检测到结垢的形成。

Bartman等将EXSOD技术与他们的非原位直接观察膜监测器结合起来,以监测矿物水垢的形成。他们开发了一个自动的图像分析程序,可以量化薄膜表面被污垢覆盖的面积与观察膜上的晶体数量。因此,膜表面的结垢条件可以实现实时定量。一旦晶体的生长超过预定的极限值,可以启动系统清洗。基于这一优点,一些研究人员采用了该技术来触发表面晶体溶解的进料倒流模式(FFR)。FFR 是为了尽量减少矿物垢的形成而开发的反渗透脱盐工艺。在 FFR 过程中,当 RO 系统的尾部元素检测到发生结垢时,进料流就会被反转。在 FFR 上,尾部元素接触到不饱和的进料溶液,将导致晶体溶解。因此,可以防止尾部元素上结垢的进一步形成。一旦矿物结垢在铅元素中(FFR 之后的尾部元素)开始形成,进料流会被再次反转。显然,在适当控制流体动力学和通量的情况下,EX-SOD 可以应用于工业设备的侧流检测。

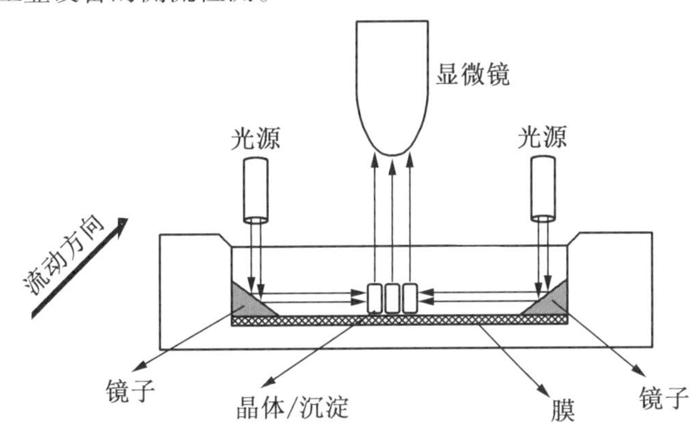

图 4.17　EXSOD 技术的基本原理
(注意送料的方向是流向纸的平面)

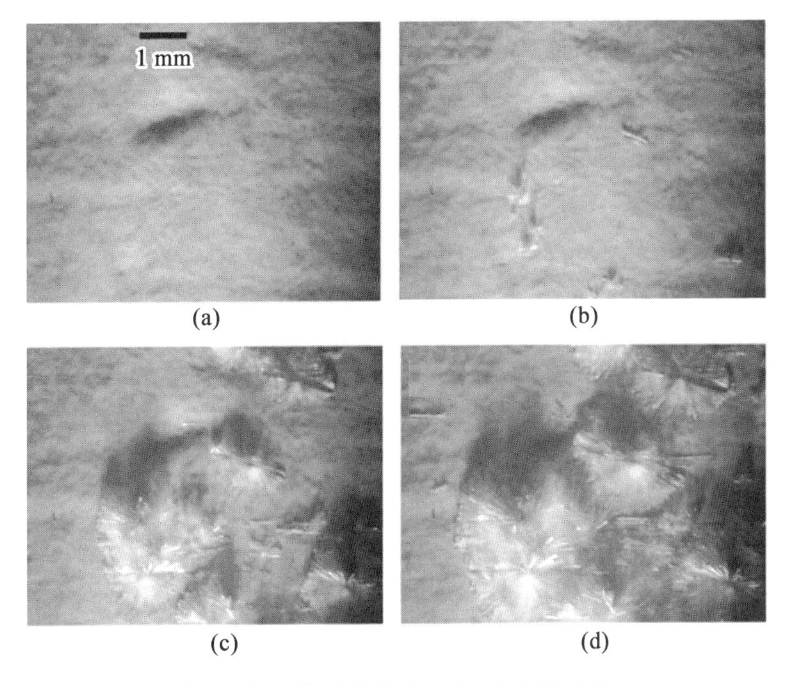

图 4.18　可视化晶体表面密度的演变过程

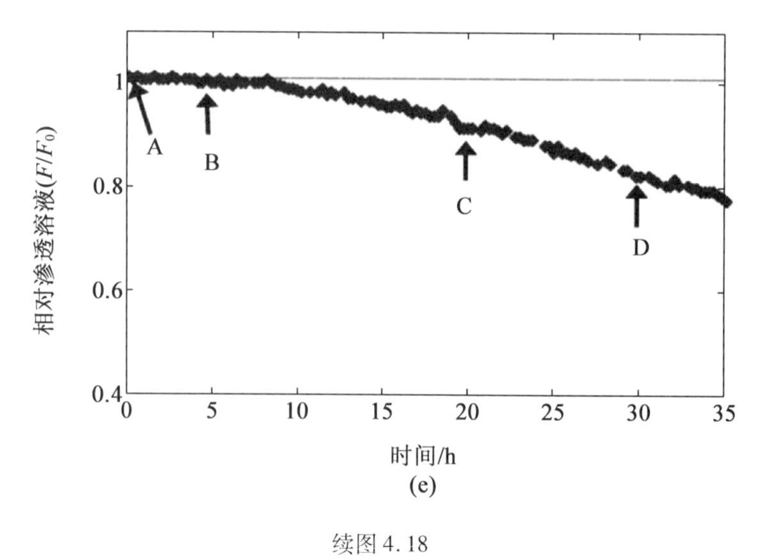

续图4.18

((a)~(d)为利用模拟咸水的模型溶液在膜表面形成水垢的过程;(e)过滤时间内的通量分布)

4.3 非光学技术

4.3.1 核磁共振成像

核磁共振(NMR)是一种用于描绘人体解剖和生理过程的强大的医学成像技术。核磁共振是通过对特定的原子核施加磁场,测量使不同原子核共振所需的能量。一些特定的原子核,如^{1}H、^{13}C、^{15}N、^{17}O、^{19}F、^{23}Na、^{27}Al、^{29}Si、^{31}P和^{39}K,具有固有的自旋特性,有类似磁铁一样的行为。当施加磁场时,这些原子核倾向于向磁场方向旋转,称为基态。当施加一个与核进动频率相对应的高频脉冲时,原子核就会受到激发并改变它们的排列方式,使其磁矩与外磁场方向相反。净磁化在样品周围的接收环或天线中产生一个高频信号。信号强度取决于原子核内的自旋数,以及其旋磁比。每个核都具有不同的旋磁比和它自己的共振频率,这使得核磁共振成为一种元素特异性技术。那些没有自旋且没有磁共振效应的原子核是无法被研究的,例如,自然界中大量存在的^{12}C、^{16}O和^{32}S自旋为零。氢^{1}H是核磁共振成像最常用的细胞核,因为它在生物组织和膜过滤过程中大量存在。

激发态的原子核可能会因为所谓的弛豫过程而失去能量。影响NMR信号的两个弛豫过程是:①自旋晶格弛豫是原子核回到它们在所加磁场下的初始的排列状态;②自旋弛豫是原子核相干自旋的丧失。这些弛豫过程的时间分别称为T_1和T_2。高频脉冲持续的时间(90°或180°)与脉冲序列决定了自旋的方向。通过操纵高频序列来强调核磁共振信号的T_1或T_2部分,如此一来只有化学特异性共振才可以被检测出来。然后对NMR信号进行空间编码,以产生空间信息并获得NMR图像。

早在20世纪90年代初,NMR技术的应用就被扩展到管道中的通量测量和膜系统中流体流动的研究。特别是,NMR 技术被应用在观察管道、中空纤维分子以及最近的螺旋缠绕模型中的通量分布。NMR 技术的一个特点是它可以提供显示核自旋浓度的图像,因此,给定的分子种类在任何给定像素下的浓度都可以在空间上解析。利用这一优势,NMR 技术进一步应用于膜表面浓差极化和污垢问题的研究。

Yao 等展示了利用 NMR 技术绘制和测量油水乳液在中空纤维膜组件中进料和渗透的通量。通过 NMR 技术得到的通量分布和测量结果与直接测量得到的通量吻合较好。在油水过滤过程中,NMR 成像清楚地显示出局部高浓度的油环绕并与膜纤维接触,证实膜表面极化层的堆积导致跨膜压差的增加。随后,他们用 NMR 技术研究了以油水乳化液为进料的管状膜的污垢行为。在 Yao 等的研究中,用油乳液将管状膜预先污染,这是为了使得本研究中所观察到的通量衰减主要是以浓度极化层的建立主导的。图 4.19(a)显示了一种拥有的由内而外过滤模式的管状膜横截面图。图 4.19(b)和(c)展示了过滤开始前捕获的“预制”膜的水选择性和油选择性 NMR 图像。图 4.19(c)只显示了来自膜内的一个相对较高的油信号,表明油滴进入膜的内部结构中并堵塞了许多膜孔。因此,后续过滤的污垢机理主要取决于浓差极化效应。图 4.19(d)为过滤过程达到稳态获得的油选择性 NMR 图像。显然,油的浓差极化在膜表面形成,当压力释放时膜层立即减小。这进一步证明了所观察到的层是油的浓差极化层。膜的渗透侧还附着一些油,这是一些油滴能够渗透过膜的有力证据。Airey 等使用 NMR 成像技术研究了以胶态二氧化硅为原料的管状膜中的浓差极化现象。

利用 NMR 技术检测生物反应器生物膜的形成具有悠久的历史。直到最近,一些研究人员才开始对反渗透膜上的生物膜形成进行研究,并利用 NMR 成像技术评估生物污染的清洗效率。Graf von der Schulenburg 等首次将 NMR 成像技术应用在工业规模的螺旋缠绕膜模块中。他们的研究成功地证明 NMR 技术可以应用在螺旋缠绕模块和实验室规模的流动细胞中生物膜的观察。从图 4.20 和图 4.21 可以看出,通过 NMR 成像可以获得膜组件内的空间生物膜分布和空间分辨速度场的信息。图 4.20 所示为受生物污染的螺旋缠绕膜的 NMR 图像。图 4.21(a)所示为生物污染前的二维径向速度图像。生物膜在膜表面的堆积导致了有效流动通道的减少,从而导致模块内部流动分布不均匀。图 4.21(b)显示有许多速度为 0 m/s 的停滞区域,但是这些将会被模块几个区域中更快速的流动所补偿。NMR 清楚地显示反渗透膜中存在生物污染,然而,在上述研究中提到的螺旋缠绕过滤是在无通量条件下进行的。因此,污垢条件将不同于传统的反渗透操作。所以仍然有必要进一步研究渗透流对核磁共振信号的影响。

Yang 等利用低场 NMR 技术研究了 MD 应用中各种中空纤维构型的内部壳体流动流体动力学。NMR 分析表明,新型卷曲纤维模组的混合性能优于常规随机填充结构,这与采用卷曲纤维设计的改进的 MD 性能相一致。

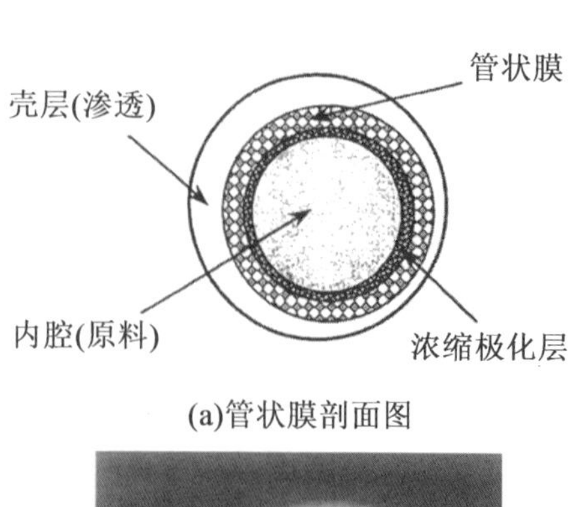

(a)管状膜剖面图

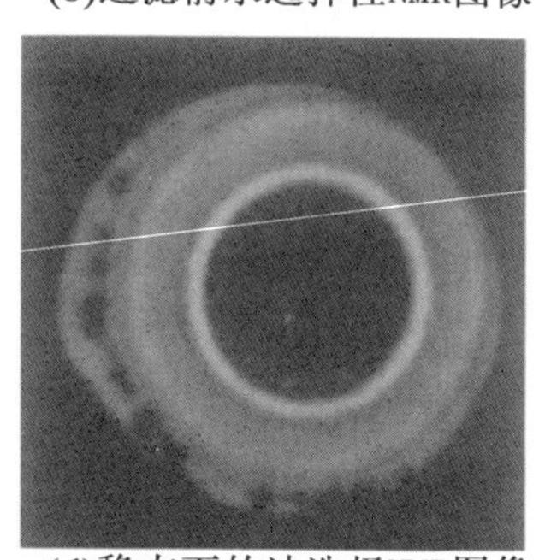

(b)过滤前水选择性NMR图像

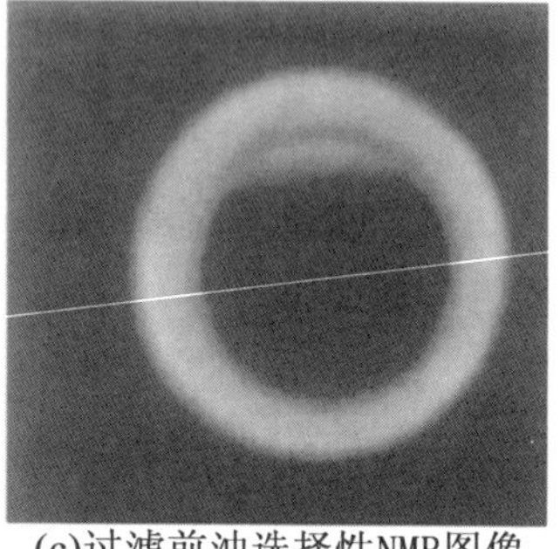

(c)过滤前油选择性NMR图像

(d)稳态下的油选择NMR图像

图4.19 以油水乳化液为废液的管状胶污染过程

(操作条件:TMP为70 kPa,$Re=500$)

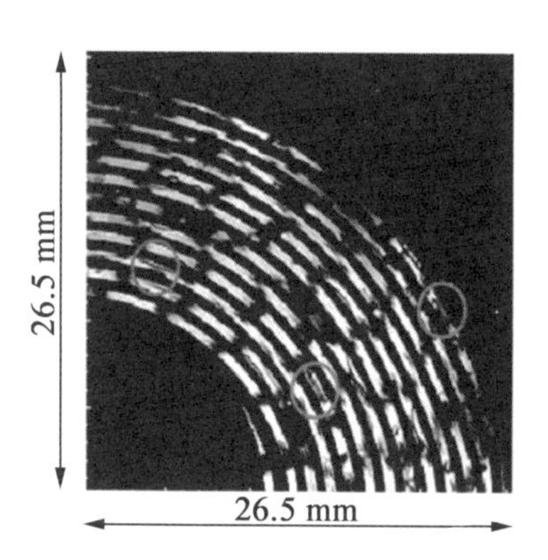

图4.20 受生物污染螺旋缠绕膜的核磁共振图像

(亮白环为充水流道,黑环为膜和产品间隔。黑色标记是馈电间隔元件。红色圆圈表示生物膜,绿色圆圈表示长条状生物膜)

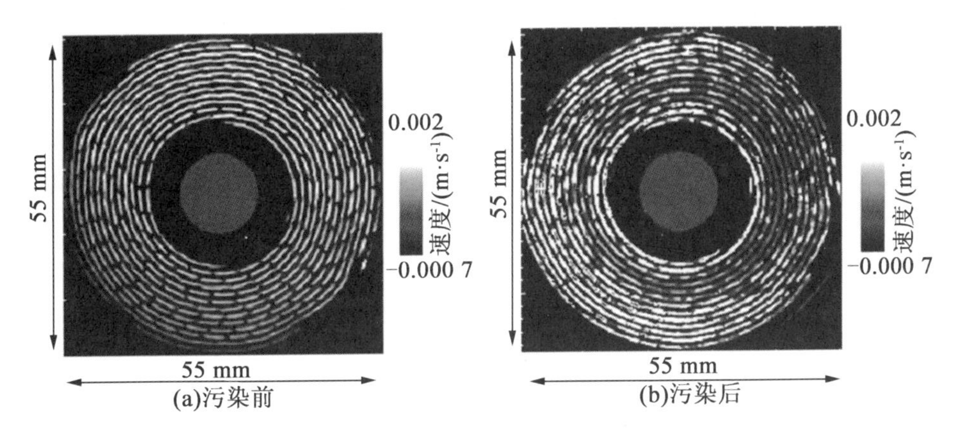

图4.21 生物污染前后二维径向速度图像(彩图见附录)
(图像显示了表面流组件(z)在0.000 7 m/s(黑色)~0.002 m/s(浅黄色)的色标上。流程超出了页面)

许多研究已经清楚地证明了利用NMR技术进行膜污染监测,并将其作为一种以无伤害性的途径优化过滤过程工具的优势。然而,NMR是一种复杂的技术,需要对NMR操作有深入的了解。例如,如果不选择合适的脉冲序列或编码序列,就无法从NMR中提取出最优图像。此外,在信号处理过程中需要专业人士的支持来评估工件或对比效果。

4.3.2 电阻抗图谱

电阻抗图谱(EIS)是许多系统的无损表征技术。EIS是最早(1925年)可以估计细胞膜厚度的技术之一。随后,它被广泛应用于生物医学领域,用于研究生物组织的结构。20世纪90年代初,EIS技术在膜过滤中的应用开始出现。研究人员使用EIS来研究膜结构和不同类型的膜工艺,如UF膜、NF/RO膜、FO膜、中空纤维膜、离子交换膜和液体膜的污染。

EIS的测量是通过向系统注入若干已知频率的小交流电,并测量整个样品的电压来进行的,采用数字技术测量电压和电流的相位差,然后用这些值推导出每个相应频率的电容和电导值。电导和电容随频率的变化可以揭示有效层数和系统的电学特性。通常,EIS的数据用不同类型的曲线表示,其中电容、电导或阻抗是根据不同的频率绘制的。Nyquist图也是EIS数据的另一种表示形式,负阻抗对正虚阻抗作图。阻抗的实部和虚部分别与电导和电容的倒数有关。通常,Nyquist图是由几个重叠的半圆组成的,每个半圆对应一个具有单个时间常数的元素。为了便于理解过程或系统,将EIS光谱与Maxwell-Wagner模型进行了拟合(并联组成电阻和电容的单元,产生一个等效电路,并显示出系统中不同的电层)。有关理论和分析的详细描述见参考文献[55-57]、[62]、[63]。

在20世纪90年代早期,Coster等提出了使用EIS来测定皮肤和多孔子层的单个电导和电容的可能性。这就可以在已知这些层的介电常数和材料的孔隙度的情况下确定它们的厚度。Chilcott等进一步为使用EIS技术测量薄膜表面的变化提供了良好的基础。他们进行的阻抗模型和实验表明,EIS对膜表面性能、溶液的电特性以及膜表面与溶液之间的界面区域很敏感。然而,他们的方法要求在膜上涂金属,这对实际应用来说是一个挑战。进一步的发展证明了 EIS 能够在没有金属涂料的情况下,特别是在反渗透过程中检测膜污染。Kavanagh 等的首次尝试是用四端静态通道研究反渗透膜的膜污染条件。他们的研究结果证实了 EIS 可以用于监测反渗透污染。

为了模拟 RO 螺旋缠绕模块中典型的横流流体动力学,一些研究人员使用配备了合适电极的高压侧流室来进行 EIS 测量,以监测 RO 污染。RO 系统的电路模型至少由以下几个部分组成:①高频率的元素代表本体溶液(大于 10^6 Hz);②中频率的元素表示膜基板(约 10^5 Hz);③中频率的元素代表膜皮肤(约 10^3 Hz);④低频率的元素表示扩散极化层(小于 10 Hz)。所有都是串联的。RO 系统的一个典型 Nyquist 图如图 4.22 所示。图 4.22(a)显示了所研究的 RO 系统中存在 6 个元件。通过模型拟合识别出的每个元件的电容被用来估计该元件产生的厚度。根据每个元件的预期厚度,可以识别系统中的元件和过程,如图 4.22(b)所示。

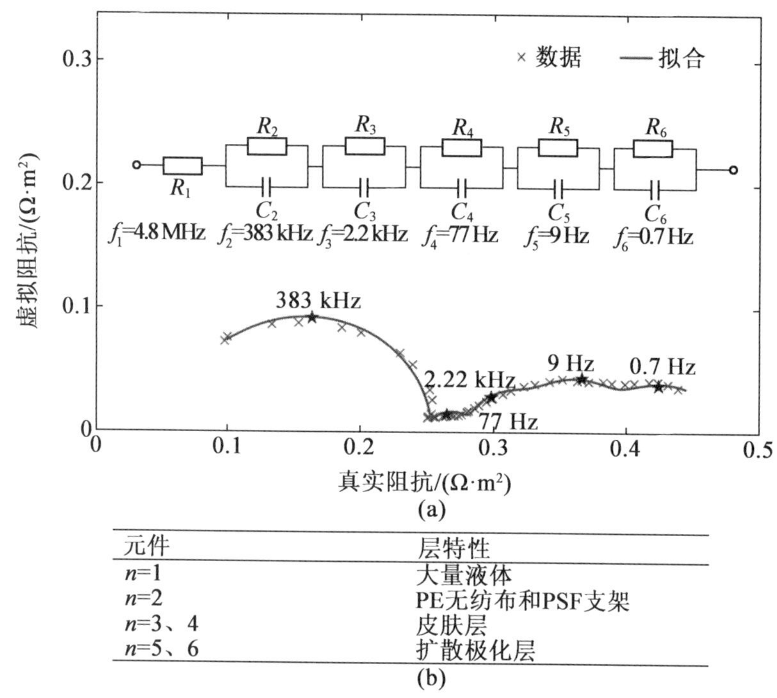

元件	层特性
n=1	大量液体
n=2	PE无纺布和PSF支架
n=3、4	皮肤层
n=5、6	扩散极化层

(b)

图 4.22 RO 系统的 Nyquist 表示

(数据点(×)是在 EIS 测量过程中获得的。完整的曲线是理论上适合使用 Maxwell - Wagner 模型表示检测到的各个层。星号(★)频率是通过 EIS 数据拟合确定的每个元件的特征频率。n 为图(a)中的半圆个数)

Sim 等通过 Nyquist 图的运动监测 RO 中的污染过程。研究观察到污染过程的初始阶段在膜表面沉积非导电材料如二氧化硅时,Nyquist 曲线向右平移,表明整体电导在频率范围内减小。在污染过程后期,当滤饼增强的浓差极化效应开始显现时,Nyquist 图向左平移。这种转变是由于在膜表面积累的盐的浓度增加,随后整体电导在测量频率范围内增加。基于这些发现,Ho 等使用 EIS 来表征过程中不同元素的电性能(电容 C 和电导

G)作为通量的函数,以确定过程的阈值通量。观察到,当通量与其他层的电导相比发生变化时,低频段、扩散极化层、G_{DP}发生了明显的变化。结果表明,扩散极化层是监测反渗透膜污垢行为的主导层。对于胶体二氧化硅等非导电材料,可以观察到,在通量增加的情况下,G_{DP}呈V形趋势,其中,G_{DP}的最小值确定了阈通量或滤饼机制的转变。

Ho等用同样的方法监测反渗透膜的生物量。这是EIS第一次被用来监测RO表面上生物的生长。当G_{DP}与过滤时间成图时,可以观察到G_{DP}随时间的最大值。最初的增加是由于生物膜及其呼吸产物的最初附着,它们都是导电的。当G_{DP}增加到一定程度时,它的值开始下降,这是由于细菌产生胞外聚合物(EPS)和在膜表面形成一个强大的生物膜基质。观察到,在G_{DP}/过滤时间的最大值点之后,TMP发生了轻微的突然跳变,说明EIS信号能够预先阻止滤饼的发生。基于Sim等和Ho等的研究,表4.3总结了G_{DP}图及其在RO过程中的影响。这为工厂操作人员识别反渗透过程中的污染类型提供了一些额外的有价值的信息。

EIS还可以检测无机垢。因此,Hu等使用EIS来监测RO膜上的硫酸钙垢的形成。他们比较了电导变化率与磁通衰减率的关系,发现电导信号的变化比磁通测量更为显著和敏感。因此,在观察渗透通量的任何下降之前,可以检测出水垢的形成。Bannwarth等首次使用EIS技术来表征中空纤维膜。采用双端EIS法,将一个线状电极插入中空纤维膜的管腔侧,一个环状电极布置于膜的周围。阻抗测量可以通过在已知频率范围内,在两个电极之间的径向施加交流磁场来进行。虽然双端结构带来了一些挑战,比如电-电解质界面的离子双层阻抗对膜阻抗的影响,但这项研究为中空纤维膜、管状膜和毛细管膜等其他薄膜几何结构开辟了更广泛的应用领域。

表4.3 G_{DP}及其在RO过程中的影响(基于文献[59]、[60]、[62]、[63])

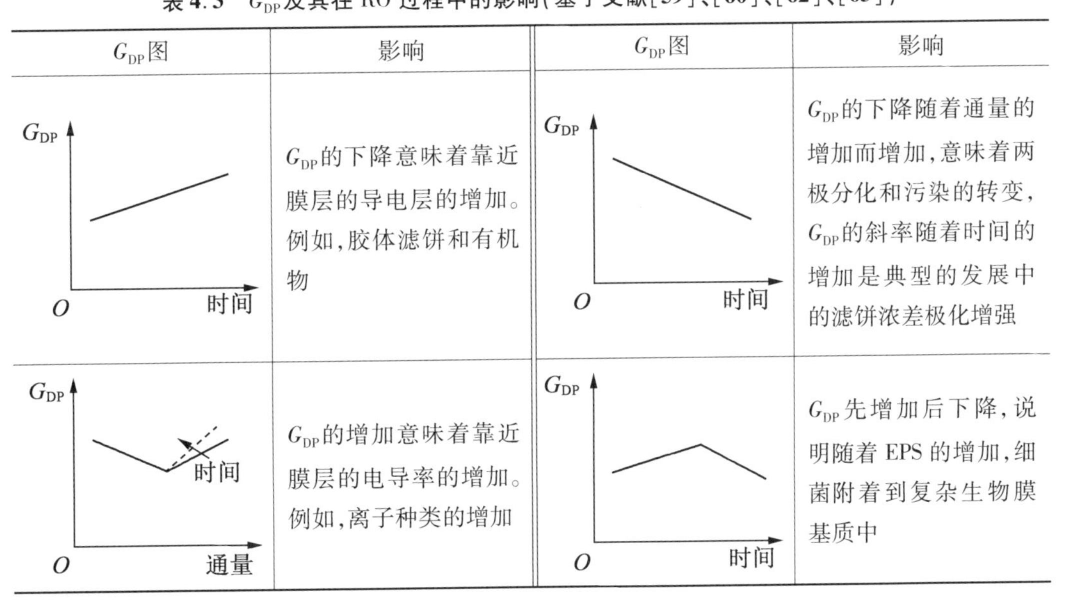

G_{DP}图	影响	G_{DP}图	影响
	G_{DP}的下降意味着靠近膜层的导电层的增加。例如,胶体滤饼和有机物		G_{DP}的下降随着通量的增加而增加,意味着两极分化和污染的转变,G_{DP}的斜率随着时间的增加是典型的发展中的滤饼浓差极化增强
	G_{DP}的增加意味着靠近膜层的电导率的增加。例如,离子种类的增加		G_{DP}先增加后下降,说明随着EPS的增加,细菌附着到复杂生物膜基质中

4.3.3 超声时域反射法

超声测量技术在建筑和材料工程应用领域有着悠久的历史,如焊缝检测、隐藏裂纹的定位、尺寸测量和厚度测量等。20 世纪 90 年代末,Peterson 等将该技术应用于高压作业中膜压实现象的量化。该技术能够同时测量膜厚度和通量的变化,实现了更好的薄膜压缩过程。从那时起,利用超声时域反射法(UTDR)测量膜污染和膜清洗的研究开始出现。

UTDR 是一种无损的原位测量技术,它使用超声波来确定移动或静止界面的位置。超声波的速度 c 是材料的一种特性,c 随着介质密度的增加而增加。当超声波遇到两种介质之间的界面时,该波可以通过介质反射或传播。波从反射界面传播所需的时间 t 与介质的波速以及反射面与超声波换能器之间的距离 Δd 有关,由 $t=2\Delta d/c$ 得出。如果已知介质的速度,并使用 UTDR 获得时间,则可以解析介质的厚度。

通常,为了在膜过滤装置上进行 UTDR 测量,会将超声传感器直接安装在过滤单元上,如图 4.23(a)所示。超声波换能器连接到脉冲接收器和数字转换器或示波器上以获得信号。UTDR 的原理如图 4.23 所示。在 UTDR 测量过程中,超声波由传感器产生,当声波到达 A 和 B 表面时,表面会产生反射回波。回波用 UTDR 振幅与到达时间谱上的反射信号(峰值)表示,如图 4.23(b)所示。只要不发生污垢,信号 A 和 B 将保持不变。一旦膜表面发生污垢,膜的声阻抗(或"阻力")改变。如果滤饼厚度低于 UTDR 系统的可实现分辨率,那么滤饼和膜界面就不能作为单独的回波来解决。因此,信号 B 的振幅和到达时间改变,被标记为回波 B′。当滤饼变得足够厚并且达到 UTDR 的可检测极限时,一个新的回波 C 就会形成。受污染的膜(B′或 C)与洁净膜(B)信号的出现时间的差异与污染层的厚度有关。因此,可以监测膜表面污染层的生长情况。

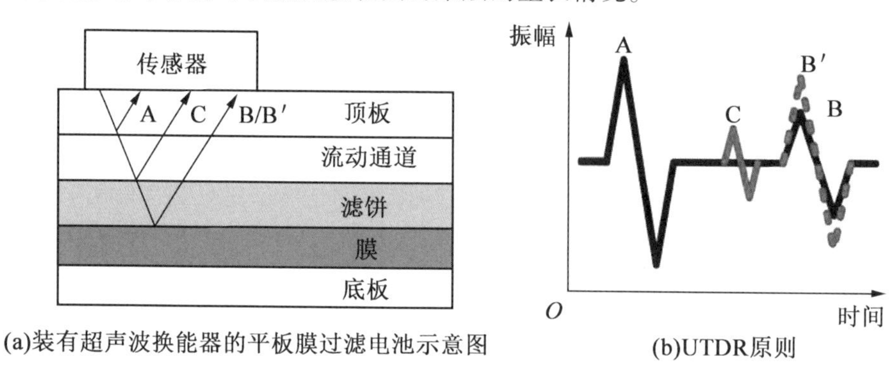

图 4.23 UTDR 原理图

Mairal 等首先使用 UTDR 作为实时监测技术,观察膜表面硫酸钙污垢层的生长,然后通过清洗去除。结果表明,声信号振幅的变化为污垢行为提供了一种较好的测量方法,其衰减量与通量衰减量吻合较好。他们的研究也证明了 UTDR 监测膜清洗的能力。观察到,在清洗周期结束时,UTDR 测量值与渗透率恢复和表面分析吻合良好。Sanderson 等与李和 Sanderson 等也进行了类似的研究。

研究人员采用 UTDR 方法测定过滤过程中膜表面的滤饼厚度增长情况，结果与通量和 TMP 数据吻合较好。图 4.24 展示了以二氧化硅为模型的 UF 交叉流过滤实验中污染层的生长情况和与 TMP 增加相对应的峰值幅值。对于硅溶胶型的熔体，TMP 从一个恒定的 TMP 过渡到一个增大的 TMP，TMP 上升时，滤饼厚度增长较快，峰值振幅增大。

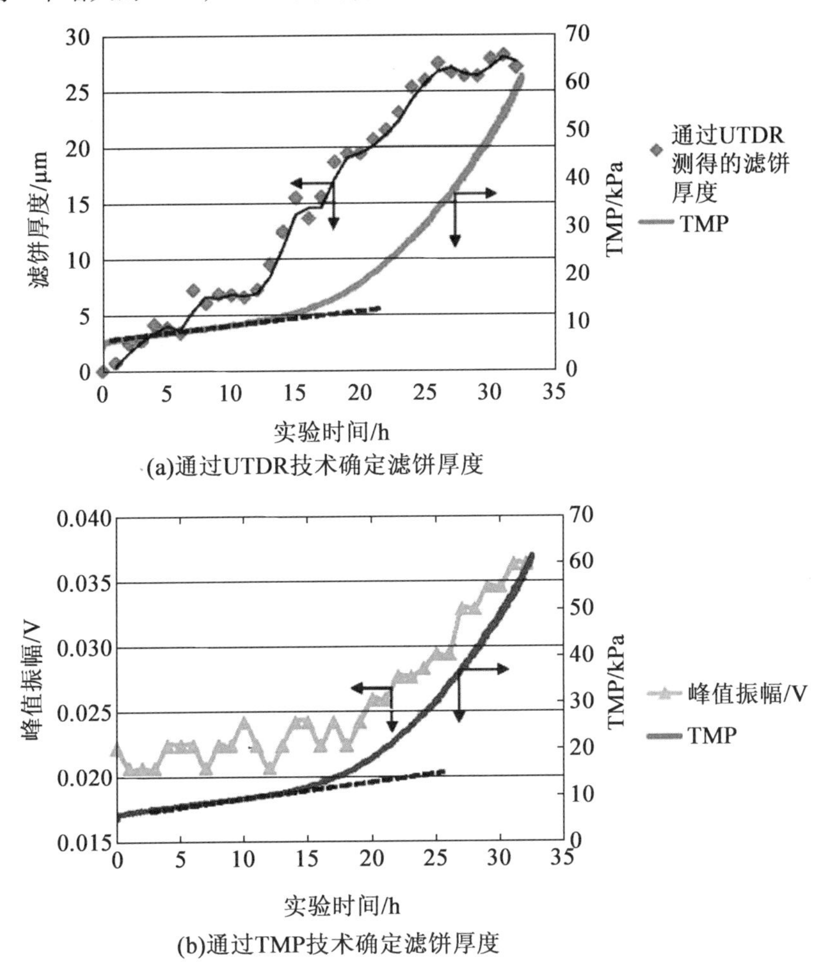

图 4.24　滤饼厚度对峰值振幅值的影响（彩图见附录）

（硅质量浓度为 0.4 g/L、氯化钠质量浓度为 2 g/L、横向气流速度为 0.15 m/s、渗透通量为 44.4 L/(m^2·h)）

Li 等利用 UTDR 研究了造纸厂废水对 MF 膜的污染行为。他们观察到过滤过程中通量的下降不仅与滤饼厚度有关，还与滤饼密度有关。这推动了开发基于 UTDR 信号的滤饼模型用于预测滤饼在过滤过程中的密度和厚度研究的发展。他们也对模型进行了扩展，利用硫酸钙溶液对 RO 膜表面滤饼密度和厚度的变化进行了估计。如图 4.24 所示，Sim 等使用 UTDR 监测膜表面二氧化硅层的生长，以及操作条件（交叉流速度、渗透通量和二氧化硅质量浓度）对胶体污垢及其相关亚稳态的影响。

由于无机污染物在声阻抗上的差异较大，所以通常选择无机污染物进行 UTDR 实验。

使用 UTDR 检测不同类型的污垢也很有趣。这些污垢包括蛋白质、油乳状液、有机物、硫酸钙复合污垢、微生物、有机复合污垢和胶体污垢。膜表面生物膜的表征是一个特殊的挑战,因为它们具有与水相似的声阻抗。Sim 等利用硬声示踪剂(如二氧化硅)人为增强这些“软”污垢的声阻抗,通过 UTDR 来检测生物膜。图 4.25 为添加和不添加二氧化硅的 TMP 曲线和生物膜厚度。可见,没有二氧化硅的加入,生物膜的厚度是无法检测的。一旦将二氧化硅注入系统,UTDR 导出的厚度可以与 CLSM 得到的厚度很好地对应。据报道,二氧化硅不影响生物膜中细菌的生存能力,也不会促进高压系统中 TMP 的显著增加。因此,有可能需要定期进行二氧化硅加药,以监测生物膜的生长。

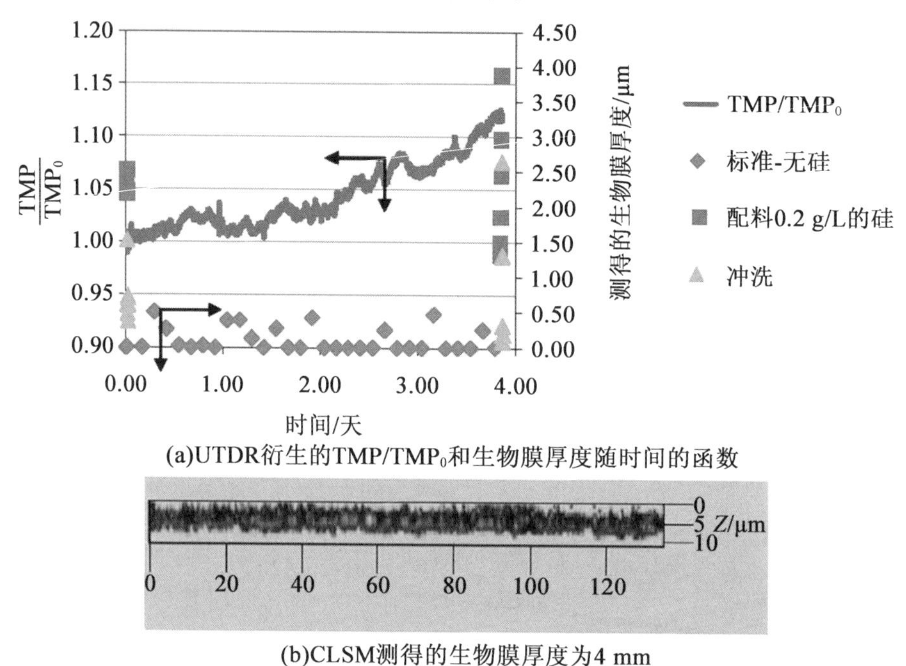

(a)UTDR衍生的TMP/TMP$_0$和生物膜厚度随时间的函数

(b)CLSM测得的生物膜厚度为4 mm

图 4.25 硬声示踪剂对检测生物膜的影响(彩图见附录)

(RO 膜,横向气流速度为 0.15 m/s、渗透通量为 35 L/(m^2 · h)、细菌为假单胞菌 2 g/L 氯化钠和铜绿假单胞菌 0.02 g/L营养液)

除了平板模块外,UTDR 的应用还进一步扩展到不同的几何膜模块,如螺旋缠绕膜模块、中空纤维膜模块、管状膜模块等。螺旋缠绕模块是 RO 和 NF 应用中最常用的方法,因为其通过轧制平板膜获得的表面积与体积比大。螺旋缠绕模块的几何形状对 UTDR 的应用提出了重大挑战。这是由于模块外壳的包装材料和多层膜的多重反射产生了复杂的回波信号。此外,这些多次反射会大大减弱超声脉冲,使最里层的观测变得困难。然而,有许多研究确实证明这是可以做到的。Chai 等将 UTDR 传感器附着在螺旋缠绕模块的壳体上,研究 RO 螺旋缠绕膜中的硫酸钙污垢现象。从图 4.26(a)可以看出,只有最外层标记为 α_1、α_2、β、γ 的反射才能被研究,UTDR 波形响应如图 4.26(b)所示。峰值 α_1、α_2、β、γ 是通过测定界面反射出的合适声波速度和估计每一层的厚度来确定的。作者认为通过 UTDR 估算的厚度与质量法得到的厚度不匹配可能是过滤过程中膜包膜运动的干扰所致。然而,在检测污垢早期阶段,UTDR 振幅响应比通量衰减率更敏感。

尽管 UTDR 具有检测早期污垢的能力,但仍有许多研究致力于改进这一技术。Tung 等利用高频(50 Mhz)超声系统提高螺旋创面模块污垢分布的空间分辨率。An 等开发了一种改进的 UTDR 技术,包括用于现场监测螺旋缠绕模块 $CaSO_4$ 污垢和清洗过程的声强建模。结果表明,超声可以穿透多层膜。结果表明,总声强与复合浓度极化和 $CaSO_4$ 污垢有关。污垢形成初期,$CaSO_4$ 析出物在膜表面形成不均匀,导致回波信号被散射或吸收,声强逐渐减弱。滤饼形成后,滤饼/溶液界面产生强烈的反射波,导致声强增大。虽然他们的方法不能提供定量的污垢层厚度,但他们在螺旋缠绕模块污垢方面提供了有价值的见解。为了获得更高的分辨率,一些研究人员采用了小波分析法,该方法可以观察污垢层在 10 s 区间的生长情况。

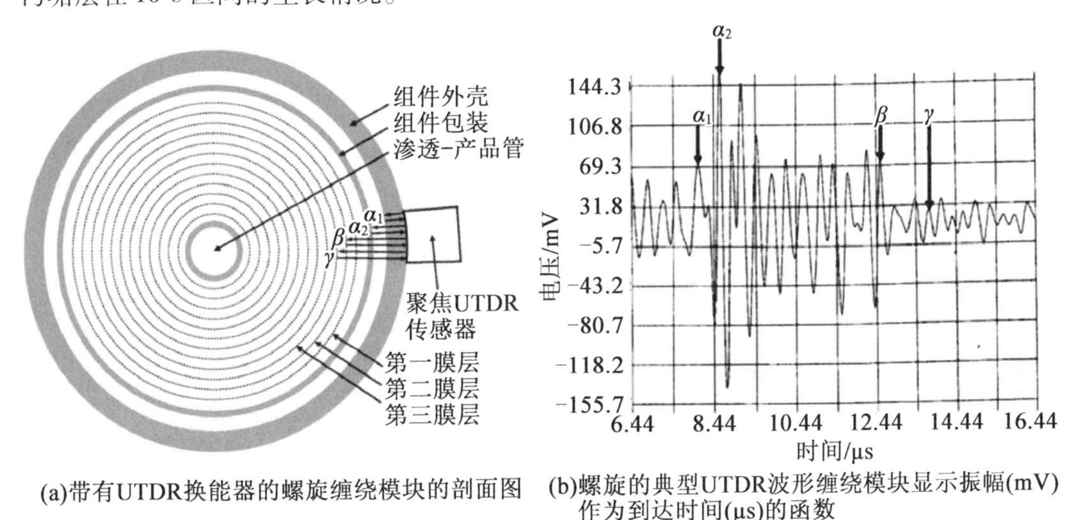

(a)带有UTDR换能器的螺旋缠绕模块的剖面图 (b)螺旋的典型UTDR波形缠绕模块显示振幅(mV)作为到达时间(μs)的函数

图 4.26 RO 螺旋缠绕模块中的硫酸钙污垢现象

由于 UTDR 能够在通量显著下降之前及时预警膜组件局部结垢的发生,因此人们已经探索了利用 UTDR 启动或评估污垢控制效率的一些应用。其中包括在流动反转技术中使用 UTDR 触发流向变化,以及使用 UTDR 研究外加电磁场对 NF 膜表面碳酸钙垢沉积的影响。此外,Taheri 等利用 UTDR 得到的厚度估算了反渗透过程中滤饼导致的渗透压增强。

文献表明,UTDR 作为一种膜污染监测仪具有成本低、无损等优点。但是,要准确测量层厚,必须知道烟气的声速;否则,厚度测量只是一种估计。UTDR 技术可以看作是一种简单的测量技术,特别是对于几何简单的膜组件。虽然已经有一些文献研究将 UTDR 应用于复杂的几何模块,但是在水工业中使用 UTDR 作为监测工具并没有成功的案例。这可能是因为当安装在复杂的几何模块(如螺旋缠绕模块)上时,信号可能非常复杂,必须依赖于专业人士的分析。因此,这种技术在工业上的接受程度仍然很低。

4.3.4 X射线显微成像

X射线显微成像(XMI)是一种比较少见的应用于膜工艺观察的技术。在大多数膜研究中采用相变X射线成像组态。该技术利用了He2电子束产生的同步辐射。相衬成像(PCI)波束线的布置图及其部件如图4.27所示。同步辐射束沿PCI波束线的束流管传播约15.21 m后通过一个500 μm厚铍窗进入空气并到达样品。样品与铍窗口的距离约为1 m,使得源到样品的总距离为16.76 m。用$CdWO_4$闪烁体将X射线光子转换成可见光,然后用硅片将可见光通过90°反射到一个CCD相机上的放大物镜中。当X射线穿过样品时,振幅和相位通过散射和吸收来调节。虽然一些吸附和衍射效应是无法避免的,但图像的形成是以折射为主的。

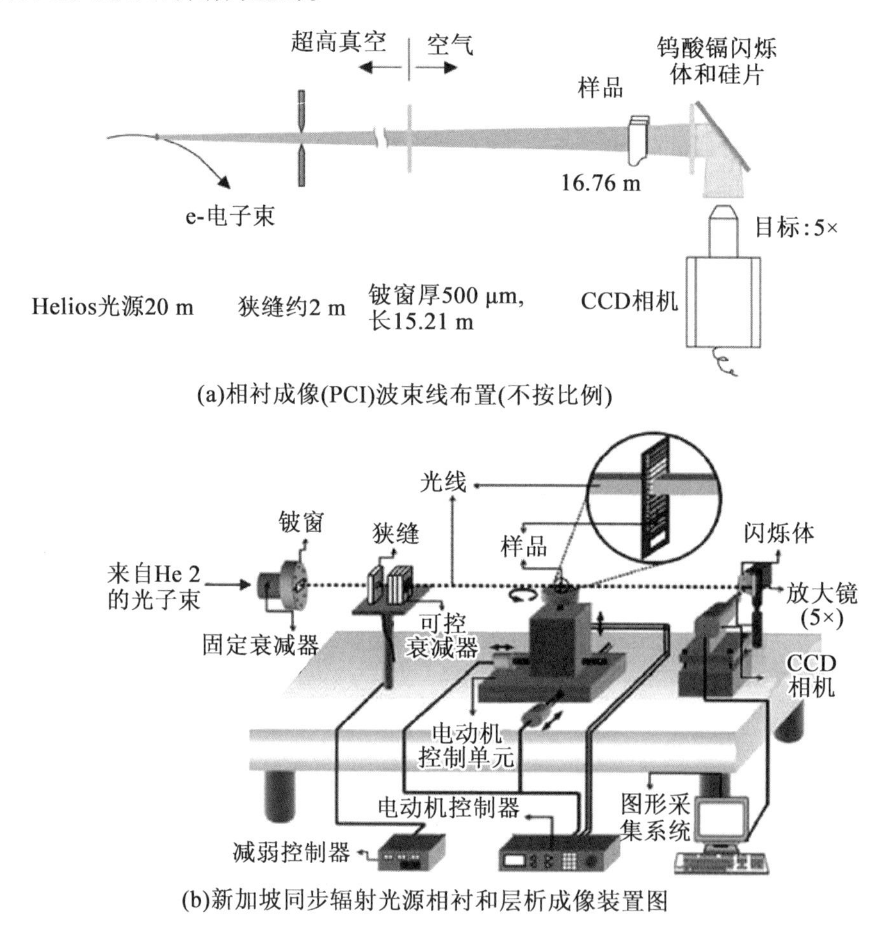

(a)相衬成像(PCI)波束线布置(不按比例)

(b)新加坡同步辐射光源相衬和层析成像装置图

图4.27 相衬成像波束线布置图及其部件

Yeo等首次展示了XMI在过滤过程中观察外部和内部污垢沉积的潜在应用,包括内腔中的中空纤维。实验采用单芯中空纤维(名义孔径0.5 mm)垂直放置在闪烁体前方进行。纤维底部密封,氢氧化铁悬浮液送入管腔。颗粒大小在0.1~2 μm之间,使细小颗粒能够渗透到膜的孔隙中,并在膜表面形成滤饼。

图 4.28 为氢氧化铁颗粒开始在膜表面形成滤饼时纤维的初始污垢情况。经过一段时间后,较细的颗粒有向膜孔迁移的趋势,导致膜的内部污垢。XMI 可以很清楚地观察到这些现象。根据观察腔内两相现象的优势,利用 XMI 研究了中空纤维膜在吸力作用下气泡形成所引起的流动特性和不稳定过滤行为。XMI 观察发现过滤过程中存在两种不同类型的气泡,即停滞气泡和流动气泡。结果表明,停滞气泡的出现与局部区域的疏水性有关,这些气泡是中空纤维膜过滤性能不稳定的原因。

这一技术在研究膜过滤过程中的两相现象,特别是气泡现象时非常有用。此外,该技术提供了内部污垢的宝贵信息,这是其他技术难以实现的。XMI 的缺点是需要昂贵而复杂的设备。

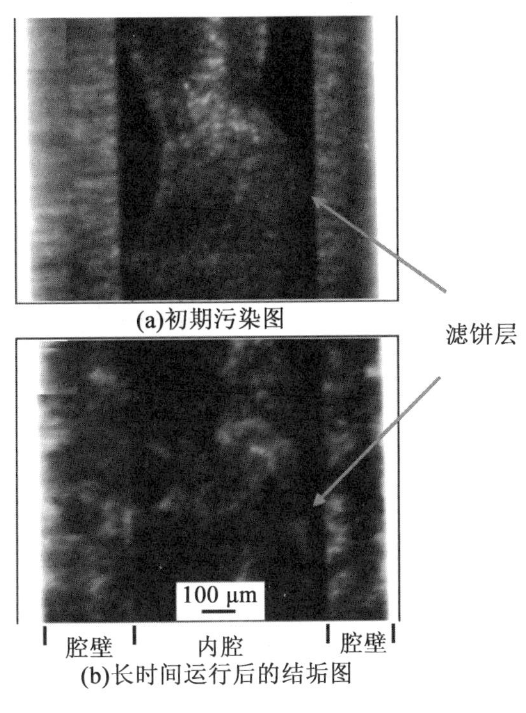

图 4.28 膜纤维污垢 XMI 图像

4.3.5 流体动力学测量

受气动测量技术的启发,Tuladhar 等采用类似的流体力学机制测量表面沉积层的厚度,这种方法称为流体动力学测量(FDG)。它是一种非接触式技术,用于测量过程工业中常见的软沉积物的堆积。

直到最近,这项技术才逐渐应用于膜科学。这是一种准无创技术。FDG 法已经被用来研究多孔膜表面的滤饼形成。FDG 的仪器由一个虹吸管和一个喷嘴组成,该虹吸管的喷嘴靠近测量表面,如图 4.29(a)所示。这项技术的基本原理是基于通过喷嘴吸入时的流体特性。测量过程中,膜腔内的液体在位置 1 处被吸进喷嘴,在位置 4 处流过管,然后测量虹吸管末端收集的通量。这种通量提供了喷嘴在空间位置的信息,因此可以确定表面的任何沉积层。用 FDG 进行厚度测量是通过维持恒定质量 m_g 测量 Δp_{14}或保持恒定的

Δp_{14}测量相应的 m_g 实现的。Tuladhar 等鉴定,为了获得最优的厚度测量精度,h/d_t 的比值必须小于0.25。对于 FDG 的恒压模式,压降是固定的,可以测量相应的 m_g。对于常数 m_g 模式的检测,注射器泵通常用来以恒定的速度将液体从压力表中抽出,同时压力下降,用压差传感器可以测量压降 Δp_{14},该方法是由 Lister 等提出的。测量喷嘴的间隙由步进电机或千分尺控制,它们可以将间隙设置在已知的距离。

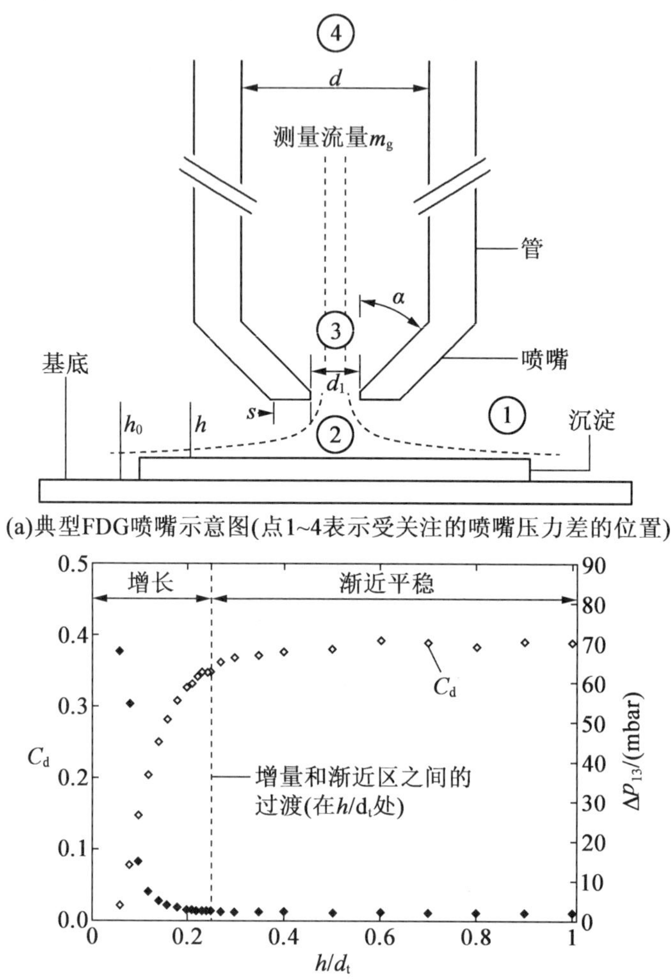

图4.29 FDG 部件图及典型的校准数据

在进行厚度测量之前,必须使用一个无孔的基底或一个多孔的支架结合 CFD 模拟来获得校准配置文件。典型的校准数据如图4.29(b)所示,其中表示了无量纲通量系数 C_d 与 h/d_t 的关系。Lewis 等认为在恒 m_g 模式下绘制 m_g 与 h/d_t 的关系图,可以更直观地观察 FDG 在恒 m_g 模式下的厚度增长情况。C_d 定义为实际通量与理想通量之比:

$$C_d = \frac{m_{g(\text{actual})}}{m_{g(\text{ideal})}} = \frac{m_g}{\pi d_c^2/4\ \sqrt{2\rho\Delta p_{13}}}$$

式中,ρ 是流体密度;Δp_{13}是点 1 和 3 之间的压差,可以通过测量 Δp_{14}和使用 Hagen – Poiseuille 方程估计 Δp_{34}得到。这些方程的推导在 Tuladhar 等的研究中有详细介绍。通常,FDG 的校准曲线由两个区域组成:递增区和渐近区。需要注意的是,只有在增量区域内估算的厚度才是有效的,最准确的厚度估算范围是 $0.1 < h/d_t < 0.2$。

Chew 等首先将 FDG 技术应用于多孔表面。在他们的工作中,使用 FDG 检测了不同玻璃球黏结剂浓度下 MF 膜末端表面的生长情况。滤饼厚度的增长与通量下降曲线吻合较好,如图 4.30 所示。悬浮浓度越高,滤饼越厚,通量下降越严重。他们随后进行了 CFD 研究,以说明 FDG 在测量过程中的流体动力学和模式,以及研究施加在多孔表面的应力。这是通过用有限元方法数值求解纳维 – 斯托克斯方程、达西定律和连续性方程来实现的。因此,可以估计流体中的速度和压力场,以及作用于测量表面的应力。将数值结果与实验结果进行比较,得到了较好的结果。

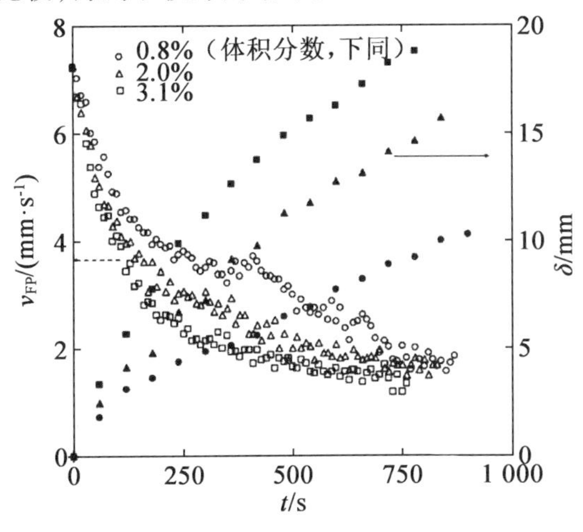

图 4.30 通量下降和滤饼厚度随时间变化的函数
(填充符号表示滤饼的厚度,空心符号代表渗透通量)

通过成功的概念验证研究证明,FDG 不仅能够在防水表面收集数据,还可以在像 MF 膜一样的多孔可渗透薄膜表面收集数据。利用 FDG 研究膜过滤过程中污垢行为的报道已经开始出现。Jones 等利用 FDG 研究了中流式中频和逆流式中频膜上污垢的性质,定量分析了两种过滤模式下滤饼厚度的增长状况。FDG 的另一个重要特点是,与 CFD 模拟相结合,可以测量沉积物的黏结强度。测量作用产生的剪切可以用来解释矿床的变形行为。如果沉积物在测量后没有变形,它的强度必须大于这些力,反之亦然。因此,该矿床的强度可以解释为最大剪应力,在该处可以检测到变形和厚度减少。在 Jones 等的研究中,他们用光学成像技术进行 FDG 监测,这样可以测试去除表面污垢层所需的层强度或剪切应力,如图 4.31 所示。图 4.31 清楚地表明,当 TMP 增加时,需要更大的剪切应力来去除沉积物。显微镜图像证实,当剪切应力较小时,薄膜仍被沉积物完全覆盖。当剪切应力增加时,沉积被缓慢地移除,直到厚度为零。这一信息为进一步了解沉淀与膜表面在过滤过程中的相互作用提供了依据,对选择合适的污垢控制措施以减少污垢的产生具有重要意义。此外,还可以将 FDG 作为过滤过程中从浓差极化区提取材料的采样装置。这对于描述未知进料的污垢倾向是非常有用的。

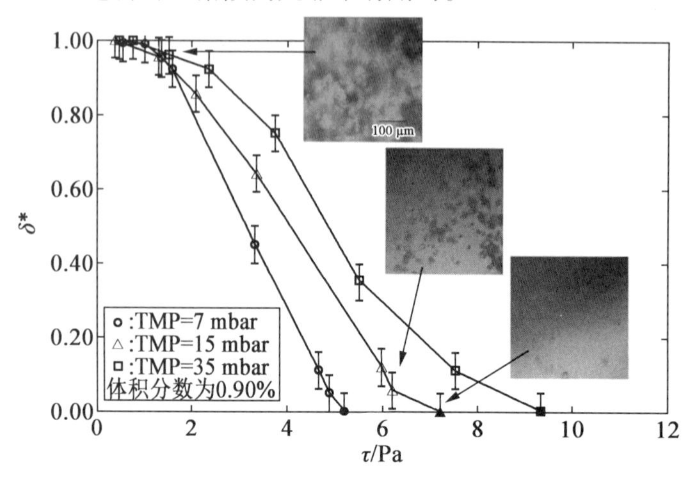

图 4.31 TMP 与剪切应力的函数关系

Jones 等还利用 FDG 技术监测糖浆过滤过程中的污染和清洗过程。他们采用 FDG 对不同清洗方案的效率进行了评价,以获得最佳的糖浆过滤工艺清洗方案。有几个类似的研究,比如 Lister 等利用 FDG 和 CFD 模拟研究了交叉流过滤过程中无机滤饼的形成,研究了喷嘴周围的流动和应力分布。Lewis 等以酵母悬浮液为模型污染物,用 FDG 对污染物的厚度进行现场实时测量,测定了交叉流式 MF 中酵母层的黏结强度。

尽管 FDG 具备上述优势,但该技术仍处于开发阶段,在运行过程中仍面临一些挑战。例如,过滤过程中薄膜的移动或压实可能会影响厚度的测量。FDG 是一种新颖的准无创技术,可用于基础研究或污染的表征,但不适用于工厂操作。

4.4 本章小结

本章评估了不同类型的薄膜技术中识别、表征和确定污垢行为的各种监测技术。尽管上述技术可以成功检测薄膜表面有无沉积物,但很明显,大多数在薄膜系统的监测中并没有广泛应用。有些技术仅限于特定的薄膜结构,而对于许多商业薄膜组件并不适用。诸如 OCT、NMR 和 XMI 等技术过于昂贵,难以在条件恶劣的工厂环境中操作,因此仅仅被用于基础研究。然而,从这些技术中获得的理论知识对于研究薄膜污染机理和制定更好的防污策略是非常有用的。少数技术如 UTDR、EIS 和 EXSOD 已经从实验室研究过渡到金丝雀或侧流细胞研究的实际应用中。然而,这些技术尚未在薄膜工厂中得到广泛应用。随着硬件(如微处理器)和软件(分析程序)技术的快速发展,实验室研究和实际应用之间的差距将会逐渐缩小。

正如本章所述,薄膜监测技术提供了与膜环境相关的有用信息,如何时开始污染和污染的程度等。这些信息对于实施适当的控制策略和优化现有的污染控制措施具有非常重要的作用。随着这些先进的技术在将来水处理工厂的成功引用,预计工厂操作员将能够获得薄膜上的“最佳”污染信息，并能够执行“最佳”的污染控制方法，以确保工厂以最佳方式运行。这将为智能薄膜工艺的发展提供一个平台，并实现可持续的过滤工艺。

本章参考文献

[1] Fane, A. G. ; Wang, R. ; Hu, M. X. Synthetic Membranes for Water Purification: Status and Future. Angew. Chem. Int. Ed. 2015, 54, 3368 – 3386.

[2] Field, R. Fundamentals of Fouling. In Membrane Technology; Wiley – VCH Verlag GmbH & Co. KGaA: Weinheim, Germany, 2010; pp. 1 – 23.

[3] Kang, G. – D. ; Cao, Y. – M. Development of Antifouling Reverse Osmosis Membranes for Water Treatment: A Review. Water Res. 2012, 46, 584 – 600.

[4] Tang, C. Y. ; Chong, T. H. ; Fane, A. G. Colloidal Interactions and Fouling of NF and RO Membranes: A Review. Adv. Colloid Interf. Sci. 2011, 164, 126 – 143.

[5] Chen, V. ; Mansouri, J. ; Charlton, T. Biofouling in Membrane Systems. In Membrane Technology; Wiley – VCH Verlag GmbH & Co. KGaA: Weinheim, Germany, 2010; pp. 25 – 51.

[6] Chen, V. ; Li, H. ; Fane, A. G. Non – Invasive Observation of Synthetic Membrane Processes—A Review of Methods. J. Membr. Sci. 2004, 241, 23 – 44.

[7] Airey, D. ; Yao, S. ; Wu, J. ; Chen, V. ; Fane, A. G. ; Pope, J. M. An Investigation of Concentration Polarization Phenomena in Membrane Filtration of Colloidal Silica Suspensions by NMR Micro – Imaging. J. Membr. Sci. 1998, 145, 145 – 158.

[8] Chen, V. ; Fane, A. G. ; Madaeni, S. ; Wenten, I. G. Particle Deposition During Membrane Filtration of Colloids: Transition Between Concentration Polarization and Cake Formation. J. Membr. Sci. 1997, 125, 109 – 122.

[9] Fane, A. G. ; Chong, T. H. ; Le – Clech, P. Fouling in Membrane Processes. In Membrane Operations; Wiley – VCH Verlag GmbH & Co. KGaA: Weinheim, Germany, 2009; pp. 121 – 138.

[10] Flemming, H. – C. Role and Levels of Real – Time Monitoring for Successful Anti – Fouling Strategies—An Overview. Water Sci. Technol. 2003, 47, 1 – 8.

[11] Tung, K. – L. Monitoring Technique for Water Treatment Membrane Processes. In Monitoring and Visualizing Membrane – Based Processes; Wiley – VCH Verlag GmbH & Co. KGaA: Weinheim, Germany, 2009; pp. 329 – 354.

[12] Vrouwenvelder, J. S. ; Bakker, S. M. ; Wessels, L. P. ; van Paassen, J. A. M. The Membrane Fouling Simulator as a New Tool for Biofouling Control of Spiral – Wound Membranes. Desalination 2007, 204, 170 – 174.

[13] Vrouwenvelder, J. S. ; van Paassen, J. A. M. ; Wessels, L. P. ; van Dam, A. F. ; Bakker, S. M. The Membrane Fouling Simulator: A Practical Tool for Fouling Predic-

tion and Control. J. Membr. Sci. 2006, 281, 316 - 324.

[14] Vrouwenvelder, J. S.; Bakker, S. M.; Cauchard, M.; Le Grand, R.; Apacandie, M.; Idrissi, M.; Lagrave, S.; Wessels, L. P.; van Paassen, J. A. M.; Kruithof, J. C.; van Loosdrecht, M. C. M. The Membrane Fouling Simulator: A Suitable Tool for Prediction and Characterisation of Membrane Fouling. Water Sci. Technol. 2007, 55, 197 - 205.

[15] Sim, S. T. V.; Krantz, W. B.; Chong, T. H.; Fane, A. G. Online Monitor for the Reverse Osmosis Spiral Wound Module—Development of the Canary Cell. Desalination 2015, 368, 48 - 59.

[16] Marselina, Y.; Le - Clech, P.; Stuetz, R.; Chen, V. Detailed Characterisation of Fouling Deposition and Removal on a Hollow Fibre Membrane by Direct Observation Technique. Desalination 2008, 231, 3 - 11.

[17] Xu, Q.; Ye, Y.; Chen, V.; Wen, X. Evaluation of Fouling Formation and Evolution on Hollow Fibre Membrane: Effects of Ageing and Chemical Exposure on Biofoulant. Water Res. 2015, 68, 182 - 193.

[18] Li, H.; Fane, A. G. New Insights into Membrane Operation Revealed by Direct Observation Through the Membrane. Membr. Technol. 2000, 2000, 10 - 14.

[19] Li, H.; Fane, A. G.; Coster, H. G. L.; Vigneswaran, S. Direct Observation of Particle Deposition on the Membrane Surface During Crossflow Microfiltration. J. Membr. Sci. 1998, 149, 83 - 97.

[20] Li, H.; Fane, A. G.; Coster, H. G. L.; Vigneswaran, S. An Assessment of Depolarisation Models of Crossflow Microfiltration by Direct Observation Through the Membrane. J. Membr. Sci. 2000, 172, 135 - 147.

[21] Li, H.; Fane, A. G.; Coster, H. G. L.; Vigneswaran, S. Observation of Deposition and Removal Behaviour of Submicron Bacteria on the Membrane Surface During Crossflow Microfiltration. J. Membr. Sci. 2003, 217, 29 - 41.

[22] Tummons, E. N.; Tarabara, V. V.; Chew, J. W.; Fane, A. G. Behavior of Oil Droplets at the Membrane Surface During Crossflow Microfiltration of Oil - Water Emulsions. J. Membr. Sci. 2016, 500, 211 - 224.

[23] Zamani, F.; Wicaksana, F.; Taheri, A. H.; Law, A. W. K.; Fane, A. G.; Krantz, W. B. Generalized Criterion for the Onset of Particle Deposition in Crossflow Microfiltration via DOTM—Modeling and Experimental Validation. J. Membr. Sci. 2014, 457, 128 - 138.

[24] Zou, S.; Wang, Y. - N.; Wicaksana, F.; Aung, T.; Wong, P. C. Y.; Fane, A. G.; Tang, C. Y. Direct Microscopic Observation of Forward Osmosis Membrane Fouling by Microalgae: Critical Flux and the Role of Operational Conditions. J. Membr. Sci. 2013, 436, 174 - 185.

[25] Tanudjaja, H. J.; Pee, W.; Fane, A. G.; Chew, J. W. Effect of Spacer and

Crossflow Velocity on the Critical Flux of Bidisperse Suspensions in Microfiltration. J. Membr. Sci. 2016, 513, 101 – 107.

[26] Altmann, J.; Ripperger, S. Particle Deposition and Layer Formation at the Crossflow Microfiltration. J. Membr. Sci. 1997, 124, 119 – 128.

[27] Mendret, J.; Guigui, C.; Schmitz, P.; Cabassud, C.; Duru, P. An Optical Method for In Situ Characterization of Fouling During Filtration. AIChE J. 2007, 53, 2265 – 2274.

[28] Mendret, J.; Guiguir, C.; Cabassud, C.; Schmitz, P. Dead – End Ultrafiltration and Backwash: Dynamic Characterisation of Cake Properties at Local Scale. Desalination 2006, 199, 216 – 218.

[29] Ripperger, S.; Altmann, J. Crossflow Microfiltration—State of the Art. Sep. Purif. Technol. 2002, 26, 19 – 31.

[30] Ouazzani, K.; Bentama, J. A Promising Optical Technique to Measure Cake Thickness of Biological Particles During a Filtration Process. Desalination 2007, 206, 36 – 41.

[31] Tung, K. – L.; Damodar, H. – R.; Damodar, R. – A.; Wu, T. – T.; Li, Y. – L.; Lin, N. – J.; Chuang, C. – J.; You, S. – J.; Hwang, K. – J. Online Monitoring of Particle Fouling in a Submerged Membrane Filtration System Using a Photointerrupt Sensor Array. J. Membr. Sci. 2012, 407 – 408, 58 – 70.

[32] Tung, K. – L.; Li, Y. – L.; Hwang, K. – J.; Lu, W. – M. Analysis and Prediction of Fouling Layer Structure in Microfiltration. Desalination 2008, 234, 99 – 106.

[33] Tung, K. – L.; Wang, S.; Lu, W. – M.; Pan, C. – H. In Situ Measurement of Cake Thickness Distribution by a Photointerrupt Sensor. J. Membr. Sci. 2001, 190, 57 – 67.

[34] Bucs, S. S.; Valladares Linares, R.; Marston, J. O.; Radu, A. I.; Vrouwenvelder, J. S.; Picioreanu, C. Experimental and Numerical Characterization of the Water Flow in Spacer – Filled Channels of Spiral – Wound Membranes. Water Res. 2015, 87, 299 – 310.

[35] Yeo, A. P. S.; Law, A. W. K.; Fane, A. G. Factors Affecting the Performance of a Submerged Hollow Fiber Bundle. J. Membr. Sci. 2006, 280, 969 – 982.

[36] Yeo, A. P. S.; Law, A. W. K.; Fane, A. G. The Relationship Between Performance of Submerged Hollow Fibers and Bubble – Induced Phenomena Examined by Particle Image Velocimetry. J. Membr. Sci. 2007, 304, 125 – 137.

[37] Hassan, I. B.; Lafforgue, C.; Ayadi, A.; Schmitz, P. Study of the Separation of Yeast by Microsieves: In Situ 3D Characterization of the Cake Using Confocal Laser Scanning Microscopy. Food Bioprod. Process. 2014, 92, 178 – 191.

[38] Hassan, I. B.; Lafforgue, C.; Ayadi, A.; Schmitz, P. In Situ 3D Characterization of Monodispersed Spherical Particle Deposition on Microsieve Using Confocal Laser

Scanning Microscopy. J. Membr. Sci. 2014, 454, 283 - 297.

[39] Hughes, D.; Tirlapur, U. K.; Field, R.; Cui, Z. In Situ 3D Characterization of Membrane Fouling by Yeast Suspensions Using Two - Photon Femtosecond Near Infrared Non - Linear Optical Imaging. J. Membr. Sci. 2006, 280, 124 - 133.

[40] Hassan, I. B.; Lafforgue, C.; Ayadi, A.; Schmitz, P. In Situ 3D Characterization of Bidisperse Cakes Using Confocal Laser Scanning Microscopy. J. Membr. Sci. 2014, 466, 103 - 113.

[41] Ferrando, M.; Rŏżek, A.; Zator, M.; López, F.; Güell, C. An Approach to Membrane Fouling Characterization by Confocal Scanning Laser Microscopy. J. Membr. Sci. 2005, 250, 283 - 293.

[42] Hassan, I. B.; Ennouri, M.; Lafforgue, C.; Schmitz, P.; Ayadi, A. Experimental Study of Membrane Fouling During Crossflow Microfiltration of Yeast and Bacteria Suspensions: Towards an Analysis at the Microscopic Level. Membranes 2013, 3, 44 - 68.

[43] Schlafer, S.; Meyer, R. L. Confocal Microscopy Imaging of the Biofilm Matrix. J. Microbiol. Methods 2016.

[44] Dreszer, C.; Wexler, A. D.; Drusová, S.; Overdijk, T.; Zwijnenburg, A.; Flemming, H. C.; Kruithof, J. C.; Vrouwenvelder, J. S. In - Situ Biofilm Characterization in Membrane Systems Using Optical Coherence Tomography: Formation, Structure, Detachment and Impact of Flux Change. Water Res. 2014, 67, 243 - 254.

[45] Gao, Y.; Haavisto, S.; Li, W.; Tang, C. Y.; Salmela, J.; Fane, A. G. Novel Approach to Characterizing the Growth of a Fouling Layer During Membrane Filtration Via Optical Coherence Tomography. Environ. Sci. Technol. 2014, 48, 14273 - 14281.

[46] Gao, Y.; Haavisto, S.; Tang, C. Y.; Salmela, J.; Li, W. Characterization of Fluid Dynamics in Spacer - Filled Channels for Membrane Filtration Using Doppler Optical Coherence Tomography. J. Membr. Sci. 2013, 448, 198 - 208.

[47] Li, W.; Liu, X.; Wang, Y. - N.; Chong, T. H.; Tang, C. Y.; Fane, A. G. Analyzing the Evolution of Membrane Fouling Via a Novel Method Based on 3D Optical Coherence Tomography Imaging. Environ. Sci. Technol. 2016, 50, 6930 - 6939.

[48] West, S.; Wagner, M.; Engelke, C.; Horn, H. Optical Coherence Tomography for the In Situ Three - Dimensional Visualization and Quantification of Feed Spacer Channel Fouling in Reverse Osmosis Membrane Modules. J. Membr. Sci. 2016, 498, 345 - 352.

[49] Wibisono, Y.; El Obied, K. E.; Cornelissen, E. R.; Kemperman, A. J. B.; Nijmeijer, K. Biofouling Removal in Spiral - Wound Nanofiltration Elements Using Two - Phase Flow Cleaning. J. Membr. Sci. 2015, 475, 131 - 146.

[50] Bartman, A. R.; Lyster, E.; Rallo, R.; Christofides, P. D.; Cohen, Y. Mineral

Scale Monitoring for Reverse Osmosis Desalination Via Real – Time Membrane Surface Image Analysis. Desalination 2011, 273, 64 – 71.

[51] Cohen, Y. ; Uchymiak, M. Method and System for Monitoring Reverse Osmosis Membrane ; The Regents of the University of California:United States, 2011.

[52] Gu, H. ; Bartman, A. R. ; Uchymiak, M. ; Christofides, P. D. ; Cohen, Y. Self – Adaptive Feed Flow Reversal Operation of Reverse Osmosis Desalination. Desalination 2013,308, 63 – 72.

[53] Uchymiak, M. ; Bartman, A. R. ; Daltrophe, N. ; Weissman, M. ; Gilron, J. ; Christofides, P. D. ; Kaiser, W. J. ; Cohen, Y. Brackish Water Reverse Osmosis (BWRO) Operation in Feed Flow Reversal Mode Using an Ex Situ Scale Observation Detector (EXSOD). J. Membr. Sci. 2009, 341, 60 – 66.

[54] Uchymiak, M. ; Rahardianto, A. ; Lyster, E. ; Glater, J. ; Cohen, Y. A Novel RO Ex Situ Scale Observation Detector (EXSOD) for Mineral Scale Characterization and Early Detection. J. Membr. Sci. 2007, 291, 86 – 95.

[55] Antony, A. ; Chilcott, T. ; Coster, H. ; Leslie, G. In Situ Structural and Functional Characterization of Reverse Osmosis Membranes Using Electrical Impedance Spectroscopy. J. Membr. Sci. 2013, 425 – 426, 89 – 97.

[56] Coster, H. G. L. ; Chilcott, T. C. ; Coster, A. C. F. Impedance Spectroscopy of Interfaces, Membranes and Ultrastructures. Bioelectrochem. Bioenerg. 1996, 40, 79 – 98.

[57] Coster, H. G. L. ; Kim, K. J. ; Dahlan, K. ; Smith, J. R. ; Fell, C. J. D. Characterisation of Ultrafiltration Membranes by Impedance Spectroscopy. I. Determination of the Separate Electrical Parameters and Porosity of the Skin and Sublayers. J. Membr. Sci. 1992, 66, 19 – 26.

[58] Gao, Y. ; Li, W. ; Lay, W. C. L. ; Coster, H. G. L. ; Fane, A. G. ; Tang, C. Y. Characterization of Forward Osmosis Membranes by Electrochemical Impedance Spectroscopy. Desalination 2013, 312, 45 – 51.

[59] Ho, J. S. ; Low, J. H. ; Sim, L. N. ; Webster, R. D. ; Rice, S. A. ; Fane, A. G. ; Coster, H. G. L. In – Situ Monitoring of Biofouling on Reverse Osmosis Membranes:Detection and Mechanistic Study Using Electrical Impedance Spectroscopy. J. Membr. Sci. 2016, 518, 229 – 242.

[60] Ho, J. S. ; Sim, L. N. ; Gu, J. ; Webster, R. D. ; Fane, A. G. ; Coster, H. G. L. A Threshold Flux Phenomenon for Colloidal Fouling in Reverse Osmosis Characterized by Transmembrane Pressure and Electrical Impedance Spectroscopy. J. Membr. Sci. 2016, 500, 55 – 65.

[61] Kavanagh, J. M. ; Hussain, S. ; Chilcott, T. C. ; Coster, H. G. L. Fouling of Reverse Osmosis Membranes Using Electrical Impedance Spectroscopy:Measurements and Simulations. Desalination 2009, 236, 187 – 193.

[62] Sim, L. N.; Gu, J.; Coster, H. G. L.; Fane, A. G. Quantitative Determination of the Electrical Properties of RO Membranes During Fouling and Cleaning Processes Using Electrical Impedance Spectroscopy. Desalination 2016, 379, 126 - 136.

[63] Sim, L. N.; Wang, Z. J.; Gu, J.; Coster, H. G. L.; Fane, A. G. Detection of Reverse Osmosis Membrane Fouling With Silica, Bovine Serum Albumin and Their Mixture Using In - Situ Electrical Impedance Spectroscopy. J. Membr. Sci. 2013, 443, 45 - 53.

[64] Fridjonsson, E. O.; Vogt, S. J.; Vrouwenvelder, J. S.; Johns, M. L. Early Non - Destructive Biofouling Detection in Spiral Wound RO Membranes Using a Mobile Earth 0 s Field NMR. J. Membr. Sci. 2015, 489, 227 - 236.

[65] Yang, X.; Fridjonsson, E. O.; Johns, M. L.; Wang, R.; Fane, A. G. A Non - Invasive Study of Flow Dynamics in Membrane Distillation Hollow Fiber Modules Using Low - Field Nuclear Magnetic Resonance Imaging (MRI). J. Membr. Sci. 2014, 451, 46 - 54.

[66] Creber, S. A.; Pintelon, T. R. R.; Graf von der Schulenburg, D. A. W.; Vrouwenvelder, J. S.; van Loosdrecht, M. C. M.; Johns, M. L. Magnetic Resonance Imaging and 3D Simulation Studies of Biofilm Accumulation and Cleaning on Reverse Osmosis Membranes. Food Bioprod. Process. 2010, 88, 401 - 408.

[67] Creber, S. A.; Vrouwenvelder, J. S.; van Loosdrecht, M. C. M.; Johns, M. L. Chemical Cleaning of Biofouling in Reverse Osmosis Membranes Evaluated Using Magnetic Resonance Imaging. J. Membr. Sci. 2010, 362, 202 - 210.

[68] Yao, S.; Costello, M.; Fane, A. G.; Pope, J. M. Non - Invasive Observation of Flow Profiles and Polarisation Layers in Hollow Fibre Membrane Filtration Modules Using NMR Micro - Imaging. J. Membr. Sci. 1995, 99, 207 - 216.

[69] Yao, S.; Fane, A. G.; Pope, J. M. An Investigation of the Fluidity of Concentration Polarisation Layers in Crossflow Membrane Filtration of an Oil - Water Emulsion Using Chemical Shift Selective Flow Imaging. Magn. Reson. Imaging 1997, 15, 235 - 242.

[70] Li, J.; Sanderson, R. D. In Situ Measurement of Particle Deposition and its Removal in Microfiltration by Ultrasonic Time - Domain Reflectometry. Desalination 2002, 146, 169 - 175.

[71] Liu, J. - X.; Li, J. - X.; Chen, X. - M.; Zhang, Y. - Z. Monitoring of Polymeric Membrane Fouling in Hollow Fiber Module Using Ultrasonic Nondestructive Testing. Trans. Nonferrous Metals Soc. China 2006, 16, s845 - s848.

[72] Mairal, A. P.; Greenberg, A. R.; Krantz, W. B. Investigation of Membrane Fouling and Cleaning Using Ultrasonic Time - Domain Reflectometry. Desalination 2000, 130,45 - 60.

[73] Mairal, A. P.; Greenberg, A. R.; Krantz, W. B.; Bond, L. J. Real - Time Measurement of Inorganic Fouling of RO Desalination Membranes Using Ultrasonic Time -

Domain Reflectometry. J. Membr. Sci. 1999, 159, 185 – 196.

[74] Peterson, R. A.; Greenberg, A. R.; Bond, L. J.; Krantz, W. B. Use of Ultrasonic TDR for Real – Time Noninvasive Measurement of Compressive Strain During Membrane Compaction. Desalination 1998, 116, 115 – 122.

[75] Sanderson, R.; Li, J.; Koen, L. J.; Lorenzen, L. Ultrasonic Time – Domain Reflectometry as a Non – Destructive Instrumental Visualization Technique to Monitor Inorganic Fouling and Cleaning on Reverse Osmosis Membranes. J. Membr. Sci. 2002, 207, 105 – 117.

[76] Sim, S. T. V.; Chong, T. H.; Krantz, W. B.; Fane, A. G. Monitoring of Colloidal Fouling and its Associated Metastability Using Ultrasonic Time Domain Reflectometry. J. Membr. Sci. 2012, 401 – 402, 241 – 253.

[77] Sim, S. T. V.; Suwarno, S. R.; Chong, T. H.; Krantz, W. B.; Fane, A. G. Monitoring Membrane Biofouling Via Ultrasonic Time – Domain Reflectometry Enhanced by Silica Dosing. J. Membr. Sci. 2013, 428, 24 – 37.

[78] Chong, T. H.; Wong, F. S.; Fane, A. G. Fouling in Reverse Osmosis: Detection by Non – Invasive Techniques. Desalination 2007, 204, 148 – 154.

[79] Chang, S.; Fane, A. G.; Waite, T. D.; Yeo, A. Unstable Filtration Behavior With Submerged Hollow Fiber Membranes. J. Membr. Sci. 2008, 308, 107 – 114.

[80] Chang, S.; Yeo, A.; Fane, A.; Cholewa, M.; Ping, Y.; Moser, H. Observation of Flow Characteristics in a Hollow Fiber Lumen Using Non – Invasive X – ray Microimaging (XMI). J. Membr. Sci. 2007, 304, 181 – 189.

[81] Yeo, A.; Yang, P.; Fane, A. G.; White, T.; Moser, H. O. Non – Invasive Observation of External and Internal Deposition During Membrane Filtration by X – ray Microimaging (XMI). J. Membr. Sci. 2005, 250, 189 – 193.

[82] Chew, J. Y. M.; Paterson, W. R.; Wilson, D. I. Fluid Dynamic Gauging for Measuring the Strength of Soft Deposits. J. Food Eng. 2004, 65, 175 – 187.

[83] Chew, Y. M. J.; Paterson, W. R.; Wilson, D. I. Fluid Dynamic Gauging: A New Tool to Study Deposition on Porous Surfaces. J. Membr. Sci. 2007, 296, 29 – 41.

[84] Jones, S. A.; Chew, Y. M. J.; Bird, M. R.; Wilson, D. I. The Application of Fluid Dynamic Gauging in the Investigation of Synthetic Membrane Fouling Phenomena. Food Bioprod. Process. 2010, 88, 409 – 418.

[85] Jones, S. A.; Chew, Y. M. J.; Wilson, D. I.; Bird, M. R. Fluid Dynamic Gauging of Microfiltration Membranes Fouled With Sugar Beet Molasses. J. Food Eng. 2012, 108, 22 – 29.

[86] Lewis, W. J. T.; Chew, Y. M. J.; Bird, M. R. The Application of Fluid Dynamic Gauging in Characterising Cake Deposition During the Cross – Flow Microfiltration of a Yeast Suspension. J. Membr. Sci. 2012, 405 – 406, 113 – 122.

[87] Lister, V. Y.; Lucas, C.; Gordon, P. W.; Chew, Y. M. J.; Wilson, D. I. Pres-

sure Mode Fluid Dynamic Gauging for Studying Cake Build - up in Cross - Flow Microfiltration. J. Membr. Sci. 2011, 366, 304 - 313.

[88] Mattsson, T.; Lewis, W. J. T.; Chew, Y. M. J.; Bird, M. R. In Situ Investigation of Soft Cake Fouling Layers Using Fluid Dynamic Gauging. Food Bioprod. Process. 2015, 93, 205 - 210.

[89] Zhang, Y. P.; Law, A. W. K.; Fane, A. G. Determination of Critical Flux by Mass Balance Technique Combined With Direct Observation Image Analysis. J. Membr. Sci. 2010, 365, 106 - 113.

[90] Neal, P. R.; Li, H.; Fane, A. G.; Wiley, D. E. The Effect of Filament Orientation on Critical Flux and Particle Deposition in Spacer - Filled Channels. J. Membr. Sci. 2003, 214, 165 - 178.

[91] Mores, W. D.; Davis, R. H. Direct Visual Observation of Yeast Deposition and Removal During Microfiltration. J. Membr. Sci. 2001, 189, 217 - 230.

[92] Mores, W. D.; Davis, R. H. Direct Observation of Membrane Cleaning Via Rapid Backpulsing. Desalination 2002, 146, 135 - 140.

[93] Le - Clech, P.; Marselina, Y.; Ye, Y.; Stuetz, R. M.; Chen, V. Visualisation of Polysaccharide Fouling on Microporous Membrane Using Different Characterisation Techniques. J. Membr. Sci. 2007, 290, 36 - 45.

[94] Marselina, Y.; Le - Clech, P.; Stuetz, R. M.; Chen, V. Characterisation of Membrane Fouling Deposition and Removal by Direct Observation Technique. J. Membr. Sci. 2009, 341, 163 - 171.

[95] Lorenzen, S.; Ye, Y.; Chen, V.; Christensen, M. L. Direct Observation of Fouling Phenomena During Cross - Flow Filtration: Influence of Particle Surface Charge. J. Membr. Sci. 2016, 510, 546 - 558.

[96] Ye, Y.; Chen, V.; Le - Clech, P. Evolution of Fouling Deposition and Removal on Hollow Fibre Membrane During Filtration With Periodical Backwash. Desalination 2011, 283, 198 - 205.

[97] Loulergue, P.; Weckert, M.; Reboul, B.; Cabassud, C.; Uhl, W.; Guigui, C. Mechanisms of Action of Particles Used for Fouling Mitigation in Membrane Bioreactors. Water Res. 2014, 66, 40 - 52.

[98] Lu, W. - M.; Tung, K. - L.; Pan, C. - H.; Hwang, K. - J. Crossflow Microfiltration of Mono - Dispersed Deformable Particle Suspension. J. Membr. Sci. 2002, 198, 225 - 243.

[99] Adrian, R. J. Twenty Years of Particle Image Velocimetry. Exp. Fluids 2005, 39, 159 - 169.

[100] Gaucher, C.; Legentilhomme, P.; Jaouen, P.; Comiti, J.; Pruvost, J. Hydrodynamics Study in a Plane Ultrafiltration Module Using an Electrochemical Method and Particle Image Velocimetry Visualization. Exp. Fluids 2002, 32, 283 - 293.

[101] Liu, J.; Liu, Z.; Xu, X.; Liu, F. Saw - Tooth Spacer for Membrane Filtration: Hydrodynamic Investigation by PIV and Filtration Experiment Validation. Chem. Eng. Process. Process Intensif. 2015, 91, 23 - 34.

[102] Willems, P.; Deen, N. G.; Kemperman, A. J. B.; Lammertink, R. G. H.; Wessling, M.; van Sint Annaland, M.; Kuipers, J. A. M.; van der Meer, W. G. J. Use of Particle Imaging Velocimetry to Measure Liquid Velocity Profiles in Liquid and Liquid/Gas Flows Through Spacer Filled Channels. J. Membr. Sci. 2010, 362, 143 - 153.

[103] Wereley, S. T.; Akonur, A.; Lueptow, R. M. Particle - Fluid Velocities and Fouling in Rotating Filtration of a Suspension. J. Membr. Sci. 2002, 209, 469 - 484.

[104] Ferrando, M.; Zator, M.; López, F.; Güell, C. Confocal Scanning Laser Microscopy: Fundamentals and Uses on Membrane Fouling Characterization and Opportunities for Online Monitoring. In Monitoring and Visualizing Membrane - Based Processes; Wiley - VCH Verlag GmbH & Co. KGaA: Weinheim, Germany, 2009; pp. 55 - 75.

[105] Field, R.; Hughes, D.; Cui, Z.; Tirlapur, U. In Situ Characterization of Membrane Fouling and Cleaning Using a Multiphoton Microscope. In Monitoring and Visualizing Membrane - Based Processes; Wiley - VCH Verlag GmbH & Co. KGaA: Weinheim, Germany, 2009; pp. 151 - 174.

[106] Spettmann, D.; Eppmann, S.; Fiemming, H. C.; Wingender, J. Simultaneous Visualisation of Biofouling, Organic and Inorganic Particle Fouling on Separation Membranes. Water Sci. Technol. 2007, 55, 207 - 210.

[107] Tomlins, P. H.; Wang, R. K. Theory, Developments and Applications of Optical Coherence Tomography. J. Phys. D. Appl. Phys. 2005, 38, 2519.

[108] Haisch, C.; Niessner, R. Visualisation of Transient Processes in Biofilms by Optical Coherence Tomography. Water Res. 2007, 41, 2467 - 2472.

[109] Xi, C.; Marks, D.; Schlachter, S.; Luo, W.; Boppart, S. A. High - Resolution Three - Dimensional Imaging of Biofilm Development Using Optical Coherence Tomography. J. Biomed. Opt. 2006, 11, 34001.

[110] Shen, Y.; Huang, C.; Monroy, G. L.; Janjaroen, D.; Derlon, N.; Lin, J.; Espinosa - Marzal, R.; Morgenroth, E.; Boppart, S. A.; Ashbolt, N. J.; Liu, W. - T.; Nguyen, T. H. Response of Simulated Drinking Water Biofilm Mechanical and Structural Properties to Long - Term Disinfectant Exposure. Environ. Sci. Technol. 2016, 50, 1779 - 1787.

[111] Osiac, E.; Săftoiu, A.; Gheonea, D. I.; Mandrila, I.; Angelescu, R. Optical Coherence Tomography and Doppler Optical Coherence Tomography in the Gastrointestinal Tract. World J. Gastroenterol. 2011, 17, 15 - 20.

[112] Yun, S. H.; Tearney, G. J.; de Boer, J. F.; Bouma, B. E. Motion Artifacts in Optical Coherence Tomography With Frequency - Domain Ranging. Opt. Express

2004, 12, 2977 -2998.
[113] Lens, P. N. L.; Hemminga, M. A. Nuclear Magnetic Resonance in Environmental Engineering: Principles and Applications. Biodegradation 1998, 9, 393 -409.
[114] Harm, S. E.; Morgan, T. J.; Yamanashi, W. S.; Harle, T. S.; Dodd, G. D. Principles of Nuclear Magnetic Resonance Imaging. RadioGraphics 1984, 4, 26 -43.
[115] Caprihan, A.; Fukushima, E. Flow Measurements by NMR. Phys. Rep. 1990, 198, 195 -235.
[116] Pope, J. M.; Yao, S. Quantitative NMR Imaging of Flow. Concepts Magn. Reson. 1993, 5, 281 -302.
[117] Pope, J. M.; Yao, S.; Fane, A. G. Quantitative Measurements of the Concentration Polarisation Layer Thickness in Membrane Filtration of Oil - Water Emulsions Using NMR Micro - Imaging. J. Membr. Sci. 1996, 118, 247 -257.
[118] Arndt, F.; Roth, U.; Nirschl, H.; Schutz, S.; Guthausen, G. New Insights Into Sodium Alginate Fouling of Ceramic Hollow Fiber Membranes by NMR Imaging. AIChE J. 2016, 62, 2459 -2467.
[119] Graf von der Schulenburg, D. A.; Vrouwenvelder, J. S.; Creber, S. A.; van Loosdrecht, M. C. M.; Johns, M. L. Nuclear Magnetic Resonance Microscopy Studies of Membrane Biofouling. J. Membr. Sci. 2008, 323, 37 -44.
[120] Gladden, L. F. Industrial Applications of Nuclear Magnetic Resonance. Chem. Eng. J. Biochem. Eng. J. 1995, 56, 149 -158.
[121] Antony, A.; Chilcott, T.; Coster, H.; Leslie, G. Real Time, In - Situ Monitoring of Surface and Structural Properties of Thin Film Polymeric Membranes Using Electrical Impedance Spectroscopy. Proc. Eng. 2012, 44, 1412 -1414.
[122] Cen, J.; Vukas, M.; Barton, G.; Kavanagh, J.; Coster, H. G. L. Real Time Fouling Monitoring With Electrical Impedance Spectroscopy. J. Membr. Sci. 2015, 484, 133 -139.
[123] Xu, Y.; Wang, M.; Ma, Z.; Gao, C. Electrochemical Impedance Spectroscopy Analysis of Sulfonated Polyethersulfone Nanofiltration Membrane. Desalination 2011, 271, 29 -33.
[124] Efligenir, A.; Fievet, P.; Déon, S.; Salut, R. Characterization of the Isolated Active Layer of a NF Membrane by Electrochemical Impedance Spectroscopy. J. Membr. Sci. 2015, 477, 172 -182.
[125] Yeo, S. Y.; Wang, Y.; Chilcott, T.; Antony, A.; Coster, H.; Leslie, G. Characterising Nanostructure Functionality of a Cellulose Triacetate Forward Osmosis Membrane Using Electrical Impedance Spectroscopy. J. Membr. Sci. 2014, 467, 292 -302.
[126] Bannwarth, S.; Darestani, M.; Coster, H.; Wessling, M. Characterization of Hol-

low Fiber Membranes by Impedance Spectroscopy. J. Membr. Sci. 2015, 473, 318 - 326.

[127] Park, J. S.; Chilcott, T. C.; Coster, H. G. L.; Moon, S. H. Characterization of BSA - Fouling of ion - Exchange Membrane Systems Using a Subtraction Technique for Lumped Data. J. Membr. Sci. 2005, 246, 137 - 144.

[128] Park, J. - S.; Choi, J. - H.; Yeon, K. - H.; Moon, S. - H. An Approach to Fouling Characterization of an Ion - Exchange Membrane Using Current - Voltage Relation and Electrical Impedance Spectroscopy. J. Colloid Interface Sci. 2006, 294, 129 - 138.

[129] Park, J. - S.; Choi, J. - H.; Woo, J. - J.; Moon, S. - H. An Electrical Impedance Spectroscopic (EIS) Study on Transport Characteristics of ion - Exchange Membrane Systems. J. Colloid Interface Sci. 2006, 300, 655 - 662.

[130] Zha, F. F.; Coster, H. G. L.; Fane, A. G. A Study of Stability of Supported Liquid Membranes by Impedance Spectroscopy. J. Membr. Sci. 1994, 93, 255 - 271.

[131] Chilcott, T. C.; Chan, M.; Gaedt, L.; Nantawisarakul, T.; Fane, A. G.; Coster, H. G. L. Electrical Impedance Spectroscopy Characterisation of Conducting Membranes: I. Theory. J. Membr. Sci. 2002, 195, 153 - 167.

[132] Gaedt, L.; Chilcott, T. C.; Chan, M.; Nantawisarakul, T.; Fane, A. G.; Coster, H. G. L. Electrical Impedance Spectroscopy Characterisation of Conducting Membranes: II. Experimental. J. Membr. Sci. 2002, 195, 169 - 180.

[133] Hu, Z.; Antony, A.; Leslie, G.; Le - Clech, P. Real - Time Monitoring of Scale Formation in Reverse Osmosis Using Electrical Impedance Spectroscopy. J. Membr. Sci. 2014, 453, 320 - 327.

[134] Bannwarth, S.; Trieu, T.; Oberschelp, C.; Wessling, M. On - Line Monitoring of Cake Layer Structure During Fouling on Porous Membranes by In Situ Electrical Impedance Analysis. J. Membr. Sci. 2016, 503, 188 - 198.

[135] Li, J.; Sanderson, R. D.; Hallbauer, D. K.; Hallbauer - Zadorozhnaya, V. Y. Measurement and Modelling of Organic Fouling Deposition in Ultrafiltration by Ultrasonic Transfer Signals and Reflections. Desalination 2002, 146, 177 - 185.

[136] Sim, S. T. V.; Taheri, A. H.; Chong, T. H.; Krantz, W. B.; Fane, A. G. Colloidal Metastability and Membrane Fouling—Effects of Crossflow Velocity, Flux, Salinity and Colloid Concentration. J. Membr. Sci. 2014, 469, 174 - 187.

[137] Li, J.; Hallbauer - Zadorozhnaya, V. Y.; Hallbauer, D. K.; Sanderson, R. D. Cake - Layer Deposition, Growth, and Compressibility During Microfiltration Measured and Modeled Using a Noninvasive Ultrasonic Technique. Ind. Eng. Chem. Res. 2002, 41, 4106 - 4115.

[138] Li, J.; Koen, L. J.; Hallbauer, D. K.; Lorenzen, L.; Sanderson, R. D. Interpretation of Calcium Sulfate Deposition on Reverse Osmosis Membranes Using Ultra-

sonic Measurements and a Simplified Model. Desalination 2005, 186, 227 -241.

[139] Li, J.; Sanderson, R. D.; Chai, G. Y.; Hallbauer, D. K. Development of an Ultrasonic Technique for In Situ Investigating the Properties of Deposited Protein During Crossflow Ultrafiltration. J. Colloid Interface Sci. 2005, 284, 228 -238.

[140] Li, J. -X.; Sanderson, R. D.; Chai, G. Y. A Focused Ultrasonic Sensor for In Situ Detection of Protein Fouling on Tubular Ultrafiltration Membranes. Sensors Actuators B Chem. 2006, 114, 182 -191.

[141] Silalahi, S. H. D.; Leiknes, T.; Ali, J.; Sanderson, R. Ultrasonic Time Domain Reflectometry for Investigation of Particle Size Effect in Oil Emulsion Separation With Crossflow Microfiltration. Desalination 2009, 236, 143 -151.

[142] Xu, X.; Li, J.; Xu, N.; Hou, Y.; Lin, J. Visualization of Fouling and Diffusion Behaviors During Hollow Fiber Microfiltration of Oily Wastewater by Ultrasonic Reflectometry and Wavelet Analysis. J. Membr. Sci. 2009, 341, 195 -202.

[143] Li, J.; Sanderson, R. D.; Hallbauer, D. K.; Hallbauer - Zadorozhnaya, V. Y. Measurement and Modelling of Organic Fouling Deposition in Ultrafiltration by Ultrasonic Transfer Signals and Reflections. Desalination 2002, 146, 177 -185.

[144] Hou, Y.; Gao, Y.; Cai, Y.; Xu, X.; Li, J. In - Situ Monitoring of Inorganic and Microbial Synergistic Fouling During Nanofiltration by UTDR. Desalin. Water Treat. 2009, 11, 15 -22.

[145] Li, X.; Zhang, H.; Hou, Y.; Gao, Y.; Li, J.; Guo, W.; Ngo, H. H. In Situ Investigation of Combined Organic and Colloidal Fouling for Nanofiltration Membrane Using Ultrasonic Time Domain Reflectometry. Desalination 2015, 362, 43 -51.

[146] An, G.; Lin, J.; Li, J.; Li, X.; Jian, X. Non - Invasive Measurement of Membrane Scaling and Cleaning in Spiral - Wound Reverse Osmosis Modules by Ultrasonic Time - Domain Reflectometry With Sound Intensity Calculation. Desalination 2011, 283, 3 -9.

[147] Chai, G. Y.; Greenberg, A. R.; Krantz, W. B. Ultrasound, Gravimetric, and SEM Studies of Inorganic Fouling in Spiral - Wound Membrane Modules. Desalination 2007,208, 277 -293.

[148] Zhang, Z. X.; Greenberg, A. R.; Krantz, W. B.; Chai, G. Y. Study of Membrane Fouling and Cleaning in Spiral Wound Modules Using Ultrasonic Time - Domain Reflectometry. In Membrane Science and Technology; Dibakar, B.; Butterfield, D. A., Eds.; Elsevier:Amsterdam, 2003; pp. 65 -88, (Chapter 4).

[149] Tung, K. -L.; Teoh, H. -C.; Lee, C. -W.; Chen, C. -H.; Li, Y. -L.; Lin, Y. -F.; Chen, C. -L.; Huang, M. -S. Characterization of Membrane Fouling Distribution in a Spiral Wound Module Using High - Frequency Ultrasound Image Analysis. J. Membr. Sci. 2015, 495, 489 -501.

[150] Li, X.; Li, J.; Wang, J.; Wang, H.; Cui, C.; He, B.; Zhang, H. Direct Mo-

nitoring of Sub – Critical Flux Fouling in a Horizontal Double – end Submerged Hollow Fiber Membrane Module Using Ultrasonic Time Domain Reflectometry. J. Membr. Sci. 2014, 451, 226 – 233.

[151] Li, X.; Li, J.; Wang, J.; Wang, H.; He, B.; Zhang, H. Ultrasonic Visualization of Sub – Critical Flux Fouling in the Double – End Submerged Hollow Fiber Membrane Module. J. Membr. Sci. 2013, 444, 394 – 401.

[152] Li, X.; Li, J.; Wang, J.; Zhang, H.; Pan, Y. In Situ Investigation of Fouling Behavior in Submerged Hollow Fiber Membrane Module Under Sub – Critical Flux Operation Via Ultrasonic Time Domain Reflectometry. J. Membr. Sci. 2012, 411 – 412, 137 – 145.

[153] Xu, X.; Li, J.; Li, H.; Cai, Y.; Cao, Y.; He, B.; Zhang, Y. Non – Invasive Monitoring of Fouling in Hollow Fiber Membrane Via UTDR. J. Membr. Sci. 2009, 326, 103 – 110.

[154] An, G.; Lin, J.; Li, J.; Jian, X. In Situ Monitoring of Membrane Fouling in Spiral – Wound RO Modules by UTDR With a Sound Intensity Modeling. Desalin. Water Treat. 2011, 32, 226 – 233.

[155] Sikder, S. K.; Mbanjwa, M. B.; Keuler, D. A.; McLachlan, D. S.; Reineke, F. J.; Sanderson, R. D. Visualisation of Fouling During Microfiltration of Natural Brown Water by Using Wavelets of Ultrasonic Spectra. J. Membr. Sci. 2006, 271, 125 – 139.

[156] Taheri, A. H.; Sim, S. T. V.; Sim, L. N.; Chong, T. H.; Krantz, W. B.; Fane, A. G. Development of a new technique to predict reverse osmosis fouling. J. Membr. Sci. 2013, 448, 12 – 22.

[157] Lu, X.; Kujundzic, E.; Mizrahi, G.; Wang, J.; Cobry, K.; Peterson, M.; Gilron, J.; Greenberg, A. R. Ultrasonic Sensor Control of Flow Reversal in RO Desalination—Part 1: Mitigation of Calcium Sulfate Scaling. J. Membr. Sci. 2012, 419 – 420, 20 – 32.

[158] Mizrahi, G.; Wong, K.; Lu, X.; Kujundzic, E.; Greenberg, A. R.; Gilron, J. Ultrasonic Sensor Control of Flow Reversal in RO Desalination. Part 2: Mitigation of Calcium Carbonate Scaling. J. Membr. Sci. 2012, 419 – 420, 9 – 19.

[159] Tuladhar, T. R.; Paterson, W. R.; Macleod, N.; Wilson, D. I. Development of a Novel Non – Contact Proximity Gauge for Thickness Measurement of Soft Deposits and Its Application in Fouling Studies. Can. J. Chem. Eng. 2000, 78, 935 – 947.

第5章　膜生物反应器在水处理中的应用

5.1　膜生物反应器的基本原理

5.1.1　膜生物反应器的定义

膜生物反应器(MBR)是膜分离工艺与传统活性污泥(CAS)处理工艺相结合的一种新型废水处理技术。由于使用的膜孔径通常小于0.1 mm,MBR可以有效地生产出高质量的净水。MBR工艺以其污染物去除率高、节省空间、污泥产生量少等优点受到越来越多的关注。由于膜过滤的作用,微生物完全被困在生物反应器中,从而有机会更好地控制生物反应,改善加气池中微生物的条件。MBR还具有污泥停留时间(SRT)、混合液悬浮固体(MLSS)浓度高的特点。一般来说,MBR工艺按其工作机理可分为三类:排异MBR、萃取MBR和扩散MBR。后两种是新型MBR工艺,目前仍处于发展阶段。近20年来,MBR的相关研究工作多集中在抑制MBR的水处理和废水处理上,其他两种MBR的研究较少。目前为止,MBR工艺已在世界范围内得到成功应用,其中包括大型城市污水处理厂(WWTP)、小型工业污水处理厂和饮用水处理厂。

5.1.2　膜生物反应器的结构

大多数研究者通常将MBR称为排异MBR,其根据构型可分为以下三种类型。

(1)浸没/浸入式膜生物反应器(iMBR)。在iMBR中,膜组件直接浸入生物反应器中(图5.1)。采用抽吸泵将污水吸出膜,污泥被膜吸附到生物反应器内。操作过程通常采用间歇型。空气还可用于提供氧气或空气,以维持好氧条件,并冲刷膜表面,进而清洁膜的外部。浸没式MBR比横流式MBR(cMBR)更为常用,因为它能耗低、污染潜力小。

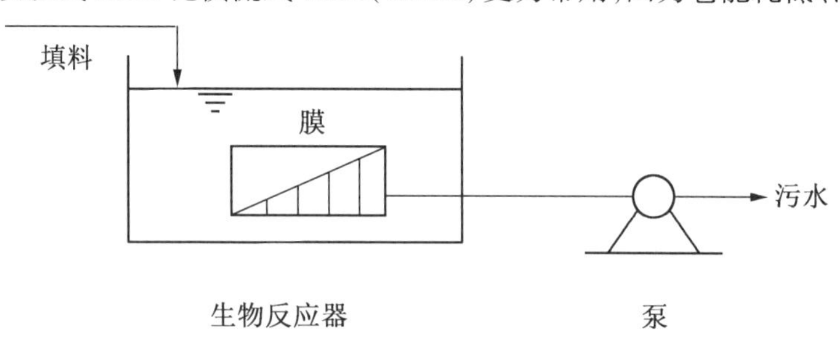

图5.1　浸没式MBR (iMBR)示意图

(2)cMBR 是将传统的生物反应器与膜过滤装置组合成单独操作单元的工艺。MBR 中的膜组件相当于常规生物处理系统的二次沉淀池,将固液分离,其中污泥返回到生物反应器中,渗出液则被收集起来(图 5.2)。在 MBR 反应器中,膜易于就地清洗,污泥浓度高。

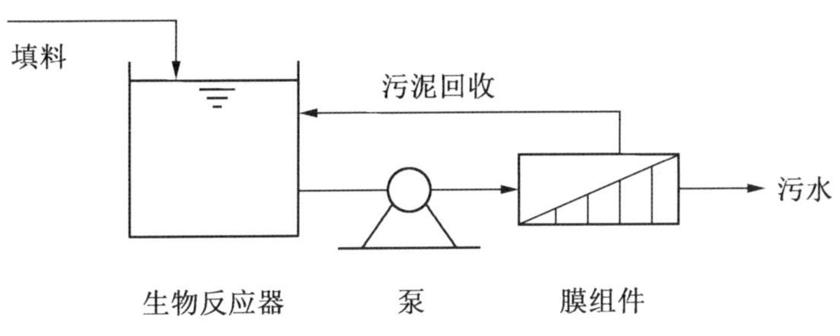

图 5.2　横流式 MBR (cMBR)示意图

(3)混合式 MBR 类似于 iMBR 系统,但在反应器中填充了一些填料(图 5.3)。由于填料具有稳定处理工艺效率和减少膜污染的作用,所以该系统优于浸没式膜反应器。

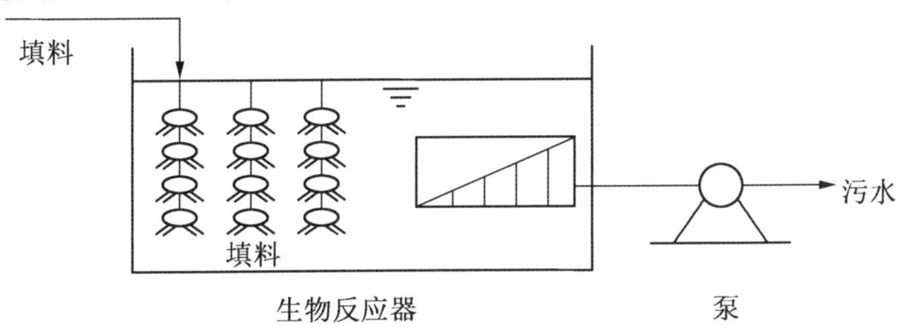

图 5.3　混合式 MBR 示意图

5.1.3　膜生物反应器的特征

与传统的污水处理工艺相比,MBR 工艺具有明显的优势。

(1)MBR 生产高质量的净水。MBR 系统(微滤或超滤)的典型输出质量包括 SS(水中悬浮物)<1 mg/L 和浊度小于 0.2 NTU(取决于膜的孔径)。去除有机物的 MBR 来源于两个方面:一是生物反应器中有机污染物的生物降解;二是高分子量有机物的膜过滤。

(2)MBR 占用空间较小。消除了二次沉降和三次滤砂工艺,从而减少了工厂占地面积。在某些情况下,占地面积还可以进一步压缩,因为一些工艺过程如紫外消毒可以取消或最小化。

(3)MBR 工艺与 CAS 工艺相比,具有独立的水力停留时间(HRT)和 SRT,这是 CAS 系统难以控制的。生物反应器中膜组件可以吸附污泥,可以更好地控制 SRT 和 HRT,提高 MBR 的生物降解效率。

(4)通过合理的设计,可以让 MBR 具有更长的污泥保留时间,从而实现低剩余污泥产量,这也促进了硝化细菌的富集,并提高了脱氮能力。

(5)MBR 为某些耐氯病菌提供了屏障,因为膜的有效孔径不足 0.1 μm,小于污泥中的致病菌和病毒。

5.2 膜生物反应器的设计与运行

5.2.1 膜生物反应器的设计

目前,MBR的设计还没有一种成熟、系统的方法。对于处理特殊废水的MBR,其设计参数的选择通常是基于实验室和中试实验的结果。本节将对MBR的设计过程进行总结和介绍。

首先是选择MBR的构型。MBR主要有两种常用结构:iMBR和cMBR。

iMBR设备体积小、结构紧凑、工作压力小、无水循环、能耗低。由于曝气过程中剪切和湍流的形成,污泥难以在膜表面堆积并堵塞膜孔。一般情况下,iMBR仅用于好氧处理。在MBR系统的设计中,填料密度、曝气方式的使用以及曝气装置的位置都是关键因素。cMBR的SRT和HRT可以有效控制,达到更高的有机物去除率,同时由于处理时间较长,可以富集硝化细菌。cMBR可用于好氧处理和厌氧处理。

1. MBR设计概述

MBR设计分为三个部分,具体如下:首先是生物反应器的设计;其次是膜组件的选择与设计;第三是曝气系统的设计。

(1)生物反应器的设计。

①确定反应器中的有机物-污泥负荷率(N_s)。

有机物-污泥负荷率(N_s)是指单位污泥和时间内有机物的去除量,是活性污泥设计和运行过程中的重要控制参数,对保证系统处理效率和确定合理的工程规模具有重要意义。在MBR工艺中,由于膜模块的自保留,生物反应器保持很高的污泥浓度,要比CAS工艺高出5~10倍。如果选择较低的有机物-污泥负荷率,系统处理效率较好,但处理厂占地面积和基础设施投资相对增加。然而,如果选择较高的有机物-污泥负荷率,虽然减少了处理厂占地面积和基础设施投资,但可能会影响处理效率。因此,在MBR工艺设计中选择合理的N_s是关键问题。一般来说,N_s在0.3~0.4 kg COD/(kg VSS·d)范围内是合理的。

②确定生物反应器内的污泥浓度。

污泥浓度(X)由于难以通过理论计算,所以通常都是通过实验确定的。许多研究表明,X值的范围从6 000 mg/L到20 000 mg/L,取决于进料水中有机物的质量浓度。对于低质量浓度有机废水,X采用低值;相反,X使用高值。

根据建立的N_s、X值以及进水水质和出水要求计算生物反应器的体积大小。

$$V=\frac{Q(S_0-S_e)}{XN_s} \tag{5.1}$$

式中,S_0是进水质量浓度(mg/L);S_e是废水质量浓度(mg/L);X是污泥质量浓度(mg/L);Q是通量(m^3/d);V是生物反应器的体积(m^3)。

(2)膜组件的选择与设计。

①选择膜组件的类型。

在MBR中,膜因高质量浓度的废水通过而迅速被污染。因此,选择合适的防污膜和膜组件至关重要。根据膜材料的不同,膜分为有机膜和无机膜。常见的有机膜材料有聚砜(PS)、聚醚砜(PES)、聚丙烯腈(PAN)、聚偏氟乙烯(PVDF)、聚乙烯(PE)、聚丙烯(PP)等。无机膜主要包括金属和金属氧化物、陶瓷材料等。无机膜可以克服有机膜的一些缺点,如化学稳定性好、机械性能优良、通量大、耐污染、易清洗等。

目前用于MBR的膜组件有两种类型:中空纤维膜和管状膜。其中中空纤维膜主要用于iMBR,而管状膜主要用于cMBR。中空纤维膜具有填料密度高、成本低、抗压高的优点,缺点是易堵塞。管状膜组件具有水动力条件好、不易堵塞、易清洗、对液体预处理要求低等优点,适用于污水处理,但具有成本高的缺点。

②设计所需膜组件的面积。

根据膜组件的尺寸和膜产量计算膜组件的面积,并设计膜组件包装形式。

③选择和设计通量输出形式。

膜组件的通量输出有两种形式:由外到内和由内到外。事实上,在实际工程中,由于从内到外的MBR具有流道小、易堵塞等缺点,通常采用由外到内的MBR。

(3)曝气系统的设计。

曝气的第一部分涉及生物反应器,特别是固体搅拌和溶解氧(DO)维持生物处理所需的空气混合液的需求;而曝气的第二部分涉及膜装置,是膜生物反应器中的膜单元充气以冲刷膜中固体所必需的。

维持微生物群落并将BOD、氨氮和亚硝酸盐降解为硝酸盐所需的氧气,即需氧总量m_0(g/天),可以通过系统上的质量平衡计算得到:

$$m_0 = Q(S - S_0) - 1.42P_x + 4.33Q(\mathrm{NO}_x) - 2.83Q(\mathrm{NO}_x) \tag{5.2}$$

公式(5.2)中的第一项来自底物氧化,第二项来自生物呼吸,第三项来自硝化,最后一项来自反硝化。

根据以往的经验得出从膜表面冲刷固体所需的氧气量,在许多情况下,制造商会建议适当的曝气率。MBR装置的曝气方式有三种:粗泡曝气、细泡曝气和较少见的射流曝气。

2. MBR设计实例

以啤酒厂的废水处理为例,简要说明如何设计一种实用的MBR工艺。

设计一种用于啤酒废水处理的MBR装置。废水通量为5 000 m^3/天,进水化学需氧量(COD)为1 500 mg/L,出水COD质量浓度小于60 mg/L。

MBR设计过程:

(1)生物反应器的设计。

在MBR设计过程中,N_s取0.35 kg COD/(kg MLVSS · d),污泥质量浓度取10 000 mg/L。生物反应器的体积可以计算为

$$V = \frac{Q(S_0 - S_e)}{XN_s} = \frac{5\,000 \times (1\,500 - 60)}{10\,000 \times 0.35} = 2\,057(\mathrm{m}^3) \tag{5.3}$$

式中,V 是生物反应器体积;Q 是废水通量;S_0 是进入的有机物质量浓度;S_e 是流出的有机物质量浓度;X 是污泥质量浓度;N_s 是有机质－污泥负荷率。

MBR 中的水力停留时间(HRT):

$$\mathrm{HRT}=\frac{V}{Q}=\frac{2\ 057}{5\ 000}=0.41(\text{天})=9.9(\mathrm{h}) \tag{5.4}$$

污泥停留时间(SRT)的计算公式如下:

$$\mathrm{SRT}=\frac{X\cdot\mathrm{HRT}}{0.4(S_0-S_e-0.34X\cdot\mathrm{HRT})}=\frac{10\ 000\times0.41}{0.4\times(1\ 500-0.34\times10\ 000\times0.41)}=223(\mathrm{h}) \tag{5.5}$$

根据 SRT 计算,系统剩余污泥排放量为 9.2 m^3。

(2)膜组件的选择与设计。

采用 PP 中空纤维膜自检。根据制造商的信息,稳定的膜通量为 0.01～0.012 $\mathrm{m}^3/(\mathrm{m}^2\cdot\mathrm{h})$,根据废水量计算膜组件所需总面积 A:

$$A=\frac{5\ 000}{24\times0.01}=20\ 833(\mathrm{m}^2) \tag{5.6}$$

共需要 1 736 个模块,单个模块面积为 12 m^2。24 个模块为一组,组成框架结构,可以从生物反应器中取出进行清洗和更换。

(3)曝气系统的设计。

曝气系统是 MBR 运行的关键。在 MBR 中,生物反应器底部曝气系统应具有高效的输送能力和足够的曝气强度,以防止污垢在膜表面沉积,减少膜污染。因此,通常采用射孔管曝气方式。曝气量的计算方法有三种:第一种是根据经验的气水比计算;第二种是根据氧转移效率进行计算;第三种是根据曝气强度和生物反应器表面积进行计算。这里采用的是第三种曝气量计算方法。

根据实验结果,确定曝气强度为 0.01 $\mathrm{m}^3/(\mathrm{m}^2\cdot\mathrm{s})$。假设生物反应器的水深为 5 m,曝气面面积为 411.4 m^2,所需的空气量为 247 $\mathrm{m}^3/\mathrm{min}$。

选用四台风机,三台在用,一台备用,每台风机的风量为 82.3 $\mathrm{m}^3/\mathrm{min}$,风压为70 kPa,功率为 80 kW。

5.2.2 膜生物反应器的运行

运行工况对优化系统性能和控制膜污染起着关键作用,优化运行工况和参数有利于减少和控制膜污染。临界通量是浸没式 MBR 中的一个重要概念;很多研究对临界通量进行了着重研究;临界通量以上可以观察到污泥,在临界通量以下不会发生跨膜压差(TMP)的增加或通量随时间的下降。在亚临界工况下,MBR 无须频繁的膜清洗即可实现长期稳定的运行。为了更好地了解膜的运行特征,以及优化这些因素来提高膜的性能,减少膜污染,对膜的运行参数进行了研究,其中包括曝气强度、吸入比、非吸力时间(间歇过滤)、DO 质量浓度、SRT、HRT、过滤方式、污泥质量浓度和温度。

5.3 膜生物反应器的性能

与传统的水处理工艺相比,MBR具有较高的出水水质和处理效率,是一种更高效的技术,对社会、商业公司和环境都有更好的效益。MBR主要应用于城市污水处理,特别是生活污水处理;然而,在工业废水处理中,尤其是在北美,采用MBR进行工业废水处理也具有较好的商业应用前景。此外,MBR在污染地表水供应中的应用也越来越受到重视。本节重点介绍MBR在几个主要应用领域中的性能。

1. 有机物、悬浮固体等污染物的去除

在MBR系统中,大部分有机物被微生物分解,膜的排斥反应提高了有机物的去除效率。总体来说,MBR系统对城市污水处理COD、BOD、SS和UV254的有效去除率都在90%以上。

在MBR过程中,几乎所有的悬浮物都被除去了。其结果是,重金属和附着在悬浮物上的微污染物的去除也得到了改善。在过去,一些研究工作表明MBR过程可以有效去除细菌。而大量研究证明,与传统的粪便指示细菌相比,病毒通常更耐消毒杀菌。但是有关病毒去除的文献和经验目前相对较少,这已成为近年来的一个重要课题。有研究发现,该膜对病毒也具有排斥作用,只是清除效率与膜孔大小密切相关。此外,滤层或凝胶层也可以作为屏障。

2. 氮转换

在高生物浓度下,可以更好地保留生长缓慢的微生物,如硝酸细菌。MBR的脱氮效果往往令人满意。

脱氮过程需要有氧和无氧两个阶段。同时硝化-反硝化(SND)可以通过循环(开/关)曝气在连续进料的MBR系统中存在。在低DO条件下,扩散限制可能会在生物絮凝体内产生缺氧区,在这些区域内会发生反硝化作用。此外,如果SND是通过缩短的途径即亚硝酸盐来实现的,那么它比传统的脱氮过程更有优势。亚硝酸盐处理SND的优点是降低了曝气、COD、碱度要求和生物量产量。

影响SND的因素主要是环境DO浓度和絮凝体大小。据报道,尽管MBR运行的MLSS浓度很高,但其絮凝体的尺寸小于CAS。到目前为止,MBR的SND研究都是在间歇曝气模式下运行的缺氧/有氧(A/O)系统中进行的。在A/O的MBR中,总氮去除率分别为95%和83%。此外,萃取MBR在脱氮方面具有更大的应用潜力。

3. 除磷

除磷通常是通过添加化学物质来实现的,例如金属混凝剂或石灰,它们可以形成微溶性的沉淀物。然而,不添加化学物质的生物技术是一种更加环保和经济的技术。经生物处理或去除废水中的碳是可行的,但磷不会被显著去除。膜的排斥反应对磷的去除影响不大。一些改进已经被应用于生物除磷,例如,在活性污泥厂前增设厌氧区,将好氧区的无硝污泥再使用。

如图5.4所示,采用复合膜生物反应器进行反硝化和磷回收的工艺是以填料作为生物膜载体的MBR技术为基础的。在这个混合MBR系统中,它提供了由生物膜和高浓度悬浮以及活性污泥细菌胶团形成的缺氧微环境。脱氮是在同一反应器中同步硝化和反硝化的过程。同时,通过额外的循环将富磷污泥转移到厌氧区来实现磷的释放,再通过化学沉淀或结晶的方式回收磷。

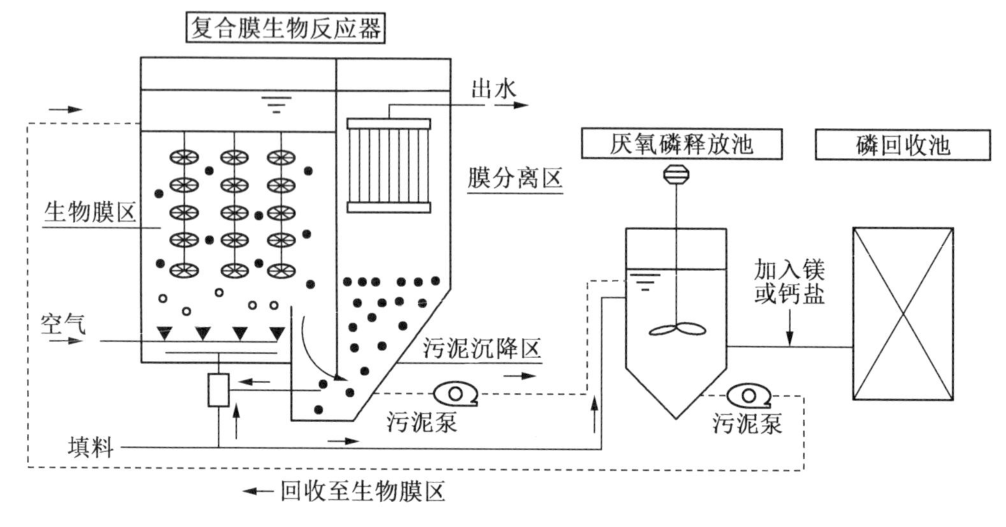

图5.4 用于氮磷回收的超循环污泥-混合MBR

4. 病原菌和病毒的清除

MBR研究了膜生物反应器中滤层(不可逆污垢)对细菌和病毒去除的关键影响。由于酶和噬菌体的密度较大,细菌和病毒在固相中的失活比液相更为显著。细菌和病毒附着在生物上也有利于去除,因为在更高的MLSS浓度和更长的停留时间下进行操作可以促进有机体和病毒的去除。其主要机制如下:①细菌和病毒黏附在MLSS上,MLSS被膜保留;②通过化学增强的反冲洗使细菌和病毒失去活性;③在长时间的操作中,膜表面形成的滤层保留细菌和病毒;④长时间的HRT和SRT使细菌和病毒被噬菌体或酶分解而失活。

5. 药物残留消除

在MBR系统中,抗生素的清除效率低于60%。与流出物相比,进水中含有的非甾体类抗炎药和镇痛药(包括双氯芬酸、曲马朵和吲哚美辛)几乎没有变化,而美芬酸、扑热息痛(对乙酰氨基酚)、吗啡和甲胺唑代谢物易于生物降解,MBR处理后其浓度降低92%以上。受体阻滞剂、利尿剂、维拉帕米代谢物D617没有被很好地移除,效率低于55%。其他心血管系统制剂(贝扎贝特、维拉帕米和缬沙坦)的去除率超过80%。在MBR中,麻醉剂硫喷妥、利多卡因、酶抑制剂西拉他汀和H2-受体拮抗剂雷尼替丁在MBR过程中分别被消除91%、56%、90%和71%。

6. 特殊细菌去除特殊污染物

由于全球一再滥用药物,一些药物分子经常在污水处理厂、地表水和地下水资源的排放物中被检测出来。在最近的研究中发现，对乙酰氨基酚（APAP）是一种经常在水体中存在的镇痛解热药物。当质量浓度为 100 mg/L 的模拟污水被供应到 MBR 系统时，其去除率超过 99.9%。实验结果表明，该工艺过程中不存在生物量吸附，不存在废水基质的影响，APAP 的去除完全得益于微生物群落。戴尔福特菌和绿脓杆菌是从 MBR 系统中获得的两种 APAP 降解菌株。这些结论表明，在 MBR 中富集一些具有特定能力的微生物团将是一种很有前途的处理含有特定药物的废水的策略。

7. 生物反应器应用

（1）MBR 用于工业废水处理。

早在 20 世纪 80 年代，北美的一些研究人员和系统供应商就研究了 MBR 处理工业废水的工艺。随着 MBR 工艺在工业废水处理方面的研究和工业应用的不断深入，MBR 工艺在工业废水处理尤其是有毒难降解废水处理中得到了广泛的应用，但其规模越来越小。工业废水处理中较理想的 MBR 型是外置式，易于清洗和拆卸。MBR 系统广泛应用于食品加工废水、石油化工废水、医院废水、印染废水、屠宰废水等各种工业废水中。

工业废水除具有与城市污水相似的性质外，还具有更多的特殊性质，包括较难处理的污染物，或一些特殊的污染物，如重金属、微污染物等。在一些实际案例中，MBR 系统对这些污染物的去除效率高于 CAS 系统。

MBR 系统对石化废水中污染物的去除效果显著。采用 MBR 用于烯烃工艺废水处理时，TOC 和 COD 的去除率均达到 90% 以上。对于复杂的石油化工废水，TOC 和 COD 的去除率分别达到 92% 和 83%。对于重金属铬、锌和铅的去除率分别达到 95%、60% 和 62%。在生物反应器中，完整的固相保持和更多样化的微生物培养可以使 MBR 为内分泌干扰物的化学生物学降解提供合适的环境。

（2）MBR 用于饮用水处理。

MBR 技术提供了一种更加综合的方式，借此开发一种有效的水处理工艺是非常合理的。MBR 可以将常规水处理操作（包括混凝、絮凝、沉淀、过滤和消毒）组合成一个单元。对于处理特殊水质的水，可以将 MBR 与一些特殊工艺相结合，如高级氧化工艺（AOP）、生物活性炭、粉末活性炭（PAC）等。虽然在这方面的研究文献不多，但近年来对这类应用还是进行了系统的研究。

8. 有机碳和氮的去除

由于经济发展和监督管理不力，生活和工业废水未经充分处理，排入自然水体，导致部分地区地表水供应污染严重，主要污染物为有机物和氨氮（NH_3-N）。硝酸盐是水溶性的，不与土壤结合更有可能迁移到饮用水源中，在世界范围内，饮用水中部分地下水的硝酸盐超过了污染物的最大限度。因此，除氮除污对供水安全的要求越来越高，MBR 作为一种极具创新和发展前景的工艺，应在饮用水处理方面发挥其优势。

从该领域的文献来看，一些研究的结论似乎存在争议。在处理模拟污染地表水的 iMBR 中，Li 等实现了超过 60% 的 TOC 去除和 95% 的氨去除；Tian 等实现了小于 50% 的 TOC 去除和近 90% 的氨去除；然而，一些研究报告了在这种情况下使用的 MBR 的性能较差。因此，可以认为 MBR 用于饮用水处理是不稳定的，可以通过集成技术加以改进。

MBR具有良好的除浊性能,接近100%。MBR在饮用水脱氮中的应用还处于研究和开发阶段。与MBR废水处理一样,新型萃取MBR具有克服传统生物脱氮系统在饮用水处理中的局限性的潜力。

9. 微污染物的去除

AOP可有效去除水中的微量污染物,因此MBR与AOP联合使用可以保证供水安全。Williams发现MBR与臭氧和PAC联合使用时,对可生物降解有机物和三卤甲烷前驱体的去除效果较好。通过MBR处理,Li等使三卤甲烷的生成电位在三天时间降低了75%左右,并且随着可吸收有机碳(AOC)降低80%,废水的生物稳定性得到了显著提高。然而,Tian等对AOC处理的结果并不是很好。

此外,以氢气为电子供体的膜生物膜反应器(MBfR)是处理饮用水中氧化合物的理想反应器。Rittmann采用氢基中空纤维MBfR对高氯酸盐、氯酸盐、亚氯酸盐、氯酸盐、溴酸盐、铬酸盐、亚硒酸盐、砷酸盐和二氯甲烷进行了还原实验,最佳去除效率分别达到98%、95%、75%、95%、75%、67%、93%、50%和38%。

MBR在处理城市和工业废水方面已显示出其优越性。该工艺的改进正在污水处理研究中进行,为该工艺提供建模工具具有重要意义。

5.4 膜污染的原因及控制

与传统污水处理系统相比,膜生物反应器具有许多优点,如具有较高的污染物去除效率。MBR通过将可溶性微生物产物(SMP)保留在体系中来产生高质量的出水。然而,膜污染是MBR广泛应用的主要障碍。此外,后续的膜清洗和相关成本也受到MBR用户的高度关注。膜污染与污泥浓度、上清液特性和间歇运行有关。

了解膜生物反应器的膜污染机理对于控制膜污染具有重要意义,包括膜污染的组成成分特征、膜污染的影响因素等。

5.4.1 MBR中膜污染的原因

1. 膜污染机理

膜污染是MBR广泛应用的障碍。膜污染是指在恒压条件下渗透通量的降低。如图5.5所示,MBR中的膜污染是由污泥颗粒、胶体和溶质形成的膜孔收缩、孔隙堵塞和滤层形成的。

膜生物反应器通常在临界通量条件下运行,因为在临界通量以上运行时,结垢率几乎呈指数增长。但即使是亚临界通量运行也会导致污垢形成,表现为两阶段模式:初始阶段TMP增幅较小,然后在一段临界时间后TMP迅速增加。但初始阶段内也会观测到TMP的快速增长。为此,提出了一种新的阶段式污垢处理工艺:

阶段1:初始阶段内TMP迅速上升;

阶段2:在很长时间内TMP保持微弱上升;

阶段3:dTMP/dt急剧增加,又称TMP跳跃。

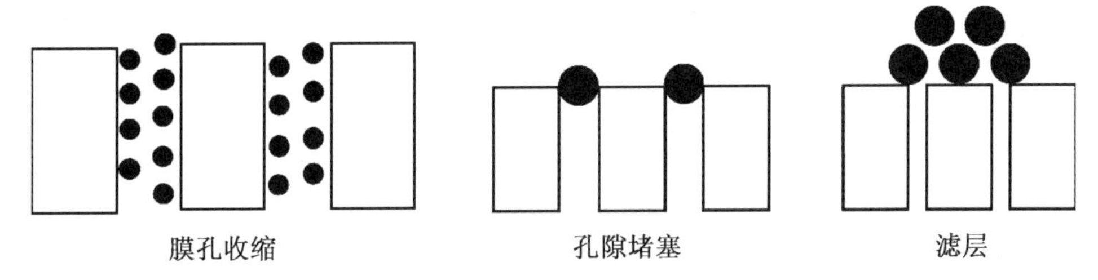

图5.5 MBR中的膜污染

图5.6给出了TMP跳跃示意图。TMP跳跃被认为是严重的膜污染的后果。Cho将TMP跳跃归因于污垢引起的局部通量变化,导致局部通量高于临界通量。Zhang等的报道指出这种突变可能不仅是局部通量引起的,还可能是生物膜或滤层结构的突变引起的。由于氧向生物膜的转移有限,生物膜中释放了较多的EPS。

对于MBR,膜污染发生的机理如下:

①膜内溶质或胶体的吸附;

②污泥絮凝体沉积在膜表面;

③在膜表面形成滤层;

④剪切力导致的污垢脱落;

⑤在长期运行中污料组成分的转移。

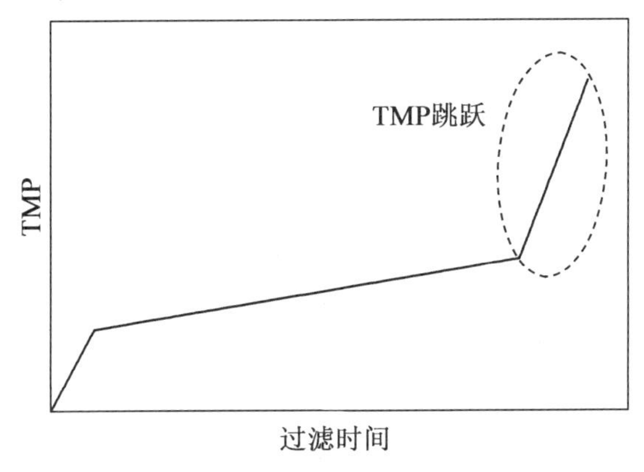

图5.6 TMP跳跃示意图

2.膜污染种类

膜污染可以定义为微生物、胶体和细胞碎片在膜内或膜表面的不良沉积和积累。鉴于活性污泥的复杂性,MBR的污染比大多数膜污染更为复杂。

MBR中的膜污染可分为两类:可通过物理膜清洗(如反冲洗或表面清洗)消除的物理可逆污染,以及无法通过物理膜清洗消除的不可逆污染。虽然近年来的研究大多集中在膜污染机理方面,但控制不可逆污染是降低MBR运行成本、保持MBR长期可持续运行最重要的工作。根据污垢成分的不同,可将污垢分为生物污垢、有机污垢和无机污垢三大类。

(1)生物污垢。

生物污垢是指细菌细胞或絮凝体在膜上的沉积、生长和代谢,在膜过滤过程中引起了人们的极大关注。对于微滤、超滤等用于废水处理的低压膜,生物污染是一个主要问题,因为MBR中的大部分污垢比膜孔大得多。生物污染产生于两种情况:一种是单个细胞或细胞簇在膜表面的沉积,另一种是细胞的增殖和形成生物层。许多研究人员认为,细菌分泌的SMP和EPS在膜表面的生物污垢和滤层的形成中也发挥着重要作用。他们还报道了膜表面的微生物群落与悬浮物表面的微生物群落有很大的不同。β-变形杆菌可能在成熟生物膜的形成过程中发挥了重要作用,导致了严重的膜污染。然而,Jin报道了γ-变形杆菌是比其他微生物更有问题的物种,而沉积的细胞比悬浮污泥具有更高的表面疏水性。

(2)有机污垢。

有机污垢(主要关注EPS和SMP)在MBR中是指生物聚合物(蛋白质和多糖)在膜上的沉积。Metzger对MBR中沉积的生物聚合物进行了较为详细的表征。膜过滤后,通过冲洗、反冲洗和化学清洗,将污垢层分为上层、中层和下层。结果表明,上污垢层由疏松多孔的泥层组成,其组成与污泥絮凝体相似;中间污垢层由SMP和细菌聚集物共同组成,多糖浓度较高;较低的一层是不能清除的污垢部分,以SMP为主,结合蛋白的浓度相对较高。该研究揭示了生物聚合物在膜表面的空间分布。傅立叶变换红外光谱、紫外-可见光谱、激发发射光谱、固体^{13}C-核磁共振光谱和高性能尺寸排阻色谱是研究有机污垢的重要分析工具。这些研究证实了SMP或EPS是有机污垢的来源,在MBR污垢的发展中起着重要作用。

(3)无机污垢。

只有少数几篇论文提到无机污垢。Kang研究了膜耦合厌氧生物反应器中有机膜和无机膜的过滤特性,这种反应器中的滤饼由生物质和鸟粪石组成。有机杂质与无机沉淀相结合促进了泥层的形成。这些结果表明无机污垢在MBR中的作用越来越重要。但目前对无机污垢的认识还不清楚。因此无机污垢是一个很有前途的研究课题。

3. 膜污染的季节性变化

近年来,一些科研人员对膜污染随季节变化的差异进行了研究。在膜生物反应器运行过程中,观察到膜污染包括物理可逆和不可逆的季节变化。在短SRT的MBR中,物理可逆污染在低温期表现得更为明显,而物理不可逆污染在高温期增长较快。物理可逆和不可逆污染发生季节变化的原因分别与有机质数量和质量的变化有关。

5.4.2 MBR膜污染控制

MBR设计和运行过程中涉及的所有参数都会对膜污染产生影响。但膜污染程度受四个因素的影响较大(图5.7):进料水特性、生物特性、膜特性和操作条件。

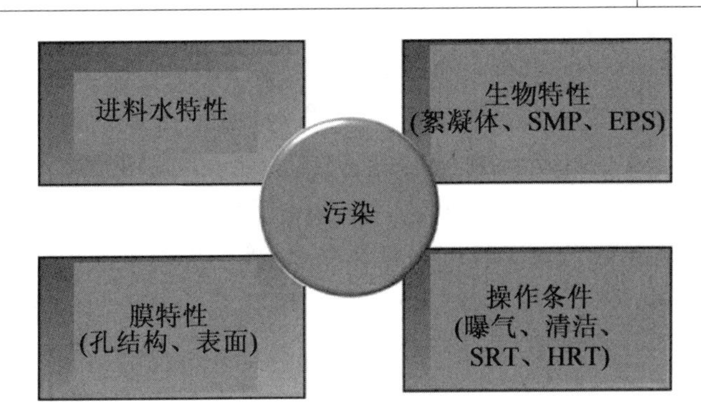

图 5.7　膜污染的影响因素

在 MBR 长期运行的恒流模式下,TMP 跳跃是不可避免的。因此,污染控制的总体目标是减少 TMP 跳跃的发生。

根据膜污染的影响因素,提出了几种控制/减轻膜污染的方法,具体有以下几方面。

1. 进料水预处理

进料水预处理可以改变进料水的物理、化学和生物特性,提高 MBR 工艺的性能。Huang 总结了如下三种机制:

①物理机理:预处理可以使水中物质的大小增加到膜可分离的程度,从而通过集成膜系统增强其清除能力。尺寸的增加也会将膜污染从孔收缩或堵塞转移到滤层过滤,滤层过滤污染通常不那么严重,而且更可逆。

②化学机理:不同的化学物质(混凝剂、氧化剂和吸附剂)可以添加到原料中,改变水的化学性质,降低污垢对膜表面的亲和力,从而减轻不可逆膜污染。

③生物机理:预处理可以去除能进行生物降解的化合物,这些化合物与膜污染或处理后的水质相关,也可以对进料水进行消毒,减少生物膜的形成。

在全尺寸过滤设备中使用的主要进料水预处理包括絮凝、吸附和氧化。Huang 准确地描述了不同预处理方法的机理,包括优缺点。

2. 生物特性的修正

一般认为,MBR 系统中的污垢主要来自于 EPS、SMP 和生物质的分泌物。SMP 和 EPS 可以积累在膜上或渗入膜孔。膜污染的积累和分离取决于颗粒对膜表面的对流和沉积颗粒从膜表面到本体的反输运速率。膜过滤的反输运机制包括惯性升力、剪切诱导扩散和布朗扩散。

研究人员尝试利用超声波、臭氧、电场和磁性酶载体对生物质进行修饰。实验结果表明,在一定操作条件下,超声可以有效地控制膜污染,但也可能造成膜损伤。将磁性酶载体应用于实验室级 MBR 中连续运行,与传统的不含酶的 MBR 相比,该方法也大大提高了膜的渗透性。还有一种方法是使用电场,它可以防止污泥絮凝体和胶体沉积到膜表面。

无论如何,基于生物质的特点,未来可能会开发出越来越多的方法。

3. 抗生物污染策略中的细菌群体猝灭

群体淬灭(QQ)被认为是一种很有前途的防污方法,近年来得到了广泛的研究。与单纯的MBR相比,QQ-MBR中TMP的增长随时间延长明显缓解。也就是说,QQ-MBR可以更好地节约能源消耗,保持滤出水水质。主要原因是QQ微球被添加到传统的MBR中影响了EPS的浓度和信号分子的生物降解能力,进而影响了微生物絮体的大小。

4. 操作条件的优化

在临界通量以下运行是避免严重污染(包括可逆和不可逆污染)的有效途径。低于临界通量的操作被称为亚临界通量或无污染操作,被认为几乎不能导致不可逆污染。临界通量值取决于膜的特性、操作条件(即曝气强度、温度)和污泥特性。通过控制临界通量优化MBR运行条件的理念,在MBR污染研究中得到了广泛的应用。

膜污染特别是不可逆污染对MBR的长期运行有重要影响,有时需要化学清洗来维持MBR的运行。但是,用于消除不可逆污垢的化学清洗应限制在最低频率,因为重复的化学清洗会缩短膜的使用寿命,废弃化学试剂的处理会造成环境问题。

曝气在MBR系统中有三个主要作用:为生物量提供氧气,使活性污泥保持悬浮状态,以及缓解膜表面的持续冲刷污染。利用鼓泡强化膜使用过程,特别是MBR的运行已得到深入的研究和评述。

此外,SRT、HRT、F/M(食微比),以及不同的运行参数对MBR的膜污染都有不同的影响。

5. 新型膜材料的探索

膜的孔径、孔隙度、表面电荷、粗糙度、亲水性/疏水性等特性已经被证明会影响MBR的性能,其中膜污染的影响尤为显著。膜材料由于其孔径、形貌和疏水性的不同,往往表现出不同的污染机制。在城市污水处理中,PVDF膜在防止MBR不可逆污染方面优于PE膜。三种膜的亲和力依次为:PAN < PVDF < PE。说明在这些膜中,PAN膜具有较强的耐污性。

一般来说,由于污染物与膜之间的疏水相互作用,疏水膜比亲水膜更容易发生膜污染,因此,将疏水膜改性为相对亲水膜以减少膜污染的研究已引起人们的广泛关注。

5.5 膜生物反应器模型

由于MBR的出现和普及,由膜组件的外部结构和水下结构组成的MBR全过程,尤其是在水处理系统中的精确预测和模拟,对许多膜学家来说变得越来越普遍和重要。MBR模型是揭示MBR的一种准确、有效的方法。这些模型一般分为四类:有机物去除模型、生物质动力学模型、膜污染模型,以及与上述集成的综合模型。

5.5.1 有机物去除模型

在一体式膜生物反应器(SMBR)系统中,有机基质降解的动力学特性与CAS系统不同，具体原因如下：首先，MBR 可以在生物反应器中保留几乎所有的微生物，从而导致污泥浓度较高，因此有机污泥负荷非常低。此外，由于污泥浓度高、有机污泥负荷低，反应器中的微生物降解有机基质主要是为了维持其活性。MBR 还可以在反应器中保留 SMP，其可作为有机基质进一步发生降解。根据 iMBR 的实际特点，有必要建立去除有机基质的模型，为 SMBR 系统的设计提供参考。

SMBR 的物料平衡如图 5.8 所示。

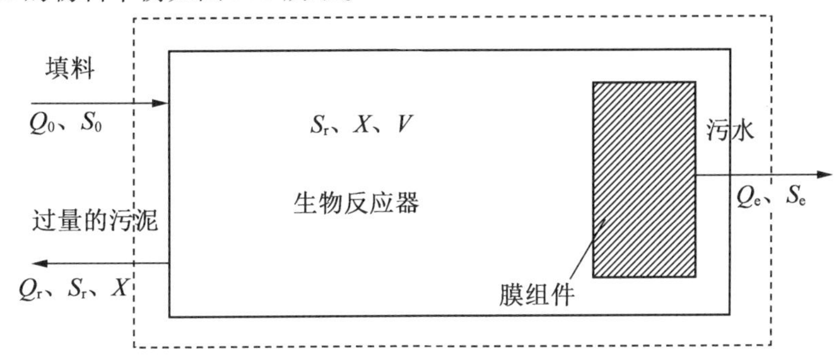

图 5.8 SMBR 的物料平衡

根据图 5.8，公式(5.7)描述了反应器中有机基质的质量平衡

$$Q_0 S_0 = Q_e S_e + Q_r S_r + U_r V + V \frac{dS_r}{dt} \tag{5.7}$$

式中，Q_0是渗透速率（m^3/天）；S_0 是进水的有机基质质量浓度（mg/L）；Q_e 是出水通量（m^3/天）；S_e 是流出的有机基质质量浓度（mg/L）；Q_r 是剩余污泥排放量（m^3/天）；U_r 是有机基质的去除率（mg/(L・天)）；V 是生物反应器的有效体积（m^3）；dS_r/dt 是反应器中有机基质的变化率（mg/(L・天)）；S_r 是有机基质质量浓度（mg/L）。

当系统处于稳态时，可以忽略反应器中有机基质的变化速率。根据公式(5.8)和公式(5.9)，可将公式(5.7)变形为公式(5.10)，进一步推出公式(5.11)：

$$Q_0 = Q_e + Q_r \tag{5.8}$$

$$S_r = S_e + S_m \tag{5.9}$$

$$Q_0(S_0 - S_e) = Q_r S_m + U_r V \tag{5.10}$$

$$U_r = \frac{Q_0(S_0 - S_e)}{V} = \frac{Q_r S_m}{V} \tag{5.11}$$

式中，S_m 是膜组件去除的有机基质质量浓度（mg/L）。

使用以下替换

$$\text{HRT} = \frac{V}{Q_0}, \quad \text{SRT} = \frac{V}{Q_r} \tag{5.12}$$

式中，HRT 是反应器内废水的水停留时间；SRT 是污泥停留时间。

公式(5.11)可以转换为公式(5.13)，即 SMBR 系统有机物去除模型和 ROM 模型的缩写：

$$U_r = \frac{S_0 - S_e}{\text{HRT}} - \frac{S_m}{\text{SRT}} \tag{5.13}$$

根据 Wisniewski 等开发的模型,SMBR 系统稳态有机基质去除率仅由进水、出水的有机基质质量浓度和反应器的 HRT 决定。Wisniewski 的模型是基于出水的有机基质质量浓度与反应器中剩余的有机基质质量浓度相等的概念,但大量的研究工作发现,废水中有机基质质量浓度与反应器中残留的有机基质质量浓度不同,有时差异还很显著。然而,根据 ROM 模型,可以得出结论:有机基质去除率不仅取决于进出流和 HRT,还取决于膜组件和 SRT。

5.5.2 生物质动力学模型

生物质动力学模型包括活性污泥模型(ASM)系列、SMP 模型以及 ASM 与 SMP 的混合模型。

CAS 生物系统与 MBR 的主要区别在于出水与活性污泥的分离模块,前者是 MBR 分离的膜,后者是常规生物处理分离的二沉池。因此,用 ASM 系列模拟 CAS 系统更适合 MBR 系统中的生物质动力学分析。

根据国际水协会(IWA)规定,ASM 由 ASM no.1,ASM no.2,ASM no.2d 和 ASM no.3 构成,于 1987 年首次用于生物废水处理工艺的设计与运行。其他型号在后期对第一个型号进行了扩展和改进:ASM no.2 结合了废水除磷;ASM no.2d 说明了聚磷生物利用细胞内基质进行反硝化的能力;ASM no.3 不包括除磷,但解决了在 ASM no.1 中发现的问题。

因此,这四种 ASM 模型都有各自的亮点。ASM no.1 常用来模拟活性污泥系统中有机物的去除、硝化和反硝化过程,其中自养菌和异养菌分别扮演硝化和反硝化的角色。ASM no.2 将一组能够以内部细胞材料形式聚磷的生物体整合到 ASM no.1 中。聚磷生物(PAO)能够将外部可溶性磷酸盐转化为细胞内部材料的多磷酸盐(X_{PP})或多羟基烷酸盐(X_{PHA})。好氧条件下 PAO 的生长依赖于 X_{PHA} 的储存和消耗,而 X_{PP} 的水解为 X_{PHA} 的储存提供了能量。相反,ASM no.2d 展示了厌氧条件下 PAO 的生长,同时也包括了反硝化。在 ASM No.3 模型中,异养生物关注的是有机基质的储存,而不是水解,因为有机基质的异养生长不是由外部化合物决定的。

由于 MBR 中活性污泥保留浓度较高,SRT 较高,F/M 较低,因此忽略污水中 SMP 的形成是不可取的。SMP 通常分为两类:BAP(生物质相关产品),与生物量衰减有关;UAP(利用相关型产物),与底物吸收和生物量增长有关。

SMP 生成-降解模型可以为 MBR 工艺的性能提供一种合理的方法。该模型解释了异养菌和硝化菌之间 SMP 的形成和交换。众所周知,它们在 DO 方面是互补的。硝化菌还可以为异养生物提供势能。它们通过化学方法将无机碳以细胞质量和 SMP 的形式还原为有机碳,使有机基质可用于异养生物的生长。

SMP 模型相对于 ASM 的一个优点是它可以在不需要使用实验数据校准的情况下,准确地模拟 MBR 中的生物量。因此,ASM 和 SMP 模型的结合是有前途的。SMP 的概念已经被纳入 ASM no.1,ASM no.2 和 ASM no.3 的 MBR 研究中了。

5.5.3 膜污染模型

根据膜污染的影响因素,实验水动力模型、分形渗透模型和截面阻力模型成为 MBR

污水处理系统的三个重要模型。

(1)实验水动力模型。

实验水动力模型显示了各种水动力参数与膜污染速率和混合液横流速度的相关性。曝气是影响膜污染速率和横流速度的关键因素,当反应器中产生气泡冲刷膜表面时,会降低膜污染层的形成。

(2)分形渗透模型。

分形渗透模型评价活性污泥过滤后形成的滤层的渗透性。滤层的微观结构通常是无序、复杂、无法用传统几何描述的。分形理论可用来描述不规则物体的平均性质和自相似性。

(3)截面阻力模型。

通过将薄膜分成不同的部分,并考虑每个部分的阻力截面,阻力模型考虑了由于沿膜表面剪切分布不同而形成的不均匀块体。在该模型中,总阻力包括孔隙污垢阻力、污泥层形成和动态污泥膜覆盖。该模型考虑了生物质的附着和膜表面结垢的动力学。

5.5.4 综合模型

MBR 生化条件对膜污染有影响,生物质材料(SMP 等)被认为是 MBR 的主要污染源。生物质动力学模型与膜污染模型的集成是普遍而合理的。ASM no.1 - SMP 串联混合/电阻模型和 ASM no.3/电阻模型已经被报道。采用串联电阻模型适用于解释生物质对膜污染的影响。

能够准确描述 MBR 过程的模型对 MBR 系统的设计、预测和控制具有重要价值。

5.6 膜生物反应器的进一步挑战

虽然在过去的 20 年里,对 MBR 的探索已经取得了很大的进步,但是 MBR 的应用也面临着一些挑战,例如 MBR 的市场份额,MBR 的标准化、膜污染、膜寿命、成本以及全面的运行经验等方面仍存在诸多难题。如果研究团体和组织能够很好地解决这些挑战,MBR 无疑会得到更广泛的应用。以下是几个挑战:

(1)进一步了解膜污染的机理,开发更有效、更容易控制和减少膜污染的方法。

(2)提高膜的使用寿命(提高膜的机械和化学稳定性,改善清洁策略)。

(3)降低成本,包括膜组件成本、维护和清洗成本、膜更换成本、能耗要求、劳动力要求。

(4)发展大规模的工厂和合理化系统。

本章参考文献

[1] Stephenson, T. ; Judd, S. ; Jefferson, B. Membrane Bioreactors for Wastewater Treatment ; IWA Publishing:London, 2000.

[2] Judd, S. The MBR Book:Principles and Applications of Membrane Bioreactors in Water and Wastewater Treatment ; Elsevier:Oxford, 2006.

[3] Yang, W. ; Nazim, C. ; John, I. State - of - the - Art of Membrane Bioreactors: Worldwide Research and Commercial Applications in North America. J. Membr. Sci. 2006, 270, 201 -211.

[4] Judd, S. J. The Status of Membrane Bioreactor Technology. Trends Biotechnol. 2008, 26, 109 -116.

[5] Fane, A. ; Chang, S. ; Chardon, E. Submerged Hollow Fiber Membrane Module - Design Options and Operational Considerations. Desalination 2002, 146, 231 -236.

[6] Shim, J. ; Yoo, I. ; Lee, Y. Design and Operation Considerations for Wastewater Treatment Using a Flat Submerged Membrane Bioreactor. Process Biochem. 2002, 38, 279 -285.

[7] Sofia, A. ; Ng, W. ; Ong, S. Engineering Design Approaches for Minimum Fouling in Submerged MBR. Desalination 2004, 160, 67 -74.

[8] Wei, C. ; Huang, X. ; Zhao, S. Characteristics of SMBR Under Sub - Critical Operation. China Water Wastewater 2004, 20, 10 -13.

[9] Yu, H. ; Xu, Z. ; Yang, Q. Improvement of Antifouling Characteristics for Polypropylene Microporous Membranes by the Sequential Photoinduced Graft Polymerization of Acrylic Acid. J. Membr. Sci. 2006, 281, 658 -665.

[10] Metcalf; Eddy Metcalf Eddy Inc. , Wastewater Engineering:Treatment and Reuse, 4th ed. ;McGraw - Hill:New York, USA, 2003.

[11] Yoon, S. Important Operational Parameters of Membrane Bioreactor - Sludge Disintegration (MBR - SD) System for Zero Excess Sludge Production. Water Res. 2003, 37, 1921 -1931.

[12] Zheng, X. ; Liu, J. Optimization of Operational Factors of a Membrane Bioreactor With Gravity Drain. Water Sci. Technol. 2005, 52, 409 -416.

[13] Wang, Z. ; Wu, Z. ; Yu, G. Relationship Between Sludge Characteristics and Membrane Flux Determination in Submerged Membrane Bioreactors. J. Membr. Sci. 2006, 284, 87 -94.

[14] Yu, K. C. ; Wen, X. H. ; Bu, Q. Critical Flux Enhancements With Air Sparging in Axial Hollow Fibers Cross - Flow Microfiltration of Biologically Treated Wastewater. J. Membr. Sci. 2003, 224, 69 -79.

[15] Ognier, S.; Wisniewski, C.; Grasmick, A. Membrane Bioreactor Fouling in Sub-Critical Filtration Conditions: A Local Critical Flux Concept. J. Membr. Sci. 2004, 229, 171-177.

[16] Zhang, J.; Chuan, C.; Zhou, J. Effect of Sludge Retention Time on Membrane Bio-Fouling Intensity in a Submerged Membrane Bioreactor. Sep. Sci. Technol. 2006, 41, 1313-1329.

[17] Jin, Y.; Lee, W.; Lee, C. Effect of DO Concentration on Biofilm Structure and Membrane Filterability in Submerged Membrane Bioreactor. Water Res. 2006, 40, 2829-2836.

[18] Tay, J.; Zeng, J.; Sun, D. Effects of Hydraulic Retention Time on System Performance of a Submerged Membrane Bioreactor. Sep. Sci. Technol. 2003, 38, 851-868.

[19] Zhang, L.; Li, F.; Lv, B. Performance of Submerged Membrane Bioreactor Treating Brewery Wastewater: A Laboratory Study. J. Harbin. Inst. Technol. 2005, 4, 322-329.

[20] Chaudhry, R. M.; Nelson, K. L.; Drewes, J. E. Mechanisms of Pathogenic Virus Removal in a Full-Scale Membrane Bioreactor. Environ. Sci. Technol. 2015, 49 (5), 2815-2822.

[21] Kovalova, L.; Siegrist, H.; Singer, H.; Wittmer, A.; McArdell, C. S. Hospital Wastewater Treatment by Membrane Bioreactor: Performance and Efficiency for Organic Micropollutant Elimination. Environ. Sci. Technol. 2012, 46 (3), 1536-1545.

[22] De Gusseme, B.; Vanhaecke, L.; Verstraete, W.; Boon, N. Degradation of Acetaminophen by Delftia tsuruhatensis and Pseudomonas aeruginosa in a Membrane Bioreactor. Water Res. 2011, 45 (4), 1829-1837.

[23] Wang, Z.; Wu, S.; Mai, C. Research and Applications of Membrane Bioreactors in China: Progress and Prospect. Sep. Purif. Technol. 2008, 62, 249-263.

[24] Llop, A.; Pocurull, E.; Borrull, F. Evaluation of the Removal of Pollutants From Petrochemical Wastewater Using a Membrane Bioreactor Treatment Plant. Water Air Soil Pollut. 2009, 197, 349-359.

[25] Moslehi, P.; Shayegan, J.; Bahrpayma, S. Performance of Membrane Bioreactor in Removal of Heavy Metals From Industrial Wastewater. Iran J. Chem. Eng. 2008, 5. IAChE.

[26] Clara, M.; Strenn, B.; Ausserleitner, M. Comparison of the Behaviour of Selected Micropollutants in a Membrane Bioreactor and a Conventional Wastewater Treatment Plant. Water Sci. Technol. 2004, 50, 29-36.

[27] Tian, J.; Liang, H.; Nan, J.; et al. Submerged Membrane Bioreactor (sMBR) for the Treatment of Contaminated Raw Water. Chem. Eng. J. 2009, 148, 296-305.

[28] Li, X. Y.; Chu, H. P. Membrane Bioreactor for Drinkingwater Treatment of Polluted Surface Water Supplies. Water Res. 2003, 37, 4781-4791.

[29] Williams, M. D. ; Pirbazari, M. Membrane Bioreactor Process for Removing Biodegradable Organic Matter From Water. Water Res. 2007, 41, 3880 –3893.

[30] Nerenberg, R. ; Rittmann, B. E. Hydrogen – Based, Hollow – Fiber Membrane Biofilm Reactor for Reduction of Perchlorate and Other Oxidized Contaminants. Water Sci. Technol. 2004, 49, 223 –230.

[31] Meng, F. ; Chae, S. ; Drews, A. Recent Advances in Membrane Bioreactors (MBRs): Membrane Fouling and Membrane Material. Water Res. 2009, 43, 1489 – 1512.

[32] Zhang, J. ; Chua, H. C. ; Zhou, J. Factors Affecting the Membrane Performance in Submerged Membrane Bioreactors. J. Membr. Sci. 2006, 284, 54 –66.

[33] Cho, B. D. ; Fane, A. G. Fouling Transients in Nominally Subcritical Flux Operation of a Membrane Bioreactor. J. Membr. Sci. 2002, 209, 391 –403.

[34] Hwang, B. K. ; Lee, W. N. ; Yeon, K. M. Correlating TMP Increases With Microbial Characteristics in the Bio – Cake on the Membrane Surface in a Membrane Bioreactor. Environ. Sci. Technol. 2008, 42, 3963 –3968.

[35] Pang, C. M. ; Hong, P. ; Guo, H. Biofilm Formation Characteristics of Bacterial Isolates Retrieved From a Reverse Osmosis Membrane. Environ. Sci. Technol. 2005, 39, 7541 –7550.

[36] Flemming, H. C. ; Schaule, G. ; Griebe, T. ; Schmitt, J. Biofouling—The Achilles Heel of Membrane Processes. Desalination 1997, 113, 215 –225.

[37] Jin, P. ; Fukushi, K. ; Yamamoto, K. Bacterial Community Structure on Membrane Surface and Characteristics of Strains Isolated From Membrane Surface in Submerged Membrane Bioreactor. Sep. Sci. Technol. 2006, 41, 1527 –1549.

[38] Metzger, U. ; Le – Clech, P. ; Stuetz, R. M. Characterisation of Polymeric Fouling in Membrane Bioreactors and the Effect of Different Filtration Modes. J. Membr. Sci. 2007,301, 180 –189.

[39] Kang, I. J. ; Yoon, S. H. ; Lee, C. H. Comparison of the Filtration Characteristics of Organic and Inorganic Membranes in a Membrane – Coupled Anaerobic Bioreactor. Water Res. 2002, 36, 1803 –1813.

[40] Miyoshi, T. ; Tsuyuhara, T. ; Ogyu, R. ; Kimura, K. ; Watanabe, Y. Seasonal Variation in Membrane Fouling in Membrane Bioreactors (MBRs) Treating Municipal Wastewater. Water Res. 2009, 43 (20), 5109 –5118.

[41] Le – Clech, P. ; Chen, V. ; Fane, T. A. G. Fouling in Membrane Bioreactors Used in Wastewater Treatment. J. Membr. Sci. 2006, 284, 17 –53.

[42] Huang, H. ; Schwab, K. ; Jacanglo, J. Pretreatment for Low Pressure Membranes in Water Treatment: A Review. Environ. Sci. Technol. 2009, 43, 3011 –3019.

[43] Minyeon, K. ; Haklee, C. ; Kim, J. Magnetic Enzyme Carrier for Effective Biofouling Control in the Membrane Bioreactor Based on Enzymatic Quorum Quenching. Environ.

Sci. Technol. 2009, 43, 7403 – 7409.

[44] Kyung, M.; Cheong, W.; Oh, H. Quorum Sensing: A New Biofouling Control Paradigm in a Membrane Bioreactor for Advanced Wastewater Treatment. Environ. Sci. Technol. 2009, 43, 380 – 385.

[45] Wen, X.; Sui, P.; Huang, X. Exerting Ultrasound to Control the Membrane Fouling in Filtration of Anaerobic Activated Sludge—Mechanism and Membrane Damage. Water Sci. Technol. 2008, 57, 773 – 779.

[46] Chen, J. – P.; Yang, C. – Z.; Zhou, J. – H. Study of the Influence of the Electric Field on Membrane Flux of a New Type of Membrane Bioreactor. Chem. Eng. J. 2007, 128, 177 – 180.

[47] Lee, S.; Park, S. – K.; Kwon, H.; Lee, S. H.; Lee, K.; Nahm, C. H.; Jo, S. J.; Oh, H. – S.; Park, P. – K.; Choo, K. – H.; Lee, C. – H.; Yi, T. Crossing the Border Between Laboratory and Field: Bacterial Quorum Quenching for Anti – Biofouling Strategy in an MBR. Environ. Sci. Technol. 2016, 50 (4), 1788 – 1795.

[48] Hong, S. P.; Bae, T. H.; Tak, T. M. Fouling Control in Activated Sludge Submerged Hollow Fiber Membrane Bioreactors. Desalination 2002, 143, 219 – 228.

[49] Aileen, N. L.; Ng, A. A Mini – Review of Modeling Studies on Membrane Bioreactor (MBR) Treatment for Municipal Wastewaters. Desalination 2007, 212, 261 – 281.

[50] Wintgens, T.; Rosen, J.; Melin, T. Modelling of a Membrane Bioreactor System for Municipal Wastewater Treatment. J. Membr. Sci. 2003, 216, 55 – 65.

[51] Jiang, T.; Myngheer, S.; Dirk, J. W. Modelling the Production and Degradation of Soluble Microbial Products (SMP) in Membrane Bioreactors (MBR). Water Res. 2008, 42, 4955 – 4964.

[52] Meng, F.; Zhang, H.; Li, Y. Application of Fractal Permeation Model to Investigate Membrane Fouling in Membrane Bioreactor. J. Membr. Sci. 2005, 262, 107 – 116.

[53] Howell, J. Future of Membranes and Membrane Reactors in Green Technologies and for Water Reuse. Desalination 2004, 162, 1 – 11.

第6章　海水和咸水淡化膜系统

6.1　目前和预计的世界用水需求

由于人口增长、生活水平提高和气候变化加剧,世界各地的用水需求正在增加。缺乏饮用水和卫生设施是疾病的一个主要来源,并对全球大部分人口的可持续增长构成障碍。许多国家缺乏能够和快速工业化相匹配的废水管理系统,水污染问题日益严重,同时还面临着供水和卫生问题。根据世界卫生组织和联合国儿童基金会最新报告《饮用水和卫生进展——2014 年最新情况》,2012 年,仍有 7.48 亿人无法获得经过改善的饮用水,全球超过三分之一的人口(约 25 亿人)不曾使用经过改善的卫生设施。丹麦奥尔胡斯大学、美国佛蒙特大学法学院、美国 CNA 公司于 2014 年发表了他们三年的研究成果:到 2040 年,世界上将没有足够的饮用水来满足世界人口的需求。加利福尼亚州和人口稠密的美国东海岸将面临水资源短缺的预言比比皆是。与此同时,清洁水资源的可持续供给对所有经济体都很重要。向生物燃料的转变可能会进一步增加对作物灌溉、产品制造和提炼用水的巨大需求。在许多情况下,由于气候变化和过度开采,自然水供应正在减少。应采取若干措施减轻供水方面的压力,包括节约用水、修复基础设施以及改善集水和分配系统。然而,虽然这些措施很重要,但它们只能改善现有水资源的利用而不能增加水资源。除了水文循环以外,增加水供应的唯一方法是海水淡化和水再使用。脱盐是一种将咸水转化为净水的技术,其为以上问题提供了一个极为重要的解决方案。在过去的十年中,海水淡化设施的使用迅速增长,以增加水资源紧缺国家的供水量。比较著名的例子是在以色列、美国、阿曼苏丹国和阿拉伯联合酋长国建造的一系列大型海水反渗透(SWRO)淡化厂,如 Sorek SWRO 海水淡化厂、圣地亚哥的卡尔斯巴德海水淡化厂、Al Ghubrah 工厂、Barka IWPP 公司、Al Fujairah IWPP 公司。据国际海水淡化协会统计,2016 年上半年,全球海水淡化承揽能力为 9 559 万 m^3/天,全球在线承揽能力为 8 856 万 m^3/天,与 2015 年相比新增 210 万 m^3/天。作为平行的增长指标,大规模海水项目(即那些容量超过 50.000 m^3/天的项目)的比例在 2015 年至 2016 年上半年期间也从 6% 增加到 12%。从地区上看,中东和北非地区涨幅最大,原因是该地区多个国家的多个大型项目,需求超过了几个国家持续低油价带来的经济损失。从技术上看,膜技术的发展趋势大于热技术,在 2000 年到 2016 年之间,膜技术的发展更加突出(图 6.1)。

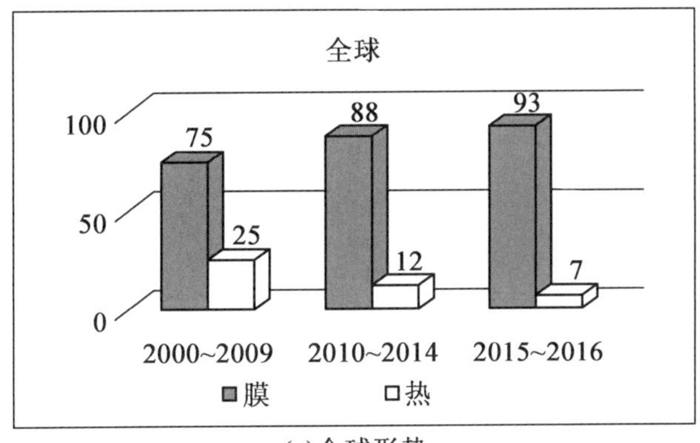

(a)全球形势

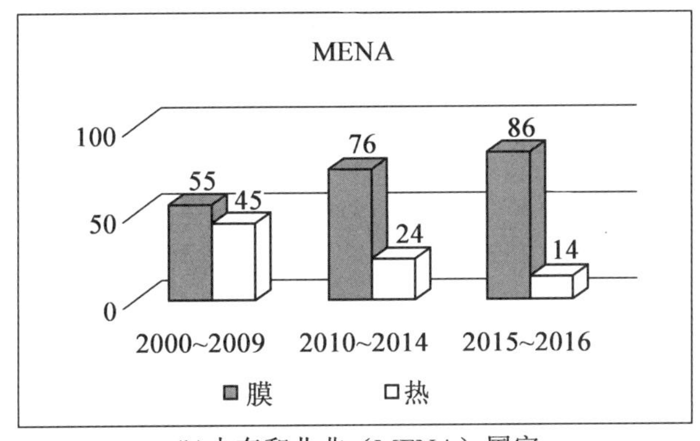

(b)中东和北非（MENA）国家

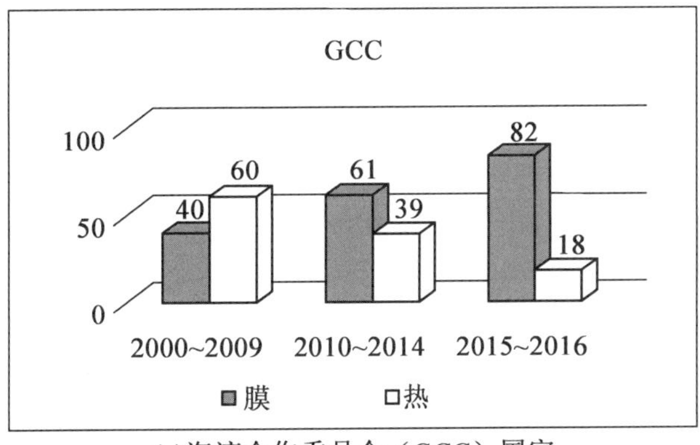

(c)海湾合作委员会（GCC）国家

图 6.1　膜与热技术的时间演化(彩图见附录)

反渗透(RO)海水淡化厂能够大规模推广,主要是由于其较便宜的建筑材料所带来的较低的资本成本、其在进料水和应用中的多功能性,以及脱盐水价格稳定。在传统的中东热脱盐市场,由于缺乏变革动力,直至 2010 年,热技术在投资热潮中一直占据主导地位。此外,运营商还掌握了如何建造和操作能够淡化海湾地区温暖海水的热技术知识。然而,自全球经济衰退以来,这些驱动因素已经发生变化,热技术的市场也随之下降。事实上,预计未来的产能将主要以膜技术为基础。

6.2 膜水淡化技术

基于膜的海水淡化技术可以根据应用的驱动力分为三类:压力驱动膜脱盐操作、电驱动膜脱盐操作和热驱动膜脱盐操作。

6.2.1 压力驱动膜脱盐操作

压力驱动膜脱盐操作可分为四类重叠的提高选择性的操作:微滤(MF)、超滤(UF)、纳滤(NF)和反渗透(RO)。这四种工艺在膜结构、分离机理和应用压力等方面各不相同。在每一种操作中,不同组分的混合物被带到半透膜的表面;在驱动力梯度作用下,一些组分渗透到膜中,而另一些组分或多或少保留下来。因此,进料溶液被分离成滤液(滤液中含有很少量的颗粒或分子)和残液(大量的颗粒和分子)。

从MF到UF再到NF和RO,分离的粒子或分子的尺寸(分子量)依次减小,从而使膜的孔径变小。这意味着膜的传质阻力增加,为了达到同样的通量,必须增大所施加的压力(即驱动力)。

这些工艺已经在工业上得到应用,因为在正确设计、制造和操作的前提下,它们具有很好的运行稳定性。MF用于消除亚微米范围内粒径较大的颗粒。在MF中,悬浮固体和较大的细菌会被保留。UF膜在城市污水、工业废水等污染严重的环境中得到了广泛的应用。近年来,UF也被用于海水淡化装置,尤其是在处理表层海水和对现有RO预处理系统进行改造升级时。事实上,由于UF对悬浮颗粒、胶体、大分子、藻类、细菌等都有很好的排斥作用,所以使用UF预处理可以部分避免NF或RO膜污染。Song等研究了UF对NF性能的影响。他们研究的结果表明,采用UF作为预处理的NF体系具有较高的通量,采用MWCO较小的超滤膜可以获得较高的NF膜软化效率。NF是一种压力驱动膜操作,其性能介于UF和RO之间。NF膜具有较高的电荷,其典型特征是对一价离子的排斥低于RO膜,但对二价离子的排斥程度较高。NF膜已经应用于热和膜式海水淡化过程的预处理单元操作,用于软化咸水和海水。

文献研究表明,SWRO脱盐过程中,可以利用NF对硬度、杂质和溶解盐高排斥的特点,对其进行预处理:①降低RO膜的有机和无机污染;②减弱海水对RO的渗透压,从而降低RO的运行压力;③提高系统恢复能力。事实上,NF去除二价离子后会导致流入RO单元的流体渗透压降低,因此在静水压力恒定的情况下,RO膜通量就会增加。

RO通常用于分离溶解的盐和离子。其应用范围包括半导体和制药领域使用的超纯水的生产、海水淡化后的饮用水以及工业废水的净化。RO是目前应用最广泛的膜基脱盐工艺。它能够从水溶液中排除几乎所有的胶体或溶解物质,产生浓缩盐水和几乎由纯水组成的渗透液(现有RO商业膜组件选择性很高,通常在99.40%～99.80%之间)。RO是基于某些聚合物的半渗透性质得来的。虽然它们对水的渗透性很强,但对溶解物质的渗透性很低。通过在膜上施加压差,可以迫使进料中所含的水通过渗透膜。为了克服进料侧渗透压,需要较高的进料压力。在海水淡化过程中,渗透压一般在55～68 bar

之间，而盐水净化的操作压力较低(约 15 bar)，这是由于进料水盐度较低所导致的渗透压Π_s较低：

$$\Pi_s = -\frac{n_s}{V}RTi \tag{6.1}$$

式中，n_s 是溶液中溶质的总的物质的量；V 是溶剂体积；i 是范托夫系数。

公式(6.1)中的渗透压Π_s是根据范托夫定律估算的，应用于稀溶液中。

用于 RO 装置的工艺设计的脱盐率 R_i、水通量 J_v、盐通量 J_s 计算如下：

$$R_i = \frac{c_{i,F} - c_{i,P}}{c_{i,F}} \tag{6.2}$$

$$J_v = A(\Delta p - \Delta \Pi) \tag{6.3}$$

$$J_s = B(c_{s,F} - c_{s,P}) \tag{6.4}$$

式中，$c_{i,F}$和 $c_{i,P}$分别是进料和渗透液中离子 i 的浓度；A 是水力渗透常数；B 是盐渗透率常数；Δp 是跨膜的压强差；$c_{s,F}$和 $c_{s,P}$分别是进料侧和渗透侧的盐浓度。

为了保持理想的选择性和经济上可接受的水通量，必须重视传质限制(即膜过程的缺点)：浓差极化和膜污染。浓差极化是某些物种在膜内选择性输运的结果。保留物种在膜前聚集，可能导致水通量和排斥反应的减少以及在膜表面的溶液和体积之间产生浓度梯度，从而导致通过扩散而积聚在膜表面的物质的反向运输。膜污染是由于可溶解的、胶体质的或生物质可以积聚在膜表面，形成一个连续的层，从而减少或抑制跨膜传质。根据不同的机理可以区分结垢，一部分是无机物质在膜表面上的沉淀造成的，还有一部分是颗粒物质向其表面的输运或表面上的生物生长造成的。为了有效地利用 RO 膜进行海水淡化，必须进行充分的预处理，提供高质量的进料水，而不受进料水水质波动的影响。预处理效果不佳会导致膜污染率高、膜清洗频率高、回收率低、操作压力大、产品质量差、膜寿命降低。传统的 RO 预处理(定义为化学和物理预处理，不使用膜技术)在过去得到了广泛的应用。随着膜成本不断下降，越来越多的工厂业主正在考虑使用膜基预处理(如 MF 和 UF)来替代效率较低的传统预处理系统，这些系统对胶体和悬浮固体没有正向的屏障，并且生产的 RO 进料水质量不稳定。此外，膜还能为进料水预处理中的应用提供许多其他优势，包括：能够处理进料水质量的大范围波动，即使在风暴和海藻爆发的情况下，也能够在长期运行中保持高稳定的渗透通量，占地面积小、能耗低、生产的反渗透进料水质量好。这些都直接影响海水淡化厂的资金投入和运营成本。

高效的 SWRO 海水淡化过程也需要高渗透膜。由于水通量与膜厚成反比，高渗透率意味着膜极薄。如今的 RO 膜由一层非常薄的活性非多孔层和一层用于机械稳定性的多孔支撑层组成。支撑层保护膜不被撕裂或破坏，而活性层负责几乎所有的传质阻力和膜的选择性。这种由活性层与支撑层构筑的膜也称为不对称膜。

第一批商用 RO 膜于 20 世纪 70 年代初投入市场，采用的是醋酸纤维素(CA)。CA 膜的一个主要缺点是水解可能会使膜被破坏。尽管钙膜仍在使用中并在市场上出售，但是正逐渐被其他复合膜所取代(图 6.2)。这些复合膜具有很高的自由度，通常是由聚酰胺活性层和不同材料的多孔支撑层构成的，可以根据不同的需要开展相应的设计。

复合膜在化学和物理性质上都更稳定，对细菌降解有很强的抵抗力，不水解，受膜压实的影响较小,在更大的 pH 范围内(3 ~ 11)稳定。然而,复合膜的亲水性较差,因此比 CA 膜更容易被污染,并且能被进料中非常少量的游离氯破坏。市场上所有膜材料对预处理中使用的氧化剂(如游离氯或臭氧)只有有限的稳定性。表 6.1 展示了一些 RO 工业膜的例子。

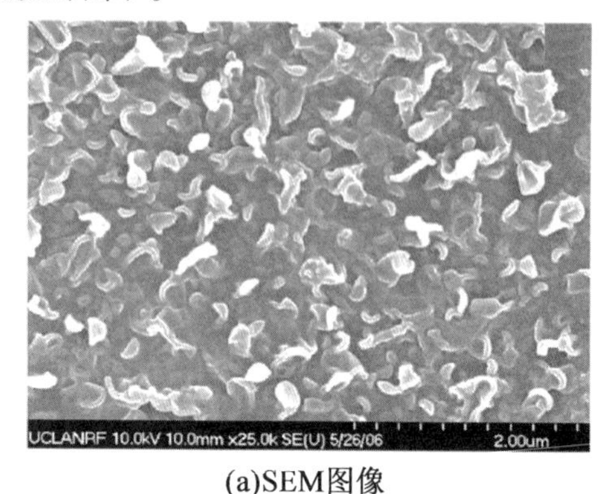

(a)SEM图像

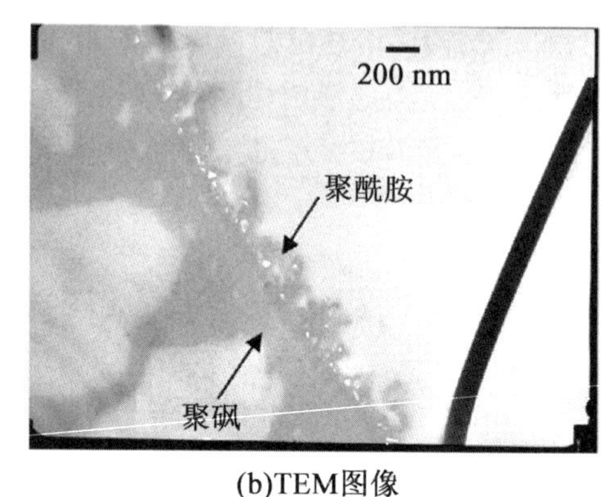

(b)TEM图像

图 6.2　反渗透膜的 SEM 和 TEM 图像

表 6.1　反渗透工业膜的例子

产品	描述	元素尺寸			流速	稳定抑制
		直径/in(mm)	长度/in(mm)	活化面积/$ft^2(m^2)$	G_{PD}/(m^3·天$^{-1}$)	%
FILMTEC SW30 - 2514	SWRO 元件船舶系统	2.4(61)	14(356)	6.5(0.6)	150(0.6)	99.4
FILMTEC SW30 - 2521	SWRO 元件船舶系统	2.4(61)	21(533)	13(1.2)	300(1.1)	99.4
FILMTEC SW30 - 2540	SWRO 元件船舶系统	2.4(61)	40(1 016)	29(2.8)	700(2.6)	99.4
FILMTEC SW30 - 4021	SWRO 元件船舶系统	3.9(99)	21(533)	33(3.1)	800(3.0)	99.4
FILMTEC SW30 - 4040	SWRO 元件船舶系统	3.9(99)	40(1 016)	80(7.4)	1 950(7.4)	99.4
FILMTEC SW30HR LE - 4040	SWRO 元件船舶系统	3.9(99)	40(1 016)	85(7.9)	1 600(6.1)	99.75
科氏滤膜系统 MegaMagnum® RO 元件	膜用于:淡水处理、市政废水利用、海水淡化	18(457)	61(1 549)	—	—	—

续表 6.1

产品	描述	元素尺寸			流速	稳定抑制
		直径/in(mm)	长度/in(mm)	活化面积/$ft^2(m^2)$	G_{PD}/($m^3\cdot$天$^{-1}$)	%
TM820 - 370	海水应用标准RO元件	8	—	—	(23)	99.75
TM820 - 400	海水用高效RO元件	8	—	—	(25)	99.75
TM820 - 370	海水用高通量RO元件	8	—	—	(34)	99.7
TM820 - 400	海水用高通量RO元件	8	—	—	(37.9)	99.7
TM820 - 370	海水用耐高压RO原件	8	—	—	(21)	99.75
TM820 - 400	海水用高硼排斥RO原件	8	—	—	(22.5)	99.75

纳米技术和生物技术在膜制造中的应用预示着新一代RO膜的出现,其透水性可能比传统的聚合物膜高出几个数量级。例如,纳米技术催生了碳纳米管(CNT)和基于石墨烯的膜,而生物技术带来了生物可降解和仿生膜。碳纳米管膜的制备涉及将碳纳米管嵌入到聚合物RO膜中,从而提高渗透性,因为碳纳米管充当"无摩擦"的水道。实验结果表明,碳纳米管中的水流速度比Hagen - Poiseuille方程预测的圆柱形管道水流速度大3个数量级。到目前为止,已经有报道称将CNT阵列穿过聚合物膜层可以使RO膜的渗透率增加两倍,而模拟的数据表明这种渗透率的增加甚至可以达到数量级。这种CNT基薄膜的应用也存在一些障碍,如有毒的CNT释放到水中会影响环境,高取向、高密度、高除盐率的CNT阵列生产难度大。超透膜的另一个创新是石墨烯基膜。模拟结果表明,与传统的聚合物RO膜相比,这种膜的渗透性可提高3个数量级。

在膜中加入水通道蛋白以获得更高渗透性也曾被认为是一种可行方案。水通道蛋白是一种蛋白质水通道,它有选择地促进水进入或流出细胞,同时阻止其他离子或溶质的通过。水通道蛋白基膜比商业RO膜渗透性能高出1个数量级。

综上所述,纳米技术和生物技术提供了制造新一代RO膜的可能性,其渗透性和排斥性能显著优于现有膜。然而,在这种情况下,需要解决的问题是浓差极化和污染现象的控制,因为目前复合膜普遍采用的防污策略已经影响了复合膜的性能,不适用于超高渗透膜。克服这些问题的一种可能性是将非稳态剪切应用于膜表面。根据Zamani等的报道,较高的通量必须与边界层传质系数k的增加相匹配。常规模块的剪切增加会导致不合理的压降和能源消耗。Zamani等确认了非稳态剪切方法(包括气体喷射、振动、颗粒流化和流动脉动)具有比稳态高剪切法更节能的潜力,与传统的RO脱盐工艺相比,在增加约10%的电力成本的情况下可提高2～5倍。然而,每种技术都有一定的挑战。总之,仍需要开发改性模块,并有选择地使用和开发中空纤维结构的超渗透膜。

6.2.2 电驱动膜脱盐操作

与RO海水淡化技术竞争的主要膜技术就是电渗析(ED)。从1952年开始,ED就被用于阿拉伯沙漠的咸水井水脱盐,比反渗透应用早了十多年。如图6.3所示,电渗析器由阴离子交换膜(AEM)和阳离子交换膜(CEM)对组成,其中一端为阳极,另一端为阴极。

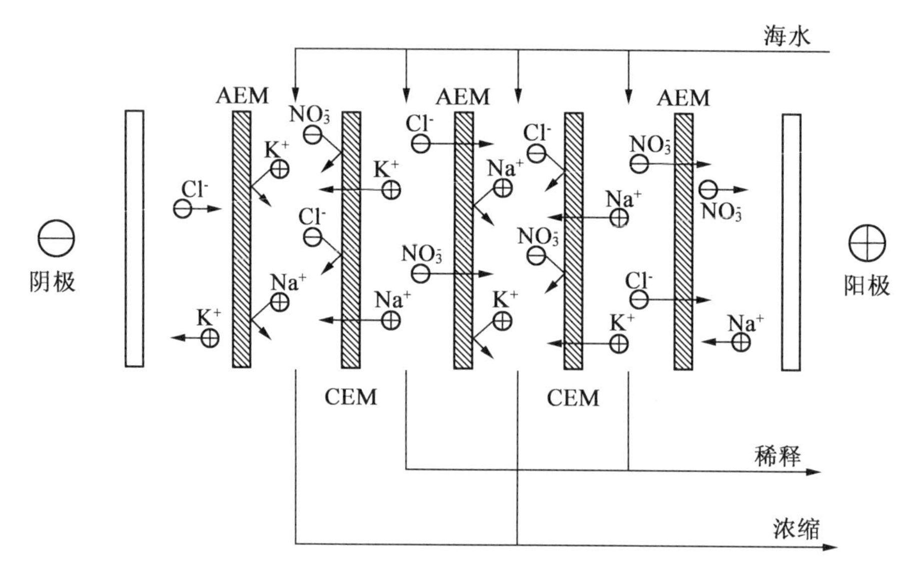

图6.3 电渗析过程原理

当电极在盐水溶液中与外部直流电源(如电池)相连时,电流通过溶液,离子倾向于以相反的电荷迁移到电极上。带正电的离子迁移到阴极,带负电的离子迁移到阳极。

阴离子可以自由地通过最近的AEM,但是它们向阳极的移动会被相邻的CEM所阻挡。

以同样的方式,阳离子通过最近的CEM向相反的方向移动,但随后又被相邻的AEM所阻挡。

通过这种排列,在交替膜之间的空间中产生了浓缩和稀释的溶液。在此基础上,可以将微盐水注入稀释室进口,在稀释室出口获得饮用水。

水解和结垢是影响电渗析器稳定高效运行的主要障碍。如果电流密度超过了在稀释室的膜表面附近形成的离子耗尽层所确定的极限值,则在靠近膜表面的电解质溶液中会发生水解。

当膜表面没有Na^+和Cl^-时,H^+和OH^-会分别通过CEM和AEM传输,并且在浓度室中,OH^-会导致$Mg(OH)_2$沉积成水垢,从而降低了操作效率。

在进料水中另外两个可能产生水垢的来源是CO_3^{2-}和SO_4^{2-},可能导致$CaCO_3$和$CaSO_4$的形成。因此,这些问题需要控制,在某些情况下,需要调整浓度室中的总盐浓度和 pH。

恰当的工作电流密度一般要低于限制电流密度；水回收率（产品水与进料水体积之比）通过增加浓度室中的 NaCl 浓度来增加。

但是，必须注意的是，如果进料水的多价离子含量很高，那么在浓缩液中保持较高的 NaCl 含量可能会导致结垢，因此务必小心。

膜的选择一般是根据膜的阻力、物理强度等膜性能指标来进行的。

进料水的组成，尤其是有机酸的含量也是一个重要的决定因素：事实上，有机酸容易吸附于 AEM 上，从而导致膜电阻异常高。

盐水的 ED 脱盐技术具有以下几个特点：

①水的回收率通常在 90% 以上，可以最大限度地减少水资源的浪费。

②产品水的盐度可以设定在任何水平，即使进料水的盐度超过设计水平，也很容易操作。

③进料水的盐度是几千毫克每升的 TDS 时，安装和运行成本非常经济。

④经验表明，温度上限是 60 ℃。

⑤膜在强酸条件下耐用，也能适应很宽的碱性 pH 范围。

⑥由于离子交换膜不能充分渗透二氧化硅（SiO_2），所以在水中待处理的溶解二氧化硅的数量没有限制。

近年来电容性去离子化（CDI）和膜电容去离子化（MCDI）引起了人们的广泛关注。

（1）CDI。

CDI 循环由两个步骤组成，第一步是离子电吸附（或充电）净化水的步骤，这时离子被固定在多孔碳电极对中。在接下来的步骤中，离子被释放，即从电极上被解吸，电极被再生。CDI 适用于咸水的脱盐，2012 年被荷兰 Voltea 公司商业化为 CapDI 技术。

CDI 最有前途的发展之一是在电极前加入离子交换膜（IEM），称为膜电容去离子化（MCDI）。IEM 可以放在两个电极前面，也可以只放在一个电极前面。在电池设计中加入 IEM 可以显著提高 CDI 工艺的脱盐性能。一般来说，IEM 会对某一电荷具有更高的选择性。在进一步的改性中，可以使膜对具有同种电荷的离子产生选择性：例如在硝酸盐和氯化物之间（两者都是单价阴离子）。膜可以作为厚度在 50～200 μm 之间的独立薄膜，也可以直接在电极上涂敷，典型的涂敷厚度为 20 μm。在 MCDI 中，就像在 CDI 中一样，在离子吸附步骤中施加电池电压（CV），反离子被吸附在多孔碳电极内的粒子的纳米结构（微孔）内形成的电双层（EDL）中，如图 6.4 所示，而共离子从这些微孔中被排出。在 CDI 中，共离子最终进入间隔通道，降低了脱盐性能。

（2）MCDI。

在 MCDI 中，IEM 置于电极前，从微孔中排出的共离子被膜阻挡而不能离开电极区域。因此，它们最终会进入电极内部的粒间孔隙空间（大孔，如图 6.4 所示），并在那里聚集，从而使大孔共离子浓度增加到比间隔通道中更高的值。由于在大孔中需要电荷中性，所以这种共离子的积累也会导致反离子在大孔中积累。因此，在 MCDI 中，反离子不仅吸附在微孔中的 EDL 中，而且还有一部分被储存在大孔中，最终盐浓度会高于间隔通道。因此，与 CDI 相比，大孔对提高 MCDI 的盐吸附能力具有重要作用。而 CDI 中离子去除过程中大孔盐浓度较低(不高),当达到平衡时,CDI 中的盐浓度与电极外的盐浓度相同,也就是说,与间隔通道相同,因此大孔在 CDI 中没有盐的储存能力。与 CDI 相比,MCDI 的优点是可以吸收更多的盐。Zhao 等发现 MCDI 在恒定 CV 条件下的经典运行模式会导致脱盐水流的盐分浓度随时间变化。他们证明了使用恒电流(CC)操作可以产生稳定的不随时间变化的产出淡水浓度。此外,在所有情况下,MCDI 的能量需求都低于 CDI,CC 操作比 CV 操作差距更大。

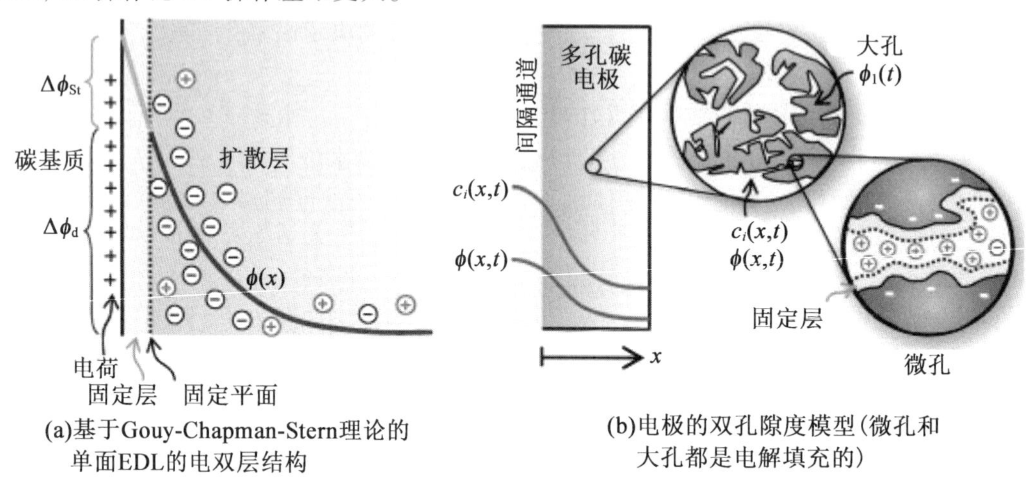

图6.4 多孔 CDI 电极的电荷和离子存储模型(彩图见附录)

6.2.3 热驱动膜脱盐操作

大多数膜过程都是等温的,以压力、电学或浓度差为驱动力。膜蒸馏(MD)和膜结晶(MCr)是两种可用于脱盐的热驱动膜工艺。这两个过程都是在相对较低的温度下进行的。

(1)MD。

在 MD 中,疏水膜将热的(进料或滞留液)和冷的(蒸馏或渗透液)水流分开。温差产生蒸气压梯度,使蒸汽通过薄膜。由于膜具有疏水性,进料中只有挥发性成分才能从滞留输送到渗透液。结果得到的是一种纯度很高的馏出物,不夹带不易挥发的物质。蒸汽在低温侧凝结,形成纯净水。相对于传统的海水淡化技术,如多级闪蒸和 RO(分别涉及高热能和高操作压力,最终导致过高的操作成本),MD 提供了在大气压和低温(30 ~ 90 ℃)下操作的吸引力,具有理论上达到 100% 除盐的能力。此外,膜蒸馏不像 RO 那样受浓度极化现象的限制。

近十年来,膜蒸馏的各个领域都出现了“研究热潮”。最近,一些公司已经参与了膜蒸馏的商业化工作(表 6.2)。Aquaver 公司在马尔代夫委托建造了世界上第一个基于膜蒸馏的海水淡化厂。该工厂使用当地发电厂的废热,容量为 1 万 L/天。

(2)MCr。

MCr 是蒸馏膜概念最有前途的扩展之一。它被认为是从过饱和溶液中生产晶体和纯水的替代技术;利用 MD 去除蒸气相中的溶剂可使溶液发生浓缩。从不饱和溶液开始，MCr 能够促进晶体在一个良好控制的条件下生长及成核。

表 6.2 参与 MD 商业化工作的主要公司

公司	应用配置	模块构型	URL
Memsy	V－MEMD	平板	www. memsy. eu
Aquaver	VMD	—	www. aquever. com
Aqua丨still	AGMD	—	www. aquastill. nl/modules. html
Solar spring	AGMD	平板缠绕	www. solarspring. de
TNO	AGMD	平板	www. tno. nl

注：V－MEMD，真空多效膜蒸馏；VMD，真空膜蒸馏；AGMD，气隙膜蒸馏

（3）MD 与 MCr 的工作优势。

MD 和 MCr 都是改善海水淡化过程的有效工具：

①集成膜蒸馏装置处理反硝酸盐，可增加回收水量和减少排出的卤水量；

②集成膜结晶单元处理反硝酸盐可以提高水的回收率，减少排出的卤水量以及产生有价值的晶体产品。

Drioli 等研究表明在由 MF/NF/RO 组成的膜基海水淡化一体化系统的 NF、RO 流中引入 MCr 单元可使工厂的回收率提高到 92.8%。一个集成了 RO + 风助强化蒸发 + MCr 的微咸海水淡化系统已经将排出去的盐水减少到供给系统进料水的 0.27%～0.75%。因此，DCMD/MCr 不仅可以减少与盐水处理相关的环境问题，也可以增加内陆微咸水反渗透（BWRO）的技术可行性，即浓缩回收河流中所含的离子用于农业、家庭或工业用途。

文献中详细介绍了在处理 NF/RO 滞留液中通过 MCr 操作产生的盐的特性，以及对 MCr 过程稳定性和控制的分析。

实验表明有机化合物（腐殖酸）在滞留液中可以抑制晶体生长速率。这证明了优化 NF/RO 预处理步骤的必要性：不仅可以减少 NF/RO 膜的污染，也控制了结晶动力学。结晶动力学与在 NF 和 RO 阶段高浓度盐水中存在的外来物种的性质和数量有关。一些关于 MCr 的研究表明，晶体沉积在膜上，降低了膜的渗透性，从而导致跨膜通量迅速下降。通过对工艺的正确设计和对操作条件的适当控制，可以使这个问题最小化。就调控最佳操作条件而言，温度极化是抑制驱动和降低工艺性能的重要因素。Ali 等利用一种特殊设计的探测单元研究了温度极化对 MD 性能的影响。他们在系统内的特定位置建立了一个带有 16 个传感器的探测单元，用来测量进料和渗透侧的体积和膜表面温度。他们发现，温度极化现象随进料通量的增加而减小，同时随进料温度和浓度的降低而减小。此外，他们还证明了溶液浓度与低进料浓度下的热极化相比，在降低通量方面的作用非常小，而在高进料浓度下，由于浓度引起的通量降低在存在传热与传质耦合的情况下变得非常重要。

MD 和 MCr 的低温工作优势是可以利用余热或其他可持续能源（如地热能或太阳能）。

由于 MD 的操作原理是气液平衡的,因此它也可以用来处理被污染的水(如果污染物是不挥发性的),以便将其转化为纯水和含有母体底物的浓缩液。例如,MD 可以而且已经用于从水中去除硼和砷,以大幅度减少水处理厂渗流中的污染物。

膜接触器技术在水处理系统中还有一个应用,即可以用来减少河流中溶解的氧气或二氧化碳的量。海水中存在的氧气和二氧化碳会影响脱盐装置的性能和材料寿命。这些气体的去除通常在填料塔中进行,最终水的 pH 可以通过 NaOH 调节。但这种操作很难精确控制,因为其剂量率非常低,而且不喜欢化学处理水的用户也不太接受。膜接触器工作在 RO 的渗出液和/或进料过程,可以很好地控制氧气和二氧化碳含量,避免化学品的使用。

6.3 从海水中分离盐的经济和能源效益

经济学是决定产业决策的最重要因素之一。水是地球上最便宜的产品,但有时它的成本对有些消费者来说太高了。脱盐水的成本取决于各种各样的因素,这使得比较不同脱盐技术的成本变得困难。影响脱盐水成本的参数有厂房位置、容量、盐度、所选场地可用进料水的质量、当地的能源成本。此外,热脱盐通常比反渗透脱盐成本更高,但这两种情况的脱盐成本多年来一直在下降。

海水淡化始于19世纪50年代末,当时并没有过多关注成本,因为主要的挑战是如何才能从海水中提炼淡水,并用于蒸汽锅炉,以及水手饮用。在60年代后期和70年代初,脱盐技术(热加工)广泛用于商业生产,但成本很高。膜工艺在70年代出现,并开始朝着降低成本的方向发展。1975年,海水淡化的费用约为2.10美元/m^3(佛罗里达西南区域规划委员会,1980年)。近几十年来,海水淡化成本持续大幅下降,SWRO 大型工厂和特定地区的水价已达0.5美元/m^3,MSF 的水价则低于1.00美元/m^3。RO 脱盐成本包括预处理和后处理过程,但不包括配水成本。由于材料改进、工艺创新、设备成本和竞争加剧,热加工脱盐水的成本不断降低,而 SWRO 工艺成本降低的原因是:①膜材料技术的重大发展;②抽水机系统的改善;③能源回收系统的应用;④使用所谓的构建、拥有、操作、传输(BOOT)合同。这些因素导致 SWRO 海水淡化厂的成本低至0.53美元/m^3,2003年新加坡 Tuas 海水淡化厂的成本是0.48美元/m^3。对于 BWRO 海水淡化,Wilf 估计费用在0.2~0.3美元/m^3间,且预估值与实际值相差不大。德克萨斯州埃尔帕索海水淡化厂就是一个例子,通过处理以前不能使用的咸水(采收率约83%)生产饮用水的成本低于0.41美元/m^3。关于 Ashkelon SWRO 工厂,Maurel 报告显示,脱盐水成本经过多次调整,2006年涨至0.655美元/m^3,2008年涨至0.778美元/m^3。

由于建筑和能源成本不断上升,投标给 SWRO 工厂的 BOOT 合同的水价超过了这些非常低的水价,但 SWRO 能源消耗和 RO 膜成本是不断下降的(表6.3)。

各海水淡化厂采用不同技术和合约类型的总水费(TWC)见表6.3。类似工厂总价的主要差异是由于一些特殊的条件,如必须安装复杂的预处理系统或严格的环境法规的制约。

表6.3 不同大型工厂的总水费

地点	开始时间	生产能力/($m^3 \cdot$ 天$^{-1}$)	类型	花费/(美元 · m^{-3})
卡尔斯巴德海水淡化厂,圣地亚哥县,美国	2015年	204 390	BOOT	1.66~1.86
索里克	2013年	627 000	—	0.58
富査伊拉	2011年	460 000/136 000	IWPP	—
澳洲	2011年	273 000	DBOM	—
悉尼	2010年	250 000	DBO	—
哈代拉	2010年	347 900	BOOT	0.63
马拉迪	2009年	800 000	IWPP	0.83
斯基克达	2008年	100 000	BOT	0.73
奥克斯纳德	2008年	28 400	—	0.31
阿里坎特	2008年	65 000	DBO	—
阿曼	2008年	200 000	—	0.82
厄尔巴索	2007年	55 670	DBB	0.41
珀斯	2007年	143 700	BOT	1.20
帕尔马奇	2007年	110 000	—	0.78
拉比格	2005年	25 000	BOOT	1.15

注:IWPP,独自的水电厂;DBOM,设计、建造、运行和维护;DBO,设计建造操作;BOT,建立自己的传输;DBB,设计投标建造

在1991年至2003年期间,各SWRO工厂的TWC减少主要是由于上述的技术发展;之后的增加也是限制性的环境条例、利用复杂的预处理系统等原因所致。卡尔斯巴德工厂就是一个例子,它是西半球最大、技术最先进和能源效率最高的脱盐工厂,其碳排放量几乎已完全消除。这方面代表了膜相对于热过程的另一个优势。目前最先进的SWRO工厂消耗3~4 kWh/m^3(表6.4),每立方米产出水排放1.4~3.6 kg二氧化碳,主要取决于用于发电的燃料。热脱盐技术效率较低,除去多效蒸馏(MED)单独运行时的3.4 kg二氧化碳,一般每立方米产出水排放8~20 kg二氧化碳(表6.5)。从全球的角度来看,这些数字可能很小,但在区域网格和生态系统中便无法忽视了。初步估算显示,2013年全球在线海水淡化所需电能直接产生了约1.2亿t的碳排量(相当于7 920万m^3/天)。

表6.4 新型大型海水反渗透(SWRO)脱盐装置的特点

工厂	总容量/(m^3·天$^{-1}$)	委托日期	回收率/%	能耗/(kWh·m^{-3})	进料水/(mg·L^{-1})	成本/百万美元
卡尔斯巴德海水淡化厂,美国	204 390	2015年	50	<2.3	34 500	537
Al hubrah独立水项目,阿曼	191 000	2015年	38	3.2~4	45 000	300
富杰拉IWPP,阿联酋	136 000	2015年	43	—	40 500	200
Barka IWPP,阿曼	56 780	2015年	40	4.2	43 000	65

表6.5 典型的GHG(温室气体)直接排放量(淡水) kg/cm^3

反渗透(RO)	1.4~3.6
热压多效蒸馏(MED-TVC)	8~16
多级闪蒸(MSF)	10~20

2013年,马斯达尔启动了一项可再生能源海水淡化试点项目,旨在研究和开发适合由可再生能源驱动的节能、低成本的海水淡化技术。其长期目标是在阿拉伯联合酋长国以及更广泛的中东和北非地区建立可再生能源驱动的海水淡化厂,并在2020年前建成一个商业规模的设施。通过竞标,四个商业合作伙伴,Abengoa、Suez Environnement和Trevi Systems被选中开发下一代海水淡化实验厂。4个节能海水淡化试点项目于2016年7月完成了为期9个月的初始阶段,另有5个项目于2016年9月加入。尤其是Sidem/Veolia的试点项目旨在评估三项创新:浮选与过滤相结合的预处理系统;一种能量回收装置;一种优化膜通量分布的新型膜进料结构。该工厂已经超过了马斯达尔清洁能源公司3.6 kWh/m^{3}的目标,达到3.3 kWh/m^3,能源消耗降低了7%。这在波斯湾是一个特别具有挑战性的目标,那里的盐度很高、水温很高、水位很浅,而且有机物含量很高。

海水淡化永远不可能在“零能量”下完成。从盐水中分离水所需的最小能量取决于水的盐度和要回收的淡水的百分比。

当分离过程作为可逆的热力学过程进行时,就实现了水脱盐的理论热力学最小能量值。此值与盐和水的混合自由能大小相等,符号相反。混合自由能与渗透压之间存在以下密切关系:

$$-d(\Delta G_{mix}) = -RTln(a_w)dn_w = \Pi_s \overline{V}_w dn_w \tag{6.5}$$

式中,G_{mix}是混合自由能;R是理想气体常数;T是绝对温度;a_w是水的活性系数;n_w是水的摩尔系数;Π_s是海水的渗透压;$\overline{V}_w$是水的摩尔体积。

由公式(6.5)可知,3 500 mg/L盐和50%回收率海水脱盐最小的理论能耗为1.06 kWh/m^3。当系统的尺寸有限且不作为可逆热力学过程运行时,即使在理想的设备(100%高效泵和能源回收装置)且无浓差极化或摩擦损耗下运行,其功率也会增加到1.56 kWh/m^3。

Elimelech等指出由于需要进行广泛的预处理和后处理步骤,SWRO新厂的总能耗是理论最低能耗的3~4倍。因此,未来提高海水淡化能源效率的研究应集中在SWRO厂的预处理和后处理阶段。事实上Zhu等指出,开发渗透性更强的薄膜(当施加的压力等于浓缩液的渗透压时)并不能为在热力学极限下运行的脱盐过程带来额外的节能效果,而只能通过减少所需的膜面积来帮助降低成本。此外,虽然高渗透膜可以使用较小的膜面积,但这需要重新设计模块,因为高水通量引起的浓差极化已经阻碍了当前复合膜模块的性能。此外,如前所述,膜污染在较高的水通量下加剧,进一步降低了SWRO海水淡化用超高渗透膜的价值。

因此,取消预处理阶段或减少预处理需求,将大大降低脱盐装置的能耗、资金成本和环境影响,但这需要开发具有特制表面特性的耐污膜以及改进水动力混合的膜模块。另外,与高压膜脱盐方法相比,开发新型节能脱盐(如MD)本身不容易受到污染的影响,也可以减少或消除预处理。

减少能源消耗(以及对化石燃料的依赖)的另一种可能性是将可再生能源与海水淡化结合起来。现有的三种主要可再生能源是太阳能(光伏和热能)、风能和地热能。其他可再生资源包括水力发电、生物质能和海洋能。

它们在运行过程中几乎不释放气态或液态污染物,与传统能源相比具有许多环境效益(例如温室气体的排放、有限资源的消耗、对世界上几个石油出口地区的依赖)。总体来说,最常用的能源是太阳能(占市场的70%),RO占可再生能源脱盐市场的62%。正在运作的工厂都是小型工厂,大部分只供示范使用,约占世界海水淡化总容量的0.02%。得益于MD和MCr在相对较低的操作温度下工作的固有特性,它们的发展和普及,也可能使低等级热流或者废热流以及替代能源得到有效利用。

最后,Werber等提出了在RO海水淡化中进一步节约能源的可能性。他们分析了摩擦损失和浓差极化时间歇式工艺的能量消耗。他们推导了分析近似值,并进行了数值模拟,以比较实际条件下间歇式、半间歇式和分段式RO的能量需求。发现实际的间歇式流程和分段式流程可以节约相当多的能源。例如半间歇式RO和两级RO在50%回收率时分别比一级海水RO节能13%和15%。然而,间歇式和半间歇式处理比目前商业运行的过程更复杂。

6.4 本章小结

在过去的几年里,膜操作已经被认为是水回收计划中的一个关键因素,旨在加强高水质的再利用(RO被认为是最有前途的海水淡化技术之一)。RO处理的成功在于膜性能的提高(更好的膜和材料、增加盐的排出和通量、提高膜的寿命和工艺设计),使热工过程的能耗降到最低,改进预处理过程和增加工厂容量。

尽管膜法脱盐技术取得了巨大的成功,但在降低脱盐水成本、提高产能(即提高水回收系数)、优化水质以及提高脱盐过程的生态可持续性这些方面仍需要改进。目前,膜污染防治特别是生物污染的防治是关键问题。正如本章所讨论的,膜技术由于具有较高的渗透通量、回收率和较长的膜寿命,越来越被认为是能使RO装置性能提升的预处理技术。延长 RO 膜寿命和提高工厂可持续性的另一种可能性是将报废的 RO 膜转化为 NF 和 UF 膜,用于预处理工艺或微咸水处理。

盐水处理是海水淡化过程中的另一个关键问题。近年来,海水淡化装置的数量和容量不断增加,加剧了产生浓缩废物对环境的负面影响问题。成本效益和环境敏感性被认为是如今广泛实施海水淡化技术的重大障碍。国家和国际项目也被要求在大型试点工厂上加速这一战略的潜力。例如欧洲的 SEAHERO 研究,日本的 Megaton 项目和韩国的 SEAHERO 项目。项目的第一部分重点是提高海水淡化能力。然而,在项目的第二部分,盐水处理被提上议程。为了从盐水中提取有价值的资源,最大限度地减少盐水对环境的影响并回收能源,提出了 MD 和减压渗透装置的混合系统。此外 SEAHERO 项目提出的一种正向渗透/RO 混合系统提高了 30% 的经济效率,并在相同的范围内降低了盐水体积。这种混合脱盐工艺可以将能耗降低到 2.5 kWh/m^3 以下,水价降低到 0.6 美元/t。

最新推出的项目之一是"Globlal MVP"。之后的目标是进一步发展所谓的第三代海水淡化厂,同时为有价值的资源回收增加一个步骤。本项目重点研究了从 RO 盐水中回收锂和锶,但实际上,还可以从反渗透盐水中回收其他几种化合物。

因此,集成膜系统为海水淡化循环的设计、合理化和优化提供了新的机会。这些系统开启了海水淡化工艺的新时代,即第三代海水淡化装置。它们正在成为实现零液通量、原料总利用率和低能耗必不可少的工具。

本章参考文献

[1] Lee, K. P.; Carnot, T. C.; Mattia, D. J. Membr. Sci. 2016, 370, 1 - 22.

[2] Progress on Drinking Water and Sanitation - 2014 Update. World Health Organization and UNICEF 2014. ISBN 978 92 4 150724 0. Available online: http://www.wssinfo.org/fileadmin/user_upload/resources/JMP_report_2014_webEng.pdf (last access on April 13, 2015).

[3] Quist - Jensen, C. A.; Macedonio, F.; Drioli, E. Membrane crystallization for salts recovery from brine—an experimental and theoretical analysis. Desalination and Water Treatment 2016, 57 (16), 7593 - 7603.

[4] Elimelech, M.; Phillip, W. A. Science 2011, 333, 712 - 717.

[5] Shannon, M. A.; et al. Nature 2008, 452, 301.

[6] IDA Desalination Yearbook 2016 - 2017. Published by Media Analytics Ltd., United Kingdom. ISBN: 978 - I - 907467 - 49 - 3.

[7] Drioli, E.; Macedonio, F. Membrane Engineering for Water Engineering. Ind. Eng. Chem. Res. 2012, 51 (30), 10051 - 10056.

[8] Song, Y.; Xu, J.; Xu, Y.; Gao, X.; Gao, C. Performance of UF NF Integrated Membrane Process for Seawater Softening. Desalination 2011, 276, 109 - 116.

[9] Macedonio, F.; Drioli, E. Hydrophobic Membranes for Salts Recovery From Desalina-

tion Plants. Desalin. Water Treat. 2010, 18, 224 –234.

[10] Fritzmann, C. ; Lowenberg, J. ; Wintgens, T. ; Melin, T. Desalination 2007, 216, 1.

[11] http://www.kochmembrane.com.

[12] http://www.dow.com/.

[13] Zamani, F. ; Chew, J. W. ; Akhondi, E. ; Krantz, W. B. ; Fane, A. G. Unsteady – State Shear Strategies to Enhance Mass – Transfer for the Implementation of Ultrapermeable Membranes in Reverse Osmosis: A Review. Desalination 2015, 356, 328 – 348.

[14] Holt, J. K. ; Park, H. G. ; Wang, Y. ; Stadermann, M. ; Artyukhin, A. B. ; et al. Fast Mass Transport Through Sub – 2 – Nanometer Carbon Nanotubes. Science 2006, 312, 1034 –1037.

[15] Ratto, T. V. ; Holt, J. K. ; Szmodis, A. W. Membranes With Embedded Nanotubes for Selective Permeability. U.S. Patent No. 7,993,524, Aug 9, 2011.

[16] Das, R. ; Ali, M. E. ; Hamid, S. B. A. ; Ramakrishna, S. ; Chowdhury, Z. Z. Carbon Nanotube Membranes for Water Purification: A Bright Future in Water Desalination. Desalination 2014, 336, 97 –109.

[17] Cohen – Tanugi, D. ; Grossman, J. C. Water Desalination Across Nanoporous Graphene. Nano Lett. 2012, 12 (7), 3602 –3608.

[18] Lee, K. P. ; Arnot, T. C. ; Mattia, D. A Review of Reverse Osmosis Membrane Materials for Desalination—Development to Date and Future Potential. J. Membr. Sci. 2011, 370 (1), 1 –22.

[19] Porada, S. ; Zhao, R. ; Van Der Wal, A. ; Presser, V. ; Biesheuvel, P. M. Review on the Science and Technology of Water Desalination by Capacitive Deionization. Prog. Mater. Sci. 2013, 58 (8), 1388 – 1442, http://dx.doi.org/10.1016/j.pmatsci.2013.03.005. Article published under the terms of Creative Commons Attribution – NonCommercial – No Derivatives License (CC BY NC ND).

[20] Imbrogno, J. ; Belfort, G. Membrane Desalination: Where Are We, and What Can We Learn from Fundamentals? Annu. Rev. Chem. Biomol. Eng. 2016, 7, 29 –64.

[21] Filtr. Ind. Anal. Municipal Water Treatment: Filtration and Separation Market Worth US $4.5 bn. Filtr. Ind. Anal. 2012, 2012(2), 3.

[22] Kim, Y. J. ; Choi, J. H. Selective Removal of Nitrate Ion Using a Novel Composite Carbon Electrode in Capacitive Deionization. Water Res. 2012, 46 (18), 6033 – 6039.

[23] Li, H. ; Zou, L. Ion – Exchange Membrane Capacitive Deionization: A New Strategy for Brackish Water Desalination. Desalination 2011, 275 (1), 62 –66.

[24] Biesheuvel, P. M. ; Zhao, R. ; Porada, S. ; Van der Wal, A. Theory of Membrane Capacitive Deionization Including the Effect of the Electrode Pore Space. J. Colloid In-

terface Sci. 2011, 360 (1), 239 – 248.

[25] Zhao, R.; Biesheuvel, P. M.; Van der Wal, A. Energy Consumption and Constant Current Operation in Membrane Capacitive Deionization. Energ. Environ. Sci. 2012, 5 (11), 9520 – 9527.

[26] Macedonio, F.; Curcio, E.; Drioli, E. Integrated Membrane Systems for Seawater Desalination: Energetic and Exergetic Analysis, Economic Evaluation, Experimental Study. Desalination 2007, 203, 260 – 276.

[27] Macedonio, F.; Drioli, E. Pressure – Driven Membrane Operations and Membrane Distillation Technology Integration for Water Purification. Desalination 2008, 223, 396 – 409.

[28] Macedonio, F.; Drioli, E.; Curcio, E.; Di Profio, G. Experimental and Economical Evaluation of a Membrane Crystallizer Plant. Desalin. Water Treat. 2009, 9, 49 – 53.

[29] Macedonio, F.; Katzir, L.; Geisma, N.; Simone, S.; Drioli, E.; Gilron, J. Wind – Aided Intensified eVaporation (WAIV) and Membrane Crystallizer (MCr) Integrated Brackish Water Desalination Process: Advantages and Drawbacks. Desalination 2011, 273, 127 – 135.

[30] Drioli, E.; Curcio, E.; Criscuoli, A.; Di Profio, G. Integrated System for Recovery of CaCO3, NaCl and MgSO4 · 7H2O From Nanofiltration Retentate. J. Membr. Sci. 2004, 239, 27 – 38.

[31] Tun, C. M.; Fane, A. G.; Matheickal, J. T.; Sheikholeslami, R. Membrane Distillation Crystallization of Concentrated Salts—Flux and Crystal Formation. J. Membr. Sci. 2005, 257, 144 – 155.

[32] Ali, A.; Macedonio, F.; Drioli, E.; Aljlil, S.; Alharbi, O. A. Experimental and Theoretical Evaluation of Temperature Polarization Phenomenon in Direct Contact Membrane Distillation. Chem. Eng. Res. Des. 2013, 91, 1966 – 1977.

[33] Macedonio, F.; Drioli, E. Desalination 2008, 223, 396 – 409.

[34] Macedonio, F.; Drioli, E. Membr. Water Treat. 2010, 1 (1), 75 – 81.

[35] Global Water Intelligence (GWI/IDA DesalData), Market Profile and Desalination Markets, 2009 – 2012 Yearbooks and GWI Website, http://www.desaldata.com/.

[36] Ghaffour, N.; Missimer, T. M.; Amy, G. L. Technical Review and Evaluation of the Economics of Water Desalination: Current and Future Challenges for Better Water Supply Sustainability. Desalination 2013, 309, 197 – 207.

[37] Kronenberg, G. The Largest SWRO Plant in the World—Ashkelon 100 Million m3/y BOT Project. Desalination 2004, 166, 457 – 463.

[38] Desalination Markets 2005 – 2015, a global assessment & forecast, Global Water Intelligence, 2005.

[39] Wilf, M. Fundamentals of RO – NF Technology, International Conference on Desalination Costing, Limassol, 2004.

[40] Maurel, A., Seawater/Brackish Water Desalination and Other Non - Conventional Processes for Water Supply, 2nd ed. ;Lavoisier, 2006, (10:2 -7430 -0890 -3).

[41] von Medeazza, G. L. M. Desalination 2005, 185, 57.

[42] Lienhard, J. H. ; Thiel, G. P. ; Warsinger, D. M. ; Banchik, L. D. Low Carbon Desalination:Status and Research, Development, and Demonstration Needs. Report of a workshop conducted at the Massachusetts Institute of Technology in Association With the Global Clean Water Desalination Alliance. (Citable URl:http://hdl. handle. net/1721. 1/105755. Data:2016 -10).

[43] Water. desalination t reuse, September 2016. In site UNITED ARAB EMIRATES - Abu Dhabi Ghantoot:MASDAR Clean Energy develops unique project to test energy efficient desalination, pp 24 -33.

[44] Stoughton, R. W. ; Lietzke, M. H. J. Chem. Eng. Data 1965, 10, 254.

[45] Zhu, A. ; Rahardianto, A. ; Christofides, P. D. ; Cohen, Y. Reverse Osmosis Desalination With High Permeability Membranes—Cost Optimization and Research Needs. Desalin. Water Treat. 2010, 15 (1 -3), 256 -266.

[46] Johnson, J. ; Busch, M. Desalin. Water Treat. 2010, 15, 236.

[47] Macedonio, F. ; Drioli, E. ; Gusev, A. A. ; Bardow, A. ; Semiat, R. ; Kurihara, M. Efficient Technologies for Worldwide Clean Water Supply. Chem. Eng. Process. 2012, 51, 2 -17.

[48] Mathioulakis, E. ; Belessiotis, V. ; Delyannis, E. Desalination by Using Alternative Energy:Review and State - of - the - Art. Desalination 2007, 203 (1 -3), 346 -365.

[49] Werber, J. R. ; Deshmukh, A. ; Elimelech, M. Can Batch or Semi - Batch Processes Save Energy in Reverse - Osmosis Desalination? Desalination 2017, 402, 109 -122.

[50] Drioli, E. ; Criscuoli, A. ; Macedonio, F., Eds. ; In Membrane - Based Desalination:An Integrated Approach IWA Publishing, 2011. ISBN:9781843393214.

[51] Kurihara, M. ; Hanakawa, M. Mega - Ton Water System:Japanese National Research and Development Project on Seawater Desalination and Wastewater Reclamation. Desalination 2013, 308, 131 -137.

[52] Kim, S. ; Cho, D. ; Lee, M. -S. ; Oh, B. S. ; Kim, J. H. ; Kim, I. S. SEAHERO R&D Program and Key Strategies for the Scale - up of a Seawater Reverse Osmosis (SWRO) System. Desalination 2009, 238 (1 -3), 1 -9.

[53] Kim, S. ; Oh, B. S. ; Hwang, M. -H. ; Hong, S. ; Kim, J. H. ; Lee, S. ; Kim, I. S. An Ambitious Step to the Future Desalination Technology:SEAHERO R&D Program (2007 -2012). Appl. Water Sci. 2011, 1 (1 -2), 11 -17.

[54] Kim, S. -H. ; Kim, D. -I. Scaling - up and Piloting of Pressure - Retarded Osmosis. Desalin. Water Reuse 2014, 24 (3), 36 -38.

第7章　最先进的膜分析和“百万吨水系”项目开发的节能型膜——低压海水反渗透膜

7.1　概　述

7.1.1　背景

虽然人们认为水是普遍存在的，但其实它是我们最宝贵的有限资源，而这一资源如今正面临着严峻的形势。人类在工业革命中消耗了大量的水资源，污染了水源。虽然世界人口在20世纪增长了两倍，但全球用水量增长了近6倍。目前，许多地区和国家都面临水资源压力或缺水问题。此外，由于制造业、火力发电、农业和家庭用水的需求不断增长，预计到2050年，全球的取水量将增加44%左右。关于水污染，据估计，发展中国家90%的废水未经处理就直接排放到河流、湖泊或海洋中。世界上有7亿多人依赖不安全的饮用水源。因此，水问题和全球变暖一样是世界上最严重的问题之一。人类迫切需要水处理技术以确保足够多和安全的水源。膜技术用于水处理能够提供优质、可持续的水供应，被认为是21世纪不可或缺的技术。特别是反渗透(RO)膜在海水淡化领域得到了广泛的应用，其不仅适用于海水淡化，也适用于半咸水淡化，包括工业和污水循环使用。节能和改善水质一直是海水反渗透(SWRO)和海水淡化的两个主要课题。在节能方面，SWRO厂40年来的平均能耗已降至原来的1/5，目前全脱盐工艺和RO膜的能耗分别为4 kWh和2～3 kWh。这是由于膜、泵和功率回收装置的技术有了进步。然而，仍需进一步改进技术以实现更低的能源消耗。

7.1.2　RO膜的结构分析

在水质方面，硼质量浓度的调节受到人们的广泛重视，因为任何一种含硼的口服药都能对实验动物产生生殖毒性。硼以硼酸的形式存在于海水中，其质量浓度为4～7 mg/L，是地表水的20倍以上。RO膜去除水中硼酸有以下困难：首先，硼酸的分子尺寸太小，很难通过尺寸排除来去除。其次，由于硼酸的pK_a为9.14～9.25，在pH为7～8的天然海水中不电离，在pH为9或更高时发生游离，因此，在中性条件下，硼酸与膜之间的电斥力对硼的排斥作用是无法预期的。世界卫生组织在 2008 年底提出了硼质量浓度应控制在 2.4 mg/L，但各工厂的产品水中所需的硼质量浓度值实际上取决于工厂的系统设计、用水情况、国家政策等。

虽然理想的 SWRO 膜应该具有高透水性和高溶质去除性能，但通常在提高透水性和降低溶质排斥率之间存在权衡。假设 RO 膜中存在一个孔隙，即聚合物内部的空间，则 RO 膜的性能必须由其大小和数量来控制。也就是说，水中的溶质被孔隙的大小所排除，水的渗透性取决于孔隙的数量。为了获得进一步的优良性能，科学研究以分子为切入点。

因此，需要对膜本身进行更多的科学研究。

由于水的渗透性与除硼之间存在一种平衡关系，SWRO 膜的发展主要遵循三个原则：①超高的除硼性能；②高的水通量与高除硼性能；③超高水通量。为了进一步获得适合于本章研究的优良性能，需要对 RO 膜中溶质输运机理进行科学研究。

RO 膜技术在过去的 50 年中取得了巨大的进步。在海水和咸水淡化领域，节能和水质改善一直是两大课题。目前，随着膜和工艺技术的进步，RO 膜海水淡化工艺的能耗不足 20 世纪 70 年代的 1/5。然而，仍然需要先进的膜和工艺去实现更低的成本、更低的能源消耗和更高的水质。

7.1.3 “百万吨水系”项目概况

如前所述，RO 技术在世界各地广泛使用，以确保可持续的水源和解决水的问题。值得注意的是，采用 RO 技术的水处理厂规模呈现出一定的蓬勃发展趋势。图 7.1 为 SWRO 厂和废水回收 RO 厂的规模变化。随着技术的进步，工厂规模在过去几十年里不断扩大，2000 年以后建成了日产淡水 10 多万立方米（相当于 40 万左右人口的日供应量）的大型水处理厂。然而，水污染问题持续恶化，在可预见的未来，将需要更多日产 100 万 m^3 的水处理工厂。这导致迫切需要开发创新的水处理系统，以解决大型工厂建设造成的能源消耗和环境破坏等问题。与小型工厂相比，通过在大型工厂中有效地积累部件，有可能设计出最佳的布局。这种布局可以减少工厂的总量，提高能源效率，减少对环境的影响。因此，需要发展大型工厂的技术。2010 年，第一项（世界领先的科技创新研发资助项目）“百万吨水系”项目启动，该项目是日本的一个前沿项目，旨在开发 21 世纪水处理的关键技术，实现水环境的可持续管理和低碳路径。该项目旨在开发创新的水处理技术，这些技术是实现大型工厂所必需的，如生物友好的预处理、低压多级 RO 系统、低压 SWRO 膜、高效能量回收装置（ERD）、高压树脂管道等，力争为大型工厂提供一个完整的水处理系统。

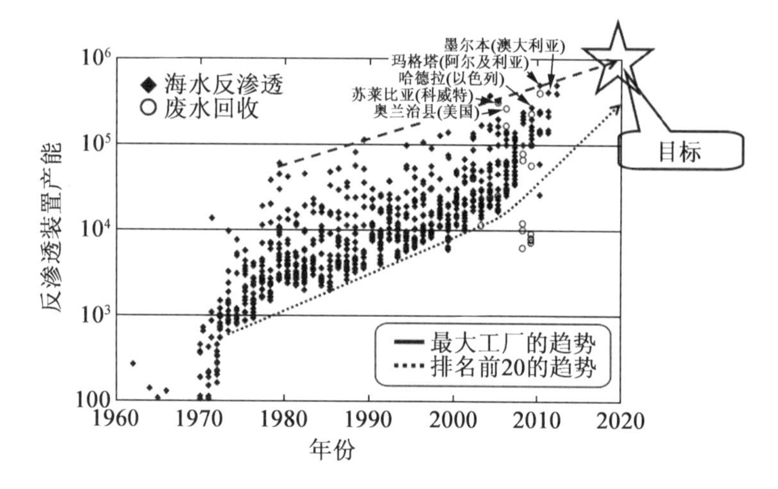

图 7.1 SWRO 厂和废水回收 RO 厂的规模变化

7.2 研究进展

膜技术已经取得了很大的进步,其关键技术如下:

①材料。适用于各种分离方式的高性能材料的分子设计。

②形态。高性能膜的形态设计。

③元件/模块。保持膜高性能的元件和模块设计。

④成膜工艺。工厂设计及操作技术。

据报道,交联芳香族聚酰胺具有优良的物质去除性能和使用寿命,是目前最常用的复合 RO 膜材料。复合 RO 膜通常由三层组成,即分离层、聚砜多孔支撑层和聚酯非织造布衬底,如图 7.2 所示。在分离层,通过交联芳香族聚酰胺形成具有 RO 功能的半透膜。另外两层在工作压力下起支撑分离功能层结构的作用。因此,RO 膜的功能取决于交联芳族聚酰胺的物理性质和化学性质,交联芳香族聚酰胺的推断化学结构如图 7.3 所示。

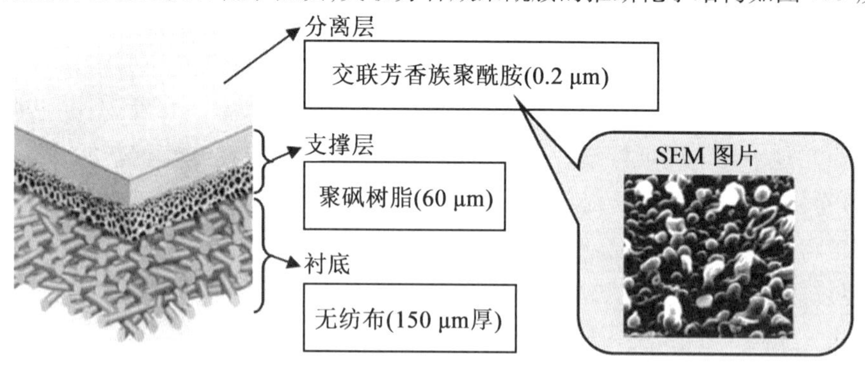

图 7.2 聚酰胺复合 RO 膜结构

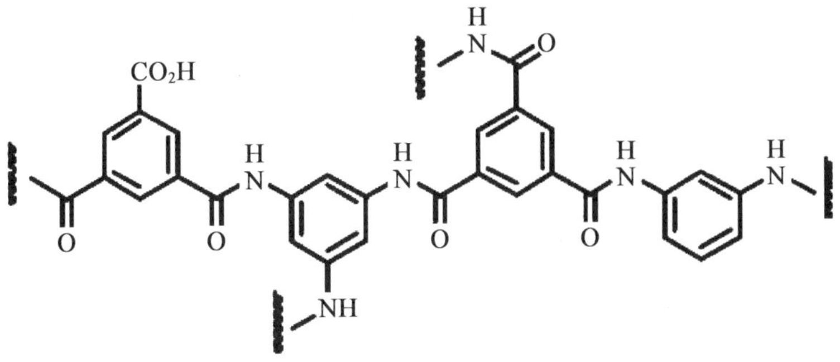

图 7.3 交联芳香族聚酰胺的推断化学结构

这种方式是利用界面缩合反应在衬底上形成非常薄的聚合物层。Morgan 首先提出了这种方法,然后 Scala 和 Van Hauben 实际应用于 RO 膜的制备。Cadotte 发明了一种采用原位界面缩合法的制备高性能膜,其中单体多官能胺和单体多官能酸卤化物之间的界面缩合反应在衬底材料上进行,以得到薄膜的分离功能层。许多公司已经用这种方法成功地开发了各种复合膜,膜的性能也得到了明显改善。交联芳香聚酰胺复合膜已被认为是目前最流行、最可靠的 RO 膜材料。

典型芳香族聚酰胺复合 RO 膜如图 7.4 所示。交联芳族聚酰胺的厚度应为 0.2 mm,膜表面有凸起结构。

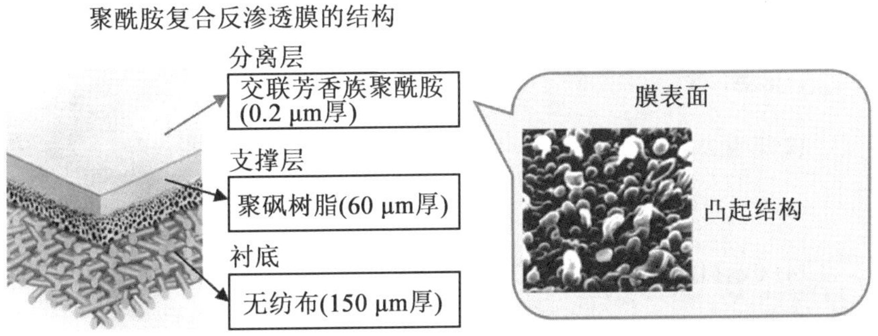

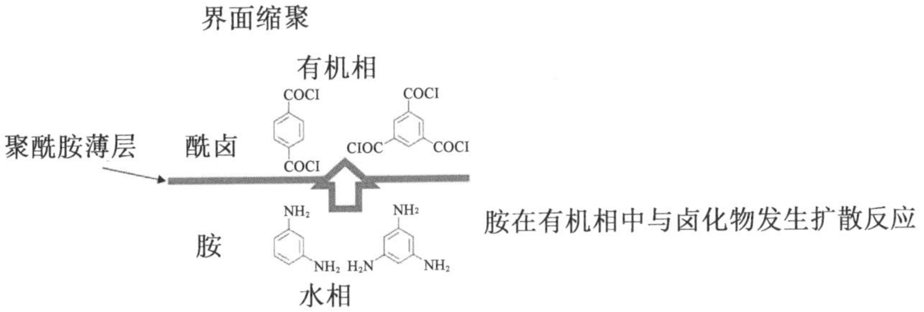

图 7.4 典型芳香族聚酰胺复合 RO 膜

在界面缩聚成膜过程中,有机相中的胺通过扩散与卤化物发生反应。胺在水相中的扩散是非常重要的。

反渗透膜精细结构应解决的问题:

①膜孔是否存在。如果有孔洞,孔径是多少?

②精细的膜形态,如膜内部结构、膜厚度(1970~1980年的数据未知)。

由于缺乏合适的分析方法,这些问题一直存在到2000年,如图7.5所示。

一些基础和科学方法的新进展为图7.5所示问题提供了解决方案,作者将继续关注RO膜的孔径估算。

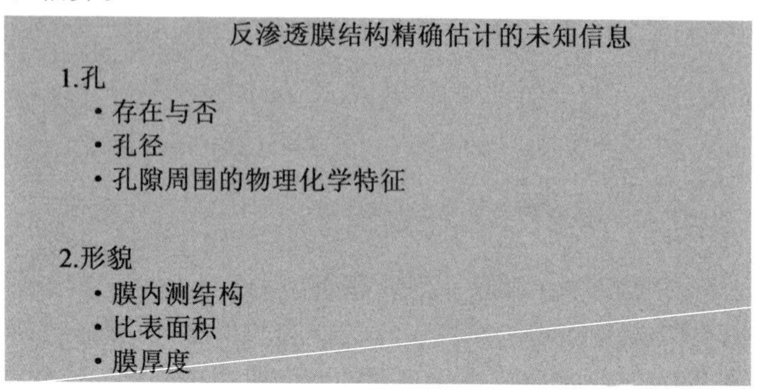

图7.5 20世纪70年代RO膜结构未解决的问题

1. 反渗透膜表面结构分析

将聚合物膜的孔径分析方法与图7.6中的其他方法进行了比较。只有正电子湮没寿命谱(PALS)才能用于测定交联芳香族聚酰胺膜的真实孔径。

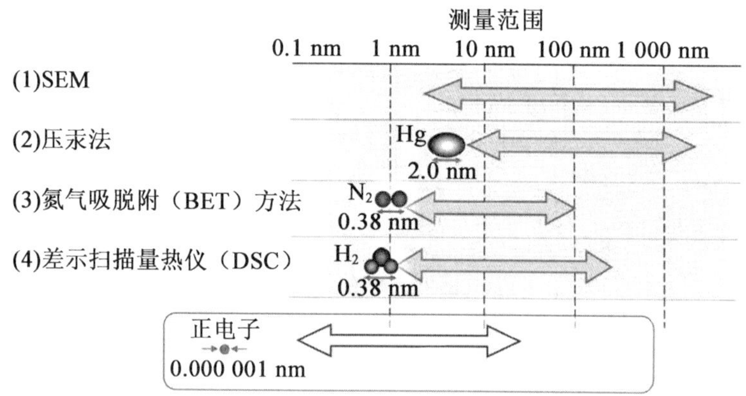

图7.6 聚合物膜孔径分析方法

分离层复合SWRO膜的孔径大小分析与同级别进行比较,膜孔径在5.6~7.0 Å(1 Å = 0.1 nm)的范围(图7.7)。研究者认为该范围的孔在分离层能够体现膜的性能。此外,RO膜孔径与硼去除率之间的关系如图7.8所示。分离功能层的孔径大小是控制RO膜除溶质性能的主要因素之一。

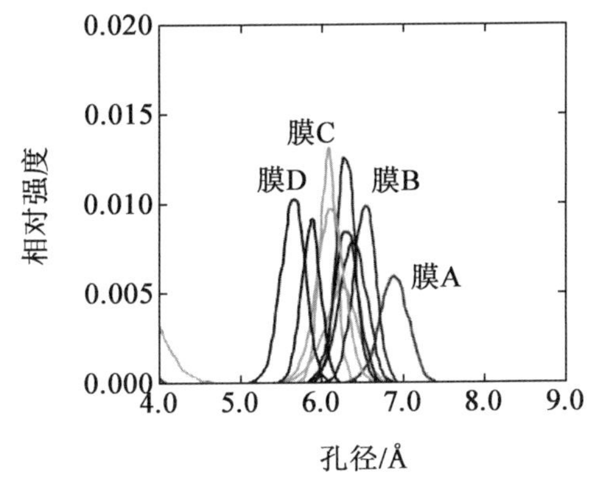

图 7.7 孔径分布(彩图见附录)

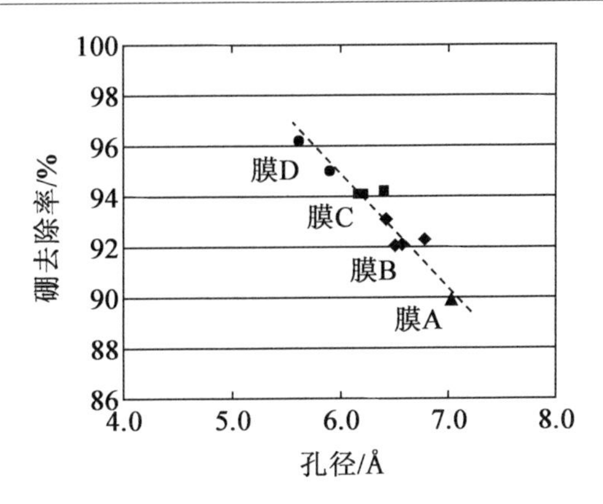

图 7.8 孔径尺寸和硼的去除率

此外,基于^{13}C 核磁共振(NMR)研究建立的化学结构,进行了分子动力学模拟。优化模型由初始结构计算得到,初始结构中包含预估含水量,如图 7.9 所示。为了确定聚合物模型中的孔径尺寸,采用 Connolly 表面计算优化得到不含水的聚合物模型。结果表明,孔径的大小为 6 ~ 8 Å,和之前的分析测量结果一致(图 7.10),说明这些聚合物模型在分析孔径方面具备一定的可信度。通过计算,将 RO 膜孔径与硼酸、钠离子等典型去除物质的水化状态进行对比,如图 7.11 所示。钠离子被强烈水化,而硼酸在中性 pH 区几乎不被水化。因此,RO 膜的孔径与水化钠离子几乎相同,但比非水化硼酸略大。这是硼的渗透率大于 NaCl 渗透率的主要原因。只有当孔径和物质尺寸(包括水化状态)之间的差异很微小时,去除效果才会有明显的体现。

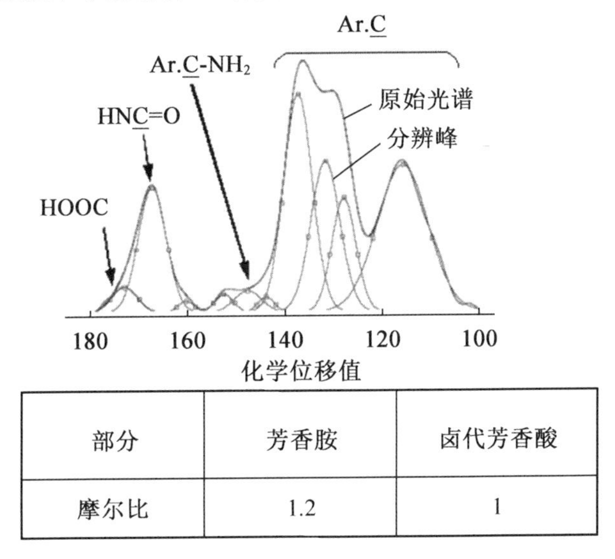

部分	芳香胺	卤代芳香酸
摩尔比	1.2	1

图 7.9 RO 膜的 DD/MAS ^{13}C NMR 谱图及各组分摩尔比(彩图见附录)

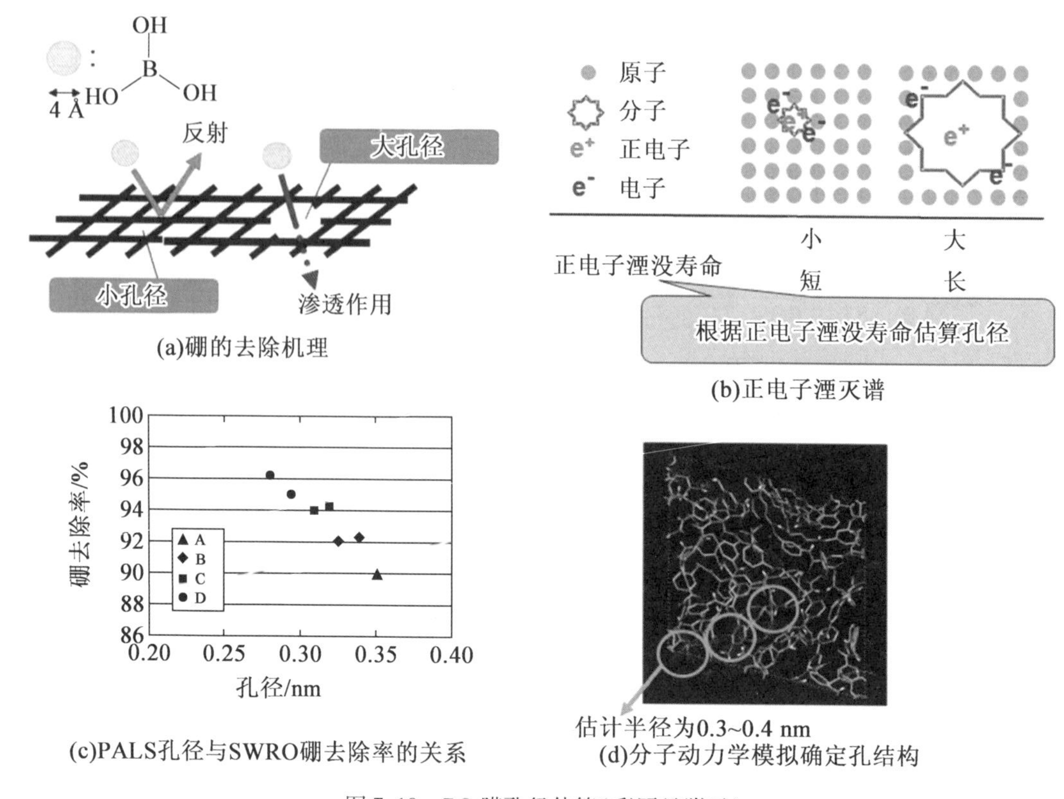

图 7.10 RO 膜孔径估算(彩图见附录)

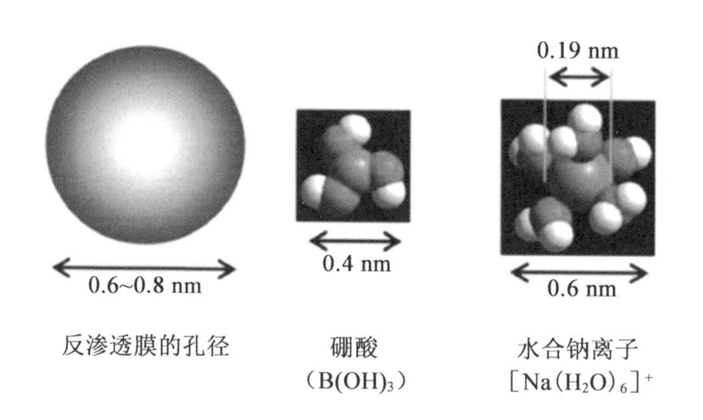

图 7.11 RO 膜孔径与典型去除物质水化状态的对比(彩图见附录)

2. RO 膜表面形貌分析

根据以往对膜表面形貌的研究,RO 膜的分离层材料是一些具有凸起结构的交联芳香族聚酰胺。假设这种结构对 RO 膜的透水性有很大影响,但是传统的扫描电镜(SEM)分析仅给出了如图 7.12(a)所示的外观信息,还不完全明确这种结构如何决定了膜的性能。为了获得可靠的信息,需要对凸起结构进行更精确的估计。

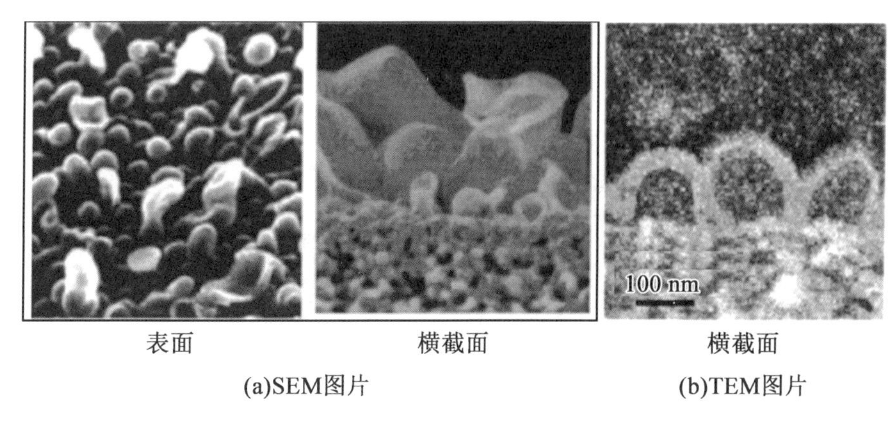

图 7.12 常规扫描电镜和透射电镜经特殊处理后的隆突图像

利用透射电子显微镜(TEM)对膜进行特殊处理以保存结构,得到了所示凸起截面的清晰图像,并对表面形貌进行了定量分析,如图 7.12(b)所示。根据图像,由于凸起的内部是一个洞穴,因此这个结构具有令人满意的透水性。通过分析,可以得到估算膜内结构、膜表面积(以凸起脊线长度表示)和膜厚度的新参数。通过对不同透水性膜的比较,发现膜表面积越大或膜越薄,透水性越好。从而揭示了膜的凸起形态与膜透水性之间的关系。

因此,通过对反渗透膜的孔径和形貌的分析,对 RO 膜的去除溶质性能和渗透性能进行了结构研究。

利用 TEM 对结构进行分析,通过对膜进行特殊处理来保存结构,得到了凸起截面的精确图像,并与 SEM 图像进行了对比,对表面形貌进行了定量分析(图 7.13)。这一结果为水通过凸起的新传输机制打开了大门。

用SEM精确分析“凸起”结构

表面信息

表面
(SEM)

横截面
(SEM)

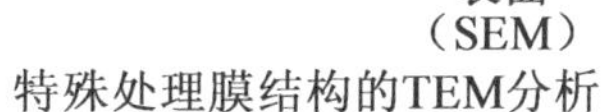

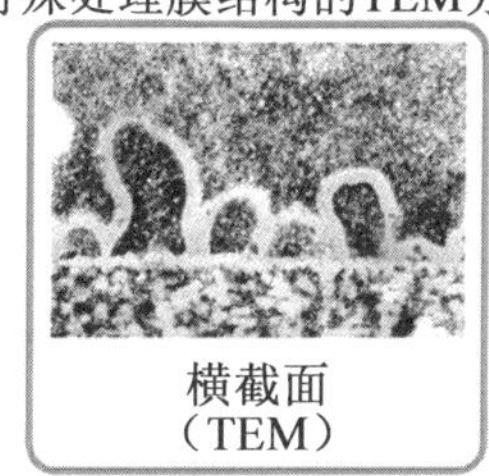

新参数估算
- 内部结构
- 比表面积
- 膜厚度

图 7.13 TEM 形貌分析

因此,通过孔径和形貌的分析,对 RO 膜去除溶质性能和透水性总体结构的研究有了较大进展。

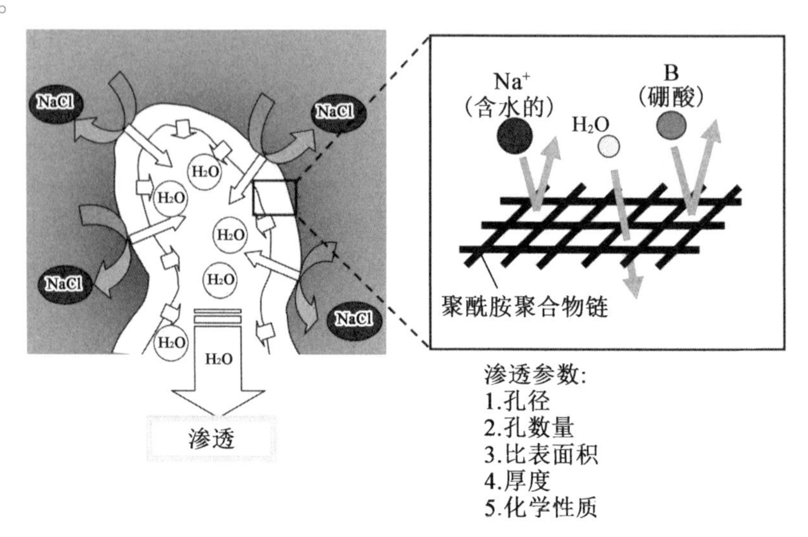

图7.14 RO膜渗水示意图

3. 反渗透膜性能研究进展

在现有基础上,东丽公司开发了一种可用于SWRO工艺的新型具有高溶质排斥性能的RO膜元件。SWRO工艺的RO膜元件系列见表7.1。

表7.1 东丽SWRO系列产品

产品	TDS废品率规格/%	产水率(GPD)/(m^3·天$^{-1}$)	硼废品率/%
TM820A	99.75	6 000 (22.7)	93
TM820C	99.75	6 500 (24.6)	93
TM820E	99.75	7 500 (28.0)	91
TM820S	99.75	9 000 (34.1)	90
TM820R	99.80	9 400 (35.6)	95
TM720C	99.20	8 800 (33.3)	94
TM820K	99.86	6 400 (24.2)	96
TM820X	99.80	12 000(45.4)	92

TM820C的总溶解固体(TDS)截留率很高,对硼的截留率也达到了93%。TM820E和TM820S硼截留率高,产水率高。TM720C具有良好的碱耐受性,可用于多级流程中的第二工段。最近,TM820R已经同步实现了高的TDS和硼截留率,以及高的产水率。TM820R已投入运行,性能良好且稳定。此外,超高截留膜TM820K和更节能的膜TM820X作为新系列产品展示。

这些科学的方法大大改进了SWRO膜在6.0 MPa下的截留性能,如图7.15所示。利用基础研究成果,实现了高的产水率与溶质截留率的创新改进。硼的截留率从90%提高到

93%,而水的渗透率在5年的时间里得到了显著的提高,TDS保持在较高的水平(499.75%)。SWRO膜性能的进步使许多大型SWRO厂的生产成本和能耗都在降低。

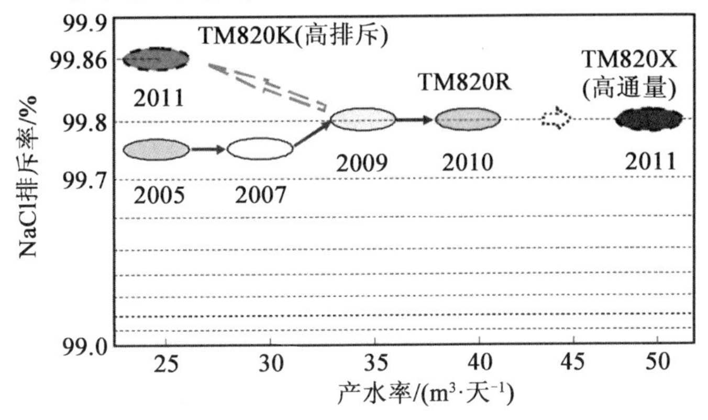

图7.15 SWRO膜性能研究进展

7.3 对于先进膜技术最优性能的持续研究

7.3.1 创新的低压SWRO膜——“百万吨级水系统”项目的膜研究

2010年,首例“百万吨级水系统”项目立项。该项目是日本最前沿的研发项目,旨在开发21世纪水处理关键技术,实现水环境和低碳路径的可持续管理。该项目所开发创新的水处理技术,都是创建大型水处理工厂所必需的,如生物友好的预处理、低压多级RO系统、低压SWRO膜、ERD、高压树脂管道等,力争为大型工厂提供一个完整的水处理系统。对该项目的总结以及注意事项如图7.16和图7.17所示。

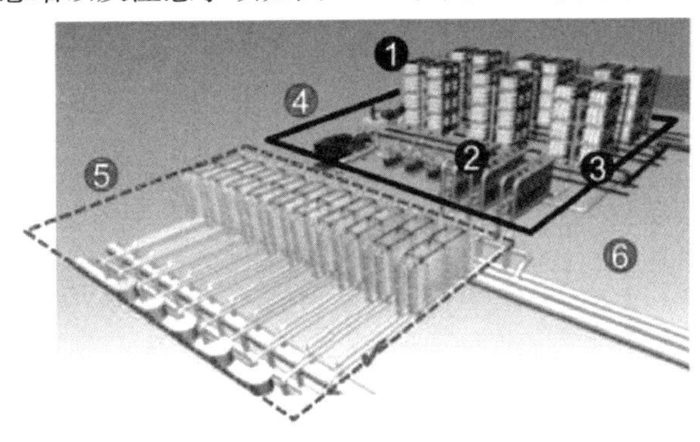

图7.16 “百万吨水级系统”项目

(材料和设备:①低压海水反渗透元件;②新一代ERD;③新高压树脂管道。系统:④低压多级高效回收系统(LMS);⑤生物友好反渗透预处理技术(BFRO);⑥压力缓速渗透系统(PRO))

图 7.17 “百万吨级水系统”的关键技术

7.3.2 低压 SWRO 膜技术

为了开发创新型低压 SWRO 膜，对 RO 膜功能层的结构分析是不可避免的。对于 SWRO 膜的表面形态，可以假设膜表面上的凸起结构将极大地促进膜的透水性，如图 7.18所示。

然而传统的扫描电子显微镜分析方法仅能从外观上提供有限的信息，如图 7.18 所示。凸起结构对反渗透海水膜的性能有何影响尚未完全清楚。为了获得可靠的信息，需要对凸起结构进行更精确的评估。在这项研究中，研究人员开发了一种改良的处理方法，该方法能够在潮湿条件下检测十分精细的凸起结构。如图 7.19 所示，利用改良后的方法，即使在高真空环境下，凸起结构也能很好地保持原貌以便在显微镜下观察；而用传统方法，该形貌很容易发生变化。

(1)反渗透膜功能层的精细结构分析
①估计孔隙大小
②对凸起结构的精确估计
(2)低压海水反渗透膜的研制

(a)高效膜的目标(降低能耗)

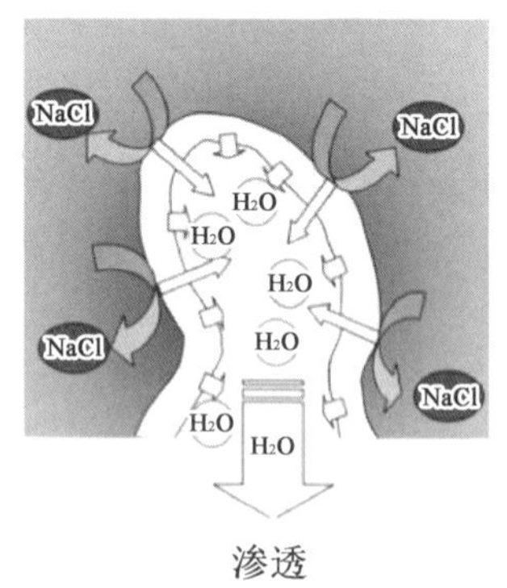

(b)透水示意图

图 7.18 RO 膜分离机理

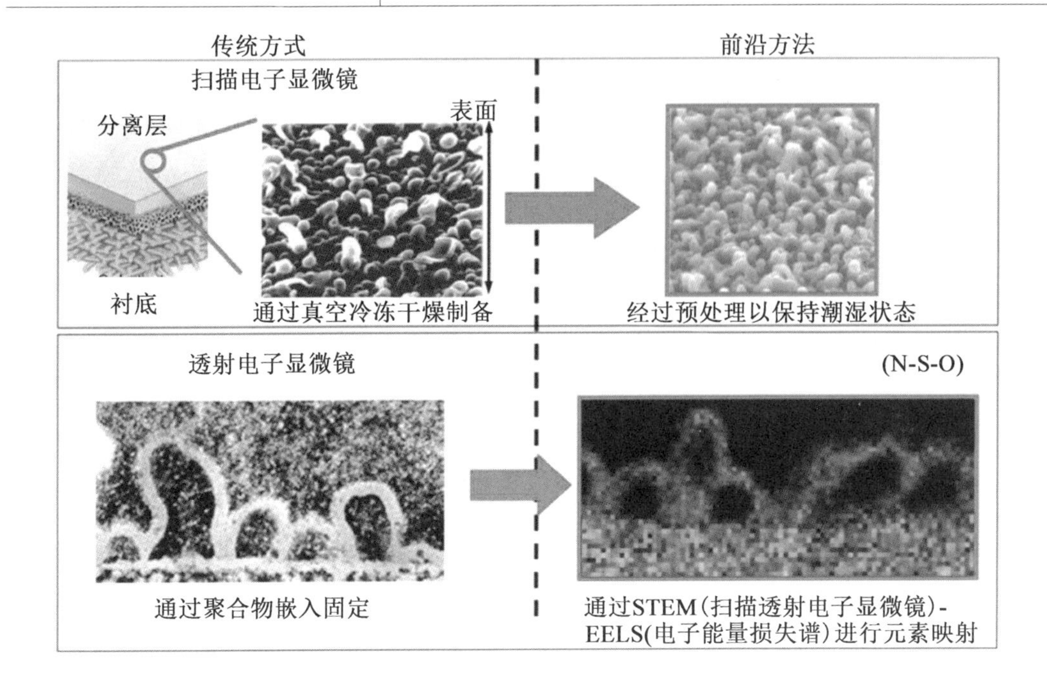

图 7.19　精确估计“凸起结构”的技术

TEM 用于分析 RO 膜的横截面结构。为了保持凸起的形貌,需要用特殊技术来制备样品。图 7.19 给出了 TEM 得到的清晰图像。分析表明,这些凸起具有洞状的内部结构,可以定量分析 RO 膜的表面形貌。由凸起的棱线长度估计反渗透膜的表面积,由聚酰胺层的厚度估计凸起皮层的厚度。利用电子能量损失谱绘制了元素分布图,如图 7.19 所示。从图像中能够确认凸起不存在于聚酰胺内部,而存在于表皮部分,其高度约为 200 nm,厚度为 20 nm。

通过 TEM 分析获得了两个结构参数,即决定 RO 膜性能的表面积和厚度。比较具有不同透水性的 RO 膜之间的形态,发现具有较大表面积或较小厚度的膜显示出较高的透水性。此外,凸起的数量也影响表面积和透水性。由此可见,凸起结构的形态与 RO 膜的透水性之间存在一定关联。利用这种关联,该项目的研究目标是通过微结构设计得到具有最大水通量和盐截留的膜。

为了有效地除盐,需要合适的孔径和数量的孔隙结构;为了提高产水率,需要大面积和小厚度的凸起结构。为了得到所需结构,研究人员对膜结构的制造工艺,特别是形成聚酰胺层的界面缩聚反应步骤进行研究。界面缩聚反应容易受到各种因素的影响,例如单体、溶剂、添加剂、温度、pH 和支撑层。通过精确控制反应条件,该研究成功得到一种精细缩聚技术,并用于该项目中 SWRO 的制备。

在此基础上,对聚酰胺层的结构进行了进一步的优化设计。与 Toray 的标准 SWRO 膜相比,新型 SWRO 膜的节能效果如图 7.20 所示。标准 SWRO 膜可以通过常规方法合成,也可通过商业途径购买。在实验室测试中,每种 SWRO 膜的性能是在没有能量回收的情况下进行测试的。实际上,用于 3.5% 的海水淡化的传统 SWRO 膜需要在

6.0 MPa 以上的操作压力下,才能达到99.85%的除盐率和1.0 $m^3/(m^2\cdot天)$的透水率。但是,新型低压 SWRO 膜在低于5.0 MPa 的进水压力下表现出了相似的优良性能,这说明新型 SWRO 膜的确有助于降低海水淡化过程中的能耗。

从聚酰胺复合反渗透膜结构示意图看,20 世纪 80 年代交联芳香族聚酰胺膜厚应为200 nm(0.2 mm),在"百万吨级水系统"项目后,研究人员发现膜表面出现凸起,实际膜厚仅为20 nm(0.02 mm)。可见精确控制界面缩聚反应对讨论膜的形成及其结构具有重要意义。

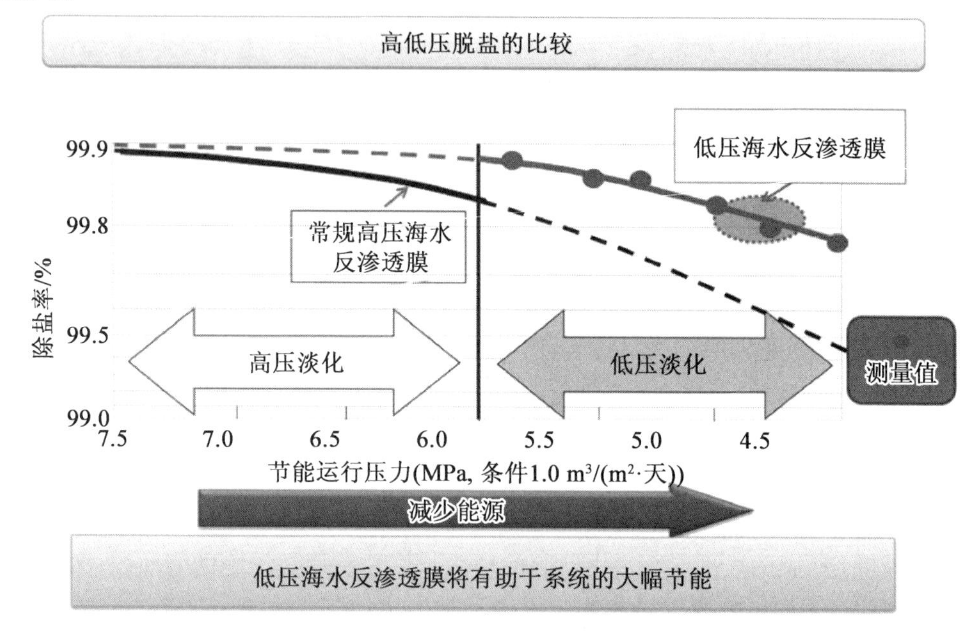

图7.20 新型 SWRO 膜的节能效果

7.4 百万吨级水系统

7.4.1 研究目标

"百万吨级水系统"项目是由日本政府倡导的,旨在研发21 世纪水处理的关键技术,并为全球水问题解决方案做出贡献。

"百万吨级水系统"的愿景是可持续的海水淡化和回收。

任务是:降低能源(20% ~30%)和降低水生产成本(50%)。

"百万吨级水系统"水循环如图7.21 所示,分为两部分:

(1)SWRO 系统。

(2)具有减压渗透(PRO)系统的 SWRO 系统。

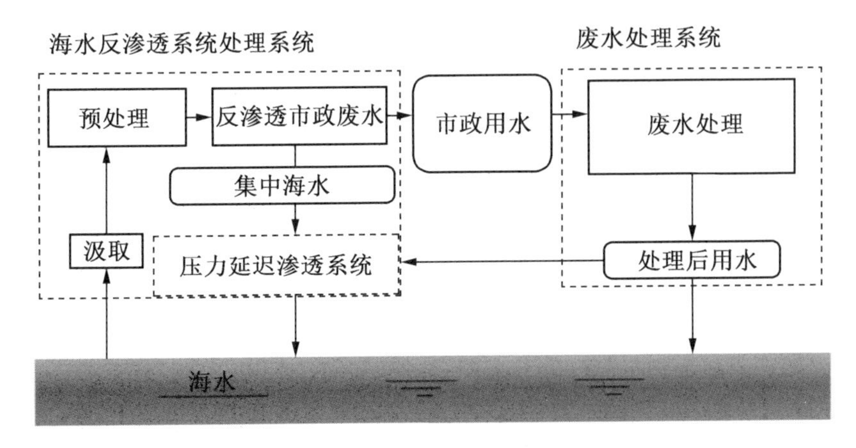

图 7.21 “百万吨级水系统”的水循环

1. SWRO 系统

SWRO 系统的研究目标与“百万吨水系统”的目标相同。

2. 具有减压渗透(PRO)系统的 SWRO

SWRO 系统是解决水短缺问题的有效工艺之一,因为它成本低和能耗低。然而,该工艺仍存在一些问题,如工厂释放的浓盐水会引起环境问题。此外,特别是百万吨级别的大型工厂还需要具有更高的成本效益和更低的能耗。在“百万吨水系统”中,PRO 系统备受关注,因为它可以从浓盐水和淡水之间的盐度差中回收能量;同时,该系统也可作为解决 SWRO 系统工作时引起的环境问题的替补方案。40 年前,Loeb 等提出了 PRO 方法。他们在死海和美国的大盐湖进行了 PRO 实验,这里有高浓度盐水和淡水。然而结果并未达到预期,因为这些实验采用的半渗透膜并不是用于正向渗透,而是用于 SWRO。美国国家先进工业科学与技术研究所的 Takeo Honda 博士表示,如果对膜模块进行适当的改进,PRO 的净输出功率(产生的功率减去消耗的功率)将是正值。最近,一些研究小组,特别是来自欧洲的研究小组,正在研究类似荷兰可持续用水中心使用的那种回收盐度梯度功率的工艺。自 2002 年以来,日本的 Kyowakiden 工业有限公司与九州大学、长崎大学和东京工业大学合作,进行了基础和运行研究。2002 年,一个使用膜组件的小型 PRO 实验基地毗邻福冈 SWRO 设备而建。2007 至 2009 年,研究人员对 PRO 投入使用的可能性进行评估,并在 NEDO(新能源产业技术综合开发机构)的支持下,创建了第一个使用商业化标准膜组件的 PRO 设备。2010 年,该设备加入了“百万吨水系统”项目。

3. PRO 的研究目标

有关 PRO 的研究报告及讨论结果混乱不清,令人费解。如此来看,“百万吨级水系统”项目中 PRO 的目标也仅限于从 SWRO 中回收能量。

PRO 能量回收系统和工艺流程图如图 7.22 所示。

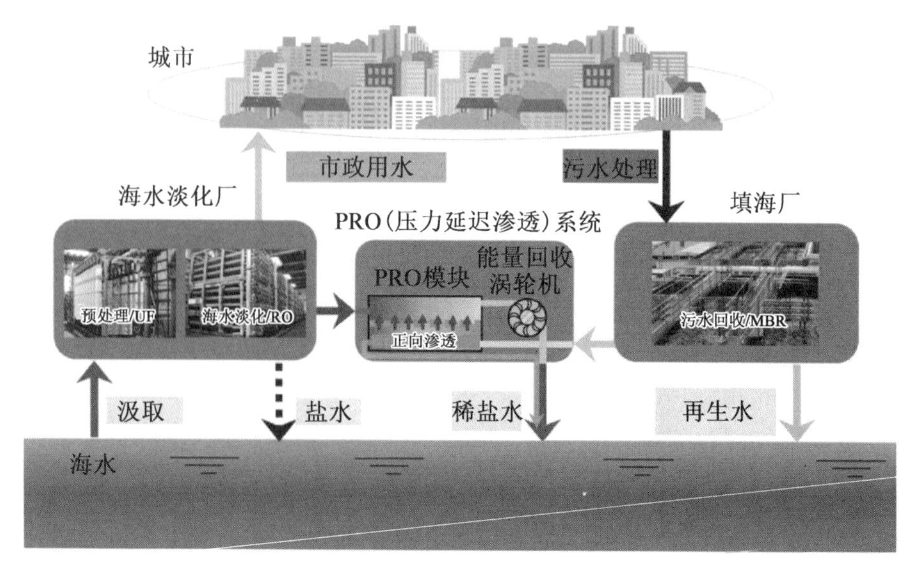

图7.22 具有PRO的SWRO系统

7.4.2 实施研究

1. SWRO系统

先进的设备、系统技术的整合以及必不可少的关键技术,构成了21世纪的“百万吨级水系统”(图7.23)。

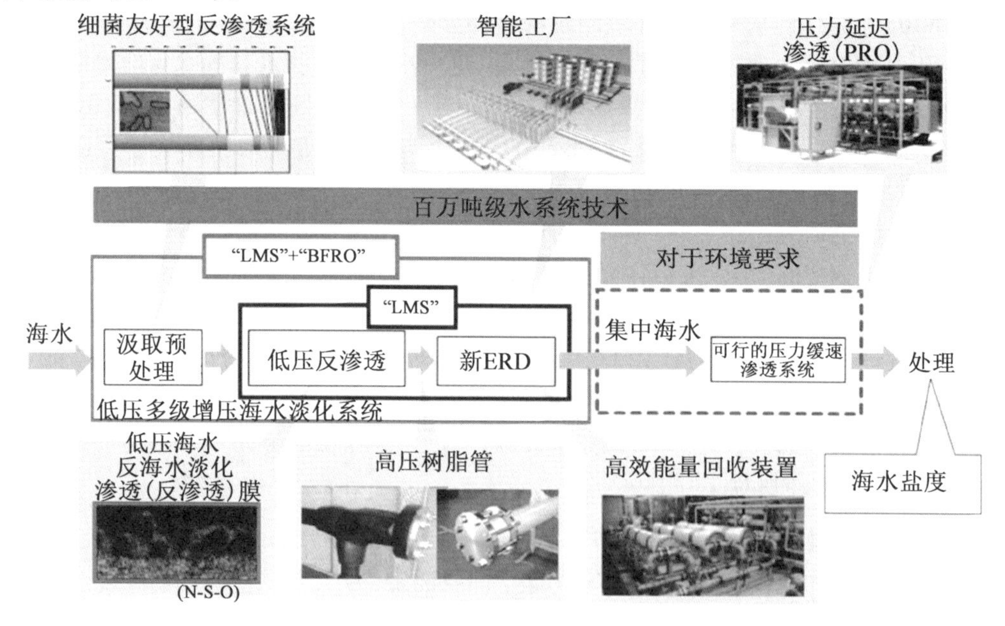

图7.23 21世纪“百万吨级水系统”必不可少的关键技术

2. 具有 PRO 的 SWRO 系统

图 7.24 给出了 PRO 能量回收系统流程。这种 PRO 设备可以在城市或城郊组建。

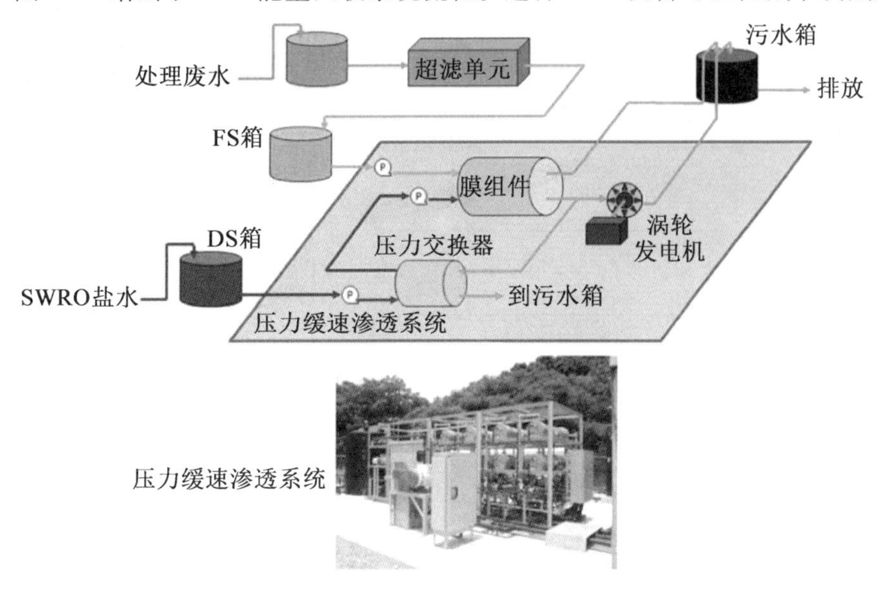

图 7.24 PRO 系统流程

(1)标准 PRO 设备。

标准 PRO 设备由八片 10 in 的 PRO 元件(东洋 CTA 中空纤维)组成并运行(图 7.25)。来自 SWRO 装置的浓盐水(460 m^3/天)用作汲取溶液,来自地区废水处理工厂的低盐水用作进料液(420 m^3/天),但是在 PRO 装置之前需要用 UF 单元和化学试剂去除可能的污垢物质。

标准车间使用 10 个膜组件,可以达到的最大单位面积输出功率是 13.5 W/m^2,而实验室中使用 5 个膜组件,最大单位面积输出功率是 17.1 W/m^2,如图 7.25 所示。

(2)标准 PRO 设备的长期运营。

PRO 标准设备的长期实验操作进行了 1 年以上,如图 7.27 所示。研究发现膜的渗透通量率取决于温度,传统膜会显示出季节性变化。此外,即使连续使用相同的膜组件,测试 1 年后的渗透通量和测试开始时相比几乎没有下降。这意味着已经成功地用 PRO 系统从废水中提取出高质量的淡水,运用一些传统的预处理方法以及商业标准化运营,确保其可以长期操作。

以上测试来自于使用一年以上的 PRO 场地,日通量为 450 m^3(图 7.26)。

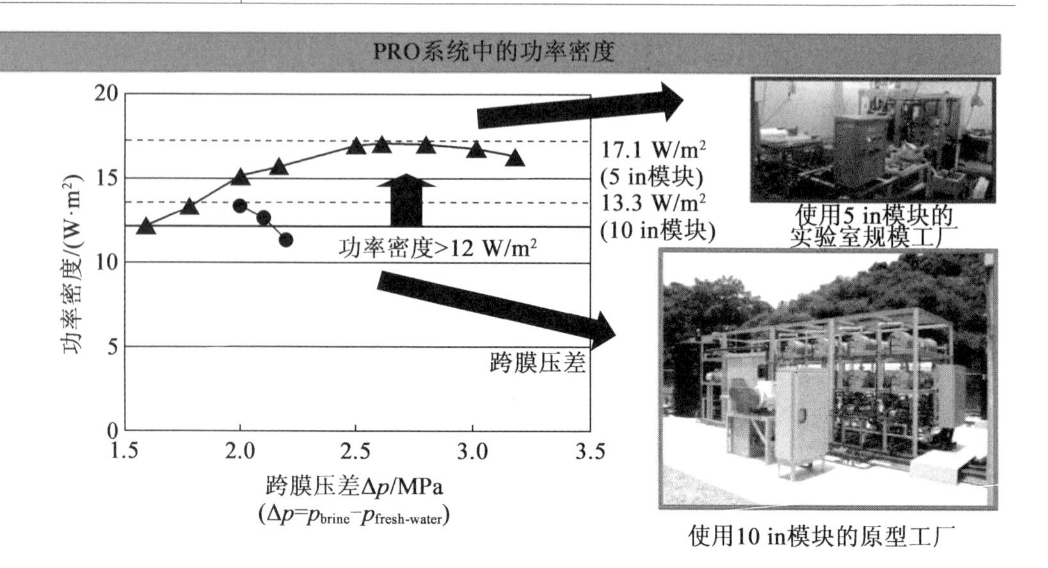

图7.25 标准工厂和实验室级别车间的功率密度对比(彩图见附录)

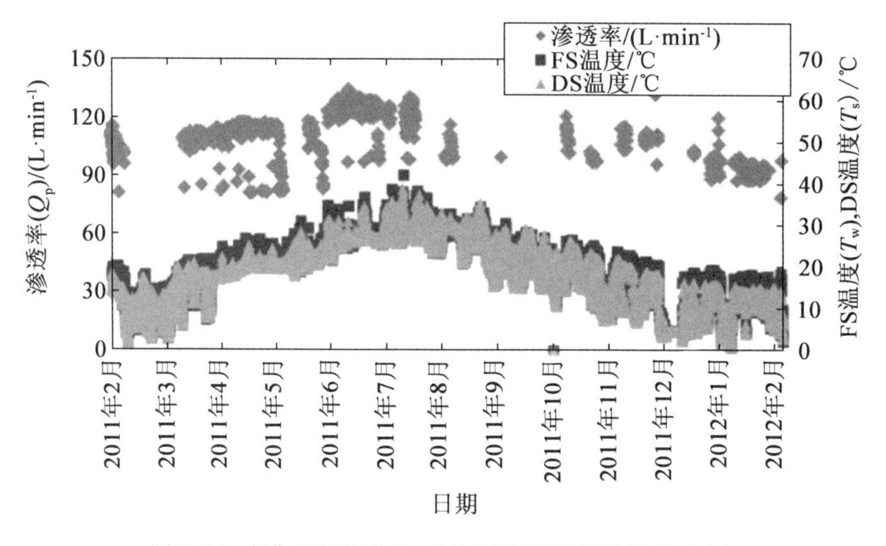

图7.26 长期的运作超过一年的PRO工厂(彩图见附录)

7.4.3 结果

1. SWRO系统

(1)低压SWRO膜。

利用“凸起结构”的精确评估结果,研制了新型SWRO膜。传统的膜结构需要6.5 MPa时体现出性能,而新型薄膜只需4.5 MPa便可获得同样的效果。低压海水膜极大地改善了系统的节能效应(图7.27)。

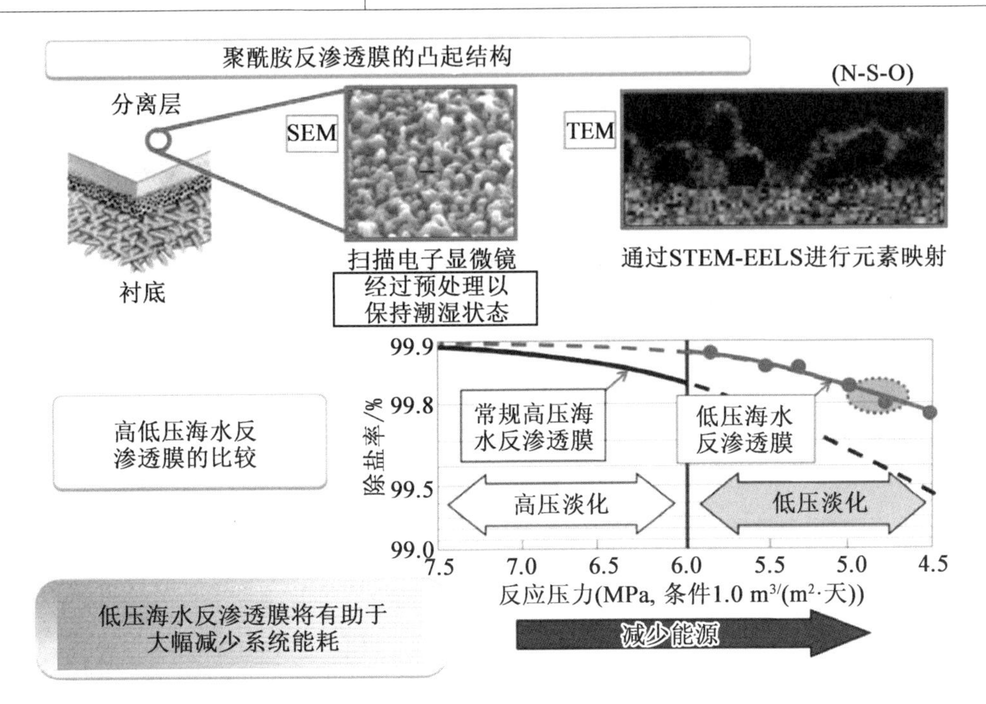

图 7.27　利用 SEM 和 TEM 对“凸起”结构分析以及 SWRO 膜在高压和低压海水淡化中的性能比较

(2)低压多级高效回收系统(LMS)。

低压多级高效回收系统(LMS)(图 7.28)也是使用低压海水膜开发的。由于低压操作,该系统可节省 20% 的能量(图 7.29)。由于回收率高达 65%,水生产成本降低了 50%。

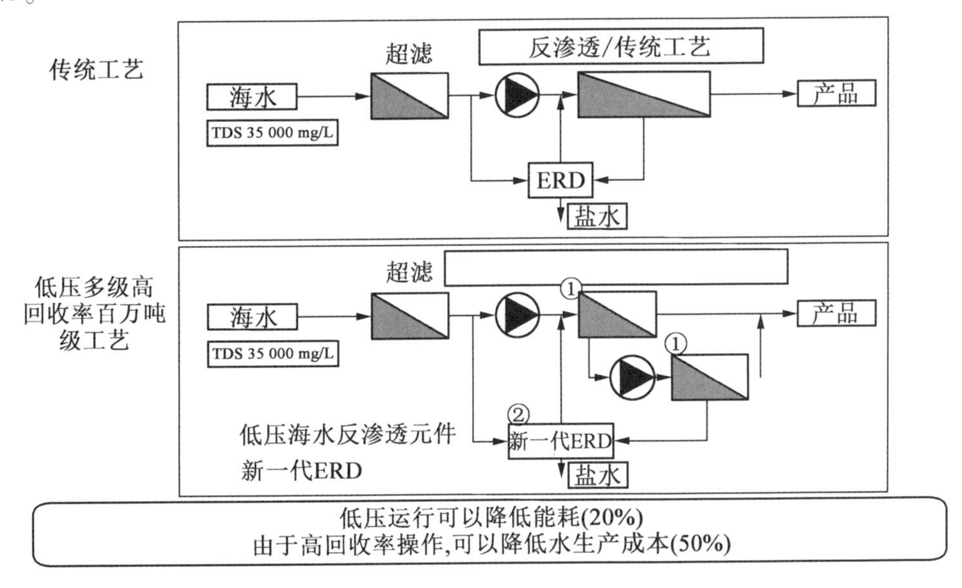

图 7.28　常规工艺流程图与 LMS 工艺流程图的比较

处理 <Seawater Conc.=3.5%>	膜	ERD	H.R.泵效率	PRO	第二比率/%
常规 (*R*=45%)	常规	涡轮	70%~85%	—	100
兆吨级技术 (*R*=60%)	低压膜	新一代ERD	90%*	—	80

百万吨级水技术可减少20%的能源

图 7.29 不含 PRO 系统的"百万吨级水系统"节能效果

2. 无 PRO 系统的"百万吨级水系统"节能效应

无 PRO 系统的"百万吨级水系统"技术节能也能达到20%,如图7.30所示。

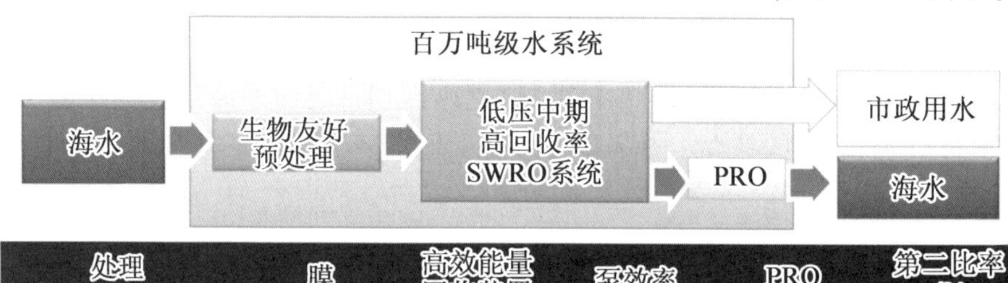

处理 <Seawater Conc.=3.5%>	膜	高效能量回收装置	泵效率	PRO	第二比率/%
常规(*R*=45%)	常规	涡轮	70%~85%	—	100
百万吨级(*R*=60%)	百万吨技术	新一代ERD	90%	—	80
配置PRO的百万吨技术				PRO	70

- 百万吨技术可减少20%的能源
- 百万吨压力缓速渗透系统可减少30%的能源

图 7.30 采用 PRO 系统与无 PRO 系统的"百万吨级水系统"节能效果对比

3. 采用 PRO 系统与无 PRO 系统的"百万吨级水系统"节能效应

将3.5%的海水作为总溶解盐浓度时的比能耗率进行比较:①传统过程;②无 PRO 的"百万吨级水系统";③包含 PRO 的"百万吨级水系统",如图7.31所示。与①相比,②减少了20%的能量,③减少了30%的能量。

本章参考文献

[1] UNESCO International Hydrological Programme, World Water Resources and Their Use a Joint SHI/UNESCO Product, http://webworld. unesco. org/water/ihp/db/shiklomanov/,1999.

[2] Managing Water Under Uncertainty and Risk, The United Nations World Water Development Report 4, Vol. 1, UNESCO, 2012.

[3] The United Nations World Water Development Report, Water and Energy, Vol. 1, UNESCO, 2014. Fig. 30 Energy reduction by Mega – ton Water technology without PRO system. Fig. 31 Energy reduction by Mega – ton Water technologies with PRO system. 148 The Most Advanced Membrane Analysis and the Save – Energy Type

[4] World water day, Advocacy Guide, UN – Water/United Nations University/UNIDO, 2014.

[5] Corcoran, E. ; Nellemann, C. ; Baker, E. ; Bos, R. ; Osborn, D. ; Savelli, H. Eds. SickWater? The Central Role of Wastewater Management in Sustainable Development. A Rapid Response Assessment, United Nations Environment Programme, UN – HABITAT GRID – Arendal, 2010.

[6] The Millennium Development Goals Report, UN Department of Economic and Social Affairs, 2014.

[7] Progress on Drinking Water and Sanitation, WHO/UNICEF, 2014. (update).

[8] Sanz, M. A. Energy as Motor of Seawater Reverse Osmosis Desalination Development. In Oral Presentation in Mega – Ton Symposium New Energy and Industrial Technology Development Organization (NEDO), 2013 (Tokyo, 21 – 22 November, 2013), 2013.

[9] Kurihara, M. Membrane Research for Water Treatment Facing the Age of Global Mega Competition & Collaboration. In Oral Presentation in Project Leader's Summit at IWA – ASPIRE 2011, Tokyo, 2011 (3 October, 2011), 2011.

[10] Seacord, T. F. ; Coker, S. D. ; MacHarg, J. Affordable desalination collaboration 2005 results. Desalination & Water Reuse 2006, 16 (2), 10 – 22.

[11] Taniguchi, M. ; Kurihara, M. ; Kimur, S. Behavior of a Reverse Osmosis Plant Adopting a Brine Conversion Two – Stage Process and Its Computer Simulation. J. Membr. Sci. 2001, 183, 249 – 257.

[12] Taniguchi, M. ; Kurihara, M. ; Kimura, S. Boron Reduction Performance of Reverse Osmosis Seawater Desalination Process. J. Membr. Sci. 2001, 183, 259 – 267.

[13] Taniguchi, M. ; Fusaoka, Y. ; Nishikawa, T. ; Kurihara, M. Boron Removal in RO Seawater Desalination. Desalination 2004, 167, 419 – 426.

[14] Fukunaga, K. ; Matsukata, M. ; Ueyama, K. ; Kimura, S. Reduction of Boron Con-

centration in Water Produced by a Reverse Osmosis Sea Water Desalination Unit. Membrane 1997, 22, 211 -216.

[15] WHO Guidelines for Drinking Water Quality, 3rd ed. ; WHO: Geneva, Switzerland, 2004.

[16] Rodriguez, M. ; Ruiz, A. F. ; Chilon, M. F. ; Rico, D. P. Influence of pH in the Elimination of Boron by Means of Reverse Osmosis. Desalination 2001, 140, 145 - 152.

[17] Hyung, H. ; Kim, J. - H. A Mechanistic Study on Boron Rejection by Sea Water Reverse Osmosis Membranes. J. Membr. Sci. 2006, 286, 269 -278.

[18] Kurihara, M. ; Hanakawa, M. "Mega - ton Water System": Japanese National Research and Development Project on Seawater Desalination and Wastewater Reclamation. Desalination 2013, 308, 131 -137.

[19] Kurihara, M. ; Sasaki, T. ; Nakatsuji, K. ; Kimura, M. ; Henmi, M. Low pressure SWRO membrane for desalination in the "Mega - ton Water System". Desalination 2015, 368, 135 -139.

[20] Kishizawa, N. ; Tsuzuki, K. ; Hayatsu, M. Low pressure multi - stage RO system developed in "Mega - ton Water System" for large - scaled SWRO plant. Desalination 2015, 368, 81 -88.

[21] Kurihara, M. The Pursuit and Progress of Future Membrane Technology. In Oral Presentation in the IDA World Congress International Desalination Association, (IDA), 2013 (Tianjin, 20 -25 October, 2013), 2013.

[22] Kurihara, M. Membrane Research for Water Treatment Facing the Age of Global Mega Competition & Collaboration. In Oral Presentation in IUPAC World Polymer Congress Polymer and Polymer - Based Membranes for Energy and Environmental Applications II, Blacksburg, 2012 (24 -29 June, 2012), 2012.

[23] Petersen, R. J. Composite Reverse Osmosis and Nanofiltration Membranes. J. Membr. Sci. 1993, 83, 81.

[24] Morgan, P. W. Condensation Polymers: By Interfacial and Solution Methods. In Polymer Reviews, Wiley: New York, 1965; vol. 10.

[25] Scala, R. C. ; Berg Ciliberti, D. F. D. U. S. Patent 3,744,642, July 10, 1973.

[26] Cadotte, J. E. U. S. Patent 4,277,344, July 7, 1981.

[27] Kurihara, M. ; Uemura, T. ; Himeshima, Y. ; Ueno, K. ; Bairinji, Y. Development of Crosslinked Aromatic Polyamide Composite Reverse Osmosis Membrane. Nippon Kagaku Kaishi 1994, 2, 97 -107.

[28] Tomioka, H. ; Tanibuchi, M. ; Okazaki, M. ; Goto, S. ; Uemura, T. ; Kurihara, M. In Proceedings of IDA World Congress on Desalination and Water Reuse. Singapore, Sep 11 -14, 2005, 2005.

[29] Kurihra, M. ; Hennmi, M. ; Tomioka, H. ; Kawakami, T. Advancement of RO Mem-

brane for Seawater Desalination and Wastewater Reclamation. In Oral Presentation in ICOM, International Congress on Membranes and Membrane Processes, (ICOM), 2008(Hawaii, 13 - 18 July, 2008), 2008.

[30] Dutta, D.; Granguly, B. N.; Gangopadhyay, D.; Mukherjee, T.; Dutta - Roy, B. General Trends of Positron Pick - Off Annihilation in Molecular Substances. J. Phys. Condens. Matter 2002, 14, 7539.

[31] Kurihara, M.; Henmi, M.; Tomioka, H. High Boron Removal Seawater RO Membrane. In The Advanced Membrane Technology III, Engineering Conferences International, Inc, Oral presentation, 2006, 2006.

[32] Henmi, M.; Tomioka, H.; Kawakami, T. Performance Advancement of High Boron Removal Seawater RO Membranes. In The 2007 IDA World Congress on Desalination and Water Reuse, Oral presentation, 2007, 2007.

[33] Henmi, M.; FUsaoka, Y.; Tomioka, H.; Kurihara, M. High performance RO membranes for desalination and wastewater reclamation and their operation results. Water Sci. Technol. 2010, 62 (9), 2134.

[34] (a) Uemura, T.; Kotera, K.; Henmi, M.; Tomioka, H. Membrane technology in seawater desalination: History, recent developments and future prospects. Desalination Water Treat. 2011, 33, 283; (b) Kimura, M.; Sasaki, T.; Henmi, M. Advanced RO Membrane Technology Based on Scientific Research for Seawater and Brackish Water Desalination. In Oral Presentation 15th Nanotech Conference Expo, Santa Clara, 2012 (18 - 21 June 2012), 2012.

[35] Kurihara, M.; Takeuchi, H. FRIST Program “Mega - ton Water System” Development of Large - Scale Water Treatment Systems for 21st Century. J. Water Environ. Technol. 2013, 36, 11 - 14.

[36] Kurihara, M. Membrane Research for Water Treatment Facing the Age of Global Megacompetition & Collaboration. In Oral Presentation in IUPAC World Polymer Congress Polymer and Polymer - Based Membranes for Energy and Environmental Applications II, Blacksburg, 2012 (24 - 29 June, 2012), 2012.

[37] McCann, B.; Asano, T. Water21 - Magazine of the International Water Association; IWA Publishing: London, 2011, 2011(December), 59.

[38] Bartram, J. Improving on Haves and Have - Nots. Nature 2008, 452, 283 - 284.

[39] Loeb, S. Production of Energy From Concentrated Brines by Pressure - Retarded Osmosis: I. Preliminary Technical and Economic Correlations. J. Membr. Sci. 1976, 1, 49 - 63.

[40] Loeb, S.; et al. Production of Energy From Concentrated Brines by Pressure - Retarded Osmosis: II. Experimental Results and Projected Energy Costs. J. Membr. Sci. 1976, 1, 249 - 269.

[41] Loeb, S. Energy Production at the Dead Sea by Pressure Retarded Osmosis: Challenge

or Chimera? Desalination 1998, 120, 247 -262.

[42] Loeb, S. One Hundred and Thirty Benign and Renewable Megawatts From Great Salt Lake? The Possibilities of Hydroelectric Power by Pressure - Retarded Osmosis. Desalination 2001, 141, 85 -91.

[43] Honda, T.; Barclay, F. "The Osmotic Engine," The Membrane Alternative, The Watt Committee on Energy, Report Number 21, 13, 105 -129, 1990.

[44] Skilhagen, S. E. Osmotic Power—A New, Renewable Energy Source. Desalination Water Treat. 2010, 15, 271 -278.

[45] Saito, K. Power Generation With Salinity Gradient by Pressure Retarded Osmosis Using Concentrated Brine From SWRO System and Treated Sewage as Pure Water. Desalination Water Treat. 2012, 41, 114 -121.

[46] Kurihara, M. "Mega - ton Water System" - Including PRO System. In Oral Presentation 1st International Symposium on Innovative Technologies, Seoul, 2014 (1 -3 September 2014), 2014.

第 8 章　新型膜蒸馏集成系统

8.1　概　述

膜蒸馏(MD)具有成本低和性能强的特点,其已经成为一种潜在的替代传统海水脱盐淡化过程的应用。在 MD 中,疏水微孔膜被用作液体水的物理屏障,同时允许水以蒸汽形式传输。跨膜温差引起的蒸气压梯度是 MD 传质的驱动力。因此,MD 水通量只受进料水活度和热容变化的影响,而不受进料水渗透压的影响。因此,MD 可以有效地处理对反渗透(RO)构成相当大挑战的高盐进料水而不需要很高的水压。由于没有高液压,MD 系统也可以用价格低廉的、无腐蚀性的塑料材料制造,因此与 RO 相比节省了大量成本。

微孔膜在 MD 中的应用使其比热蒸馏过程(如多级闪蒸(MSF))更简单,在热蒸馏过程中,需要大的蒸汽空间来保持气液之间的密切接触。因此,MD 的物理排放量可以比传统的热蒸馏过程小得多。此外,MD 可以在中等温度(40 ~ 80 ℃)下高效运行,利用余热或太阳能作为过程的主要能源输入。在容易获得这些低温热源的地方,使用 MD 的海水淡化技术的能源成本可以显著降低。

尽管海水淡化应用潜力巨大,但 MD 作为一个独立系统的应用仍面临一些技术挑战。这些挑战包括膜孔润湿和高能源需求。在 MD 中膜孔需要干燥以保持气液分界,从而提高分离效率。膜孔的干燥状态是靠膜表面的疏水性和进料水的表面张力来维持的。进料水中的有机物、盐晶体、表面活性剂等杂质会降低膜的疏水性和进料水表面张力从而导致液体侵入膜孔。膜表面杂质的积聚(膜污染)还会降低活性膜的蒸发表面积,从而导致 MD 的水通量降低。另外,MD 作为热蒸馏过程,需要大量的加热和冷却来实现对水的蒸发和凝结。目前文献报道的 MD 工艺的能耗要比 RO 高几个数量级。因此,MD 最适合处理技术和经济上与 RO 不兼容的具有挑战性的盐水溶液。

有一种切实可行的方法可以缓解膜孔润湿,即将 MD 与其他工艺相结合,并且还能用于处理具有挑战性的盐水溶液。这些解决方案包括但不限于高油和有机物含量的含盐废水、高盐溶液,如 RO 和 MSF 海水淡化厂的盐水、来自正向渗透(FO)过程的溶液,以及用于空调的液体干燥剂。在一个集成的过程中,MD 可以作为其他互补过程的预处理或后处理步骤,以缓解这些挑战性盐水溶液的极端渗透压和污染倾向相关的问题。

本章旨在讨论重要的 MD 集成系统在处理具有盐水方面的关键特性、潜力和剩余的技术挑战,系统地分析了操作条件对 MD 性能和互补工艺的影响。本章研究的与 MD 集成的互补过程包括微滤(MF)/超滤(UF)、RO/MSF 脱盐、FO、结晶、膜电解(ME)和用于空调的液体除湿。

8.2 MD 集成系统

8.2.1 MF/UF - MD

使用 MD 处理盐水存在一个固有的问题,即膜污染。与其他膜过程类似,MD 也会遇到四种类型的污染,即胶体污染、有机污染、结垢和生物污染。污染层会降低膜表面的疏水性和膜面积,从而导致孔隙湿润(进而导致盐泄漏)和通量下降。除膜的表面特性和操作条件外,MD 的污染还与进料水的水质有关。因此,预处理在 MD 污染防治中,尤其是在处理具有挑战性的盐水溶液时起着至关重要的作用。

MF/UF 作为饮用水生产的一种整体处理工艺,在世界范围内得到了广泛的应用。UF/MF 能有效去除所有大的有机分子和颗粒物。另外,考虑到膜孔径在 0.01 ~ 0.1 mm 范围内,MF/UF 膜无法去除任何溶解的无机盐,因此,MF/UF 和 MD 的组合具有很强的互补性。在这种组合中,MF/UF 作为预处理步骤可以减少后续 MD 脱盐过程中的污染。事实上,在大多数 RO 装置中,MF/UF 过滤越来越多地被用来代替传统的预处理工艺(如砂滤),以实现水的再使用或海水淡化。

MF/UF 作为一种预处理工艺对 MD 的进料水具有重要作用,能够显著影响 MD 的性能。一种含油含盐的废水,主要是以“水包油”乳液的形式存在,油滴的直径为 0.2 ~ 50 μm。Gryta 等成功证明这种 UF - MD 的混合工艺可以稳定地处理这种含油含盐(油质量浓度 360 mg/L,盐质量浓度 3 790 mg/L)废水,得到清洁的脱盐水(图 8.1)。而 MD 直接处理含油含盐废水,油滴会附着在膜表面导致膜孔湿润进而使膜通量降低,造成 MD 工艺完全失败。

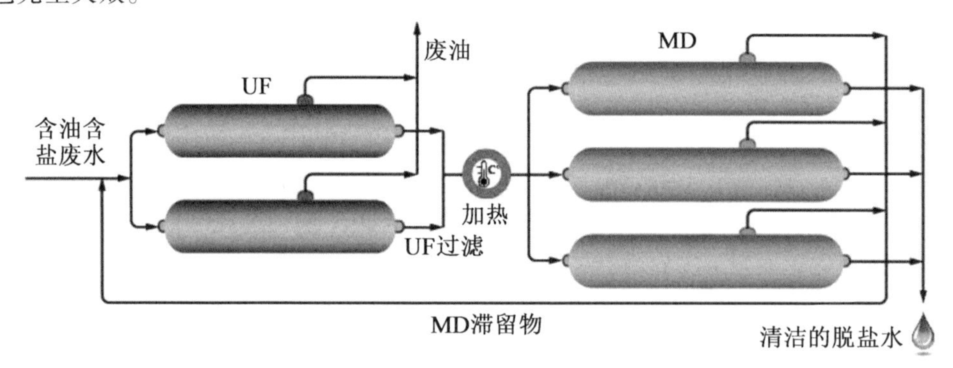

图 8.1 一个 UF - MD 集成过程的示意图

MF/UF 结合化学沉淀也被用于海水淡化应用中在 MD 之前的进料水预处理。Wang 等研究了 MD 海水淡化前 MF 对海水的预处理。他们报道,在海水进料浓度为初始浓度的四倍时,单靠 MF 预处理并不能完全阻止碳酸钙、硫酸钙和硫酸镁的析出。然而,MF 与镁/钙的去除以及 pH 的调节相结合,即使在进料水浓度系数为 7.5 时,也能有效地缓解由难溶盐导致的膜结垢。另一项研究中,Zhang 等报道了在海水 RO 盐水的 MD 过程中,

MF 与 MD 的联用可以截留难溶盐晶体，以防止它们在 MD 膜上沉淀，从而有效减缓膜结垢。在 MF 预处理条件下，海水 RO 盐水的 MD 工艺可以在较长时间内提高水的回收率。

MF/UF 和 MD 之间的互补作用可以在一种新型废水处理工艺中得到进一步证明，该工艺称为嗜热厌氧膜生物反应器(TAnMBR)与 MD 的集成(图 8.2)。TAnMBR 是一种在 55 ℃左右厌氧条件下运行的 MBR。TAnMBR 不仅可以处理废水，而且可以产生 CH_4 丰富的沼气(甲烷质量分数高达 90%)。TAnMBR 可以实现正的净能量。换句话说，从 TAnMBR 产生的沼气中所产生的电能可以极大地满足整个过程的能源需求。TAnMBR 的嗜热特点是与 MD 结合的理想条件。来自 TAnMBR 的热废水可以直接进入 MD 工艺，以提高废水质量(特别是涉及顽固的微量有机污染物(TrOC))，这样就可以免去 MD 的热能需求。最重要的是，TAnMBR 过程为后续 MD 处理提供了有效的预处理。TAnMBR 法的生物降解和膜过滤可以去除废水中高达 99% 的有机碳浓度。TAnMBR 对有机物质的高去除率大大降低了污染的可能性，也降低了后续 MD 过程中膜孔润湿的风险。事实上，由 TAnMBR 供水的 MD 过程可以在 72 h 内保持稳定的水通量；但是当生物质被加入到供水中时，由于生物质的积累而造成的膜污染会逐渐降低 MD 的水通量。值得注意的是，虽然 MD 过程理论上可以完全除盐，但是最终会导致 TAnMBR 中盐度的增加，这对 TAnMBR 和 TAnMBR - MD 组合工艺的性能产生了负面影响。

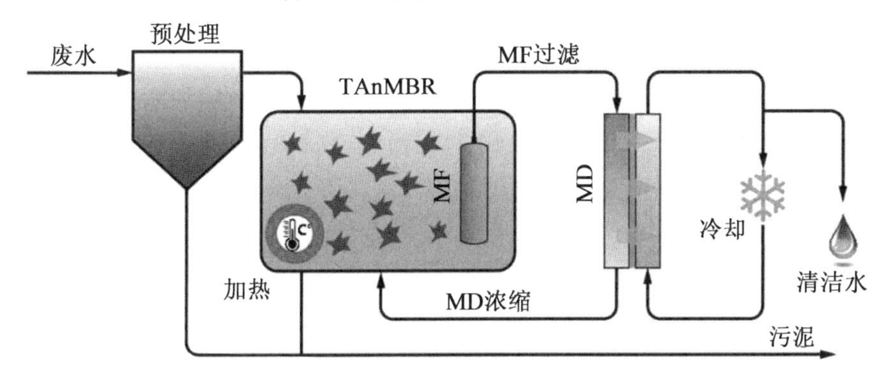

图 8.2 TAnMBR - MD 组合工艺示意图

通过工艺优化和膜清洗可以有效地控制 MF/UF 运行过程中的污染。在水通量低于临界通量时进行过滤，可以避免 MF/UF 膜污染。在亚临界通量下，MF/UF 运行时不会产生污染，在恒定的跨膜压差(TMP)下可以获得稳定的 MF/UF 水通量。此外，MF/UF 膜上的污垢层只会导致水通量的降低或 TMP 的增加，而不会显著降低滤液的质量。但是，膜污染会使膜孔变湿，大大降低 MD 工艺的分离效率。MD 工艺的一个关键标准是膜孔必须干燥以保持膜两侧的气 - 液界面。最后，通过膜反冲洗、超声和化学清洗，可以彻底清除 MF/UF 膜上的污垢层；因此，受到污染的 MF/UF 膜的性能可以完全恢复。

8.2.2 RO/MSF - MD

MSF 和 RO 工艺是脱盐工业的支柱。虽然 MSF 在中东地区仍广泛使用，但 RO 是近期从咸水和海水生产淡水的工厂中最受欢迎的技术。RO 也是油气勘探采出水处理最常用的工艺。在使用 MSF 或 RO 的脱盐过程中，进料水溶液被分离成脱盐淡水流和盐水流。根据脱盐过程的水回收率,得到的盐水可以比供给溶液的盐浓度高出几倍。这种浓盐水的后续处理仍然是 MSF 和 RO 脱盐特别是内陆工厂的主要挑战。目前的盐水处理方法(例如,直接排放到大海、深井排液、蒸发池或排放到地表水体)既昂贵又有环境风险。同时,得到的浓盐水通常富含矿物质。因此,进一步处理 RO 和 MSF 脱盐过程后的浓盐水,同时提取干净的水和有价值的矿物,是一个非常好的选择。

MD 是进一步处理 RO/MSF 浓盐水的技术平台。由于 MD 系统能够在低液压下工作,因此 MD 系统可以用塑料材料制造,从而缓解高浓盐水引起的腐蚀问题,同时降低资本成本。更重要的是,与 RO 相比,MD 作为热驱动过程不受盐水渗透压的影响。另外,与 MSF 相比,MD 可以在较低的操作温度下运行,从而减少结垢并可以利用余热。考虑到这些特性,MD 可以有效地与 RO 和 MSF 结合,在结晶过程之前同时回收淡水和浓缩盐水,以提取有价值的矿物。

大量的 RO - MD 联用工艺已被证明可以用于淡水生产以及从海水和石油/天然气采出水中提取矿物。例如,Mericq 等利用真空 MD(VMD)作为海水 RO 脱盐的补充工艺,提高水回收率和串联盐水浓度。在总溶解固体(TDS)中,VMD 工艺能够将 RO 盐水的质量浓度浓缩到 300 g/L,渗透通量略有下降的同时把海水的总回收率提升至 89%。VMD 的典型操作条件,包括低传质阻力、高进料温度和低渗透压引起的高驱动力以及湍流等,是该工艺性能稳定的主要原因。Geng 等研究了多级气隙 MD(AGMD)对 TDS 质量浓度为 62.5 g/L 模拟 RO 盐水质量浓度的影响。多级 AGMD 工艺可以从盐水中提取 82% 的淡水,使盐水质量浓度提高到与氯化钠的溶解度非常接近的 352 g/L。浓缩盐水可用于氯碱工业的烧碱生产,从而有利于从海水中提取矿物。Duong 等探讨了利用 UF - RO - MD 一体化工艺对煤层气(CSG)采出水进行零液排放处理的概念。该综合工艺共提取了 95%(体积分数)的淡水,水质符合常规用途的标准,并将 CSG 采出水的盐质量浓度提高了 20 倍。MD 工艺浓缩后的 CSG 浓盐水富含氯化钠和碳酸氢钠,可用于氯碱法生产烧碱。

难溶盐沉淀引起的膜结垢在大多数 RO 盐水的 MD 工艺中都有报道。当用 MD 处理海水 RO 得到的浓盐水时,如果钙、镁的硫酸盐和碳酸盐的浓度超过饱和极限时,就会在膜上出现沉淀,持续的积累也会导致 MD 水通量和馏分质量明显下降。不过这些盐晶体的形成可以通过预先处理浓盐水而延缓(如加入防垢剂和氧化剂,安装滤芯)。此外,可以通过用淡水或化学清洗剂冲洗的方法将沉淀晶体从膜上除去。与处理海水相比,MD 在处理来自油气采出水 RO 工艺的浓盐水时所发生的膜结垢更为棘手。水中存在的高浓度磷酸盐与钙、镁发生络合,限制了膜净化的效率。值得注意的是,膜结垢也可以通过调节操作条件来有效缓解 MD 过程中的浓差极化效应。Duong 等系统地阐明了从 CSG 采出水经 MD 处理 RO 盐水时,进料操作温度对水通量及后续膜结垢行为的影响(图 8.3)。

也有研究者尝试利用 MD 技术处理 MSF 得到的浓盐水。为了证明 MD 在处理海水 MSF 脱盐厂浓盐水方面的潜力,Adham 等报道了在 MSF 前对海水进行预处理,有效缓解后续 MD 过程中膜结垢的问题。在 MSF 盐水中预先添加的防垢剂可以使膜上碳酸钙的形成最小化,从而保持 MD 过程的水通量稳定。Fard 等最近的一项研究进一步阐明了 MSF 进料预处理对盐水 MD 工艺的积极影响。现有的防垢剂大大降低了水垢沉积的程度(图 8.4),同时保持了膜表面的疏水性,使得盐水 MD 过程中的水通量比海水过程中更高、更稳定。他们同时也研究了由添加化学物质引起的 MD 与 MSF 浓盐水的膜润湿倾向。与防垢剂不同，在 MSF 工艺之前添加的防泡剂会加速膜的润湿，并导致后续 MD 工艺中馏分的质量恶化。因此，建议在 MD 工艺之前安装颗粒活性炭过滤器，以去除预先添加的化学物质。

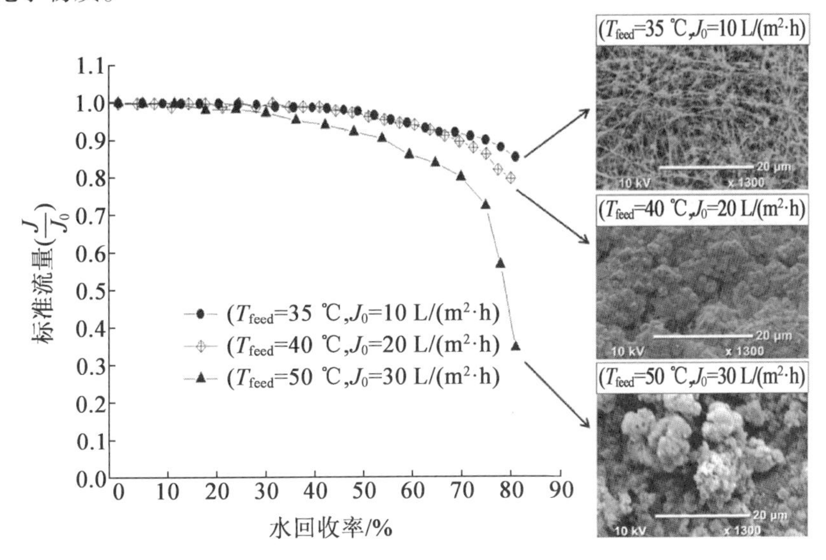

图 8.3　MD 处理 CSG 采出水 RO 工艺的浓盐水时，进料温度对水通量和水垢形貌的影响

图 8.4　MD 工艺处理不同 MSF 浓盐水与海水时膜结垢的形貌差异
((a)和(b)为用 MSF 浓盐水进料形成的膜结垢，(c)和(d)为用海水进料形成的膜结垢)

MD 处理高盐溶液的巨大潜力为 RO 和 MSF 脱盐工艺后盐水的零排放处理铺平了道

路。图8.5给出了MD与MSF浓盐水零排放一体化海水处理工艺示意图。在组合过程中,MD起桥梁作用,使矿盐达到或接近饱和极限,促进结晶器内盐的可控析出。矿物是在结晶过程中提取的,而淡水是在MD和MSF过程中产生的。结晶器还有助于防止MD膜上结垢,从而维持集成过程的运行。

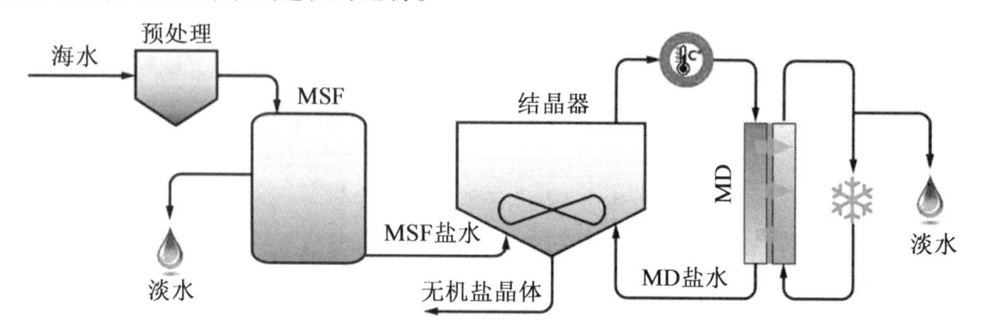

图8.5 MD与MSF浓盐水零排放一体化海水处理工艺示意图

8.2.3 FO-MD

FO在从受损水源(包括废水、海水淡化过程中的浓盐水和石油/天然气采出水)回收淡水方面有着重大的前景。与RO不同的是,FO利用浓缩水溶液的高渗压从受损的进料水中提取淡水,避免了RO过程所需的高水压。因此,水在FO膜上的运动可以通过最小的外部能量输入来实现。更重要的是,与其他膜分离工艺相比(如RO和MD),FO能够直接过滤颗粒含量高、污染倾向低的受损进料水。但值得注意的是,FO只能对受损的进料水进行预处理。为了生产淡水,FO需要与提取液再生过程相结合。再生过程往往比FO过程消耗更多的能源,因此对FO混合过程的能源消耗影响很大。

FO-MD组合工艺是最可行的受损进料水处理平台(图8.6)。MD作为一种热驱动分离工艺,可以利用低等级余热或太阳能作为一次能源;因此可以大大降低FO提取液再生的能量成本,降低受损进料水的处理成本。此外,与其他压力驱动的膜分离工艺(如RO)相比,MD工艺受渗透压和进料盐度的影响要小得多,从而使MD能够再生高渗透压的FO提取液。最后,在组合过程中,FO可以在MD前提供有效的预处理;因此,由膜湿润和膜损伤导致的MD过程中的膜污染可以得到缓解。因此,在FO-MD组合系统中,FO和MD的处理效率都得到了提高。

FO-MD组合工艺体现了一种固有的通量平衡机制,使其能够实现稳定的水通量。这一机制是由于FO和MD水通量与溶液盐度成反比的结果。如图8.7所示,无论初始水通量如何,FO和MD过程最终都会接近相同的水通量,即FO-MD组合系统的水通量。仅以初始MD水通量大于FO水通量为例进行分析。MD工艺从提取液中提取的水比FO工艺所能补偿的要多,从而使提取液浓缩。随着溶液盐度的增加,MD水通量的下降主要是由于水活度系数的降低,而FO通量的增加是由于FO驱动力的增加(在此假设下,与前驱液相比,前驱液的渗透压增加是可以忽略的)。最终,MD水通量与FO水通量相等,FO-MD组合系统达到稳定的水通量。事实上,通量平衡机制已经被实验证明。

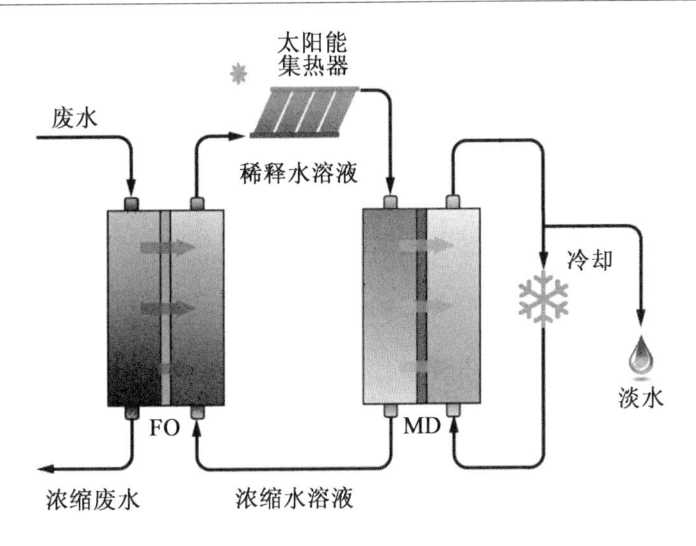

图8.6 FO－MD污水再使用一体化工艺原理图

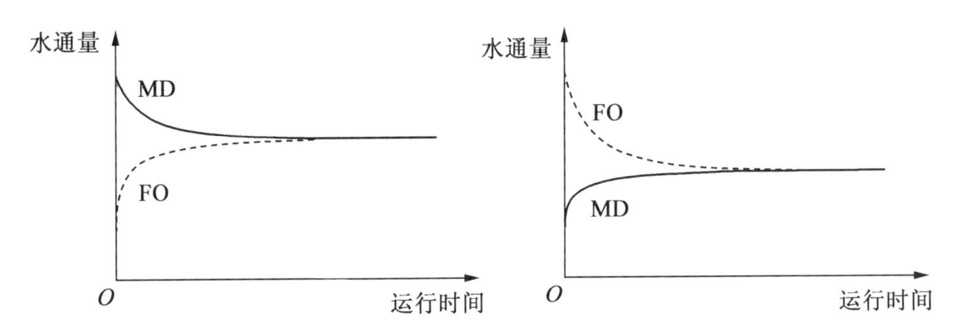

图8.7 FO－MD组合过程中的水通量平衡

通过对不同来源废水的处理，证明了FO与MD的结合可提高工艺效率。比较著名的应用范例是利用FO－MD组合工艺处理人类尿液用于淡水回收和营养物质回收。尽管尿液中存在表面活性剂，但FO－MD组合工艺在长时间的操作中也能保持稳定的水通量，即使在尿液被浓缩9倍的情况下。与单独的FO和MD流程相比，组合后的过程也具有较高的污染物去除效率（如总有机碳（TOC）、总氮（TN）和氨氮（NH_4^+－N））。单独的FO过程可以分别清除97%的TOC、95%的TN和99%的NH_4－N，而FO－MD复合工艺则完全去除了这些污染物。当直接使用MD工艺处理尿液而不进行FO预处理时，大量挥发性物质与蒸汽一起通过MD膜渗透，从而导致产品水中污染物浓度高。FO－MD组合工艺对含油废水、染料废水、采矿废水、消化污泥中的类似污染物都有类似去除功效。

FO提取液中的污染物积累可能是FO－MD组合工艺实际应用中的一个主要问题。FO提取液中污染物的积累是FO和MD膜在组合过程中对污染物的截留程度不同造成的。已经证实，污染物通过FO膜是由于它们与膜的相互作用，而它们通过MD膜的传输是受它们的挥发性控制的。对于大多数污染物，尤其是TrOC，MD膜的截留效应明显高于FO膜。因此，与单独的FO工艺相比，FO－MD组合工艺可以提供更高的污染物去除效果,但同时也会导致FO提取液中污染物的积累。Ming等特别强调了有机物质和TrOC的积累,FO工艺可以在FO提取液中截留不到90%的有机物。为了减少FO－MD组合过程中的污染物积累,需要对FO提取液进行额外的处理,如颗粒活性炭吸附或紫外氧化。

8.2.4　MD－晶化组合工艺

如8.2.2节所述,MD可以与海水热蒸馏或RO海水淡化相结合,以进一步生产淡水并使浓盐水体积最小化。然而,盐水处理过程中难溶解盐的析出会给MD运行带来严重的问题;因此,盐水MD工艺的水回收率有限,MD不能实现无液排放处理。在这种背景下,结晶过程可以与MD结合以减轻膜结垢,从而维持MD对盐水的处理,并从盐水中提取有价值的矿物。

结晶是从过饱和溶液中得到结晶固体的过程。根据溶液初始浓度的不同,结晶过程可以分为冷冻结晶、共晶冷冻结晶和盐结晶。当结晶开始于共晶点左侧的盐浓度时(图8.8),首先将得到冰,这一过程称为冷冻结晶。相反,盐的结晶过程从共晶点右侧的盐浓度开始,先形成盐晶体。共晶冷冻结晶过程发生在共晶浓度同时形成冰和盐时,溶液温度下降到共晶点。MD可以与盐结晶或共晶冷冻结晶工艺相结合,用于海水淡化后盐水的零排放处理。如前所述,MD受进料溶液渗透压的影响是不可忽略的,因此MD工艺可以在接近盐饱和极限的盐水浓度下进行。因此,引入结晶过程的MD盐水的初始浓度更有可能在右侧或共晶点(图8.8)。

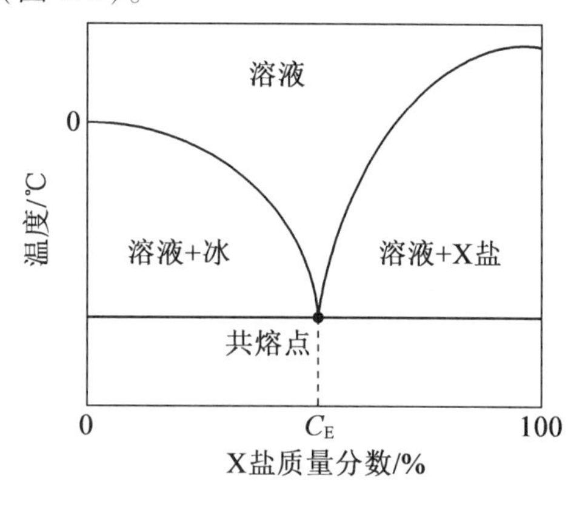

图8.8　含盐溶液X在水中的二元相图

稳定的MD－晶化组合工艺的关键条件是结晶必须只发生在结晶器中,以防止MD工艺的膜结垢。这一条件可以通过控制MD的操作条件和结晶过程来实现。如图8.8所示,在MD操作温度(50～80 ℃)下,盐水可以处于饱和极限,但在结晶器中温度降低时盐水中的盐会过饱和。因此,可以选择性地控制盐结晶只发生在结晶器中,而不发生在MD膜上。MD－晶化组合工艺的工艺示意图如图8.9所示。

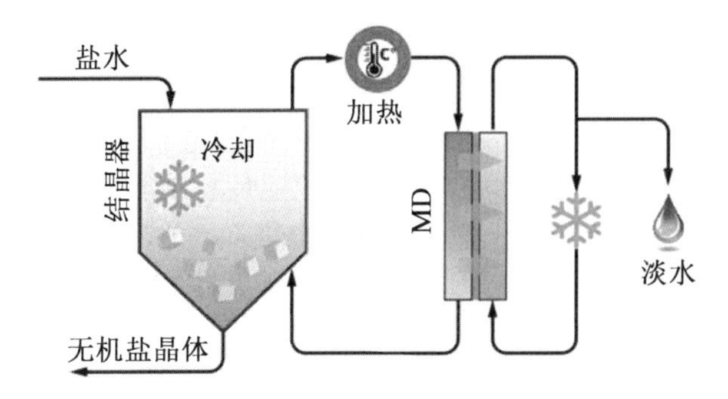

图 8.9　MD – 晶化组合工艺的工艺示意图

操作条件(MD 进料温度、结晶温度和进料循环速率)对 MD – 晶化组合工艺的性能有很大的影响。提高 MD 工艺的进料温度,不仅提高了工艺水通量,而且提高了 NaCl 晶体的收率。而进料温度升高,水通量增大,也会使 MD 浓差极化效应加剧,如公式(8.1)所示:

$$\frac{C_{\mathrm{fm}}}{C_{\mathrm{fb}}}=\exp\left(\frac{J}{k}\right) \tag{8.1}$$

式中,C_{fm}和 C_{fb}分别是进料溶液在膜表面和体相中的盐浓度;J 是水通量;k 是盐的传质系数。浓差极化效应使得膜表面的盐浓度高于溶液中的盐浓度。对于在高进水温度下运行的 MD 工艺,靠近膜表面的进料水溶液可能出现过饱和。因此,盐结晶可以发生在膜表面而不是结晶器中。MD 膜上盐的形成降低了蒸汽的液 – 气界面,可能导致盐通过膜而发生泄漏,从而降低水通量和馏分质量。

MD – 晶化组合工艺存在临界 MD 水通量,超过临界水通量,MD 膜表面将发生盐结晶,阻碍该工艺的可持续运行。Edwie 和 Chung 报道了 MD 进料温度为 50 ℃时,将获得一个同步晶化 – MD 过程的 MD 临界通量。当 MD 进料温度为 50 ℃或更低时,这个同步晶化 – MD 过程在超过 5 000 min 的时间内实现了稳定的水通量和 NaCl 产量。结晶温度和水循环速率对 MD – 晶化组合工艺临界水通量影响很大。降低结晶温度,提高水循环速率,改善流动湍流,缓解浓差极化效应,有助于提高临界水通量。提高水循环速率有利于提高水通量,提高 MD – 晶化组合工艺的 NaCl 收率。

MD – 晶化组合工艺的操作条件也影响所得盐晶体的尺寸。在较高的 MD 进料温度下,组合工艺可以产生更多小尺寸的盐晶体。这是因为注入结晶器的 MD 盐水过饱和度的增加,而过饱和度的增加是 MD 水通量的增加和 MD 进料温度的升高引起的。盐晶体的形成是由两个同时发生的过程控制的,即成核和生长。与晶体生长相比,盐水过饱和度的增加有利于晶体成核率的提高,从而产生更多和更小的晶体。相反,结晶停留时间(盐晶体在结晶器内成核和生长所分配的时间)的增加促进了盐晶体的生长和晶体碰撞的可能性,从而促进了二次成核。因此,随着结晶停留时间的增加,可以得到较大的盐晶体。

值得注意的是,杂质对海水淡化盐水 MD – 晶化组合工艺的性能有不利影响。Ji 等报道海水 RO 产生浓盐水中的天然有机物(NOM)降低了 MD – 晶化过程的水通量和 NaCl 收率。NOM 沉积在 MD 膜表面形成了水化凝胶层,从而降低了膜的透水性。NOM 对生长速率也有负面影响,导致 NaCl 晶体变小。除 NOM 外,盐水中一些钙盐(如碳酸钙和硫酸钙)的存在也对 MD - 晶化组合工艺中淡水和 NaCl 的生产构成了威胁。如图 8.10 所示,由于 $CaCO_3$ 和 $CaSO_4$ 的溶解度较低,在盐水浓度下,它们会在 NaCl 结晶之前沉淀。此外,钙盐,尤其是 $CaCO_3$,它的溶解度与温度变化成反比使其更容易在 MD 膜上析出。这些水垢在 MD 膜上的形成会导致水通量的显著降低和淡水产品质量的恶化。因此,用常规石灰/纯碱软化或纳滤进行预处理以去除这些钙盐对 MD - 晶化过程的稳定至关重要。

除膜结垢外,采用海水脱盐 MD - 晶化组合工艺实现浓盐水的零排放处理还面临着能源消耗高的技术挑战。MD 是一种热驱动的分离过程,水的相变需要大量的热能。为了产生足够的驱动力,需要在进料侧加热,而在 MD 膜的渗透侧冷却。另外,较低的溶液温度有利于盐晶体的产率;因此,结晶设备也需要冷却。MD 装置与结晶器之间的盐水温差很大程度上决定了组合工艺的整体能耗。与盐结晶过程相比,共晶冷冻结晶的温度要低得多(NaCl 盐水共晶温度为 -21.1 ℃)。因此,MD - 共晶冷冻结晶组合工艺的热能消耗要比 MD - 盐结晶组合工艺高得多,这主要是共晶冷冻结晶过程的冷却需求增加所致。然而,共晶冷冻结晶允许同时产生冰(淡水)和盐晶体。因此,MD - 共晶冷冻结晶组合工艺的高能量消耗可以被额外获得的淡水产量所抵消。值得注意的是,在 MD 文献中尚未有 MD 与共晶冷冻结晶相结合的研究。

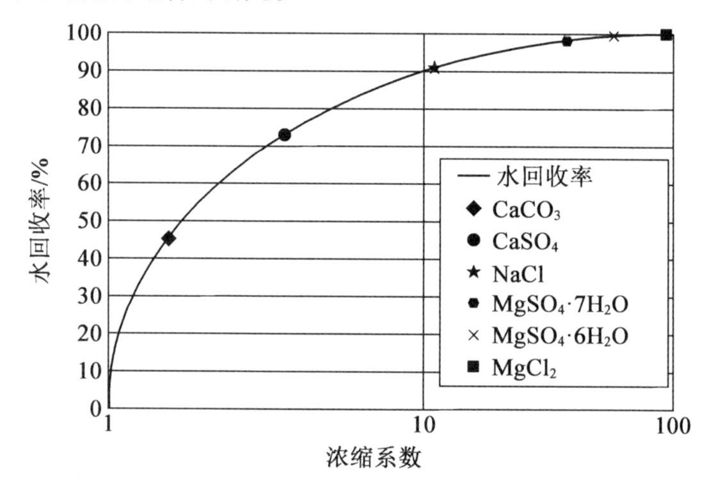

图 8.10 海水浓缩过程中无机盐的结晶顺序

(符号的位置表示相应盐开始结晶的浓度因子)

8.2.5 MD - ME

ME 是氯碱工业生产氢氧化钠的一种广泛应用的工艺。与其他电解工艺相比(如隔膜和汞电池),ME 具有显著的低能耗和最小的环境风险。因此,目前的氢氧化钠生产装置大多采用 ME 技术。在 ME 过程中,NaCl 盐水和稀碱液分别被送入 ME 装置的阳极和阴极电池。阳离子交换膜分隔的阳极和阴极流,但允许 Na^+ 穿过膜的渗透。当直流电流通过阴极和阳极时,会发生下列反应。

阳极： $$2Cl^-(aq) \longrightarrow Cl_2(g) + 2e^- \tag{8.2}$$

阴极： $$2H_2O(l) + 2e^- \longrightarrow H_2(g) + 2OH^- \tag{8.3}$$

在阴极池里，Na^+ 从阳极渗透通过膜与生成的 OH^- 结合得到 NaOH。ME 过程中的总电解反应可以写为

$$2NaCl(aq) + 2H_2O = 2NaOH(aq) + H_2(g) + Cl_2(g) \tag{8.4}$$

因此，钠盐水 ME 法可以得到氢氧化钠、氯气和氢气。膜分离产生的 H_2 和 Cl_2，从而有效地消除了这些气体反应引起爆炸的危险。

操作条件（如电流密度、NaCl 盐水的 pH、样品池温度、阳极电解液和阴极电解液的流速和浓度）对 ME 工艺的效率有显著影响。各种操作条件对 ME 工艺效率的影响的详细分析在其他文献中也有报道。值得注意的是，ME 工艺在较高的 NaCl 盐水浓度和池温下运行时效率更高。因此，在生产 NaOH 的 ME 工艺中的一个关键步骤是使 NaCl 浓度达到或接近饱和。这一步骤通常由传统的热蒸馏过程实现，如多效蒸馏（MED）。

在 ME 制取 NaOH 过程中，MD 是 MED 浓缩 NaCl 盐水的一种理想的替代工艺。与 MED 相比，MD 过程可以在较低的温度下进行（MD 的进料温度可低至 35 ℃）；因此，低等级余热和太阳能可与 MD 有效结合，大大节约了 NaOH 生产的能源成本。此外，作为膜分离过程，MD 比 MED 更紧凑，更容易按比例放大或缩小。因此，将 MD 集成到现有 ME 过程中比 MED 更容易、更有效。

图 8.11 为 NaCl 盐水生产 NaOH 的 MD – ME 组合工艺流程图。为了提高 ME 工艺的效率，对盐水中的杂质进行了严格的去除，以满足盐水的技术要求。因此，首先以 Na_2CO_3、$BaCl_2$、NaOH 为沉淀剂进行化学沉淀。经化学沉淀后，将马铃薯淀粉加入盐水中，使沉淀泥化。然后用传统的砂床过滤器或膜法过滤，将淤泥和悬浮固体从盐水中除去。把离子交换树脂部署在 MD 过程之前，是为了进一步降低杂质的浓度，尤其是 Ca^{2+} 和 Mg^{2+} 的浓度。有效去除杂质不仅对 ME 工艺的运行至关重要，而且对 MD 工艺的运行也至关重要。MD 膜上，Ca^{2+} 和 Mg^{2+} 的难溶性盐的析出会导致水通量的减小和产品质量的降低，更重要的是膜会受损。同样，Ca^{2+} 和 Mg^{2+} 在 ME 膜的沉积降低了膜的导电性，并增加了 Na^+ 在膜上的传质阻力，因此降低了 NaOH 生产效率。此外，当 Ca^{2+} 和 Mg^{2+} 沉积严重时，还会造成 ME 膜的永久性受损。

MD 和 ME 联合生产 NaOH 在节能方面也有好处。对于 ME 工艺效率而言，需要对盐水进料进行加热。在 MD – ME 组合工艺中，MD 热盐水的显热可以作为 ME 工艺的热源。在 NaCl 电解生产 NaOH 的过程中，热也是一种可以利用副产品。当 ME 稀释的盐水回流到 MD 工艺进行再浓缩时，这种共生热可用于 MD 工艺（图 8.11），从而降低 MD 工艺的热能消耗。事实上，Duong 等已经通过实验证明了 ME 和 MD 结合在工艺热能消耗方面的优势。在 MD – ME 组合工艺中，MD 的比热能消耗可以降低 22 MJ/m^3，而 ME 对每千克 NaOH 的热能要求降低了 3 MJ。

采用 MD – ME 组合工艺生产的 NaOH 可以从岩盐、浓缩盐湖和海水淡化过程中的浓盐水中获得原料。近年来，CSG 的 RO 脱盐水中富含 $NaHCO_3$、Na_2CO_3 和 NaCl 的盐水也被建议作为 ME 生产 NaOH 的原料。初步研究结果表明，ME 法用于 CSG 的 RO 盐水生产 NaOH 具有技术可行性。与氯化物相比，碳酸盐和碳酸氢盐的存在对当前的生产效率和

NaOH 的产量几乎没有影响。CSG RO 的盐水浓度对 ME 工艺的能源效率有明显的影响，因此务必重视盐水浓度的控制。实际上，当 CSG RO 盐水中杂质被完全除去时(即盐质量浓度约为 17.1 g/L)，MD 对盐水的浓缩可以提高到 10 倍，同时水通量只是略有减少，并且没有任何结垢现象。同时，从 CSG RO 盐水中生产的 NaOH 溶液的效率也仅仅是略低于相同浓度的 NaCl 盐水。但是，CSG RO 盐水只能得到质量分数为 12% 的 NaOH 溶液。需要指出的是，利用 MD－ME 组合工艺从海水淡化盐水或 CSG RO 盐水中生产 NaOH 的研究非常有限。因此，强烈建议在实验或商业水平上对这些盐水的 MD－ME 组合工艺进行技术经济调查。

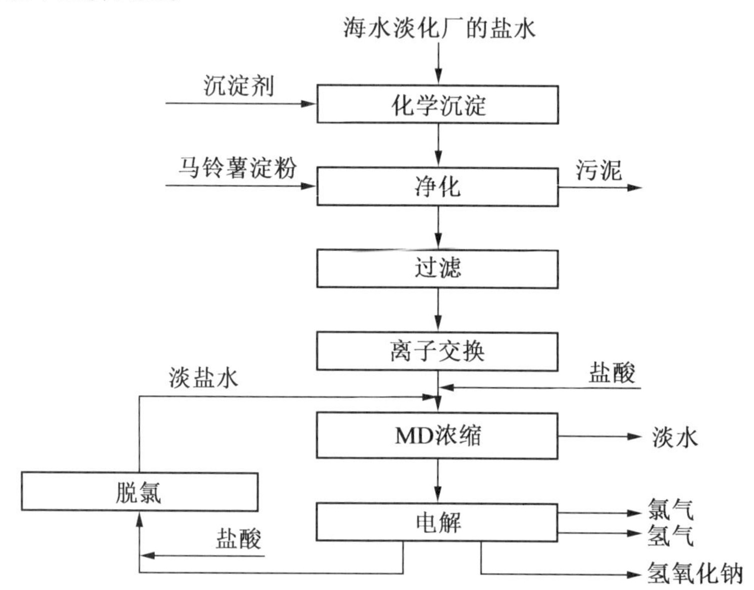

图 8.11 NaCl 盐水生产 NaOH 的 MD－ME 组合工艺流程图

8.2.6 MD－液体干燥用于空调除湿

液体除湿空调(LDAC)已成为改善室内热舒适性和空气质量的一种有吸引力的技术，特别是在潮湿和炎热的气候地区。在 LDAC 中，液体干燥剂溶液通过除湿器循环以去除空气中的水分，同时调节空气湿度和温度。空气的潜在负荷可由除湿机中液体干燥剂溶液的吸湿率来控制。然后，通过脱盐过程除去多余的水，液体干燥剂溶液可以在再生器中重新浓缩。

液体干燥剂的再生是维持 LDAC 除湿效率的关键步骤。LiBr 和 LiCl 水溶液是 LDAC 中最常用的液体干燥剂。这些溶液的除湿效率受浓度和温度的影响很大，温度越低，溶液浓度越大，吸湿率越高。当强液体干燥剂流沿除湿器流动时，其从空气中吸收水分，导致液体干燥剂稀释，同时温度升高。在下一个除湿循环之前，需要对弱液体干燥剂(即已被加热和稀释的)进行再浓缩和冷却。需要指出的是，液体干燥剂的再生在很大程度上决定了 LDAC 的总能耗。

在目前大多数 LDAC 应用中，液体干燥剂的再生是采用常规热蒸发进行的。在传统的热再生过程中(图 8.12),将弱液体干燥剂溶液加热到 70 ~ 90 ℃,然后喷在填充床接触介质上进行水分蒸发。传统热蒸发过程的热量输入可以来自废热或太阳能。因此,在有这些低等级热源的地方,具有热再生液体干燥剂的 LDAC 优于完全依靠电力输入的蒸气压缩空调。然而,所需的物理排放量大和运行残留导致干燥剂损失是热再生过程的主要缺点。干燥剂的残留不仅需要对干燥剂进行不断补充,而且还会带来长期的健康隐患。

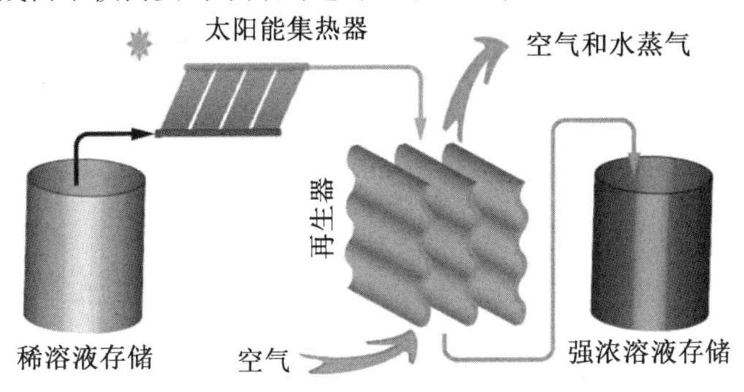

图 8.12 液体干燥剂溶液热再生过程示意图

为了解决干燥剂的残留问题,提出了膜分离工艺(包括 RO 和 ED),用于 LDAC 中液体干燥剂的再生。作为一种非热分离过程,RO 不需要对弱干燥剂溶液进行加热,因此无须在返回除湿机之前对再浓缩的干燥剂溶液进行冷却。然而,为了克服液体干燥剂的渗透压,RO 需要很高的液压(质量分数为 25% 的 LiCl 溶液约需压力 180 bar)。事实上,目前可用的 RO 膜不能用于再生超过质量分数为 15% 的液体干燥剂溶液。与 RO 不同,ED 利用放置在阴极和阳极之间的阳离子交换膜对液体干燥剂进行再浓缩。在电场的作用下,反应池中的阳离子和阴离子分别向阴极和阳极移动。阳离子交换膜和阴离子交换膜分别只允许阳离子和阴离子渗透,从而导致弱干燥剂溶液浓度的增加和废溶液的稀释。通过控制弱溶液和废溶液的浓度差,可以缓解渗透压对 ED 过程干燥剂再生效率的负面影响。因此,ED 能够再生浓度适用于 LDAC 的液体干燥剂溶液。但是,ED 过程的再生效率受多种因素的影响,在成功地将 ED 融入 LDAC 之前还需要进行深入的研究。

把 MD 用于 LDAC 中以使液体干燥剂再生是一种很有前途的工艺(图 8.13)。与传统的热再生相比,液体干燥剂的 MD 再生可以在较低的温度下进行,从而减少了加热和冷却的要求。更重要的是,因为运行温度较低,还可以利用低等级余热或太阳能作为液体干燥剂 MD 再生过程的一次能源输入,从而大大降低了 LDAC 的能源成本。此外,考虑到 MD 膜的疏水性,MD 在液体干燥剂再生过程中可以完全消除盐;因此,利用 MD 可以消除传统热再生中干燥剂的残留损失问题。此外,MD 系统更紧凑,因此比传统的热再生器有更小的物理排放量。与 ED,尤其是 RO 相比,MD 受液体干燥剂溶液渗透压的影响明显较小。这一重要特性使得 MD 比 RO 和 ED 更适合于高盐浓度的液体干燥剂溶液。事实上,MD 已经被用于再生浓度为 50% 的 LiBr 溶液。

很少有人尝试证明 MD 用于 LDAC 液体干燥剂再生的可行性。一个比较著名的范例是 Choo 等研究了真空多效 MD (V - MEMD)工艺在不同操作条件下对 LiCl 溶液再吸收的性能。进料浓度和加热温度对 V - MEMD 工艺的热工性能、水通量和再生效率有很大的影响。在较高的进料温度下操作该工艺,可提高所有工艺的性能指标;而 LiCl 浓度的增加对其有一定的负面影响。单向的 V－MEMD 工艺在 80 ℃的进料温度和 40 L/h 的进料通量下,可以使 LiCl 质量分数从 22% 提高到 25%。值得注意的是,实验过程所需的热能是由太阳能集热器提供的。

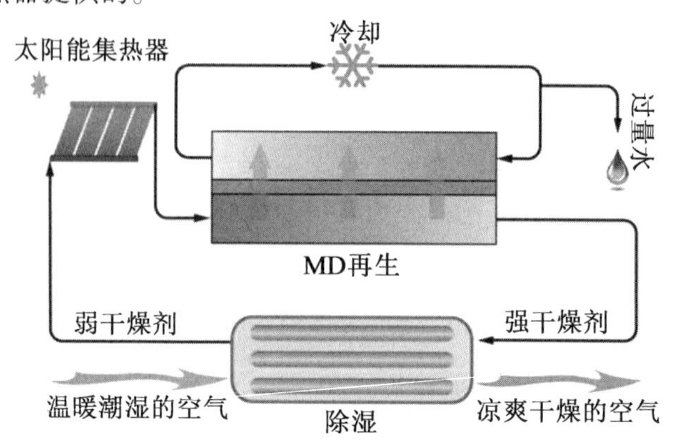

图 8.13 MD－除湿组合式液体除湿空调

在完全实现液体干燥剂再生的 MD 之前,需要解决几个主要的技术挑战。这些挑战包括热能消耗大、与液体干燥剂的极端盐度相关的膜润湿风险高以及由于液体干燥剂的水活性显著降低而导致水通量受限。利用废热源可以缓解 MD 的高热耗。但是,在使用 LDAC 机组的建筑物中并不总是有废热源,而且利用废热或太阳能依然需要相当大的费用。因此,降低液体干燥剂的 MD 再生的热能消耗,使液体干燥剂 MD 一体化除湿成为一种节能环保的 LDAC 工艺,具有十分重要的意义。

8.3 本章小结

MD 具有显著的特点,这使其成为一种传统海水淡化工艺的低成本和强劲的替代工艺。这些特性包括能够将进料溶液浓缩到饱和状态,也无须高水压,从而降低资本和运营成本,并且能与低等级废热和太阳能兼容。尽管如此,MD 作为处理各种受损水源的独立系统的应用主要受到进水中污染物(如有机物、沉淀盐和表面活性剂)导致膜孔润湿的高风险和工艺密集型热能需求的限制。膜孔润湿最终导致水通量减少和水质恶化,严重时可能导致 MD 完全失效。工艺密集型的能源需求将 MD 应用定位于处理那些在其他传统脱盐工艺存在严重问题的具有挑战性的浓盐水溶液。

将 MD 与其他分离工艺相结合是一种切实可行的减轻膜孔润湿的方法,从而使 MD 能够有效地处理具有挑战性的浓盐水溶液。在集成系统中,MD 可以作为预处理,在进行另一工艺之前浓缩进料溶液(结晶和 ME),也可以作为后处理提高出水水质(MF/UF 和 TAnMBR),在提高水回收率的同时使盐水体积最小化(RO 和 MSF),并可再生提取液(FO)和液体除湿空调(LDAC)。MD 与其他工艺的结合不仅提高了 MD 的效率,同时也提高了其互补工艺的效率。此外,操作条件对 MD 组合工艺的性能影响很大,因此,工艺优化对于 MD 组合系统实现最优工艺效率具有重要意义。

本章参考文献

[1] Wang, P. ; Chung, T. – S. Recent Advances in Membrane Distillation Processes: Membrane Development, Configuration Design and Application Exploring. J. Membr. Sci. 2015, 474, 39 – 56.

[2] Drioli, E. ; Ali, A. ; Macedonio, F. Membrane Distillation: Recent Developments and Perspectives. Desalination 2015, 356, 56 – 84.

[3] Lawson, K. W. ; Lloyd, D. R. Membrane Distillation. J. Membr. Sci. 1997, 124, 1 – 25.

[4] Alkhudhiri, A. ; Darwish, N. ; Hilal, N. Membrane Distillation: A Comprehensive Review. Desalination 2012, 287, 2 – 18.

[5] Duong, H. C. ; Cooper, P. ; Nelemans, B. ; Cath, T. Y. ; Nghiem, L. D. Evaluating Energy Consumption of Membrane Distillation for Seawater Desalination Using a Pilot Air Gap System. Sep. Purif. Technol. 2016, 166, 55 – 62.

[6] Tijing, L. D. ; Woo, Y. C. ; Choi, J. – S. ; Lee, S. ; Kim, S. – H. ; Shon, H. K. Fouling and Its Control in Membrane Distillation—A Review. J. Membr. Sci. 2015, 475, 215 – 244.

[7] Warsinger, D. M. ; Swaminathan, J. ; Guillen – Burrieza, E. ; Arafat, H. A. ; Lienhard V, J. H. Scaling and Fouling in Membrane Distillation for Desalination Applications: A Review. Desalination 2014, 356, 294 – 313.

[8] Duong, H. C. ; Duke, M. ; Gray, S. ; Cath, T. Y. ; Nghiem, L. D. Scaling Control During Membrane Distillation of Coal Seam Gas Reverse Osmosis Brine. J. Membr. Sci. 2015, 493, 673 – 682.

[9] Hickenbottom, K. L. ; Cath, T. Y. Sustainable Operation of Membrane Distillation for Enhancement of Mineral Recovery From Hypersaline Solutions. J. Membr. Sci. 2014, 454, 426 – 435.

[10] Zuo, G. ; Wang, R. Novel Membrane Surface Modification to Enhance Anti – Oil Fouling Property for Membrane Distillation Application. J. Membr. Sci. 2013, 447, 26 – 35.

[11] Ang, W. L. ; Mohammad, A. W. ; Hilal, N. ; Leo, C. P. A Review on the Applicability of Integrated/Hybrid Membrane Processes in Water Treatment and Desalination Plants. Desalination 2015, 363, 2 – 18.

[12] Fritzmann, C. ; Löwenberg, J. ; Wintgens, T. ; Melin, T. State – of – the – Art of Reverse Osmosis Desalination. Desalination 2007, 216, 1 – 76.

[13] Colla, V. ; Branca, T. A. ; Rosito, F. ; Lucca, C. ; Vivas, B. P. ; Delmiro, V. M.

Sustainable Reverse Osmosis Application for Wastewater Treatment in the Steel Industry. J. Clean. Prod. 2016, 130, 103 – 115.

[14] Gryta, M.; Karakulski, K. The Application of Membrane Distillation for the Concentration of Oil – Water Emulsions. Desalination 1999, 121, 23 – 29.

[15] Gryta, M.; Karakulski, K.; Morawski, A. W. Purification of Oily Wastewater by Hybrid UF/MD. Water Res. 2001, 35, 3665 – 3669.

[16] Wang, L.; Li, B.; Gao, X.; Wang, Q.; Lu, J.; Wang, Y.; Wang, S. Study of Membrane Fouling in Cross – Flow Vacuum Membrane Distillation. Sep. Purif. Technol. 2014, 122, 133 – 143.

[17] Zhang, P.; Knötig, P.; Gray, S.; Duke, M. Scale Reduction and Cleaning Techniques During Direct Contact Membrane Distillation of Seawater Reverse Osmosis Brine. Desalination 2015, 374, 20 – 30.

[18] Jacob, P.; Phungsai, P.; Fukushi, K.; Visvanathan, C. Direct Contact Membrane Distillation for Anaerobic Effluent Treatment. J. Membr. Sci. 2015, 475, 330 – 339.

[19] Wijekoon, K. C.; Hai, F. I.; Kang, J.; Price, W. E.; Cath, T. Y.; Nghiem, L. D. Rejection and Fate of Trace Organic Compounds (TrOCs) During Membrane Distillation. J. Membr. Sci. 2014, 453, 636 – 642.

[20] Liao, B. Q.; Xie, K.; Lin, H. J.; Bertoldo, D. Treatment of Kraft Evaporator Condensate Using a Thermophilic Submerged Anaerobic Membrane Bioreactor. Water Sci. Technol. 2010, 61, 2177 – 2183.

[21] Xie, K.; Lin, H. J.; Mahendran, B.; Bagley, D. M.; Leung, K. T.; Liss, S. N.; Liao, B. Q. Performance and Fouling Characteristics of a Submerged Anaerobic Membrane Bioreactor for Kraft Evaporator Condensate Treatment. Environ. Technol. 2010, 31, 511 – 521.

[22] Skouteris, G.; Hermosilla, D.; López, P.; Negro, C.; Blanco, á. Anaerobic Membrane Bioreactors for Wastewater Treatment: A Review. Chem. Eng. J. 2012, 198 – 199, 138 – 148.

[23] Wijekoon, K. C.; Hai, F. I.; Kang, J.; Price, W. E.; Guo, W.; Ngo, H. H.; Cath, T. Y.; Nghiem, L. D. A Novel Membrane Distillation – Thermophilic Bioreactor System: Biological Stability and Trace Organic Compound Removal. Bioresour. Technol. 2014, 159, 334 – 341.

[24] Luo, W.; Hai, F. I.; Price, W. E.; Guo, W.; Ngo, H. H.; Yamamoto, K.; Nghiem, L. D. High Retention Membrane Bioreactors: Challenges and Opportunities. Bioresour. Technol. 2014, 167, 539 – 546.

[25] Howell, J. A. Sub – Critical Flux Operation of Microfiltration. J. Membr. Sci. 1995, 107, 165 – 171.

[26] Field, R. W.; Wu, D.; Howell, J. A.; Gupta, B. B. Critical Flux Concept for Microfiltration Fouling. J. Membr. Sci. 1995, 100, 259 – 272.

[27] Lim, A. L.; Bai, R. Membrane Fouling and Cleaning in Microfiltration of Activated Sludge Wastewater. J. Membr. Sci. 2003, 216, 279 - 290.

[28] Hilal, N.; Ogunbiyi, O. O.; Miles, N. J.; Nigmatullin, R. Methods Employed for Control of Fouling in MF and UF Membranes: A Comprehensive Review. Sep. Sci. Technol. 2005, 40, 1957 - 2005.

[29] Elimelech, M.; Phillip, W. A. The Future of Seawater Desalination: Energy, Technology, and the Environment. Science 2011, 333, 712 - 717.

[30] Ghaffour, N.; Bundschuh, J.; Mahmoudi, H.; Goosen, M. F. A. Renewable Energy - Driven Desalination Technologies: A Comprehensive Review on Challenges and Potential Applications of Integrated Systems. Desalination 2015, 356, 94 - 114.

[31] Al - Karaghouli, A.; Kazmerski, L. L. Energy Consumption and Water Production Cost of Conventional and Renewable - Energy - Powered Desalination Processes. Renew. Sust. Energ. Rev. 2013, 24, 343 - 356.

[32] Nghiem, L. D.; Ren, T.; Aziz, N.; Porter, I.; Regmi, G. Treatment of Coal Seam Gas Produced Water for Beneficial Use in Australia: A Review of Best Practices. Desalin. Water Treat. 2011, 32, 316 - 323.

[33] Zaman, M.; Birkett, G.; Pratt, C.; Stuart, B.; Pratt, S. Downstream Processing of Reverse Osmosis Brine: Characterisation of Potential Scaling Compounds. Water Res. 2015, 80, 227 - 234.

[34] Duong, H. C.; Chivas, A. R.; Nelemans, B.; Duke, M.; Gray, S.; Cath, T. Y.; Nghiem, L. D. Treatment of RO Brine From CSG Produced Water by Spiral - Wound Air Gap Membrane Distillation—A Pilot Study. Desalination 2015, 366, 121 - 129.

[35] Bouchrit, R.; Boubakri, A.; Hafiane, A.; Bouguecha, S. A. - T. Direct Contact Membrane Distillation: Capability to Treat Hyper - Saline Solution. Desalination 2015, 376, 117 - 129.

[36] Arnal, J. M.; Sancho, M.; Iborra, I.; Gozálvez, J. M.; Santafé, A.; Lora, J. Desalination and the Environment Concentration of Brines From RO Desalination Plants by Natural Evaporation. Desalination 2005, 182, 435 - 439.

[37] Roberts, D. A.; Johnston, E. L.; Knott, N. A. Impacts of Desalination Plant Discharges on the Marine Environment: A Critical Review of Published Studies. Water Res. 2010, 44, 5117 - 5128.

[38] Ahmed, M.; Arakel, A.; Hoey, D.; Thumarukudy, M. R.; Goosen, M. F. A.; Al - Haddabi, M.; Al - Belushi, A. Feasibility of Salt Production From Inland RO Desalination Plant Reject Brine: A Case Study. Desalination 2003, 158, 109 - 117.

[39] Geng, H.; Wang, J.; Zhang, C.; Li, P.; Chang, H. High Water Recovery of RO Brine Using Multi - Stage Air Gap Membrane Distillation. Desalination 2015, 355, 178 - 185.

[40] Mericq, J. – P. ; Laborie, S. ; Cabassud, C. Vacuum Membrane Distillation of Seawater Reverse Osmosis Brines. Water Res. 2010, 44, 5260 – 5273.

[41] Edwie, F. ; Chung, T. – S. Development of Simultaneous Membrane Distillation – Crystallization (SMDC) Technology for Treatment of Saturated Brine. Chem. Eng. Sci. 2013, 98, 160 – 172.

[42] Ji, X. ; Curcio, E. ; Al Obaidani, S. ; Di Profio, G. ; Fontananova, E. ; Drioli, E. Membrane Distillation – Crystallization of Seawater Reverse Osmosis Brines. Sep. Purif. Technol. 2010, 71, 76 – 82.

[43] Martinetti, C. R. ; Childress, A. E. ; Cath, T. Y. High Recovery of Concentrated RO Brines Using Forward Osmosis and Membrane Distillation. J. Membr. Sci. 2009, 331, 31 – 39.

[44] Woo, Y. C. ; Kim, Y. ; Shim, W. – G. ; Tijing, L. D. ; Yao, M. ; Nghiem, L. D. ; Choi, J. – S. ; Kim, S. – H. ; Shon, H. K. Graphene/PVDF Flat – Sheet Membrane for the Treatment of RO Brine From Coal Seam Gas Produced Water by Air Gap Membrane Distillation. J. Membr. Sci. 2016, 513, 74 – 84.

[45] Simon, A. ; Fujioka, T. ; Price, W. E. ; Nghiem, L. D. Sodium Hydroxide Production From Sodium Carbonate and Bicarbonate Solutions Using Membrane Electrolysis: A Feasibility Study. Sep. Purif. Technol. 2014, 127, 70 – 76.

[46] Duong, H. C. ; Duke, M. ; Gray, S. ; Nelemans, B. ; Nghiem, L. D. Membrane Distillation and Membrane Electrolysis of Coal Seam Gas Reverse Osmosis Brine for Clean Water Extraction and NaOH Production. Desalination 2016, 397, 108 – 115.

[47] Nguyen, Q. – M. ; Lee, S. Fouling Analysis and Control in a DCMD Process for SWRO Brine. Desalination 2015, 367, 21 – 27.

[48] Peng, Y. ; Ge, J. ; Li, Z. ; Wang, S. Effects of Anti – Scaling and Cleaning Chemicals on Membrane Scale in Direct Contact Membrane Distillation Process for RO Brine Concentrate. Sep. Purif. Technol. 2015, 154, 22 – 26.

[49] Duong, H. C. ; Duke, M. ; Gray, S. ; Cooper, P. ; Nghiem, L. D. Membrane Scaling and Prevention Techniques During Seawater Desalination by Air Gap Membrane Distillation. Desalination 2016, 397, 92 – 100.

[50] Adham, S. ; Hussain, A. ; Matar, J. M. ; Dores, R. ; Janson, A. Application of Membrane Distillation for Desalting Brines From Thermal Desalination Plants. Desalination 2013, 314, 101 – 108.

[51] Kayvani Fard, A. ; Rhadfi, T. ; Khraisheh, M. ; Atieh, M. A. ; Khraisheh, M. ; Hilal, N. Reducing Flux Decline and Fouling of Direct Contact Membrane Distillation by Utilizing Thermal Brine From MSF Desalination Plant. Desalination 2016, 379, 172 – 181.

[52] Minier – Matar, J. ; Hussain, A. ; Janson, A. ; Benyahia, F. ; Adham, S. Field Evaluation of Membrane Distillation Technologies for Desalination of Highly Saline

Brines. Desalination 2014, 351, 101 - 108.

[53] Coday, B. D.; Xu, P.; Beaudry, E. G.; Herron, J.; Lampi, K.; Hancock, N. T.; Cath, T. Y. The Sweet Spot of Forward Osmosis: Treatment of Produced Water, Drilling Wastewater, and Other Complex and Difficult Liquid Streams. Desalination 2014, 333, 23 - 35.

[54] Chun, Y.; Kim, S. - J.; Millar, G. J.; Mulcahy, D.; Kim, I. S.; Zou, L. Forward Osmosis As a Pre - Treatment for Treating Coal Seam Gas Associated Water: Flux and Fouling Behaviours. Desalination 2015. 403, 144 - 152.

[55] Valladares Linares, R.; Li, Z.; Sarp, S.; Bucs, S. S.; Amy, G.; Vrouwenvelder, J. S. Forward Osmosis Niches in Seawater Desalination and Wastewater Reuse. Water Res. 2014, 66, 122 - 139.

[56] Chekli, L.; Phuntsho, S.; Kim, J. E.; Kim, J.; Choi, J. Y.; Choi, J. - S.; Kim, S.; Kim, J. H.; Hong, S.; Sohn, J.; Shon, H. K. A Comprehensive Review of Hybrid Forward Osmosis Systems: Performance, Applications and Future Prospects. J. Membr. Sci. 2016, 497, 430 - 449.

[57] Husnain, T.; Liu, Y.; Riffat, R.; Mi, B. Integration of Forward Osmosis and Membrane Distillation for Sustainable Wastewater Reuse. Sep. Purif. Technol. 2015, 156 (Part 2), 424 - 431.

[58] Cath, T. Y.; Adams, D.; Childress, A. E. Membrane Contactor Processes for Wastewater Reclamation in Space: II Combined Direct Osmosis, Osmotic Distillation, and Membrane Distillation for Treatment of Metabolic Wastewater. J. Membr. Sci. 2005, 257, 111 - 119.

[59] Liu, Q.; Liu, C.; Zhao, L.; Ma, W.; Liu, H.; Ma, J. Integrated Forward Osmosis - Membrane Distillation Process for Human Urine Treatment. Water Res. 2016, 91, 45 - 54.

[60] Zhang, S.; Wang, P.; Fu, X.; Chung, T. - S. Sustainable Water Recovery From Oily Wastewater via Forward Osmosis - Membrane Distillation (FO - MD). Water Res. 2014, 52, 112 - 121.

[61] Ge, Q.; Wang, P.; Wan, C.; Chung, T. - S. Polyelectrolyte - Promoted Forward Osmosis - Membrane Distillation (FO - MD) Hybrid Process for Dye Wastewater Treatment. Environ. Sci. Technol. 2012, 46, 6236 - 6243.

[62] Xie, M.; Nghiem, L. D.; Price, W. E.; Elimelech, M. A Forward Osmosis - Membrane Distillation Hybrid Process for Direct Sewer Mining: System Performance and Limitations. Environ. Sci. Technol. 2013, 47, 13486 - 13493.

[63] Xie, M.; Nghiem, L. D.; Price, W. E.; Elimelech, M. Toward Resource Recovery From Wastewater: Extraction of Phosphorus From Digested Sludge Using a Hybrid Forward Osmosis - Membrane Distillation Process. Environ. Sci. Technol. Lett. 2014, 1, 191 - 195.

[64] Randall, D. G. ; Nathoo, J. A Succinct Review of the Treatment of Reverse Osmosis Brines Using Freeze Crystallisation. J. Water Process Eng. 2015, 8, 186 – 194.

[65] Gryta, M. Concentration of NaCl Solution by Membrane Distillation Integrated With Crystallization. Sep. Sci. Technol. 2002, 37, 3535 – 3558.

[66] Quist – Jensen, C. A. ; Ali, A. ; Mondal, S. ; Macedonio, F. ; Drioli, E. A Study of Membrane Distillation and Crystallization for Lithium Recovery From High – Concentrated Aqueous Solutions. J. Membr. Sci. 2016, 505, 167 – 173.

[67] Hassan, A. M. ; Al – Sofi, M. A. K. ; Al – Amoudi, A. S. ; Jamaluddin, A. T. M. ; Farooque, A. M. ; Rowaili, A. ; Dalvi, A. G. I. ; Kither, N. M. ; Mustafa, G. M. ; Al – Tisan, I. A. R. A New Approach to Membrane and Thermal Seawater Desalination Processes Using Nanofiltration Membranes (Part 1). Desalination 1998, 118, 35 – 51.

[68] Drioli, E. ; Criscuoli, A. ; Curcio, E. Integrated Membrane Operations for Seawater Desalination. Desalination 2002, 147, 77 – 81.

[69] Melián – Martel, N. ; Sadhwani Alonso, J. J. ; Pérez Báez, S. O. Reuse and Management of Brine in Sustainable SWRO Desalination Plants. Desalin. Water Treat. 2013, 51, 560 – 566.

[70] Melián – Martel, N. ; Sadhwani, J. J. ; Ovidio Pérez Báez, S. Saline Waste Disposal Reuse for Desalination Plants for the Chlor – Alkali Industry: The Particular Case of Pozo Izquierdo SWRO Desalination Plant. Desalination 2011, 281, 35 – 41.

[71] Jalali, A. A. ; Mohammadi, F. ; Ashrafizadeh, S. N. Effects of Process Conditions on Cell Voltage, Current Efficiency and Voltage Balance of a Chlor – Alkali Membrane Cell. Desalination 2009, 237, 126 – 139.

[72] Nunes, S. P. ; Peinemann, K. – V. Membrane Technology in the Chemical Industry ; Wiley – VCH Verlag GmbH: Weinheim, 2001.

[73] Xiao, F. ; Ge, G. ; Niu, X. Control Performance of a Dedicated Outdoor Air System Adopting Liquid Desiccant Dehumidification. Appl. Energy 2011, 88, 143 – 149.

[74] Bergero, S. ; Chiari, A. On the Performances of a Hybrid Air – Conditioning System in Different Climatic Conditions. Energy 2011, 36, 5261 – 5273.

[75] Abdel – Salam, A. H. ; Simonson, C. J. Annual Evaluation of Energy, Environmental and Economic Performances of a Membrane Liquid Desiccant Air Conditioning System With/Without ERV. Appl. Energy 2014, 116, 134 – 148.

[76] Wang, Z. ; Gu, Z. ; Feng, S. ; Li, Y. Application of Vacuum Membrane Distillation to Lithium Bromide Absorption Refrigeration System. Int. J. Refrig. 2009, 32, 1587 – 1596.

[77] Rafique, M. M. ; Gandhidasan, P. ; Bahaidarah, H. M. S. Liquid Desiccant Materials and Dehumidifiers—A Review. Renew. Sust. Energ. Rev. 2016, 56, 179 – 195.

[78] Cheng, Q. ; Zhang, X. Review of Solar Regeneration Methods for Liquid Desiccant

Air - Conditioning System. Energy Build. 2013, 67, 426 - 433.

[79] Sudoh, M.; Takuwa, K.; Iizuka, H.; Nagamatsuya, K. Effects of Thermal and Concentration Boundary Layers on Vapor Permeation in Membrane Distillation of Aqueous Lithium Bromide Solution. J. Membr. Sci. 1997, 131, 1 - 7.

[80] Al - Farayedhi, A. A.; Gandhidasan, P.; Younus Ahmed, S. Regeneration of Liquid Desiccants Using Membrane Technology. Energy Convers. Manag. 1999, 40, 1405 - 1411.

[81] Al - Sulaiman, F. A.; Gandhidasan, P.; Zubair, S. M. Liquid Desiccant Based Two - Stage Evaporative Cooling System Using Reverse Osmosis (RO) Process for Regeneration. Appl. Therm. Eng. 2007, 27, 2449 - 2454.

[82] Guo, Y.; Ma, Z.; Al - Jubainawi, A.; Cooper, P.; Nghiem, L. D. Using Electrodialysis for Regeneration of Aqueous Lithium Chloride Solution in Liquid Desiccant Air Conditioning Systems. Energy Build. 2016, 116, 285 - 295.

[83] Al - Jubainawi, A.; Ma, Z.; Guo, Y.; Nghiem, L. D.; Cooper, P.; Li, W. Factors Governing Mass Transfer During Membrane Electrodialysis Regeneration of LiCl Solution for Liquid Desiccant Dehumidification Systems. Sustain. Cities Society 2017, 28, 30 - 41.

[84] Choo, F. H.; KumJa, M.; Zhao, K.; Chakraborty, A.; Dass, E. T. M.; Prabu, M.; Li, B.; Dubey, S. Experimental Study on the Performance of Membrane Based Multi - Effect Dehumidifier Regenerator Powered by Solar Energy. Energy Procedia 2014, 48, 535 - 542.

第9章　炼油和石化领域膜技术的研究进展

9.1　概　述

《2013国际能源展望》(IEO2013)显示,2010年世界能源消耗为5 240亿Btu,预计从2010年到2040年将增长56%。同一份文件还报告,工业部门在2010年消耗了全球能源的52%,预计从2010年到2040年,能源消耗每年平均增长1.4%。石油化学工业结合多种化学转化和物理分离过程,从天然气、液化石油气(LPG)和石脑油等原料生产一系列产品,如低碳链烃和芳香烃。2010年,石化原料约占化工行业能源消耗的60%。在这个能源高度密集的行业,提高能源效率和原材料效率将带来显著的成本节约和环境效益。膜系统将环境和经济的可持续性相结合。膜分离可以取代传统分离技术,或者可以与常规分离技术(如蒸馏、吸收、吸附和提取)相结合。在自然资源日益减少的情况下,膜分离因具有模块化、低占地面积、低能量强度、无移动部件,以及不需要溶剂等优点变得极具吸引力。严格的环境标准有利于膜技术在石化/再生工艺中的应用。由于这一领域应用要求很高,因此需要开发具有稳定性强和电阻高的材料。本章将介绍该领域的研究现状、最新进展,并描述提高聚合物材料性能的新策略,例如纳米结构材料的合成或纳米复合材料的合成。讨论膜系统并展望其为此能源密集型行业所提供的前景。

9.2　石油化工领域的膜气分离

膜气分离(GS)是一个压力驱动过程,越来越多的精炼厂与化工厂安装了膜气体分离系统,用以开展不同的应用。自从1980年聚合物膜实现工业化生产,GS就成为具有竞争力的分离技术。不需要相变,同时没有移动部件,使得GS系统特别适合于偏远地区。此外,因占地面积/质量小,GS应用于近海天然气处理平台也极具吸引力。

GS的膜性能取决于材料(渗透率、分离因子)、膜结构和厚度(渗透率)、膜形貌(如平板、中空纤维),以及模块与系统设计。在双对数"罗伯逊图"中,膜性能用选择性和渗透率来描述,"罗伯逊图"说明了当前聚合物膜在渗透率和选择性之间的权衡极限。

聚合物膜组件可用于从炼油厂的废气流中回收有价值的产品,如氢气和轻烃(乙烯、丙烯和LPG),或用于生产惰性容器的氮。原料和液体重馏分脱硫过程中对氢气需求的增加,使得从废气中回收氢气的工艺得以快速发展。越来越多的蒸气/气体膜系统被安装在卡车装载站和零售加油站用于汽油蒸气回收,或用于聚烯烃生产中烯烃的回收和再循环,从而减少空气污染和实现燃油节约。

9.2.1 膜 GS 材料的研究

合成膜材料的挑战与不同 GS 的应用有关,包括天然气的净化、烯烃/链烷烃的分离和 CO_2 的捕获。应用聚合物膜分离含烃混合物需要开发特殊的材料。抗塑化全氟膜就是一个例子。近年来,人们致力于开发实际应用中兼具可加工性、高选择性、渗透性和稳定性的材料。聚酰亚胺(PI)(例如,商业 P-84 或 Matrimid®)是工业膜 GS 中最常用的聚合物。采用不同的二酐和二胺基团可以得到新的 PI。热处理或者化学交联 PI 可获得一类新颖的材料系列。将 PI 与其他聚合物共混或添加纳米颗粒还可以形成混合基体复合材料。在一定条件下煅烧聚酰亚胺膜有助于改善其机械性能,生产高强度、耐化学腐蚀的膜,包括适合高压和高温应用的中空纤维膜。

聚偏氟乙烯(PVDF)是一种半结晶聚合物,由于对各种酸和碱具有优异的耐化学腐蚀性,再加上热稳定性、机械强度和灵活性,被广泛用于制备微滤(MF)、超滤(UF)、渗透汽化(PV)和膜蒸馏(MD)。对 PVDF 进行改性或者使用适当的纳米粒子与其复合可应用于 GS。同样,向聚偏氟乙烯-六氟丙烯共聚物中加入 20%~80% 的离子液体,制备聚合物凝胶膜,被证明可调节传输特性、增加渗透性,并对 CO_2/H_2 混合分子显示出选择性。

为了提高产率、降低膜面积,人们总是期望得到的 GS 膜的渗透率更高,特别在各种大容量应用中,如 CO_2 的捕获。在近年发展起来的材料中,具有本征微孔的非晶超孔聚合物(PIM)表现出了优异的渗透性能。该系列第一批材料在性能上突破了聚合物 GS 时的渗透性和选择性平衡上限,并于 2008 年成功更新了相关领域的限值。这些材料弯曲且刚性的结构致使其聚合链杂乱地排布,在其内部产生大量自由空间。因此,在 GS 中,PIM 表现出超乎寻常的渗透性和适度的选择性。近年来,这类梯形聚合物得到了进一步的发展。首次将乙氧基蒽醌单元与 Troger 碱结合,形成了能够长久保持形状的 PIM 结构(PIM-EA-TB)。单体中刚性更强的双环单元具有更显著的筛分性能。因此,PIM-EA-TB 对 H_2 的渗透性明显优于 CO_2,在 H_2/CH_4 分离中也超过了 Robeson 上限。从三蝶烯(如 PIM-Trip-TB)等桥联双环组分衍生的 PIM 由于其刚性结构和超细微孔性,在气体选择性方面呈现了阶跃性的变化。在"热重排(TR)"聚合物、螺二芴-PIM 和四唑取代 PIM(TZ-PIM)中也证明了提高链刚性以改善链间距的微孔膜材料性能是一种成功的策略。利用氢键可以增加 TZ-PIM 的刚性,而 CO_2 吸附四唑单元提高了 CO_2/N_2 的选择性。

通常,TR 膜是通过将邻羟基聚酰亚胺(HPI)前驱体在高温(通常高于 400 ℃)下转化成聚苯并噁唑来制备的。与 HPI 前驱物和其他聚酰亚胺膜相比,这种处理方式可以在膜中得到微孔,并使膜具备良好的气体渗透率。由于交联网络的形成,TR 膜变得不溶。这改善了膜的增塑性和物理抗老化性能,但是与 HPI 前驱体膜相比,力学性能变差,在高温下有可能发生链分解。将预成型的苯并噁唑/苯并咪唑单元加入到邻羟基共聚酰亚胺前驱体中,它们经热重排会形成附加的苯并噁唑单元,进而得到具有机械韧性的膜,也就是 TR 聚(苯并噁唑-共酰亚胺)共聚物(TR-PBOI)膜。经 400 ℃处理后,TR-PBOI 膜的拉伸强度为 71.4~113.9 MPa,断裂延伸率为 5.1%~16.1%。此外,与先前报道的那些坚韧/坚固的TR膜相比,它们具有更高或相当的气体输送性能。

PIM的合成概念被扩展到PI,产生了不同的“半梯形”聚合物,称为PIM-PI,它们表现出比常规PI更高的渗透性。最近,使用Troger碱和胰蛋白酶单元也得到了一系列新颖的PIM-PI。

图9.1给出了一些代表性的梯形和半梯形PIM的重复单元。

聚酰亚胺

6FDA-TMPD　　Matrimid®

本征微孔梯形聚合物

PIM-1　　PIM-EA-TB

PIM-Trip-TB　　PIM-BTrip-TB

本征微孔半梯形聚酰亚胺

PIM-PI-9　　PIM-PI-10　　PIM-PI-11

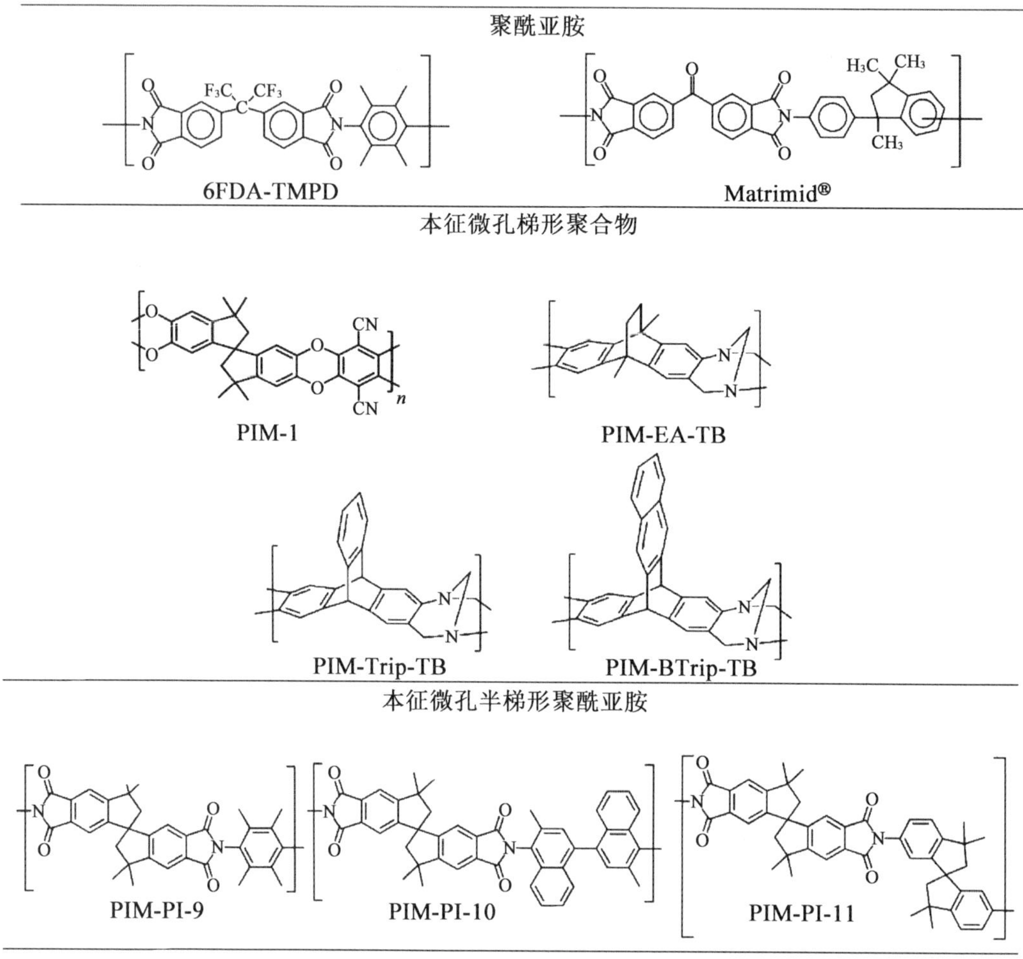

图9.1　一些代表性的梯形和半梯形PIM的重复单元

最近有报道称,在2008年,罗伯逊图中的上限又发生了进一步的变化。新的曲线考虑到新型聚合物材料的性能,特别是PIM的性能(图9.2和图9.3),并清楚地揭示了PIM膜在空气和氢气分离方面的最新进展。

物理老化是特性玻璃态聚合物膜渗透下降的过程,务必在膜的工业分离应用中给予高度重视。事实上,聚合物链松弛会导致更密集的结构。因此,在物理老化过程中,自由体积单元会向薄膜表面扩散。然而,已经证明在PIM-1中添加不同的填料有助于控制这一问题。

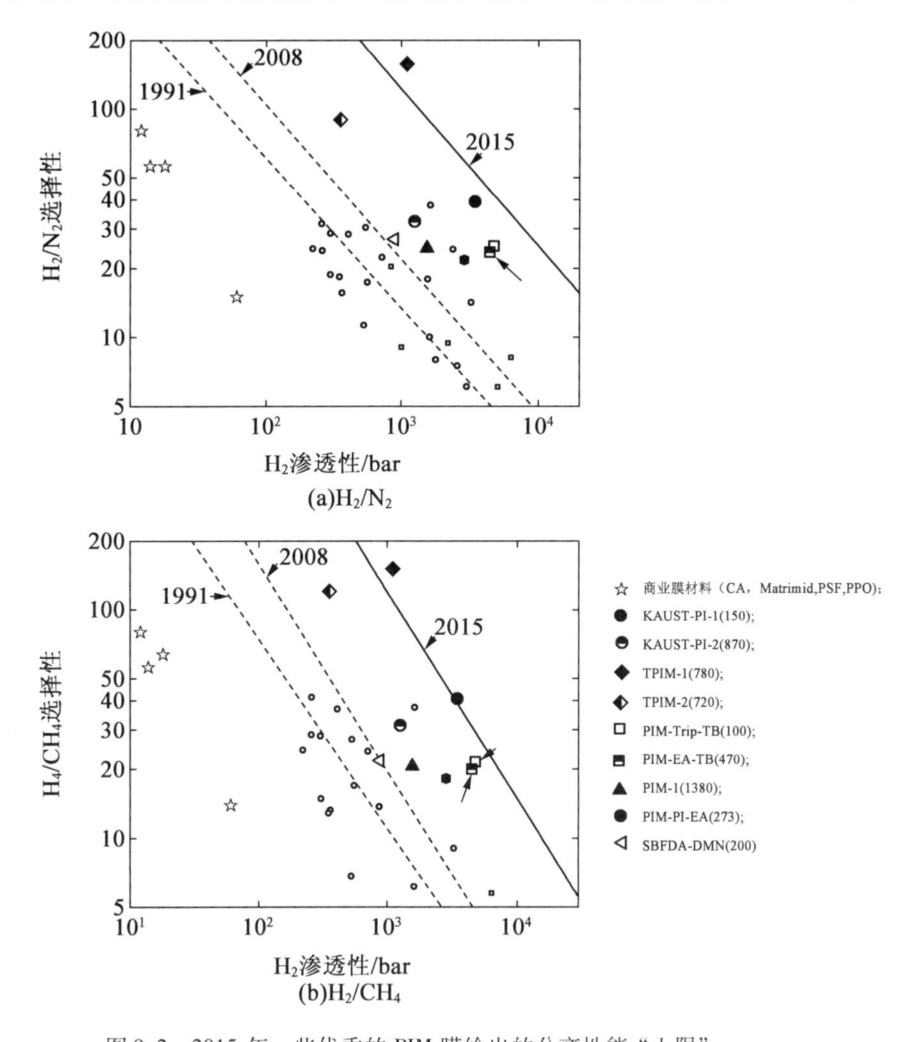

图 9.2　2015 年一些优秀的 PIM 膜给出的分离性能“上限”

(1991 年和 2008 年的限(虚线)列于图中,以证明最新技术的重大转变。括号中为甲醇处理后聚合物的“老化”天数)

作为聚合物膜的替代品,被称为金属有机框架(MOF)的有序多孔材料提供了相对高的渗透性和选择性,具有广阔的应用前景。MOF 是晶体材料,具有清晰的轮廓和可调的孔,可以扩展或功能化。对它们进行了各种膜 GS 的评估,包括碳氢化合物的分离。沸石咪唑骨架(ZIF)是 MOF 的一个分支,因其具有沸石般的永久孔隙度、均匀的孔径、优异的热稳定性和化学稳定性,在分子筛膜方面极具应用潜力。ZIF－8 由 Zn^{2+} 与甲基咪唑离子连接而成,具有良好的热稳定性 (200 ℃,N_2) 和化学稳定性。X 射线衍射测得 ZIF－8 的孔隙通道约为 3.4 Å。此外,也有研究报道吸附一些大分子如苯(5.9 Å)或二甲苯(5.8～6.8 Å)会使孔径发生变化,说明吸附分子在某些条件下具有扩孔的作用。Sholl 等介绍了一种计算纳米多孔材料中分子扩散率的新方法,解释了骨架柔性。该方法采用从头算的分子动力学,但不需要力场维持纳米多孔框架的运动。考虑 ZIF－8 结构,研究发现对于尺寸小于极限孔径的分子来说,骨架柔性并不重要,但是在利用“分子筛”效应实现分离的情况下,骨架柔性尤为重要(图9.4)。

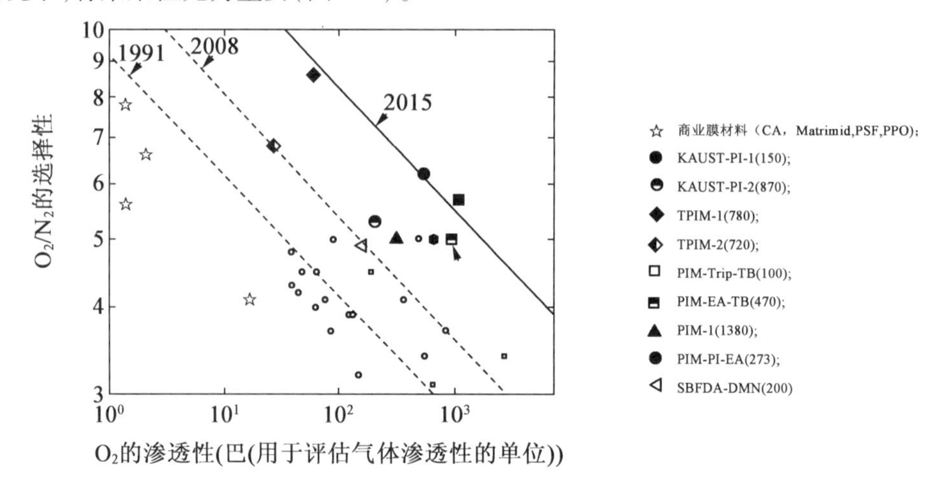

图9.3 2015年一些优秀的PIM膜给出的O_2/N_2分离性能“上限”

(1991年和2008年的限(虚线)列于图中,以证明最新技术的重大转变。括号中为甲醇处理后聚合物的“老化”天数)

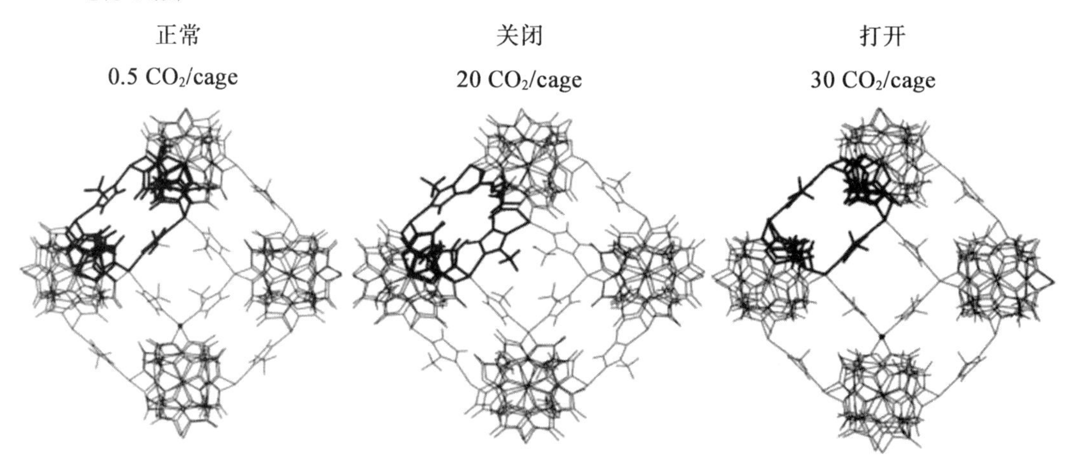

图9.4 ZIF-8孔径从正常态到闭合和开放的变化,即4元环(正常线,强调位置)和6元环(粗线)

与其他无机膜(如沸石薄膜)一样,纯ZIF在放大生产过程中面临重现性差和诸多技术难点。之前已有研究:通过高度可控的ZnO前驱体溅射沉积,克服了溶胶-凝胶包覆ZnO薄膜制备ZIF-8薄膜的重复性问题。

MOF作为纳米填料被广泛研究的对象,在任何情况下,它都是被添加到某些特定聚合物中,形成混合基质膜(MMM)。MMM包含了以粉末形式嵌入连续聚合物基质中的不渗透或多孔添加剂。这些纳米复合膜在最近的文献中引起了极大的关注,与GS以及PV等其他膜应用中的纯聚合物膜相比,它们具有许多优点。由PVDF等阻隔性聚合物制备的MMM也显示了良好的渗透性能。化学改性的PVDF具有良好的结合MOF颗粒的能力,保持了其化学和机械性能。在MMM的发展中仍然面临不同的问题,例如,聚合物与填料之间的相容性会显著影响颗粒的分散性。事实上,团聚体可能会导致气体分子的非选择性路径，而缓慢干燥有助于填料的分离。这些限制导致填料量至多达到30%（体积分数）。在某些情况下，可以利用聚合物链的渗透实现孔道的部分堵塞，减小的孔径和筛分机制的变化能够进一步改善GS行为。

9.2.2 氢GS

当今世界，化工、石化和石油工业的氢气消耗量约为450亿t/年。氢气回收是满足这些行业日益增长的需求的关键策略。不同的废气混合物可以被认为是可利用的氢源。典型例子包括催化重整过程（如裂解和脱氢）中的气体、氨和甲醇生产的排放气体、炼焦和烯烃生产（如乙炔和丁二烯）的尾气，以及细菌产生的生物氢、固体生物质废弃物和木材热解产生的生物合成气。新型膜系统已安装完成，例如，中国神华宁夏煤制液项目在2016年底启动的空气产品PRISM ® 膜分离器。膜中空纤维模块可处理高达28万 m^3（STP①）/h的煤炭加工产生的气体，将有价值的氢气从甲烷、一氧化碳和其他碳氢化合物中分离出来进行再利用。

从二氧化碳中分离氢参与了燃烧前的 CO_2 捕获，这是化石燃料转化的关键一步。煤气化或甲烷蒸气重整产生 H_2 和CO的混合物，称为合成气。水气转换反应器产生更多的 H_2 并将CO转化为 CO_2。在预燃过程中，CO_2 在重整气燃烧前也就是化石燃料转化为 H_2 之后会被从转化气体中去除。大规模的 CO_2 减排需要额外的成本，因此需要具有成本效益的技术。膜系统比胺吸附和变压吸附具有更低的能耗。CO_2 和 H_2 的混合物在升高的压力（15 ~20 bar）和温度（190 ~210 ℃）下含有相当的 CO_2 含量（体积分数约45%）。H_2 渗透膜可以在高压下补给 CO_2，从而降低压缩成本。

研究了ZIF-8和ZIF-90分散在Matrimid®基质中的MMM分离 H_2/CO_2 的效能。ZIF-90与ZIF-8一样，具有典型的方钠石结构，是由 Zn^{2+} 和2-甲醛咪唑连接而成，孔径约为3.5 Å。这两种结构都具有 H_2/CO_2 选择性。ZIF-8的加入提高了氢气透过率，而混合GS因子保持不变（α_{H_2/CO_2} 实际为3.5 ±0.3）。ZIF-90的加入使得分离因子（$\alpha^{real}_{H_2/CO_2}=5.0\pm0.4$）和氢渗透率略有提高。乙二胺连接剂的使用增强了Matrimid®基质与ZIF-90颗粒之间的相互作用，进一步提高了 H_2/CO_2 分离因子（$\alpha^{real}_{H_2/CO_2}=9.5\pm0.6$），而氢渗透系数下降到（19 ±0.6）Barrer（1 Barrer = 10^{-10} cm^3（STP）· cm/cm^2 · cmHg），这可能是靠近填料粒子的致密聚合物结构所致。此时，CO_2 的分压还未达到Matrimid®基质的塑化点（约12 bar）。

9.2.3 天然气的处理

对天然气作为化工原料的需求日益增加。天然气是一种混合物，其中甲烷是最大的组分（体积分数75% ~90%），其次是乙烷、丙烷、丁烷和其他烃类。为了满足天然气管道或燃气的规范，必须去除二氧化碳、硫化氢和水。大分子碳氢化合物、天然气液体（NGL）也可以回收，这会为运营商带来额外的营销收入和更短的投资回收期。膜工艺为低温/制冷技术提供了一个有吸引力的实施方案。膜系统在页岩油和页岩气生产领域的应用

① STP（Standard Temperature and Pressure）即标准状况。

说明膜系统在其他应用领域也非常有前景。Scholes 等指出,未来气田的质量将会下降,CO_2 和 H_2S 浓度因此而增加。这将导致天然气脱硫膜装置的增加。

MTR 公司在美国能源部(DOE)的一个项目中开发了一种膜模块,用于从劣质天然气/页岩气流中回收 NGL。这项技术被规模化,并在 Chevron's Lost Hills 公司的联合气体压缩工厂进行了测试,进入了商业化初期。模块通过去掉 NGL 来控制天然气露点,揭示了在管道输送或燃料使用中气体的质量和适宜性。MTR 开发膜模块(FuelSep™)用于从天然气和燃气流中移除二氧化碳、氮气、氢气和/或硫化氢。现有近 100 个这样的 MTR 系统用于处理天然气流,处理范围从每天约 1MMscfd(百万标准立方英尺)到每天 100 MMscfd。这些系统的投资回收期也取决于气体成分,通常为 6~12 个月。

另一个有利可图的方向是从天然气中回收氦的可能性。天然气是世界上氦的主要来源,通常含有 0.4%~0.5% 的氦,与 N_2 一起回收。Nafion® 由于具有非常高的选择性扩散,其 He/CH_4 的选择性扩散为 440,并且 He 渗透性为 37 Barrer,比市售的醋酸纤维素膜的渗透性高三倍,因此被认为是该应用的候选膜材料之一。

膜技术越来越多地应用于沼气的净化,因为沼气中含有大量的甲烷(约 50%)和二氧化碳,并且膜分离在低压下也有明显的效果。不同的商业模块也可用于该方向,如 Air Products' PRISM® 膜分离器或 Evonik's SEPURAN® Green 模块。

9.2.4 二次燃烧后 CO_2 的分离

工业 CO_2 分离过程对于石油化工行业来说是很有意义的,因为它可以从天然气中去除 CO_2,并且可以利用沼气中的 CO_2 从生物质中生产能源。另一种 CO_2 分离(从烟气中捕获)则与环境保护有关。美国环境保护署(EPA)报告称,2014 年美国排放的 CO_2 当量为 6.87 亿 t,其中主要包括二氧化碳(81%)、甲烷(11%)、一氧化氮(6%)和污染气体(3%)。在石化工厂,大量的二氧化碳排放是由于燃料燃烧用于加热蒸气裂解炉。其他来源包括原料或裂解操作过程中的气体损失和发电。热电厂的烟气是人为排放二氧化碳的主要来源。其中燃煤电厂会产生大量的烟气,CO_2 含量(质量分数)也相对较高(10%~14%)。一些低含量(质量分数)的 CO_2 则来自燃气轮机(3%~4%)。膜系统利用捕获的方法从烟气中分离 CO_2 的应用直到最近才引起人们的关注。这是一项具有挑战性的应用,因为原料流中 CO_2 浓度低,并且烟气的压力低、通量大。MTR 与美国能源部合作,开发了从发电厂烟气中回收 CO_2 的新型膜和处理工艺。这种就是 Polaris™膜,其 CO_2 渗透率是用于天然气处理的常规膜(CO_2 渗透率大于 1 000 GPU(1 GPU = 10^{-6}(m^3(STP)/cm^2 · S · cmHg) 和 $\alpha_{CO_2/N_2}=50$)的 10 倍。目前,正在用含 20 t CO_2/天(即 1 MW 煤发电产生的 CO_2)的燃煤气流对这些膜系统进行测试。图 9.5 和图 9.6 显示了通过膜法降低胺吸收系统二氧化碳捕获能量的可能性。该方法的另一个优点是还可以将 H_2O 从烟气中分离出来。

Baker 等重申了膜选择性对系统性能影响的一些重要因素。研究结果表明,把膜的 CO_2/N_2 选择性提高到 30 以上之后,系统获益甚微。因此,膜材料的研究应重点放在高渗透性聚合物的选材上。

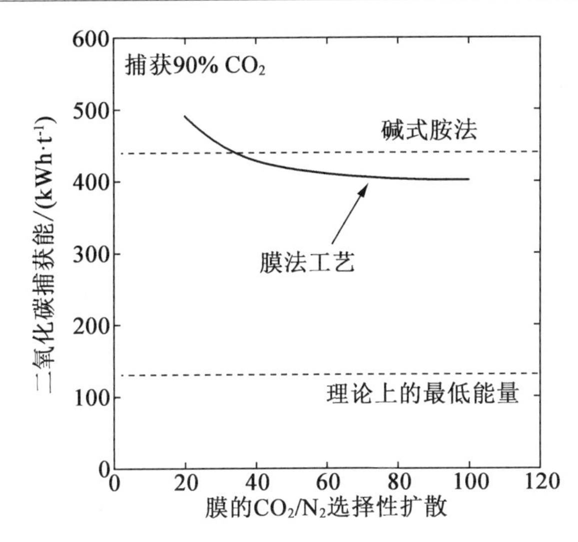

图 9.5 膜的 CO_2/N_2 选择性扩散对天然气联合循环(NGCC)发电厂 90% 的 CO_2 捕获所需能量的影响

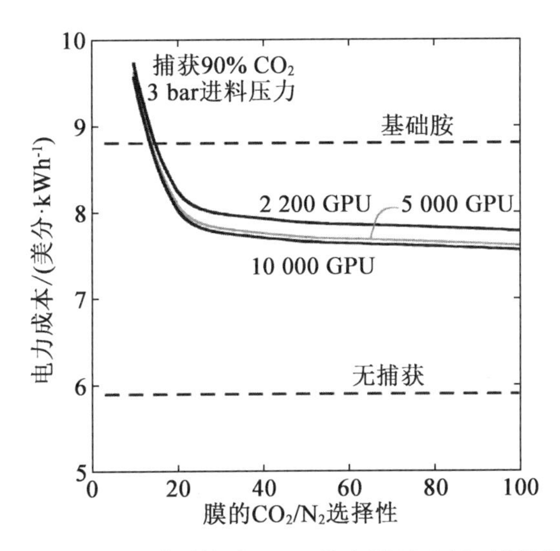

图 9.6 膜的 CO_2/N_2 选择性和 CO_2 渗透性对 NGCC 发电厂 90% CO_2 捕获电力成本的影响

最近的研究都在致力于开发极高渗透性的材料。热重排(TR)聚合物膜显示出优于传统聚合物膜的 GS 特性。这些材料被用来从三元混合气体($\varphi(CO_2):\varphi(N_2):\varphi(O_2)$ = 15:80:5)中分离二氧化碳 ,研究发现在混合气体条件下测得的 CO_2 渗透率,与单一气体条件下的 CO_2 渗透率相同,而其他气体的渗透率降低,从而有利于选择性的提高。蒸汽的存在使这三种组分的渗透率显著降低,但选择性的降低可以忽略不计。

也有一些原创性的设计是为了降低能耗的。在渗透侧采用真空,取代进料侧的压缩被认为是最低的能耗方案。进入的助燃空气可以用来吹扫膜并将二氧化碳循环到锅炉中(图 9.7)。助燃空气的逆吹扫可以提供“自由”驱动力,因此,能耗要求更低。据估计,这种膜工艺可以利用约 25% 的电厂功率将临界通量烟气中 90% 的 CO_2 捕获。CO_2 捕获成本为 40 ~ 50 美元/t,相当于电费水平增加了约 50% 。

2010年,MTR在燃煤电厂完成了为期3个月的CO_2捕获膜工艺试运行。实验系统采用商业规模的膜组件,每天从含有1 t CO_2的烟气流中去除90%的二氧化碳。2011年底,该系统被转移到国家碳捕获中心(NCCC)进行进一步的实验(图9.8)。膜组件运行时间超过10 000 h,性能稳定。目前,设计了一个放大的实验装置,计划每天从电厂烟气流中捕获20 t CO_2(相当于1 MW_e的发电量释放的CO_2)。该系统于2014年8月投入使用,2015年6月完成测试。目前的工作是将实验装置与Babcock & Wilcox公司的1.8 MW_{th}燃煤锅炉集成。该施工现场是首次在真实烟气和锅炉中进行膜操作。

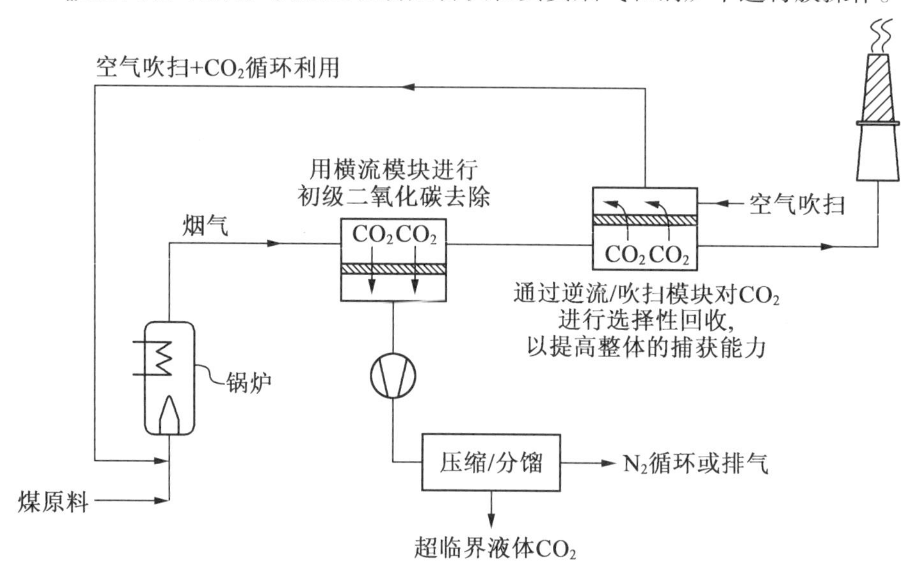

图9.7 使用空气吹扫捕获二次燃烧CO_2的工艺流程示意图

图9.8 NCCC安装的碳捕获膜系统的现场图片(CO_2流量为1 t/天)

9.2.5 从气体中去除挥发性有机化合物

从各种气体中去除挥发性有机化合物(VOC)是石油和炼油工业中一项重要的分离技术。这种方法可以回收/分离有价值的化学品,但同时限制有毒气体的排放。典型的例子是从分配站的储罐通风口中去除汽油蒸气。加油站由真空辅助分配系统组成,以尽量减少碳氢化合物蒸气排放到大气中。从油泵中每取出 1 L 汽油,有 2 L 的空气和汽油蒸气被送回储罐。储罐内的空气积聚会导致大气排放。商用蒸气回收单元都内置了聚合膜(如 Borsig 和 MTR)。最近一些研究报告了 MOF 在汽油蒸气回收领域的使用,如 ZIF-8(孔径 3.4 Å,由晶体学数据确定)和 ZIF-69(孔径 4.4 Å)。由于 N_2 的分子直径(3.64 Å)比 C5~C7 碳氢化合物(4.7~4.9 Å)的分子直径小,孔径范围为 3.7~4.7 Å 的膜被用来从正烷烃中分离氮气。ZIF-8 的孔径较小,但其骨架具有一定的柔性。上述两种膜都是采用种子生长法在 $\alpha-Al_2O_3$ 载体上制备的,并用于汽油蒸气回收,以评价从 N_2 中回收汽油蒸气(C5~C7 烃)的可能性。ZIF-69 在分离因子方面的效果稍好。

9.2.6 烯烃/烷烃分离

烯烃/烷烃的分离是炼油厂和石化装置中最具挑战性的分离工艺之一。通常使用资本和能量密集的低温蒸馏塔。乙烯/乙烷的低能量分离方案可以极大地减少能源消耗(大约 10^{12} Btu/年)。在实际工艺条件下,可选择的具有足够分离性能的膜系统较少。尽管已经对不同的膜(包括聚合物膜、无机膜和易化转运膜)进行了研究,但目前还没有相应的商业膜组件。

即使是可加工的聚合物膜,通常也不能兼具好的渗透性和烯烃/烷烃选择性。事实上,乙烷和乙烯在聚合物中的吸附几乎是相同的。此外,由于聚合物在高压下与极化气体接触时发生膨胀而产生的增塑作用也会对其性能产生负面影响。这是膜在炼油厂分离或天然气净化应用中的关键问题。聚合物交联是一种有效的减塑方法,但它仅限于具有交联有机功能的聚合物,同时又会降低膜的渗透性。对 PIM-1 膜进行化学交联,可以增强 C_3H_6/C_3H_8、CO_2/N_2 和 CO_2/CH_4 的 GS,虽然渗透性不及远未修饰的聚合物,但也能满足应用需求。

具有配位不饱和金属位的吸附剂显示出对烯烃的优先吸附。事实上,金属和烯烃 π 体系之间的相互作用形成的是化学可逆的复合物,用很小的能量就可以破坏。为了克服载体中毒造成的长期稳定性损失,目前正在研究含有银离子(Ag^+)的易化转运膜。文献报道了一种利用过氧化氢/酸性液体或蒸气处理氧化膜内还原银载体的再生方法。再生可以原位进行,并且能够恢复由于暴露在光、氢和乙炔下而引起的性能退化。

由 Compact Membrane Systems 公司发明的一种金属交换氟化离聚物,包括全氟环或环化单体的聚合衍生物的重复单元和酸部分与 11 族金属(例如银)的阳离子交换的强酸高氟化乙烯基化合物的共聚物已获授权专利。金属交换氟化离聚物易于溶解,可通过溶液沉积的方法得到薄的、气体选择性渗透的膜。这些膜具有良好的选择性和跨膜通量,而无须加湿原料气混合物。在实验室测试中,这种薄膜可以抵抗乙炔、氢和硫化氢的毒化作用,可稳定运行超过 300 天。2016 年下半年,Compact Membrane Systems 公司宣布在特拉华市 PBF 炼油厂进行 C3 烯烃/烷烃分离的膜中试。

近年来,人们致力于开发更多热稳定、化学稳定的微孔无机膜,包括 MOF 和碳分子筛(CMS)膜。

含有不饱和配位二价金属阳离子的 MOF[M2(dobdc),M = Mg、Mn、Fe、Co、Ni、Zn,dobdc =2,5 - 二氧 -1,4 - 苯二甲酸酯]选择性地与烯烃相互作用,具有很高的吸附选择性和吸附容量。Caro 等将合成的 ZIF -8 膜用于乙烯/乙烷的分离,结果表明,乙烯扩散系数越大,对乙烷的选择性吸附越大,膜对乙烯的渗透选择性越高。然而,分离系数相对较低(1.3 ~2.8)。Pan 和 Lai 报道了通过在 α - 氧化铝多孔圆盘上二次生长获得优良的 ZIF -8 膜。与其他需要有机溶剂和较高合成温度的制备工艺相比,该方法涉及水溶液和近室温操作,更经济、更环保。此外,咪唑配体在水溶液中比在有机溶液中更容易脱质子,导致颗粒更好地共生,因此,膜具有良好的 C2/C3 烃分离选择性(乙烯/乙烷约为 80,乙烯/丙烯约为 10)。

基于结晶分子筛(如沸石和 MOF)的膜在丙烯/丙烷分离上非常有吸引力,但其性能通常低于聚合物分离 C_2H_4/C_2H_6 的上限。此外,这些膜通常存在微缺陷。相反,通过热解聚合膜获得的碳膜显示出超越聚合物分离 C_2H_4/C_2H_6 上限性能的潜力。CMS 膜中刚性的“裂缝状”孔可以非常有效地分辨 C_2H_4 和 C_2H_6,允许平面 C_2H_4 分子的输运,同时阻碍体积较大的 C_2H_6 的旋转自由。通过优化裂解条件,如裂解温度、升温速率和裂解气氛等,可实现调节碳膜对 C_2H_4/C_2H_6 的分离性能。

Zhang 和 Koros 在最近的一篇基于 ZIF 材料的膜综述中指出,层状 ZIF/聚合物中空纤维膜和混合的 ZIF/聚合物中空纤维膜可作为两种优良的可扩展性的平台。近年来,以玻璃态 PI 为基础并包含 MOF 等各种填料的 MMM 被广泛用于烯烃/烷烃的分离研究。结果表明,这类复合材料同时满足加工性能、高选择性和渗透性的要求。此外,在抗塑性能方面,其稳定性也在不断加强,这是膜在实际工艺条件下应用的关键指标。用 P84 聚酰亚胺和三种不同的 MOF 制备膜材料,并用于 C_2H_4/C_2H_6 的分离。研究发现,加入 20%(质量分数)Cu_3BTC_2 后,C_2H_4/C_2H_6 选择性提高了73%,值可达到7.1 bar,而 C_2H_4 渗透性保持不变。添加 20%(质量分数)FeBTC 会降低渗透率,这是由于形成了致密的中间层,选择性方面没有显著变化。MIL -53(Al)会导致渗透率增加,选择性没有变化,这可能是由于形成了非选择性空洞或 MIL -53 本身没有选择性。Koros 等制造了高性能聚酰亚胺,由 6FDA - DAM 和 ZIF -8(添加质量分数为 48.0%)构成,并指出该物质对丙烯/丙烷(动力学直径:4.5 Å/4.3 Å)二元混合物有优良的分离性能。C_3H_6/C_3H_8 的选择性为 31.0,C_3H_6 的渗透率为 56.2 Barrer,分别比纯 6FDA - DAM 膜的选择性和渗透率高 150% 和 258%。

同样的聚酰亚胺 6FDA - DAM 膜,添加 MOF 纳米晶[Co_2(dobdc)和 Ni_2(dobdc)]之后,对乙烯的选择性优于乙烷,乙烯渗透性增强,膜稳定性提高。MOF 与聚合物之间的相互作用被认为是导致聚合物链运动性降低的原因。因此,膜分离性能得到了提高,并抑制了塑化。含有 Ni_2(dobdc)纳米晶的膜对乙烯、乙烷和二氧化碳的塑化压力变大,从纯聚合物的约 10 bar 到 MMM 的大于 20 bar。在高压渗透条件下,含有 25%(质量分数)Ni_2(dobdc)的 MMM 对乙烯/乙烷或 CO_2/CH_4 等摩尔混合物的选择性没有降低。相反,由于膜的增塑作用,在20 bar的进料压力下,6FDA - DAM对乙烯/乙烷几乎没有选择性,而对CO_2/CH_4的选择性从2 bar到47 bar时上升了50%以上。

将二氧化硅纳米粒子添加到Matrimid®聚酰亚胺中,提高了乙烯/乙烷和丙烯/丙烷分离的性能。复合膜具有良好的颗粒分布,颗粒与聚合物基体的连接也很充分。MMM表现出烯烃渗透性增加,而烷烃渗透性小幅变化,因此C_3H_6/C_3H_8的选择性从9.05增加到18.03,C_2H_4/C_2H_6的选择性从3.25增加到6.13。此外,二氧化硅纳米颗粒的加入量(质量分数)达到10%时可使丙烯的塑化压力从4 bar提高到6 bar。

负载少量石墨烯纳米片(质量分数1.125%)会使乙基纤维素(EC)对C_3H_6/C_3H_8的分离性能有明显增加,选择性从3.45增加到10.42,C_3H_6渗透率从58 Barrer增加到90 Barrer。假定聚合物基体中纳米多孔石墨烯(NPG)的高比表面积增加了气体扩散的曲折路径长度,并在EC链和填料之间形成了刚性的界面,从而提高了扩散选择性。

Pinnau等利用热处理梯形和半梯形PIM进行了不同的研究,证明了在这种超高自由体积聚合物中通过热处理来调节微孔率的可能性。采用惰性氮气氛围和400~800 ℃温度范围内加热PIM - 1膜,制备了用于乙烯/乙烷分离的CMS膜。热解温度的升高导致超微孔变小。碳的致密化增强了分子筛分能力,因为限制了乙烯和乙烷的扩散。因此,纯乙烯气体渗透率从原始PIM - 1的1 600 Barrer降低到1.3 Barrer,在800 ℃下生成无定形的碳,乙烯/乙烷纯气体的选择性从1.8显著地提高到13。同时引入微孔和羟基官能团作为增强PIM - 6FDA - OH聚酰亚胺在丙烯/丙烷分离中渗透性和选择性的方法。在250 ℃温度下热处理的PIM - PI - OH表现出的性能远远高于实验观察到的平衡曲线,接近由Koros等确定的具有工业吸引力的"黄金区域"。C_3H_6/C_3H_8分离选择性在纯气体(2 bar时从19增加到30)和混合气体(C_3H_6分压2 bar时,从19增加到30)均提高了约50%。用荧光光谱法观察了电荷转移配合物。结果表明,在混合气体条件下,所有薄膜都是稳定的,没有明显的塑化现象发生。

9.3 PV过程

PV被认为是无须使用第三种物质即可使溶剂脱水和分离恒沸物的清洁工艺。在PV中,液体流被供给膜组件,真空或吹扫气可应用于渗透侧。液体中的组分流吸进薄膜,扩散并蒸发成气相。PV的能量效率是很有吸引力的。此外,PV具有独特的分离能力,因为分离效率主要取决于渗透剂在膜中的溶解度和扩散率的差异。因此,可以得到比蒸馏更高的分离系数。PV包括有机溶剂脱水、水溶液中去除VOC和有机/有机分离三个方面。有机/有机分离是化工和石化行业最感兴趣的,也是最具挑战性的。事实上,在相对较高的温度下,膜必须承受对进料溶液中溶剂的持续暴露。在这方面,目前正在开发用于有机/有机分离的新膜,重点是聚合物共混物、交联或无机/有机材料,以此来应对膜使用过程中的溶胀。PV可用于生产清洁油产品,如从催化裂化(FCC)汽油中去除噻吩(C_4H_4S)。

Ong等最近发表了一篇关于PV聚合膜的综述。作者介绍了这一领域所做的重要工作,指出有机/无机纳米杂化是克服PV瓶颈的一种有效的方法。作者还建议在选择层上面加用一个保护层,以防止选择层与进料混合物直接接触,从而减少其溶胀。

在这方面,一个有趣的工作是在双层中空纤维的内层和外层之间形成一个选择层。这种膜结构防止选择层被屏蔽层挤压而变成外层,从而与进料液直接发生接触。选择合适的外层材料可以显著降低选择层的溶胀。

参考文献[83]从理论方面阐述了PV膜的选材及改性。与玻璃态聚合物相比,聚二甲基硅氧烷(PDMS)等橡胶聚合物对更多的可冷凝物质具有优先吸附性,自由体积更大,在PV应用中更具吸引力。PDMS具有较好的耐热性和抗氧化性,但机械强度较差。PI具有良好的化学稳定性和机械性能,耐热性好,可在260~330 ℃的温度范围内长期使用。回顾用于液/液和生物醇分离的分子设计和膜制备技术进展,可以发现PI作为PV膜材料在有机/有机分离、有机物脱水、水中有机物去除和高温分离等方面的应用是非常合适的。先进的双层中空纤维纺丝技术和薄膜聚合技术可以制备出具有优异通量和分离因子的聚酰亚胺膜。然而,PI是昂贵的材料,应考虑用于增值分离。

9.3.1 从废水中去除有机物

去除工艺废水中的VOC是石油和炼油工业面临的一大挑战。含VOC的废水来自石化和化学工业的各种生产线,是一种典型环境问题,对人体健康有害。近年来,清除VOC的要求变得更加严格,因此必须发展创新的、成本效益高的替代处理方法。为了去除水溶液中的VOC,先后尝试了不同的膜处理方法,包括PV法、反渗透(RO)法、MD法、纳滤(NF)法、膜气提法和混合工艺。在这些技术中,PV是一种节省能源的过程,因为只有部分混合物,也就是被渗透的部分发生气化。与传统的气提、吸附、生物处理等VOC控制技术相比,PV具有选择性高、结构紧凑、模块化设计、易于与现有工艺结合形成混合工艺等优点。由于VOC在水中的溶解度有限,冷凝渗透液往往分为两相。因此,有机相可以重复利用,饱和VOC的水相可以回收到进料流进行再处理。

利用渗透蒸发去除水溶液中的各种VOC,如苯、甲苯、苯乙烯、乙苯、二甲苯和氯化溶剂等得到了广泛的研究。苯乙烯作为一种VOC,是聚苯乙烯塑料、树脂及离子交换树脂和共聚物材料合成中间体,已被美国环境保护署的毒性释放清单列为一种典型致癌物。采用PDMS膜对苯乙烯污染的石油化工废水进行了PV处理,得到的渗透流中污染物浓度明显降低,可重复使用。

PIM由于具有超高的渗透性和优良的耐溶剂性(它们仅溶于氯仿、二氯甲烷和四氢呋喃),因此,是一种很有前途的PV应用材料。PIM-1膜对水溶液中不同溶剂的去除实验表明,其对于VOC渗透速度快、选择性强,尤其对乙酸乙酯、乙醚和乙腈具有较好的选择性。利用PV处理摩尔分数为1.0%的乙酸乙酯水溶液,在30 ℃和通量为39.5 kg·μm/(m^2·h)的条件下,分离因子可以达到189。PV的性能取决于VOC的物理化学性质,如溶解度参数和摩尔体积。然而,分子形状对VOC的溶解度和扩散选择性均有显著影响。例如,像乙酸乙酯这样的链式分子可以很容易地通过PIM-1的狭窄通道,而像四氢呋喃这样体积较大的分子则不能。

对PV/精馏混合工艺进行的醋酸脱水模拟研究表明,该工艺理论上可以获得20%的能量增益。虽然一些尚未商业化的材料(如有机硅膜)显示出非常优异的分离效果,但商业上可用的亲水膜的选择性太低,不能显著降低经济成本。显然,在废水处理中使用合适的膜对实际溶液进行渗透汽化分离还需要进一步的深入研究。

9.3.2 有机/有机分离

有机/有机分离是炼油厂特别关注的问题,PV 已被尝试用于从石脑油流中回收芳烃、降低 C6 重整油中的苯含量以及醇/烷烃和醇/醚混合物的分馏。PV 在芳香烃/非芳香烃混合物的分离中表现出了良好的效率,如在环己烷的生产中可以去除未反应的苯,回收纯的环己烷。

有机/有机分离的 PV 应用要求材料对有机混合物具有良好的化学耐蚀性,因此也限制了该应用的推广。目前新型的耐溶剂腐蚀聚合物正在研究中。可用于汽油 PV 脱硫的一些材料包括聚酰亚胺、聚乙二醇、聚乙烯吡咯烷酮或聚氨酯。

聚乙烯吡咯烷酮是一种水溶性聚合物,在大多数有机溶剂中具有良好的溶解性;它具有较强的溶胀性能,与很多材料的络合作用强,但由于其链的柔韧性较差,所以易碎。为了充分利用其性能,PVP 通常与其他聚合物共混,如壳聚糖。这些混合物需要交联或引用二氧化硅,才能提高他们在 PV 应用中的稳定性。

用三种增塑剂通过热诱导相分离制备的 ECTFE 膜对大多数有机溶剂具有良好的耐受性,并测试了其在 PV 分离乙醇/环己烷中的性能。

以氧化铝、氧化锆和氧化钛为填料,成功制备了聚酰胺-6 (PA-6)型 MMM,并将其用于 PV 去除 MTBE 和 DMC 中的甲醇。该膜对甲醇具有良好的选择性,对 MeOH/MTBE 混合物的分离因子明显高于 MeOH/DMC 混合物。填充了 10%(质量分数) ZrO_2 的 PA-6-H 和 PA-6 膜的甲醇 PV 分离因子最高。

9.3.3 汽油脱硫

汽油脱硫是有机/有机分离的一种特殊情况。汽油中的有机硫不仅会引起二氧化硫的排放导致酸雨,还会降低汽车尾气催化转化器的工作效率。日益严格的环境法规将汽油中硫含量的上限定为 10^4 mg/m^3。目前,加氢脱硫是一种成熟的生产超低硫汽油的技术;但是它会降低辛烷值。PV 膜法脱硫是一种能保持汽油辛烷值的非加氢物理脱硫过程。由于硫化物是通过膜选择性去除的,而大部分烯烃仍停留在低硫产物中,因此避免了烯烃饱和引起的辛烷值降低。此外,PV 工艺环保,投资和运行成本低,效率高,易于规模化。

聚乙二醇(PEG)具有较高的溶胀度,但难以进行化学改性。采用不同的水-有机溶剂混合物制备了 PEG/PVDF 复合膜。在 65~80 ℃ 温度范围内,以硫含量为 300 ng/μL 的庚烷和乙基硫醚混合物为原料,进行 PV 实验。所研究的膜均表现出良好的 PV 性能,采用乙醇制备的膜具有最高的 PV 通量和最高的硫富集系数(65 ℃ 时为 5.17)。膜结晶度的降低或表面含氧量的增高均可大大改善膜的脱硫性能,前者是因为膜的传质阻力降低,后者则是因为膜表面吸附量增加。

EC 具有化学稳定性好、耐酸耐碱性能好、成膜性能好、成本低等优点,广泛应用于脱硫。此外,EC与汽油的极性组分有很强的亲和力,如噻吩类。然而,汽油组分容易使EC膜溶胀,因此需要化学交联。相关的科研人员还研究了基于EC的汽油脱硫混合膜,制备了EC/TiO_2 MMM,探究了TiO_2溶胶含量、操作温度、层厚、交联时间、进料通量、进料硫含量对PV的影响。研究发现,与单纯的聚合物相比,MMM的通量有所改善,但分离系数略有降低。与纯EC膜相比,在EC中填充C60得到的MMM具有更高的渗透通量和硫富集因子。

对缠绕式组件性能的研究表明PV工艺去除噻吩的性能取决于FCC汽油中的碳氢化合物种类。事实上,不同的碳氢化合物会引起膜材料差异性溶胀。从不同二元混合物中脱除噻吩的顺序如下:直链烷烃 > 烯烃 > 支链烷烃 > 芳香族化合物。

9.4 有机溶剂的纳滤

有机溶剂的纳滤(OSN)是一种压力驱动的膜分离技术,比传统的单元操作(如蒸馏或蒸发)更节能。NF分离200~1 000 g/mol之间的分子,选择性主要取决于空间因子。在OSN中,膜的性能取决于膜与溶剂相互作用、压力、进料浓度、温度和电荷。石油化工过程中引入OSN可以节约能源,减少有机溶剂的浪费。能源效率计算表明,与蒸馏相比,OSN回收每升溶剂的能耗仅为其1/25。然而,膜法溶剂回收的效率受到化合物在废物流中的溶解度的限制,这导致了OSN溶剂的回收率较低。使用OSN和蒸馏相结合的方法可以获得等效回收量,但能耗比蒸馏降低了9倍。OSN在石油化工领域的可能应用包括汽油脱硫、润滑油脱蜡溶剂回收、原油脱酸、芳香族分离等。OSN在润滑油脱蜡溶剂回收中的首次大规模应用,就降低了单位体积润滑油生产所需的原油量和脱蜡溶剂的损失。OSN还被用来去除催化裂化原料中的焦油成分。OSN可以回收高纯度的有机溶剂,用于后续的药物活性成分结晶。

化学稳定性,即在有机溶剂中的低溶胀性,是高分子OSN膜的关键要求。由聚合物和无机材料制成的优良膜,可用于OSN的商业应用。由于PI在多种有机溶剂中具有良好的化学稳定性,因此是最常用的OSN膜聚合物。交联使PI膜能够对非质子溶剂形成良好的耐受性,也可以让聚苯并咪唑膜具有超乎寻常的酸碱稳定性。

在膜GS中,OSN需要复合薄膜(TFC)才能具有较高的溶剂通量和溶质截留率。TFC膜通常是在多孔超滤载体上添加一个超薄致密层(通常基于PA)。载体必须是耐溶剂材料。广泛使用的聚砜载体(PSF)与有机溶剂(如二甲基甲酰胺)接触后,会发生显著溶胀,甚至溶解。采用PIM-1和PIM共聚物制备TFC膜,通过交联控制聚合物溶胀。将PIM与聚乙烯亚胺混合,涂覆在聚丙烯腈(PAN)多孔载体上,然后进行热交联或化学交联。在正庚烷、甲苯、氯仿、四氢呋喃和醇的OSN测试中发现基于PIM的TFC膜比交联聚(三甲基硅丙烯)TFC和基于PI的工业膜具有更好的截留性能、更陡的保留曲线和更高的通量。界面聚合也被认为是一种特殊的OSN膜设计方法。

纳米材料,如沸石或MOF,有望用于增强OSN复合膜薄层的化学、热和机械稳定性。填料的加入,通常是为了提高渗透性和/或选择性,可以有效地降低聚合物基体的密实度和过度溶胀。沸石是一类广泛用于制备 MMM 的无机晶体材料。沸石由于其 Si/Al 比值、阳离子类型和孔洞结构的不同,能够与有机溶剂发生特定的相互作用,易于功能化。在 PAN 载体上的 PDMS 包覆层中加入 ZSM-5 分子筛,可以提高 PDMS 分离非极性溶剂的性能。在含 SiO_2 纳米颗粒的聚乙烯亚胺 PEI 载体上制备了具有功能化 UZM-5 沸石的薄聚酰胺层的 TFC 膜,并用于从润滑油中回收脱蜡溶剂(MEK 和甲苯)。氨基功能化的 UZM-5(0.2 kg/m^3 的 UZM-5)的加入,使聚酰胺选择层具有更好的截油率和渗透通量。

采用三甲基硅烷基化修饰 MOF 表面,在 PDMS 基体中制备了含有 MOF 的 PDMS/PI 纳米复合材料来提高附着力。与未填充膜相比,其渗透率增加,但溶质截留率降低。用 1,2,4-苯甲酸酐改性聚酰亚胺膜,引入羧基官能团,在孔内原位生长 HKUST-1,得到了杂化聚合物/MOF 膜。在 P84 UF 膜中加入 HKUST-1 导致膜孔收缩,使膜的截留分子量进入 NF 范围(200~1 000 g/mol)。化学改性和 HKUST-1 的生长对膜性能有积极影响,使膜具有高的截留率和渗透性能。

9.5 膜接触器

膜接触器(MC)利用疏水微孔膜促进相间的扩散传质。MC 比传统的吸收/提取系统更紧凑,单位体积时界面面积更大,不存在相间分散、负载或驱油限制等问题。

用 MC 去除乳胶中的 VOC,可以避免起泡。一种纳米多孔疏水膜将流动的乳胶漆从水饱和的空气中分离出来。该膜能够稳定气-乳胶界面,同时可以为快速去除 VOC 提供较大的界面面积。膜还应抑制气泡的形成,从而消除泡沫。但是,膜不能显著阻碍传质,因为实现快速去除 VOC 才是这项工作的第一要务。

全氟共聚物对酸、碱、燃料和油、低分子量酯、醚和酮、脂肪族和芳香胺、强氧化物质等多种化学物质具有很强的耐受性。Sterlitech 公司开发的商业 PTFE 膜具有优异的化学耐受性,故被用于 MC 分离生物柴油的研究。生物柴油在发动机中使用的纯度要求很高(质量分数为 99.65%),未达到这种纯度,往往需要经过一系列的蒸馏来去除生物柴油中的水分。膜萃取是一种更高效、更环保的工艺。

9.6 膜蒸馏

石化工业在不同的循环过程或冷却过程中使用了大量的水。同时,许多过程会产生大量的余热,但其回收率在一定程度上取决于废气的温度和经济因素。使用海水容易引起腐蚀和污染。RO 是目前最先进的海水淡化技术,但还存在膜污染、海水淡化回收率较低、低分子量污染物去除率较低等重大挑战。

MD 是一种基于热集成和热回收的浓盐水浓缩/脱盐的环保型技术。该技术可生产高纯度(盐截留率 >99%)的淡水,也可回收有价值的化学物质。用于 MD 的膜具有疏水性和微孔性,性能要求低于RO,且不会产生严重的污染或结垢。疏水膜只允许蒸汽通过,避免液态水的浸入。这一过程的驱动力是通过加热和进料流形成的蒸汽跨膜压差,而不是总压力。其所需压力低于RO,温度低于蒸馏。MD的另一个优点是,进料不需要像其他压力驱动膜系统那样进行额外的预处理。但加热所需的能量使MD在大规模应用中并不经济。其他问题还包括膜的润湿、膜表面沉淀的形成、污染和结垢。MD目前只在实验室规模上使用,有几个报道的试点工厂。

工业废热回收方法是可以采用的,可以回收一些能量再利用,否则将被浪费。在许多应用中,特别是那些具有低温余热流的领域(如汽车应用),余热回收的经济效益与相关成本并不相称。MD过程提供了利用这些余热预热水的机会,因为水的温度必须在50~80 ℃。低级热能(太阳能或工业废热)可以驱动MD过程,同时产生工艺水。在淡水短缺的地区,这种办法将减少进口的水量,从而降低成本并减少温室气体排放。

最近的一项研究提出将MD集成到卡塔尔的液化天然气(LNG)、乙烯和氯乙烯单体(VCM)三个工业过程中,卡塔尔是拥有大量天然气储备和新兴的大型石化工业的国家之一。LNG和乙烯工艺不符合低级热源的选择标准。相反,VCM工艺具有直接氯化段,其中蒸气流在118~146 ℃温度范围内冷凝,是低级热回收的理想选择。

最近的研究表明, MD可以作为中高盐度采出水处理的潜在方案之一。

9.7 压力驱动和集成膜工艺

9.7.1 压力驱动膜操作

石油化工炼油工业在脱盐、真空蒸馏、加氢裂化、催化裂化、催化重整和烷基化等过程中会产生大量废水。通常,石化废水中含有高浓度的悬浮固体、油和油脂、硫化物、铵、碳氢化合物、苯、甲苯、乙苯、二甲苯、多环芳烃(PAH)、苯酚,因此化学需氧量(COD)高。由于苯酚的毒性高,它们在饮用水和灌溉中的存在,会对人类、动物、植物和微生物产生严重的威胁。这些废水的净化可以节约水资源和保护环境。

采用活性污泥法对石油化工废水进行油/水分离预处理。然后通过重力分离浮渣、溶气浮选、破乳化、混凝、絮凝等方法进一步处理含油废水。一些报道指出这些方法的缺点是分离效率低、操作成本高、存在腐蚀和再污染问题。事实上,由于化学物质消耗量大,有时会导致一些化学物质残存于处理后的水中。为了满足日益严格的污水排放法规和对处理后水再使用的需求,人们越来越关注先进的石化废水处理方法。膜在石化工业中最重要的应用就是废水处理,尽管废水处理的挑战性越来越大,但膜工艺依然可以满足不断提高的排放标准。压力驱动膜分离工艺具有选择性高、分离方便、操作温和、占地面积小、连续自动操作、经济快速、操作成本低等优点,具有广阔的应用前景。压力驱动膜分离过程能够从液体流中分离不同尺寸的物质。MF保留了悬浮物,UF可以分离大分子,NF用于水处理分离多价离子,RO膜可以截留除水以外的所有物质。

1. 微滤

横流式 MF 是一种固体/液体分离工艺,可分离尺寸在 0.1 ~ 10 μm 范围内的胶体、微粒、微生物和大分子。通过改变横流速度、跨膜压差、进料温度、膜孔径和悬浮物浓度,可以改变工艺性能。这种过滤方法在废水处理中得到了广泛的应用。有机膜和无机膜均已用于含油污水的处理。

由于含油废水中无机物和有机物的存在,MF 和 UF 中的膜污染是一个重要问题。聚合物与纳米填料的结合是提高常用聚合物防污性能的一种有效策略。以广泛应用于 MF 的 PSF 膜为例,由于它们是亲水性的,与含油废水接触时容易受到污染,膜通量和使用寿命下降。据报道,硫酸化 Y 掺杂氧化锆颗粒(SZY)可增强 PSF 膜处理含油废水的亲水性和抗污染能力。从油质量浓度 80 mg/L 开始,可得到油质量浓度为 0.67 mg/L 的渗透液,这满足我国油田的回收标准(SY/T 5329—94,油质量浓度小于 10 mg/L)。

超疏水 - 超亲油性 PVDF 膜可有效分离多种“油包水”型的乳液,包括无表面活性剂和含表面活性剂微乳尺寸从微米到纳米的乳液。这些 PVDF 膜可以通过一种简单改进的相转化方法制备。特别是,将氨水添加到溶剂中可形成均匀的无皮膜,该膜由通过纤维状连接在一起的球形颗粒组成。正如在荷叶中观察到的那样,这些微纳尺度的结构具有超湿润特性。在重力驱动下,膜的分离效率高,滤液中油的纯度大于 99.95%。对于表面活性剂稳定的油水乳液,其通量在 700 ~ 1 000 L/(m^2 · h · bar)之间。虽然这些数值小于无表面活性剂乳液的通量,但与具有相似渗透性能的 UF 膜等商用过滤膜相比(小于 300 L/(m^2 · h · bar)),仍然是非常高的。此外,这种膜具有良好的防污性能、易于循环、热机械稳定性好、经久耐用。该材料具有广阔的应用前景,可用于工业和生活中产生的乳化废水、原油、燃料纯化等。

另一种限制污染的方法是改变膜的表面特性,引入亲水特性。可以利用聚多巴胺修饰不同多孔和非孔的水净化膜,包括 MF 膜、UF 膜、NF 膜和 RO 膜。例如,将聚多巴胺修饰的 PSF 超滤膜用于油水乳液的过滤。与未改性膜相比,聚多巴胺改性膜的长期通量得到改善,其原因可能是改性后膜的亲水性增强。

最近的研究聚焦在可用于油水乳液的低成本陶瓷膜(如高岭土基膜)的开发上。MF 模块的最新应用是处理含焦炭颗粒的废水。这一应用最初是 Bernardo 等在重新设计蒸气裂解乙烯的生产循环的研究中提出的。焦炭颗粒是加氢裂化过程或热裂化生产乙烯中不可避免的副产品。然而,它们会引起腐蚀,降低传热和传质效率,并在清洗过程中产生污染废水。如果用凝聚过滤器处理这种废水,处理过程中以及重复使用之前,焦炭颗粒的沉积很容易引起污染,进而破坏凝聚过滤器。对于含焦炭废水的预处理,横流式 MF 是很好的选择,可以实现在低能耗下的连续操作。采用 PVDF MF 膜从 Marun 石化废水中分离出质量分数约为 0.01% 的焦炭颗粒。该废水是对聚烯烃裂化催化剂进行洗涤后产生的,含有约 1%(质量分数)汽油等油性化合物。

陶瓷膜,如氧化铝和氧化锆,能承受恶劣的操作条件,已被应用于含油废水的过滤。采用陶瓷膜装置从石油化工废水中除焦,作为凝聚过滤器的预处理,不仅延长了聚结器的使用寿命,而且也为稀释蒸气水的生产引入了一个辅助来源。对两种多通道陶瓷膜(7 通道和 19 通道模块)进行了全面的应用评价,后者具有更好的性能。经济评价表明,采用连续横流过滤的浓缩循环系统,其收支平衡点和投资回收期分别为3%和2年。单通道$\gamma-Al_2O_3$基MF膜成功地去除了伊朗Marun石化公司含油废水中的焦炭颗粒。在70℃和15 bar条件下,模拟实际运行操作条件,脱硫效率几乎可达到100%。

2. 采出水处理

油气工业中最大的废液流,即采出水,是在采油过程中产生的(图9.9)。干旱地区的水资源紧张是一个强大的驱动力,其促进了采出水的处理,使其可用于饮用和农业灌溉,或用于提高石油回收效率。

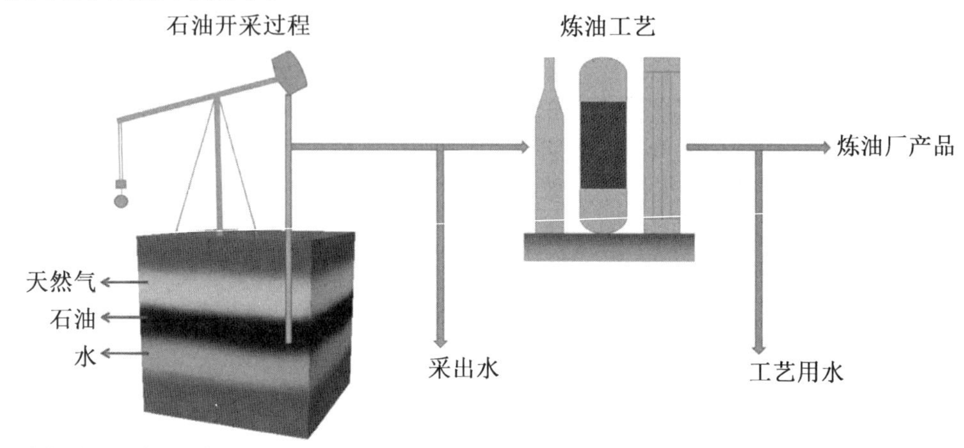

(a)油气井与储集层采出水形成的总体示意图 (b)炼油过程工艺废水形成示意图

图9.9 油气井随采出水在储集层中形成的总体示意图

采出的水通常是含盐的,其成分复杂,可由数千种不同浓度的化合物组成,这些化合物会随油井和井龄不断变化。自生产和加工以来,水质随油井地质和井龄的变化而变化,为了有效地处理采出水,必须优化膜的各项工业需求。通常,过滤膜(即MF、UF和NF)被用作三级处理,因此在预处理之后。如果采出水含有少量有毒物质,则仅UF系统就能达到可排放的水质,就像在近海油田那样。UF工艺可以是NF或RO膜的最后一步预处理,使水质达到具有合理可接受质量的纯净水,用于灌溉或牲畜饮用等。根据最终用途的不同,还可以采用其他方法作为预处理,然后是膜生物反应器(MBR)处理和RO处理。

RO步骤是获得饮用水所必需的,而NF膜可以生产满足石油工业本身、灌溉和畜牧业的回水。最近的一篇综述指出,人们对正向渗透(FO)与热蒸馏(尤其是MD)相结合用于采出水处理的兴趣日益浓厚。FO和MD技术的结合还需要进一步的研究,才能真正适合这些应用。此外,所有用于处理采出水的膜技术都将导致高浓度的盐水作为"可控制体积"的最终出水。目前对浓缩盐水的研究很少,而MD的最新发展将是解决这一问题的理想选择。

美国通用电气公司(GE)最近推出了一种UF膜(ZeeWeed 700B),该膜可用于海水预处理及海上油气的注入和固相去除。据称,该应用通过提供改进的预处理技术延长了硫酸盐去除装置的寿命、降低了运行成本和排放量。聚醚砜共混膜具有良好的亲水性,减少了污染概率。在近海设施上,停工的机会有限。多孔纤维比单孔纤维更坚固,最大限度地减少了维护和维修的次数。该系统不需要空气冲刷,无须鼓风机。

3. 同分异构体的分离

异构体的分离和纯化是一个极具挑战性的步骤,因为它们具有相似的物理化学性质,需要能源密集型的低温蒸馏或资本密集型的吸收技术。例如,将对二甲苯从二甲苯混合物中分离出来是整个二甲苯生产过程最昂贵的部分。

佐治亚理工学院(Georgia Institute of Technology)和埃克森美孚(Exxon Mobil)的研究团队最近提出了一种利用膜进行液相分离的方法。该研究发现一种碳基分子筛膜可以显著降低分离烷基芳烃类碳氢分子所需的能量。通过热解将交联的 PVDF 中空纤维转化为碳。然后将碳膜用于一种新型的"有机溶剂反渗透(OSRO)"工艺,由于进料、渗透液和截留液均为液相,所以这种工艺无须相变。OSRO 是一个压力驱动的过程,必须克服膜的渗透压差,才能获得有用的通量和分子选择性。这些膜将 RO 在水分离中的优势转化为有机液体的分离。在室温下,可有效分离对二甲苯和邻二甲苯混合物,将等物质的量浓度的进料浓缩至 81%(摩尔分数)的对二甲苯溶液,其理论选择性超过 25。

用 50:50 和 90:10(摩尔比)的对二甲苯/邻二甲苯混合物对 550 ℃热解得到的 CMS 膜进行了测试。将对二甲苯/邻二甲苯混合物在高压(50 ~ 120 bar)下供应到中空纤维膜组件的壳侧。在室温下,当压力超过渗透压梯度时,膜会从混合液中截留邻二甲苯,并且随着压力的增加,截留呈 S 形增加。用混合物测定的选择性高于基于单一组分的"理想"选择性。在某些情况下,使用蒸气渗透(100 ~ 200 ℃)和 PV(25 ~ 75 ℃)时,沸石膜无法从二元和三元混合物中分离芳烃,因为在高负载条件下,渗透最慢的物种会占据微孔孔道。然而,在 OSRO 过程中,尤其是在具有狭缝状孔的非晶态微孔膜中,单组分渗透和混合渗透实验的速度都是相同的。最新型的 MFI 型沸石膜具有均匀的微孔,为高温(100 ~ 400 ℃)对二甲苯/邻二甲苯蒸气提供了优良的渗透选择性。相对于 MFI 沸石膜,OSRO 膜通量呈数量级增加,保持很高的分子选择性(约为 100,分离因子接近 4.3)。沸石膜通常在较低的压力(约 10^{-3} bar)和较高温度(100 ~ 300 ℃)下用二甲苯蒸气进行测试,而在 CMS OSRO 中使用的是室温和高压液体。在高温低压下,分子筛中的二甲苯处于稀相状态,增加了渗透性。在这些条件下,MFI 中的对二甲苯渗透性与 CMS OSRO 膜至少大一个数量级。在沸石膜中,二甲苯负载和驱动力越高,其渗透性和选择性越差。增加下游二甲苯分压会降低分离因子。作者引用计算表明,在低温和高对二甲苯负载下,MFI 膜的对二甲苯渗透性与 CMS OSRO 膜具有相同的数量级。在 MFI 膜中增加对二甲苯的驱动力会降低对二甲苯的渗透性。然而,有报道称,泵送流体所需的总能量(即 OSRO 分离中的一次能源成本)大大低于需要相变的分离过程,如 PV。。

用于二甲苯异构体分离的 OSRO 被认为是一种潜在的节能小分子(分子直径小于 1 nm)分离方法。在 100 bar 以上的跨膜压差下,配备 CMS 的 OSRO 装置表现出比最先进的沸石膜材料高 10 倍以上的二甲苯异构体通量和优异的力学性能。此外,他们对二甲苯异构体进行了大量分离,同时实现了工作温度的大幅降低,消除了高能相变的必要性。

9.7.2 用于废水处理的集成膜系统

通常将几种压力驱动膜集成在一起以充分发挥它们的工艺潜力。一个典型的例子就是在废水处理的最后一步 RO 之前,使用 MF 和 UF 作为预处理系统。

其他膜单元操作(如 PV、MCs、GS 等)也可以与其他膜系统集成或与常规操作相结合。集成膜系统提供了重新设计能源密集型炼油/石化工业的可能性,正如蒸气裂解乙烯生产循环中提出的那样。该研究考虑了下列膜系统:

①用于 H_2 回收的单级和多级膜 GS 系统。

②MCs 用于从产生"稀释蒸气"的水中去除/回收 HC,以及用于酸性气体去除。

③微滤(MF)装置,用于从脱焦阶段的洗涤水中去除焦炭。

④富氧空气装置,可用于提高脱焦过程中的燃烧效率。

研究表明,膜单元与传统工程操作之间的适当集成具有显著降低总功耗的潜力。此外,通过适当的设计,可以在各种膜单元和传统膜单元之间实现额外的协同效应。不同膜系统的集成将有助于新工艺概念的研发,通过改善分离/回收提高材料利用率,同时减少清洁燃料和其他重要石化产品生产过程中的能耗和废液。

9.7.3 MBR 用于废水处理

MBR 结合了传统生物降解与低压膜过滤,是一种新型的集成膜系统。MF 或 UF 膜与生物处理的结合,强化了工艺流程,对空间要求低,视觉冲击小,可实现废水再使用并减少废水排放。更严格的废水管理规定和废水再使用需求的增加,正在推动 MBR 系统在石化和炼油工业中的应用。炼油厂的废水很复杂,需要充分处理。MBR 的应用被广泛认为是工业和市政部门强化废水再使用的有效选择,具有经济和环境效益。MBR 过程截留颗粒和胶体物质,包括尺寸大于膜孔径的大分子物质。MBR 的成本与效益比迅速提高。这是由于膜组件成本的降低,厂家提供的保修期的延长,能源效率的提高,以及设计和实践操作的进步。在炼油厂,经过高度处理的废水可以在原油处理中再利用,作为冷却塔的补充,作为锅炉进料水,或用于其他方面。中东的一些炼油厂开始出售经过处理的水用于灌溉。

采用膜序批式生物反应器处理合成炼油废水,可以去除大于97%的脂肪族和芳香族烃。在 MBR 中加入聚乙烯悬浮载体可以减少苯乙烯和乙苯生物去除过程中的污染。

中试规模的 MBR 在不同条件下运行,可以为世界上最大的处理石化废水的 MBR 装置提供反馈。处理后的废水需要达到严格的标准才能排放到一个非常敏感的水体中。该研究聚焦 VOC、PAH、金属和非金属的去除,以及氮和 COD 的去除。在预脱氮装置中,氨化效果不明显。MBR 对重金属/非金属的去除率差别不大,对砷、硼、钡、钼、铝、镍、硒、锑、钒、锌的去除率小于40%,对铅、汞、铜、银、铬、锰、钴的去除率在40%~70%之间,仅对铁的去除率高于70%。在膜组件中会观察到污泥堵塞,COD、N、P、As、Zn、Mo、Ni、Cd、Sb、Fe、Se、Co 在堵塞污泥中的累积量高于活性污泥。采用 MBR 与适当的理化预处理相结合,可以保证处理后的出水水质。

石油化工行业中,不同条件下石化废水的处理研究表明,MBR 能够处理多变的石化废水,并得到满足意大利威尼斯水城的严格排放标准的渗透液。在不久的将来,石油化学工业有望从传统的生物处理系统向 MBR 转变,使石油工业从淡水的净消费者转变为净生产者。

对伊朗某石化厂环氧乙烷/乙二醇(EO/EG)和烯烃装置废水处理的中试研究表明,MBR 是处理石化废水中高波动性有毒组分的一种很有前途的技术。EO/EG 单元中的废水中主要含有乙二醇和乙醛,而烯烃单元的废水中主要含有苯和乙苯,它们的 COD 分别为(1 900 ±900) mg/L 和(900 ±300) mg/L。MBR 对 EO/EG 的 COD 去除率为 97.5%,水力停留时间(HRT)为 13.5 h,对烯烃废水的水力停留时间为 18 h,去除率为 85%。结果表明,膜的抗污性能主要取决于膜孔的堵塞,而滤饼和凝胶的影响较小。

针对阿拉克精炼厂的实际废水,设计了一个小型浸没式中空纤维 MBR,其 COD、BOD5、TSS、VSS、浊度去除率分别为 82%、89%、98%、99%、98%(图 9.10)。随着进水温度的升高,溶剂黏度降低,溶剂扩散系数增大,通量增大。在 HRT 为 36 h 时,废水 COD 和 BOD5 浓度最低,符合工业废水排放和/或再利用标准。

图 9.10 处理后废水与进料水的浊度(目视)对比

SK 能源是韩国一家大型石化企业,已经采用 MBR 系统对废水进行处理。这是韩国石化公司首次采用 MBR 系统。MF 系统的 PVDF 膜每天可生产 15 000 m^3 的水。目前,蔚山市有 100 多家石化和精细化工企业在运营,这些企业都在密切关注 MBR 系统。

巴林石油公司(Bahrain Petroleum Company,BSC)选择 GE 为其位于锡特拉的炼油废水处理厂设计并供应 MBR。GE's ZeeWeed 技术是为了达到巴林环境和野生动物保护总局关于向海湾排放废水所规定的严格的废水质量标准,处理最大废水量约为 2 400 万 L/天,相当于一个奥运会规模游泳池所需的水量。巴普科炼油厂是中东最大的炼油厂之一,也是海湾合作委员会(Gulf Cooperation Council,GCC)联盟中历史最悠久的炼油厂之一,日产量超过 25 万桶。

MBR 与 MD 的结合,可以得到一种用于污水处理的膜蒸馏生物反应器(MDBR)。所使用的膜具有微孔性和疏水性,因此水可以以蒸汽的形式通过,而非挥发性有机物则被完全保留。膜可以从生物反应器的混合液中分离出高质量产品水。渗透质量与生物反应器的生物活性无关,因为只有蒸汽才能穿过疏水膜。当需要高质量的产品水以及难降解有机物有效去除时间长时,MDBR 特别适合。MDBR 在废水处理中产品水质优于 RO 工艺。不同的研究均证实了 MDBR 在合成废水和石化废水再使用中的可行性。事实上,石化工业经常有大量的余热可用来支持 MDBR 的运行。

膜污染损害了膜的疏水性,加速了合成废水再使用中的润湿性。改善系统的流体动力学特性将限制污染的产生,以确保 MDBR 通量与传统的 MBR 和 DCMD 系统相当。新型浸没式 MDBR 处理石化废水的研究表明,采用浸没式 MDBR 工艺处理石化废水是可行的。连续 105 天使用配有平板膜的小型 MDBR 系统。当渗透通量小于5.5 L/(m^2 · h)时进行膜清洗。MDBR 产品质量始终符合新加坡 NEWater 的要求,只是总有机碳量略高。该膜具有良好的热稳定性,在整个研究过程中保持了良好的分离性能。尽管进料废水有所变化,但在一个多月的时间内,在未进行膜清洗的情况下膜通量仍然保持在 5.5 ~ 8.6 L/(m^2 · h)。膜通量的下降主要是由于膜的无机污染,可通过化学清洗恢复。

GE 宣布,加拿大雷吉娜的一家炼油厂正在为一个污水处理项目安装一种膜式水循环技术,使这家炼油厂能够 100% 就地处理废水。一旦全面投入运营,这个合作炼油厂将成为北美唯一一家将所有废水再使用于蒸汽生产的炼油厂。蒸汽生产用于加热、制氢、设备动力和冷却塔。这家炼油厂的日产量为 13 万桶。该膜系统结合了 ZeeWeed* MBR 和高效 RO (HERO*)系统,每天回收和再利用 909.2 万 L 的废水。炼油厂将每年减少 28% 的淡水用量。通过就地回收 100% 的废水,炼油厂将大大减少其废水池的 VOC 排放和难闻的气味。该项目已于 2016 年秋季投入运营。

9.8 基于二维材料的气液分离膜

二维材料由于其独特的性质,如原子厚度,逐渐成为开发分离技术的基础平台。人们对这类材料的兴趣始于 2004 年石墨烯的成功剥离,它是一个由 sp^2 杂化碳原子以蜂窝晶格形式排列的单原子片层。石墨烯表现出高导热性和高机械强度(最强纳米材料)等优越性能。这些优异的性能源于石墨烯的 p 轨道所形成的稠密的离域电子云会排斥试图穿过的原子和分子。因此,石墨烯是不可渗透的,即使对氢和氦这样的最小气体分子也是如此。目前,石墨烯及其衍生物(氧化石墨烯或还原氧化石墨烯)被认为是一种有前途的气液分离膜材料。有两种方法可以在纳米或亚纳米尺度上制造孔洞,从而得到 NPG 膜。自上而下的方法主要是刻蚀,包括高温氧化、电子束、紫外光(UV)照射、等离子体或氦离子轰击等;自下而上的方法是指二维材料的可控组装(如通过 Ag 催化聚合自组装)。Sun 等综述了近年来用于 GS 和水净化的 NPG 膜的研究进展。分子模拟在这些研究中发挥了重要作用。第一个关于石墨烯在 GS 中的应用的研究由 Jiang 等于 2009 年发表。利用第一性原理计算,提出了具有特定孔径和几何形状的 NPG 膜是一种非常有效的 GS 膜。以 H_2/CH_4 气体对微粒,通过 N 官能化孔的选择性约为 10^8,通过全 H 钝化孔的选择性约为 10^{23},同时具有高的 H_2 渗透率。Koenig 等于 2012 年首次在微米级石墨烯薄膜上进行了气体渗透实验。将机械剥离的微米大小的石墨烯膜置于直径为 5 mm 的多孔氧化硅衬底上,然后用紫外诱导氧化进行刻蚀。紫外诱导氧化刻蚀是一种可控制造亚纳米尺寸孔的技术。通过测试刻蚀石墨烯薄膜对不同气体 (H_2、CO_2、Ar、N_2、CH_4 和 SF_6)的渗透性,证明石墨烯薄膜具有分子筛分效应,而气体渗透性的顺序近似等于气体的分子大小。但是 CO_2 显示了异乎寻常的渗透性，这主要是紫外光引起的氧化造成的，使基底表面或孔壁存在一定量的极性基团。Celebi 等在 2014 年生产了可达平方毫米的物理穿孔双层石墨烯薄膜，并报道了不同气体和蒸汽的高传输速率。用聚焦离子束可以在 10 nm ~ 1 μm范围内得到分布极窄的纳米孔。对于 NPG 膜，溶解度和自由体积这些重要概念不再适用于单原子石墨烯薄膜。相反，扩散率本身决定了气体分子通过孔隙的选择性。

Cohan - Tanugi 和 Grossman 首先提出了基于石墨烯膜在水净化中的应用，他们模拟了一个具有纳米孔的单层独立石墨烯的分子动力学。结果表明，NPG 膜能够有效过滤水中的 NaCl，其透水性比传统 RO 膜高几个数量级。这些发现已被相关实验所验证。Surwade 等发现采用氧等离子体刻蚀法制备的纳米孔单层 NPG 可以有效地用于海水淡化。以压差为驱动力，报道的盐截留率接近 100%，在 40 ℃时，水通量可达 106 g/(m^2 · s)。

但是，制备大面积完美的单层石墨烯是很有挑战的。与单层材料相比，多层石墨烯薄膜的制备更为经济。MD 模拟表明纳米孔径 $R = 3.0$ Å 的双层 NPG 膜具有完全的盐截留，而 $R = 4.5$ Å 的双层 NPG 膜在压力约 100 MPa 时具有 85% ~ 100% 的盐截留。更大的孔、更大的层间距或更高的压力，将导致盐截留率的降低。与单层膜相比，不论孔排列或层分离如何，孔径为 $R = 4.5$ Å 的双层膜具有更好的除盐能力。

采用 MD 模拟和连续断裂力学方法，研究了 NPG 作为脱盐膜的机械强度。作者指出 NPG 膜可以维持其在 RO 中的完整性，但石墨烯底物的选择极为关键。开口小于 1 μm 的适当衬底将允许 NPG 承受超过 57 MPa 的压力，或者比典型海水 RO 高 10 倍的压力。也有报道指出，NPG 膜具有一种不同寻常的力学行为，较大的孔隙度提高了膜对高压力的耐受力。

其他 MD 研究强调，氮化硼单层膜的透水性高于石墨烯单层膜。利用第一性原理计算和 MD 模拟，从理论上探讨了六方氮化硼(h - BN)在 H_2/CH_4 分离中的潜在应用。具有适当孔径的 h - BN 具有优良的 H_2/CH_4 选择性(室温下为 $>10^5$)。在 300 K 下，高通量膜(具有三角形孔和 N_9H_9 边沿的 h - BN)显示出高达 4.0×10^7 GPU 的 H_2 跨单层的模拟通量。

GO 是一种高度氧化的石墨烯，具有溶液可加工性，是一个不断发展的研究领域。堆叠石墨烯和 GO 纳米片都具有自适应和动态的层间距。对堆叠结构的仔细控制可以得到理想的分离因子和流速。GO 作为单层膜的研究主要集中在二维流动纳米通道的调节。GO 可通过使用强氧化剂(如高锰酸钾或硫酸)对石墨进行化学剥离而获得。GO 的表面含有一系列活性氧官能团(如羟基、环氧和羰基)。这些官能团使 GO 亲水，使其能够分散在水溶液中(如通过超声波)。此外，它们还会使 GO 片之间形成静电排斥，使其难以在溶液中发生团聚。根据堆积方法的不同，几种 GO 膜可以被当成纳米孔膜或也可以被当成分子筛膜。这些堆积的 GO 膜表现出亲 CO_2 的渗透行为，而水的存在进一步增强了这种渗透行为。

9.9 本章小结

在过去的几年里，石油化工行业的分离需求日益受到重视。在化石燃料等自然资源减少的情况下,世界能源需求的增加,以及淡水的稀缺,是寻找新技术以替代传统分离工艺的强大动力。在这方面,膜系统以对社会负责和环境无害的方式发挥重要作用。

海洋油气行业对建筑材料、空间和质量有严格的要求,而膜工艺能够很好地满足这些要求。与传统的分离工艺相比,膜分离在石油化工行业的应用具有显著降低能耗的潜力。提高能源效率还意味着减少温室气体排放。然而,要实现这一目标,就需要开发比现有的膜材料具有更大的选择性、渗透性和稳定性的新型膜材料。

这一领域经历了不断的改进,主要是因为材料科学的进步,为不同的应用提供了非常有价值的材料。核心研究方向就是所谓的混合基质膜(MMM),其在GS、PV和OSN等关键应用中表现出了优异的性能,有可能让从前遥不可及的工艺变成现实。事实上,MMM并不是每一个单元的简单加和,而是填料与聚合物基质的精心结合,以此来发挥协同效应。除了增加渗透性和选择性之外,还可以获得更好的抗污能力、塑性和机械强度。通过加入具有适当尺寸和表面化学性质的MOF纳米晶来提高膜对高极化气体的稳定性的策略适用于许多涉及增塑气体的GS。这种方法可以广泛应用于各种聚合物,这些聚合物必须适应腐蚀性环境,也可以应用于液体分离。开发耐有机溶剂的膜材料,并评价膜的化学稳定性和长期稳定性的工作也正在进行。

近年来,膜法脱硫技术越来越受到人们的重视,已成为一种具有竞争力的深度脱硫技术。废水处理膜或VOC回收膜可以实现回收再利用的理念。回收有价值的化合物也可带来环境效益。这种方法超过了膜设备的成本,甚至超过了膜系统的预处理成本。现行的石油化工废水再使用以及排放法规要求采用先进的处理技术。废水处理是膜在石油化工领域的重要应用之一。然而,石油和石化的应用中面临的是极具挑战性的废水。随着其他膜过滤技术(如MF、UF)的发展,一体化MBR系统越来越多地应用于炼油厂和石化工厂。

新型微孔聚合物的分子设计取得了重要进展,表明聚合物的刚性对提高其尺寸筛分能力有着至关重要的作用。

利用模拟仿真,研究了MOF结构(呼吸或开门)对MMM性能的影响。其他研究应侧重于MMM性能的理论预测。分子模拟已经证明在理解化学结构和分离性能之间的关系、支持实验测试、创建综合材料性能数据库以及建议将二维材料用作膜方面具有关键作用。纳米多孔2D材料在气液两相分离中获得了非常出色的性能,因为它有可能从根本上改变聚合物的输运机制。

为了在实际生产中应用新型材料,需要更多的长期稳定性和膜完整性方面的数据。此外,需要能够制备出支撑超薄膜以降低传质阻力。膜系统在实际条件下的测试对于任何新的大规模应用都是必要的。

本章设想了新的工艺方案(例如真空方案和吹扫方案用于捕获燃烧后的二氧化碳),以尽量减少能源需求,目前正在现场进行测试。最终需要工艺条件(压力比、能量需求、材料和模块成本)的影响来评估商业可行性。

虽然已经取得了有希望的结果,但是还需要进行烯烃/烷烃的分离以及从烟道气体中捕获二氧化碳的其他研究。

这一领域有持续的发展前景。这些令人鼓舞的结果,如果得到正确利用,将从根本上为工业运行方式提供一些核心装置,以最大限度地降低能耗。

本章参考文献

[1] http://www.eia.gov/forecasts/ieo/pdf/0484(2013).pdf.

[2] Bernardo, P.; Drioli, E. Membrane Gas Separation Progresses for Process Intensification Strategy in the Petrochemical Industry. Pet. Chem. 2010, 50 (4), 271 - 282.

[3] Bernardo, P.; Drioli, E.; Golemme, G. Ind. Eng. Chem. Res. 2009, 48 (10), 4638 - 4663.

[4] Bernardo, P.; Clarizia, G. 30 Years of Membrane Technology for Gas Separation. Chem. Eng. Trans. 2013, 32, 1999 - 2004.

[5] Yampolskii, Y. Polymeric Gas Separation Membranes. Macromolecules 2012, 45 (8), 6. 3298 - 3311.

[6] Robeson, L. M. J. Membr. Sci. 1991, 62, 165 - 185.

[7] Robeson, L. M. The Upper Bound Revisited. J. Membr. Sci. 2008, 320 (1 - 2), 390 - 400.

[8] Baker, R. W.; Wijmans, J. G.; Kaschemekat, J. H. The Design of Membrane Vapor - Gas Separation System. J. Membr. Sci. 1998, 151, 55 - 62.

[9] Pinnau, I.; He, Z.; Da Costa, A.; Amo, K. D.; Daniels, R. Gas Separation Using C3 t Hydrocarbon - Resistant Membranes. U.S. Patent 6,361,582, 2002; Pinnau, I.; He, Z.; Da Costa, A.; Amo, K. D.; Daniels, R. Gas Separation Using Organic - Vapor - Resistant Membranes. U.S. Patent 6,361,583, 2002.

[10] Ekiner, O. M.; Simmons, J. W. Separation Membrane by Controlled Annealing of Polyimide Polymers. U.S. Patent 8101009 B2, 2012.

[11] Liu, F.; Hashim, N. A.; Liu, Y. T.; Abed, M. R. M.; Li, K. Progress in the Production and Modification of PVDF Membranes. J. Membr. Sci. 2011, 375, 1 - 27.

[12] Friess, K.; Jansen, J. C.; Bazzarelli, F.; Izák, P.; Jarmarová, V.; Kačírková, M.; Schauer, J.; Clarizia, G.; Bernardo, P. High Ionic Liquid Content Polymeric Gel Membranes: Correlation of Membrane Structure With Gas and Vapour Transport Properties. J. Membr. Sci. 2012, 415 - 416, 801 - 809.

[13] Jansen, J. C.; Friess, K.; Clarizia, G.; Schauer, J.; Izák, P. High Ionic Liquid Content Polymeric Gel Membranes: Preparation and Performance. Macromolecules 2011, 44, 39 - 45.

[14] McKeown, N. B.; Budd, P. M.; Msayib, K. J.; Ghanem, B. S.; Kingston, H. J.; Tattershall, C. E.; Makhseed, S.; Reynolds, K. J.; Fritsch, D. Chem. Eur. J. 2005, 11, 2610 - 2620.

[15] Budd, P. M.; Elabas, E. S.; Ghanem, B. S.; Makhseed, S.; McKeown, N. B.; Msayib, K. J.; Tattershall, C. E.; Wang, D. Solution – Processed, Organophilic Membrane Derived From a Polymer of Intrinsic Microporosity. Adv. Mater. 2004, 16, 456 – 459.

[16] McKeown, N. B.; Budd, P. M. Exploitation of Intrinsic Microporosity in Polymer – Based Materials. Macromolecules 2010, 43 (12), 5163 – 5176.

[17] Carta, M.; Malpass – Evans, R.; Croad, M.; Rogan, Y.; Jansen, J. C.; Bernardo, P.; Bazzarelli, F.; McKeown, N. B. An Efficient Polymer – Based Molecular Sieve Membranes for Membrane Gas Separations. Science 2013, 339, 303 – 307.

[18] Carta, M.; Croad, M.; Malpass – Evans, R.; Jansen, J. C.; Bernardo, P.; Clarizia, G.; Friess, K.; Lanč, M.; McKeown, N. B. Adv. Mater. 2014, 26, 3526 – 3531.

[19] Park, H. B.; Jung, C. H.; Lee, Y. M.; Hill, A. J.; Pas, S. J.; Mudie, S. T.; Wagner, E. V.; Freeman, B. D.; Cookson, D. J. Science 2007, 318 (5848), 254 – 258.

[20] Bezzu, C. G.; Carta, M.; Tonkins, A.; Jansen, J. C.; Bernardo, P.; Bazzarelli, F.; McKeown, N. B. A Spirobifluorene – Based Polymer of Intrinsic Microporosity With Improved Performance for Gas Separation. Adv. Mater. 2012, 24, 5930.

[21] Du, N.; Park, H. B.; Robertson, G. P.; Dal – Cin, M. M.; Visser, T.; Scoles, L.; Guiver, M. D. Polymer Nanosieve Membranes for CO2 – Capture Applications. Nat. Mater. 2011, 10, 372 – 375.

[22] Zhuang, Y.; Seong, J. G.; Lee, W. H.; Do, Y. S.; Lee, M. J.; Wang, G.; Guiver, M. D.; Lee, Y. M. Mechanically Tough, Thermally Rearranged (TR) Random/Block Poly(benzoxazole – co – imide) Gas Separation Membranes. Macromolecules 2015, 48 (15), 5286 – 5299.

[23] Kim, S.; Woo, K. T.; Lee, J. M.; Quay, J. R.; Murphy, M. K.; Lee, Y. M. J. Membr. Sci. 2014, 453, 556 – 565.

[24] Rogan, Y.; Starannikova, L.; Ryzhikh, V.; Yampolskii, Y.; Bernardo, P.; Bazzarelli, F.; Jansen, J. C.; McKeown, N. B. Synthesis and Gas Permeation Properties of Novel Spirobisindane – Based Polyimides of Intrinsic Microporosity. Polym. Chem. 2013, 4, 3812 – 3820.

[25] Rogan, Y.; Malpass – Evans, R.; Carta, M.; Lee, M.; Jansen, J. C.; Bernardo, P.; Clarizia, G.; Tocci, E.; Friess, K.; Lanč, M.; McKeown, N. B. A Highly Permeable Polyimide With Enhanced Selectivity for Membrane Gas Separations. J. Mater. Chem. A 2014, 2 (14), 4874 – 4877.

[26] Zhuang, Y.; Lee, J.; Seong, J. G.; Lee, Y. M.; Do, Y. S.; Guiver, M. D.; Jin Jo, H.; Cui, Z. Intrinsically Microporous Soluble Polyimides Incorporating Tröger's Base for Membrane Gas Separation. Macromolecules 2014, 47, 3254 – 3262.

[27] Swaidan, R.; Al - Saeedi, M.; Ghanem, B.; Litwiller, E.; Pinnau, I. Rational Design of Intrinsically Ultramicroporous Polyimides Containing Bridgehead - Substituted Triptycene for Highly Selective and Permeable Gas Separation Membranes. Macromolecules 2014, 47 (15), 5104 -5114.

[28] Swaidan, R.; Ghanem, B.; Pinnau, I. Fine - Tuned Intrinsically Ultramicroporous Polymers Redefine the Permeability/Selectivity Upper Bounds of Membrane - Based Air and Hydrogen Separations. ACS Macro Lett. 2015, 4, 947 -951.

[29] McDermott, A. G.; Budd, P. M.; McKeown, N. B.; Colina, C. M.; Runt, J. Physical Aging of Polymers of Intrinsic Microporosity: A SAXS/WAXS Study. J. Mater. Chem. A 2014, 2, 11742 -11752.

[30] Althumayri, K.; Harrison, W. J.; Shin, Y.; Gardiner, J. M.; Casiraghi, C.; Budd, P. M.; Bernardo, P.; Clarizia, G.; Jansen, J. C. The Influence of Graphene and Other Nanofillers on the Gas Permeability of the High - Free - Volume Polymer PIM -1. Phil. Trans. R Soc. A 2016, 3sb (2060); 20150031

[31] Bushell, A. F.; Budd, P. M.; Attfield, M. P.; Jones, J. T. A.; Hasell, T.; Cooper, A. I.; Bernardo, P.; Bazzarelli, F.; Clarizia, G.; Jansen, J. C. Nanoporous Organic Polymer/Cage Composite Membranes. Angew. Chem. Int. Ed. 2013, 52 (4), 1253 -1256.

[32] Lau, C. H.; Nguyen, P. T.; Hill, M. R.; Thornton, A. W.; Konstas, K.; Doherty, C. M.; Mulder, R. J.; Bourgeois, L.; Liu, A. C. Y.; Sprouster, D. J.; Sullivan, J. P.; Bastow, T. J.; Hill, A. J.; Gin, D. L.; Noble, R. D. Ending Aging in Super Glassy Polymer Membranes. Angew. Chem. Int. Ed. 2014, 53, 1 - 6.

[33] Furukawa, H.; Cordova, K. E.; O'Keeffe, M.; Yaghi, O. M. The Chemistry and Applications of Metal - Organic Frameworks. Science 2013, 341, 1230444.

[34] Pan, Y.; Li, T.; Lestari, G.; Lai, Z. Effective Separation of Propylene/Propane Binary Mixtures by ZIF -8 Membranes. J. Membr. Sci. 2012, 390 -391, 93 -98.

[35] Phan, A.; Doonan, C. J.; Uribe - Romo, F. J.; Knobler, C. B.; O'Keeffe, M.; Yaghi, O. M. Synthesis, Structure and Carbon Dioxide Capture Properties of Zeolitic Imidazolate Frameworks. Acc. Chem. Res. 2010, 43, 58 -67.

[36] Fairen - Jimenez, D.; Moggach, S. A.; Wharmby, M. T.; Wright, P. A.; Parsons, S.; Düren, T. J. Am. Chem. Soc. 2011, 133, 8900.

[37] Chokbunpiam, T.; Fritzsche, S.; Chmelik, C.; Caro, J.; Janke, W.; Hannongbu, S. Gate Opening Effect for Carbon Dioxide in ZIF -8 by Molecular Dynamics - Confirmed, but at High CO_2 Pressure. Chem. Phys. Lett. 2016, 648, 178 -181.

[38] Haldoupis, E.; Watanabe, T.; Nair, S.; Sholl, D. S. Quantifying Large Effects of Framework Flexibility on Diffusion in MOFs: CH_4 and CO_2 in ZIF -8. Chem. Phys. Chem. 2012, 13, 3449 -3452.

[39] Yu, J.; Pan, Y.; Wang, C.; Lai, Z. ZIF-8 Membranes With Improved Reproducibility Fabricated From Sputter-Coated ZnO/Alumina Supports. Chem. Eng. Sci. 2016, 141, 119-124.

[40] Zhang, Y.; Feng, X.; Yuan, S.; Zhou, J.; Wang, B. Challenges and Recent Advances in MOF-Polymer Composite Membranes for Gas Separation. Inorg. Chem. Front. 2016, 3, 896-909.

[41] Feijani, E. A.; Tavasoli, A.; Mahdavi, H. Improving Gas Separation Performance of Poly(vinylidene fluoride) Based Mixed Matrix Membranes Containing Metal-Organic Frameworks by Chemical Modification. Ind. Eng. Chem. Res. 2015, 54 (48), 12124-12134.

[42] Tanh Jeazet, H. B.; Staudt, C.; Janiak, C. Metal-Organic Frameworks in Mixed-Matrix Membranes for Gas Separation. Dalton Trans. 2012, 41, 14003-14027.

[43] Shalygin, M. G.; Abramov, S. M.; Netrusov, A. I.; Teplyakov, V. V. Membrane Recovery of Hydrogen From Gaseous Mixtures of Biogenic and Technogenic Origin. Int. J. Hydrog. Energy 2015, 40 (8), 3438-3451.

[44] http://www.digitalrefining.com (accessed 03-03-2016).

[45] Diestel, L.; Wang, N.; Schulz, A.; Steinbach, F.; Caro, J. Matrimid-Based Mixed Matrix Membranes: Interpretation and Correlation of Experimental Findings for Zeolitic Imidazolate Frameworks as Fillers in H2/CO2 Separation. Ind. Eng. Chem. Res. 2015, 54, 1103-1112.

[46] Scholes, C. A.; Stevens, G. W.; Kentish, S. E. Membrane Gas Separation Applications in Natural Gas Processing. Fuel 2012, 96, 15-28.

[47] Natural Gas Treatment and Fuel Gas Conditioning: Membrane Technology Applied to New Gas Finds. http://science.energy.gov/sbir/highlights/2015/sbir-2015-11-a/(November 2015).

[48] Mukaddam, M.; Litwiller, E.; Pinnau, I. Pressure-Dependent Pure- and Mixed-Gas Permeation Properties of Nafions. J. Membr. Sci. 2016, 513, 140-145.

[49] Basu, S.; Khan, A. L.; Cano-Odena, A.; Liu, C.; Vankelecom, I. F. Membrane-Based Technologies for Biogas Separations. Chem. Soc. Rev. 2010, 39, 750-768.

[50] News Release, Air Products Receives PED Certification for Biogas Membrane Separators. http://www.airproducts.it/Company/news-center/2015/09/0908-air-products-receives-ped-certification-for-biogas-membrane-separators.aspx (accessed 18-09-2016).

[51] http://www.sepuran.com/sites/lists/PP-HP/Documents/SEPURAN-green-for-upgrading-biogas-EN.pdf (accessed 19-09-2016).

[52] https://www.epa.gov/ghgemissions/overview-greenhouse-gases (accessed 18-9-2016).

[53] Belaissaoui, B. ; Favre, E. Membrane Separation Processes for Post – Combustion Carbon Dioxide Capture: State of the Art and Critical Overview. Oil Gas Sci. Technol. 2014, 69 (6), 1005 – 1020.

[54] Merkel, T. C. ; Wei, X. ; He, Z. ; White, L. S. ; Wijmans, J. G. ; Baker, R. W. Selective Exhaust Gas Recycle With Membranes for CO2 Capture From Natural Gas Combined Cycle Power Plants. Ind. Eng. Chem. Res. 2013, 52, 1150 – 1159.

[55] Merkel, T. C. ; Lin, H. ; Wei, X. ; Baker, R. W. Power Plant Post – Combustion Carbon Dioxide Capture: An Opportunity for Membranes. J. Membr. Sci. 2010, 359, 126 – 139.

[56] Cersosimo, M. ; Brunetti, A. ; Drioli, E. ; Fiorino, F. ; Dong, G. ; Woo, K. T. ; Lee, J. ; Lee, Y. M. ; Barbieri, G. Separation of CO2 From Humidified Ternary Gas Mixtures Using Thermally Rearranged Polymeric Membranes. J. Membr. Sci. 2015, 492, 257 – 262.

[57] Merkel, T. C. ; Lin, H. ; Wei, X. ; Baker, R. W. CO2 Capture From Power Plant Flue Gas by PolarisTM Membranes: Update on Field Demonstration Tests, AIChE Annual Meeting, San Francisco, CA, Nov 13 – 18, 2016.

[58] White, L. S. ; Wei, X. ; Pande, S. ; Wu, T. ; Merkel, T. C. Extended Flue Gas Trials With a Membrane – Based Pilot Plant at a One – Ton – Per – Day Carbon Capture Rate. J. Membr. Sci. 2015, 496, 48 – 57.

[59] http://mt.borsig.de/en/products/membrane – units – for – emission – control/borsig – vapour recovery – unit.html (accessed 20 – 9 – 2016).

[60] http://www.mtrinc.com/gasoline_vapor_recovery.html (accessed 20 – 9 – 2016).

[61] Li, J. ; Zhong, J. ; Huang, W. ; Xu, R. ; Zhang, Q. ; Shao, H. ; Gu, X. Study on the Development of ZIF – 8 Membranes for Gasoline Vapor Recovery. Ind. Eng. Chem. Res. 2014, 53, 3662 – 3668.

[62] Wu, Q. ; Xu, R. ; Li, J. ; Zhang, Q. ; Zhong, J. ; Huang, W. ; Gu, X. Preparation of ZIF – 69 Membranes for Gasoline Vapor Recovery. J. Porous Mater. 2015, 22 (5), 1195 – 1203.

[63] Rungta, M. ; Zhang, C. ; Koros, W. J. ; Xu, L. Membrane – Based Ethylene/Ethane Separation: The Upper Bound and Beyond. AIChE J. 2013, 59 (9), 3475 – 3489.

[64] Khan, M. ; Bengtson, M. ; Shishatskiy, G. ; Gacal, S. ; Rahman, B. N. ; Neumann, Md. M. ; Filiz, S. ; Abetz, V. Cross – Linking of Polymer of Intrinsic Microporosity (PIM – 1) via Nitrene Reaction and Its Effect on Gas Transport Property. Eur. Polym. J. 2013, 49 (12), 4157 – 4166.

[65] Merkel, T. C. ; Blanc, R. ; Ciobanu, I. ; Firat, B. ; Suwarlim, A. ; Zeid, J. Silver Salt Facilitated Transport Membranes for Olefin/Paraffin Separations: Carrier Instability and a Novel Regeneration Method. J. Membr. Sci. 2013, 447, 177 – 189.

[66] Feiring, A. E. ; Lazzeri, J. ; Majumdar, S. Membrane Separation of Olefin and Paraffin Mixtures. U. S. 2015/0025263 A1.

[67] https://compactmembrane. com/2016/04/18/pilot – test – pbf – delaware – city – refinery/(accessed 30 – 8 – 2016).

[68] Geier, S. J. ; Mason, J. A. ; Bloch, E. D. ; Queen, W. L. ; Hudson, M. R. ; Brown, C. M. ; Long, J. R. Selective Adsorption of Ethylene Over Ethane and Propylene Over Propane in the Metal – Organic Frameworks M2(dobdc)($M^1/_4$ Mg, Mn, Fe, Co, Ni, Zn). Chem. Sci. 2013, 4, 2054 – 2061.

[69] Bux, H. ; Chmelik, C. ; Krishna, R. ; Caro, J. Ethene/Ethane Separation by the MOF Membrane ZIF – 8: Molecular Correlation of Permeation, Adsorption, Diffusion. J. Membr. Sci. 2011, 369 (1 – 2), 284 – 289.

[70] Pan, Y. C. ; Lai, Z. P. Sharp Separation of C2/C3 Hydrocarbon Mixtures by Zeolitic Imidazolate Framework – 8 (ZIF – 8) Membranes Synthesized in Aqueous Solutions. Chem. Commun. 2011, 47, 10275 – 10277.

[71] Zhang, C. ; Koros, W. J. Zeolitic Imidazolate Framework – Enabled Membranes: Challenges and Opportunities. J. Phys. Chem. Lett. 2015, 6, 3841 – 3849.

[72] Ploegmakers, J. ; Japip, S. ; Nijmeijer, K. Mixed Matrix Membranes Containing MOFs for Ethylene/Ethane Separation, Part A: Membrane Preparation and Characterization. J. Membr. Sci. 2013, 428 (1), 445 – 453.

[73] Zhang, C. ; Dai, Y. ; Johnson, J. R. ; Karvan, O. ; Koros, W. J. High Performance ZIF – 8/6FDA – DAM Mixed Matrix Membrane for Propylene/Propane Separations. J. Membr. Sci. 2012, 389, 34 – 42.

[74] Bachman, J. E. ; Smith, Z. P. ; Li, T. ; Xu, T. ; Long, J. R. Enhanced Ethylene Separation and Plasticization Resistance in Polymer Membranes Incorporating Metal – Organic Framework Nanocrystals. Nat. Mater. 2016, 15, 845 – 849.

[75] Davoodi, S. M. ; Sadeghi, M. ; Naghsh, M. ; Moheb, A. Olefin – Paraffin Separation Performance of Polyimide Matrimids/Silica Nanocomposite Membranes. RSC Adv. 2016, 6, 23746 – 23759.

[76] Yuan, B. ; Sun, H. ; Wang, T. ; Xu, Y. ; Li, P. ; Kong, Y. ; Niu, Q. J. Propylene/Propane Permeation Properties of Ethyl Cellulose (EC) Mixed Matrix Membranes Fabricated by Incorporation of Nanoporous Graphene Nanosheets. Sci. Rep. 2016, 6, 28509.

[77] Salinas, O. ; Ma, X. ; Litwiller, E. ; Pinnau, I. Ethylene/Ethane Permeation, Diffusion and Gas Sorption Properties of Carbon Molecular Sieve Membranes Derived From the Prototype Ladder Polymer of Intrinsic Microporosity (PIM – 1). J. Membr. Sci. 2016, 504, 133 – 140.

[78] Swaidan, R. J. ; Ma, X. ; Litwiller, E. ; Pinnau, I. Enhanced Propylene/Propane Separation by Thermal Annealing of an Intrinsically Microporous Hydroxyl – Function-

alized Polyimide Membrane. J. Membr. Sci. 2015, 495, 235 –241.

[79] Wynn, N. Chem. Eng. Progr. 2001, 97 (10), 66 –72.

[80] Wang, Y.; Chung, T. S.; Wang, H. Polyamide – Imide Membranes With Surface Immobilized Cyclodextrin for Butanol Isomer Separation via Pervaporation. AIChE J. 2011, 57 (6), 1470 –1484.

[81] Ong, Y. K.; Shi, G. M.; Le, N. L.; Tang, Y. P.; Zuo, J.; Nunes, S. P.; Chung, T. – S. Recent Membrane Development for Pervaporation Processes. Prog. Polym. Sci. 2016, 57, 1 –31.

[82] Ong, Y. K.; Chung, T. –S. Pushing the Limits of High Performance Dual – Layer Hollow Fiber Fabricated via I2PS Process in Dehydration of Ethanol. AIChE J. 2013, 59 (8), 3006 –3018.

[83] Hou, Y.; Liu, M.; Huang, Y.; Zhao, L.; Wang, J.; Cheng, Q.; Niu, Q. Gasoline Desulfurization by a TiO2 – Filled Ethyl Cellulose Pervaporation Membrane. J. Appl. Polym. Sci. 2016, 133, 43409.

[84] Jiang, L. Y.; Wang, Y.; Chung, T. –S.; Qiao, X. Y.; Lai, J. –Y. Polyimides Membranes for Pervaporation and Biofuels Separation. Prog. Polym. Sci. 2009, 34 (11), 1135 –1160.

[85] Peng, M.; Vane, L. M.; Liu, S. X. Recent Advances in VOCs Removal From Water by Pervaporation. J. Hazard. Mater. 2003, 98, 69 –90.

[86] Aliabadi, M.; Aroujalian, A.; Raisi, A. Removal of Styrene From Petrochemical Wastewater Using Pervaporation Process. Desalination 2012, 284 (4), 116 –121.

[87] Aliabadi, M.; Hajiabadi, M.; Ebadi, M. Removal of VOCs From Aqueous Solutions Using Pervaporation Process. J. Biodiver. Environ. Sci. 2012, 2 (9), 33 –38.

[88] Uragami, T.; Sumida, I.; Miyata, T.; Shiraiwa, T.; Tamura, H.; Yajima, T. Pervaporation Characteristics in Removal of Benzene From Water Through Polystyrene – Poly (Dimethylsiloxane) IPN Membranes. Mater. Sci. Appl. 2011, 2, 169 –179.

[89] Chovau, S.; Dobrak, A.; Figoli, A.; Galiano, F.; Simone, S.; Drioli, E.; et al. Pervaporation Performance of Unfilled and Filled PDMS Membranes and Novel SBS Membranes for the Removal of Toluene From Diluted Aqueous Solutions. Chem. Eng. J. 2010, 159, 37 –46.

[90] Yahaya, G. O. Separation of Volatile Organic Compounds (BTEX) From Aqueous Solutions by a Composite Organophilic Hollow Fiber Membrane – Based Pervaporation Process. J. Membr. Sci. 2008, 319, 82 –90.

[91] Ahn, H.; Jeong, D.; Jeong, H. K.; Lee, Y. Pervaporation Characteristics of Trichlorinated Organic Compounds Through Silicalite – 1 Zeolite Membrane. Desalination 2009, 245 (1 –3), 754 –762.

[92] Wu, X. M.; Zhang, Q. G.; Soyekwo, F.; Liu, Q. L.; Zhu, A. M. Pervaporation Removal of Volatile Organic Compounds From Aqueous Solutions Using the Highly Per-

meable PIM - 1 Membrane. AIChE J. 2016, 62 (3), 842 - 851.

[93] Servel, C.; Roizard, D.; Favre, E.; Horbez, D. Improved Energy Efficiency of a Hybrid Pervaporation/Distillation Process for Acetic Acid Production: Identification of Target Membrane Performances by Simulation. Ind. Eng. Chem. Res. 2014, 53 (18), 7768 - 7779.

[94] Tsuru, T.; Shibata, T.; Wang, J.; Ryeon Lee, H.; Kanezashi, M.; Yoshioka, T. Pervaporation of Acetic Acid Aqueous Solutions by Organosilica Membranes. J. Membr. Sci. 2012, 25, 421 - 422.

[95] Babalou, A. A.; Rafia, N.; Ghasemzadeh, K. 3 - Integrated Systems Involving Pervaporation and Applications. In Pervaporation, Vapour Permeation and Membrane Distillation - Principles and Applications; Woodhead Publishing Series in Energy, Woodhead Publishing: Kidlington, UK, 2015; pp 65 - 86, ISBN 978 - 1 - 78242 - 246 - 4.

[96] van Veen, H. M.; Rietkerk, M. D. A.; Shanahan, D. P.; van Tuel, M. M. A.; Kreiter, R.; Castricum, H. L.; ten Elshof, J. E.; Vente, J. F. Pushing Membrane Stability Boundaries With HybSi Pervaporation Membranes. J. Membr. Sci. 2011, 380, 124 - 131.

[97] Falbo, F.; Santoro, S.; Galiano, F.; Simone, S.; Davoli, M.; Drioli, E.; Figoli, A. Organic/Organic Mixture Separation by Using Novel ECTFE Polymeric Pervaporation Membranes. Polymer 2016, 98, 110 - 117.

[98] Ye, H.; Li, J.; Lin, Y.; Chen, J.; Chen, C. Preparation and Pervaporation Performances of PEA - Based Polyurethaneurea and Polyurethaneimide Membranes to Benzene/Cyclohexane Mixture. J. Macromol. Sci. 2008, 45, 563 - 571.

[99] Zhang, Q. G.; Hu, W. W.; Zhu, A. M.; Liu, Q. L. UV - Crosslinked Chitosan/Polyvinylpyrrolidone Blended Membranes for Pervaporation. RSC Adv. 2013, 3, 1855.

[100] Zhang, Q. G.; Han, G. L.; Hu, W. W.; Zhu, A. M.; Liu, Q. L. Pervaporation of Methanol - Ethylene Glycol Mixture over Organic - Inorganic Hybrid Membranes. Ind. Eng. Chem. Res. 2013, 52, 7541 - 7549.

[101] Kopeć, R.; Meller, M.; Kujawski, W.; Kujawa, J. Polyamide - 6 Based Pervaporation Membranes for Organic - Organic Separation. Sep. Purif. Technol. 2013, 110, 63 - 73.

[102] Mortaheb, H. R.; Ghaemmaghami, F.; Mokhtarani, B. A Review on Removal of Sulfur Components From Gasoline by Pervaporation. Chem. Eng. Res. Des. 2012, 90, 409 - 432.

[103] Yang, Z.; Zhang, W.; Li, J.; Chen, J. Preparation and Characterization of PEG/PVDF Composite Membranes and Effects of Solvents on Its Pervaporation Performance in Heptane Desulfurization. Desalin. Water Treat. 2012, 46, 321 - 331.

[104] Sha, S. ; Kong, Y. ; Yang, J. The Pervaporation Performance of C60 – Filled Ethyl Cellulose Hybrid Membrane for Gasoline Desulfurization:Effect of Operating Temperature. Energy Fuels 2012, 26, 6925 – 6929.

[105] Jain, M. ; Attarde, D. ; Gupta, S. K. Influence of Hydrocarbon Species on the Removal of Thiophene From FCC Gasoline by Using a Spiral Wound Pervaporation Module. J. Membr. Sci. 2016, 507, 43 – 54.

[106] Rundquist, E. M. ; Pink, C. J. ; Livingston, A. G. Organic Solvent Nanofiltration: A Potential Alternative to Distillation for Solvent Recovery From Crystallisation Mother Liquors. Green Chem. 2012, 14, 2197.

[107] Mahboub, N. ; Pakizeh, M. ; Davari, M. S. Preparation and Characterization of UZM – 5/Polyamide Thin Film Nanocomposite Membrane for Dewaxing Solvent Recovery. J. Membr. Sci. 2014, 459 (1), 22 – 32.

[108] Vandezande, P. ; Gevers, L. E. M. ; Vankelecom, I. F. J. Solvent Resistant Nanofiltration:Separating on a Molecular Level. Chem. Soc. Rev. 2008, 37, 365 – 405.

[109] Marchetti, P. ; Jimenez Solomon, M. F. ; Szekely, G. ; Livingston, A. G. Molecular Separation With Organic Solvent Nanofiltration:A Critical Review. Chem. Rev. 2014, 114, 10735 – 10806.

[110] Vanherck, K. ; Vandezande, P. ; Aldea, S. O. ; Vankelecom, I. F. J. Cross – Linked Polyimide Membranes for Solvent Resistant Nanofiltration in Aprotic Solvents. J. Membr. Sci. 2008, 320, 468 – 476.

[111] Valtcheva, I. B. ; Kumbharkar, S. C. ; Kim, J. F. ; Bhole, Y. ; Livingston, A. G. Beyond Polyimide:Crosslinked Polybenzimidazole Membranes for Organic Solvent Nanofiltration (OSN) in Harsh Environments. J. Membr. Sci. 2014, 457, 62 – 72.

[112] Fritsch, D. ; Merten, P. ; Heinrich, K. ; Lazar, M. ; Priske, M. High Performance Organic Solvent Nanofiltration Membranes:Development and Thorough Testing of Thin Film Composite Membranes Made of Polymers of Intrinsic Microporosity (PIMs). J. Membr. Sci. 2012, 476, 356 – 363.

[113] Hermans, S. ; Dom, E. ; Mariën, H. ; Koeckelberghs, G. ; Vankelecom, I. F. J. Efficient Synthesis of Interfacially Polymerized Membranes for Solvent Resistant Nanofiltration. J. Membr. Sci. 2015, 401 – 402, 222 – 231.

[114] Gevers, L. E. M. ; Vankelecom, I. F. J. ; Jacobs, P. A. Solvent – Resistant Nanofiltration With Filled Polydimethylsiloxane (PDMS) Membranes. J. Membr. Sci. 2006, 278, 199 – 204.

[115] Namvar – Mahboub, M. ; Pakizeh, M. ; Davari, S. Preparation and Characterization of UZM – 5/Polyamide Thin Film Nanocomposite Membrane for Dewaxing Solvent Recovery. J. Membr. Sci. 2014, 459, 22 – 32.

[116] Basu, S. ; Maes, M. ; Cano – Odena, A. ; Alaerts, L. ; De Vos, D. E. ; Vankele-

com, I. F. J. Solvent Resistant Nanofiltration (SRNF) Membranes Based on Metal - Organic Frameworks. J. Membr. Sci. 2009, 344, 190 - 198.

[117] Campbell, J.; Da Silvao Burgal, J.; Szekely, G.; Davies, R. P.; Braddock, D. C.; Livingston, A. Hybrid Polymer/MOF Membranes for Organic Solvent Nanofiltration (OSN): Chemical Modification and the Quest for Perfection. J. Membr. Sci. 2016, 503, 166 - 176.

[118] Ulrich, B.; Frank, T. C.; McCormick, A.; Cussler, E. L. Membrane - Assisted VOC Removal From Aqueous Acrylic Latex. J. Membr. Sci. 2014, 452, 426 - 432.

[119] Arcella, V.; Colaianna, P.; Maccone, P.; Sanguineti, A.; Gordano, A.; Clarizia, G.; Drioli, E. J. Membr. Sci. 1999, 163, 203 - 209.

[120] Amelio, A.; Loise, L.; Azhandeh, R.; Darvishmanesh, S.; Calabró, V.; Degrève, J.; Luis, P.; Van der Bruggen, B. Purification of Biodiesel Using a Membrane Contactor: Liquid - Liquid Extraction. Fuel Process. Technol. 2016, 142, 352 - 360.

[121] Khraisheh, M.; Benyahia, F.; Adham, S. Industrial Case Studies in the Petrochemical and Gas Industry in Qatar for the Utilization of Industrial Waste Heat for the Production of Fresh Water by Membrane Desalination. Desalin. Water Treat. 2013, 51, 1769 - 1775.

[122] Warsinger, D. M.; Swaminathan, J.; Guillen - Burrieza, E.; Arafat, H. A.; Lienhard, V. J. H. Scaling and Fouling in Membrane Distillation for Desalination Applications: A Review. Desalination 2015, 356, 294 - 313.

[123] Khaing, T. - H.; Li, J.; Li, Y.; Wai, N.; Wong, F. - S. Feasibility Study on Petrochemical Wastewater Treatment and Reuse Using a Novel Submerged Membrane Distillation Bioreactor. Sep. Purif. Technol. 2010, 74 (1), 138 - 143.

[124] Singh, D.; Prakash, P.; Sirkar, K. K. Deoiled Produced Water Treatment Using Direct - Contact Membrane Distillation. Ind. Eng. Chem. Res. 2013, 52, 13439 - 13448.

[125] Alkhudhiri, A.; Darwish, N.; Hilal, N. Produced Water Treatment: Application of Air Gap Membrane Distillation. Desalination 2013, 309, 46 - 51.

[126] Diyauddeen, B. H.; Wan Daud, W. M. A.; Abdul Aziz, A. R. Treatment Technologies for Petroleum Refinery Effluents: A Review. Process Saf. Environ. Prot. 2011, 89, 95 - 105.

[127] Busca, G.; Berardinelli, S.; Resini, C.; Arrighi, L. J. Hazard. Mater. 2008, 160, 265.

[128] Yu, L.; Han, M.; He, F. A Review of Treating Oily Wastewater. Arab. J. Chem. 2013. http://dx.doi.org/10.1016/j.arabjc.2013.07.020.

[129] Madaeni, S. S.; Vatanpour, V.; Monfared, H. A.; Shamsabadi, A. A.; Majdian, K.; Laki, S. Removal of Coke Particles From Oil Contaminated Marun Petro-

chemical Wastewater Using PVDF Microfiltration Membrane. Ind. Eng. Chem. Res. 2011, 50, 11712 - 11719.

[130] Hilal, N.; Ogunbiyi, O. O.; Miles, N. J.; Nigmatullin, R. Methods Employed for Control of Fouling in MF and UF Membranes: A Comprehensive Review. Sep. Sci. Technol. 2005, 40, 1957 - 2005.

[131] Zhang, Y.; Shan, X.; Jin, Z.; Wang, Y. Synthesis of Sulfated Y - Doped Zirconia Particles and Effect on Properties of Polysulfone Membranes for Treatment of Wastewater Containing Oil. J. Hazard. Mater. 2011, 192, 559 - 567.

[132] Zhang, W.; Shi, Z.; Zhang, F.; Liu, X.; Jin, J.; Jiang, L. Superhydrophobic and Superoleophilic PVDF Membranes for Effective Separation of Water - in - Oil Emulsions With High Flux. Adv. Mater. 2013, 25, 2071 - 2076.

[133] McCloskey, B. D.; Park, H. B.; Ju, H.; Rowe, B. W.; Miller, D. J.; Chun, B. J.; et al. Influence of Polydopamine Deposition Conditions on Pure Water Flux and Foulant Adhesion Resistance of Reverse Osmosis, Ultrafiltration, and Microfiltration Membranes. Polymer 2010, 51 (15), 3472 - 3485.

[134] McCloskey, B. D.; Park, H. B.; Ju, H.; Rowe, B. W.; Miller, D. J.; Freeman, B. D. A Bioinspired Fouling - Resistant Surface Modification for Water Purification Membranes. J. Membr. Sci. 2012, 413 - 414, 82 - 90.

[135] Kasemset, S.; Lee, A.; Miller, D. J.; Freeman, B. D.; Sharma, M. M. Effect of Polydopamine Deposition Conditions on Fouling Resistance, Physical Properties, and Permeation Properties of Reverse Osmosis Membranes in Oil/Water Separation. J. Membr. Sci. 2013, 425 - 426, 208 - 216.

[136] Emani, S.; Uppaluri, R.; Purkait, M. K. Cross Flow Microfiltration of Oil - Water Emulsions Using Kaolin Based Low Cost Ceramic Membranes. Desalination 2014, 341, 61 - 71.

[137] Bernardo, P.; Criscuoli, A.; Clarizia, G.; Barbieri, G.; Drioli, E.; Fleres, G.; Picciotti, M. Clean Tech. Environ. Policy 2004, 6 (2), 78 - 95.

[138] Abbasi, M.; Mirfendereski, M.; Nikbakht, M.; Golshenas, M.; Mohammadi, T. Performance Study of Mullite and Mullite - Alumina Ceramic MF Membranes for Oily Wastewaters Treatment. Desalination 2010, 259, 169 - 178.

[139] Salehi, E.; Madaeni, S. S.; Shamsabadi, A. A.; Laki, S. Applicability of Ceramic Membrane Filters in Pretreatment of Coke - Contaminated Petrochemical Wastewater: Economic Feasibility Study. Ceramics Int. 2014, 40, 4805 - 4810.

[140] Ahmadun, F. R.; Pendashteh, A.; Abdullah, L. C.; Biaka, D. R. A.; Madaeni, S. S.; Abidin, Z. Z. Review of Technologies for Oil and Gas Produced Water Treatment. J. Hazard. Mater. 2009, 170, 530 - 551.

[141] Munirasu, S.; Haija, M. A.; Banata, F. Use of Membrane Technology for Oil Field and Refinery Produced Water Treatment—A Review. Process Saf. Environ. Prot.

2016, 100, 183 -202.

[142] Bakkea, T. ; Klungsøyrb, J. ; Sannic, S. Environmental Impacts of Produced Water and Drilling Waste Discharges From the Norwegian Offshore Petroleum Industry. Mar. Environ. Res. 2013, 92, 154 -169.

[143] http://www. wateronline. com/doc/ge - introduces - new - ultrafiltration - membrane - for - offshore - oil - and - gas - market -0001 (accessed 18 -09 -2016).

[144] Koh, D. -Y. ; McCool, B. A. ; Deckman, H. W. ; Lively, R. P. Reverse Osmosis Molecular Differentiation of Organic Liquids Using Carbon Molecular Sieve Membranes. Science 2016, 353 (6301), 804 -807.

[145] Judd, S. The MBR Book: Principles and Applications of Membrane Bioreactors in Water and Wastewater Treatment ; Elsevier: Oxford, 2006.

[146] Di Fabio, S. ; Malamis, S. ; Katsou, E. ; Vecchiato, G. ; Cecchi, F. ; Fatone, F. Optimization of Membrane Bioreactors for the Treatment of Petrochemical Wastewater Under Transient Conditions. Chem. Eng. Trans. 2013, 32, 7 -12.

[147] Shariati, S. R. P. ; Bonakdarpour, B. ; Zare, N. ; Ashtiani, F. Z. The Effect of Hydraulic Retention Time on the Performance and Fouling Characteristics of Membrane Sequencing Batch Reactors Used for the Treatment of Synthetic Petroleum Refinery Wastewater. Bioresour. Technol. 2011, 102, 7692 -7699.

[148] Hazrati, H. ; Shayegan, J. Influence of Suspended Carrier on Membrane Fouling and Biological Removal of Styrene and Ethylbenzene in MBR. J. Taiwan Inst. Chem. Eng. 2016, 64, 59 -68.

[149] Malamis, S. ; Katsou, E. ; Di Fabio, S. ; Frison, N. ; Cecchi, F. ; Fatone, F. Treatment of Petrochemical Wastewater by Employing Membrane Bioreactors: A Case Study of Effluents Discharged to a Sensitive Water Recipient. Desalin. Water Treat. 2015, 53, 3397 -3406.

[150] Bayata, M. ; Mehrniaa, M. R. ; Hosseinzadeh, M. ; Sheikh - Sofiac, R. Petrochemical Wastewater Treatment and Reuse by MBR: A Pilot Study for Ethylene Oxide/Ethylene Glycol and Olefin Units. J. Ind. Eng. Chem. 2015, 25, 265 -271.

[151] Razavi, S. M. R. ; Miri, T. A Real Petroleum Refinery Wastewater Treatment Using Hollow Fiber Membrane Bioreactor (HF - MBR). J. Water Proc. Eng. 2015, 8, 136 -141.

[152] https://www. asahi - kasei. co. jp/membrane/microza/en/customer/mbr_ex004_ulsan. html(accessed 18 -09 -2016).

[153] http://www. wateronline. com/doc/ge - delivers - water - treatment - technology - bahrain - s - oil - gas - industry -0001 (accessed 20 -09 -2016).

[154] Phattaranawika, J. ; Fane, A. G. ; Pasquier, A. C. S. ; Bing, W. A Novel Membrane Bioreactor Based on Membrane Distillation. Desalination 2008, 223, 386 -395.

[155] Goh, S. ; Zhang, J. ; Liu, Y. ; Fane, A. G. Fouling and Wetting in Membrane Distillation (MD) and MD – Bioreactor (MDBR) for Wastewater Reclamation. Desalination 2013, 323, 39 – 47.

[156] http://www.digitalrefining.com/news/1004185,Canadian_refinery_to_reuse_100 of_water_with_GE s_wastewater_treatment_technology.html#. V – FJMPmLRD8 (accessed 20 – 09 – 2016).

[157] Liu, G. ; Jin, W. ; Xu, N. Two – Dimensional – Material Membranes: A New Family of High – Performance Separation Membranes. Angew. Chem. Int. Ed. 2016, 55, 2 – 16.

[158] Novoselov, K. S. ; Geim, A. K. ; Morozov, S. V. ; Jiang, D. ; Zhang, Y. ; Dubonos, S. V. ; et al. Electric Field Effect in Atomically Thin Carbon Films. Science 2004, 306 (5296), 666 – 669.

[159] Berry, V. Impermeability of Graphene and Its Applications. Carbon 2013, 62, 1 – 10.

[160] Bunch, J. S. ; Verbridge, S. S. ; Alden, J. S. ; van der Zande, A. M. ; Parpia, J. M. ; Craighead, H. G. ; et al. Impermeable Atomic Membranes From Graphene Sheets. Nano Lett. 2008, 8 (8), 2458 – 2462.

[161] Yoon, H. W. ; Cho, Y. H. ; Park, H. B. Graphene – Based Membranes: Status and Prospects. Phil. Trans. R Soc. A 2016, 374, 20150024.

[162] Sun, C. ; Wen, B. ; Bai, B. Recent Advances in Nanoporous Graphene Membrane for Gas Separation and Water Purification. Sci. Bull. 2015, 60 (21), 1807 – 1823.

[163] Jiang, D. E. ; Cooper, V. R. ; Dai, S. Porous Graphene as the Ultimate Membrane for Gas Separation. Nano Lett. 2009, 9, 4019 – 4024.

[164] Koenig, S. P. ; Wang, L. D. ; Pellegrino, J. ; Bunch, J. S. Selective Molecular Sieving Through Porous Graphene. Nat. Nanotechnol. 2012, 7, 728 – 732.

[165] Celebi, K. ; Buchheim, J. ; Wyss, R. M. ; Droudian, A. ; Gasser, P. ; Shorubalko, I. ; Kye, J. – I. ; Lee, C. ; Park, H. G. Ultimate Permeation Across Atomically Thin Porous Graphene. Science 2014, 344, 289 – 292.

[166] Cohen – Tanugi, D. ; Grossman, J. C. Water Desalination Across Nanoporous Graphene. Nano Lett. 2012, 12, 3602 – 3608.

[167] Surwade, S. P. ; Smirnov, S. N. ; Vlassiouk, I. V. ; et al. Water Desalination Using Nanoporous Single – Layer Graphene. Nat. Nanotechnol. 2015, 10, 459 – 464.

[168] Cohen – Tanugi, D. ; Lin, L. – C. ; Grossman, J. C. Multilayer Nanoporous Graphene Membranes for Water Desalination. Nano Lett. 2016, 16 (2), 1027 – 1033.

[169] Cohen – Tanugi, D. ; Grossman, J. C. Nano Lett. 2014, 14 (11), 6171 – 6178.

[170] Garnier, L. ; Szymczyk, A. ; Malfreyt, P. ; Ghoufi, A. Physics Behind Water Transport Through Nanoporous Boron Nitride and Graphene. J. Phys. Chem. Lett. 2016, 7, 3371 – 3376.

[171] Zhang, Y.; Shi, Q.; Liu, Y.; Wang, Y.; Meng, Z.; Xiao, C.; Deng, K.; Rao, D.; Lu, R. Hexagonal Boron Nitride With Designed Nanopores as a High – Efficiency Membrane for Separating Gaseous Hydrogen From Methane. J. Phys. Chem. C 2015, 119 (34), 19826 – 19831.

[172] Kim, H.; Yoon, W. H. W.; Yoon, S. – M.; Yoo, B. M.; Ahn, B. K.; Cho, Y. H.; Shin, H. J.; Yang, H.; Paik, U.; Kwon, S.; Choi, J. – Y.; Park, H. B. Selective Gas Transport Through Few – Layered Graphene and Graphene Oxide Membranes. Science 2013, 342 (6154), 91 – 95.

第10章　膜工艺在农业食品和生物技术产业中的基本应用

10.1　概　述

尽管膜过滤技术在食品和生物技术产业中已经应用了很长一段时间,但是直到20世纪60年代 Sidney 和 Sourirajan 发现了相变膜之后,新的膜处理技术才开始应用在这些产业中。这项发现改变了膜市场,除医药市场外的所有市场在全球范围内已经实现了120~140亿欧元的应用价值,并且仍在迅猛增长,且平均年增长率(AAGR)为8%~9%。尽管最大的膜市场与水和废水处理(包括脱盐)有关,但食品和多数生物技术产业(不包括制药行业)等重要的膜市场在全球范围内的价值规模也分别达到了120~1 000万欧元和3~3.7亿欧元。微滤(MF)和超滤(UF)技术占据30%~35%的市场份额,纳滤(NF)和反渗透(RO)技术占25%~30%的市场份额。膜接触器(MC)、电渗析(ED)、渗透汽化(PV)和蒸气渗透(VP)等其他膜技术的市场份额小且增长率不足5%。膜技术在农业食品和生物技术产业市场上取得的成功与以下膜工艺相对于传统分离技术的一些关键优势有关:

①低温至中温操作可确保在温和的条件下处理产品。

②采用筛选、溶解扩散或离子交换机制等独特的、高选择性的分离机制。

③便于安装和扩展的模块化设计。

④低于蒸发器和冷凝器的能耗。

在农业食品和生物技术产业中,膜污染的控制仍是膜工艺开发的一个挑战。在不同的产业应用中,膜污染的程度也不同。工厂的容量随着时间的推移而减少的这种现象通常被认为是污染。减小污染、降低影响的常见方法是定期清洗被污染的膜。在农业食品和生物技术产业中,清洗间隔通常为24 h或完成一次使用后进行清洗。清洗间隔可以集成在设备的运行中,例如在设备运行中或关闭设备前进行连续的反冲洗,或者集成在设备的设计中,例如在设备处于生产模式时,其他部件处于清洗模式。如果需要清洗剂,一般情况下,可用腐蚀性或酸性清洗剂,也可使用酶促清洗剂。此外,优化的设备操作可以减少污染,从而降低清洗需求。在临界通量(即没有污垢产生的通量)以下运行是一种清洗间隔时间最大化的方法。然而,这种方法通常与低通量/低压操作有关,而低通量/低压操作反过来又会对工厂规模产生负面影响,从而影响投资成本。或者,在湍流状态下运行可以使浓差极化效应最小,从而减少污染。另外,这种方法与层流操作相比,由于增加了沿模块的压力而使操作成本较高。污染也可能与进料如纤维等悬浮物堵塞模块通道有关。这种影响可以通过选择正确的模块来减少,即在纤维存在的情况下,采用开路管模块或板框模块。进料预处理可以通过减少或调整悬浮物的水平面来优化工厂的性能。预处理是控制沉淀的一种有效方法。

10.2 农业食品和生物技术产业中的膜工艺

在农业食品和生物技术产业中,既可用如 MF、UF、NF 和 RO 等传统的膜工艺,也可用新型的如 MC 和 PV 膜工艺。虽然这些工艺的共同之处都是通过半透膜实现分离的,但实现这些分离的驱动力可以分为三组:

(1)膜过程由静水压力驱动,通常用筛分机理描述,如 MF、UF 和一定程度的 NF。

(2)膜过程由基于溶液扩散机制的活度梯度驱动,如 RO、PV 和 VP。

(3)基于其他驱动力的膜过程,如 ED(电势)、膜蒸馏(通过湿膜的温差)。

表 10.1 概述了与农业食品和多数生物技术产业最相关的膜工艺。

表 10.1 涉及农业食品和多数生物技术产业的膜工艺

膜工艺	定义[a]	应用实例
直接压力驱动		
微滤(MF)	尺寸大于 1 μm 的颗粒和溶解大分子会被截留	• 从牛奶中去除细菌和孢子 • 葡萄酒和啤酒澄清
超滤(UF)	尺寸处于 2 nm ~ 1 μm 的颗粒和溶解大分子会被截留	• 乳清浓缩 • 果汁澄清 • 血浆的浓缩与纯化
纳滤(NF)	尺寸在 2 nm 左右的溶解小分子会被截留	• 乳清部分脱盐 • 酶的浓缩 • 从离子交换再生中回收碱性盐水
活度梯度驱动(适用于溶解扩散机制)		
反渗透(RO)	TMP 在液相过程中引起溶剂对其渗透压差的选择性运动	• 牛奶浓缩 • 果汁浓缩 • 重滤水制备与回收
蒸气渗透(VP)	进料在接触膜之前蒸发,从膜下游表面流出的渗透流转变为汽相的过程[b]	• 香精与香料回收
渗透汽化(PV)	进料流和保留流均为液相,而渗透流以蒸气形式从膜下游表面流出的过程	• 香精与香料回收 • 葡萄酒脱醇

续表 10.1

膜工艺	定义[a]	应用实例
其他驱动力		
电渗析(ED)(电势)	电场作用下离子通过离子选择膜的过程	• 乳清脱盐 • 葡萄酒的酒石酸盐稳定 • 乳酸浓缩
渗析(浓度梯度)	在浓度梯度的驱动下,溶质通过膜从一种溶液转移到另一种溶液的过程	• 葡萄酒和啤酒脱醇
膜接触器(MC)(压力/浓度/蒸气压梯度)	气液两相或液液两相之间的传质过程,在多孔膜的两侧不发生相的分离。MC 装置包括膜蒸馏(MD)、渗透蒸馏(OD)、膜乳化剂和膜结晶器	• 非碳酸饮料 • 发酵产物的原位提取 • 醇还原 • 果汁和蔬菜汁的浓缩 • 香料浓缩

注:[a]除蒸气渗透、膜接触器和渗透蒸馏外,所有定义均基于文献[2]。
[b]根据文献[3]

10.3 膜工艺在农业食品产业中的应用

农业食品产业是一个多元化的产业。本节内容涵盖了膜在一些重要食品产业,如乳品、饮品、食品添加剂以及糖和淀粉产业中的应用。由于食品产业是非常耗水的,所以本节的最后一部分专门介绍了水和废水在食品产业中的应用。

10.3.1 乳品产业中的应用

乳品产业是主要的食品产业之一,世界上每年可生产 8.02 亿 t 牛奶。自 20 世纪 60 年代以来,膜已经被应用于乳品的浓缩、澄清和分馏中,即不需要加热,也不需要添加酶等添加剂,就能得到特定的牛奶成分。膜技术在乳品产业的突破性应用是通过 UF 将乳清(原奶酪生产过程中的副产品)转化为具有商业用途的精制蛋白。在乳品产业中,膜工艺的关键是 MF 和 UF,其次是 NF 和 RO。下面将讨论膜在奶制品、乳清和奶酪制品加工中的应用。

1. 奶制品加工中的应用

在处理食用或加工过的原料奶时,MF 可作为超高温灭菌法的替代方法。MF 可以在不改变牛奶的外观和化学性质的情况下,去除牛奶中的细菌和孢子。这个过程的第一步是原料奶被预热到 60 ℃左右,然后分离成脱脂牛奶和奶油,如图 10.1 所示。脱脂牛奶冷却至 50 ℃后,经 MF 在恒定或均匀跨膜压差(TMP)下进一步处理。在过去,这个过程是通过渗透液的部分再循环实现的,而现在使用的是含有支撑层或选择层具有渗透梯度的特殊陶瓷膜。渗透液中的细菌含量降低了 99.5%,而截留液中几乎含有所有的细菌和孢子。将截留液与标准奶油在 120 ~ 130 ℃之间进行几秒钟的常规高温灭菌,然后进行混合。冷却后,这种混合物与渗透流重新结合,在大约 70 ℃下进行高温灭菌。在此过程中,只有 10% 的牛奶是在高温下进行的热处理,因此其外观更好看。

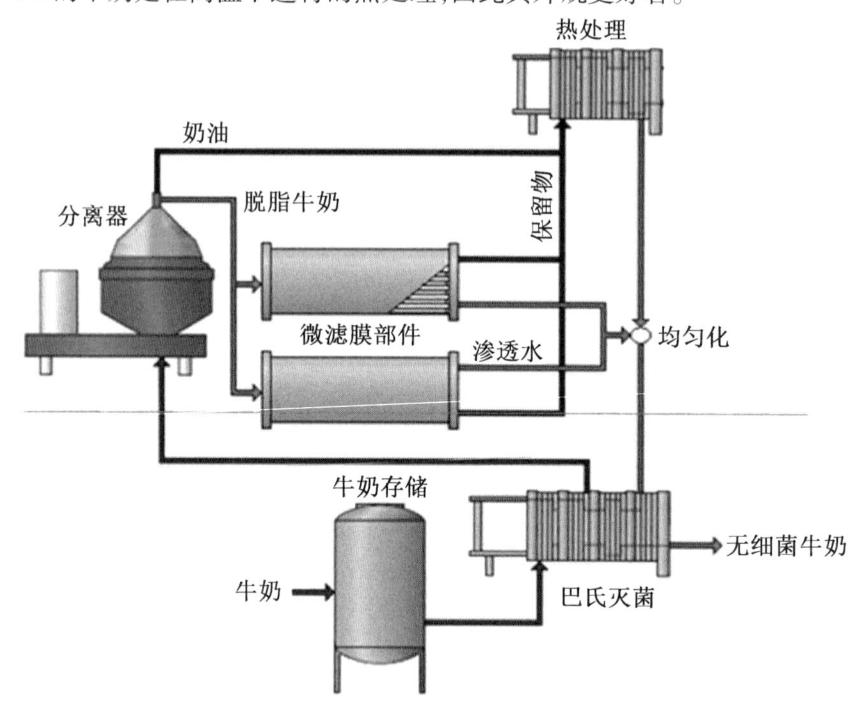

图 10.1 用 MF 法去除牛奶中细菌的简化工艺

直接从脱脂牛奶中分离牛奶蛋白是 MF 的另一种应用,如图 10.2 所示。通过在 TMP 恒定条件下使用陶瓷 MF,可以从乳清蛋白中分离出用于奶酪生产的胶束酪蛋白。由此产生的渗透液中含有丰富的乳清蛋白,可以通过超滤浓缩制成乳清蛋白浓缩液(WPC)。随后 WPC 可以通过离子交换色谱分离成三种高价值的产品,如乳铁蛋白、β - 乳球蛋白和 α - 乳清蛋白。

牛奶标准化是提高牛奶稠度和质量的一种方法,牛奶生产中膜的应用如图 10.2 所示。由于自然变化,牛奶中的蛋白质含量在一年中会发生变化。应用 UF 可以在不添加奶粉、酪蛋白和乳清蛋白浓缩剂的情况下,增加或减少牛奶的蛋白质含量。一般来说,低脂牛奶,例如脱脂牛奶或 1% 脂含量的牛奶中蛋白质含量较高,黏度更大,外观更好(白牛奶)。这样一来,尽管低脂牛奶中蛋白质含量有所增加,但其由于具有与高脂牛奶相似的外观,因而吸引了更多的消费者。

浓缩牛奶主要用于冰激凌的生产(图 10.2),其除了含有 30% 的水,其余成分均是固体。过去牛奶的浓缩是通过蒸发技术实现的,但也可以通过 RO 在温和的条件下实现。此外,牛奶可以通过 MF 或 UF 浓缩生产含有 50% ~58% 蛋白的牛奶蛋白浓缩物(MPC)。MPC 是一种常用的食品添加剂,对保持蛋白质功能至关重要。为了生产适用于特定食品的 MPC,可在制定 pH 和温度下将 UF 与 MF 或渗析过滤(DF)结合在一起。

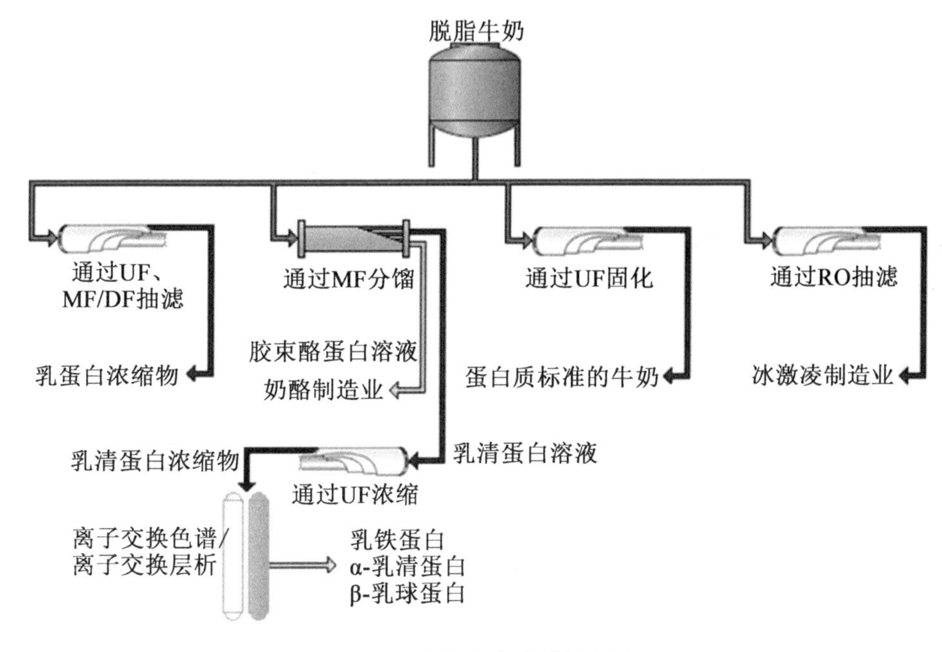

图 10.2 牛奶生产中膜的应用

2. 乳清加工中的应用

乳清是乳酪生产过程中的一种残渣，在牛奶被凝乳酶凝固并过滤后残留下来。2005 年，全世界乳清产量约为 1.5 亿 t，包括约 90 万 t 高价值蛋白质（文献[5]）。乳清由于固体含量低、生物需氧量高，是早期乳品产业需要处理的主要物质，通常作为污水排放，或喷在田地里，或被用作动物饲料。目前，利用膜技术浓缩乳清生产浓缩的乳清蛋白和乳清分离蛋白（WPI），对乳清进行分离纯化，得到纯化的 α－乳清蛋白和 β－乳球蛋白。图 10.3 总结了包括膜技术在内的不同乳清加工方案。

采用 UF 法富集乳清蛋白是制备总固体（TS）中蛋白质质量分数为 35% ~85% 的 WPC 的直接方法。此外，将 MF 作为 UF 前处理去除细菌和脂肪，可以得到总固体中蛋白质质量分数高达 90% 的 WPI。

由于乳清中脂肪的存在降低了乳清的功能，减少了乳清的贮存时间，因此人们发明了不同的方法来去除乳清中残留的脂肪。最常见的方法包括热钙沉淀，利用钙的结合能力使磷脂在 50 ℃时发生团聚，然后用 MF 去除沉淀，这种沉淀用作食品和化妆品的乳化剂。脱脂乳清经 UF 浓缩生产 WPC，可从 UF 渗透液中回收乳糖，也可进一步处理得到纯化蛋白、β－乳球蛋白和 α－乳清蛋白。后一种情况下，脱脂乳清经 pH 调节（pH 为 4 ~ 5），在 55 ℃热处理后使 α－乳清蛋白可逆聚合，可以得到大部分剩余脂质和乳清蛋白（β－乳球蛋白除外）。利用 MF 可以进一步从其他蛋白质中分离出 β－乳球蛋白。然后通过 UF 与 ED 或 DF 联合纯化 MF 渗透液。此外，MF 复配物中的 α－乳清蛋白可以在中性 pH 和 UF 条件下进行增溶纯化。

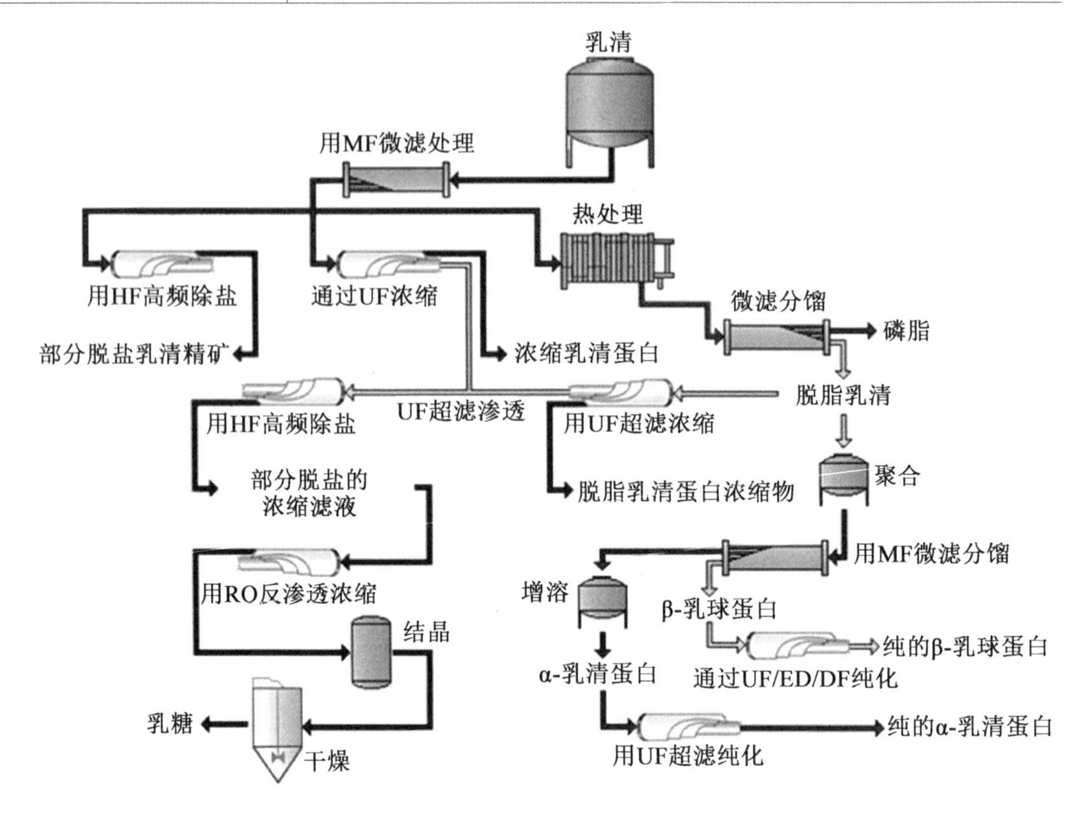

图10.3 膜工艺在乳清加工中的应用

乳清的脱盐是膜技术的另一个潜在应用,根据所需的脱盐程度,可以应用NF或ED。NF可以实现中度脱盐,ED可以实现高度脱盐。NF的一个显著特点是它结合了脱盐浓度和乳清浓度。此外,NF的典型脱盐度为35%,相当于3.5~4的脱盐浓度,而NF与DF结合可达到高于45%的脱盐度。

3. 奶酪制品加工中的应用

每年,全世界生产约2 100万t不同的奶酪,而膜工艺可用于制备奶酪生产所必需的牛奶。膜工艺的应用因奶酪类型而异。在干酪用乳生产中,UF可将干酪用乳浓缩1.2~2倍,从而提高了干酪桶和乳清排放设备的容量。然而,由于蛋白质含量仍然只有4%~5%,奶酪产量并没有明显提高。这种方法已应用在切达干酪、白干酪和马苏里拉干酪的生产中,也已成功地用于帕尔马干酪的测试,但它也可以用来标准化奶酪用乳和调节矿物成分,以提高奶酪的稠度。在奶酪生产中,膜工艺的另一种用途是UF部分浓缩。在这种情况下,标准的奶酪用乳可以浓缩2~6倍。在切达干酪的生产中,可以采用APV-SiroCurd工艺。在此过程中,通过结合DF可将牛奶浓缩5倍,同时调节盐的平衡。也可用类似的工艺来生产如Queso Fresco、Feta、Camembert和Brie等低脂的普拉托芝士。还可以用UF浓缩奶酪用乳的总浓度,将标准化的奶酪用乳浓缩到奶酪的最终总固体含量。这种方法不需要乳清液就实现了奶酪产量的最大化且避免了在奶酪生产过程中奶酪缸的使用。这种方法生产的典型奶酪有:浇铸羊乳酪、夸克乳酪、奶油芝士、乳清干酪和马斯卡泊尼乳酪。UF 在奶酪生产中的其他应用是净化会用奶酪生产的浓盐水。

10.3.2 啤酒和葡萄酒产业中的应用

啤酒和葡萄酒是最古老的发酵饮料。膜在啤酒和葡萄酒生产中的研究始于20世纪70年代。20世纪80年代,RO技术在啤酒脱醇中得到了首次成功应用。随后又发现了膜在其他方面的应用。下面将介绍膜工艺在啤酒和葡萄酒产业中的不同应用。

1. 啤酒产业中的应用

中国、美国、巴西和德国是啤酒的主要生产国,年产量约为1.9亿 cm^3。啤酒生产过程始于麦芽汁。麦芽浸泡在热水中,与啤酒花混合产生麦芽汁,在麦芽汁锅炉中酿造2 h后进行纯化和冷却。然后,麦芽汁与酵母混合,填入发酵罐,酵母将谷糖转化为酒精,从而生产啤酒。发酵后,将啤酒纯化并移入明亮酒窖进行熟化。在装瓶前,啤酒通常经过无菌过滤和高温灭菌。如需脱醇,则要在无菌过滤和高温杀菌之前完成。图10.4给出了啤酒的生产过程流程图。

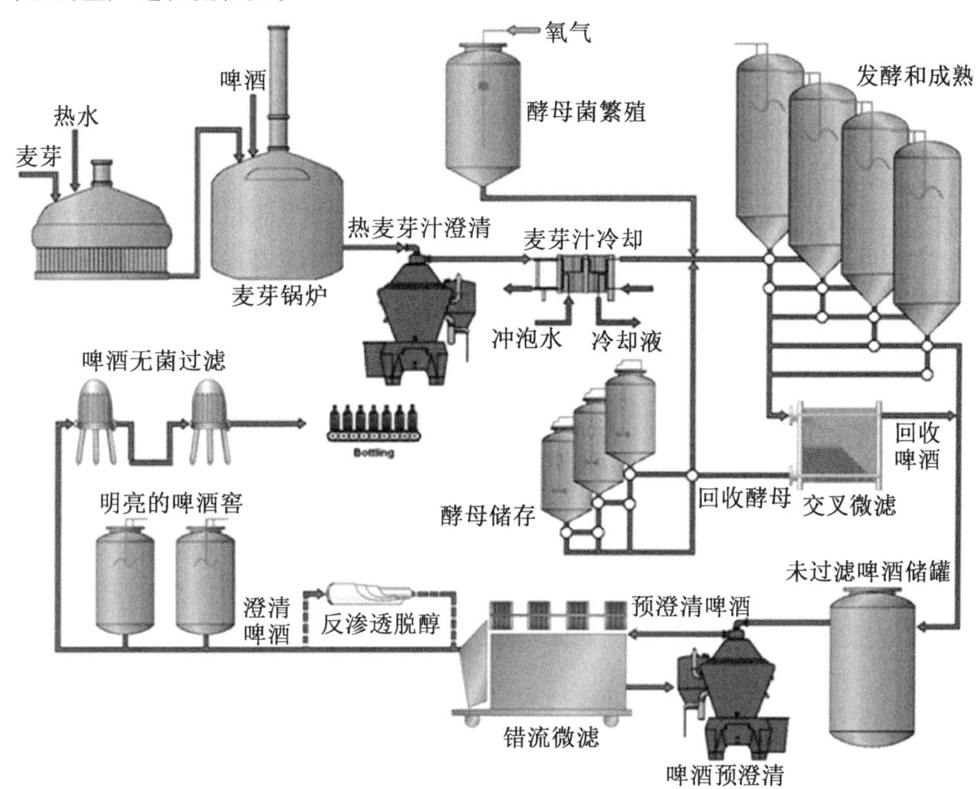

图10.4 膜工艺在啤酒生产中的应用

(1)啤酒回收。

膜工艺在啤酒生产中的第一个潜在应用是从罐底回收啤酒。发酵后,酵母沉淀在发酵容器的底部。沉淀池底部的啤酒占啤酒总量的1.5%~2%,除酵母外,还含有较高比例的啤酒,如果不回收,啤酒就会损失。为了回收啤酒并把酵母浓缩到20%的干物质,可以使用连续 MF 将啤酒从酵母中分离出来。回收的啤酒因为没有吸氧所以依然是无菌的,可以直接添加到啤酒中送入酒窖。利用这一过程,不需要高成本就可以将啤酒厂的年产量提高1%。

(2)发酵澄清。

膜工艺在啤酒生产中的另一个潜在应用是啤酒发酵后的澄清。在传统的啤酒生产中,澄清一般是先用分离器过滤,然后用硅藻土过滤。然而,硅藻土处理被认为存在健康风险,并且它的处理和废水费用都在持续增加。从膜的角度考虑,需使用连续的 MF 工艺。在这一过程中,酵母、微生物和薄层被从啤酒中去除,从而不会影响啤酒的口感。这一过程除了使每批啤酒的质量一致外,其成本也与传统的硅藻土过滤相当。

(3)啤酒脱醇。

RO 脱醇是啤酒市场中一项已有 15 年历史的技术,目前啤酒总产量的 2% 左右是低醇或无醇啤酒。采用 RO 可以使啤酒中的酒精含量降低 10% ~12.5%。因此,酒精体积分数为 4% ~5% 的标准啤酒可以转化为体积分数 0.4% ~0.5% 的低酒精啤酒。啤酒的脱醇通常从啤酒的预浓缩开始,然后用去离子水调节酒精浓度。为了弥补脱醇后的口感和口味损失,啤酒中需加入啤酒花和糖浆。装瓶前先纯化部分脱醇啤酒。此外,低醇啤酒生产过程中的渗透液还可以用于其他酒精饮品的生产,如混合酒精果汁饮料。除 RO 外,渗析液可用于啤酒脱醇。

(4)无菌过滤。

膜工艺在酿造产业中的另一个应用是包装前的无菌过滤,而不是巴氏杀菌。全球生产的约 1.15 亿 cm^3 的啤酒(主要产自亚洲国家)通过"冷过滤"这一过程。在一些国家,"冷过滤"啤酒——不受热量影响的啤酒,甚至被当作优质啤酒出售。典型的冷灭菌系统是由两个过滤器组成的,分别是 0.7 μm 的终端预过滤器和 0.45 μm 的无菌过滤器。两组自动操作的过滤器通常并联放置,一组设置为啤酒过滤模式,另一组设置为清洗模式。

(5)其他应用。

MC 也进入了啤酒酿造产业。在酒精体积分数为 9% ~10% 的高浓度啤酒生产过程中,稀释啤酒的水脱氧可以使用 MC。此外,MC 也被用于去除 CO_2,然后固氮以获得致密的泡沫头,从而去除氧气,保持啤酒香味。另一个正在讨论的应用是 MF 对麦芽汁和麦芽浆的分离技术。这可以通过排水和用水沥出或使用隔膜式压力过滤器来实现。通过组装 MF,可以让这个不连续的过程变成连续的。

2. 葡萄酒产业中的应用

葡萄酒的年产量大约是 2.76 亿 cm^3,意大利、法国和西班牙位居前列,其次是美国和阿根廷。红葡萄酒占据了 50% 的市场份额,白葡萄酒占据了 25% 的市场份额,玫瑰酒和起泡酒占据了剩下 25% 的市场份额。传统的葡萄酒生产始于对葡萄的压榨,如图 10.5 所示。这种酒必须经过离心,如果需要的话,发酵前要调整糖的含量。在发酵过程中,酵母被添加到葡萄酒中,将果糖转化为乙醇,从而转化为葡萄酒。传统的精制工艺是在发酵后进行过滤和沉淀,辅以澄清剂,然后进行分离,以改善葡萄酒的色泽和味道。然后将葡萄酒储存在木桶或大罐中发酵,最后,在装瓶前对葡萄酒进行稳定和无菌过滤处理。

(1)RO 纠偏。

RO 纠偏是葡萄酒生产中的第一个潜在应用。与其他方法如加糖相比,RO 在室温不添加非葡萄成分的情况下增加了一定的糖含量。RO 的使用可以富集单宁酸和一些负责口感的成分,同时把水的含量降低 5% ~20% 。这种方法通过选择性去除多余的水分,特别适用于修复收割期间由于雨水而造成的必需品的稀释。此外,《国际酿酒学惯例守则》接受使用 RO,其中规定,体积减小不应超过 20% ,而初始的酒精体积的增加不应超过 2% 。应该注意的是,这一过程也可使用 NF,这使得除酸过程的糖损失达到最低。MF 在葡萄酒发酵后澄清中的应用始于 20 世纪 70 年代,并引起了越来越多的关注。在这种情况下,MF 将澄清、稳定和无菌过滤结合在一起,从而消除了传统方法对澄清剂和过滤材料的需求。为了提高生产效率和减少清洗需求,必须根据工艺条件(跨膜压差、流态、温度等)、膜(材料、孔径、模块配置等)和葡萄酒(类型、固体含量、浊度等)弱化污染。关键参数之一是膜的孔径大小,膜的孔径不应过小,如果过小,则会使其颜色和香味有所下降,但同时,膜的孔径又应该足够小以避免一些如大型悬浮物、酵母等杂质化合物的进入。白葡萄酒通常使用孔径在 0.2 ~0.45 μm 之间的开放的 MF 膜,而红葡萄酒则使用孔径小于 0.2 μm 的致密 MF 膜。为了稳定酒石酸盐,ED 技术是一种从葡萄酒中去除钾、钙离子和酒石酸盐阴离子的成熟技术。ED 室由一个葡萄酒室和一个卤水室组成,通过施加电势,酒石酸盐阴离子向阳极迁移,钾和钙离子向阴极迁移。在处理前,可以通过测量葡萄酒的电导率和 pH 来调整葡萄酒的去除率。该工艺已被广泛商业化,并被国际葡萄酒协会认为是“良好的工艺”。

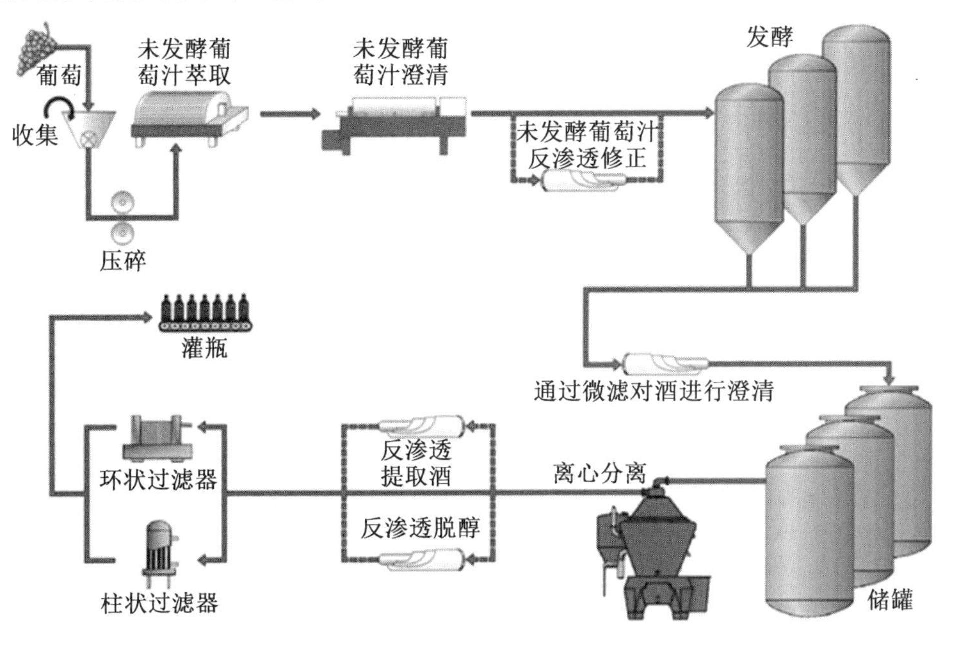

图 10.5 膜工艺在葡萄酒生产中的应用

(2)陈酒再处理。

利用 RO 和 DF 工艺对陈酒进行再处理以提升品质是膜技术在葡萄酒产业中的另一

个应用。并不是所有的葡萄酒都适合长时间陈酿,随着时间的推移,它们的味道可能会变坏。采用 RO 和 DF 工艺,可通过轻微浓缩葡萄酒,去除水分、部分酒精和负香气成分。去除的渗透液体积可通过加入脱盐水来补足,以避免葡萄酒的重新矿化。由于这一过程不会改变葡萄酒的成分和结构,并且这种纯化的葡萄酒质量较好,因此能够以更高的价格出售,也可以与未熟化的葡萄酒混合。

在葡萄酒行业中,也有低酒精或无酒精产品。1908 年,人们开始尝试利用热脱醇法生产葡萄酒,而 RO 技术在葡萄酒脱醇中的应用始于 20 世纪 70 年代。近年来,NF 和 RO 被用来生产高品质的低醇葡萄酒,这种葡萄酒的香氛高、酒精含量低。这是由于在其生产过程中,所使用的聚合物膜具有高的醇和水渗透性,但对芳香、味觉、泡沫和颜色组分的渗透性较低。在第一步中,水和乙醇通过膜被去除,而葡萄酒基质的主要成分被浓缩。然后,加入水来恢复葡萄酒原有的基质浓度。或者,该工艺可以在 DF 模式下运行,不断添加 DF 水,直到达到预期的还原效果。因此,该技术也可以用于调整葡萄酒中的酒精含量。葡萄的最佳口味结合含量较高的糖会导致在发酵过程中酒精含量高。这些酒精的味道可能会抑制其他成分的味道。因此,通过 RO,除去水分和少量酒精,可以提高葡萄酒的浓度。这项技术使得酿酒师可以根据葡萄的熟化程度而非葡萄的含糖量来采摘葡萄。OD 作为 RO 的替代方案,也可以用来去除酒精。通过将葡萄酒置于微孔疏水膜的一边,将脱气水置于另一边,葡萄酒中的一些酒精会从葡萄酒中蒸发出来,通过膜扩散,低温低压下在水中凝结。

葡萄酒产业正在研究用 PV 回收葡萄酒香气成分。Karlsson 等测试了从葡萄酒中直接回收香气成分,然而,Schäfer 等研究了在不影响葡萄酒最终品质的前提下,如何去除葡萄酒发酵过程中的香气成分。

10.3.3 果汁产业中的应用

在各种果汁中,橙汁和苹果汁是世界上生产最多的果汁。2015 ~2016 年浓缩橙汁产量达到 160 万 t,糖度为 65° Brix(Brix 表示可溶性固形物质的质量分数),巴西和美国为主要生产国,而全球浓缩苹果汁产量约为 200 万 t,主要产在我国、美国和波兰。从 20 世纪 70 年代开始,膜技术已经成为果汁加工过程的一部分。下面以苹果汁和橙汁为例,讨论膜在常见的一些果汁生产中的应用前景。

1. 苹果汁产业中的应用

现榨苹果汁含有 85% ~90% 的水分,含有双糖、单糖、淀粉、果胶等多糖,还有酸和矿物质。这种浑浊的苹果汁通常以约含 30% 的水的澄清的浓缩苹果汁的形式出售。最初的苹果汁生产工艺是将苹果磨碎或粉碎成均匀的小块,然后用不连续的压榨机将果肉压碎。压榨后,使用沉降罐和硅藻土对苹果汁进行澄清。这种传统的纯化方法不仅费时,而且需要消耗大量的酶、明胶和其他化学物质。UF 技术已经被认为是一种代替传统澄清工艺的具有吸引力的技术,如图 10.6 所示。在进入 UF 单元之前,果汁要经过酶处理来降解果胶物质。果汁从 UF 装置中去除如蛋白质和淀粉等悬浮物和高分子固体,从而得到优质果汁。通常将管状膜与 DF 结合纯化苹果汁。另外,还可以将高速分离器与螺旋状膜组件相结合,来消除对 DF 的需求。澄清后的果汁一般采用蒸发法浓缩,使糖度从

11°～12° Brix 增加至 70° Brix 以上，来降低储运成本。在这个过程中，RO 和蒸发的结合也可能是一个有价值的选择。RO 可以在蒸发前除去 50% 以上的水，与直接蒸发相比，降低了 25%～40% 的总能量成本，最大限度地缩短了蒸发器的停留时间。同时，RO 可将果汁浓缩到 20°～25° Brix，而随后的蒸发可以将其提升到 70° Brix 以上。作为传统蒸发工艺的工艺流程，OD 工艺已成功用于浓缩苹果汁，其苹果汁糖度可达 64° Brix。此外，疏水 PV 被认为是在蒸发前回收部分苹果汁香气的一种工艺。涉及 UF、RO 和疏水 PV 膜等工艺集成概念的细节可以在文献[26]中找到。值得注意的是，这些工艺也适用于葡萄、蔓越莓和其他有色果汁的浓缩。

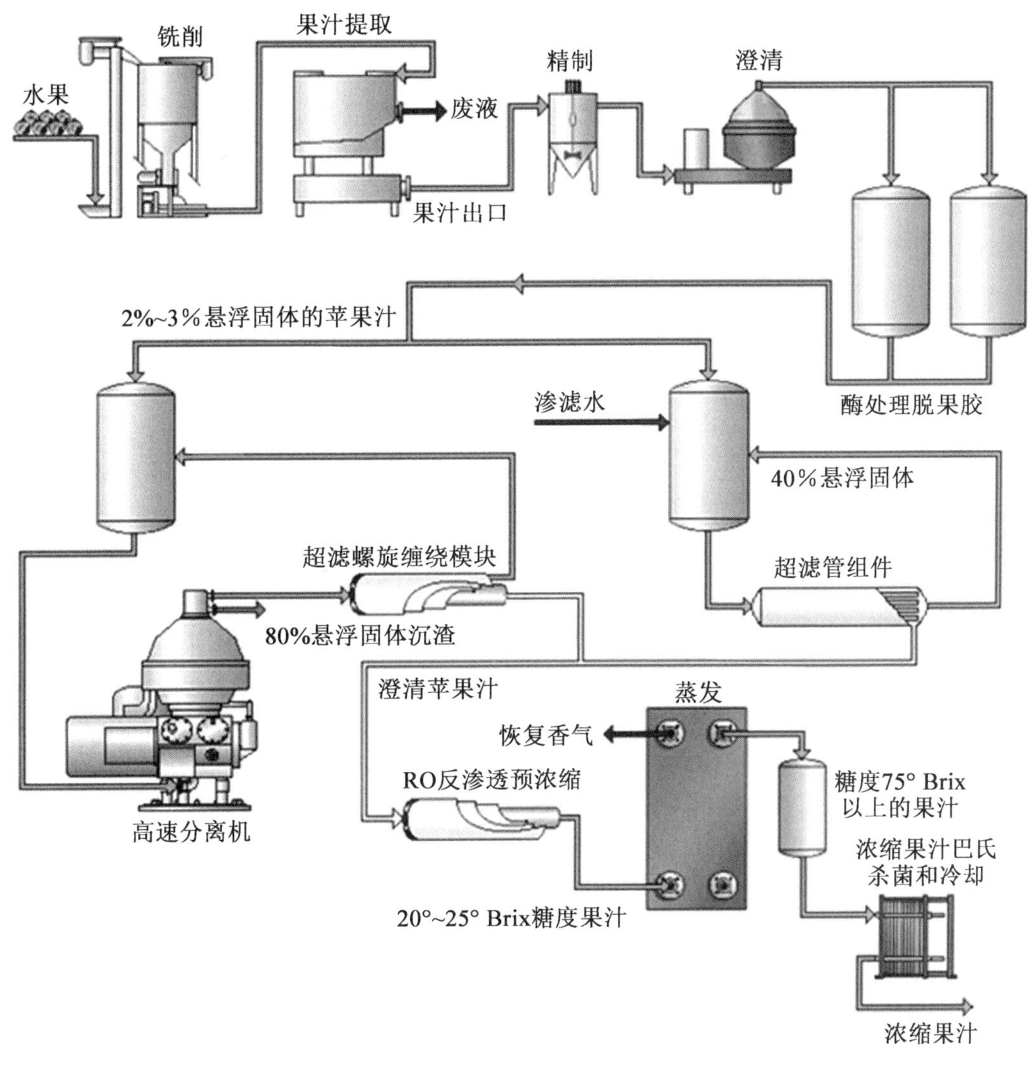

图 10.6　膜工艺在果汁生产中的应用

2. 橙汁产业中的应用

在生产橙汁的过程中，新鲜的橙子在抽汁前要经过清洗、检验和分级。抽汁后，将橙汁经过精整机和离心机进行脱油和部分澄清处理。离心后,在去苦味之前用UF进一步澄清果汁,除去所有悬浮物,避免离子交换树脂被污染。去苦味实际上就是去除多酚、柠檬素、橙皮苷和柚皮苷,然后将果汁在蒸发器中进一步浓缩,使其糖度达到65°Brix。一些国家为了提高这一过程的收率,收集整理机和离心机排出的纸浆,从中回收剩余的汁液。然后用水冲洗纸浆,得到一种含有大量苦味物质的纸浆清洗液,这些苦味物质在最后的果汁中是不需要的。此外,在浓缩前,通过蒸发和共混,采用UF与离子交换相结合的方法去除苦味成分。这些工艺也适用于其他如柠檬汁、酸橙汁和葡萄柚汁等一些果汁的处理。

10.3.4 食品添加剂产业中的应用

添加剂广泛应用于食品产业中,可以增强食品的口感和香味,改善和稳定食品的外观。膜工艺已成功地应用于食品添加剂的生产中,特别是天然食品添加剂的生产中。这部分介绍膜技术在食品添加剂生产中的一些最常见和最成熟的应用。重点聚焦作为动物蛋白代表的动物血浆和明胶,其次分别介绍了作为多糖和食物胶代表的卡拉胶和果胶。

1. 动物血浆产业中的应用

猪和牛的血液年产量约为1 000万t。在过去,屠宰场的血液只是被简单地晾干,然后作为动物饲料出售。尽管目前这仍然是一种常见的方法,但也有另一种方法,即在一个特殊的收集系统中收集血液,并将其转化为一种食品添加剂。这种方法可使动物血液的年产量达到15~20万t。

动物血液由两部分组成:轻血浆部分占总体积的55%~65%(含7%~8%的蛋白质),重黏性部分占血细胞总体积的35%。采集后用血液分离器将血液分为血细胞和血浆两部分。喷雾干燥前,UF可将血浆的蛋白质含量(质量分数)浓缩至29%~30%,如图10.7所示。UF的一个关键优点是不仅能浓缩蛋白质,还能澄清蛋白质,因为低分子量的化合物,即盐和矿物质会通过膜。此外,使用DF还可以进一步调节蛋白质的纯度。如果希望尽量减少低分子量化合物的损失,可以使用NF或RO。当血浆被UF和NF浓缩时,还可以通过RO对UF和NF渗透液进一步处理,得到可以循环到屠宰场的高质量水。或者,如果用RO进行浓缩,则RO渗透液可以直接回收。上述工艺通常用于猪和牛血液的处理,也有研究关注了UF对鸡血浆浓度的影响。

血细胞组分通常不被使用,但它可以通过酶解产生可溶性蛋白质。在这个装置中,用UF来分离血细胞中的蛋白质。若应用DF,蛋白质产量可达到90%。

2. 明胶产业中的应用

明胶是一种蛋白质,在溶液中形成牢固的凝胶。其由于高的凝胶强度而被用于食品产业,但也在生物技术产业中作为药物的保护层。此外,明胶在摄影产业中还被用作胶片的涂层。2017年,全球明胶年产量接近39.6万t。大约50%的明胶产品是用猪皮制成的,剩下的50%是用牛皮和牛骨制成的。

明胶生产的第一步是对其中的胶原蛋白进行预处理,如图10.8所示。猪皮和牛皮是脱毛、水洗、定型和脱脂,而骨头是放在稀酸中去除矿物质,然后脱脂。其次是交联胶原蛋白的还原。对于像猪皮一样的交联较少的胶原蛋白,通常需要24~48 h的酸性预处理来生产 A－型明胶。对于像牛皮和牛骨等复杂的胶原，采用碱性处理，需持续数周，得到 B－型明胶。最近，使用酶处理技术可以降低明胶生产中的停留时间，提高产量。此外，明胶是从预处理的胶原蛋白中提取的水或酸溶液。萃取槽的温度决定了胶的强度——布鲁姆值。较高的温度有利于萃取，但会降低最终产物的布鲁姆值。萃取的明胶经分离或过滤进行纯化，再经 UF 进一步纯化和富集。UF 收集了质量分数为 4% ~12% 的明胶，从而将蒸发浓缩最终产物的复合降低了 2/3。此外，可以通过 UF 使盐、残留酸和氨基酸等杂质进入渗透液，从而提高明胶的质量，减少选配的离子交换器负荷。为了减少水的消耗，可通过 RO 来纯化 UF 渗透液。这样一来，UF 装置中预浓缩的明胶可通过离子交换进一步脱盐。最后凝胶经蒸发、消毒、冷却和干燥被收集。

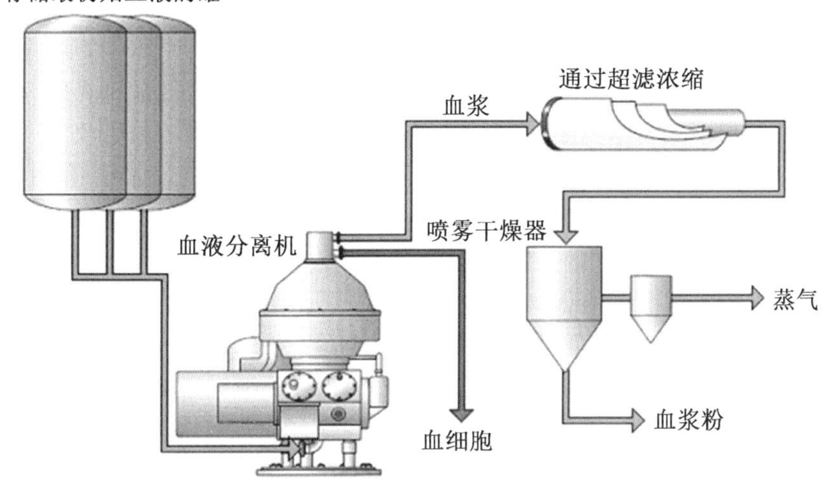

图 10.7 膜工艺在动物血液处理过程中的应用

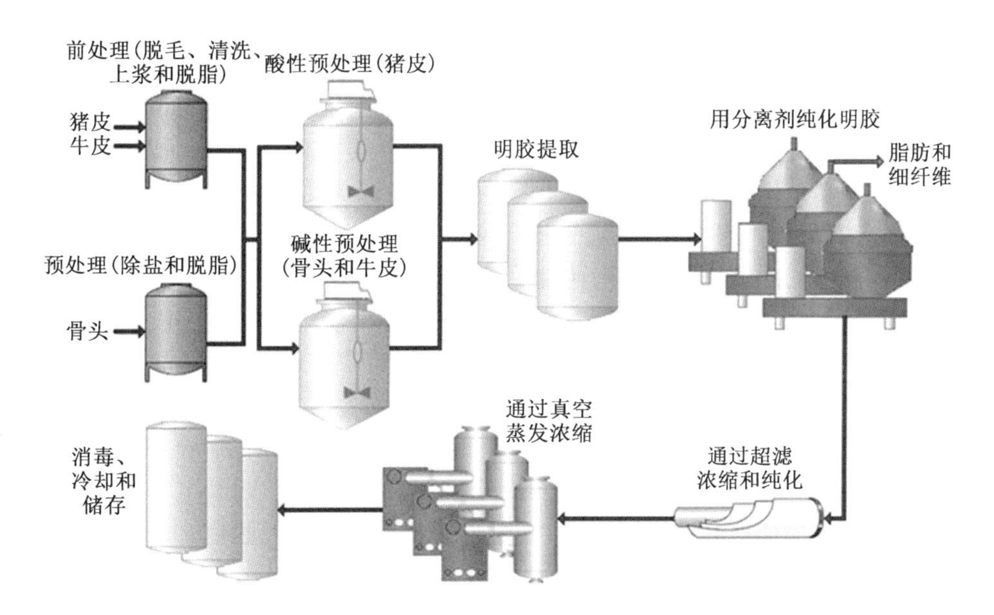

图 10.8 膜工艺在明胶生产中的应用

3. 卡拉胶和其他海藻提取物产业中的应用

卡拉胶是一组硫酸多糖的总称,这些多糖是从某种海藻中提取的。它们通常以粉末状的形式出售,根据等级从白色到米色不等。食品中用卡拉胶来稳定和胶凝蛋白质,如水中的酪蛋白。由于这一特性,在酸奶、冰激凌、白干酪、牛奶布丁或人造稠黄油中都可以找到卡拉胶。在化妆品和生物技术产业中还有其他应用,例如牙膏中的稳定剂或空气清新剂中的凝胶剂均为卡拉胶。2013 年卡拉胶的全球产量约为 5.6 万 t/年,市值 7.6 亿美元(数据来自参考文献[29])。

卡拉胶产自红藻的不同属种,如杉藻属,麒麟菜属和角叉菜属等。将这些不同属种的卡拉胶混合在一起得到均匀的产品。海藻在运往加工厂之前需经过分级和干燥,在加工厂用水清洗海藻并碾磨,使其充分暴露内表面以方便提取。在最初的提取步骤中,卡拉胶溶解在 70 ~ 75 ℃的碱性热水中(如氢氧化钙或氢氧化钠)。然后将得到的浆料在 90 ~ 95 ℃的热槽中储存 2 ~ 24 h,最后与硅藻土或膨胀珍珠岩等助滤剂混合。用压滤机进行澄清,除去胶体中的可溶性杂质,得到一种含有 0.8% ~ 1.0%(质量分数)卡拉胶的灰白色糖浆。然后调整卡拉胶的 pH,在 90 ℃左右用 UF 浓缩。在此高温下,卡拉胶的质量分数可达到 3% ~ 5%,相当于体积缩小 1/3 ~ 1/5。此外,盐、色素、糖和其他低分子量组分(LMWC)同时从卡拉胶中去除,使渗透后卡拉胶纯度提高。UF 的能耗(30 ~ 50 kWh/m^3)低于相同工况下的蒸发能耗(20 ~ 30 kWh/m^3)。卡拉胶生产的后续步骤取决于所需的最终产品。卡拉胶可以直接在鼓形干燥器或滚筒干燥机中干燥,也可以在水或酒精中经沉淀、压榨和干燥进一步纯化。

琼脂和海藻酸盐是食品产业中用作胶凝剂和稳定剂的另外两种重要的海藻提取物。琼脂的产量在世界上大约为 10 000 t/年,市场价值达到 1.8 亿美元。海藻酸盐产量 40 000 t/年,市场价值为 2.9 亿美元(数据来自参考文献[27])。这两种生产工艺和卡拉胶的生产工艺非常类似,这里 UF 确定了萃取后的浓度。

4. 果胶产业中的应用

果胶是一种含有半乳糖醛酸单元的天然高分子聚合物,由于其具有增加黏度和黏结水的能力,在食品产业中得到了广泛的应用。因此,果胶在乳制品行业被用于稳定牛奶和酸奶饮料,或在糖果行业用于胶凝剂果酱(数据来自参考文献[30])。全球果胶产量可达 3.5 万 t/年。果胶生产最常用的原料是苹果果渣和柑橘皮干,这两种果胶都是果汁生产的副产品。此外,甜菜的残留物也被使用,但使用的范围很小。

果胶生产的原料——苹果果渣和柑橘皮——通常由清洗和干燥阶段的果汁生产商送到特定果胶生产单元,然后在含有矿物质酸或酶等助萃取剂的热水中进行处理。果胶和淀粉等固体在提取阶段分离。再对提取的果胶进行分离和纯化。

以苹果果胶为例,提取的果胶在利用 UF 和 DF 浓缩和纯化前,需经压滤机过滤和酶澄清。苹果果胶质量分数从 1% ~ 3%,再到 6%,其体积减小了 1/3 ~ 1/6。在这个过程中,苹果果胶中的糖和盐会被过滤出去,同时也会在一定程度上脱色。纯化浓缩的苹果果胶经喷雾干燥、碾磨后,与糖或葡萄糖混合成标准的胶凝粉。此外,还可以将 RO 应用于 UF 渗透液,并将其分离成可循环的纯净水流和残留物,此残留物可由 UF 进一步处理。

UF可将RO截留液分为截留侧的有色副产物和含有果糖/葡萄糖的渗透液,这些渗透液还可以通过蒸发进一步纯化和浓缩。

柑橘果胶提取后,先在清洗罐或高速分离器中澄清,然后用UF浓缩纯化。柑橘果胶质量分数在0.7%~1%和3%~4%,同时减少了盐等低分子量杂质。浓缩后的柑橘果胶可以与酒精(如1-丙醇)共沉淀,进一步去除杂质,生产出高分子量的柑橘果胶;也可以加入氨水进行脱酯化,生产出低分子量的柑橘果胶。柑橘果胶再经喷雾干燥、研磨、混合,过程类似于苹果果胶的生产工艺。此外,在柑橘果胶生产中,还可以通过RO纯化UF的渗透液以回收水分。

10.3.5 甜菜和甘蔗产业中的应用

在全世界130多个国家,甜菜和蔗糖的年产量约为1.65亿t,其中约70%是蔗糖。尽管膜技术在制糖产业中的应用研究始于20世纪70年代初,R. F. Madsen在甜菜制糖产业中膜技术的发展方面进行了大量的工作,但大多数制糖产业的膜技术仍处于发展阶段。本节的第一部分首先介绍膜工艺在甜菜制糖产业中的应用,然后介绍膜工艺在甘蔗制糖产业中的应用。应该注意的是,本节只关注选定的关键应用,完整应用可以参考文献[32]。

1.甜菜糖

甜菜糖的生产过程如下:

首先将甜菜洗净,切成非常薄的V形甜菜片和甜菜丝,如图10.9所示。然后将甜菜浓缩物送至扩散塔,在此塔中,糖在热水中萃取分离成原汁和甜菜浆。果肉中含有丰富的营养成分,用压滤机对其进行脱水处理,得到甜菜浆和压滤水。甜菜浆是一种常用的牛饲料,但也有关于用UF结合DF从甜菜浆中分离果胶的研究。此外,还对RO循环利用压榨水进行了测试。

提取的原汁通常经过碳酸化和脱盐处理,以除去其中的蛋白质、果胶、无机盐和色素。本章调查了用膜技术代替这些步骤的各种方法。一般来说,致密式的MF膜或开放式的UF膜被认为是达到所需纯度的理想技术。不同的处理方法在果汁的预处理上有所不同。尽管有一些方法是直接在原汁上使用薄膜,但是大多数方法都先经过预处理,即在膜单元前使用净化剂或结合滤网。此外,ED也被提议作为原汁纯化过程中常规脱盐和脱钙的替代技术或辅助技术,并于1996年首次成功纳入糖产业。与传统的离子交换脱盐技术相比,ED的关键优点在于连续运行,无须再生。纯化后稀汁中的糖度为14°~16° Brix,再经多级蒸发浓缩成60°~75° Brix的稀汁。这个浓缩步骤大约占了糖生产总能耗的50%。自20世纪70年代以来,从节能角度来看,NF和RO一直被认为是重要的替代技术。25°B rix的糖含量能产生40 bar的渗透压,蒸气的需求仍然存在。如果没有足够的蒸气可用,NF和RO可以作为现有装置的增容器。在制糖的最后阶段,白砂糖和糖浆(糖蜜)在贮存前经过几步煮沸和结晶分离。

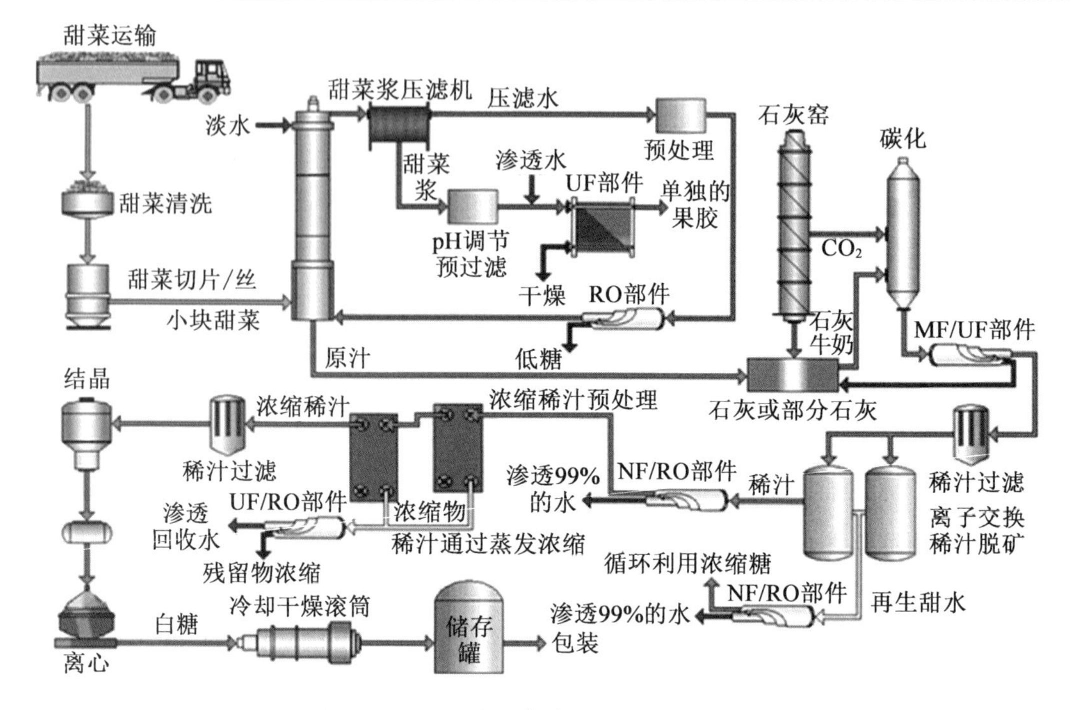

图10.9　膜工艺在甜菜糖生产过程中的应用前景

2. 蔗糖

在砍伐的甘蔗被送至蔗糖厂后的24 h内,用旋转刀将其切碎,碾磨,如图10.10所示。然后,采用具有新鲜热水的辊压机通过逆流法或连续扩散提取蔗糖。在传统工艺中,在墨绿色的果汁中加入熟石灰等净化剂进行纯化,得到澄清的果汁。或者是用亚硫酸盐或碳酸生产浅颜色的甘蔗汁。人们提出了包括UF在内的不同澄清工艺作为传统方法替代工艺的设想。New Applexion Process (NAP)采用两步法处理澄清后的果汁。第一步,利用UF从甘蔗汁中去除淀粉、葡聚糖、蜡、胶等高分子量组分;第二步通过离子交换软化果汁,去除镁、钙盐等组分。经过此过程产生的果汁适合生产颜色非常浅的糖。一个改进的NAP过程就是所谓的SAT过程,它也是基于UF构建的。在这个过程中,甘蔗原汁通过辅助工艺来得到澄清。澄清器的溢出流直接进入UF装置,而底流经过鼓式真空过滤器处理后与UF截留液混合,然后进入第二澄清器。第二澄清器的溢流与UF渗透液混合用于进一步生产浅颜色的糖,而底流在真空鼓过滤器前回收。澄清后的果汁经多次蒸发浓缩,得到糖度为60°~70° Brix的原浆。MD作为蒸发的一种替代技术,被用来检测清汁的浓度。接着,将原浆煮沸并结晶,分几步将原料糖、剩余糖浆和糖蜜分离。甘蔗的精炼通常分为蔗糖厂和精炼厂两部分。在精炼厂,从蔗糖厂晶化的原糖被重新熔化,进一步脱色和提纯。据报道,MF和UF作为离子交换脱色前的初始脱色工段是成功的。也就是说,MF和UF可以降低离子交换负载,从而延长生产周期。最后将纯化的糖储存起来。

3. 甜菜糖和蔗糖等产业中的应用

蒸发是制糖业的关键操作之一。虽然RO或其他膜技术并没有成功地替代蒸发技术,但RO非常适合于蒸发器中凝结水的处理,因为蒸发器中的凝结水可能含有残留的COD/BOD。RO可以降低渗透液中的COD/BOD,典型分离因子约为10。

此外,RO还可用于制糖业中清洗罐等设备产生的含糖废水的处理。制糖业废水处理的挑战在于,即使是1° Brix的废水也能产生5 000 mg/L的COD。应用RO技术,渗透液是纯水,而截留液则是含糖废水。

最后,NF可以整合到离子交换树脂的再生系统中。在再生过程中,离子交换柱用碱性盐水冲洗以除去树脂中的着色剂。通过NF法可以将碱性盐水中的着色剂去除,产生纯化的盐水可进行回收利用,从而在处理前显著减少了废水通量。因此,这种方法可以减少制糖厂的废水排放,以及盐耗和水耗。

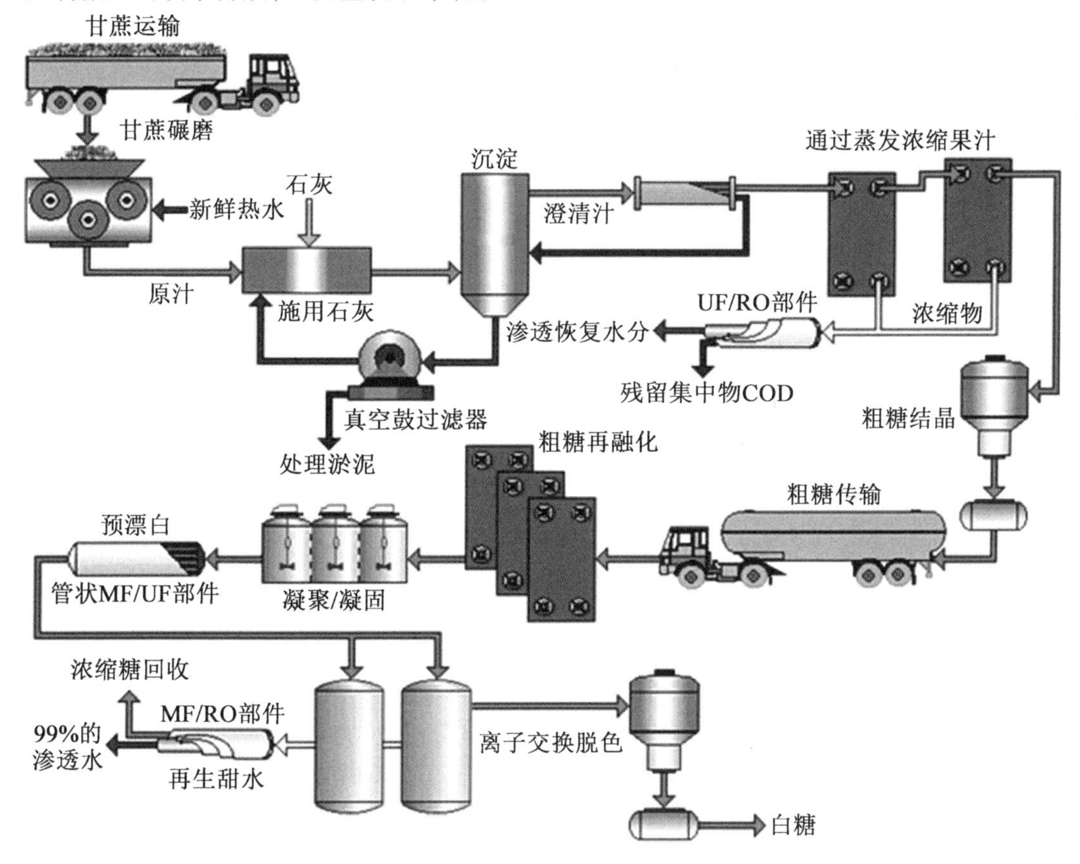

图10.10 膜工艺在蔗糖生产过程中的应用前景

10.3.6 淀粉和淀粉基甜味剂产业中的应用

淀粉是饮食中最常见的一种多糖,它可以作为食物的一部分直接被人体摄入,如土豆、谷物等,也可以提取出来,然后添加到食物中,如汤的增稠剂。除了食品产业,淀粉由于其出色的黏结性和黏度,也被用于造纸、纺织和石油产业。全球淀粉产量约6 000万t/年,其中美国是主要的淀粉生产国。全世界大约85%的淀粉是由玉米加工制成的,其次是大米、小麦、木薯、芋头和土豆。最重要的淀粉衍生物是淀粉基甜味剂,它是由淀粉碳水化合物的酸或酶分解产生的。这些甜味剂是营养甜味剂,是一种蔗糖的低成本替代品。两种重要的淀粉基甜味剂是葡萄糖/葡萄糖糖浆和高果糖糖浆(HFS)。全球葡萄糖/葡萄糖糖浆的年产量约为1 700万t。大多数葡萄糖/葡萄糖糖浆源自于玉米淀粉,美国产量最大。全球HFS的年产量约为1 600万t,其中90%以上与高果糖玉米糖浆(HFCS)有关。目前超过75%的HFS生产在美国。下面重点介绍膜在玉米淀粉和玉米基甜味剂生产中的潜在应用。

1. 玉米淀粉产业中的应用

湿法磨粉是一种常见的生产淀粉的工艺,可获得如油和面筋等有价值的副产品。湿法磨粉是从浸泡过程开始的,在浸泡过程中,将玉米浸泡在含有乳酸菌(LAB)的弱酸溶液中(即所谓的浸泡水),浸泡48 h。浸泡水可以通过蒸发浓缩,作为动物饲料的补充蛋白质。本章研究了MF、UF和RO与蒸发组合或不以蒸发量为最终浓度步骤的工艺对浸渍水浓度的影响,但是这些工艺尚未被证实可以作为一种新型替代技术。浸泡后开始脱芽。在这个步骤中,通过碾磨从玉米中释放出一种富含油脂的胚芽,它是一种有价值的副产品,再通过水力旋流器使其从淀粉中分离出来。从水力旋流器溢出的水含有这种胚芽,这些胚芽经过清洗,然后被压出油。榨油后剩余的芽饼可添加到动物饲料中。含有淀粉、蛋白质和纤维的水力旋流器底流需经精磨处理。通过淀粉提取和逆流纤维洗涤将得到的浆料分离为淀粉和纤维两部分。提取步骤完成后,浓缩粗淀粉溶液,并从淀粉中分离出面筋(不溶性蛋白质)。分离器中的轻面筋通过旋转真空过滤器(RVF)浓缩,然后干燥,被转化为重面筋。MF已被研究作为浓缩轻面筋和重面筋的替代技术,但迄今尚未建造其作为面筋浓缩的标准操作单元。分离出的淀粉最后在多级旋流系统中洗涤,然后由分离器脱水干燥。

2. 玉米基甜味剂制品产业中的应用

根据玉米/葡萄糖糖浆、42-HFCS和55/90-HFCS三种不同的产品,玉米甜味剂的生产可分为三个阶段。

玉米/葡萄糖糖浆的生产从淀粉的液化开始,如图10.11所示。淀粉悬浮在水中,通过酶-酶液化或酸-酶液化得到10~20葡萄糖当量(DE)的液化产物。DE是指淀粉完全转化为葡萄糖时的淀粉水解程度,当淀粉完全转化为葡萄糖时,DE值为100。在随后的糖化过程中,淀粉在淀粉糖苷酶、普鲁兰酶等酶的作用下完全转化为葡萄糖,此过程需48 h。为了从玉米/葡萄糖糖浆中分离主要由蛋白质和脂肪组成的泥浆馏分,通常使用分离器或预涂层的RVF进行分离。除泥浆馏分的另一种方法是将分离器与MF或UF结合使用。这种组合比RVF获得的产物纯度高,从而减少了葡萄糖的后处理。在这一过程中,玉米/葡萄糖糖浆可以通过脱色、去离子化、浓缩等进一步加工制成糖浆或麦芽糊,也可以进一步转化为42-HFCS。

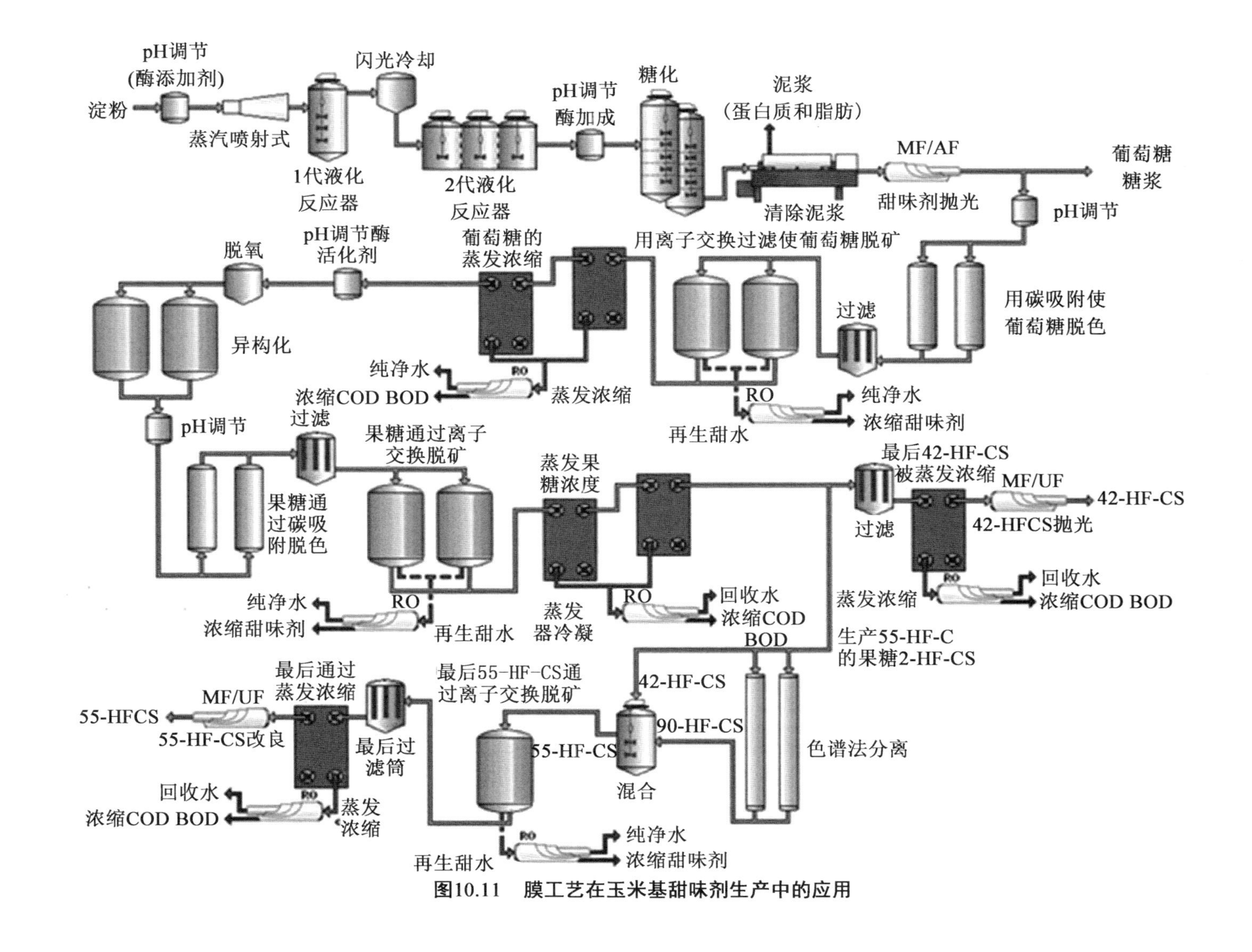

图10.11 膜工艺在玉米基甜味剂生产中的应用

在接下来的葡萄糖精制过程中,玉米/葡萄糖糖浆被制备成异构化的42 - HFCS。糖浆经过pH调节和碳化处理可去除可溶性的蛋白质和色素,然后再通过叶滤机去除碳。脱色后的糖浆通过离子交换除去离子。这些离子交换装置的再生通常从水冲洗开始。由此产生的甜水由于含有甜味剂,具有很高的COD/BOD,可以通过RO浓缩,得到浓缩甜味剂和纯化水流,以实现循环利用。接下来,糖浆蒸发浓缩约1.5倍。蒸发过程中的冷凝物由于含有残余物,故BOD/COD值会非常高 。这种蒸发器冷凝液也可以用RO处理,类似于离子交换装置中的甜水。在异构化之前,糖浆被脱氧并调到中性或者弱碱性。此外,在糖浆中加入镁作为酶激活剂。异构化过程发生填料反应中,固化葡萄糖异构酶将葡萄糖转化为42%的果糖。果糖的碳处理和离子交换纯化过程类似于葡萄糖。然后,蒸发浓缩得到的产物可以用于生产55/90 - HFCS,也可以通过桶式过滤器和最终蒸发步骤用于生产42 - HFCS。蒸发后,MF/UF可作为最后的处理工序,生产优质无热原的42 - HFCS。此外,在42 - HFSC的生产中,为了提高产品的纯度,在过滤前可加入离子交换步骤。在这种情况下,RO可以用来处理离子交换的甜水和蒸发器的冷凝水。

在最后阶段,42 - HFCS可以通过色谱分离进一步浓缩,得到远超异构酶反应平衡点的产物。采用对果糖有较强亲和力的钙离子交换树脂,在多级移动床色谱系统中,可使果糖浓度达到90%。得到的90 - HFCS经过离子交换进行纯化,除去离子和杂质,然后用桶式过滤,最后进行蒸发浓缩处理。也可以将90 - HFCS与42 - HFCS混合得到55 - HFCS,然后进行纯化。同样,RO可以用来处理来自离子交换的甜水和蒸发器冷凝水。此外,MF/UF可用于55 - HFCS的最终精制。

3. 其他淀粉制品产业中的应用

除玉米淀粉和甜味剂外,还对膜工艺在土豆和小麦淀粉生产中的应用进行了研究。土豆果水含有高价值的蛋白质。在土豆淀粉生产过程中,先将洗净的土豆切碎,在进行淀粉的提取和浓缩之前用脱水器将果水除去。处理土豆果水一般有两种方法:①用RO浓缩果水中的可溶性物质,如实蛋白和糖;②用UF浓缩和分级蛋白质。在第一种方法中,RO回收所有截留液中的固体,然后通过蒸发浓缩、干燥,用作肥料。高质量的RO渗透液可回收利用。在第二种方法中,可以在浓缩液中回收高纯蛋白质。这些蛋白质可以通过蒸发、色谱分离和干燥进一步纯化和浓缩。UF截留液可以像第一种方法一样通过RO纯化或送往污水厂处理。UF方法是一种替代传统蛋白质回收的重要方法,例如酸热混凝,然后用分离器纯化,并进行干燥。在小麦淀粉产业中,尽管有人研究了用UF和RO替代蒸发工艺浓缩可溶性物质,但由于膜通量低、寿命短,这在经济上是不可行的。此外还研究了UF与RO相结合处理小麦面筋生产废水的工艺条件。中试结果表明,该工艺可以从废水中回收面筋,再经干燥进一步浓缩面筋。为实现高纯化水的回收利用,提出了用RO处理UF渗透液的方法。总之,应当指出,膜工艺在土豆和小麦淀粉产业中的应用仍处于起步阶段,需要进一步研究。

10.3.7 食品产业中的水和废水

水被广泛应用于食品产业,或直接用作食品配料,或用于产品清洁和工厂卫生。尽管食品产业在努力减少用水量,但其消费量仍然相对较高,例如,在酿造产业中,每升啤酒的用水量为8～15 L,而在乳制品行业中,每千克奶产品的用水量是9～18 L。

在食品产业的水处理过程中,有两个位置会用到膜工艺:①进料水的预处理,以满足具体应用的要求;②废水的后处理,既可以作为内部水循环的一部分,也可以作为管道末端处理的一部分。

进料水预处理的要求因其应用不同而有很大差异。一般来说,在食品产业中,水可以分为三类:

(1)工艺水:工艺水是可饮用水,可作为食品配料或作为生产步骤中与食品接触的一部分。通常, UF、NF和RO集成在一起用于工艺水的生产。特别是MWCO<10 ku的UF膜可用于热原去除。另外,NF和RO不仅可以去除热原,也可用于水的脱盐和细菌的去除。采用的膜处理工艺因进水水质和用水情况的不同而不同。

(2)锅炉和冷却水:锅炉和冷却水均采用脱盐软水,以防止冷热设备结垢。根据进水水质,通常采用NF和RO。

(3)常规用水:通常是用来冲洗原料和清洁设备的氯化饮用水。NF和RO可以用于制备这种水,但需要注意的是,水的氯化是在NF和RO步骤之后,因为游离氯会破坏NF和RO膜。

在使用后,不同的水流必须经过后处理,以便回收或排放。在后处理的初始阶段,膜工艺可以从废水流中回收有价值的组分,如RO可以浓缩糖以降低废水中的BOD,或直接回收糖,同时UF可以用于食品蛋白质的回收。近年来,膜生物反应器(MBR)在食品产业废水的处理中得到了广泛的应用。MBR是一种MF/UF模块,可以浸没在污水处理厂的三元处理中,也可以作为三元处理的侧线运行。MBR的渗透液不含悬浮物,可通过NF/RO排放或升级回收。

10.4 膜工艺在生物技术产业中的应用

如果把水果发酵成酒精饮料作为第一个受控的生物技术工艺,那么生物技术的起源可以追溯到5 000多年前。如今,生物技术这个术语涵盖了许多基于微生物或酶的反应技术。本节的讨论重点是抗生素、酶、有机酸和氨基酸、维生素和生物聚合物等产品。本节最后一部分将讨论净化水的生产(这是多数生物技术的关键过程),以及废水的处理。

10.4.1 抗生素产业中的应用

抗生素是经过发酵而产生的具有生物活性的抗菌药物成分,可用于抑制其他微生物的生长或使其完全失活。抗生素的发展始于1928年青霉素的发现,随后在20世纪50年代发现了其他的抗生素。20世纪60年代末,膜工艺开始在抗生素产业中应用。抗生素的总市场价值大约是450亿美元。主要生产地是我国,其次是印度和欧洲。约65%的市场份额与β-内酰胺类抗生素有关,主要是青霉素和头孢菌素,其次是四环素。抗生素主要用于人和动物的治疗。

抗生素是通过发酵生产的,涉及一系列加工过程,如分离、纯化和浓缩等。与传统的旋转真空过滤、离心、溶剂萃取、蒸发/蒸馏等技术相比,膜技术在天然抗生素生产和半合成抗生素中表现出效率高、选择性强等优点。表10.2给出了几种利用膜技术生产的抗生素。

表10.2 利用膜技术生产的抗生素

大类	子类
乳糖	头孢菌素、7-ACA、青霉素、6-APA
氨基糖甙类	链霉素、新霉素、林可霉素、阿米卡星、庆大霉素
多肽	杆菌肽、多粘菌素、放线菌素
四环素	四环素、夫西地酸钠
大环内酯类	泰乐菌素、红霉素

抗生素的生产从纯化底物和添加种子培养物的发酵开始,如图10.12所示。发酵后,MF或UF可直接用于从生物质中分离抗生素。这通常与DF同步进行。如果产品是细胞外的,其可直接完成;如果产品是细胞内的,则需破坏细胞。MF/UF在抗生素进入渗透液时,可在截留侧保留包括细胞碎片在内的生物质。在该工艺中引入DF,可以最大限度地提高收率和纯度。NF和RO可用于浓缩UF渗透液中的澄清抗生素。此外,可以将RO渗透水作为DF水循环至DF级。或者,也可以使用NF,通过去除渗透液中的无机盐和其他低分子量杂质来进一步纯化抗生素。然后通过溶剂萃取、吸收或沉淀继续纯化抗生素。

溶剂萃取后,采用圆盘离心分离机回收抗生素,同时回收溶剂。转盘式离心后,UF可作为精制步骤,在结晶前除去热原等杂质,从而提高最终的多数抗生素产品的质量,并用分离器回收。

在吸附情况下,可采用RO从吸附洗脱液中回收并预浓缩抗生素,再通过蒸发进一步浓缩。这包括使用RO提炼蒸发器冷凝液的步骤。此外,蒸发器的浓缩物在结晶前可以用UF处理,再用分离器回收。若使用沉淀法,只需要一个分离器来回收多数抗生素。

10.4.2 酶产业中的应用

酶是通过蛋白质的发酵而产生的。这些蛋白质有部分金属侧基,可以催化化学反应。Mitscherlich在1826年发现了酶,最初称其为“发酵”,1897年,Buchne建议称其为“酶”。在酶产业中首次大规模使用膜处理装置是在20世纪70年代。全球酶的生产价值约为81.8亿美元。酶的主要生产地点在欧洲和美国,但在我国和印度的产量也迅速增加。可以在食品和食品添加剂的生产中找到酶的相关应用,如玉米糖浆、面包、蔬菜、蛋、奶制品等食品的生产,啤酒、葡萄酒、果汁等饮料的生产,以及洗涤剂、动物食品和药品等一些商品的生产。近年来,酶作为生物乙醇生产中的关键组分,即第二代纤维素基生物乙醇的生产,得到了广泛的关注。表10.3列出在膜技术辅助下生产的酶。

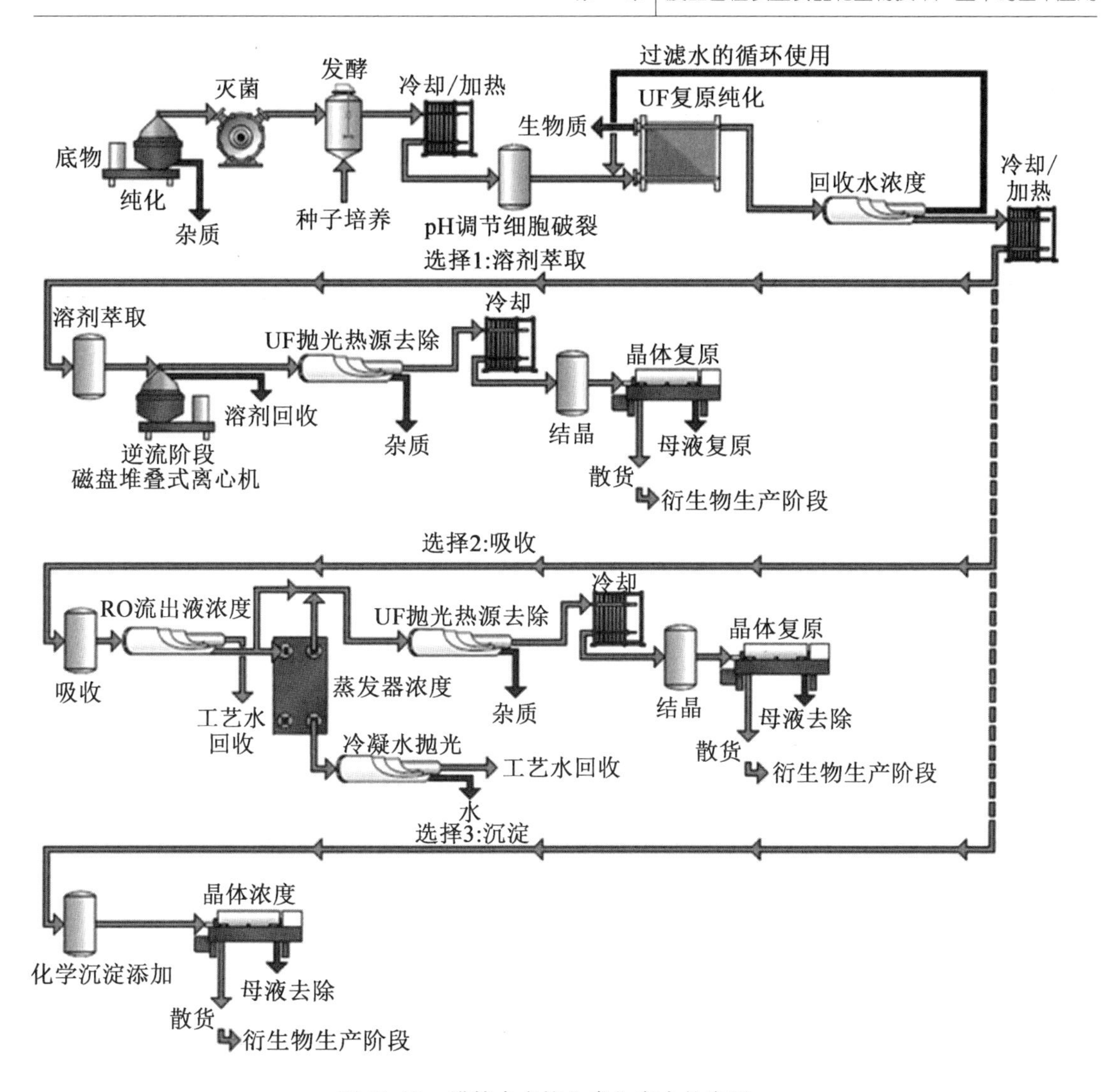

图10.12 膜技术在抗生素生产中的应用

表10.3 膜技术辅助下生产的酶

起源	离子
微生物	蛋白酶、淀粉酶、纤维素酶、脂肪酶、淀粉糖(AMG)、果胶酶、乳糖酶、葡萄糖氧化酶及异构酶
动物	凝乳酵素、胰蛋白酶、胃蛋白酶
植物	菠萝蛋白酶、木瓜蛋白酶
其他	溶解酵素

酶可以从动植物组织中提取,也可以通过微生物发酵产生,这是当今最常见的方法。膜过滤技术在酶处理中的应用由来已久,它是一种非破坏性的技术,同时结合了分子分离、纯化和浓缩。

酶的产生通常始于植物或动物组织中酶的提取/吸附或微生物发酵,如图10.13所示。不同的酶所处位置不同,有的在细胞内,有的在细胞外(细胞间)。如果酶是细胞内的,则将细胞从营养液中分离出来,并在分离器中浓缩。在此之后,细胞被自溶或机械方法破坏,产生含有酶和细胞碎片的细胞液,然后在另一个分离步骤中分离。最后获得一种液体酶溶液。如果酶在细胞外,则需把由细胞和营养液组成的生物质从酶溶液中分离出来。在细胞内和细胞外产生的酶溶液中都含有丰富的LMWC,如盐和代谢产物等。MF可以作为酶浓缩前的预处理,去除其中的一些杂质。这些酶可以直接使用,也可以通过结晶、沉淀、吸附或UF/NF进一步纯化和浓缩后使用。通过UF,酶的浓度通常可以浓缩25倍而几乎不会丧失其活性。采用螺旋缠绕元件的UF/NF可以实现初始浓缩,由于黏度随着酶浓度的增加而增加,因此在最终浓缩步骤中通常使用平板框架的UF模块。这个过程还可以控制酶溶液中LMWC的浓度,因为部分LMWC可以通过膜。使用DF可以进一步提高纯化效果,通过降低颜色和内毒素来提高纯度。当酶是被盐溶液萃取出来时,DF/洗涤步骤也可用于除去多余的盐。然后,酶通常被标准化,或者直接用作液体产品,或者通过喷雾干燥(可选加蒸发预浓缩),得到固体粉末产品。此外,RO可用于从UF渗透液和蒸发器冷凝液中回收纯净水。

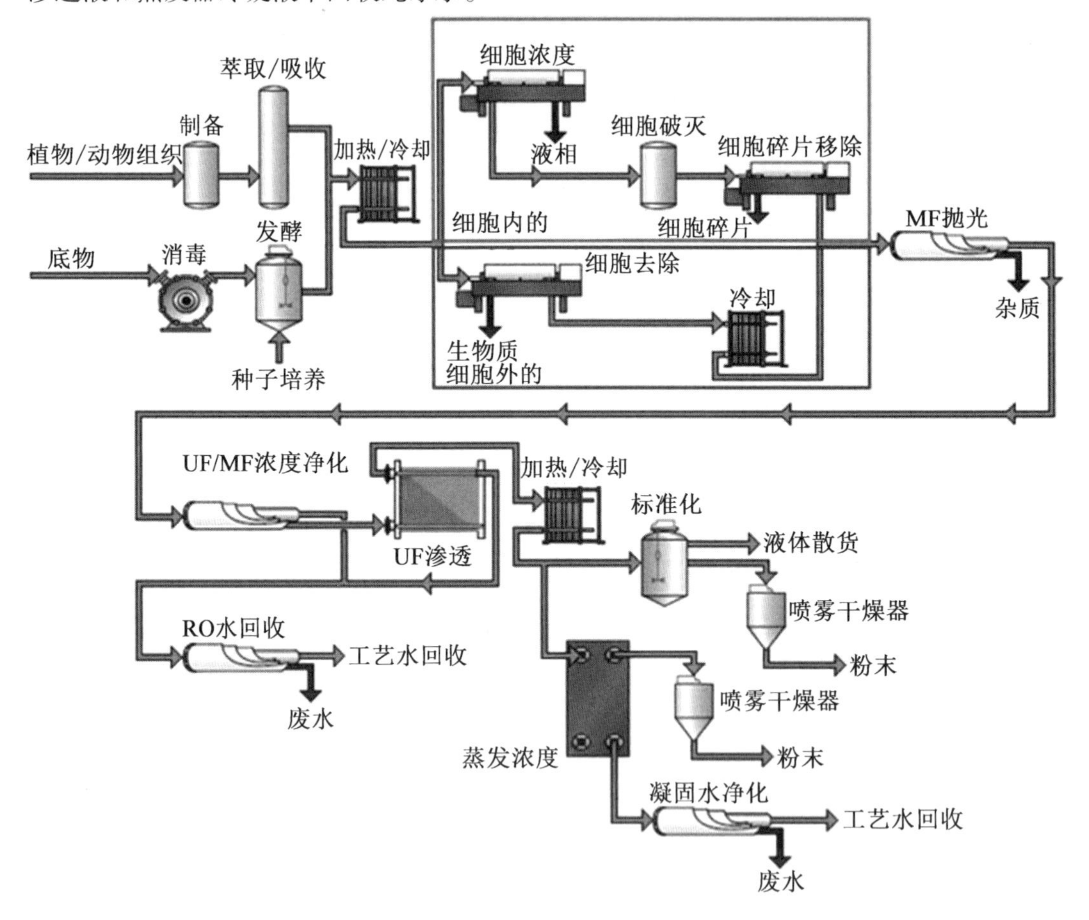

图10.13 膜工艺在酶生产中的应用

10.4.3 有机酸产业中的应用

发酵产生的有机酸主要有醋酸、柠檬酸、乳酸、葡萄糖酸和衣康酸。全球有机酸生产总值为65.5亿美元。本节将重点介绍柠檬酸和乳酸，以及膜工艺在柠檬酸和乳酸生产中的应用前景及实例。全球柠檬酸产量约为180万t，乳酸产量约为7.15万t。

1. 柠檬酸产业中的应用

柠檬酸的大规模发酵生产始于1923年。柠檬酸是一种广泛用于食品和饮料产业的防腐剂，例如碳酸饮料约使用了其生产的量50%。柠檬酸也可应用在制药和洗涤剂产业中，例如，柠檬酸用于膜清洗。一种生产食品级柠檬酸的方法是发酵结合石灰/硫酸沉淀法。发酵后，利用UF与DF相结合可将柠檬酸从生物质中分离出来。为了纯化柠檬酸，减少剩余的生物质、盐和蔗糖等杂质，可以利用RO/NF处理UF的渗透液，减少后处理工艺。将碳酸钙加入RO的渗透液中，形成中性的、不溶的、含有约75%的柠檬酸的柠檬酸钙沉淀。柠檬酸钙通过各种洗涤和过滤步骤，例如使用平板或旋转式过滤器去除所有杂质，最后用硫酸将其溶解。硫酸的加入会产生游离柠檬酸和硫酸钙沉淀，而沉淀下来的硫酸钙会从这一过程中被除去。然后，柠檬酸溶液被去离子化，并在结晶前通过蒸发进行预浓缩。最终产物是一水或无水柠檬酸晶体。

2. 乳酸产业中的应用

乳酸是一种天然的有机酸，不仅存在于牛奶中，还存在于其他食品中，如肉类和啤酒。目前，乳酸在食品产业中广泛应用于防腐剂、增味剂和酸味的调节。乳酸的未来潜力还在于生产生物聚合物、聚乳酸和可再生生物降解溶剂及乳酸乙酯。乳酸一般可以生物合成或人工合成。化学合成的缺点是它产生L(+)-乳酸和D(-)-乳酸，而微生物发酵可以适当选择微生物一次只产生一个异构体。

乳酸的产生始于典型的玉米淀粉、蔗糖或乳清的发酵，例如实验室生产的丝状真菌。在发酵方面，ED被认为是可以连续去除乳酸的一种方法，以克服产品的抑制效应。其中一种方法是使用有带阴离子交换膜的反向电增强渗析，在交替的隔间中分离发酵液和碱性渗析液。在直流电作用下，乳酸盐从营养液中提取到碱性溶液中，其中的电荷主要由氢氧根离子携带，氢氧根离子迁移到下一个营养液隔间。膜的对称设置允许电流有规律地反转，从而去除污垢，延长运行时间。所得到的含糖和蛋白质的发酵液返回发酵罐，而含有乳酸的渗析液则通过双极电渗析进一步处理，将用于循环的碱性溶液和乳酸分开，乳酸随后会被浓缩和酸化。采用离子交换、蒸发等传统方法对乳酸进行进一步纯化和浓缩。

另外，也有人提出了将UF与批式乳清发酵相结合的方法。UF将细菌和蛋白质浓缩，再循环到发酵剂中，而渗透液中的乳酸通过阳离子和阴离子交换器纯化，达到较高的乳酸纯度，然后通过RO浓缩，最后蒸发。

10.4.4 氨基酸产业中的应用

氨基酸是蛋白质的基本组成成分，可由化学合成或发酵产生。氨基酸的全球市场价值为65亿美元。从体积上看,氨基酸的年产量主要来自于谷氨酸(170万t)和赖氨酸(80万t),它们主要产自亚洲,我国和日本是主要生产国。下面重点介绍以这两种氨基酸作为代表的氨基酸生产。

1. 赖氨酸产业中的应用

赖氨酸是人类和动物营养中的一种重要氨基酸,在肉类、家禽和乳制品中含量很高,而植物蛋白中只含有少量的赖氨酸。具有生物活性的L-赖氨酸因此被用作人类和动物食品中的添加剂。赖氨酸产业生产与20世纪50年代发酵法生产氨基酸的总体发展密切相关。尽管赖氨酸是可以产业合成的,但普遍采用的还是更经济的生物方法。

L-赖氨酸生产的第一步是发酵,通常使用棒状杆菌或短杆菌菌株作为赖氨酸生产菌,糖蜜作为碳源。发酵后,UF可以有效地将发酵液分成含有浓缩微生物的截留液和含有纯化赖氨酸的渗透流。纯化后的UF渗透液在蒸发和喷雾干燥前用RO进行浓缩。或者,为了获得更高的纯度,可以利用离子交换从UF渗透液中回收赖氨酸,此后,离子交换洗脱液可以直接结晶或在蒸发和喷雾干燥之前进行RO预浓缩。

2. 谷氨酸产业中的应用

谷氨酸是一种非必需氨基酸,主要以其钠盐——味精(MSG)的形式使用和生产。谷氨酸存在于动物或植物的蛋白质中。1908年,谷氨酸被确定为海藻提取物中的关键成分,该提取物被广泛应用于亚洲烹饪,并被日本Ajinomoto公司以钠盐形式的MSG作为增味剂申请专利并上市销售。最初,谷氨酸是人工合成的,但谷氨酸发酵是在1957年发展起来的,现在已成为主要的生产方式。

发酵培养基由棒状杆菌或短杆菌组成,产生谷氨酸和碳源(葡萄糖和糖蜜)、无机盐和生物素。类似于赖氨酸的生产,UF可以在发酵后用于微生物和谷氨酸的初步分离,然后在蒸发和结晶之前通过RO浓缩含有谷氨酸的UF渗透液。或者,离子交换可用于谷氨酸的回收,RO可用于进一步加工前的初始浓缩步骤。

10.4.5 维生素产业中的应用

维生素是非处方药,其市场价值接近90亿美元。虽然大多数维生素是人工合成的,但只有维生素B_2(核黄素)和B_{12}(氰钴胺素)以及2-酮-L-古龙酸(2-KLG)——合成维生素C的前体——是大规模微生物生产的。维生素年产量约11万t,几乎全部在中国生产,维生素B_2和B_{12}的产量明显更低,分别为6 000 t和10 t。虽然维生素B_2和B_{12}的生产中有望引入膜工艺,但目前膜工艺只在维生素C的生产中得以应用。

维生素C是一种具有抗氧化特性的必需营养素,可作为人和动物食品的补充,也可作为药品和化妆品的添加剂。许多蔬菜和水果中都含有高浓度的天然维生素C,如西兰花、花椰菜、猕猴桃和橙子等。维生素C的每日推荐摄入量为45 mg到几千毫克。维生素C的产业化生产始于1934年,主要采用Reichstein和Grüssner工艺,即一步菌发酵与化学转化相结合。如今的生产几乎完全基于两步发酵过程,避免了化学转化。这一过程是20世纪60年代在中国发展起来的。维生素C的生产是从葡萄糖催化加氢生成山梨醇开始的。在发酵的第一步,L-山梨糖是利用各种微生物从山梨糖醇中分离而生产的。

在最初的Reichstein和Grüssner工艺中,以2－酮－L－古龙酸为中间前驱体,通过几种化学转化制备维生素C。在我国开发的方法中,则是采用第二次发酵将山梨糖转化为2－酮－L－古龙酸。

此前,在进一步加工2－酮－L－古龙酸前,通常需要经过絮凝、离心、离子交换脱盐和结晶等过程。但如果在第二次发酵后直接与平板框架的UF模块结合,可以替代絮凝和离心过程,从而大大降低操作成本。在一系列优化维生素C的生产工艺中,最新的方法是利用甘露糖差异构酶转化的酵母直接从D－葡萄糖中制备维生素C,此方法已获得授权专利。采用MF、UF和NF从发酵液中分离维生素C。

10.4.6 生物聚合物产业中的应用

生物聚合物一词一般适用于由植物或微生物产生的大分子,这些大分子是由共价键连接的重复单体组成。在生物技术产业中,这个术语是指微生物将生物质(如糖和淀粉)转化之后产生的聚合物。近年来,这些生物聚合物引起了广泛的关注,因为它们通常来自可再生资源,并且本身是可生物降解的。生物聚合物的市场价值大约是42亿美元。黄原胶是一种重要的生物聚合物,年产量超过15万t。

黄原胶是一种具有纤维素单糖和低聚糖重复链的阴离子生物聚合物。在产业上,主要是利用黄原胶增稠、稳定、悬浮和乳化等作用;在食品和饮料行业,黄原胶可以用于制作调味酱、沙拉酱,甜点和果汁等;其也可用在制药和化妆品行业,如制作药片和乳膏等;其还在石油行业中用于提高钻井液采收率。黄原胶的关键特性是其具有很高的黏度与伪塑性,这意味着它的表观黏度随着剪切力的增加而降低。此外,黄原胶的温度和pH非常稳定,可溶于水,但不溶于多数的有机溶剂。黄原胶最初是在1959年美国农业部的一个项目中发现的,商业生产始于20世纪60年代。

黄原胶生产的第一步是利用黄原单胞菌菌种和底物进行发酵,底物中含有糖(碳源)、氮、盐,如图10.14所示。所得发酵液中黄原胶的质量分数为2%～3%,可进一步经UF浓缩纯化。UF浓缩后,截留液中高分子量黄原胶质量分数为5%～10%,而渗透液中包含了一些低分子量黄原胶、盐和糖。利用RO对UF渗透液进行进一步处理,得到可循环回到发酵罐的纯水和含有低分子量黄原胶、盐和糖的浓缩流。UF截留液中的黄原胶可用甲醇沉淀法进一步纯化。从甲醇沉淀物中提取粗黄原胶,用分离器回收粗黄原胶。黄原胶干燥后碾磨成白色至米色的可自由流动的粉末。分离器的轻相用UF纯化,把损失掉的黄原胶回收送至沉淀工段,同时把甲醇蒸馏也送回至沉淀工段。

10.4.7 生物技术产业中的水和废水

近年来,生物技术产业大幅度增长,对水资源的需求也大幅度增长。根据需水量的不同,医药产业可以划分为不同等级:

(1)纯净水采用蒸馏法、离子交换法、反渗透法等工艺制备,不适用于肠外给药制剂的制备。

(2)注射用水是不含热原的水,通过蒸馏进一步净化饮用水或纯净水得到。需要注意的是,注射用水不一定是无菌水。

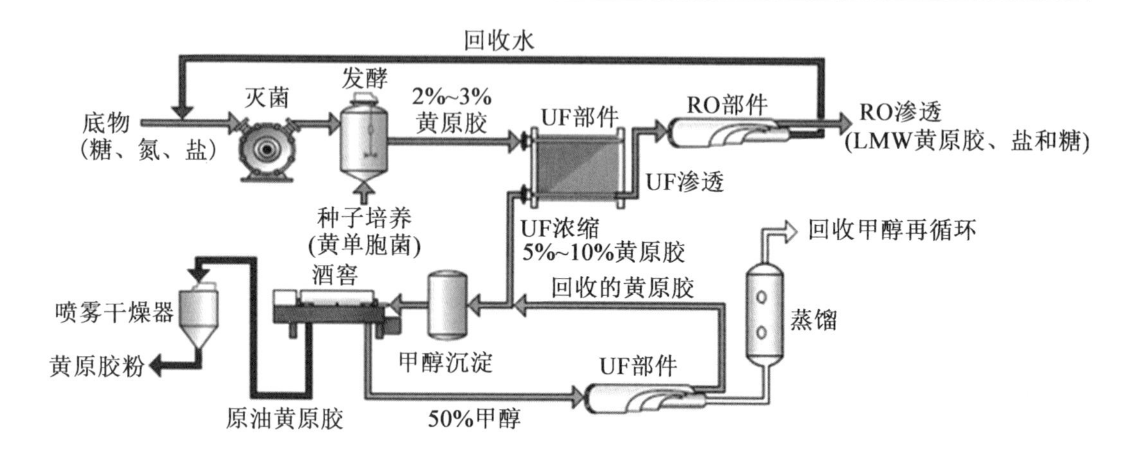

图 10.14 膜工艺在黄原胶生产中的应用

(3)注射无菌用水是无菌和无热原的水。通过标准孔径为0.22 mm 的 MF 膜过滤是一种公认的灭菌方法。重要的是这些膜可以进行热消毒。

水的划分标准在《世界卫生组织国际药典》《欧盟药典》或《美国药典》中有详细的描述。需要进一步指出的是,注射用水和注射无菌用水往往是通过不同分离技术联合获得的,例如一次 RO、去离子和二次 RO,最大限度地提高水的安全性。

除了进水外,生物技术产业的废水也可能带来挑战,因为它可能含有低水平的活性成分,必须在排放到环境中之前将其去除。因此,近年来 MBR 在制药产业也建立了自己的废水处理工厂。这些装置可与 RO 装置相结合,以优化出口水质量。

10.5 展 望

膜工艺在世界范围内的不断普及可确保食品和生物技术行业的膜市场以5% ~8%的年增长率增长。这将得到已有的膜工艺的支持,如 MF、UF、NF 和 RO。它的主要推动因素将是总体经济和环境目标,以及功能性食品和生物技术市场的快速增长。新的膜工艺 ED、PV/VP 和 MC 有望带来额外的市场增长。这些开发具有巨大的潜力,但目前还未得到充分的探索。最后,集成工艺解决方案,如协同作用和混合过程(包括膜)仍然是过程开发中相对较新的领域。这些领域的进一步发展不仅可以带来经济效益,还可以加强人们对膜技术在其他行业的认识,这是确保膜技术长期可持续发展的关键因素。食品和生物技术行业的最新发展趋势是生物精炼厂的开发。生物精炼厂是一种生物技术综合设施,旨在同时生产食品、生物燃料和生物化学品。一种方法是从甜菜中综合生产糖和生物燃料,目前欧盟正对此进行调研,而陶氏化学(Dow)和杜邦(DuPont)等大型化工公司正在研究用玉米和纤维素等原料制备生物聚合物。在所有生物技术中,膜工艺作为一种高选择性和低能量的分离技术发挥着重要的作用。

膜工艺已经在食品和多数生物技术行业中确立了自己的地位,目前的研究工作将有助于该工艺的进一步发展。

本章参考文献

[1] Loeb, S.; Sourirajan, S. Adv. Chem. Ser. 1962, 38, 117 - 132.

[2] International Union of Pure and Applied Chemistry Recommendations J. Membr. Sci. 1996, 120, 149 - 159.

[3] Böddeker, K. W. J. Membr. Sci. 1990, 51, 259 - 272.

[4] The World Dairy Situation Bulletin of the International Federation N1481; International Dairy Federation: Brussels, 2015.

[5] Dairy Processing Handbook; Tetra Pak Processing Systems: Lund, 1995.

[6] Fauquant, J.; Vieco, E.; Maubois, J. - L. Lait 1985, 65, 1 - 20.

[7] Maubois, J. - L. Current Uses and Future Perspectives of MF Technology in the Dairy Industry. In Bulletin of the International Federation N1320; International Dairy Federation: Brussels, 1997.

[8] World production of cheese (all kinds) in 2013. Browse Data/Livestock Processed/World. United Nations Food and Agriculture Organization, Statistics Division (FAOSTAT). 2015. Retrieved 7 Sept. 2016.

[9] Govindasamy - Lucey, S.; Jaeggi, J. J.; Bostley, A. L.; Johnson, M. E.; Lucey, J. A. J. Dairy Sci. 2004, 87, 2789 - 2799.

[10] Tamime, A. Y. Modern Cheese Making: Hard Chesses. In Modern Dairy Technology Elsevier Applied Science LDT: New York, 1993.

[11] Barros, C. M. V.; Ribeiro, A. C. O.; Viotto, W. H. Desalination 2006, 200, 555 - 556.

[12] Hops 2015/2016, Barth - Report, Joh. Barth & Sohn: Nürnberg, 2016.

[13] Borremans, E.; Modrok, A. Drink Technol. Market 2003, 7 (4); off - print.

[14] Gabelman, A.; Hwang, S. - T. J. Membr. Sci. 1999, 159, 61 - 106.

[15] Reed, R. Membr. Technol. 1998, 101, 5 - 8.

[16] Global economic vitiviniculture Data 2015; International Organisation of Vine and Wine: Paris, 2015.

[17] Musts International Code of Oenological Practices; International Organisation of Vine and Wine: Paris, 2005, pp. II. 2. 1 - 2. 24.

[18] Eurodia, Tartaric stabilisation of wine, www. eurodia. com, 2002.

[19] Jung, C. Verfahren, um aus Flüssigkeiten, die flüchtige Riechstoffe und Alkohole enthalten, durch Distillation den Alkohol und die Riechstoffe getrennt zu gewinnen, Swiss Patent 44,090, March 06, 1908.

[20] Lipnizki, F.; Nielsen, C. - E.; Betcke, R.; Caprio, J. D. Filtr. 2006, 43 (2),

14 - 18.

[21] Karlsson, H. O. E.; Loureiro, S.; Trägårdh, G. J. Food Eng. 1995, 26, 177 - 191.

[22] Schäfer, T.; Bengtson, G.; Pingel, H.; Böddeker, K. W.; Crespo, J. P. S. G. Biotechnol. Bioeng. 1999, 62, 412 - 421.

[23] Citrus: World Markets and Trade, Foreign Agricultural Service/USDA, July 2016.

[24] Global Concentrated Apple Juice, Foreign Agricultural Service/USDA, April 2008.

[25] Laganàa, F.; Barbieri, G.; Drioli, E. J. Membr. Sci. 2000, 166, 1 - 11.

[26] Álvarez, S.; Riera, F. A.; álvarez, R.; Coca, J.; Cuperus, F. P.; Bouwer, S. T.; Boswinkel, G.; van Gemert, R. W.; Veldsink, J. W.; Giorno, L.; Donato, L.; Todisco, S.; Drioli, E.; Olsson, J.; Trägårdh, G.; Gaeta, S. N.; Panyor, L. J. Food Eng. 2000, 46, 109 - 125.

[27] Torres, M. R.; Marín, F. R.; Ramos, A. J.; Soriano, E. J. Food Eng. 2002, 54, 215 - 219.

[28] Gelatine - A global strategic business report, Global Industry Analysts Inc.: San Jose, 2014.

[29] Global Carrageenan Market - Trends and Forecasts: (2015 - 2020); Mordor Intelligence: Hyderabad, 2016.

[30] Daniells, S. Pectin sourcing advances: 2007, www.foodnavigator.com., 2007.

[31] Sugar: World Markets and Trade, Foreign Agricultural Service/USDA, May 2016.

[32] Lipnizki, F.; Carter, M.; Trägårdh, G. Sugar Industry/Zuckerindustrie 2006, 131, 29 - 38.

[33] Hatziantoniou, D.; Howell, J. A. Desalination 2002, 148, 67 - 72.

[34] Bogliolo, M.; Bottino, A.; Capannelli, G.; De Petro, M.; Servida, A.; Pezzi, G.; Vallini, G. Desalination 1996, 108, 261 - 271.

[35] Tyndall, T. J. In Proceedings of the symposium on advanced technology for raw sugar and cane and beet sugar refined sugar production, New Orleans, USA, Sept 8 - 10, 1999.

[36] Lutin, F.; Bailly, M.; Barb, D. Desalination 2002, 148, 121 - 124.

[37] Lancrencon, X. Int. Sugar J. 2004, 105, 390 - 393.

[38] Chou, C. C. In First Biennial World Conference on Recent Developments in Sugar Technologies, Delray Beach, Florida, USA, May 16 - 17, 2002.

[39] Wilson, J. R.; Percival, R. W. In Proceedings of the 1990 Sugar Processing Research Conference, San Francisco, USA, May 29 - June 1, 1990.

[40] Rausch, K. D. Starch - Starke 2002, 54, 273 - 284.

[41] Meuser, V. F.; Smolnik, H. D. Starch - Starke 1976, 28, 421 - 425.

[42] Meuser, V. F.; Smolnik, H. D. Starch - Starke 1976, 28, 271 - 278.

[43] Fane, A. G.; Fell, C. J. AIChe. Symp. Ser. 1977, 73, 1205.

[44] Antibiotic market analysis, market size, application analysis, regional outlook, competitive strategies and forecasts, 2015 To 2022 ; Grand View Research:San Francisco, 2015.

[45] Enzymes Market by Type, Product, Application and Segment Forecasts to 2024 ; Grand View Research:San Francisco, 2016.

[46] Organic Acids Market by Type, Source, Application & by Region – Global Trend & Forecast to 2021 ; Markets and Markets:Pune, 2016.

[47] Citric Acid Market by Application – Growth, Share, Opportunities & Competitive Analysis, 2015 –2022 ; Credence Research Limited:London, 2016.

[48] Global Lactic Acid and Poly Lactic Acid (PLA) Market by Application Expected to Reach USD 4,312.2 Million and USD 2,169.6 Million Respectively by 2020 ; Grand View Research:San Francisco, 2015.

[49] Nomura, Y. ; Iwahara, M. ; Hallsworth, J. E. ; Tanaka, T. ; Ishizaki, A. J. Biotechnol. 1998, 60, 131 –135.

[50] Kim, Y. H. ; Moon, S. H. J. Chem. Technol. Biotechnol. 2001, 76, 169 –178.

[51] González, M. I. ; álvarez, S. ; Riera, F. ; álvarez, R. J. Food Eng. 2007, 80, 553 –561.

[52] Global Market for Amino Acids as Compound Feed Ingredients – Trends & Forecasts (2015 –2020) – Amino Acids Worth $6,515.8 Million in 2015, www.prnewswire.com, 2016.

[53] Vitamins – A Global Strategic Business Report, Press release, Global Industry Analysts, 2015.

[54] Demain, A. L. ; Sanchez, S. Microbial Synthesis of Primary Metabolites: Current Trends and Future Prospects. In Fermentation Microbiology and Biotechnology, 3rd ed. ; El –Mansi, E. M. T. ; Bryce, C. F. A. ; Demain, A. L. ; Allman, A. R. , Eds. ; CRC Press:Boca Raton, 2011.

[55] Zhang, L. ; Wei, J. ; Wang, S. International Congress on Membranes and Membrane Processes, Honolulu, USA, July 12 –18; 2008.

[56] Branduardi, P. Porro, D. Sauer, M. Mattanovich, D. Ascorbic Acid Production From D – Glucose in Yeast, International Application WO 002006113147, April 7, 2006.

[57] Global Biopolymers Market:2016 –2021, Report Code:PLS –16 –01, Ceskaa Market Research:Madison, 2016.

[58] Xanthan Gum Market by Application (Oil & Gas, Food & Beverages, Pharmaceutical, Cosmetics) and Segment Forecasts to 2020 ; Grand View Research: San Francisco, 2015.

[59] Fourth Edition of The International Pharmacopoeia, www.who.int/phint, 2008.

[60] Noble, J. Membr. Technol. 2006, 2006 (9), 7 –9.

[61] Vaccari, G.; Marchetti, G.; Lenzini, G.; Tamburini, E. In 10th Conference on Process Integration, Modelling and Optimisation for Energy Saving and Pollution Reduction – PRES'07, Ischia Island, Italy, June 24 – 27; 2007.
[62] Ritter, S. K. Chem. Eng. News 2004, 82 (22), 31 – 34.

第11章　肾脏替代治疗中膜的研究进展

11.1　概　述

如今大多数需要肾脏替代疗法(RRT)的患者通常都使用透析膜进行治疗。在过去十年里,最新的研究进展已经明显改善了长期透析患者的支出。纤维素膜已被生物相容性更好的合成高分子膜所取代,高通量膜的发展和血液透析过滤(HDF)等方式提高了尿毒素的去除率。

在2007年,大约1.6亿透析仪(平均表面积为1.7 m^2)用于治疗全球160多万透析患者。这么大的膜表面积需要高度自动化的工厂来生产质量好和安全性高的产品。

除了用于常规血液透析(HD)的膜外,还研究出了大孔径的新型膜,其可用于特殊的治疗。这些特殊膜可以去除高分子量的物质,如脓毒症/炎症介质,或去除多发性骨髓瘤(MM)的肾毒性免疫球蛋白轻链。然而,这些膜允许包括白蛋白在内的所有血浆蛋白通过。最新一代的高选择性和渗透性中截止(MCO)膜不仅能够去除高截止(HCO)膜捕获的大分子,同时还能保持低的白蛋白损失(高通量膜)。对于15 ~45 ku范围内的尿毒症溶质,MCO膜与HD模式下使用的高通量膜相比具有更好的清除能力,即便与HDF模式下使用的高通量膜相比,MCO膜也可以达到等效的清除。

膜也被用于肾病患者的细胞体外系统治疗。此外,作为细胞治疗和其他应用的技术前提,已经开发出专门的、高效的中空纤维生物反应器干细胞生长膜。目前正在努力为慢性和急性肾衰竭患者开发可穿戴或可植入的生物人工肾脏,这是长期的治疗目标。

11.2　肾脏替代疗法

RRT替代肾功能衰竭患者的肾功能有两种可能的方法:器官移植或更常见的透析。然而,影响血压的肾激素的自然分泌是不能用透析治疗的方式来复制的。

目前世界上有160多万人通过透析治疗或肾脏移植来维持生命,但其可能仅代表了实际需要治疗才能存活的人数的10%。

在医学上,透析是从病人身上抽取血液,通过人工肾脏(透析仪)净化血液,然后再将血液送回病人体内。

基于Willem Kolff和Nils Alwall在20世纪40年代的努力,透析仪膜系统(即过滤器外壳和膜)经历了多个开发周期,才实现了当前这种有效、可靠和低成本的处理技术。早期的透析都是使用庞大、笨重的透析仪,内部采用的是纤维素膜。如今,几乎所有在全球销售的透析仪都采用中空纤维膜。这些变化增加了它们在临床应用中的多功能性,并且更具成本效益。

最新一代高效透析仪采用合成的聚合物中空纤维。

在透析仪中,多孔膜将血液从透析液中分离出来,而透析液是透析仪的核心成分。从血液中去除尿毒症毒素,而由于膜大小的限制,基本血液蛋白和血液成分得以保留。如今透析仪是由一束中空纤维(8 000 ~ 15 000 根纤维)组成的,这使得其小巧的外壳可以提供一个大的交换表面积(高达2.5 m^2)。2007 年,全球160 多万透析患者中有88% 接受了 HD 治疗。

由于人口老龄化、糖尿病和高血压患者人数增加、透析治疗的优化,目前全世界接受透析治疗的患者人数的年增长率为6% ~7% 。

11.3 透析膜

11.3.1 RRT 对膜的要求

为了满足高效安全的血液运输要求和个别治疗方法的特殊性,近年来开发了具有特殊性能的膜。透析膜的结构形态和活性分离层是透析膜的关键组成部分。基于膜结构传输的理论分析,透析膜应具有如下特性:

①活性分离层应尽可能薄,以实现高跨膜流动。

②亲水表面必须具有自发润湿特性,以确保低的蛋白吸附。

③膜的表面及整体孔隙度应较高,以达到较高的渗透特性。

④膜的分离层应具有较窄的孔径分布,以实现最大的选择性。

⑤膜的最大孔径不应超过一定限度,以防止必要蛋白质如白蛋白的损失。

⑥膜的机械稳定性应足以承受处理和制造过程中的压力。

除了这些基本要求外,为了确保最佳的透析膜治疗,还有其他功能要求:

①减少与血液接触的膜表面的粗糙度,减少与血液成分的相互作用。

②在与血液接触的细胞膜上形成亲水和疏水区域,以实现高生物相容性(低血液成分活化和低蛋白吸附)。

③防止细胞因子诱导物质(如内毒素)通过膜从透析液循环进入血液中。

④根据内径、厚度和几何形状(纤维起伏)设计透析膜,实现薄传质的最大化。

然而,上述对透析膜的功能要求仅是对各种医疗应用的一般要求。

11.3.2 膜材料

膜材料的种类是决定其分离性能和生物相容性的关键。膜的基本功能和要求如下:

①从患者体内分离毒素和过量的富集液。

②恢复患者体内电解质的平衡。

③血液成分通过膜表面时的活性最低（血液相容性）。

④具有足够的热稳定性、机械稳定性和化学稳定性，使生产、灭菌及过程不改变膜的性能。

首先，可以根据透析膜原料来区分透析膜，即：未改性的再生纤维素、改性的再生纤维素及合成聚合物。其次，可以根据透析膜的结构进行区分，即对称或不对称结构。

对称膜在整个膜壁上具有均匀的结构，其内层和外层的孔径往往相似（如 Hemophans®膜，图 11.1(a)）。通常，这种薄膜是由纤维素及其衍生物制成的。由于其高机械稳定性，对称膜壁非常薄（纤维壁在 6 ~ 10 μm 之间）。对称膜也由聚丙烯腈（如 AN69ST®）或聚甲基丙烯酸甲酯构成。

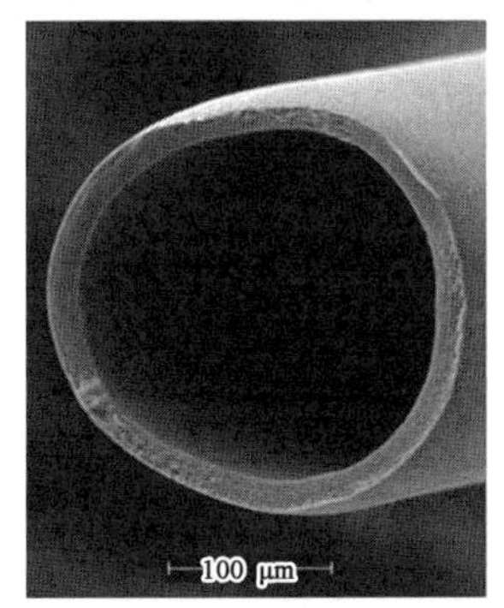

(a)纤维素 Hemophan® 膜对称结构

(b)Fresenius Polysulfones® 膜不对称泡沫状结构

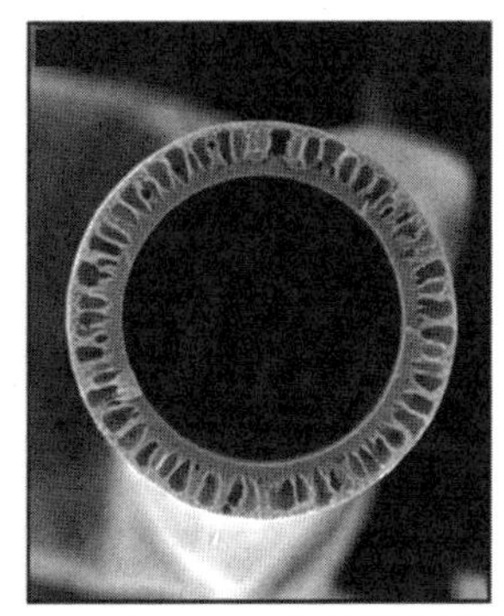
(c)Polyamix™膜不对称手指状结构

图 11.1 横截面的 SEM 图片

不对称膜主要由合成高分子材料组成，其内部选择层较薄，通常厚度为 1 ~ 3 μm，实际的分离过程就在这里进行。不对称膜（Polyamix™）内表面的孔入口在 SEM 图像中清晰可见（图 11.2(c)）。原子力显微镜用来表征 Polyamix™/Polyflux 膜的粗糙度（图 11.2(b)）。由于内表面的孔半径最小，蛋白质在 Polyflux 膜内的渗透是无法进行的。

透析膜一般根据其材料分为纤维素型和合成聚合物型两大类。

直到 20 世纪 70 年代，纤维素膜占据了世界全球范围 HD 的绝大部分份额。

2007 年，含合成聚合物膜的透析仪占全球市场的 80%。这么高的占比在于与纤维素材料相比，合成聚合物具有孔径可变、表面特性可调以及更好的生物相容性的优点。在未来几年内，纤维素膜可能会从透析市场上消失。

但是，相比于纤维素膜，合成聚合物膜的选择层薄和机械稳定性差，所以不得不增加其壁厚。根据选择膜层顶部的后续支撑结构，可以选择不同的设计方法。支撑结构往往具有海绵状外观，如 Fresenius Polysulfones®膜（图 11.1(b)），所有由聚砜或聚醚砜制成的透析膜都有这种结构。

由于壁面厚度大,在消除小分子方面,较高的扩散阻力需由支撑层的高孔隙度来弥补,特别是手指状结构的存在(如 Polyamix™,图11.1(c))。

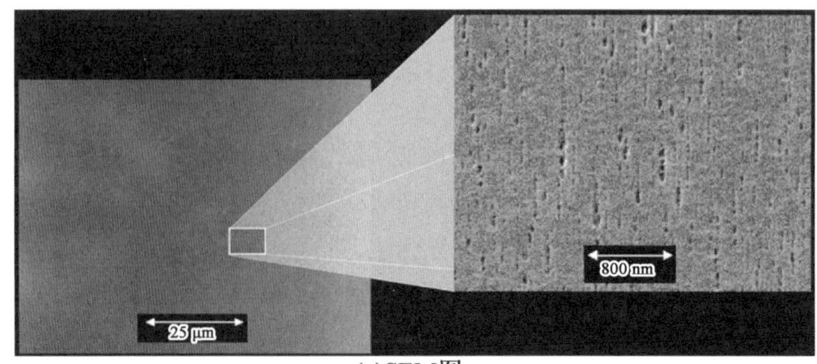

(a)SEM图

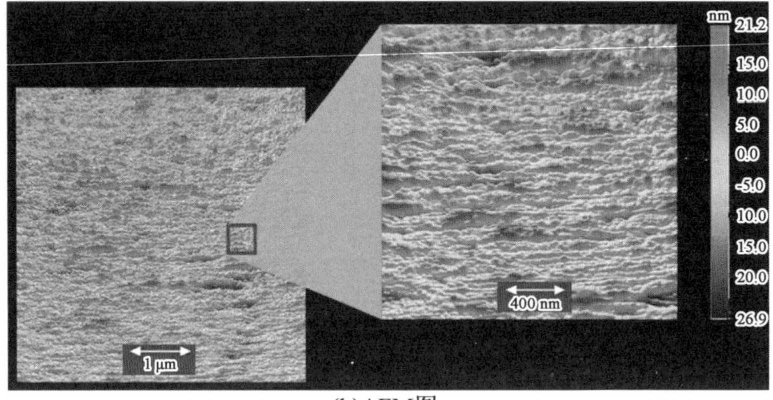

(b)AFM图

图11.2 非对称膜(Polyamix™)与血液接触的内表面形貌表征(彩图见附录)

1. 纤维素膜

表11.1 列出了透析膜用纤维素材料及生产厂家概况。

表11.1 透析膜用纤维素材料及生产厂家概况

分类	膜	制造商
再生纤维素	Cuprophans[a]	Membrana
改性纤维素	醋酸纤维素 二乙酸纤维素	Toyobo、Helbio、Teijin
	三乙酸纤维素	Toyobo、Helbio
	Hemophan®[a]	Membrana

续表 11.1

分类	膜	制造商
包衣纤维素	Excebrane®[a]	Terumo
	SMC®[a]	Membrana
	Biomembrane®[a]	Asahi Kasei Medical Co., Ltd.

注:[a] 已停产

2. 再生纤维素

Cuprophans®是纤维素纤维的一个品牌名称。纤维素是一种通过酶作用形成的半结晶天然物质,由纤维二糖序列组成。要形成半透膜,非水溶性聚合物首先必须得溶解。Cuprophans®是通过铜铵工艺制备的第一个用于透析的纤维素膜。在这个过程中,纤维素溶解在氧化铜的氨水溶液中,然后在酸中沉淀。这个过程称为纤维素再生工艺。

Cuprophan®膜具有对称结构,由于存在大量的羟基,所以它是极性和亲水的,因而其具有良好的润湿性。然而,Cuprophan®膜吸水能力有限,能够吸收聚合物中45% ~50%水分,它的渗透性会因含水量而略有降低。为了在运输和储存过程中保持膜的渗透性,可在纤维素膜中加入5% ~40%(质量分数)的甘油作为孔稳定剂。然而,甘油进入血液会有风险,因此使用未充分清洗的过滤器,会导致过敏反应和过敏性休克。

纤维素在水中的机械稳定性优于其在干燥状态下的机械稳定性。这意味着可以制造出具有良好扩散输运性能的超薄膜(壁厚为6 ~10 μm)。

用于透析的Cuprophan®膜的平均孔径为1.72 nm。尺寸在500 ~1 000 u范围内的分子只能缓慢地通过薄膜,而大于1 000 u的分子不能通过此膜。

Cuprammonium Rayon是以再生纤维素为原料,经铜铵法制备得到的。其他由再生纤维素制成的膜有RC®膜、皂化纤维素酯(SCE®)膜和FIN型纤维素膜。

Cuprophan®膜能够激活补体系统,通过肺毛细血管中积累粒细胞,或抑制粒细胞代谢,或从粒细胞和单核细胞中释放酶,引起白细胞减少等其他不良生物反应。这些反应是由线性多糖上的游离羟基引起的。

3. 合成改性纤维素

纤维素膜血液相容性差的缺点可以利用乙酰化、二乙胺基或苄基取代部分羟基来改善。

醋酸纤维素膜是一种经过酯化改性的纤维素膜。根据取代度的不同,该膜可由醋酸纤维素、二乙酸纤维素或三乙酸纤维素组成。

纤维素酯膜不同于Cuprophan®膜,它们在聚合物链中有修饰的侧基。它们吸收的水也明显少于Cuprophan®膜,因此,具有更疏水的膜表面。因此,它们吸附膜蛋白的速度明显快于Cuprophan®膜。

相比于Cuprophan®膜,醋酸纤维素膜结构不对称,孔径分布较宽,导致尺寸大于5 000 u的分子渗透性增加。

Hemophan®膜由纤维素与二乙氨基乙醇的醚化反应得到。该产品的纤维素表面对患者有更好的耐受性,没有发生补体激活,并且膜显示出更好的生物相容性。此外,SMC®

膜(合成改性膜)是通过纤维素与含苯官能团的醚化反应形成的。

另一种改善纤维素膜生物相容性的方法是表面涂覆聚乙二醇(PEG)、聚丙烯腈(PAN - RCs)或维生素 E。与未包覆的纤维素膜相比,使用维生素 E 包覆的膜能显著降低单核细胞和粒细胞的活化和迁移。

4. 合成聚合物膜

如今,很多不同的聚合物和聚合物共混物用来合成聚合物透析膜。膜材料主要为疏水材料(乙烯基醇共聚物(EVAL®)除外),所以需要结合一些亲水性的添加剂(如聚乙烯吡咯烷酮(PVP)或聚乙二醇),或者用亲水性共聚物(如甲烯丙基磺酸盐)进行加工处理。

疏水/亲水性聚合物共混膜是最主要的合成聚合物膜。其疏水性材料为聚砜或聚醚砜(聚芳醚砜)。除了良好的输运性能,聚醚砜和聚砜基膜的一个重要特征是生物相容性好。这些膜只引起补体的轻微激活、白细胞的轻微下降和白细胞弹性蛋白酶的低释放。聚醚砜和聚砜膜含有少量的水,与 Cuprophan®膜相比,不含孔稳定剂。

在过去,透析膜是根据制造它们所用的材料和这些聚合物的特性来定义的。如今聚合物配方的进步、技术的进步,以及整个透析仪制造理念(包括高科技设备的增加使用)的进步,可以生产出先进的、安全的和高质量的产品。

表 11.2 概述了最常见的合成聚合物膜及其制造商。

表 11.2 最常见的合成聚合物膜及其制造商

合成聚合物	膜	制造商
聚醚砜/聚乙烯吡咯烷酮/聚酰胺	Polyamix™	Gambro
聚醚砜环氧乙烯基吡咯烷酮	Revaclear	Gambro
	DIAPES®、PUREMA®	Membrana
	POLYNEPHRON™	Nipro
	ARYLANE®	Hospal
	Polyphen®	Minntech
聚砜/聚吡咯烷酮	Polysulfone®、Helixone®	Fresenius Medical Care
	Toraysulfone®	Toray Industries
	Diacap® alpha	B. Braun
	Minntech PS	Minntech
	REXBRANE、APS™、VitabranE™、Biomembrane™ PEG	Asahi Kasei Kuraray Medical Co. Ltd.
聚丙烯腈	AN69® ST、Evodial	Hospal
聚甲基丙烯酸甲酯	PMMA®	Toray Industries
乙烯基乙醇共聚物	EVAL®	Asahi Kuraray Membrane Manufacturing Co., Ltd.
聚酯/聚乙烯吡咯烷酮	PEPA®	Nikkiso

5. 聚砜/聚醚砜/聚乙烯吡咯烷酮/聚酰胺膜

聚砜和聚芳醚砜(又称聚醚砜)之间的区别在于它们的化学结构:除了在两种聚合物中发现的砜和烷基或芳基(例如芳基醚)之外,聚砜还含有异丙基。

聚芳醚砜(聚醚砜)和聚砜都是工程聚合物。这些热塑性聚合物具有优异的机械、化学和热性能。聚砜/聚醚砜中空纤维可以用蒸气和辐射(如 β 或 γ 射线)消毒。

通过吡咯烷酮的乙烯基化和随后的聚合步骤得到 PVP。PVP 是一种广泛应用于医药工业的辅料。将其加入聚砜或聚醚砜的聚合物溶液中,可增加透析膜的亲水性和多孔性。这是通过沉淀过程中的部分冲洗工艺实现的。这一过程在膜壁上产生了 PVP 的梯度,并在膜内达到最高。

1937 年,聚酰胺被用于尼龙的生产。大概在同时,Perlon® 被开发出来,聚酰胺在纺织工业中的应用也开始了。聚酰胺的应用范围实际上是无限的,也可用于透析膜的生产。在冈布罗公司,芳香族 - 脂肪族共聚酰胺用作 Polyamix™ 膜的添加剂,以此来提高膜性能。

(1)聚砜/PVP 膜。

所有基于聚砜的透析膜都具有类似泡沫的支撑结构,以实现特定的分离特性。泡沫状支撑结构增加的水力阻力可以通过降低壁厚进行弥补。

(2)聚醚砜/PVP/聚酰胺膜。

Polyamix™ 膜具有独特的不对称、三层结构,其中外层作为支持层,具有一个非常开放的像手指一样的形貌。膜的实际内分离层由一个极薄的内表皮和一个起支撑作用的中间层组成。中间层呈现了泡沫状结构,具有很强的渗透性,从而保证了低对流和低扩散阻力。外层则是用来提高机械稳定性的。

Polyamix™ 膜最突出的特点是高的清除能力和清除效果,以及对内毒素的有效截留。这些特点得益于以聚酰胺作为主体的聚合物共混,以及它的构型和良好的生物相容性。血液与细胞膜的接触既不影响免疫系统,也不会引起血液凝固。

Polyamix™ 膜既含有疏水聚合物又含有亲水聚合物,当它们结合时,会在膜表面形成微区结构(亲水区域降低相互作用强度),如图 11.3 所示,从而降低了蛋白质和细胞与膜的相互作用。此外,血液接触 Polyamix™ 膜不会对功能性血管再生产生干扰。

(3)聚醚砜/PVP。

大多数由聚醚砜和聚乙烯吡咯烷酮制成的膜具有不对称结构,包活一个与血液接触的、致密的选择内皮和一个多孔外层。通过合理调整膜的合成参数,以及使用不同分子量的聚乙烯吡咯烷酮,可以细化膜的理化性质、形态结构、溶质截留行为和过滤性能。最新的发展趋势是在保留白蛋白的同时,实现中分子量物质(如 β2 - 微球蛋白)的高效去除。这些膜(如 Revaclear、Gambro、PUREMA® 和 Membrana)具有良好的扩散输运性、高选择性和生物相容性。

6. 聚丙烯腈膜

聚丙烯腈是第一种用于合成透析膜的材料。

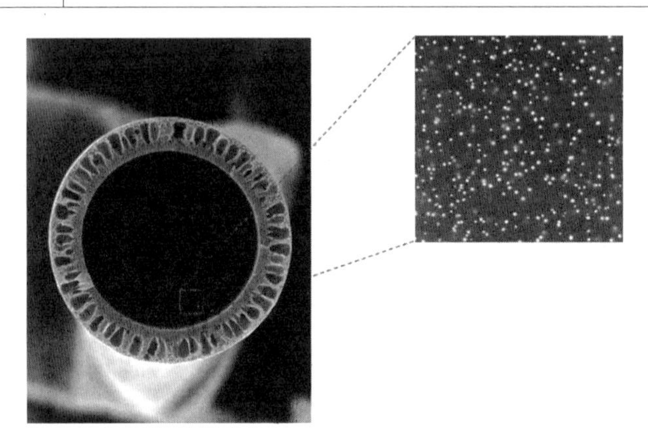

图 11.3 不对称三层 Polyamix™膜内表面图的微区结构

由 Hospal 公司开发的老款 AN69®膜的材料是丙烯腈与甲烯丙基磺酸钠的共聚物。这种结合非常重要,因为甲烯丙基磺酸钠的引入能够显著影响膜结构。纯的聚丙烯腈膜通常含有较大的孔道。添加的甲烯丙基磺酸盐可形成孔道更细且均匀的高通量膜,使其具有良好的扩散和对流输运性能。AN69®膜对 β2 - 微球蛋白、细胞激素和内毒素等蛋白质具有较高的吸附能力。

然而,对于接受 ACE 抑制剂并接受聚丙烯腈透析膜(AN69®)治疗的患者,会发生接触激活,尤其是激肽释放酶(KK)的激活和缓激肽的分离。这是膜表面带负电荷造成的。这一缺点可以通过在膜表面涂敷聚阳离子聚乙烯亚胺来克服,聚乙烯亚胺具有与肝素结合的优点,从而可以在透析过程中降低肝素的用量。如今这种膜被称为 AN69® ST。

与不能渗透 β2 - 微球蛋白的 Cuprophan®膜不同,AN69 膜每周损失 β2 - 微球蛋白的量为 400 ~ 600 mg。

7. 聚甲基丙烯酸甲酯膜

相比于纤维素膜,由改性聚甲基丙烯酸甲酯(PMMA®)组成的高通量膜对液体和所谓的中间分子具有更高的渗透性,因此在 1977 年被用于 HD,以及一些新的治疗手段如血液过滤(HF)和 HDF。PMMA®膜还具有良好的截留白蛋白的性能。在成膜过程中,可以用甘油冲洗并稳定孔道。PMMA®膜主要通过吸附方式消除 β2 - 微球蛋白。

8. 乙烯 - 乙烯醇膜

EVAL®膜具有对称结构,尽管其材料为高度亲水的乙烯 - 乙烯醇共聚物,但与纤维素膜相比,其依然具有更好的生物相容性。这种膜的结构也可用甘油等孔填料来稳定。

11.3.3 膜特性:低通量膜和高通量膜

透析膜分为“高通量”和“低通量”两类。两者的区别主要在于超滤(UF)系数,即膜的渗透性。渗透率是在一定的表面积、时间和压力下通过薄膜的体积量度。低通量膜的透渗透率小于 300 L/(m^2 · h · MPa);高通量膜的透水性大于 1 200 L/(m^2 · h · MPa)。透水性的增加是通过增加膜的孔径来实现的,这导致额定转化时间的增加。

膜的传质本质上是由膜的纳米结构控制的。膜的结构特性与通过透析膜的扩散和对流传质之间的关系可以近似用公式(11.1)和(11.2)来描述。

$$\lim_{\Delta p \to 0} J_{\mathrm{i}} = \frac{\varepsilon D_{\mathrm{i}}^{M} S}{\tau \Delta z}(c_{\mathrm{Bi}} - c_{\mathrm{Di}}) \quad \text{(扩散转移)} \tag{11.1}$$

$$\lim_{\frac{\mathrm{d}c}{\mathrm{d}z} \to 0} J_{\mathrm{i}} = \frac{\varepsilon r^{2} S c_{\mathrm{Bi}}}{8 \eta \tau} \frac{\Delta p}{\Delta z} \quad \text{(对流传递)} \tag{11.2}$$

这些方程描述了组分 i 的比通量 J_{i}、孔隙度 ε、膜的弯曲度 τ、动态黏度 η、选择性孔的孔径 r、膜的厚度 Δz、筛分系数 S、组分 i 在血液和透析液中的浓度 c_{Bi} 和 c_{Di}、组分 i 通过膜的扩散系数 D_{i}^{M} 和由膜分离的两相之间的静水梯度压力 Δp。基于理论分析(公式(11.1)和公式(11.2)),透析膜可以根据特定的治疗和当前的传输机制进行设计。

渗透性的差异也反映在膜的扩散特性上。根据定义,透析是通过沿浓度梯度扩散穿过半透膜(扩散溶质传输)来分离溶液中元素的过程。透析膜的扩散特性取决于整体壁厚、分离层厚度、膜的孔隙度和弯曲度,并表示为扩散系数。扩散系数是一个比例常数,表示特定物质在单位时间内通过单位浓度梯度扩散穿过单位面积的量。有效扩散系数 D^{M} 可以根据公式计算:$D^{\mathrm{M}} = P^{\mathrm{M}} \times \Delta z$。其中,$P^{\mathrm{M}}$ 是膜的渗透率,Δz 是膜的壁厚。扩散率随分子尺寸的增大而减小(图 11.4)。随着分子量(MW)的增加,高通量膜和低通量膜的扩散系数不同。

此外,低通量和高通量透析仪的排除标准(截止值)不同,这与它们在膜内的孔径和孔径分布(孔径在 3 ~6 nm 范围内变化)有关。测试条件以及使用的介质对筛分有很大的影响。在中空纤维膜的实验中,筛分系数 (S) 根据公式 (11.3) 进行计算,该式描述了滤液浓度(c_{F})、血浆/血液在入口处的浓度 (c_{Bi}) 以及出口处的浓度 (c_{Bo})。

$$S = \frac{2c_{\mathrm{F}}}{c_{\mathrm{Bi}} + c_{\mathrm{Bo}}} \quad \text{(筛分系数)} \tag{11.3}$$

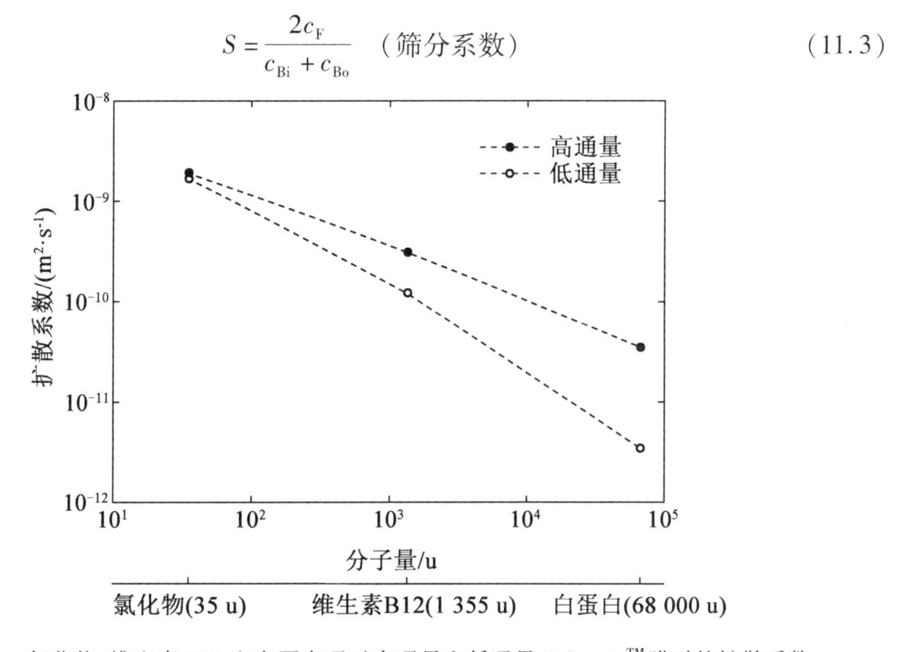

图 11.4　氯化物、维生素 B12 和白蛋白通过高通量和低通量 Polyamix™膜时的扩散系数

图 11.5 给出了水溶液和牛血浆中测量的不同蛋白质的高通量膜的筛分系数与其分子量的关系。

血浆中的蛋白质会在与血液接触的膜表面形成一个附加的屏障层,以阻止蛋白质的渗透,从而导致与水溶液中的测量结果相比,筛分曲线向低分子量方向移动。

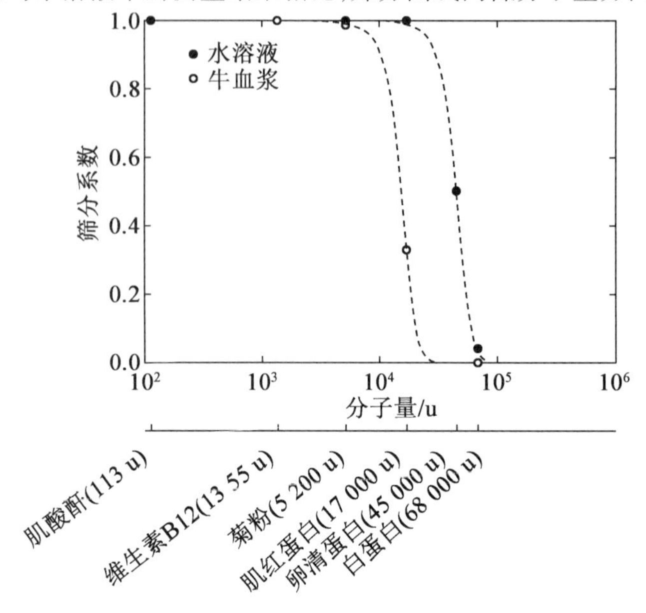

图 11.5 合成的高通量膜(Polyflux, Gambro)对不同蛋白质的筛分系数

(通量 J_v = 0.704 cm/s,壁的剪切速率 γ = 461 s^{-1},底物质量浓度为 0.1 g/L)

图 11.6 显示了水溶液中不同蛋白质在低通量和高通量 Gambro 膜中的筛分系数与其分子量的关系。

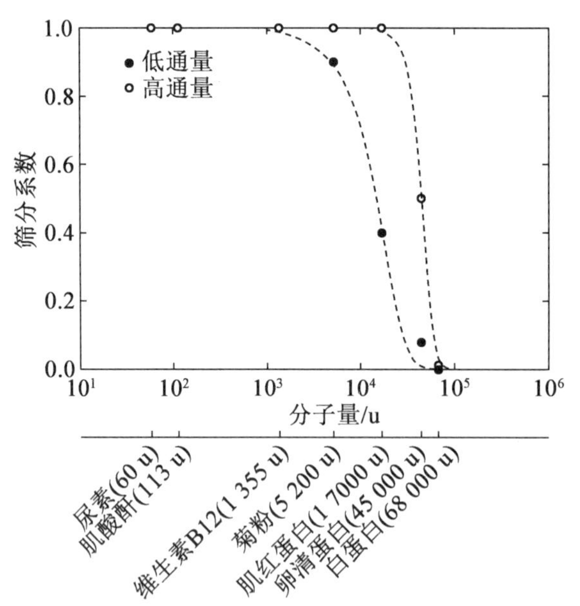

图 11.6 不同蛋白质在低通量和高通量膜 (Polyflux, Gambro)中的筛分系数

(通量 J_v = 0.704 cm/s,壁的剪切速率 γ = 461 s^{-1},底物质量浓度为 0.1 g/L)

低通量膜可清除高达 5 000 u 的物质,对 β2 - 微球蛋白的截留率接近 100%,而高通量膜对 β2 - 微球蛋白的渗透率较高。低通量膜的传质主要是扩散型的,不适用于需要高对流传输的 HF 和 HDF 治疗。高通量膜的孔结构允许所谓的中间分子通过,最大可达 20 000 u。此外,还防止了蛋白质(68 000 u)的大量流失。除免疫球蛋白外,白蛋白是慢性透析患者最重要的血浆蛋白。高通量膜适用于 HD、HF 和 HDF。

11.4　透析治疗的操作方式

一般情况下,透析治疗每周进行三次,时间为 3 ~ 5 h。体外循环始于“动脉”,即血管通路。使用血液泵,通常是转子泵,血液以 200 ~ 500 mL/min 的速度通过透析仪。经过“清洗”的血液在静脉通道回到患者体内。此外,还加入了肝素等特殊抗凝剂来防止血液凝固。为了患者的安全,将其他装置和空气捕集器集成到体外血液循环中。这些装置可以消除管状系统中的少量空气,避免意外情况下(如泄漏、系统中的空气等)处理中断等问题。

医学界用术语“清除”来表示通过不同过程分离指定成分的效率,它描述了指定成分在 1 mL 血液中 1 min 内的去除率。这个术语指的是纯化后的血液体积,是膜的特性和工艺设计的函数。“清除”(C_L)对于不同的处理方式计算如下(Q,血流量;c,浓度;B,血液;F,滤液;i,入口;o,出口):

$$C_L = \frac{(c_{Bi} - c_{Bo})Q_{Bi}}{c_{Bi}} \quad \text{(血液透析)}$$

$$C_L = \frac{c_F}{c_{Bi}}Q_F \quad \text{(血液过滤)}$$

$$C_L = \frac{(c_{Bi} - c_{Bo})Q_{Bi} + Q_F c_{Bo}}{c_{Bi}} \quad \text{(血液透析过滤法)}$$

扩散清除取决于物质的分子大小。

尿毒症毒素中尿素的清除尤其重要,它是透析效率的敏感指标。尿素的分子量为 60 u,属于小分子量底物。尿素具有高的膜透性,通过透析可完全清除。对于高分子量物质,如维生素 B12(1 355 u)或菊粉(5 200 u),去除率被降低。血流量对于不同物质的去除率很重要,其对确定的透析液血流量如图 11.7 所示。在低速率下,去除率随血流量呈线性增加。在特定的血流量下,会出现达到清除平台,进一步增加血流量,会导致底物分子的去除率下降。

在低血流量下,透析液血流量完全决定了去除率。特别是对于小分子量物质,去除率随着透析液血流量的增加而增加。

在不同的治疗模式下,透析治疗过程中的跨膜压差、血流量和质量平衡的控制是由现有的现代透析机综合管理的。

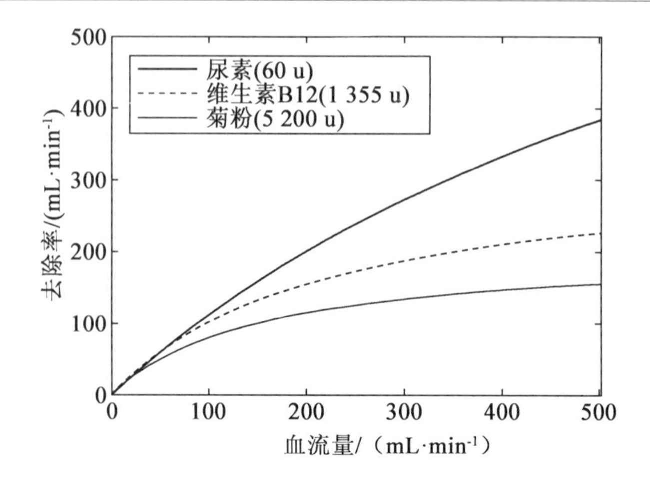

图 11.7 透析液中血流量(Q_B)对小分子量和中分子量蛋白质去除率的影响(高通量 Polyamix™, Revaclear, Gambro, $A=1.8\ m^2$。Q_D(透析液流量)= 常数 = 500 mL/min。低血流量时,几乎可以通过实验完全清除)

11.4.1 血液透析

HD 过程中,血液中的尿毒症毒素在等压扩散条件下被除去;不同物质的去除率主要取决于它们的分子大小(增加分子大小导致去除率降低)。透析液与血液反向流动,在整个透析仪上提供高浓度梯度。透析液的钠和钾浓度与正常血浆相似,可防止流失。透析液中还加入碳酸氢钠,以纠正血液酸度。通过调整相对于血腔的负压,可从患者体内排出多余的液体(UF)。在 HD 模式下,UF 引起的传质是可以忽略的。在 HD 处理过程中,低通量和高通量透析仪都可以使用。图 11.8 为 HD 装置的示意图。

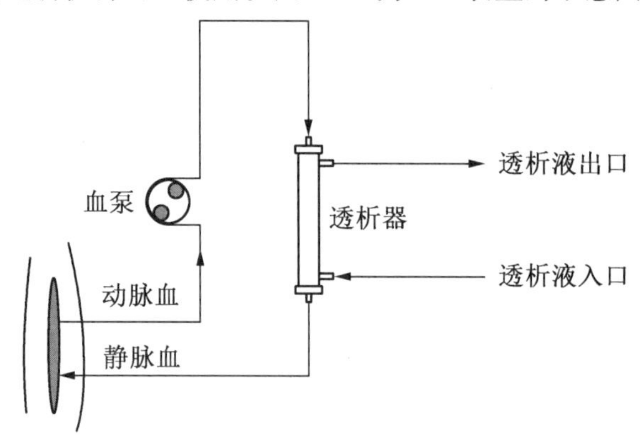

图 11.8 血液透析装置示意图

11.4.2 血液过滤

与 HD(扩散)相反,对流传输通过静压差从血液滤液中消除尿毒症物质。该方法能更有效地清除中分子量物质,去除率与分子量无关,最大可达 20 000 u。这个过程需要一个高通量的膜,它具有较高的过滤速率(每次处理 20 ~ 30 L),无须透析液辅助。通过在血液中添加无菌液体(替代品)来补偿液体损失。然而,这种流体替代的费用很高;因此,HF 不是一种常规慢性肾衰的治疗,而主要用于重症监护。如果替代液通过透析仪/过滤器进入血流,则称为后稀释。相反,如果替代液在通过透析仪/过滤器之前进入血液,则称为预稀释。HF 模式(后稀释)原理如图 11.9 所示。

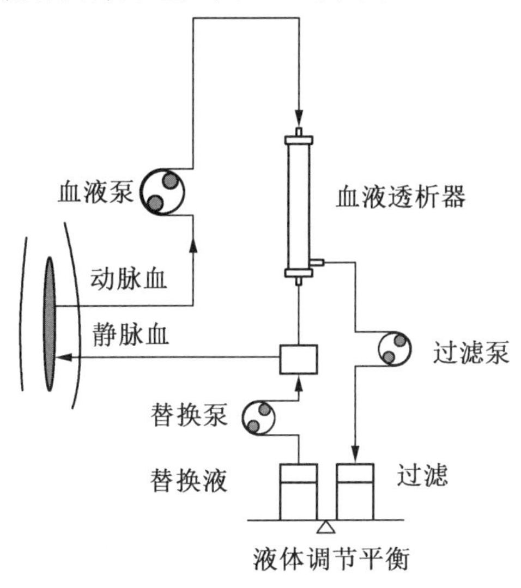

图 11.9 后稀释血液过滤示意图

11.4.3 血液透析过滤法

HDF 是 HD 和 HF 的结合(图 11.10)。尿毒症毒素的清除是通过扩散和对流的方式进行的,对低分子量和中分子量物质的去除率都很高。与 HF 模式类似,由于需要较高的过滤速率,因此只使用高通量透析仪。在经典的 HDF 模式下,替代溶液以袋装形式提供,但使用袋装输液会带来更大的技术要求和成本,并导致有限的交换量(每次处理 8 ~ 12 L)。然而,随着在线系统的发展,替代溶液的补给成本已经大大降低,具有一定的经济可行性。

在线 HDF 可在广泛的分子量谱上提供高的去除率,可实现肾脏替代治疗。超滤后的过量体积,每次处理 20 ~ 70 L,可由替代溶液自动连续补充。通过透析液的分步 UF 直接生成溶液入机;这满足了市售输液在无菌和无热原方面的质量要求。在线 HDF 最好在后稀释的模式下进行。

在线 HDF 被认为是最有效和最安全的透析治疗,因为其优越的血液净化几乎可以去除所有的尿毒症毒素,并降低心血管事件的发生概率。

如果 HD 可以通过反滤增加 UF 速率,从而增加对流传质,那么它也可以被认为是 HF 的一种形式。

透析技术的选择取决于多种因素,包括主要需求(如去溶质或去水,或两者兼有)、潜在适应证(如急性或慢性衰竭、中毒)、血管通路、血流动力学稳定性、可用性、当地专业知识和患者倾向。

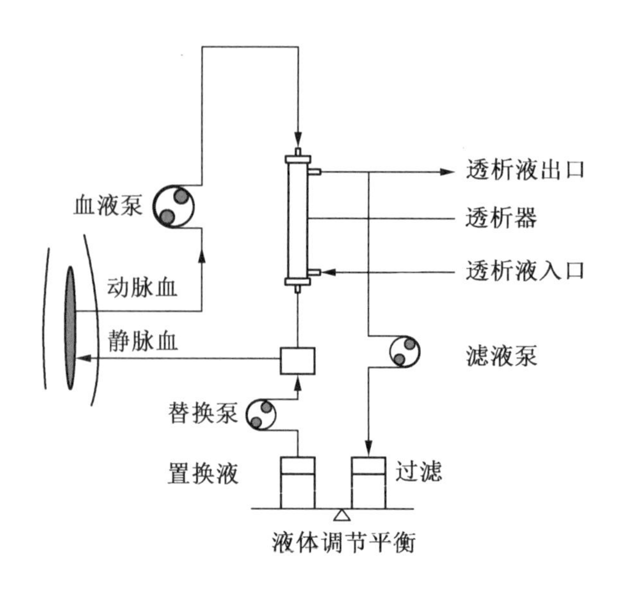

图11.10 后稀释血液透析过滤示意图

透析和过滤是间歇或持续进行的。持续治疗仅用于急性肾衰竭(ARF);与间歇治疗相比,持续治疗的好处包括由于缓慢清除溶质和水而提高的耐受性。

这三种模式的血通量通常在200~500 mL/min之间进行。透析液在HD和HDF模式下的通量为500~800 mL/min。HDF/HF中的过滤速率强烈依赖于处理模式(预稀释或后稀释的通量)和血流,可由后稀释(HDF)的约25%变到预稀释(HF)的100%。

体积通量根据患者、治疗要求和透析系统(透析机和过滤组件)进行具体调整。血液和透析液在透析模块中的分布对传质效率有显著影响。因此,需要构建血液入口。为保证透析液在管束截面上的均匀分布(避免形成通道),至少采用以下三种方法:①在中空纤维束之间安装有间隔的细线;②在制造过程中以特定角度排列的单个膜以构成的特殊束结构;③波动(形成波浪状纤维轮廓),膜形成开放的束,确保透析液在束横截面上畅通无阻地流动。此外,也可以将这些方法进行组合。这些结构会导致更有效的物质交换和显著提升的尿毒症毒素去除率。

11.5 尿毒症毒素及其清除机制

由于"人工肾"主要通过大小排异来清除尿毒症毒素,因此根据这些溶质的分子量和清除行为对其进行分类是膜发展的关键。在HD患者中,对中等大小和蛋白质结合的尿毒症毒素的清除不足会导致内皮损伤和慢性炎症,进而导致随后的心血管疾病。在过去的十年中,这些尿毒症毒素在引发心血管效应或其他负面效应方面(例如透析患者的协调障碍或多发性神经炎)的作用,已经得到了很多的关注。这些尿毒症毒素的分子量相差很大,从非常小的化合物如尿素(分子量为60 u)到球蛋白(例如,β2-微球蛋白分子量为 11 800 ku)。通常,尿毒症毒素分为三类:水溶性小分子、中间分子和蛋白质结合溶质。在最近由欧洲尿毒症毒素工作组进行的文献检索调研中,发现了 56 种新报道的溶质。表 11.3 给出了上述三类溶质的例子。

表 11.3　尿毒症溶质及其分子量的分类:水溶性小分子、中间分子和蛋白质结合溶质

分子	分子量	举例
水溶性小分子	< 500 u	不对称二甲基精氨酸、胍、尿酸、草酸、乙胺、甲基胍、新蝶呤、苯乙酸
中间分子	>500 u	β2 - 微球蛋白、脂联素、α1 - 酸性糖蛋白、胱抑素 C、催乳素、骨钙素
蛋白质结合溶质	<500 u	对甲酚硫酸盐、硫酸吲哚酚、苯酚、吲哚 - 3 - 乙酸、马尿酸、同型半胱氨酸、羧甲基赖氨酸、丙烯醛

水溶性小分子也称为低分子量分子,分子量小于 500 u,溶于水。这类化合物中最常见的是不对称二甲基精氨酸、肌酸、透明质酸、胍、胍乙酸盐、胍琥珀酸盐、草酸盐、对称二甲基精氨酸、尿素和尿酸。第二组为中分子量毒素,分子量在 500 u 以上。如:半胱氨酸蛋白酶抑制物、C 脂联素、瘦素、胃动素、α1 - 微球蛋白、内皮素、生长素、骨钙素、心钠肽、催乳素、维生素 A 结合蛋白、β2 - 微球蛋白、缩胆囊素、κ - Ig 轻链、λ - Ig 轻链、肌红蛋白和血管活性肠肽。蛋白质结合溶质是第三类尿毒症毒素,分子量小于 500 u,但与白蛋白结合性强。主要包括对甲酰硫酸盐、硫酸吲哚酚、苯酚、吲哚 - 3 - 乙酸、马尿酸、白细胞介素、同型半胱氨酸、羧甲基赖氨酸和维生素 A 结合蛋白。

由于血液和透析液之间存在浓度梯度,水溶性小分子很容易通过半透膜扩散清除。传统的 HD 模式是清除这些化合物的一种有效的方法,但是即便使用高通量膜,HD 也不适用于 β2 - 微球蛋白等中间分子的清除。这是由于扩散系数随分子尺寸的增大而减小。替代疗法,如 HF 或 HDF,包括了对流传输机制和改善了对 β2 - 微球蛋白等中低分子量毒素的清除。对流传输的驱动力是跨膜的压力梯度,导致 UF,使分子从血液中被拉到透析液中。UF 速率的增加会加快中低分子量溶质的清除。在 HD 中,UF 仅限于从血液中清除多余的体液,而在对流疗法中,UF 的增加是质量损失超过了设定目标,需要向血液中注入生理溶液来维持体液平衡。在临床实践中,UF 速率受血流速率的限制,因为在血细胞浓度上升到细胞损伤和透析仪凝块的水平之前,只有一部分体积(通常为 25% ~ 30%)能完成过滤。由于能够获得用于水处理系统和在线 HDF 的超纯水和透析液,在线 HDF 在欧洲的使用正在稳步增加。在线 HDF 后稀释由于具有优越的血液净化所有尿毒症毒素和降低心血管事件的发生率的优点,而被认为是最有效和最安全的透析治疗。然而,这种疗法比较复杂,每次治疗需要高达 24 L 的高交换率。自动化的机器设置旨在调节对流体积、处理时间和血流速度这些主要决定因素,以尽可能低的机器报警率优化过滤分数。此外,与其他透析方式相比,HDF 还能更好地清除某些蛋白质结合的尿毒症溶质。然而,由于蛋白质结合所引起的阻力,通过透析策略清除蛋白质结合溶质的效率仍然低于清除分子量相似的非蛋白质结合溶质的效率。研究蛋白质结合的尿毒症毒素清除往往局限于如硫酸吲哚酚、对甲酚、对甲酰硫酸盐、对甲酰葡萄糖醛酸或苯乙酸的偶联物等一些特定的物质。当在严重肝功能衰竭期间应用吸附法时,这些分子的清除可能会增强。由于白蛋白的丢失与蛋白结合的尿毒症毒素的清除有关,蛋白渗漏膜已被开发用于 HD。与传统的高通量透析膜相比,使用这种膜的透析处理提供了更大的分子去除率,但代价是在透析液中损失一定程度的白蛋白。

11.6 不同处理方式下蛋白的清除

晚期肾病(ESRD)患者的死亡率与低蛋白血症相关。透析过程中白蛋白的清除或多或少会导致人血白蛋白浓度的下降,因为它受白蛋白合成速率、分解代谢、血管内外腔间分布和病理条件下的外源性损失的影响。在 2003 年和 2005 年发表的两篇评论中,从患者耐受性的角度讨论了透析仪清除白蛋白的限制,但是这个问题没有得到解决。然而,在不同的治疗方式中,白蛋白的清除已经被阐明:17 例稳定腹膜透析(PD)患者在 24 个月的时间内,尽管蛋白损失每天在 5 ~7 g 的范围内,但人血白蛋白浓度有微小但不显著的下降。在传统高通量膜处理 HD 过程中,根据膜材料和表面积的不同,白蛋白的清除量一般在每 4 小时 0 ~2 g 之间。在线 HDF 模式中,白蛋白的清除范围为每次处理 1 ~3 g,而在 HDF 模式下的不同 UF 速率或使用传统高通量膜的"推/拉"HDF 模式导致每次处理的白蛋白清除量为 2.2 ~7 g。

重复使用漂白后的透析仪,每次处理导致的蛋白质清除水平在 10 ~ 12 g 之间,这与人血白蛋白浓度的显著降低有关。另外,在关于限制漂白剂再处理的研究中,也报道了人血白蛋白浓度的平均值,相当于每次 HD 治疗过程损失 4.3 g 的白蛋白。

2009 年,世界肾病大会公布的最新数据显示,Evodial 透析液白蛋白损失为 0.48 g,而 FDY 210 在血液透析过滤模式下每 4 小时损失 2.2 ~15.5 g。最近关于广泛使用膜的研究指出白蛋白损失为(3.1 ±2.4) g 和(3.0 ±2.4) ~(4.3 ±3.5) g。

目前,ESRD 患者在每一疗程可承受白蛋白的损失量尚不明确。此外,也有人研究了在不引发抗氧化的情况下,损失白蛋白的程度与促进具有抗氧化作用的新白蛋白的合成之间的关系。

11.7 透析膜的生物相容性

尽管膜表面和血液之间的相互作用也会导致膜传质发生变化,但是膜的传质本质上还是由膜的结构决定的。需要注意的是,必须要考虑蛋白质在膜表面、孔中和孔口的吸附。除了吸附外,补体系统的活化、凝血溶血和血小板的黏附都是膜表面与血液相互作用的结果。上述现象可归纳为血液相容性或生物相容性。聚合物及其能够与血液相容的表面特性都是复杂的,尚未被完全理解。

根据定义,生物相容性材料不会在活组织中产生有毒、有害或免疫反应。

在 HD 中,生物相容性涉及多种相互作用,包括人工膜表面、体液和患者血液的细胞成分。这包括常规反应和炎症免疫反应。

体液变化是由系统的激活或体液因子的吸附或变性引起的。细胞系统的分化包括细胞数量、细胞功能和物质释放的变化。在人体中，与合成材料接触的典型反应是蛋白质和特定的补体活化产物(如 C3a、C4a、C5a 等免疫活性物质)会从体液中沉积到材料表面。

补体是急性炎症反应的主要介质，有助于非特异性识别和清除体内异物。除了活化作用外，血液与物质的相互作用促进了血浆蛋白和其他大分子在物质表面的吸附，这种吸附可以改变物质的构象和反应性。某些物质可能从物质表面解吸并在血液中循环，可能表现出不同于预吸收状态时的特性。

接触相激活(KK - kinin 系统)是在血液与负电荷表面接触后触发的。在复杂的酶反应级联之后，就发生了血管扩张和凝血。

血小板和凝血因子可对透析膜的不同特性做出反应，并刺激凝血过程，这最终导致血小板活化和聚集。此外，白细胞也参与这些血栓形成前反应，最终导致炎前效应。

此外，如果白细胞被激活，就会发生脱粒和介质释放。受刺激的单核细胞产生如白细胞介素和肿瘤坏死因子等炎症介质。

尽管过敏反应是罕见的，但诱导过敏反应的主要物质环氢乙烷(ETO)却并不罕见，它常用于某些类型的灭菌中。如果透析液中残留了一些物质，它们与白蛋白接触就会成为有效的过敏源，并在透析过程中引发过敏反应。

在 HD 期间，必须考虑到整个透析系统的生物相容性。因此，所有人工成分(如透析膜、管道系统)的化学成分和表面结构都很重要，透析仪的几何形状、血流和泵效、透析液或抗凝不足可能造成的细菌污染等物理效应也很重要。不同的物质以不同的方式与血液相互作用，但这些作用也取决于患者的患病类型和患病状态。对于慢性透析患者，由于透析治疗需持续多年，每周进行 3 ~4 次，适度的相互作用也可逐渐演变成严重的临床作用。

在膜方面，与血液接触的表面性质对生物相容性有显著影响。因此，表面粗糙度、化学组成和结构(包括官能团或电荷)，以及亲水性都起着至关重要的作用。

根据蛋白质的表面性质，“理想”的膜表面应该包含亲水、疏水、带负电荷和带正电荷的区域。亲水和疏水微区的概念已经得到实验证实，目前在合成聚合物和合成改性纤维素膜中都有发现。

鉴于人工材料与患者之间存在许多潜在的相互作用，对这些材料进行生物相容性临床前测试是非常必要的。当开发膜时，其血液人工膜接触层的三个重要作用常常需要在体外进行分析：

(1)补体活化，通过测定终端补体复合物(TCC)的浓度和生成速率来评价。像 C3 或 C5 等某些特定的蛋白质会被吸附在表面并引发一系列复杂的反应，最终导致凝块形成。为了研究这一现象，通常测量 TCC 或 C3a 等浓度。

(2)凝血级联的激活(凝血酶的形成和血小板的激活)。测量凝血酶 - 抗凝血酶Ⅲ水平，计数血小板。

(3)接触阶段激活：测试 KK 类活性。级联反应开始于对高分子量激肽原和前激肽

(PK)的吸附,导致PK转化为KK。在复杂的酶反应级联后,血液发生血管扩张和凝固。

11.8 用于透析液和输液制剂的超滤膜

理论上,由于透析液室方向跨膜压差梯度缺失或不足,透析液中的所有杂质和其他成分都可以转移到患者的血液中。这些物质也可能由于部分反滤作用而进入血液,这在使用高通量膜时风险更大。

如果透析液中的内毒素(细菌降解产物)通过膜,患者就会发生热原反应(如感觉不适、发烧或出现脓毒症)。细菌碎片的运输取决于膜材料、孔径和膜表面特性(亲水/疏水)。然而,一些高通量透析膜具有更疏水的外表面,并且由特殊材料制成,可以通过吸附去除细菌污染。

目前,已经建立了不同透析液和输液中内毒素浓度的指南。欧盟规定细菌的菌落形成上限为100 CFU/mL,内毒素上限为0.25 EU/mL。流体质量描述语"超纯"意味着流体实际上没有细菌和内毒素。如定量表达,超纯被定义为"小于0.1 CFU/mL"和"小于0.03 EU/mL"。在可控UF过程附加处理步骤,可以将超纯透析液进一步纯化到高微生物质量,以便用于输液。

各部门要求定期检查透析液的内毒素。最理想的情况是,在透析仪上通过过滤(UF膜)就能产生一种无细菌和内毒素的透析液。在现代透析仪中,其流体回路或用于再融合的管道系统(HDF和HF)中最多使用三个含有不同尺寸的UF膜(中空纤维系统)的过滤器。多次UF的使用可以在线生产高质量的输液,这是对流HDF或HF处理的先决条件。

在透析治疗过程中,临床工作人员必须保持较高的卫生标准,以确保患者的健康。在透析过程中应保持设备的连续供水和透析液的连续流动。此外,整个水和透析液系统应定期清洗和消毒,以防止生物膜的形成。

缓冲溶液中使用的碳酸氢盐是微生物的理想培养基。因此,建议使用粉末状碳酸氢盐,干燥保存至需要时使用。在现代透析仪中,加入含有干碳酸氢钠的粉盒可在线生产液体透析液。

11.9 大规模生产合成透析中空纤维膜

中空纤维和平板透析仪自被开发出来,已并行使用了几十年。目前,近97%的处理都是采用中空纤维透析仪。中空纤维系统的技术优势在于降低了人工制造成本和使透析仪结构紧凑。此外,它们操作简单,而且可以采用不同的处理模式。

透析膜的制造可与其他中空纤维膜的生产相媲美;2007年,全球生产的用于1.5亿透析仪的膜面积约为1.8 m^2/台。大部分(约80%)的透析仪都配备了合成高分子膜:膜技术的其他应用还没有达到如此先进的发展水平。透析仪的生产是一个连续的过程,其中膜的生产与透析仪的生产紧密结合。为了优化应用,中空纤维膜的内径在 180 ~ 220 μm 之间。合成高分子膜的壁厚在 30 ~ 50 μm 之间。相比之下,纤维素膜的壁厚在 5 ~ 8 μm 之间。

膜和透析仪的设计是至关重要的。血液和透析液之间的最佳传质必须得到保证,这也受到膜表面尺寸的影响。选择用于治疗患者的透析液的有效膜表面积必须根据患者的大小进行调整:儿童过滤器(适用于年龄小的患者)的表面积在 0.01 ~ 0.6 m^2 之间,成人标准过滤器的表面积在 1.0 ~ 2.4 m^2 之间。

血液填充量、通量阻力、透析仪的尺寸和质量应尽可能小。透析仪的性能特征必须精确地记录在数据表中,并且每个透析仪都必须可重复检测。由于透析患者需要的治疗频率较高(每年约 150 次),透析仪的成本非常重要。然而,一般来说,透析仪的费用不到总治疗费用的 10%。

为确保产品无菌,整个生产过程在无菌室进行。在现代生产设备中,透析仪的生产由一系列单独的和复杂的加工步骤组成。透析仪制造过程中最相关的工艺步骤如图 11.11所示。

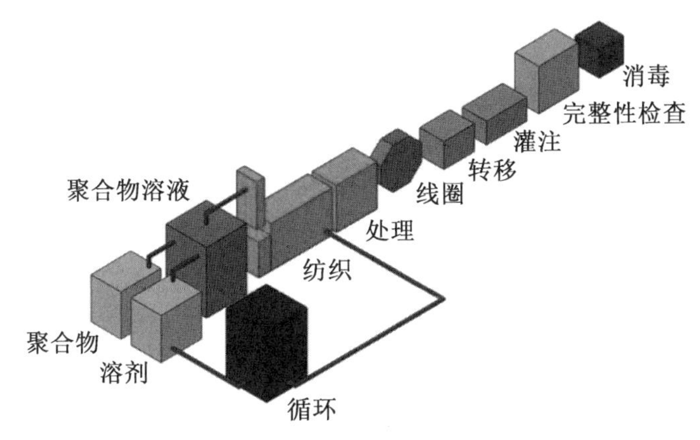

图 11.11 透析仪制造过程中最相关的工艺步骤

11.9.1 成膜

中空纤维膜连续生产工艺分为以下六个步骤:

①聚合物溶液及致孔剂的生产。

②中空纤维的形成。

③膜在凝结浴中的沉淀及洗涤。

④后期处理,包括波动、纤维干燥、表面处理。

⑤膜束的缠绕。

⑥回收溶剂和沉淀液。

整个制膜过程(纺丝过程),从成膜到缠绕成束,如图 11.12 所示。

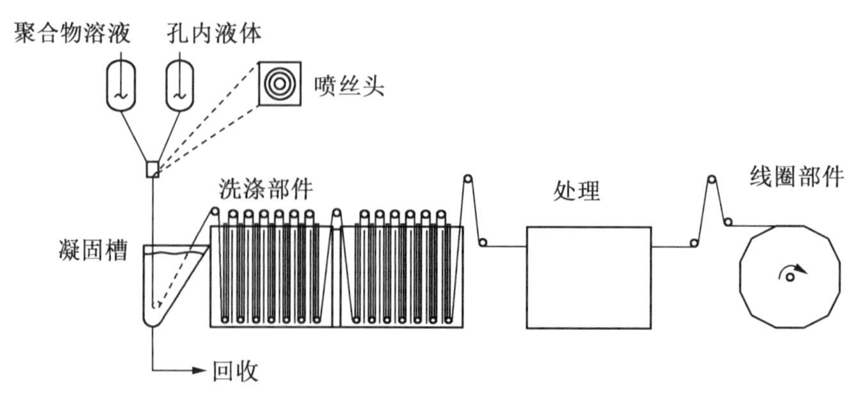

图 11.12 合成中空纤维膜制造厂的流程图

用不同的透析膜生产工艺可制造一系列具有特定性能的透析膜。目前,扩散诱导相分离技术主要用于聚合物的合成和孔径及扩散传输特性的微调。聚合物溶解在适当的溶剂中,并且沉淀发生在非溶剂浴中,首选水。聚合物溶液中的聚合物质量分数约为20%,这取决于具体的配方。

聚合物溶液通过环形模具(喷丝头)以形成中空纤维。中空纤维的内部空隙是由喷丝头内部引入的致孔液(溶剂和非溶剂的混合物)形成的。接下来,中空纤维通过非溶剂浴将均相液－聚合物溶液通过扩散型溶剂－非溶剂交换(浸没预沉淀)转化为两相体系,此过程需要非溶剂浴和致孔液。脱混过程止于富聚合物相的玻璃化点。在富聚合物相形成刚性膜结构,在液体聚合物贫乏相形成膜孔。

影响膜性能的主要因素是聚合物溶液的组成、黏度和温度、添加剂的使用、结晶或聚合的能力、喷嘴的设计、混凝槽的组成,以及喷嘴与混凝槽入口之间的条件。

膜的质量很大程度上取决于所用聚合物的质量以及聚合物溶液(纺丝溶液)的制备过程。只有聚合物质量(分子量分布、水分等)和溶液质量(无凝胶颗粒、黏度、无溶解气)在一年中的每个批次都保持恒定,才能保证膜性能的可重复性。聚合物溶液批次大小取决于连接到单个聚合物溶液制造厂的纺丝机数量和每台纺丝机的喷嘴数量。溶液批次从几百千克到几千千克不等。

通常,薄膜制造过程是连续的,纺丝机每年只需要几天的维护工作。现代纺丝机有1 000多个纺丝喷嘴,可实现100 m/min的纺丝速度。

11.9.2 膜沉淀和后续冲洗

通过喷嘴后,膜被引导到凝固浴中,并在其中形成膜的外部结构。凝固浴的组成和温度对膜的结构性能起着重要的作用。在凝固浴中,聚合物溶液中的绝大部分溶剂会被除去。为了彻底清除溶剂,需要安装后续的漂洗装置。形成的膜被引导穿过这些浴槽,直到它们完全稳定。目前,已经开发出几种技术,可以通过连接或分离的清洗槽或水/非溶剂喷雾室引导膜。

11.9.3 溶剂和沉淀剂的回收利用

在薄膜制造过程中,尤其要考虑环境因素。这方面的一些例子是利用水沉淀介质,并在回收厂回收这些水和溶剂。这些工艺将水和溶剂的消耗降至最低。

一条纺丝线的总长度可达 100 m,而一层膜从喷丝板到缠绕轮的长度可达 1 000 m,以确保充分的溶剂萃取。因此在薄膜制造过程中需要精确控制驱动装置和滑轮之间的长度。

11.9.4 后期处理

清洗后,中空纤维膜在线干燥(直接在制造过程中进行,可减少加工时间)。随后还需不同的处理工艺,如涂层、波动、表面修改等。

波动改变了纤维的几何形状。这种特殊的技术可以形成不同振幅和波长的波(图 11.13(b))。将该技术与先进成束技术相结合,会得到理想的束;这种束被证明能有效地增加通过膜进入透析仪的传质。

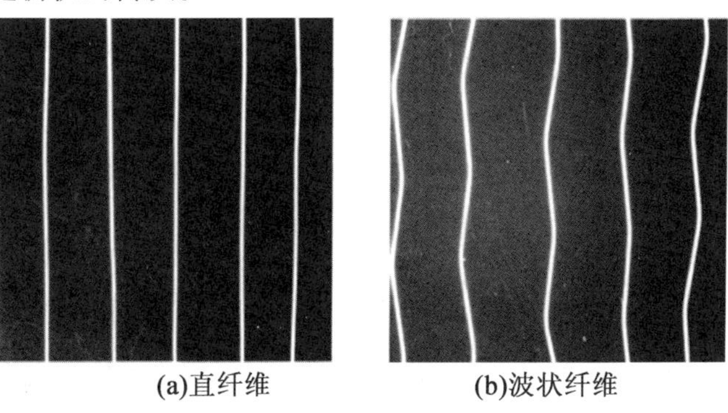

图 11.13 光学图片

11.9.5 绕线

纺丝机连接绕线装置。所有来自一台或多台纺纱机的中空纤维薄膜都被导向一个绕线装置。为了增加传质,绕线设备通常将薄膜平行放置或按规定的模式放置,例如交叉缠绕,以添加惰性支撑纤维。束结构对透析液在透析仪中的分布至关重要。

所有的现代透析(UF)膜都是在无孔稳定剂的条件下制备的。这只是实现高度复杂的制造工艺和膜的发展水平的一个例子。无孔稳定剂膜的制造改善了产品在临床应用中的处理,减少了工艺步骤。

11.9.6 透析仪组装

1. 束转移到壳体

绕线完成后,膜束被转移到透析仪壳体中。对于高精密的透析仪来说,高封装密度要求采用精心设计的技术,在不破坏包层中任何一根纤维的情况下,精确地完成束转移。

外壳的材料必须具有机械稳定性、透明性和稳定性,以对抗不同类型的灭菌方式(蒸气、β－辐射、ETO)。外壳本身以及血液入口和出口的端盖设计非常重要,因为它们很大程度上决定了血液和透析液的分布以及系统中的压降。

2. 灌封

在透析仪组装中,膜束与壳体组件合并。选取聚氨酯(多元醇和多功能异氰酸酯两种组分)作为膜灌封材料,将血液室与透析液室分离。聚氨酯不会释放任何导致血液凝固的有毒物质。

为了将膜束的末端有效地连接到灌封材料上,并使血液和透析液室之间的每个单独的膜无缺陷地密封,需要使用特殊的离心系统。为避免纤维中残留的水分与灌封材料发生化学反应,在灌封前应仔细烘干膜,封住纤维末端,使灌封材料无法渗透。灌封条件、固化时间、灌封材料的黏度和强度必须根据中空纤维膜的具体特性进行调整。

为了打开中空纤维膜,将封装束末端的两端切开。光滑平坦的表面对于防止溶血或凝血至关重要。当前,这种切割须使用专用刀具。图11.14(a)为可接受的切削质量,图11.14(b)为过于粗糙的切削表面。

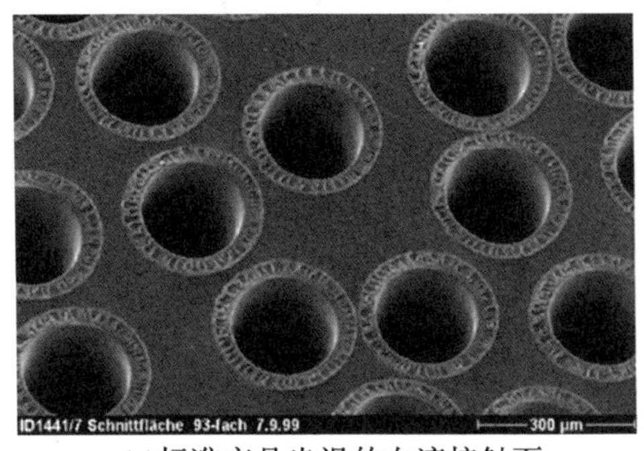

(a)标准产品光滑的血液接触面

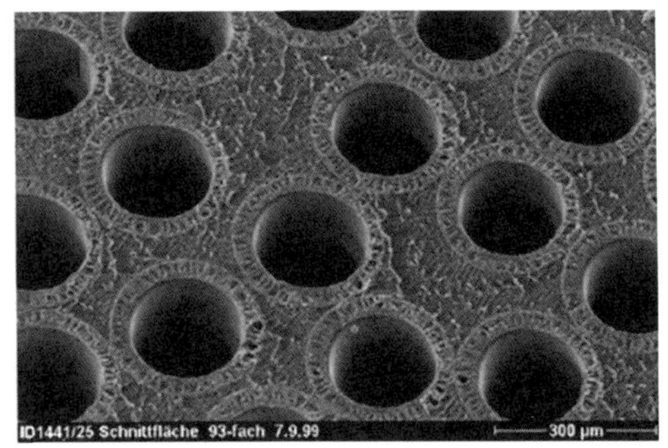

(b)不符合质量要求的粗切表面

图11.14 两种不同透析仪切割表面的SEM图像

3. 完整性测试

在透析仪外壳上加装端盖后,检查透析仪的完整性。此测实验证所有外壳组件、连接件和膜本身的完整性。透析仪通常含有8 000到14 000根纤维,特殊设计的膜完整性测试允许检测单个纤维泄漏或膜性能与标准膜性能的偏差。最后,目视控制确保每种产品都是安全的,并且符合给定的规格。不符合规格的产品一律报废。

4. 灭菌

患者使用前的一个先决条件是验证透析仪的无菌性。常用的灭菌方法有三种:β－辐射灭菌法、蒸气灭菌法和ETO灭菌法。灭菌方法的选择会影响膜的性能,如膜的灭菌条件不同(水溶液、潮湿或干燥),膜的孔径分布也不同。

ETO通过与微生物的蛋白质和核酸反应杀死细菌。ETO的效果取决于膜材料及其结构性能。ETO的缺点是它在聚氨酯中的溶解性较差。由于聚氨酯的高毒性和高反应性,透析仪在灭菌后必须脱气,以便于在使用前对最终产品进行安全限制。对于长期使用的产品,使用 ETO 作为灭菌剂的情况正在逐渐减少。

世界范围内对 β - 辐射灭菌的认可度不断提高,今天,与蒸气灭菌一样,β - 辐射灭菌已经成为一种标准技术。β - 辐射灭菌的辐射剂量在 5 ~ 40 kGray(1 Gray = 1 J/kg)之间,细菌可以被这种物理方式清除。

蒸气灭菌过程中,微生物通过热诱导的细胞壁和蛋白质变性而被破坏,不需要使用有毒或放射性物质。蒸气灭菌在至少 121 ℃和 0.1 MPa 的压力下至少进行 20 min。杀菌方法的选择取决于膜材料、外壳和灌装材料的稳定性。然而,就环境影响和患者应用而言,蒸气灭菌是首选的方法。

11.10 HCO 透析膜

11.10.1 膜的描述

低通量膜和高通量膜通常用于治疗慢性和急性肾衰竭。然而,即使是高通量膜,其清除分子量大于 20 000 u 和那些低分子量蛋白质(LMWP)的能力也是有限的,而人体肾脏可以清除的分子量谱为 1 000 ~ 50 000 u。病理机制中涉及的 LMWP(如游离轻链蛋白和炎症细胞因子)在体内循环中会快速产生并积累,跨膜清除法可以有效地解决这一问题。单克隆免疫球蛋白轻链由 MM 患者的恶性血浆细胞产生,并引起肾损害,如管型肾病。在这种情况下,血清浓度比正常血清浓度升高 100 倍以上。促炎细胞因子在急性炎症性疾病中急剧增多,并参与诱导脓毒性急性肾损伤(AKI)。为了最大限度地去除 LMWP 和扩大透析去除的溶质的分子量谱,具有增大孔径的 HCO 膜已经被开发并在临床中予以研究。

与传统的高通量膜相比,HCO 膜的孔径更大。因此,与传统高通量膜的渗透率相比,在 15 ~ 50 ku 分子量范围内的物质具有更高的渗透率。图 11.15 为高通量膜(Polyflux)、高截止(HCO)膜、等离子体过滤膜的孔径分布,HCO 膜的最可几分布在 10 nm。

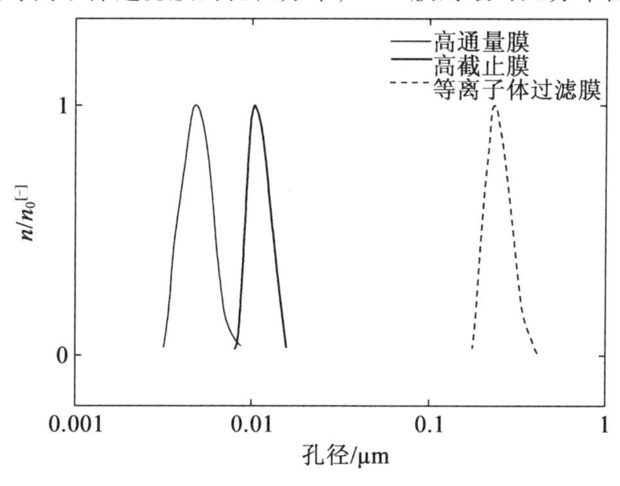

图 11.15 高通量膜(Polyflux)、高截止(HCO)膜、等离子体过滤膜的孔径分布

狭窄的孔径分布使 HCO 膜具有陡峭的截止上限,限制了一个较大蛋白质的渗透,如白蛋白、凝血因子和免疫球蛋白。对常规高通量膜与 HCO 膜的孔径分布进行了比较。高通量膜的孔径一般在 3 ~6 nm 之间,而血浆过滤膜孔径大于 200 nm,所有的血浆蛋白均可自由通过。

HCO 膜中孔径的增加会导致 LMWP 对流渗透和扩散渗透的增加。过滤系数(即超滤过程中溶质浓度与其平均血浆浓度之比)表征了对流膜对于给定溶质的渗透性。筛分系数与溶质分子量反向相关。分子量在 20 ~50 ku 之间的溶质无法通过高通量膜,但在很大程度上能够通过 HCO 膜(图 11.16)。

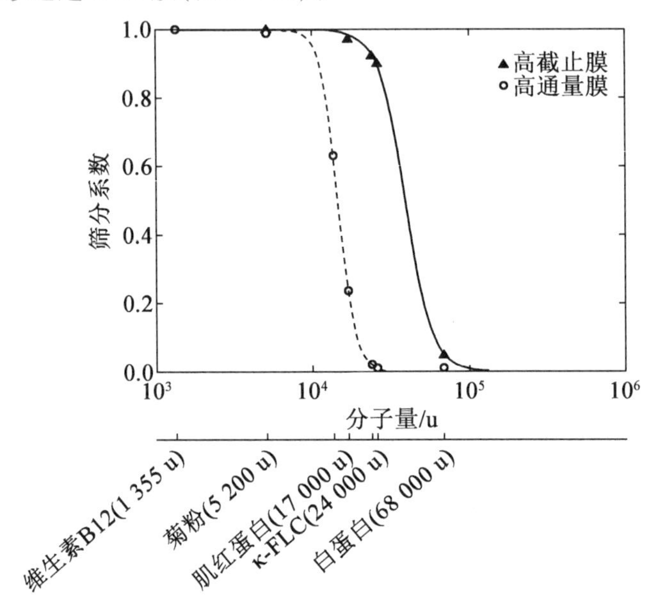

图 11.16 用血液测定的高通量(Polyflux S)和 HCO 膜的筛分系数

更大分子的扩散渗透性也更高。虽然较小的溶质在 HCO 和高通量膜中的扩散速率非常相似,但较大分子通过 HCO 膜的扩散传质受到的限制更小。对于 HCO 膜,溶质与大孔之间的空间相互作用比高通量膜的要小(图 11.17)。

在过去的十年中,各种各样的膜被制造出来以获得更高的膜渗透性,如以三乙酸纤维素为基础的 FH 70/150 (Sureflux, Nipro)、以聚砜为基础的 APS –1050 (Asahi)、以 PMMA 为基础的 BK – F/BG 2.1 (Torray)和以螺旋聚砜为基础的 FX – E (Fresenius Medical Care)。Hutchison 和他的同事比较了这些膜的自由轻链(FLC)的去除能力,HCO 膜达到了最高的 FLC 去除率。基于 PMMA 的 BK – F/BG 2.1 膜的 FLC 清除能力主要是由吸附造成的,这阻碍了从 MM 患者体内清除足够数量的 FLC。这些实验结果汇总在表 11.4 中。

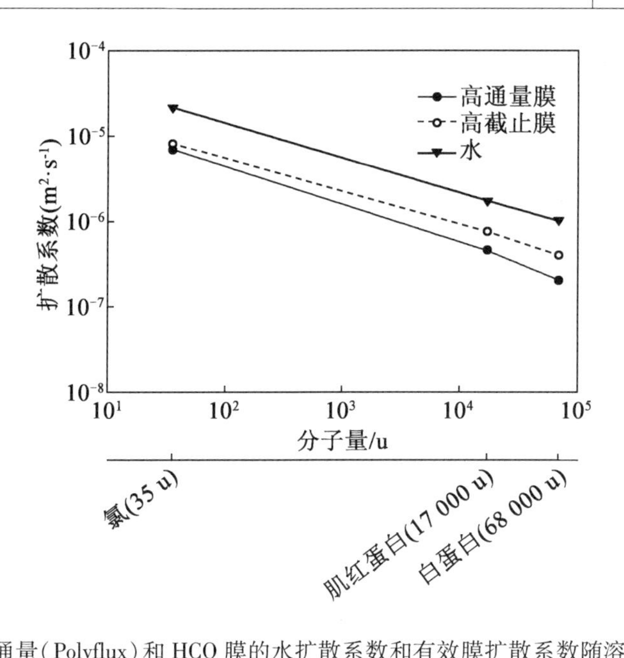

图 11.17 高通量(Polyflux)和 HCO 膜的水扩散系数和有效膜扩散系数随溶质尺寸的变化

表 11.4 多发性骨髓瘤患者通过不同的膜清除 FLC

分类	制造公司	模型	膜材料	表面积/m^2	血液中的分子截断/ku	UF 中 FLC 平均质量分数/%	
						κ 型	λ 型
高通量	B. Braun	Hi - PeS 18	PES	1.8	10	17	12
	Asahi	APS - 1050	PS	2.1	10[a]	30	18
	Nikkiso	FLX 8GWS	PEPA	1.8	10[a]	12	11
	Idemsa	200 MHP	PES	2.0	10[a]	21	16
超通量	Toray	BK - F 2.1	PMMA	2.1	20[b]	0.1	0.2
	Toray	BG 2.1	PMMA	2.1	20[b]	0.1	0.1
高截止	Gambro	HCO 1100	PAES	1.1	45[b]	62.5	90

注:[a]这是一个大概的数字,因为制造商的数据无法获得。

[b]从制造商获得。

聚芳醚砜; PEPA,聚酯聚合物; PES,聚醚砜; PMMA, 聚甲基丙烯酸甲酯; PS,聚砜; UF,超滤

11.10.2 HCO 膜用于肾骨髓瘤的治疗

1. MM 肾病

MM 是一种血浆细胞性疾病,几乎占所有血液系统恶性肿瘤的 10%。MM 的年发病率为每 10 万人中 4 ~5 例。肾损伤是 MM 的主要并发症,尤其是在患病的晚期。最初出现肾损害的患者高达 30%,在疾病的某个阶段多达 50%。10% ~20% 的患者出现需要透析的严重肾功能不全,并且这些患者中的大多数依赖于慢性 HD。肾衰竭限制了这些患

者的治疗选择,难以预料病情。患者存活率的下降与肾功能衰竭的严重程度成正比,这一点已得到充分证明。“骨髓瘤肾”或管型肾病是 MM 中最常见的肾脏疾病,这是由于肿瘤细胞在骨髓中克隆导致产生大量 FLC。大量的 FLC 被释放到循环系统中。在肾脏中,这些蛋白质很容易通过肾小球,超过了近端小管的吸收能力,并引发应激反应。在远端小管中,轻链与 Tamm – Horsfall 蛋白凝聚,而 Tamm – Horsfall 蛋白是在 Henle 环的升支粗段中产生的。这最终导致肾小管细胞凋亡、肾小管间质纤维化、肾小管管状铸型和肾小管梗阻。由 FLC 引起的肾脏病变较少见,包括淀粉样光链(AL)淀粉样变和光链沉积病。

2. 骨髓瘤型肾病的治疗干预

缩短患者肾脏暴露于轻链毒性水平的时间可以降低长期肾损害的风险。因此,及时干预以迅速降低肾前 FLC 负荷对于促进肾功能的恢复和避免不可逆的肾损害是非常重要的,这就需要在患者的余生中进行慢性 HD。快速应用细胞还原性化疗可降低这些患者的肿瘤负担和 FLC 的产生。为了快速降低 FLC 血浆水平,通过体外血液治疗从血液循环中去除 FLC 的方法已经在临床中进行了研究。Hutchison 等认为,如果膜孔足够大,能够促进 FLC 的跨膜输运,那么每天延长 HD 是去除大量以单体(23 ku)和二聚体(45 ku)形式存在的 FLC 的有效方法。MM 患者使用不同膜清除血清 FLC 的结果见表 11.5。

表 11.5 MM 患者使用不同膜清除血清 FLC 的结果

膜/透析仪	血清质量浓度 /($mg \cdot L^{-1}$)	平均降低血清质量分数/%	均方根质量浓度 /($mg \cdot L^{-1}$)	平均透析液 /($mg \cdot h^{-1}$)	平均间隙 /($mL \cdot min^{-1}$)
Toray BK – F 2.1	11 580	3.2	6.9 (0.8 ~ 20.3)	200	0.29
B. Braun Hi – Pes 18	1 795	5.6	5.3* (2.7 ~ 9.5)	160*	1.5*
Toray BK – F 2.1	2 950	24.2	2* (0.5 ~ 3.5)	60*	0.5*
Gambro HCO 1100	9 155	58.5	265.6 (88 ~ 648)	7 800	22

注:* 显著低于该患者的 Gambro HCO 1100 结果($P < 0.02$)

与开放性较差的多孔透析膜相比,使用 HCO 膜可以显著提高 FLC 透析液浓度,提升血清和 FLC 去除率。采用 HCO 膜处理可使透析后的复发率降低 50% 以上。图 11.18 显示了使用 HCO 膜进行 8 h HD 处理的血清和透析液 FLC 浓度。

在这次透析中,总共有超过 20 g 的 λ – FLC 被清除。图 11.19 给出了临床 FLC 质量浓度为 42 g/L 的患者在透析前后血清 κ – FLC 的质量浓度及透析液中 FLC 的清除量(每 10 天)。

在本例患者中,对透析液 FLC 质量浓度进行为期 6 周的测量,结果显示清除 1.7 kg 的 FLC。因此,使用 HCO 膜的延长透析可以连续清除大量 FLC。这种清除会导致早期血中 FLC 质量浓度的减小,证明肿瘤可以通过有效的化疗阻止 FLC 的产生。

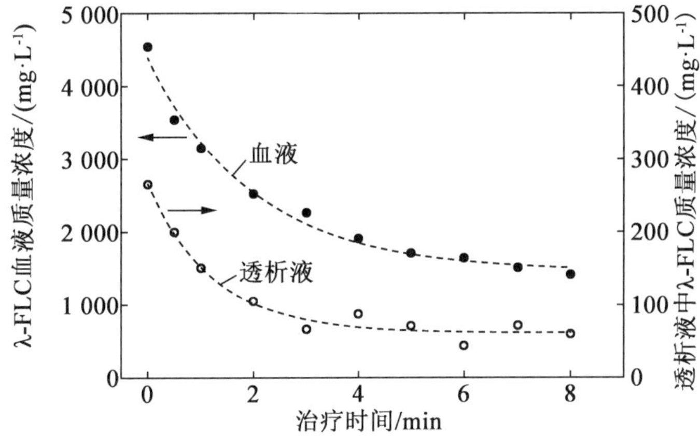
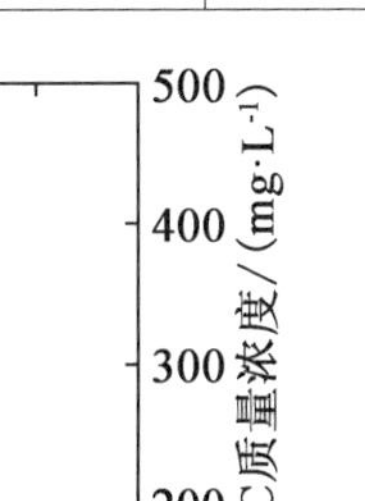

图 11.18 使用 HCO 膜进行血液透析 8 h 期间，血液和透析液中 λ－FLC 的质量浓度

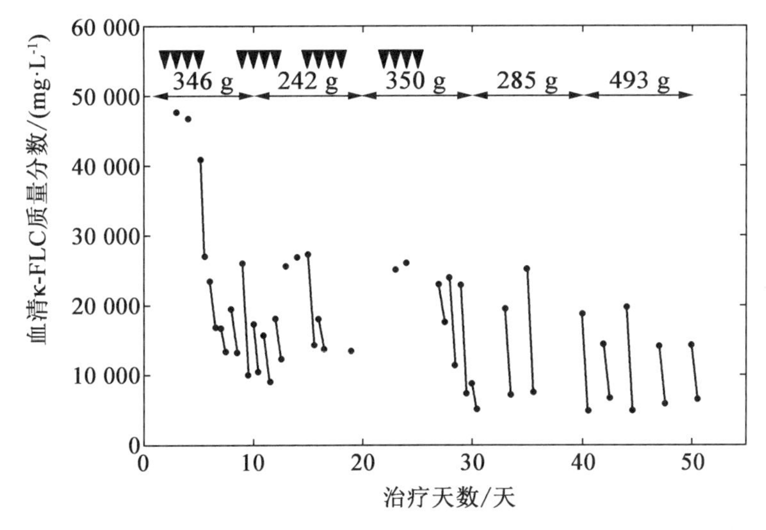

图 11.19 采用 HCO 膜治疗 50 天的透析前后患者血清 κ－FLC 浓度

（透析前后的样品由一条线连接。数字表明每 10 天透析液中 FLC(g) 的清除量。箭头(▼)对应于日常应用化疗）

3. HCO 透析法清除 FLC 后肾功能衰竭的恢复

从历史上看，肾透析依赖症和 FLC 诱导的继发于 MM 的肾病理改变相结合会导致肾功能非常差，大多数患者会依赖于慢性透析。在一项针对 17 例 FLC 诱导的 AKI 患者的初步实验中显示，有效化疗可迅速降低 FLC 血药浓度，HCO 透析可清除 FLC 促进肾功能恢复。所有 FLC 持续下降超过 60% 的患者都恢复了肾功能，并不再依赖于 HD。

图 11.20 显示了这些患者在同一家医院治疗的肾脏恢复率以及复发率。

因此，通过 HCO 透析清除 FLC 的患者肾脏恢复率更高。对于大多数伴有管型肾病 ARF 的 MM 患者来说，如果通过 HCO 膜联合有效化疗可以使 FLC 迅速降低到正常浓度，那么是可以恢复肾功能的。

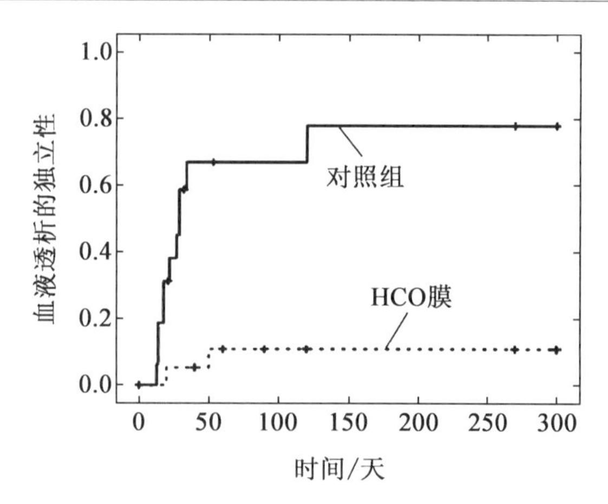

图 11.20 用 HCO 膜进行化疗和透析治疗的 17 例多发性骨髓瘤和急性肾衰竭患者的肾恢复 Kaplan - Meier 图

11.11 HCO 膜用于脓毒症诱导的 ARF 治疗

11.11.1 由脓毒症引起的 AKI

严重脓毒症是全身的炎症反应(SIRS),是最常见的死亡原因之一。SIRS 的死亡率从 30% 到 100% 不等,这取决于涉及的器官数量。

人体对微生物或烧伤皮肤(如皮肤烧伤)等创伤性事件的炎症反应会产生 SIRS。严重败血症导致低血压和血通量不足(脓毒性休克)并导致 AKI 或多器官衰竭(MOF)。来自革兰氏阴性菌的内毒素(LPS)能够刺激细胞因子(TNF - α,白细胞介素 -1,单核细胞介素 -6)和其他促炎介质(血栓素 A2、前列环素、血小板活化因子和一氧化氮)的生成。脓毒症通常在重症监护室用静脉补液和抗生素治疗。如果液体置换不足以维持血压,则需给予特定的加压药物。分别需要人工通气和透析来支持肺和肾的功能。

在正常生理条件下,肾脏滤过单元(肾小球)能够清除细胞因子。然而,在 ARF 的情况下,细胞因子和其他促炎介质并没有被清除。

基于大量的临床和分子生物学研究,细胞因子等感染性休克介质是感染性休克和包括 ARF 在内的 MOF 发病机制的关键因素。

绝大多数细胞因子为水溶性,具有中等分子量 (5 ~ 50 ku)。这些特性表明它们可以通过 HF 或 HD 被清除。然而,标准的 HF 或 HD 膜,即使在高容量 HF 模式下使用,也只能通过跨膜输运或吸附去除少量细胞因子。因此,传统的肾脏替代疗法无法显著清除细胞因子并持续降低血浆水平。这是因为标准膜的孔径有限,吸附能力有限。克服这些限制的一种方法是使用孔径适度增大的膜,促进细胞因子的渗透性,同时提高较大蛋白质的截留率。

11.11.2 AKI 和脓毒症患者 HCO 膜的临床研究

HCO 膜已经在一系列体外测试中得到研究。结果表明，用 HCO 膜清除分子量高达约 50 ku 的底物是安全有效的。这些体外研究是为了确定和优化细胞因子清除与白蛋白截留的性能特征。

在一项体外研究中，对 6 名健康志愿者的 LPS 刺激血液进行了封闭体外循环中的 HCO－HD 检测。这是首次用 HCO 膜进行细胞因子透析的研究，其白蛋白损失可忽略不计。

另一项体外研究是评价扩散与对流在 HCO 膜性能方面的差异。对 15 名健康志愿者的 LPS－刺激血液进行 HCO HF、HD 和白蛋白透析，在封闭体外循环中检测 4 h。HCO 血液过滤器能有效清除炎症性 IL－6 和 TNF－α。使用扩散而不是对流可以显著降低白蛋白的损失。

采用前瞻性随机对照实验，对 32 例感染性休克所致 MOF 患者进行连续静脉－静脉血液稀释（CVVH）和后稀释 5 天 HCO 治疗的安全性进行了评价。在治疗组，患者分别用 HCO 膜和常规高通量膜每天治疗 12 h。对照组采用常规高通量膜每天治疗 24 h。HCO－HF 处理显著清除细胞因子，导致 IL－6 总量在循环过程中持续下降。12 h 的平均白蛋白损失为 4.8 g。整个治疗期间血浆凝血因子和白蛋白水平保持不变。作者的结论是，HCO－HF 不会导致意外的不良事件，总体来说是可以接受的。

另一项研究试图探讨 HCO－HF 是否影响免疫状态的替代生物标记物。从患者采集的 HCO 滤液激活了健康志愿者外周血单核细胞培养中的 TNF－α 的释放（并提高了吞噬率）。也就说，HCO－HF 成功地清除了促进免疫病理生理细胞活动的介质。

此外，外周血白细胞与 HCO 滤液孵育可恢复 T 淋巴细胞的增殖，表明 HCO－HF 治疗可改善严重脓毒症患者的免疫状态。

在另一项前瞻性随机临床实验中，采用不同的透析方式研究了 HCO 膜效应。24 例感染性休克合并 ARF 患者被分配到四个研究组，比较扩散型（CVVH：UF 1 L/h，UF 2.5 L/h）和对流型血液透析（CVVHD）HCO 治疗 3 天的效果。HCO－CVVH 和 HCO－CVVHD 均能有效清除细胞因子（IL－6、IL－1β、IL－1ra）。然而，与 HCO－CVVH 相比，HCO－CVVHD 血浆蛋白损失更少。此外，抗凝血酶Ⅲ（分子量为 58 ku）没有受到这些 HCO 治疗的影响。

为了评估积极的临床效果，在一项前瞻性的随机临床实验中，两组研究人员进行了 48 h 的 HCO 与常规高通量 CVVH 的比较。该研究针对了 30 例脓毒症所致 ARF 患者。在这一人群中，严重脓毒症患者需要去甲肾上腺素治疗来稳定血液循环。HCO－HF 对 IL－6 和 IL－1ra 的清除作用更好，同时 HCO－HF 对去甲肾上腺素的需求产生了有益的影响。此外，在 HCO 组中观察到脓毒症的严重程度呈下降趋势。

在一项双盲、交叉、随机对照的一期实验中，10 例 ARF 引起的败血症患者在血通量（QB）为 200 mL/min、透析液通量（QD）为 300 mL/min 的情况下，分别采用 HCO 间歇性 HD（IHD）和高通量 IHD 治疗 4 h。在那些同时患有 ARF 的患者中，与标准高通量 IHD 相比，HCO－IHD 可导致扩散型细胞因子清除率增加，血浆细胞因子浓度相对下降更大。

两种治疗方式对尿毒症的控制效果相当。临床观察 HCO 组平均动脉压升高,去甲肾上腺素降低(从 8 mg/min 降至 2 mg/min)。

使用不同的蛋白渗漏透析仪治疗败血性 AKI 已经通过了学术工作组的测试。Haase 等在一篇综述中指出,HCO 膜是一种可行、安全的方法,可以清除脓毒症并发 AKI 患者体内的促炎介质和抗炎介质。

11.12 MCO 膜:新一代 HD 膜

自 HD 作为 ESRD 的治疗方法发展以来,已对透析仪膜进行了许多改进。尽管如此,患者的整体临床结果仍然具有挑战性。许多观察性研究都支持这样一种假设,即高分子量毒素与许多透析并发症有关,如慢性炎症及相关心血管疾病、免疫功能障碍、贫血和促红细胞生成素(EPO)反应亢进,这些并发症会提高死亡率。然而,当使用 HCO 膜来改变高分子量毒素时,患者会失去大量的白蛋白和其他必需的蛋白质。在开放、随机、交叉、双中心、对照、前瞻性临床研究中,透析患者使用 Gambro HCO 1110 透析仪与低通量透析仪 PF14L(HCO/LF - HD)或高通量透析仪 PF210H(HF - HD)串联治疗。HCO/LF - HD 治疗 3 周后,sIL - 2R、sTNF - R1、sTNT - R2、FLC 等多种免疫介质明显减少,白蛋白质量浓度由(36.2 ±3.5) g/L 下降到(31.0 ±4.7) g/L。因此,使用 HCO 膜进行 HD 治疗可以更有效地清除较大的尿毒症毒素,从而降低炎症活性,但其代价是损失更多的白蛋白。

随着 MCO 膜的发展,这种高选择性膜在渗透性方面的差距已经越来越小。如今,聚合物配方、纺丝技术和透析仪制造理念的进步,包括高科技设备的增加使用,使透析仪产品的质量得到了改进,安全性得到了提升。膜和透析仪不同的设计方法,如纤维波动、高的封装密度、改善的透析液流分布以及降低纤维直径增加内部过滤性,会提高透析仪性能,但在清除中分子量产物和同时截留白蛋白等蛋白方面仍存在不足。这些目标要求透析膜的孔径分布非常窄,以前通过相反转法是无法达到的,但最近通过采用定制和良好控制的纺丝技术实现了这一点,这种纺丝技术可以产生更大、均匀大小和密集分布的孔。新研制的 MCO 膜正在展现高选择的膜渗透性。

Boschetti - de - Fierro 等对葡聚糖过滤膜的体外特性进行了表征,并将 MCO 膜与其他常规透析膜(包括低通量膜和高通量膜、HCO 膜和蛋白泄漏膜)相比,将其划分为渗透性最接近天然肾脏的膜。

该分类引入了一个新的术语,分子量截留起点(MWRO);根据作者的定义,MWRO 是筛分系数为 0.9 的分子量。结合一般已知的筛分系数为 0.1 时的分子量截留量,可以反映出血液净化膜的不同类型,如图 11.21 所示。

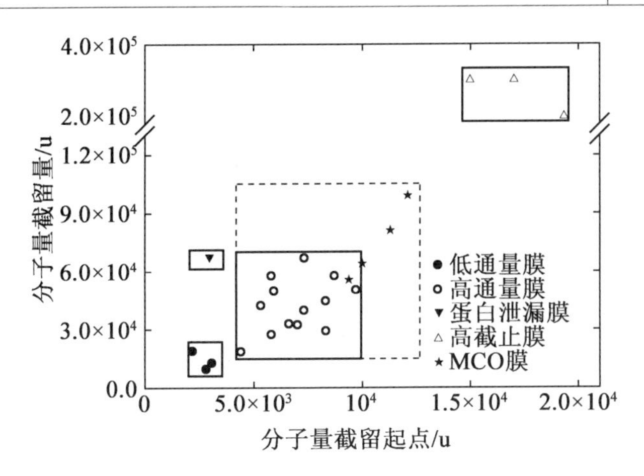

图 11.21 根据右旋糖酐筛选曲线的分子量截留起点和分子量截留量绘制血液净化膜的不同类型
(连续线表示之前的分类;折线表示更新后的分类,包括 MCO 膜)

根据透析仪膜的不同,可以区分出不同的透析仪,如低通量膜、高通量膜、蛋白泄漏膜、HCO 膜和 MCO 膜。MCO 膜是已知的高通量膜极限的扩展。这种膜渗透性和选择性的扩展代表着向实现理想的透析膜分离性能迈出了一大步。体外数据显示,与使用 HCO 膜观察到的类似,MCO 膜在保留白蛋白的同时,也能增强毒素去除,因此 MCO 膜适合常规治疗方案和治疗模式,例如,在欧洲国家实行每周 3 次的 4 h 治疗。最初的两项关于 MCO 透析仪与上一代高通量透析仪的对比研究证实了这一假设。在第一项随机 HD 研究中,将 MCO AA、BB 和 CC(德国 Gambro Dialysatoren GmbH,Baxter International Inc. 的子公司)这三种不同的 MCO 原型产品(膜孔径/渗透性(AA < BB < CC)与高通量 FX CorDiax 80 透析仪(德国 Bad Homburg 的 Fresenius Medical Care)进行了比较。该研究在奥地利格拉茨的 LKH 大学医院和布鲁克的 LKH 医院进行,针对 19 名 ESRD 患者。第一部分是分子量约 45 000 u 的 λ - FLC 的总清除率。第二部分是清除中等尺寸的溶质,如 κ - Ig (MW 约 22 500 u)、FLC、α1 - 微球蛋白、补体因子 D、肌红蛋白、β2 - 微球蛋白和小型溶质,以及这些技术原型的安全性。所研制的 MCO 透析仪样机对 κ - FLC 和 λ - FLC 的总去除率显著提高(MCO AA、BB 和 CC 对比 FX CorDiax 80:(8.5 ±0.54)、(11.3 ±0.51)、(15.0 ±0.53) 对比 (3.6 ±0.51) mL/min),白蛋白的清除总量也明显高于对照组(MCO - AA、BB 和 CC 与 FX CorDiax 80 的中位数[范围]:2.9 g [1.5 ~3.9]、4.8 g [2.2 ~6.7] 和 7.3 g [1.9 ~9.7] 对比 <0.3 g [<0.3 到 <0.3])。

在第二项研究中,比较了两台 MCO 原型透析仪(MCO AA 和 MCO BB)在 HD 模式下与 FX CorDiax 80 和 FX CorDiax 800 (Fresenius Medical Care, Bad Homburg,德国)在 HD 和大容量 HDF(稀释后容积控制模式,总对流 UF 体积不小于 23 L)模式下的表现。这项研究在德国美因州艾森菲尔德透析中心进行。该研究的主要结果是 HD 模式下 MCO 原型透析仪与 HD 和 HDF 模式下使用的高通量透析仪在 λ - FLC 总去除率方面的对比。结果显示,与上一代高通量透析仪的 HD 或 HDF 治疗相比,HD 模式下 MCO 透析仪的总 λ - FLC 去除率更大。([最小二乘平均值(标准误差)]:MCO AA 10.0 (0.57)、MCO BB

12.5 (0.57)对比高通量 HD 4.4 (0.57)和 HDF 6.2 (0.58)mL/min)。MCO 对 α1 - 微球蛋白、补体因子 D、λ - FLC 和肌红蛋白的去除率一般大于高通量 HD 及类似或大于 HDF 处理,而 MCO 对白蛋白的去除率适中,但大于高通量的 HD 和 HDF(MCO - AA 和 BB 与 FX CARDIAX 80 和 FX CARDIAX 800 的中位数[范围]:3.2 g [1.9 ~3.9] 和 4.9 g [1.1 ~7.2]对比 0.2 g [0.2 ~0.9] 和 0.4 g [0.3 ~0.8])。

基于这两项研究,HD 模式下的 MCO 膜显示出对多种中间分子的有效清除,并显示出明显优于标准高通量 HD 处理的性能,甚至超过大溶质(特别是 λ - FLC)大体积后稀释 HDF 的性能。在文献报道的 HDF 范围内,MCO 膜与白蛋白清除有关,因此 MCO 透析仪清除白蛋白对人血白蛋白水平的影响预计也较低,因此在常规 HD 模式下可以安全治疗。

总之,最新一代的高选择性和渗透性 MCO 膜满足透析处理的高质量和良好性能的要求,其特点是清除分子量高达 45 000 u 的大中分子,类似于 HCO 膜,而同时长期维持白蛋白(高通量膜)的低损失。

对于 15 000 ~45 000 u 尺寸范围内的尿毒症溶质,MCO 膜与 HD 模式下使用的高通量膜相比具有更好的去除率,并且与高容量 HDF 模式下的高通量膜效果相当。其优点是在等效条件下,不需要在线生产替代液和血管通路能够承受高的血流速率。因此,MCO 膜的使用简化了 ESRD 患者高去除率治疗的实施,具有扩展现有最佳治疗能力的清除光谱。这将允许临床医生在使用常规 HD 设备的同时,达到比 HDF 的更多优势,因为 HDF 需要大量高质量的液体和更复杂的设置。这些特殊的 MCO 膜将提高所有慢性 HD 患者的治疗标准,减少潜在的炎症性反应,并改善一般患者的治疗效果。未来的研究将证明这种产品的临床效益。

11.13 生物人工肾膜

11.13.1 背景与动机

目前应用的常规肾脏替代疗法仅限于部分替代肾小球功能。肾小球是一种高度选择性的过滤器,用于去除小的溶质和流体体积。这种功能被透析仪或过滤器中的膜所代替。然而,用于肾脏替代疗法的膜不能替代整个肾小管系统的生物学功能,如代谢、内分泌和免疫功能。小管上皮细胞在多种代谢活动中发挥重要作用,如谷胱甘肽的修复、维生素 D 的激活或小管中蛋白质、葡萄糖或酸等分子的再吸收。肾脏的内分泌功能包括蛋白质(如甲状旁腺激素、促红细胞生成素、肾素、过氧化物酶)的生物合成、前列腺素的产生以及生长因子和细胞因子的分泌。此外,小管上皮细胞具有免疫功能,包括内毒素消耗或产生杀菌防御素。这些小管上皮细胞是抗原呈递细胞,具有协同刺激分子,可合成炎症细胞因子。因此,一个替代系统必须能够模拟肾小球作为肾脏的过滤器,同时也要模拟肾小管作为肾脏的代谢、内分泌和免疫调节单位。

11.13.2 生物人工肾脏的概念

生物人工肾脏的概念是在 20 世纪 80 年代末提出的一种包含肾上皮细胞的半透性中空纤维膜的设计。这个想法是设计一种体外支持,将肾上皮细胞作为等效的生物杂交结构。人们希望这种结构能提供更广泛和更有效的血液净化,同时作为肾小管替代系统完成内分泌、代谢和免疫功能。此外,这种结构可以改善代谢环境,使小管组织功能得以替代,甚至能再生小管组织。所有提出的生物人工肾的概念都依赖于使用常规血液转化器的 UF 和二级上皮细胞生物反应器的组合,以取代肾小管重新吸收和分泌细胞衍生因子。

11.13.3 用于生物人工肾膜

多孔性是培养上皮细胞基质的重要特性。另一个关键的特性是在三维环境中模拟活体条件,例如使用凝胶或中空纤维。此外,三维环境增强了对上皮细胞凋亡的抵抗力。其他条件,如培养基组成、钙浓度和基质的机械刚度,会影响上皮细胞的生长和功能特性。

中空纤维膜在生物人工肾脏的各个方面都优于平面膜。中空纤维具有较高的表面积体积比,从而减少了培养空间的需要和材料消耗,这是将培养过程集成到封闭系统中实现自动化的先决条件(参见文献[94])。

不同的膜材料,包括合成材料或包覆有蛋白质的材料,已被用于各种方法来创建一个基于上皮的管状生物人工肾脏。透析仪中使用的膜材料表面能够显著抑制蛋白质吸附和细胞相互作用,因而具有很高的生物相容性。这种类型的表面可以用细胞外基质蛋白修饰,如纤维连接蛋白或衍生物、胶原、层粘连蛋白或衍生物或基质凝胶,以促进细胞黏附和细胞生长。

采用中空纤维基质用于上皮细胞的人工膜,包括可选择性涂覆Ⅰ、Ⅳ型胶原和 Pronectin－F 的聚砜膜,以及由聚酰亚胺或乙烯基醇共聚物(EVAL)制成的膜,已用于犬肾上皮细胞(MDCK)、人近端肾上皮细胞(HK－2)或 LLC－PK_1 细胞的生长。

用聚酰亚胺和 EVAL 膜制备了上皮细胞的融合单层膜。然而,除了涂有细胞外基质蛋白的聚砜膜外,聚砜不适合于上皮细胞培养。此外,具有或不具有基质蛋白涂层的醋酸纤维素膜均是生物人工肾的潜在材料。

Humes 等开发了所谓的肾辅助装置(RAD),这是最先进的生物人工肾脏系统,并在多中心、随机、对照、开放标签的Ⅱ期临床实验中进行了评估。RAD 的概念和基础技术已经在多次评论中被提及。

一种无须细胞外基质蛋白涂层的合成膜已经被用作上皮细胞培养系统。MDCK、HK－2 和人原代肾小管细胞已成功附着、扩增,并在中空纤维膜上维持数周,如图 11.22 所示,实现了均匀的细胞分布,在细胞扩张后形成了所有上皮细胞类型的复合单层。中空纤维完全被上皮细胞覆盖,显示紧密的细胞－细胞连接、微绒毛和纤毛。SEM 显示中空纤维中的细胞形成了具有微绒毛和纤毛的单层结构。共焦扫描激光显微照片显示细胞有蓝色染色的细胞核和红色染色的紧密或黏附的连接分子。人体细胞对紧密连接相关的 ZO－1 呈阳性染色,而犬细胞对黏附连接分子 E－cadherin 呈阳性染色。功能性上皮标记物水通道蛋白-1的表达也被证实(数据未展示)。

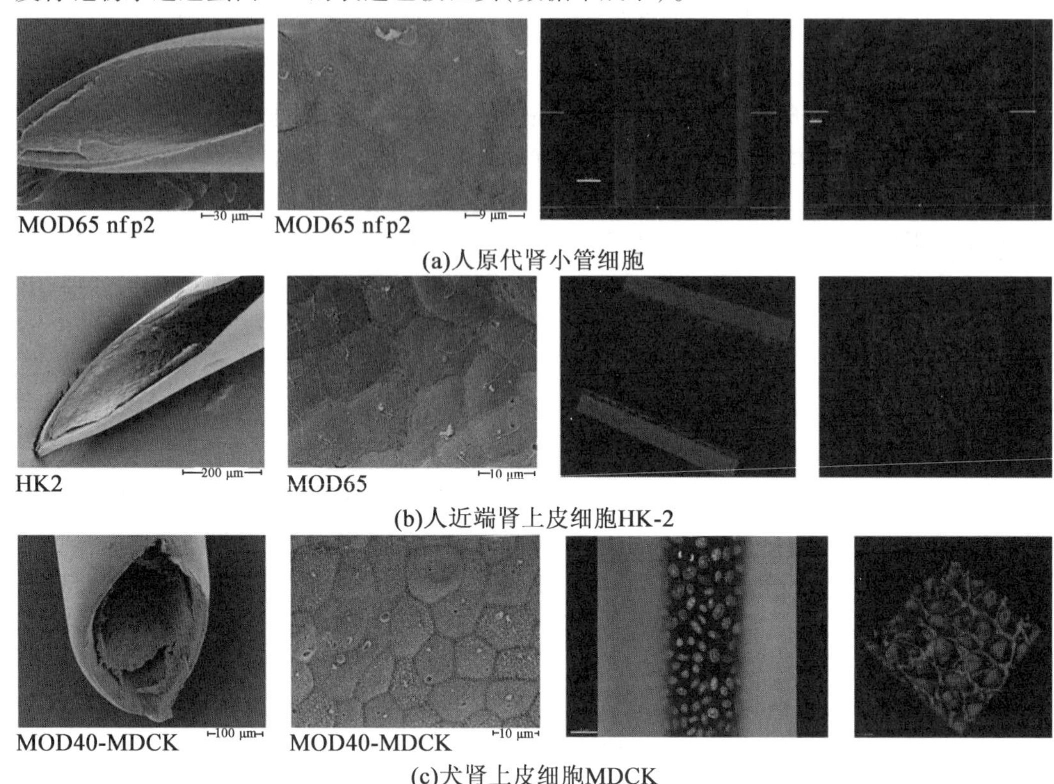

图 11.22 上皮细胞覆盖的合成中空纤维(彩图见附录)

11.14 可穿戴或可植入的生物人工肾脏

从长远来看,该领域的贡献者展望了针对慢性和急性肾衰竭患者的可穿戴或可植入生物人工肾脏的发展趋势。这种发展需要对所有的系统部件,如微型化过滤器、适合植入的材料、定制的膜和膜表面、透析液或滤液的再生、微型化泵、纳米电子技术等方面进行系统的研究。涉及工程、生物学和医学能力的跨学科方法也将是未来发展取得成功的先决条件。

在传统的HD处理过程中,每次治疗需要大约120 L纯净水。即便是家用的透析仪都很重,这限制了病人的移动性。此外,高频率的透析治疗或延长透析治疗时间比传统的HD方案优越,能够使患者生存期更长。因此,需要一种轻便、可穿戴的人工肾脏(WAK)。这种设备的优势还包括它可以降低透析的治疗费用——因为降低了人员成本,并消除了往返透析中心的费用。

与IHD治疗相比,WAK最大的好处在于持续的血液净化,而IHD治疗会导致内部环境的波动。持续透析治疗将给患者提供更大的灵活性。从成本角度来看,肾移植比传统的每周三次的中心透析更具成本效益,但受限于有限的器官捐献者。因此,可植入的生物人工肾是一个长期但尚未达到的目标。

11.14.1 WAK 系统的技术要求

WAK 的概念包括持续治疗,一天 24 h,一周 7 天,提供足够剂量的透析,使尿毒症患者的血容量及血液化学指标维持正常。最关键的一点是如何在闭环系统中再生和再利用少量透析液。这种可穿戴的小型透析装置的技术要求如下:

(1)发展足够的血管通路,使血流速率在 200 ~ 220 mL/min 范围内,这低于常规透析治疗,但足以进行持续治疗。如果双腔导管是一种解决办法,就必须设计新的生物材料以及研究皮肤出口部位。关键特征是感染和凝血受限,以及容易连接和断开。必须安装用于泄漏监测的传感器。此外,通道设置应不妨碍患者活动。

(2)电路的启动容量必须达到最小。因此,需要高抗血栓材料和简单的启动与回血过程。出于安全原因,该电路必须包括空气检测、压力传感器以及可见和可听的警报。

(3)一个定制的、简单的、具有患者预定治疗的自我监控功能的软件界面,可实现简单的数据显示访问和远程操作控制。必须监测 WAK 的生理和心理效应。

(4)微型化透析仪需要缩小到标准透析仪的 1/10,在 20 ~ 22 mL/min 范围内提供有效清除,UF 速率不超过 5 mL/min。这种透析仪的膜应能形成最少的二级蛋白层,对特定毒素具有较高的表面吸附能力。膜的孔径分布应该是均匀的,具有最小的固有膜阻。理想情况下,肾表面是不会形成血栓的,以防止凝血风险,在最佳的情况下,还可以模拟肾单位的生理功能。

(5)电源必须独立于电源插座才能佩戴。今天的技术促进了高能效、轻量和低成本的电池和燃料电池的产生,这些电池和燃料电池可以在一个设备中使用,用于持续治疗。

(6)透析液必须尽量减少,并可以持续再生和重复使用。市面上可买到的吸附剂系统可用作净化介质,使用无菌和纯透析液进行透析,其使用量低于 500 mL。吸附剂盒应易于更换,无须配有 pH 和电解质传感器的质量控制系统。

(7)整个设备必须足够轻,能够佩戴,符合人体工程学设计,不妨碍患者在日常生活中的移动和灵活性。因此,该装置应质量轻,并能根据人体的轮廓进行调整。

11.14.2 WAK 系统与方法

到目前为止,市场上还没有商业 WAK 系统,但是一些系统正在开发和改进。WAK 的研究历史悠久,最初的评估是由 Kolff 的团队在 20 世纪 60 年代完成的。1976 年,该小组开发了总质量为 3.5 kg 的 WAK 系统,该系统与 20 L 透析液浴连接,以充分清除尿素和钾;因此,它并不是真正可穿戴的。Murisasco 等进一步研发了 HF 透析仪和所谓的循环透析(REDY)系统。REDY 系统包括一个吸附剂盒,用于净化循环透析液。第一层含有活性炭,用于吸附重金属、氧化剂、氯胺、肌酐、尿酸、中分子和其他有机物。第二层包括尿素酶,它将尿素转化为铵和碳酸氢盐。下一层是磷酸锆,用于清除尿素生成的铵、钙、镁、钾和其他阳离子,同时尽量减少钠和氢的释放。最后一层由氧化锆组成,用于清除磷酸盐、氟化物和重金属,并释放醋酸盐、碳酸氢盐和钠。

该系统为 Davenport 等开发一种新型可穿戴 HD 设备奠定了基础,并在一项初步研究中进行了测试。主要部件是 0.6 m^2 高通量透析仪(Gambro Dialysatoren、Hechingen,德国)、脉动血泵、一系列用于透析液再生的吸附罐,以及 4 个微泵(Sorenson、West Jordan、UT、United States)将肝素注入血液循环,碳酸氢钠、镁和醋酸钙注入透析液循环,另一个泵调节 UF。该系统的总质量约为 5 kg。8 例中末期肾功能衰竭患者在人体实验中成功治疗 4 ~8 h,肌酐去除率为 20.7 mL/min。然而,为了保证治疗的安全性和科学性,需要进行更大量的实验。2009 年,Gura 等利用该系统进行了初步临床实验,进一步证实了 β2 - 微球蛋白和磷酸盐的有效去除率。

2007 年,Ronco 等描述了一种名为 Vicenza WAK 的连续 PD 可穿戴系统。该系统的基础是在夜间进行长时间的停留交换,然后在白天进行连续的血流 PD,使用特殊的导管和微型循环器进行。微型循环器利用吸附剂(活性炭和聚苯乙烯树脂)的混合物来再生 PD 溶液。在一项实验中,研究人员以 20 mL/min 的低速率测试了 12 L 废透析液再生过程中系统的吸附能力。评估了三种标记分子(分子量 113 u 的肌酐、分子量 11 800 u 的 β2 - 微球蛋白和分子量 14 000 u 的血管生成素)的清除。用聚苯乙烯树脂盒完全清除 β2 - 微球蛋白和血管生成素,而用离子交换树脂完全清除尿素和肌酐。该系统可以替代动态 PD 和连续动态 PD,在减少机动次数和 PD 溶液体积方面具有优势。

NEPHRON + 项目的可穿戴透析概念由欧盟第七框架计划共同资助,包括用于从血液中清除毒素的高通量透析仪、用于连续透析液净化的吸收器单元和用于颈部静脉入口的双腔导管。2012 年和 2013 年研制了总质量 3.2 kg 的原型版本,并在动物实验中进行了评估。

Debiotech、Awak 和 Neolgene Development 目前正在合作进行一项最新开发工作,旨在为患者提供一款小巧的家用 HD 机器。新系统基于 Debiotech 的 DialEase™,是一种小型化、易于使用、成本效益高的腹膜透析机,吸收剂来自 AWAK 的技术。新肾脏发展项目为荷兰肾脏基金会提供了医学专业知识和一个由国际知名肾脏专家组成的网络,并从公共和私人来源筹集了资金。

总之,WAK 的发展已取得重要进展;然而,在安全性、设备操作和有效性方面仍然存在重大的技术挑战。

11.15 干细胞治疗肾脏疾病的膜

自 2001 年以来,越来越多的文献报道骨髓间充质干细胞(MSC)在临床前治疗慢性和急性肾脏疾病(参见文献[122 - 137])。MSC 在体内外均分化为多种间充质细胞,如脂肪细胞、成骨细胞、软骨细胞、肌细胞、基质细胞等。

MSC 已在动物体内注射,最常见的是患有各种肾脏疾病的啮齿动物模型。

总之,干细胞,尤其是骨髓源性 MSC,是急慢性肾病传统治疗方式中的一个极具前途的替代选择。然而,干细胞的常规大规模临床应用还必须克服一个巨大的技术障碍——细胞扩增过程。干细胞是人体中非常罕见的细胞。例如,MSC 约占人类骨髓单核细胞的

0.01% ~0.001%。因此,几千个 MSC 要从几百毫升骨髓中获得。治疗剂量是每千克体重 100 万 ~1 000 万个 MSC,治疗过程中可能需要更大的剂量,视病情而定。目前 MSC 扩增的标准技术包括使用传统的基于聚苯乙烯的细胞培养瓶或细胞室,这是一种多瓶型培养设备,最多可堆叠 40 层。与提供平面和固体基质的烧瓶式细胞扩张扩增相比,中空纤维生物反应器具有以下优点:中空纤维生物反应器具有集成封闭体系的能力。出于安全考虑,为了避免微生物污染,必须使用封闭系统。此外,封闭式生物反应器系统是独立于洁净室设施扩增细胞的基本前提。一旦生物反应器成为封闭系统的一部分,细胞扩增过程就可以自动化。自动化能够减少时间消耗,除此之外还有一些好处,如减少了在烧瓶培养过程中手动执行的介质交换或细胞收获程序、减少了劳动、减少了处理步骤,因此减少了错误次数,提高了可靠性和可重复性。此外,便于所有过程步骤的电子文档编制。与平面和平面细胞基质相比,中空纤维具有较高表面体积比,这一优点可以减少空间需求,并可能减少细胞培养基的消耗。

中空纤维生物反应器系统扩增贴壁细胞(如 MSC)的一个例子是 2009 年开发的 CaridianBCT,现在已经成为 Terumo BCT 公司的商业化细胞扩增系统(Cell Expansion System,CES)Quantum®。图 11.23 是该系统的简化流程图。

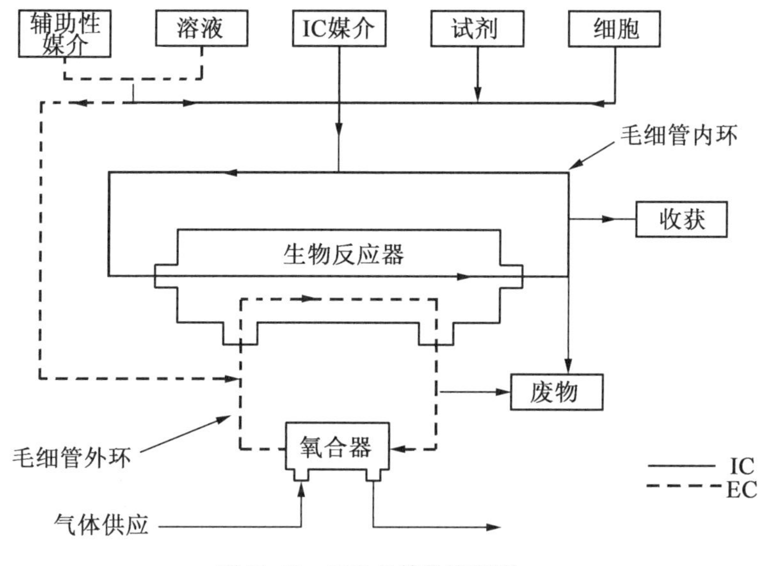

图 11.23 CES 的简化流程图

CES 包括两个主要的流动路径:毛细管内环(IC)和毛细管外环(EC)。此设置为用户提供了在每侧使用可变介质以及以不同速率在 IC 和 EC 侧交换介质的自由。扩增的细胞附着在中空纤维的内表面。与传统的烧瓶或室培养相比,这种细胞扩增系统(CES)的主要创新包括减少了空间需求和自动化带来的劳动力以及由于封闭系统而降低了污染风险。该系统是一个计算机控制的自动化培养系统。细胞在中空纤维生物反应器中生长,该反应器是封闭无菌一次性使用装置的一部分。细胞、培养基和其他支持液包含在无菌对接袋中,并附有废物袋,用于收集废液。典型的培养过程步骤,如细胞接种、培养基交换、细胞收获等都是由系统使用泵和自动阀门来控制的。CES 一次性套装还包含一个用于气体控制的小型氧气发生器。

CES代表了细胞治疗领域未来应用的一个有价值的工具,旨在使细胞治疗惠及大量患者。治疗市场是一个新兴市场,正经历着从临床实验阶段向临床常规实施阶段的转变。

本章参考文献

[1] Couser, W. G. ; Remuzzi, G. ; Mendis, S. ; Tonelli, M. The Contribution of Chronic Kidney Disease to the Global Burden of Major Noncommunicable Diseases. Kidney Int. 2011, 80 (12), 1258 - 1270.

[2] Krause, B. ; Göhl, H. ; Wiese, F. Medizintechnik. In Membranen: Grundlagen, Verfahren und industrielle Anwendungen; Ohlrogge, K. ; Ebert, K. , Eds. ; Wiley - VCH Verlag GmbH & Co. KGaA: Weinheim, FRG, 2006.

[3] Storr, M. ; Deppisch, R. ; Buck, R. ; Goehl, H. The Evolution of Membranes for Hemodialysis. In Biomedical Science and Technology Springer Science t Business Media: New York, 1998; pp. 219 - 233.

[4] Basic Features of the Polyamide Membranes. In Polyamide - The Evolution of a Synthetic Membrane for Renal Therapy; Berlyne, G. M. ; Giovannetti, S. , Eds. ; vol. 96; 1992. Karger: Basel, 1992.

[5] Klein, E. ; Holland, F. F. ; Eberle, K. Comparison of Experimental and Calculated Permeability and Rejection Coefficients for Hemodialysis Membranes. J. Membr. Sci. 1979, 5, 173 - 188.

[6] Ward, R. A. ; Feldhoff, P. W. ; Klein, E. Membrane Materials for Therapeutic Applications in Medicine. In Materials Science of Synthetic Membranes American Chemical Society (ACS): Washington, DC 20036, 1985; pp. 99 - 118.

[7] Hakim, R. M. ; Fearon, D. T. ; Lazarus, J. M. ; Perzanowski, C. S. Biocompatibility of Dialysis Membranes: Effects of Chronic Complement Activation. Kidney Int. 1984, 26 (2), 194 - 200.

[8] Franz, H. E. Book Dialyse 2001; Pabst Science Publisher: Lengenrich, 2002.

[9] Hoerl, H. E. ; Franz, W. H. Blutreinigungsverfahren. Stuttgart: Thieme - Verlag, 1997.

[10] Zaluska, W. T. ; Ksjazek, A. ; Roliski, J. Effect of Vitamin E Modified Cellulose Membrane on Human Lymphocyte, Monocyte, and Granulocyte CD11b/CD18 Adhesion Molecule Expression During Hemodialysis. ASAIO J. 2001, 47 (6), 619 - 622.

[11] Stannat, S. ; Bahlmann, J. ; Kiessling, D. ; Koch, K. M. ; Deicher, H. ; Peter, H. H. Complement Activation During Hemodialysis. Comparison of Polysulfone and Cuprophan Membranes. Contrib. Nephrol. 1985, 46, 102 - 108.

[12] Streicher, E. ; Schneider, H. The Development of a Polysulfone Membrane. A New Perspective in Dialysis? Contrib. Nephrol. 1985, 46, 1 – 13.

[13] Schaefer, R. M. ; Heidland, A. ; Horl, W. H. Release of Leukocyte Elastase During Hemodialysis. Effect of Different Dialysis Membranes. Contrib. Nephrol. 1985, 46, 109 – 117.

[14] Ronco, C. ; Crepaldi, C. ; Brendolan, A. ; Bragantini, L. ; d'Intini, V. ; Inguaggiato, P. ; Bonello, M. ; Krause, B. ; Deppisch, R. ; Goehl, H. ; Scabardi, A. Evolution of Synthetic Membranes for Blood Purification: The Case of the Polyflux Family. Nephrol. Dial. Transplant. 2003, 18 (Suppl. 7), 10 – 20.

[15] Hoenich, N. A. ; Stamp, S. ; Roberts, S. J. A Microdomain – Structured Synthetic High – Flux Hollow – Fiber Membrane for Renal Replacement Therapy. ASAIO J. 2000, 46 (1), 70 – 75.

[16] Tielemans, C. ; et al. Clinical Assessment of Performance and Blood Compatibility Profile of a New Synthetic Low Flux Hemodialyzer. Blood Purif. 2002, 20 (2), 214 – 215.

[17] Deppisch, R. ; Gohl, H. ; Smeby, L. Microdomain Structure of Polymeric Surfaces – Potential for Improving Blood Treatment Procedures. Nephrol. Dial. Transplant. 1998, 13 (6), 1354 – 1359.

[18] Mourad, A. Acute Effect of Haemodialysis on Arterial Stiffness: Membrane Bioincompatibility? Nephrol. Dial. Transplant. 2004, 19 (11), 2797 – 2802.

[19] Jørstad, S. ; Smeby, L. C. ; Balstad, T. ; Widerøe, T. E. Removal, Generation and Adsorption of Beta – 2 – Microglobulin During Hemofiltration With Five Different Membranes. Blood Purif. 1988, 6 (2), 96 – 105.

[20] Lonnemann, G. ; Koch, K. M. ; Shaldon, S. ; Dinarello, C. A. Studies on the Ability of Hemodialysis Membranes to Induce, Bind, and Clear Human Interleukin – 1. J. Lab. Clin. Med. 1988, 112 (1), 76 – 86.

[21] Laude – Sharp, M. ; Caroff, M. ; Simard, L. ; Pusineri, C. ; Kazatchkine, M. D. ; Haeffner – Cavaillon, N. Induction of IL – 1 During Hemodialysis: Transmembrane Passage of Intact Endotoxins (LPS). Kidney Int. 1990, 38 (6), 1089 – 1094.

[22] Floege, J. ; Bartsch, A. ; Schulze, M. ; Shaldon, S. ; Koch, K. M. ; Smeby, L. C. Clearance and Synthesis Rates of Beta 2 – Microglobulin in Patients Undergoing Hemodialysis and in Normal Subjects. J. Lab. Clin. Med. 1991, 118 (2), 153 – 165.

[23] Kunitomo, T. Development of New Artificial Kidney Systems. Am. J. Surg. 1984, 148 (5), 594 – 598.

[24] Ota, K. ; Okazwa, T. ; Kumagaya, E. ; et al. Polymethylmethacrylate Capillary Kidney Highly Permeable to Middle Molecules. Proc. Eur. Dial. Transplant. Assoc. 1975, 12, 559 – 564.

[25] Strathmann, D. H. Book Trennung von Molekularen Mischungen mit Hilfe Synthetis-

cher Membranen; Steinkopff:Darmstadt, 1979.

[26] Ledebo, I. On - Line Hemodiafiltration:Technique and Therapy. Adv. Ren. Replace. Ther. 1999, 6 (2), 195 -208.

[27] Ledebo, I. Predilution Hemofiltration:A New Technology Applied to an Old Therapy. Int. J. Artif. Organs 1995, 18 (11), 735 -742.

[28] Ledebo, I. Hemofiltration Redux. Blood Purif. 1999, 17 (4), 178 -181

[29] Meert, N. ; Waterloos, M. - A. ; Van Landschoot, M. ; Dhondt, A. ; Ledebo, I. ; Glorieux, G. ; Goeman, J. ; Van der Eycken, J. ; Vanholder, R. Prospective Evaluation of the Change of Predialysis Protein - Bound Uremic Solute Concentration With Postdilution Online Hemodiafiltration. Artif. Organs 2010, 34 (7), 580 -585.

[30] Duranton, F. ; Cohen, G. ; De Smet, R. ; Rodriguez, M. ; Jankowski, J. ; Vanholder, R. ; Argiles, A. ; On behalf of the European Uremic Toxin Work Group Normal and Pathologic Concentrations of Uremic Toxins. J. Am. Soc. Nephrol. 2012, 23 (7), 1258 -1270.

[31] Floege, J. ; Granolleras, C. ; Deschodt, G. ; Heck, M. ; Baudin, G. ; Branger, B. ; Tournier, O. ; Reinhard, B. ; Eisenbach, G. M. ; Smeby, L. C. ; Koch, K. M. ; Shaldon, S. High - Flux Synthetic Versus Cellulosic Membranes for b2 - Microglobulin Removal During Hemodialysis, Hemodiafiltration and Hemoflitration. Nephrol. Dial. Transplant. 1989, 4 (7), 653 -657.

[32] Lisowska - Myjak, B. Uremic Toxins and Their Effects on Multiple Organ Systems. Nephron Clin. Pract. 2014, 128 (3 -4), 303 -311.

[33] Neirynck, N. ; Vanholder, R. ; Schepers, E. ; Eloot, S. ; Pletinck, A. ; Glorieux, G. An Update on Uremic Toxins. Int. Urol. Nephrol. 2012, 45 (1), 139 -150.

[34] Eloot, S. ; Ledebo, I. ; Ward, R. A. Extracorporeal Removal of Uremic Toxins:Can We Still Do Better? Semin. Nephrol. 2014, 34 (2), 209 -227.

[35] Tattersall, J. E. ; Ward, R. A. Online Haemodiafiltration:Definition, Dose Quantification and Safety Revisited. Nephrol. Dial. Transplant. 2013, 28 (3), 542 -550.

[36] Ledebo, I. ; Blankestijn, P. J. Haemodiafiltration—Optimal Efficiency and Safety. NDT Plus 2010, 3 (1), 8 -16.

[37] Chapdelaine, I. ; de Roij van Zuijdewijn, C. L. M. ; Mostovaya, I. M. ; Lévesque, R. ; Davenport, A. ; Blankestijn, P. J. ; Wanner, C. ; Nubé, M. J. ; Grooteman, M. P. C. Optimization of the Convection Volume in Online Post - Dilution Haemodiafiltration:Practical and Technical Issues. Clin. Kidney J. 2015, 8 (2), 191 -198.

[38] Meert, N. ; Eloot, S. ; Waterloos, M. A. ; Van Landschoot, M. ; Dhondt, A. ; Glorieux, G. ; Ledebo, I. ; Vanholder, R. Effective Removal of Protein - Bound Uraemic Solutes by Different Convective Strategies:A Prospective Trial. Nephrol. Dial. Transplant. 2009, 24 (2), 562 -570.

[39] Tijink, M. S. ; Wester, M. ; Glorieux, G. ; Gerritsen, K. G. ; Sun, J. ; Swart, P.

C. ; Borneman, Z. ; Wessling, M. ; Vanholder, R. ; Joles, J. A. ; Stamatialis, D. Mixed Matrix Hollow Fiber Membranes for Removal of Protein – Bound Toxins From Human Plasma. Biomaterials 2013, 34 (32), 7819 – 7828.

[40] Meijers, B. K. ; Weber, V. ; Bammens, B. ; Dehaen, W. ; Verbeke, K. ; Falkenhagen, D. ; Evenepoel, P. Removal of the Uremic Retention Solute p – Cresol Using Fractionated Plasma Separation and Adsorption. Artif. Organs 2008, 32 (3), 214 – 219.

[41] Brettschneider, F. ; Tolle, M. ; von der Giet, M. ; Passlick – Deetjen, J. ; Steppan, S. ; Peter, M. ; Jankowski, V. ; Krause, A. ; Kuhne, S. ; Zidek, W. ; Jankowski, J. Removal of Protein – Bound, Hydrophobic Uremic Toxins by a Combined Fractionated Plasma Separation and Adsorption Technique. Artif. Organs 2013, 37 (4), 409 – 416.

[42] Kaysen, G. A. Biological Basis of Hypoalbuminemia in ESRD. J. Am. Soc. Nephrol. 1998, 9 (12), 2368 – 2376.

[43] Krieter, D. H. ; Canaud, B. High Permeability of Dialysis Membranes: What Is the Limit of Albumin Loss? Nephrol. Dial. Transplant. 2003, 18 (4), 651 – 654.

[44] Caravaca, F. ; Arrobas, M. ; Dominguez, C. Serum Albumin and Other Serum Protein Fractions in Stable Patients on Peritoneal Dialysis. Periton. Dialysis Int. 2000, 20 (6), 703 – 707.

[45] Ahrenholz, P. G. ; Winkler, R. E. ; Michelsen, A. ; Lang, D. A. ; Bowry, S. K. Dialysis Membrane – Dependent Removal of Middle Molecules During Hemodiafiltration: the Beta2 – Microglobulin/Albumin Relationship. Clin. Nephrol. 2004, 62 (1), 21 – 28.

[46] Shinzato, T. ; Miwa, M. ; Nakai, S. ; Takai, I. ; Matsumoto, Y. ; Morita, H. ; Miyata, T. ; Maeda, K. Alternate Repetition of Short Fore – and Backfiltrations Reduces Convective Albumin Loss. Kidney Int. 1996, 50 (2), 432 – 435.

[47] Ikizler, T. A. ; Flakoll, P. J. ; Parker, R. A. ; Hakim, R. M. Amino Acid and Albumin Losses During Hemodialysis. Kidney Int. 1994, 46 (3), 830 – 837.

[48] Kaplan, A. A. ; Halley, S. E. ; Lapkin, R. A. ; Graeber, C. W. Dialysate Protein Losses With Bleach Processed Polysulphone Dialyzers. Kidney Int. 1995, 47 (2), 573 – 578.

[49] Le Roy, F. ; Hanoy, M. ; Claeyssens, S. ; Bertrand, D. ; Freguia, C. ; Godin, M. Beta2 – Microglobulin Removal and Albumin Losses in Post – Dilution Hemodiafiltration: Membrane Effect [Abstract]. Clin. Kidney J. 2009, 2 (Suppl. 2), Sa402.

[50] Maduell, F. ; Arias – Guillen, M. ; Fontsere, N. ; Ojeda, R. ; Rico, N. ; Vera, M. ; Elena, M. ; Bedini, J. L. ; Wieneke, P. ; Campistol, J. M. Elimination of Large Uremic Toxins by a Dialyzer Specifically Designed for High – Volume Convective Therapies. Blood Purif. 2014, 37 (2), 125 – 130.

[51] Tsuchida, K.; Minakuchi, J. Albumin Loss Under the Use of the High - Performance Membrane. In Contributions to Nephrology vol. 173; 2011. S. Karger AG: Basel, 2011; pp. 76 - 83.

[52] Boschetti - de - Fierro, A.; Voigt, M.; Storr, M.; Krause, B. MCO Membranes: Enhanced Selectivity in High - Flux Class. Sci. Rep. 2015, 5, 18448.

[53] Hörl, W. H. Hemodialysis Membranes: Interleukins, Biocompatibility, and Middle Molecules. J. Am. Soc. Nephrol. 2002, 13 (Suppl. 1), 62 - 71.

[54] Singer, S. J.; Nicolson, G. L. The Fluid Mosaic Model of the Structure of Cell Membranes. Science 1972, 175 (4023), 720 - 731.

[55] Andrade, J. D. Book Surface and Interfacial Aspects of Biomedical Polymers; Plenum Press: New York, 1985, Vol. 2.

[56] Deppisch, R.; Storr, M.; Buck, R.; Göhl, H. Blood Material Interactions at the Surfaces of Membranes in Medical Applications. Sep. Purif. Technol. 1998, 14 (1 - 3), 241 - 254.

[57] Bowry, S. K.; Rintelen, T. H. Synthetically Modified Cellulose (SMC): A Cellulosic Hemodialysis Membrane With Minimized Complement Activation. ASAIO J. 1998, 44 (5), M579 - M583.

[58] Braun, N.; Bosch, T. Immunoadsorption, Current Status and Future Developments. Expert Opin. Investig. Drugs 2000, 9 (9), 2017 - 2038.

[59] Lauterbach, G. Book Handbuch der Kardiotechnik; Urban & Fischer Verlag/Elsevier GmbH: München, Jena, 2002.

[60] Tschaud, R. J. Book Extrakorporale Zirkulation in der Theorie und Praxis; Pabst Science Publishers: Lengerich, 1999.

[61] Ledebo, I. Ultrapure Dialysis Fluid - Direct and Indirect Benefits in Dialysis Therapy. Blood Purif. 2004, 22 (2), 20 - 25.

[62] Nowack, R.; Birck, R.; Weinreich, T. Dialyse und Nephrologie für Pflegeberufe; Springer - Verlag: Berlin, 2002.

[63] Ronco, C.; La Greca, G. Book Hemodialysis Technology, Contrib Nephrol; Karger: Basel, 2002.

[64] Delanaye, P.; Lambermont, B.; Dogné, J. M.; Dubois, B.; Ghuysen, A.; Janssen, N.; Desaive, T.; Kolh, P.; D'Orio, V.; Krzesinski, J. M. Confirmation of High Cytokine Clearance by Hemofiltration With a Cellulose Triacetate Membrane With Large Pores: An In Vivo Study. Int. J. Artif. Organs 2006, 29 (10), 944 - 948.

[65] Tomo, T.; Matsuyama, M.; Nakata, T.; Kadota, J. - i.; Toma, S.; Koga, N.; Fukui, H.; Arizono, K.; Takamiya, T.; Matsuyama, K.; Ueyama, S.; Shiohira, Y.; Uezu, Y.; Higa, A. Effect of High Fiber Density Ratio Polysulfone Dialyzer on Protein Removal. Blood Purif. 2008, 26 (4), 347 - 353.

[66] Galli, F.; Benedetti, S.; Floridi, A.; Canestrari, F.; Piroddi, M.; Buoncristiani,

E. ; Buoncristiani, U. Glycoxidation and Inflammatory Markers in Patients on Treatment With PMMA - Based Protein - Leaking Dialyzers. Kidney Int. 2005, 67 (2), 750 - 759.

[67] Kerr, P. G. ; Sutherland, W. H. F. ; de Jong, S. ; Vaithalingham, I. ; Williams, S. M. ; Walker, R. J. The Impact of Standard High - Flux Polysulfone Versus Novel High - Flux Polysulfone Dialysis Membranes on Inflammatory Markers: A Randomized, Single - Blinded, Controlled Clinical Trial. Am. J. Kidney Dis. 2007, 49 (4), 533 - 539.

[68] Hutchison, C. A. ; Cockwell, P. ; Reid, S. ; Chandler, K. ; Mead, G. P. ; Harrison, J. ; Hattersley, J. ; Evans, N. D. ; Chappell, M. J. ; Cook, M. ; Goehl, H. ; Storr, M. ; Bradwell, A. R. Efficient Removal of Immunoglobulin Free Light Chains by Hemodialysis for Multiple Myeloma: In Vitro and In Vivo Studies. J. Am. Soc. Nephrol. 2007, 18 (3), 886 - 895.

[69] Korbet, S. M. Multiple Myeloma. J. Am. Soc. Nephrol. 2006, 17 (9), 2533 - 2545.

[70] Bladé, J. ; Fernández - Llama, P. ; Bosch, F. ; Montolíu, J. ; Lens, X. M. ; Montoto, S. ; Cases, A. ; Darnell, A. ; Rozman, C. ; Montserrat, E. Renal Failure in Multiple Myeloma. Arch. Intern. Med. 1998, 158 (17), 1889.

[71] Principal discussant: Winearls, C. G. Acute Myeloma Kidney. Kidney Int. 1995, 48 (4), 1347 - 1361.

[72] Hutchison, C. A. ; Plant, T. ; Drayson, M. ; Cockwell, P. ; Kountouri, M. ; Basnayake, K. ; Harding, S. ; Bradwell, A. R. ; Mead, G. Serum Free Light Chain Measurement Aids the Diagnosis of Myeloma in Patients With Severe Renal Failure. BMC Nephrol. 2008, 9 (1), 11.

[73] Uchino, S. ; Bellomo, R. ; Morimatsu, H. ; Goldsmith, D. ; Davenport, P. ; Cole, L. ; Baldwin, I. ; Panagiotopoulos, S. ; Tipping, P. ; Morgera, S. ; Neumayer, H. H. ; Goehl, H. Cytokine Dialysis: An Ex Vivo Study. ASAIO J. 2002, 48 (6), 650 - 653.

[74] Morgera, S. ; Klonower, D. ; Rocktaschel, J. ; Haase, M. ; Priem, F. ; Ziemer, S. ; Wegner, B. ; Gohl, H. ; Neumayer, H. H. TNF - Elimination With High Cut - Off Haemofilters: A Feasible Clinical Modality for Septic Patients? Nephrol. Dial. Transplant. 2003, 18 (7), 1361 - 1369.

[75] Morgera, S. ; Haase, M. ; Rocktaschel, J. ; Bohler, T. ; Heymann, C. v. ; Vargas - Hein, O. ; Krausch, D. ; Zuckermann - Becker, H. ; Muller, J. M. ; Kox, W. J. ; Neumayer, H. H. High Permeability Haemofiltration Improves Peripheral Blood Mononuclear Cell Proliferation in Septic Patients With Acute Renal Failure. Nephrol. Dial. Transpl. 2003, 18 (12), 2570 - 2576.

[76] Morgera, S. ; Haase, M. ; Rocktäschel, J. ; Böhler, T. ; Vargas - Hein, O. ; Melz-

er, C. ; Krausch, D. ; Kox, W. J. ; Baumann, G. ; Beck, W. ; Göhl, H. ; Neumayer, H. – H. Intermittent High – Permeability Hemofiltration Modulates Inflammatory Response in Septic Patients With Multiorgan Failure. Nephron Clin. Pract. 2003, 94 (3), c75 – c80.

[77] Morgera, S. ; Rocktäschel, J. ; Haase, M. ; Lehmann, C. ; von Heymann, C. ; Ziemer, S. ; Priem, F. ; Hocher, B. ; Göhl, H. ; Kox, W. J. ; Buder, H. – W. ; Neumayer, H. – H. Intermittent High Permeability Hemofiltration in Septic Patients With Acute Renal Failure. Intensive Care Med. 2003, 29 (11), 1989 – 1995.

[78] Morgera, S. ; Slowinski, T. ; Melzer, C. ; Sobottke, V. ; Vargas – Hein, O. ; Volk, T. ; Zuckermann – Becker, H. ; Wegner, B. ; Müller, J. M. ; Baumann, G. ; Kox, W. J. ; Bellomo, R. ; Neumayer, H. – H. Renal Replacement Therapy With High – Cutoff Hemofilters: Impact of Convection and Diffusion on Cytokine Clearances and Protein Status. Am. J. Kidney Dis. 2004, 43 (3), 444 – 453.

[79] Morgera, S. ; Haase, M. ; Kuss, T. ; Vargas – Hein, O. ; Zuckermann – Becker, H. ; Melzer, C. ; Krieg, H. ; Wegner, B. ; Bellomo, R. ; Neumayer, H. – H. Pilot Study on the Effects of High Cutoff Hemofiltration on the Need for Norepinephrine in Septic Patients With Acute Renal Failure * . Crit. Care Med. 2006, 34 (8), 2099 – 2104.

[80] Haase, M. ; Bellomo, R. ; Baldwin, I. ; Haase – Fielitz, A. ; Fealy, N. ; Davenport, P. ; Morgera, S. ; Goehl, H. ; Storr, M. ; Boyce, N. ; Neumayer, H. – H. Hemodialysis Membrane With a High – Molecular – Weight Cutoff and Cytokine Levels in Sepsis Complicated by Acute Renal Failure: A Phase 1 Randomized Trial. Am. J. Kidney Dis. 2007, 50 (2), 296 – 304.

[81] Haase, M. ; Bellomo, R. ; Morger, S. ; Baldwin, I. ; Boyce, N. High Cut – off Point Membranes in Septic Acute Renal Failure: A Systematic Review. Int. J. Artif. Organs 2007, 30 (12), 1031 – 1041.

[82] Santoro, A. ; Mancini, E. Cardiac Effects of Chronic Inflammation in Dialysis Patients. Nephrol. Dial. Transplant. 2002, 17 (Suppl. 8), 10 – 15.

[83] Kato, S. ; Chmielewski, M. ; Honda, H. ; Pecoits – Filho, R. ; Matsuo, S. ; Yuzawa, Y. ; Tranaeus, A. ; Stenvinkel, P. ; Lindholm, B. Aspects of Immune Dysfunction in End – Stage Renal Disease. Clin. J. Am. Soc. Nephrol. 2008, 3 (5), 1526 – 1533.

[84] Locatelli, F. ; Andrulli, S. ; Pecchini, F. ; Pedrini, L. ; Agliata, S. ; Lucchi, L. ; Farina, M. ; La Milia, V. ; Grassi, C. ; Borghi, M. ; Redaelli, B. ; Conte, F. ; Ratto, G. ; Cabiddu, G. ; Grossi, C. ; Modenese, R. Effect of High – Flux Dialysis on the Anaemia of Haemodialysis Patients. Nephrol. Dial. Transplant. 2000, 15 (9), 1399 – 1409.

[85] Free Paper Abstracts. Hemodialysis International 2015, 19, S3 – S11.

[86] Kirsch, A. H.; Lyko, R.; Nilsson, L. – G.; Beck, W.; Amdahl, M.; Lechner, P.; Schneider, A.; Wanner, C.; Rosenkranz, A. R.; Krieter, D. H. Performance of Hemodialysis With Novel Medium Cut – off Dialyzers. Nephrol. Dial. Transplant. 2016, 32 (1), 165 – 172.

[87] Kirsch, A. H.; Lechner, P.; Nilsson, L. G.; Beck, W.; Amdahl, M.; Krieter, D. H.; Rosenkranz, A. R. Large middle – molecule removal during hemodialysis using a novel medium cutoff dialyzer. Nephrol. Dial. Transplant. 2016, 31, i230 – i230, http://dx. doi. org/10. 1093/ndt/gfw170. 23.

[88] Flanigan, M. J.; Lim, V. S. Endocrine Function in Uremia. In Replacement of Renal Function by Dialysis Springer Science t Business Media:Dordrecht, 2004; pp. 999 – 1011.

[89] Humes, H. D.; Weitzel, W. F.; Bartlett, R. H.; Swaniker, F. C.; Paganini, E. P.; Luderer, J. R.; Sobota, J. Initial Clinical Results of the Bioartificial Kidney Containing Human Cells in ICU Patients With Acute Renal Failure. Kidney Int. 2004, 66 (4), 1578 – 1588.

[90] Nitschke, M.; Wiehl, S.; Baer, P. C.; Kreft, B. Bactericidal Activity of Renal Tubular Cells:The Putative Role of Human Beta – Defensins. Exp. Nephrol. 2002, 10 (5 – 6), 332 – 337.

[91] Aebischer, P.; Ip, T. K.; Panol, G.; Galletti, P. M. The Bioartificial Kidney:Progress Towards an Ultrafiltration Device With Renal Epithelial Cells Processing. Life Support Syst. 1987, 5 (2), 159 – 168.

[92] Rodriguez – Boulan, E.; Powell, S. K. Polarity of Epithelial and Neuronal Cells. Annu. Rev. Cell Biol. 1992, 8 (1), 395 – 427.

[93] Weaver, V. M.; Lelièvre, S.; Lakins, J. N.; Chrenek, M. A.; Jones, J. C. R.; Giancotti, F.; Werb, Z.; Bissell, M. J. b4 Integrin – Dependent Formation of Polarized Three – Dimensional Architecture Confers Resistance to Apoptosis in Normal and Malignant Mammary Epithelium. Cancer Cell 2002, 2 (3), 205 – 216.

[94] Humes, H. D.; Weitzel, W. F.; Fissell, W. H. Renal Cell Therapy in the Treatment of Patients With Acute and Chronic Renal Failure. Blood Purif. 2004, 22 (1), 60 – 72.

[95] Saito, A.; Aung, T.; Sekiguchi, K.; Sato, Y.; Vu, D. M.; Inagaki, M.; Kanai, G.; Tanaka, R.; Suzuki, H.; Kakuta, T. Present Status and Perspectives of Bioartificial Kidneys. J. Artif. Organs 2006, 9 (3), 130 – 135.

[96] Ozgen, N.; Terashima, M.; Aung, T.; Sato, Y.; Isoe, C.; Kakuta, T.; Saito, A. Evaluation of Long – Term Transport Ability of a Bioartificial Renal Tubule Device Using LLC – PK1 Cells. Nephrol. Dial. Transplant. 2004, 19 (9), 2198 – 2207.

[97] Saito, A. Research Into the Development of a Wearable Bioartificial Kidney With a Continuous Hemofilter and a Bioartificial Tubule Device Using Tubular Epithelial

Cells. Artif. Organs 2004, 28 (1), 58 -63.

[98] Saito, A.; Aung, T.; Sekiguchi, K.; Sato, Y. Present Status and Perspective of the Development of a Bioartificial Kidney for Chronic Renal Failure Patients. Ther. Apher. Dial. 2006, 10 (4), 342 -347.

[99] Ding, F.; Humes, H. D. The Bioartificial Kidney and Bioengineered Membranes in Acute Kidney Injury. Nephron Exp. Nephrol. 2008, 109 (4), e118 - e122.

[100] Woods, J. D.; Humes, H. D. Prospects for a Bioartificial Kidney. Semin. Nephrol. 1997, 17 (4), 381 -386.

[101] Humes, H. D. Bioartificial Kidney for Full Renal Replacement Therapy. Semin. Nephrol. 2000, 20 (1), 71 -82.

[102] Maguire, P. J.; Stevens, C.; Humes, H. D.; Shander, A.; Halpern, N. A.; Pastores, S. M. Bioartificial Organ Support for Hepatic, Renal, and Hematologic Failure. Crit. Care Clin. 2000, 16 (4), 681 -694.

[103] Humes, H. D.; Fissell, W. H.; Weitzel, W. F. The Bioartificial Kidney in the Treatment of Acute Renal Failure. Kidney Int. 2002, 61, S121 - S125.

[104] Tiranathanagul, K.; Eiam - Ong, S.; Humes, H. D. The Future of Renal Support: High - Flux Dialysis to Bioartificial Kidneys. Crit. Care Clin. 2005, 21 (2), 379 - 394.

[105] Tiranathanagul, K.; Brodie, J.; Humes, H. D. Bioartificial Kidney in the Treatment of Acute Renal Failure Associated With Sepsis (Review Article). Nephrology 2006, 11 (4), 285 -291.

[106] Fissell, W. H.; Fleischman, A. J.; Humes, H. D.; Roy, S. Development of Continuous Implantable Renal Replacement: Past and Future. Transl. Res. 2007, 150 (6), 327 -336.

[107] Prokop, A. Bioartificial Organs in the Twenty - First Century: Nanobiological Devices. Ann. N. Y. Acad. Sci. 2001, 944, 472 -490.

[108] Pauly, R. P. Survival Comparison Between Intensive Hemodialysis and Transplantation in the Context of the Existing Literature Surrounding Nocturnal and Short - Daily Hemodialysis. Nephrol. Dial. Transplant. 2013, 28 (1), 44 -47.

[109] Ronco, C.; Davenport, A.; Gura, V. The Future of the Artificial Kidney: Moving Towards Wearable and Miniaturized Devices. Nefrologia 2011, 31 (1), 9 -16.

[110] Kim, J. C.; Ronco, C. Current Technological Approaches for a Wearable Artificial Kidney. Contrib. Nephrol. 2011, 171, 231 -236.

[111] Baek, H. J.; Lee, H. B.; Kim, J. S.; Choi, J. M.; Kim, K. K.; Park, K. S. Nonintrusive Biological Signal Monitoring in a Car to Evaluate a Driver's Stress and Health State. Telemed. J. E Health 2009, 15 (2), 182 -189.

[112] Gura, V.; Macy, A. S.; Beizai, M.; Ezon, C.; Golper, T. A. Technical Breakthroughs in the Wearable Artificial Kidney (WAK). Clin. J. Am. Soc. Nephrol.

2009, 4 (9), 1441 – 1448.

[113] Humes, H. D.; Mackay, S. M.; Funke, A. J.; Buffington, D. A. Tissue Engineering of a Bioartificial Renal Tubule Assist Device: In Vitro Transport and Metabolic Characteristics. Kidney Int. 1999, 55 (6), 2502 – 2514.

[114] Stephens, R. L.; Jacobsen, S. C.; Atkin – thor, E.; Kolff, W. Portable/Wearable Artificial Kidney (WAK) – Initial Evaluation. Proc. Eur. Dial. Transplant Assoc. 1976, 12, 511 – 518.

[115] Murisasco, A.; Baz, M.; Boobes, Y.; Bertocchio, P.; el Mehdi, M.; Durand, C.; Reynier, J. P.; Ragon, A. A Continuous Hemofiltration System Using Sorbents for Hemofiltrate Regeneration. Clin. Nephrol. 1986, 26 (Suppl. 1), S53 – S57.

[116] Davenport, A.; Gura, V.; Ronco, C.; Beizai, M.; Ezon, C.; Rambod, E. A Wearable Haemodialysis Device for Patients With End – Stage Renal Failure: A Pilot Study. Lancet 2007, 370 (9604), 2005 – 2010.

[117] Gura, V.; Davenport, A.; Beizai, M.; Ezon, C.; Ronco, C. b2 – Microglobulin and Phosphate Clearances Using a Wearable Artificial Kidney: A Pilot Study. Am. J. Kidney Dis. 2009, 54 (1), 104 – 111.

[118] Ronco, C.; Fecondini, L. The Vicenza Wearable Artificial Kidney for Peritoneal Dialysis (ViWAK PD). Blood Purif. 2007, 25 (4), 383 – 388.

[119] http://www.nephronplus.eu/en/news.

[120] http://www.awak.com/news.htm.

[121] Kooman, J. P.; Joles, J. A.; Gerritsen, K. G. F. Creating a Wearable Artificial Kidney: Where Are We Now? Expert Rev. Med. Devices 2015, 12 (4), 373 – 376.

[122] Yokoo, T.; Kawamura, T.; Kobayashi, E. Stem Cells for Kidney Repair: Useful Tool for Acute Renal Failure? Kidney Int. 2008, 74 (7), 847 – 849.

[123] Sagrinati, C.; Ronconi, E.; Lazzeri, E.; Lasagni, L.; Romagnani, P. Stem – Cell Approaches for Kidney Repair: Choosing the Right Cells. Trends Mol. Med. 2008, 14 (7), 277 – 285.

[124] Liu, K. D.; Brakeman, P. R. Renal Repair and Recovery. Crit. Care Med. 2008, 36 (Suppl.), S187 – S192.

[125] Gupta, S.; Rosenberg, M. E. Do Stem Cells Exist in the Adult Kidney? Am. J. Nephrol. 2008, 28 (4), 607 – 613.

[126] Humphreys, B. D.; Bonventre, J. V. Mesenchymal Stem Cells in Acute Kidney Injury. Annu. Rev. Med. 2008, 59 (1), 311 – 325.

[127] Imai, E.; Iwatani, H. The Continuing Story of Renal Repair With Stem Cells. J. Am. Soc. Nephrol. 2007, 18 (9), 2423 – 2424.

[128] Haller, H. Regenerative Therapien in der Nephrologie. Der Internist 2007, 48 (8), 813 – 818.

[129] Sharples, E. J. Acute kidney injury: stimulation of repair. Curr. Opin. Crit. Care 2007, 13 (6), 652 – 655.

[130] Hishikawa, K. ; Fujita, T. Stem Cells and Kidney Disease. Hypertens. Res. 2006, 29 (10), 745 -749.

[131] Morigi, M. ; Benigni, A. ; Remuzzi, G. ; Imberti, B. The Regenerative Potential of Stem Cells in Acute Renal Failure. Cell Transplant. 2006, 15 (1), 111 -117.

[132] Lin, F. Stem Cells in Kidney Regeneration Following Acute Renal Injury. Pediatr. Res. 2006, 59, 74R -78R.

[133] Patschan, D. ; Plotkin, M. ; Goligorsky, M. Therapeutic Use of Stem and Endothelial Progenitor Cells in Acute Renal Injury: ça ira. Curr. Opin. Pharmacol. 2006, 6 (2), 176 -183.

[134] Cantley, L. G. Adult Stem Cells in the Repair of the Injured Renal Tubule. Nat. Clin. Pract. Nephrol. 2005, 1 (1), 22 -32.

[135] Ricardo, S. D. ; Deane, J. A. Adult Stem Cells in Renal Injury and Repair (Review Article). Nephrology 2005, 10 (3), 276 -282.

[136] Bates, C. M. ; Lin, F. Future Strategies in the Treatment of Acute Renal Failure: Growth Factors, Stem Cells, and Other Novel Therapies. Curr. Opin. Pediatr. 2005, 17 (2), 215 -220.

[137] Perin, L. ; Giuliani, S. ; Sedrakyan, S. ; Da Sacco, S. ; De Filippo, R. E. Stem Cell and Regenerative Science Applications in the Development of Bioengineering of Renal Tissue. Pediatr. Res. 2008, 63 (5), 467 -471.

[138] Pittenger, M. F. Multilineage Potential of Adult Human Mesenchymal Stem Cells. Science 1999, 284 (5411), 143 -147.

[139] Le Blanc, K. ; Frassoni, F. ; Ball, L. ; Locatelli, F. ; Roelofs, H. ; Lewis, I. ; Lanino, E. ; Sundberg, B. ; Bernardo, M. E. ; Remberger, M. ; Dini, G. ; Egeler, R. M. ; Bacigalupo, A. ; Fibbe, W. ; Ringdén, O. Mesenchymal Stem Cells for Treatment of Steroid - Resistant, Severe, Acute Graft - Versus - Host Disease: A Phase II Study. Lancet 2008,371 (9624), 1579 -1586.

[140] Brooke, G. ; Rossetti, T. ; Pelekanos, R. ; Ilic, N. ; Murray, P. ; Hancock, S. ; Antonenas, V. ; Huang, G. ; Gottlieb, D. ; Bradstock, K. ; Atkinson, K. Manufacturing of Human Placenta - Derived Mesenchymal Stem Cells for Clinical Trials. Br. J. Haematol. 2009, 144 (4), 571 -579.

[141] Müller, I. ; Kordowich, S. ; Holzwarth, C. ; Spano, C. ; Isensee, G. ; Staiber, A. ; Viebahn, S. ; Gieseke, F. ; Langer, H. ; Gawaz, M. P. ; Horwitz, E. M. ; Conte, P. ; Handgretinger, R. ; Dominici, M. Animal Serum - Free Culture Conditions for Isolation and Expansion of Multipotent Mesenchymal Stromal Cells From Human BM. Cytotherapy 2006, 8 (5), 437 -444.

[142] Antwiler, D. a. t. ; Deppisch, R. a. t. ; Neubauer, M. a. t. ; Zander, A. a. t. ; Westenfelder, C. a. t. In: Annual Meeting of the International Society for Cellular Therapies.

第12章　膜技术在肝脏和神经组织工程中的应用

12.1　概　述

1954年,在波士顿的布里格姆医院,Joseph Murray 和 David Hume 成功进行了第一次实用性肾脏移植手术,推动了替换和修复受损器官和组织领域的进展。然而,由于世界人口的老龄化,与年龄相关的疾病逐年增加,引起了广泛的临床和社会需求。因老龄化疾病导致的死亡占全世界死亡人数的2/3,在工业化国家中达到了90%。尽管捐赠者的数目不断增加,但适用的器官仍然不足。美国有119 926人在等待器官移植。器官移植日益缺乏的问题和人口的老龄化现状促使人们开始寻找新的替代疗法。细胞移植可用于替换小面积组织,但生物人工同源物仍是必需的,以替换大面积组织或整个器官。迄今为止,结合了智能生物材料和先进细胞疗法的新方法已经被开发用于器官组织工程。

能够复制细胞在人体内接收物理、化学和生物信号能力的生物材料,是生产组织或器官所必需的。各种不同的材料,天然的、合成的、可回收和不可生物降解的,都已被用来做细胞的支持物,促进它们的分化和增殖,以形成组织。细胞外基质(ECM),如胶原蛋白、层粘连蛋白、弹性蛋白、纤维连接蛋白,已被用作组织工程的基质和细胞间传递的载体。在组织工程和再生医学中,胶原蛋白被广泛用作细胞的支架和载体,特别是在皮肤等软组织应用中。碳水化合物聚合物不仅被用于药物输送,也同样用于组织工程。大量的天然和合成的聚合材料也在体内和体外组织工程中发挥了重要作用。

制造一个器官或组织,需要一种增殖细胞的仿生方法、一种细胞亲和的生物材料作为支架,以及一个优化的生物反应容器。

由功能细胞和聚合膜组成的微纳结构膜生物人工系统可以在细胞微环境中实现分子水平上的高度控制,用于组织类似物的重建。这些人工系统将细胞分为微米和纳米结构的复合物,为细胞黏附提供了很大的表面积,并确保营养物质和代谢物在细胞间的连续和选择性运输。膜系统能够创造具有高度选择性和特定的理化、形态和传输特征的仿生环境。根据明确的工程标准设计和操作的特制膜(有机膜,具有特定的生物分子功能,扁平和中空纤维结构),能够维持特定的功能,在细胞间提供充足的氧气和营养,传输分解物,并且为发育中的组织提供适当的生物刺激。

在组织工程结构中,膜的表面和传输特性在促进细胞黏附、增殖和存活能力方面起着重要的作用。材料表面性质,如化学成分、亲水性/疏水性、电荷、自由能和粗糙度等可以通过调节细胞分泌的或包含在生理液体中的蛋白质来影响细胞黏附。在过去的几十年里,为了改善细胞-生物材料的相互作用而开发了一些新的方法。这些方法包括通过对功能基团嫁接改变表面、在不改变分子性质前提下固定分子、用ECM蛋白包覆分子以及形成不同结构。

本章将回顾为组织工程和人工生物器官开发的膜系统,这些系统作为体外平台已在临床和临床实验中被评估或验证。此外,总结了肝和神经膜生物工程工艺流程的研究进展。

12.2　肝脏组织工程膜系统

全世界每年有数百万人死于肝病。在美国,肝病患者有2 500万,每年死亡人数超过25 000。世界卫生组织的报告显示,世界上死于肝病的人数占死亡总人数的2.5%。全球化和移民导致了一些肝脏疾病在全球范围的传播,病毒性肝炎将在2030年成为第十四大死亡原因。目前,器官移植名单上有约30万人在等待器官的捐献(基于器官获得和移植网(OPTN),数据截至2021年3月31日)。欧洲肝脏移植登记处(ELTR)报告中指出,在欧洲,从1968年到2015年,共进行了137 404次肝移植手术。肝移植是唯一有效的治疗晚期肝病的方法。然而,由于缺乏供体器官,肝移植数目十分有限。克服供体器官短缺问题的一个策略是活体供体器官移植,其中部分肝移植可以来自于尸体。然而,这种方法对捐献者的肝脏能力有一定要求。另外,由于肝再生,肝功能衰竭具有潜在的可逆性,因此,人们一直在努力制定治疗策略,以支持患者直到肝移植或再生。这些方法包括肝细胞移植、体外装置和干细胞治疗。各种非生物治疗,如血液透析、血液灌流和血浆置换,其系统中肝脏合成和代谢功能的替代不足,成功率有限。体外生物治疗包括全肝灌注、肝片灌注和交叉血液透析等已显示出一些有益的效果,但在临床上难以实施。在过去的三十年里,已经开发出了各种各样的生物杂化人工肝(BAL)系统来应对肝脏衰竭。一般来说,BAL系统由人工细胞培养材料支持的功能肝细胞组成。特别是它能将肝细胞集合于一个生物反应器,在这个生物反应器中,细胞被固定化、培养并诱导分化,通过处理肝衰竭患者的血液或血浆来执行肝脏功能。在器官移植或再生之前,BAL系统是暂时替代相关肝脏功能(如生物合成、代谢和解毒)的理想选择。开发治疗效果良好的BAL,必须考虑与细胞和设备相关的设计问题。设备必须提供以下功能:①对细胞黏附的支持;②从患者的血液或血浆到细胞室的氧气、营养物质和有毒物质,以及从细胞室到血液或血浆的细胞产生的蛋白质、分解物和其他特定化合物的大量转移;③细胞的免疫保护;④生物相容性;⑤治疗用途的可扩展性。在过去的几十年里,各种各样的BAL设备被开发出来,它们的构型、细胞源和培养技术都有所不同(表12.1)。

表 12.1 临床试验生物人工系统下膜 BAL

人工生物系统	生物反应器构型	膜	细胞源	细胞容量	培养技术	细胞位置	发展水平
Kiil 透析器 生物人工肝	平面型	纤维素(MWCO = 20 ku)	兔原代肝细胞	1×10^{10}	悬浮	透析液舱	首次临床报告
BAL	桶式	PVC	猪肝细胞	4×10^{7}	悬浮	壳	二期临床试验
ELAD	中空纤维	CA（MWCO = 70 ku）	人细胞系(C3A)	2×10^{11}	聚集	壳	一期临床试验
Hepat Assist HepaMate™[53]	中空纤维	PSf（孔径 0.2 μm）	冻存猪肝细胞	5×10^{9}	微载体贴附 不规则聚集体	壳	二/三期临床试验
LLS Charite （德国洪堡大学）	中空纤维	PA（MWCO = 100 ku） PES（MWCO = 80 ku） 硅橡胶 PP（孔径 0.2 μm）	猪原代肝细胞 内皮细胞	2.5×10^{9}	聚集	壳	一期临床试验
MELS	中空纤维	PES（MWCO > 400 ku） 疏水多层中空纤维	人肝细胞	1.8×10^{10} ~ 4.4×10^{10} 肝细胞和 非实质细胞	聚集	壳	一期临床试验
BLSS Excorp （医疗公司）	中空纤维	CA（MWCO = 100 ku）	猪原代肝细胞	70 ~ 120 g	胶原凝胶包埋	壳	一/二期临床试验
AMC - BAL （阿姆斯特丹大学）	螺旋缠绕	非织造聚酯基 PP 中空纤维 （孔径 0.2 μm）	猪原代肝细胞	1×10^{10}	轻微聚集	壳/非织造 聚酯基体上	一期临床试验
TECA - HALSS	中空纤维	PSf(MWCO = 100 ku)	猪肝细胞	1×10^{10}	聚集	壳	一期临床试验
SRBAL	罐式生物反应器	血液透析用 PSf （MWCO = 65 ku，400 ku）	猪原代肝细胞	59 ~ 228 g	球状细胞	悬浮	
RFB	填料床反应器	聚酯网	猪肝细胞	200 g	聚集	黏附	一期临床试验

注：PVC，聚氯乙烯；CA，醋酸纤维素；PSf，聚砜；PA，聚酰胺；PES，聚醚砜；PP，聚丙烯

12.2.1 细胞源

细胞成分的选择对于一个BAL设备的性能是至关重要的。这些细胞必须提供与原器官相同水平的肝脏特异性功能。已开发的BAL和肝组织工程中使用了不同的细胞来源:原代异种肝细胞、干细胞、祖细胞、人肝细胞和细胞系。人肝细胞是BAL和肝组织工程中最主要和最受欢迎的细胞源,但它们具有一定的局限性,因为它们是从不适合移植的死体器官分离出来的。猪肝细胞具有与人类细胞相似的代谢谱,是人肝细胞的合理替代品。猪肝细胞具有生物转化功能,能够合成尿素、白蛋白和其他蛋白质,并能被激活人体细胞生长的因子所激活。猪原代肝细胞可以大量获得,并且具有与人肝细胞相同的功能和治疗效果。然而,也存在许多与异体感染和免疫反应风险相关的缺点。通过使用适当的膜分离血液和肝细胞,可以进一步降低猪肝细胞潜在的感染和免疫风险。

为了提高细胞的利用率,许多研究者已经寻找了其他的细胞来源进而产生新的人肝细胞系(例如,肿瘤源性肝细胞系和永生化细胞)。这些细胞具有必要的功能和生存特性,可以大量培养很长时间。在BAL中使用的一种肿瘤源性肝细胞系是C3A细胞系,它有合成和代谢氮的能力,但氨和药物生物转化功能水平较低。而且,使用这些细胞的一个主要问题是致癌和致癌因子的传播。为了克服原代肝细胞体外增殖能力差的问题,利用病毒转染的细胞永生化技术,建立了永生化细胞系。但潜在的致癌风险仍待解决。

干细胞,包括胚胎干细胞、诱导多能干细胞和间叶干细胞,由于其增殖和分化能力较强,是一种较好的细胞来源。胚胎干细胞是具有无限增殖潜能的多能细胞,可分化为包括肝细胞在内的所需细胞类型。主要的问题涉及伦理问题、免疫相容性和可能形成畸形细胞。通过重编从自体细胞诱导产生的多能干细胞能避免伦理和免疫问题。然而,病毒载体的使用、细胞周期调节剂不稳定性以及控制分化等问题仍然限制着诱导多能干细胞的应用。

在骨髓和脂肪组织等发现的成人干细胞是更可行的来源,因为它们能够在肝细胞中分化成骨细胞、软骨细胞和脂肪细胞。肝祖细胞是肝脏组织工程的一个有趣的细胞来源,因为它们能够分化成成熟的肝细胞。肝脏中的这些细胞通常被区分为卵圆细胞,在体内,卵圆细胞在肝切除或肝损伤时被激活,以促进再生过程。其他祖细胞可以从人类胎儿肝脏分离。这些细胞具有高度增殖的最低免疫原性,即使伦理问题和不完全分化限制了它们在肝细胞中的应用。不同的是,肝母细胞是可以在妊娠早期从人胎肝中分离出来的祖细胞。尽管伦理问题和可用性仍然是主要关注点,但它们可以在体外繁殖,并分化为肝细胞和胆管细胞。

12.2.2 培养技术

肝细胞参与了最重要和最复杂的肝脏功能:血液排毒,胆汁的分泌,蛋白质、类固醇或脂肪的代谢,维生素、铁或糖的储存。尽管非实质细胞支持并参与某些肝功能,但肝细胞是最活跃的特异性和多功能成分。为此,必须在体外复制大量的生物学参数,以保持肝细胞的全部功能。此外,在体外培养条件下,初步培养的肝细胞会迅速失去肝脏特有的功能。为了克服这种情况,已经开发出许多技术来创造一种能够维持正常的肝脏结构和功能的培养环境。主要的任务是创造细胞外基质的工艺流程，以及在固有器官中产生的必要的同型和异型细胞相互作用。为了促进肝细胞在体外长期存活和代谢功能，人们提出了各种培养技术：蛋白涂覆培养皿、胶原三明治、微载体、支架、微胶囊、聚集体，以及与其他肝源性或非肝源性细胞的共培养。新型的生物材料培养模型包括使用扁平结构的多孔膜，如改性聚醚醚酮（PEEK - WC）膜、聚乙烯醇缩甲醛（PVF）树脂和聚（D，L - 乙醇酸 - co - 乳酸）（PGLA）泡沫、多肝细胞聚集体（球体）悬浮培养，在微结构支架和多孔基质的孔隙中，如用聚氨酯（PU）泡沫以及夹带包覆藻酸盐珠的肝细胞。

12.2.3 膜生物反应器

考虑到肝脏的几种功能，混合肝支持装置是最复杂的生物反应器之一。为了达到支持肝功能衰竭患者肝功能的目的，该装置必须确保神经和肝毒素的快速解毒，并确保肝特异性营养因子以及肝特异性凝血因子返回患者血液。此外，必须对生物反应器进行改造，以确保减少体积和抗性，并避免对患者的血浆产生稀释效应。因此，设计标准必须符合要求才能开发出功能性的 BAL 系统。生物反应器能够最大限度地将营养物质和毒素从患者的血液或血浆转移到肝细胞。经处理的含有代谢物和合成产物的血浆将被送回患者的血液循环。为了完成这项任务，需要大量的肝细胞和足够的表面积供其黏附。该设备应集成高效的质量传输、可扩展性和肝细胞功能的维护。已被开发为 BAL 的中空纤维膜生物反应器是最常见、最具前景的生物反应器之一。具有适当分子截留量（MWCO）的聚合物半透膜已被证明是一个有效的选择性屏障，它可以确保一些必需物质从血液输运到肝细胞（如营养、代谢产物和毒素）或从细胞输运到血液，如分解代谢物和特定代谢产品，从而保护细胞不与患者血液中的免疫活性物质接触。因此，异种或异基因植入物可在不需要免疫抑制治疗的情况下使用。此外，膜也承担了 ECM 的功能，为贴壁肝细胞的黏附提供了大的表面积。特别是中空纤维膜具有在小体积内提供大面积的优势。当使用最终可能传播内源性病毒的猪肝细胞时，膜可用于细胞增氧和防止病毒传播。在膜生物反应器中，质量传递是由膜的 MWCO 或孔径决定的，并通过扩散或对流来响应现有的跨膜浓度或压力梯度。代谢物、代谢分解物、与细胞调节和免疫相关的可溶性因子的跨膜传递是复杂的，这是由于不仅从小的电解质到大的蛋白分子尺寸不同，而且它们的物理化学性质（如疏水性和亲水性）也都不同。一般来说，大多数用于中空纤维生物反应器的理论都认为低分子量分子的传输是通过扩散来实现的，而对流对大规模转移的贡献通常被忽略，因为压力剪应力降低了细胞的生存能力。相反，对流现象是调节大分子物种和蛋白质大规模转移的原因。因此，为了全面了解和表征代谢物通过中空纤维膜的传输，在设计 BAL 时需要全面考虑对流和扩散机制。

MWCO 阈值从 70 ku 到 100 ku 的膜可以用于 BAL 设备来输送血清蛋白和排出高分子量的蛋白，例如免疫球蛋白和免疫保护细胞（表 12.1）。但是，在一些装置中，已经使用了具有大孔径（0.2 μm）的微孔膜，其可自由渗透血浆蛋白质、毒素和凝血因子，但该通道不允许通过细胞（表 12.1），目的是增加流体对流，从而提高传质效率。

在先前的研究中，BAL 设备中已经运用了各种不同形貌和理化性质材料的聚合膜。其中纤维素和聚砜衍生物膜是使用最广泛的，在一些装置中，聚丙烯膜也用于细胞氧化

(表12.1和表12.2)。细胞黏附和功能受到膜形态(如孔隙大小、孔隙大小分布和粗糙度)和物理化学性质(如表面电荷、润湿性、表面自由能)的影响。因此,设计一个能够有利于肝脏特定功能的表达和膜的黏附的肝生物反应器是十分重要的。最常见的商业膜是为了血液透析开发的,这些膜经过优化以后对于细胞和蛋白质是惰性的。所以,该膜特性对于细胞相互作用和功能表达是不良的。已经有了一些改善膜和细胞相互作用的手段。其中一种方法是通过接枝功能性极性基团(如N-基团包括氨基、酰胺基、氰基、亚氨基)来修饰膜表面,这些极性基团通过—NH_2基团之间的直接相互作用来增强膜的极性并促进初始细胞-膜的相互作用,例如细胞周围的羧基和蛋白质的相互作用。也可以用NH_3等离子体接枝改性聚醚醚酮和聚氨酯(PEEK-WC-PU)膜改善人肝细胞的特异功能。另一种提高细胞性能的方法是用细胞外基质(ECM)蛋白覆盖膜表面,或将RGD肽或半乳糖等生物分子固定在膜表面,这些生物分子分别与细胞膜上的整合素和无唾液酸糖蛋白受体相互作用。其他方法是开发具有模仿细胞外微环境特性的膜。

为了给细胞提供必要的生化信号和营养物质,人们已经做出了巨大的努力。由于在水介质中溶解度差,氧是最重要的限制性营养物质之一。由于肝细胞具有高代谢性和高摄氧量,为了给循环血液或血浆充氧,一些装置包含透氧膜,而另一些装置在体外灌注回路中使用内联式氧合器。

12.2.4 BAL膜的临床评价

自1987年以来,已经报告了一些BAL设备,其中一些已经在临床实验中进行了评估(表12.1)。最常见的设备使用中空纤维膜作为细胞黏附和分隔的支架,并作为患者血浆和肝细胞之间的免疫选择性屏障。

1987年,Matsumura等报告了生物人工肝的早期临床实验,这是一种基于血液透析原理的装置,它使用了功能正常的肝细胞。肝细胞悬架被放置在纤维半透膜一侧的一个渗析液室内。血液在膜的另一侧流动(表12.2)。之后,第一个大型临床研究是由Margulis等完成的,其将20 mL的胶囊灌满猪肝细胞,在一种聚氯乙烯(PVC)膜上接种。这些首次用于BAL的肝细胞,由于是吸附依赖性的,因此在悬浮液中活性和功能仅能保持几个小时。随后的BAL装置采用不同的培养技术将肝细胞黏附在一起。Sussman和他的同事开发了一种体外肝辅助装置(ELAD, Vital therapies Inc.),其中来自肝母细胞瘤细胞系(HepG2)的人肝细胞系C3A被植入并生长在中空纤维的毛细血管外,血液流过膜腔。醋酸纤维素(CA)膜(70 ku)将细胞从患者血浆中分离出来。该装置由Millis等改造而成,通过将膜的MWCO从70 ku增加到120 ku,改善了细胞与血浆隔室之间的传质交换;将细胞数量从200 g增加到400 g;改进氧化装置;并为最终的细胞流失增加一个过滤器。该系统在几个临床研究和临床第三阶段进行了评估。

表 12.2 体外评价 BAL 膜特性

人工生物系统	生物反应器构型	膜材料	细胞源	生物反应器细胞容量	培养技术	细胞位置
Liver x2000	中空纤维	PSf (MWCO = 100 ku)	猪肝细胞	1×10^8	凝胶包埋	血管腔
BAL	中空纤维	PSf (孔径 0.2 μm)和琼脂糖微胶囊	大鼠肝细胞、HepG2	9×10^7	多细胞球体	纤维外空间
BLSS	中空纤维	PE (Plasma Flo)(孔径 0.3 μm)	猪肝细胞	5.4×10^9	凝胶包埋	纤维外空间
FMB - BAL	平板	PTFE(致密)和 PC (孔径 0.2 μm)	猪肝细胞	1×10^{10}	三明治式	平板膜中间
BAL	中空纤维	聚烯烃纤维(孔径 0.4 μm)	大鼠肝细胞、HepG2	2×10^7	凝胶包埋	纤维外空间
小型肝细胞生物反应器	交织中空纤维	PES(孔径 0.5 μm)和疏水膜 MHF200TL	人肝细胞	2×10^7	三维高密度	纤维外空间
LLS HALLS	中空纤维 多毛细管	EVAL 中空纤维 PU 泡沫 塑料毛细涂覆的 PE	猪肝细胞	1×10^7	类器官 球状细胞	纤维外空间
Oxy - HFB	横向中空纤维	PE (孔径 0.2 μm) PP	猪肝细胞	1×10^9 ~ 5×10^9	聚集体	纤维外空间
RWMS	平板	FC(致密)	大鼠肝细胞	7.5×10^5 ~ 9×10^5	球状细胞	在表面上
微型生物反应器	平板	PTFE(致密)	猪肝细胞	6×10^6	单层	在表面上
滑动反应器	中空纤维	PES(孔径 0.2 μm)	人肝癌细胞	8×10^4	聚集体	中空纤维之间
平板	微通道生物反应器	PU (致密)	大鼠肝细胞	2×10^6	单层	在表面上
PDMS 微生物反应器	平板	PDMS 和聚酯(孔径 0.4 μm)	大鼠肝细胞	5×10^5	单层	在表面上

续表 12.2

人工生物系统	生物反应器构型	膜材料	细胞源	生物反应器细胞容量	培养技术	细胞位置
LSS	中空纤维	CA - MPC - PMB - 30 (MWCO = 100 ku)	RTH33 细胞系	2×10^6	单层	毛细血管外间隙
多孔纤维生物反应器	多孔毛细管	改性 PES (孔径 0.2 μm)	人肝细胞	7.5×10^6	小聚集体	血管腔
PVDF - 中空纤维	中空纤维	PTFE (孔径 0.5 μm)	大鼠肝细胞	5×10^7	聚集体	毛细血管外间隙
膜生物反应器	平板	半乳糖基化 PES (孔径 0.1 μm)	人肝细胞	4.7×10^7	小聚集体	在表面上
交叉式 HF 膜生物反应器	中空纤维	PEEK - WC (MWCO = 190 ku) PES (孔径 0.2 μm)	人肝细胞	13.3×10^6	小聚集体	毛细血管外间隙
有机膜系统	平板	PEEK - WC - PU (孔径 0.1 μm) CHT (孔径 26 nm)	人肝细胞和内皮细胞	1.25×10^6	双层	在表面上

注:PE,聚乙烯;PTFE,聚四氟乙烯;PC,聚碳酸酯;PES,聚醚砜;EVAL,聚乙烯 - 乙烯醇;PU,聚氨酯;PP,聚丙烯;FC,氟碳化合物;PDMS,聚二甲基硅氧烷;CHT,壳聚糖

Demetriou 和同事们开发了一种中空纤维装置,该装置将冷冻保存的猪肝细胞附着在胶原包覆的葡聚糖微载体上。这个系统称为肝援助(HepatAssist™),Circe Biomedical,现在改名为 HepaMate™,进行了大规模的二/三期临床实验。在这个装置中,肝细胞被装载到毛细血管外,病人血浆通过孔径为 0.2 μm 的聚砜(PSf)膜的毛细血管腔流动。这个大小足以阻止整个细胞的通路。血浆首先通过活性炭柱,并在中空纤维的内腔中流动。HepatAssist™由血浆分离盒、填充有猪肝细胞的中空纤维生物反应器、木炭柱、氧合器和血浆贮存器组成。该设备是临床研究最多的 BAL 系统,超过 200 名患者参与了美国和欧洲的两项临床实验。

Gerlach 等提出了一个更复杂的系统,即肝脏支持系统(LSS)。其由具有四个相互交织的毛细管膜系统的生物反应器组成,这些系统执行不同的功能。原发性实质细胞和非实质细胞(来自猪或人)是在毛细血管中共同培养的。每种纤维类型具有不同的功能:用于供氧和去除二氧化碳的硅橡胶膜、用于血浆流入的聚酰胺(PA)纤维、用于血浆流出的聚醚砜(PES)纤维和用于窦状内皮共培养的亲水性聚丙烯(PP)膜。这种毛细管阵列分散有助于实现代谢物和小的浓度梯度气体的交换。由于存在独立的血浆流入室和血浆流出室,在这些毛细血管之间实现了分别的细胞灌注。该装置集成在 Sauer 等开发的模块化体外肝脏系统(MELS)中,生物反应器与人工解毒技术——基于白蛋白透析的解毒模块相结合。

匹兹堡大学开发的 Excorp 医用生物人工肝支持系统(BLSS)是一种使用嵌入胶原基质中猪肝细胞的中空纤维装置。该系统使用 CA 中空纤维,其 MWCO 为 100 ku 的胶原基质中含有超过 70 g 的原代猪肝细胞。患者的血液在进入中空纤维腔之前会经过充氧,在腔内与肝细胞分子进行交换。在循环中,流动的营养物质流直接进入肝细胞,提供特定的营养。

由 Flendrig 和他的同事开发的学术型医学生物人工肝(AMC - BAL)使用了一个三维的、螺旋缠绕的、无纺的聚酯纤维基质,用于肝细胞附着,并通过整合中空纤维向细胞输送氧气。与其他系统相比,AMC - BAL 直接与肝细胞通过纤维外间隙灌注血浆,以改善双向传质和供氧能力。

另一个目前正在临床测试的 BAL 系统是 TECA 公司的混合人工肝支持系统。在该系统中,PSf 膜在 MWCO 为 100 ku 的条件下分离了猪肝细胞。$1\times10^{10}\sim2\times10^{10}$个猪肝细胞被培养在生物反应器中,并在中空纤维膜外层循环。

Nyberg 的团队在梅奥诊所开发了一种基于球状体的生物人工肝辅助系统,该系统被命名为球形生物人工肝(SRBAL)。球状体由原代猪肝细胞形成。该生物反应器集成在一个体外循环中,该循环由含有 MWCO 为 150 ku 的 PSf 中空纤维膜的血液分离模块和超滤模块组成。Morsiani 等在费拉拉大学开发了一种径向流动生物 BAL 反应器。液体通过细胞从中心向周围灌流。猪原代肝细胞(230 g)在聚酯网上接种,聚酯网置于两层聚酯层之间,以防止细胞渗漏。该装置在一期临床实验中进行了评估。

尽管已经有许多研究对开发出的 BAL 系统的作用机制进行了解释,但仍需要处理许多问题:临床实验设计的优化、细胞存活能力的维护、与异种动物病相关的风险、监管问题和技术挑战。

12.2.5 临床前膜BAL系统及体外肝脏平台

迄今为止,各种BAL膜系统已被用于体外肝脏平台的临床前评估和应用。Hu和同事开发了Liver x2000系统。在该装置中,肝细胞悬浮在胶原凝胶中,用MWCO为100 ku的PSf注入中空纤维膜的腔内,并在毛细血管外腔室注入循环介质,通过腔隙的介质提供肝细胞营养(表12.2)。

Shiraha等开发了一种利用大鼠肝细胞多细胞球状体包裹中空纤维筒的生物人工装置。含有约9×10^7个大鼠肝细胞的球状体在带正电荷的聚苯乙烯培养皿中形成,然后封装成琼脂糖微滴。介质在一个封闭的回路中循环,在这个回路中插入了药筒。几种替代设备已进入大型动物和临床前评估阶段。Naka等开发了一种类似BLSS的猪原代肝细胞系统,采用微孔PSf中空纤维膜和血浆对该生物反应器进行灌注。该系统对缺血性猪肝衰竭模型有一定的支持作用。另一个值得关注的设备是De Bartolo和他的同事开发的平板膜生物反应器(FMB)。该系统由猪原代肝细胞与非实质细胞在两个聚四氟乙烯(PTFE)透氧平板膜之间的ECM内共培养而成。由于这些膜可以渗透氧气、二氧化碳和水,因此可以直接氧化附着在表面和介质覆上的细胞。使用微孔聚碳酸酯(PC)膜将培养基与细胞室隔开。最后,FMB在大约20天内保持稳定的细胞特异性功能,并显示出高效的性能。

Nagaki和他的同事开发了一种混合型肝脏支持系统,在该系统中,血浆通过多孔中空纤维模块灌注,该模块接种了约100亿个猪肝细胞,这些肝细胞包埋在基底膜中(即Engelbreth - Holm Swarm凝胶中)。该系统适用于猪的缺血性肝衰竭。结果表明,BAL支持装置与中空纤维膜和肝细胞包埋在凝胶中,在肝功能衰竭患者的临床应用中具有潜在的优势。

值得注意的是,Hoffmann基于Gerlach等的设计研究了一种微型肝细胞生物反应器,该设备由三束独立的中空纤维膜组成,它们交织成两层,用于培养在纤维之间的细胞灌注。细胞室由两层带氧的毛细血管和中间毛细血管交替排列而成。PES供给的毛细血管和疏水膜是细胞氧化的重要途径。

与肝小叶结构相似的另一种系统是肝小叶结构模块(LLS)BAL系统,它由许多中空纤维膜组成,这些中空纤维膜彼此紧密排列,充当毛细血管。肝细胞在中空纤维外层被离心接种。一种多毛细管PU泡沫模块(PUF)被Mizumoto等用作BAL。该系统由一个圆柱形的PUF块和许多三角形排列的毛细血管组成,形成一个流动通道。泡沫孔中的肝细胞形成直径100 ~ 150 μm的球状体。

Jasmund和同事开发了一种中空纤维生物供氧器(OXY - HFB)。该装置由供氧纤维和整体热交换纤维组成,设计简单。原代肝细胞种植在毛细血管外的纤维表面,提供氧气需求,通过纤维控制温度。患者血浆通过外空间灌注,直接接触肝细胞。Curcio等研制了一种旋转壁透气膜系统作为体外肝平台。该系统基于气体渗透膜用于肝细胞球体的形成和培养。在旋转壁系统中存在微重力条件,肝细胞聚集体由受重力和加速度保护的细胞形成。旋转壁膜系统能够为细胞提供足够的氧气,从而保证了细胞球体活力和功能的维持。

Schmitmeier 和其同事研发了一种肝脏体外平台,该平台由一个底部有透气性聚四氟乙烯膜的 24 孔板组成。与传统系统培养的肝细胞相比,猪原代肝细胞具有更强的肝特异性,在小型生物反应器中培养 17 天后仍保持分化状态。这种体外模型可以作为预测新开发药物的肝脏反应的工具。Saver 等开发了一种适合光学显微镜的滑动器,用来评价细胞 - 细胞和细胞 - 膜之间的相互作用。这种中空纤维生物反应器提供了一个与介质流入和流出室分离的细胞室。SlideReactor 是一个简单而有价值的工具,可以用来评估细胞 - 细胞和细胞 - 中空纤维之间的相互作用,或分析补充培养基对细胞活力和组织完整性的影响。

为了提高细胞的供氧能力,Roy 等设计了带有内膜供氧器的平板微通道生物反应器,将肝细胞附着在玻璃基板上,与灌注介质直接接触。PU 透气膜将液室和氧合气室分离,使介质流中的氧可单独地输送到肝细胞。具有氧依赖性功能异质性的肝细胞可能在生物反应器中表现出最佳的功能。

Ostrovidov 和他的同事开发了两种包含膜的微生物反应器,以改善大鼠原代肝细胞的活性:一种是商业用的聚酯膜,另一种是聚二甲基硅氧烷(PDMS)膜。这些微生物反应器很好地模拟了活体肝组织结构,是药物筛选和肝组织工程未来应用的有力工具。

Ye 和同事用 2 - 甲基丙烯酰氧 - 乙基磷酰胆碱(MPC)共聚物、PMB30(MPC - co - *n* - 甲基丙烯酸丁酯,BMA)和 PMA30(MPC - co - 甲基丙烯酸)改性的双功能 CA 中空纤维生物反应器开发了肝辅助中空纤维膜生物反应器。利用 PMB30 和 PMA30 成功制备了内外表面不对称改性的 CA/PMB - PMA30 中空纤维膜。由于 MPC 共聚物的改性,改性后的膜具有良好的血液相容性,同时另一表面展示了良好的防污性能。

De Bartolo 等开发了一种将肝细胞包裹在毛细血管膜中的装置,作为研究疾病、药物和治疗分子的体外肝组织模型。该生物反应器由平行组装的改性 PES 多孔纤维组成。每根纤维包含七个隔室,由七根毛细管组成,毛细管中有多孔结构,这些多孔结构能够提供高渗透性、稳定性和机械阻力。人肝细胞在多孔纤维腔内培养,培养基在毛细血管外腔流动。多孔纤维膜的形态、理化性质和运输特性有利于细胞黏附,并确保充分的供氧过程、营养物供给、最终产物去除以及细胞内流体分子的分散。为了改善肝脏特异性功能的黏附和维持,研制了以半乳糖基化膜为载体的膜生物反应器。半乳糖基聚偏氟乙烯(PVDF)中空纤维生物反应器具有特异性黏附作用,并能促进大鼠肝细胞产生白蛋白。

平板型的半乳糖 - PES 膜生物反应器保证了人肝细胞分化功能的长期维持。该生物反应器被应用于研究 IL - 6 对急性期蛋白产生的影响,其行为类似于体内肝脏,再现了炎症过程中发生的同样的肝脏急性期反应:IL - 6 下调胎球蛋白 A 的基因表达和合成,上调 C 反应蛋白的合成。

为了长期维持人肝细胞的功能,人们设计了一种交叉中空纤维膜(HFM)生物反应器,该反应器由两束具有不同物理化学、形态和运输特性的中空纤维组成。PEEK - WC 和 PES 的中空纤维束以 250 μm 的间距交替地交叉组装。这些纤维根据其性能发挥不同的功能:PEEK - WC 纤维提供含有营养和代谢物的细胞含氧培养基,而 PES 纤维则用于从模拟体内动脉和静脉的细胞室中去除分解代谢物和细胞特异性产物。这两种纤维束的组合产生了一个用于细胞黏附和通过培养基的交叉流动进行高质量交换的毛细血管外网络(图12.1)。该生物反应器能够将人肝细胞生物活性维持18天。

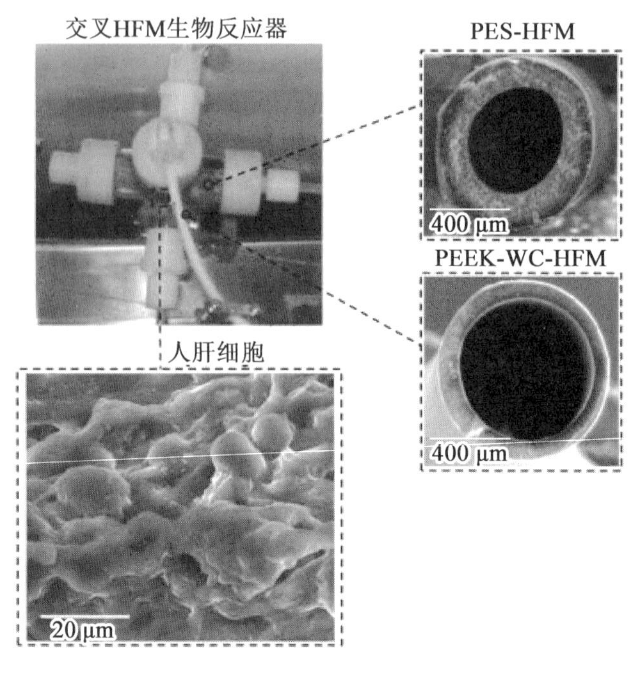

图12.1 交叉HFM生物反应器及其毛细管外培养的PES-HFM、PEEK-WC-HFM和人肝细胞截面的SEM图片

肝组织工程领域的主要挑战之一是肝器官模型的建立。De Bartolo的团队利用合成PEEK-WC-PU膜和生物可降解(壳聚糖,CHT)膜与原代人肝细胞和内皮细胞开发了肝脏器官系统。不同细胞的相互作用有助于肝细胞维持其表型形态并改善其特定功能,有助于内皮细胞形成毛细血管样结构(图12.2)。

内皮细胞在与肝细胞紧密相连的网络中形成管状结构。三维构造的复杂性随着时间的增加而增加,并且细胞的自组装导致原始层状分布的损失。在共培养体系中,肝细胞和内皮细胞除了与膜发生黏附作用外,还经历同型和异型细胞间的相互作用。所开发的有机共培养膜系统能够在白蛋白生成、尿素合成和药物生物转化方面发挥肝分化功能。

12.2.6 干细胞膜系统

肝干细胞或胚胎肝细胞的扩增能力是临床和药物应用的肝组织和器官的理想条件。传统的扩增肝干细胞和祖细胞的方法包括利用聚苯乙烯培养皿和ECM的组分,如胶原、纤维连接蛋白和层粘连蛋白。或者,可以利用膜系统来促进细胞扩增和分化已形成肝组织。研究表明,由CHT和PEEK-WC制备的膜系统能够起到ECM的作用,因为膜系统兼具了聚合物特性(如生物相容性和生物功能性)和膜特性(如渗透性、选择性和良好的几何形状)。膜的生物功能、生化和物理特性能够产生促使大鼠胚胎肝细胞进行分化的必要信号。由于使用胎儿人肝细胞会引起伦理问题,Pisioneri等利用大鼠胚胎肝细胞作为人肝祖细胞的替代模型。与传统的胶原、聚苯乙烯培养基相比，此膜能促进胚胎肝细胞的扩增和分化。细胞扩增以后，形成类似于实质肝的结构。这些膜为细胞提供生化、地形和机械信号，以获得肝细胞表型并表达肝细胞的一系列特异性功能。细胞进行功能分化后，表现出高水平的尿素合成、白蛋白产生和苯甲二氮生物转化的能力，在 CHT 膜上的效果最好。

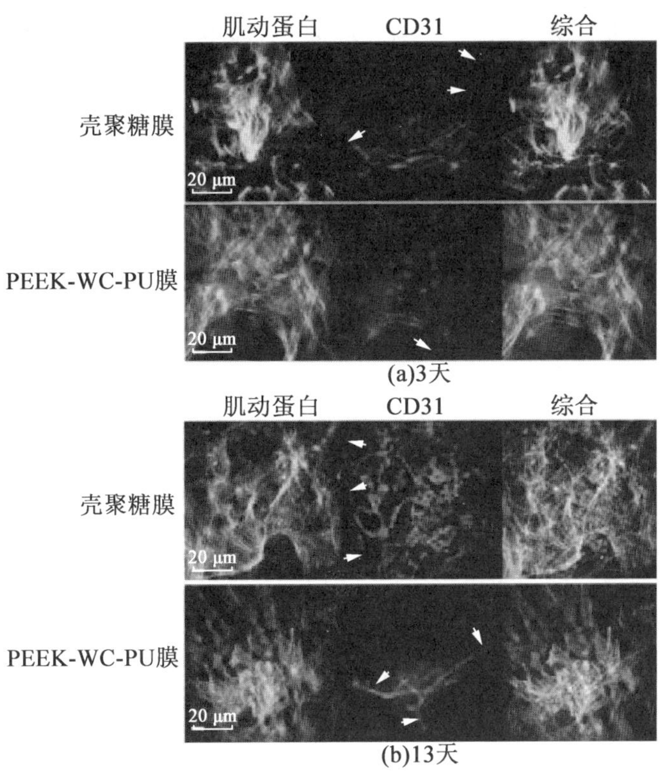

图 12.2 培养 3 天和 13 天后，壳聚糖膜和 PEEK－WC－PU 膜上有机共培养系统中的原代人肝细胞和内皮细胞的共焦激光扫描显微照片（彩图见附录）

（细胞骨架蛋白肌动蛋白和细胞核染色；HUVECs 细胞黏附受体 CD31 染色。白色箭头表示管状结构）

祖细胞或干细胞的扩增和分化取决于控制关键过程变量：营养和代谢物浓度、生长因子组成和生理参数（如温度、pH 和氧）。在填充床反应器、三维四室膜生物反应器、PU 泡沫生物反应器、径向流生物反应器、非织造聚酯基生物反应器或旋转壁容器生物反应器中，对胎肝细胞进行灌注培养。膜生物反应器在细胞灌注方面具有显著的优势，膜提供了细胞黏附的表面积，在细胞和介质间选择性地传递分子，保护细胞免受剪切应力的影响。为了培养人肝细胞而研制的交叉中空纤维膜生物反应器，同样可以用于大鼠胚胎肝细胞在成熟肝细胞中的扩增和分化，通过监测和控制代谢产物，向细胞提供分化信号。

在交叉中空纤维膜生物反应器中培养大鼠胚胎肝细胞，培养 8 天和 14 天，黏附在 PEEK－WC 中空纤维周围的细胞的 SEM 图和共焦激光扫描图像如图 12.3 所示。在生物反应器中培养的胚胎肝细胞黏附在膜表面，使整个可用空间饱和，并组装成三维的索状结构（图 12.3（a））。细胞排列良好，与卵球形细胞核保持较高的核质比，具有肝前体细胞形态特征,但也开始具有模糊的多面体形态,这是典型的成熟和分化的肝细胞(图12.3(a)和(b))。

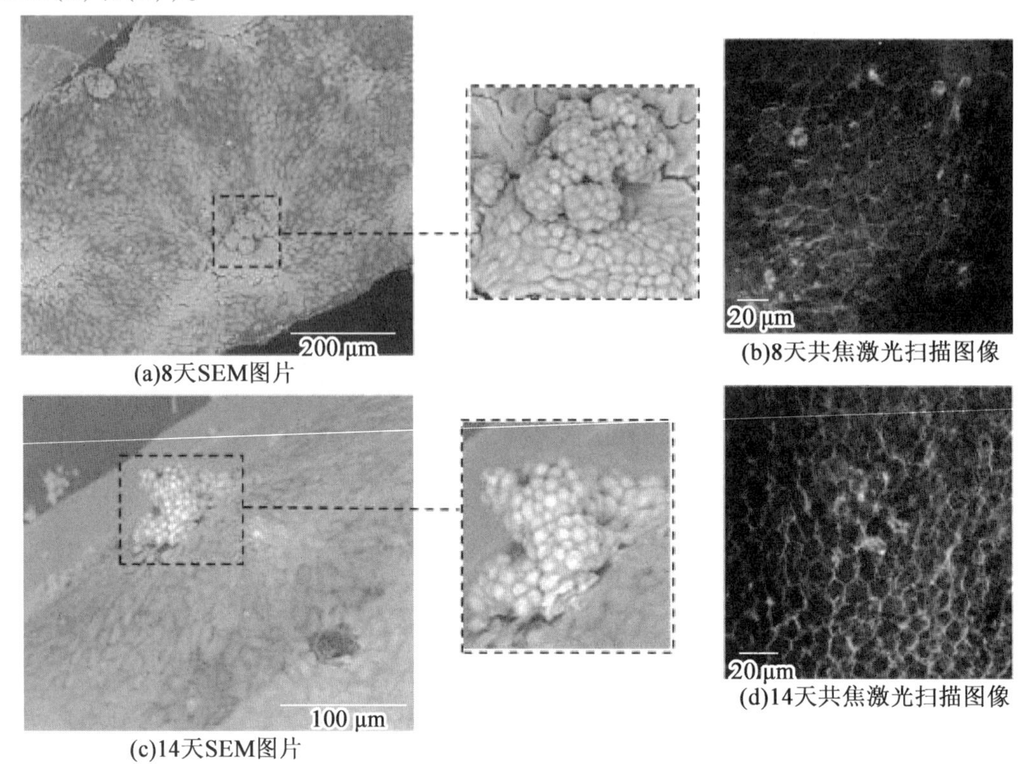

图12.3 交叉中空纤维膜生物反应器培养大鼠胚胎肝细胞(彩图见附录)

生物反应器内的细胞对α胎蛋白的表达呈阴性,对白蛋白的表达呈阳性,分别是形成肝细胞和成熟肝细胞的标志物,并且表现出成熟肝细胞的所有合成和生物转化功能。

这些研究证实,干细胞对生物人工肝的建立有很大的潜力,而这种生物人工肝目前尚未被完全开发。为了在肝组织工程中应用干细胞,必须更好地理解干细胞分化为功能肝细胞的细胞信号表达。未来的挑战包括为各种类型的干细胞制定有效的分化方案和最佳培养条件。在这种情况下,膜生物反应器完全可以作为一个高功能的体外平台来研究干细胞的扩增和向特定组织结构的分化。

12.3 神经组织再生膜

修复受损神经系统的功能仍然是生物材料科学中最具挑战性的任务之一。神经系统由两个主要部分组成:中枢神经系统(CNS)由大脑和脊髓组成,外围神经系统(PNS)包括从脊髓分出的神经纤维,将身体的所有部分与中枢神经系统连接起来。神经系统的损伤事件包括创伤、神经退行性疾病或缺血性因素导致中枢神经系统损伤。CNS的严重损伤决定了影响记忆、认知、语言和自主运动的基本神经系统功能的丧失,最终可能导致永久性残疾甚至死亡。

如果损伤发生,神经元细胞在自然环境中不能明显再生。这种特性是由于髓磷脂的存在,髓磷脂是一种存在于细胞外环境中的糖蛋白,当损伤部位被破坏时,它会被释放蛋白抑制神经再生。此外,在 CNS 损伤后,星形胶质细胞扩增,产生胶质疤痕,也会抑制再生。由于缺乏有效的临床治疗方法,开发能够恢复 CNS 功能的新策略是神经科学的一个巨大挑战,它的实现可能给每年都面临创伤性和神经退化性脑损伤的人们带来新的希望。

如果这些创新的生物材料能够解决所有的相关问题,那么它们将会对下一代中枢神经系统修复疗法产生重大影响,同时也会带来巨大的利益。

CNS 和 PNS 的主要区别在于后者在发生损伤时能够自发再生到一定程度。在 PNS 损伤中,如果神经未被完全中断,且间隙不大于 1 cm,可以容易地实现再生,而如果神经严重损伤(>2 cm),则再生过程不能进行。

在短神经间隙的情况下,最常用的临床治疗方法之一是近端和远端神经残端之间的外科再连接,需要注意的是必须避免造成任何张力,导致自发再生途径被抑制。

如果损伤造成相当大的间隙,必须要进行手术干预,如神经自体移植或同种异体移植。不幸的是,这些病例的临床治疗方法存在一些缺点,如供体神经缺乏或移植用自体神经组织数量不足,导致免疫系统出现问题,以及供体部位的神经瘤形成需要多次手术。为了解决这些问题,人们一直致力于寻找新的生物材料和设备,以实现神经组织修复的安全有效治疗。组织工程装置像桥一样,引导轴突和神经向远端神经残端生长,提供物理支持和适当的生物信号。实现创新性神经引导通道(NGC)所提供的物理引导与人工合成的移植物模拟体内环境的能力密切相关,它不仅提供细胞引导,还提供全套的形态学、力学,以及能够触发适当细胞反应的物理化学性质。

对于用于治疗周围神经不连续的人工移植物,美国食品及药物管理局(FDA)已经批准了几种可吸收的植入物,但大多数是推荐用于短神经间隙的,其性能仍不能与自体移植物相比。在可用于构建 NGC 聚合膜的不同生物材料中,管状结构的生物材料是一种非常合适的生物材料,可以作为神经引导材料,其结构自然地将细胞分隔开来,从而再造一个保护神经间隙轴突生长的环境。除了机械和保护性的支持,独特的膜传输特性确保了分子和生长因子与周围环境的交换,为神经元细胞的生长和扩增提供了最相关的生物学条件。根据需要修复的组织区域调整膜特性,可以实现其性能和特性完全满足完成神经引导和再生的所有要求,避免不良反应的发生。适当的衬底剪裁可以使平面或管状膜具有恰当的渗透性、物理化学和机械性能,以及良好的生物降解性和生物相容性。所有这些参数都必须以协同模式进行调整,它们在促进适当的细胞行为方面起着关键作用,都不能被忽略。使用聚合膜作为神经导管只是膜系统在神经系统中的一种可能应用,事实上它们的多用途特性使它们在多个领域都有很好的应用前景。接下来,将详细介绍神经元膜系统的广泛应用,同时考虑到确保最佳设备性能所必须满足的所有基本参数。

12.3.1 神经元体外再生的膜系统

目前神经组织工程的研究主要集中在开发先进的生物材料,作为两个神经残端之间再生的物理指导。迄今为止,众多的天然和合成的高分子膜已被广泛用于创造合适的生物材料,以提供空间和分化信号,从而改善神经再生。表12.3概述了一些最重要的膜系统,这些膜系统在体外用于支持和引导神经元的生长和分化,以增强神经系统的修复或再生。如前所述,对于高级神经组织工程结构的设计,膜的特性,包括形态、结构、机械性能、物理化学和电学特性,是决定细胞行为和控制新组织形成的关键因素。

一些体外研究报道,包括沟槽、脊、台阶、蚀刻、通道和纳米管等形状,为神经再生提供接触指引。特别是膜结构中的纳米和微形态学特征,通过驱动细胞黏附、迁移和轴突定向,很大程度上影响了神经元的生长。Li等开发了一种平面构型的聚乳酸(PLLA)膜,其特征是在1~2 μm的宽度和100 nm的高度上有单向的沟槽,这种沟槽通过增强神经突排列来引导神经炎部位的生长。Corey等设计了电纺PLLA纳米纤维膜,以支持背根神经节初级感觉神经元和E15初级运动神经元的生长和排列。此外,形态特征分子和电场的结合创造了高级膜,可以指导轴突伸长的极化,同时增强神经元细胞的生长和分化。在中空纤维膜的内表面也建立排列整齐的沟槽,可以为再生轴突的定向和定向生长提供引导通道。在孔道宽度为20 μm的多孔微图案膜和17 μm的脊状结构上,海马神经元可高度定向。相反,在致密的非图案膜上,大量的原发神经突呈现随机分布。

神经元的行为也受表面粗糙度的控制,表面粗糙度可能会影响细胞的运动性、神经元过程的延伸和分枝,并可能引导与膜表面相互作用所必需的黏附蛋白的吸附。之前的一项研究表明,膜表面粗糙度在海马神经元形态学改变的表达中起着关键作用。细胞在光滑膜上,如FC膜($Ra=(6.26\pm0.91)$ nm)和PES膜($Ra=(49.38\pm1.15)$ nm),可以产生高度支化的树突,形成非常复杂的神经束网络。相反,在较为粗糙的PEEK-WC膜($Ra=(199.2\pm1$ nm))上,细胞发展为短神经,更容易向膜表面的孔隙生长。此外,在光滑FC膜上的神经元中,脑源性神经营养因子(BDNF)的分泌也高水平地表达。轴突生长和神经元再生也会受到膜MWCO的显著影响,MWCO负责分子的质量传递,允许营养物质和废物在膜上交换。

值得注意的是,神经细胞的黏附和生长都深受膜表面理化性质的影响。Manwaring等研究表明,亲水性细胞膜上的神经元黏附性高于疏水性细胞膜上的神经元黏附性;在另一项研究中,在适度润湿性的细胞膜上,PC-12细胞可在适度润湿膜上的神经元表型中分化。聚乙烯-乙烯醇(EVAL)膜的表面亲水性随着聚乙烯亚胺(PEI)含量的增加而增加,在这种情况下,神经元在适度亲水的EVAL膜上的黏附、扩散、生长和分化比在未改性和疏水的EVAL膜上的进行得更多。另一种以EVAL为基础的膜,与聚乙烯醇(PVA)混合后,能够将从胚胎大脑皮层分离出来的神经干细胞分化为神经元和星形胶质细胞。在了解微加工合成界面与细胞相互作用方面,Lopez等研究了用胶原蛋白和层粘连蛋白修饰微制备的纳米孔硅膜对PC-12细胞的存活、增殖和分化的影响。用胶原蛋白修饰膜对提高细胞的黏附性具有重要意义。

近年来,中空纤维或管状膜在脊髓损伤和神经再生中的应用受到了广泛关注。有文献报道了轴向静电纺丝纤维管状支架的发展,可将其作为神经导管使用。在这种情况下,膜的渗透性起着双重作用,它可以调节生成产品的细胞质量的大小,同时限制产品通过膜扩散到周围环境。

表12.3 体外神经元再生膜系统

膜	构型	膜性质	细胞	作用
PLLA	平面	凹槽:1～2 μm宽,100 nm高	PC12	增强神经突的生长和排列
PLLA	电纺纳米纤维	排列的PLLA纳米纤维	初级运动和感觉神经元	神经突伸长
聚苯乙烯(PS)－层粘连蛋白	平面	凹槽:16/13/4 μm(宽/台面宽/深)	成年海马祖细胞/星形胶质细胞	神经元分化与轴突排列
PDMS	平面	微通道:1～2 μm,400～800 nm深	海马神经元	轴突随微通道平行排列
PU－PLGA	中空纤维	管腔上的凹槽,宽度为38.5～91 μm	背根神经节神经元	纹理内表面神经突生长率高
PLLA	平面	不同宽度的渠道、脊和砖形物	海马神经元	微图案膜上的神经突的高取向
FC、PES、PEEK－WC	平面	粗糙度范围:6～200 nm	海马神经元	表面粗糙度 *Ra* 高达50 nm的表面有利于神经突的伸长和BDNF的分泌
CA、PES、PAN－PVC、PS、PP、PEVAC	平面	接触角:35°～95°	背根神经节和小脑颗粒神经元	CA、PAN－PVC和PEVAC上的细胞扩增
PE	平面	润湿性梯度表面	PC12	表面更长的实景图,接触角55°
PEI/EVAL	平面	接触角:23.2°～84.9°	小脑颗粒神经元	55.8°增加细胞表面活性
PVA/EVAL	平面	致密结构	大脑皮质干细胞	神经元/星形胶质细胞的分化
硅	平面	孔径范围:20～50 nm	PC12	胶原蛋白提高细胞存活率和功能
PAN/PVC	中空纤维	水凝胶	PC12	细胞扩增、多巴和外源重组睫状神经生长因子(CNTF)分泌
PAN/PVC	中空纤维	MWCO＝40 ku,150 ku	PC12	扩增和保持活度
胶原蛋白－CHT－热塑性PU(TPU)	电纺纳米纤维	随机取向((360±220) nm)和排列的纳米纤维((256±145) nm)	施万细胞	排列纤维诱导细胞定向

续表 12.3

膜	构型	膜性质	细胞	作用
PLLA	电纺纳米纤维	排列的纳米纤维(300 nm), 排列的微纤维(1.5 μm)	小脑 C17.2 干细胞	改善神经突生长
PAN、PEEK - WC	中空纤维	水力渗透:PAN 为 0.215 $L/(h \cdot m^2)$; PEEK - WC 为 0.30 $L/(h \cdot m^2)$	海马神经元	功能性复杂神经网络
PAN、PEEK - WC	平面、中空纤维	接触角:(59.54 ± 1.7)°(PAN), (78 ± 2.9)°(PEEK - WC)	海马神经元	体外三维神经组织结构
CHT	平面	光滑表面	神经干细胞	高细胞扩增
CHT	平面管状	壳聚糖纤维,直径为 15 μm	施万细胞	细胞迁移
PLGA - 层粘连蛋白, CHT - 层粘连蛋白	平面	层粘连蛋白嫁接	施万细胞	增强细胞黏附
CHT/胶原蛋白	平面	光学透明和机械强度	角膜上皮细胞	细胞活力与扩增
羟乙基 CHT	平面	含水率为 81.32%,透光率为 90%, 葡萄糖渗透系数为 1.93×10^{-5} cm/s	角膜内皮细胞	角膜内皮细胞黏附与生长
CHT/PCL	平面	透明	角膜内皮细胞	细胞活性
胶原蛋白/ 丝素蛋白(CS)	平面	丝素蛋白降低拉伸应力和弹性模量	角膜上皮细胞	细胞黏附与扩增
PCL	纳米纤维	不同平均光纤直径: 260 nm、480 nm 和 930 nm	成人神经干细胞	神经元前体细胞增多与神经元分化
PLGA/PCL	纳米纤维	排列的纳米纤维	施万细胞	接触引导与扩增
明胶/GPTMS	纳米纤维	纤维直径:(327 ± 45) nm 孔径:(1.64 ± 0.37) μm	新生儿嗅球鞘细胞 (NOBEC)	改善细胞黏附与扩增

续表 12.3

膜	构型	膜性质	细胞	作用
PCL/PEO	纳米纤维	连通孔直径：(0.90 ± 0.25) μm	NOBEC、PC 12	支持体外细胞黏附与扩增
PLLA	多通道纳米纤维	通道壁纤维直径：150 nm	PC 12	多孔纳米纤维通道壁有利于细胞黏附和生长
CHT - PCL/PCL	纳米纤维	超亲水，接触角为 0°	视网膜前体细胞	视网膜神经元分化
SF/PCL	纳米纤维	与纯 PCL 相比， 共混膜具有更好的亲水性	视网膜前体细胞	视网膜神经元分化
CHT、PCL、PU、 PCL - PU	平面	膜具有不同的物理化学和机械性能	SH - SY5Y 细胞	神经元分化
PLA/PELA PLA/PEG	纳米纤维	断裂应变高达 500%	神经干细胞	含有共聚物 PELA 的膜允许神经干细胞的分化
PLLA/PC 12 细胞	纳米纤维	较大((18.2 ± 2.0) μm)中空纤维与 较小((0.9 ± 0.29) μm)中空纤维共存	PC 12	细胞黏附、扩增与分化
FC	平面	对氧、二氧化碳和 水蒸气的选择性渗透	海马神经元	$GABA_A$ R(α2,5)亚基对神经元分化和活性的影响
FC	平面	—	海马神经元	CA1 神经元 GABAergic/Gluergic 机制的紧密交互作用发展
FC	平面	—	海马神经元	GABAergic 系统对兴奋性毒性发作的神经保护作用
PCL	平面	—	SH - SY5Y 细胞	姜黄素锌(Ⅱ)配合物的抗肿瘤活性
PCL	平面	杨氏模量：(208 ± 28) MPa 断裂伸长率：(321 ± 1) % 抗拉强度：(20 ± 3.6) MPa	SH - SY5Y 细胞	二甲双胍对过氧化氢损伤的神经保护作用

续表 12.3

膜	构型	膜性质	细胞	作用
FC、PES	平面	PES 膜:孔径为(0.15 ±0.02)μm,孔隙率为(74.4 ±1.6)% FC 膜:粗糙度为(6.26 ±0.9)nm	海马神经元/MSC	hMSC 对 OGD 损伤海马神经元的保护作用
FC、PES	平面		海马/下丘脑神经元	儿茶酚抑素对缺血损伤时下丘脑共培养细胞 BDNF 和 ORX - A 产生的影响
PAN	中空纤维	MWCO =490 ku 外径:(844 ±16)μm 内径:(568 ±26)μm 渗透系数:0.146 L/(h · m^2 · mbar)	SH - SY5Y 细胞	PAN - HF 膜生物反应器证实了番红花素对神经元的保护作用

注:PLLA,聚乳酸;PDMS,聚二甲基硅氧烷;PU - PLGA,聚氨酯 - 乳酸乙醇酸共聚物;FC,氟碳化合物;PES,聚醚砜;PEEK - WC,改性聚醚醚酮;CA,醋酸纤维素;PAN - PVC,丙烯腈 - 氯乙烯共聚物;PS,聚苯乙烯;PP,聚丙烯;PEVAC,聚醋酸乙烯酯;PE,聚乙烯;PEI,聚乙烯亚胺;EVAL,聚乙烯 - 乙烯醇;PVA,聚乙烯醇;CHT,壳聚糖;PCL,聚己内酯;GPTMS,三甲氧基硅烷;PEO,聚环氧乙烷;SF,丝素蛋白;PLA,聚乳酸

先前的研究评估了不同中空纤维膜的渗透性对神经元行为的影响,证明不同的HF膜可以改变原代海马神经元的形态,以及轴突生长和代谢行为。这些反应的调节是复杂的,取决于膜的渗透性。特别是,该研究结果表明PAN中空纤维膜具有水渗透性,可以促进神经元的生长和分化,因为这种膜性增强了营养物质和代谢物向细胞的传质和分解代谢。与在PEEK - WC中空纤维膜上培养的细胞相比,PAN膜诱导了一个功能更强、更复杂的神经元网络的体外重建。研究证实,膜渗透性是设计生物材料时必须考虑的一个重要参数,以确保足够的传质条件,这对神经元的结构和功能至关重要。

此外,还证明了海马神经元在不同形态的膜上表现出不同的形态、轴突生长和代谢活性。由PEEK - WC和PAN膜组成的两种膜系统以平面和中空纤维形态形成,用于仓鼠海马神经元的培养。沿着中空纤维膜观察到大量神经元通过神经炎相互连接,形成一个非常复杂的三维结构(图12.4)。此外,通过对神经元标记物荧光强度和轴突长度的定量分析,证实了平面纤维和中空纤维的细胞行为差异。中空纤维膜比平面膜更具优势,因为它们在小体积内为神经元提供了广阔的黏附区域,细胞存在于被细胞外环境分隔的物理空间中,分子通过膜的多孔结构在介质和细胞间选择性传输。

最近的研究集中在生物可降解人工神经导管的生产上,这种导管在合理的时间内降解,并且只有轻微的异物反应。在过去的十年中,几种天然的和合成的生物可降解聚合物,包括胶原、CHT、聚乙醇酸(PGA)、PLLA、PLGA、聚己内酯(PCL)和PU,被认为可用于神经再生,平面和管状的CHT膜用于神经元细胞的扩增和分化。用层粘连蛋白修饰的CHT膜改善了施万细胞的黏附和周围神经的再生。CHT还成功地与胶原蛋白、明胶、丝素蛋白(SF)、硫酸软骨素、PCL等天然或合成聚合物混合,以提高其物理化学和机械性能,以制备用于角膜组织再生的平面膜。

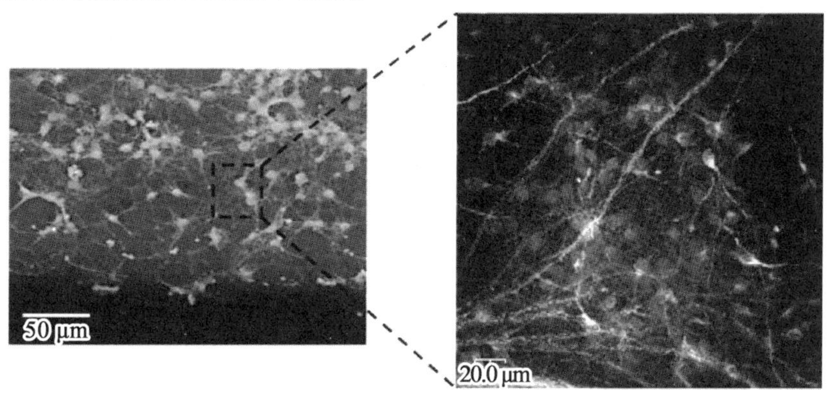

图12.4 用扫描电镜和激光共聚焦扫描电镜观察了培养在PEEK - WC中空纤维膜上的海马神经元(彩图见附录)

(细胞染色为βⅢ - 微管蛋白、轴突标志物GAP - 43和细胞核)

许多研究表明,纳米纤维膜支持干细胞培养并诱导分化为神经系。由Subramanian等制备的定向PLGA - PCL纳米纤维能够提供一个模拟自然组织结构的环境,使SC的纵列形成类似于体内神经外周神经过程的结构。Tonda - Turo等在随机方向的静电纺丝纳米纤维的基础上,开发出多孔的缩水甘油丙氧基三甲氧基硅烷(GPTMS)交联明胶膜,增强了胶质样细胞的黏附和增殖。

多孔导管是通过在管状导管壁上引入孔来增加机械柔韧性的，它还可以增加有利于神经再生的营养物质扩散速率。为此，采用浸涂/旋转芯轴技术制备了 PCL/聚环氧乙烷(PEO)共混管，该复合管提供了具有相互连接的多孔导管((0.90 ± 0.25) μm)，并具有适当的机械性能和对营养物质的最佳渗透性，以保证导管内的细胞存活。Sun 等通过注射成型和热诱导相分离技术，制备了具有多孔外壁和内部微通道的多通道纳米纤维聚乳酸(PLLA)神经导向膜。体外实验表明，PC－12 细胞在带有内填充物的导管上的黏附性增加，这些内填充物能够引导定向轴突束的再生。

以往的研究表明，PCL、含层粘连蛋白的 PCL 和含 CHT 电纺纳米纤维的 PCL 等基质可以增强细胞的黏附、扩增或分化，促进感光细胞或双极细胞的基因表达。

Zhang 等用 SF 和聚(L－乳酸－co－ε－己内酯)(PLCL)混合制备了静电纺丝纳米纤维膜。新的 SF/PLCL 膜，特别是 SF:PLCL(1:1)膜，显著增强了视网膜祖细胞向视网膜神经元的分化，包括光感受器，这是在视网膜细胞替代治疗研究中最具吸引力的视网膜神经元细胞之一。

神经组织工程中的一个关键因素是膜的力学性质，它通过影响细胞存活、神经突生长和分化，在驱动神经细胞－膜相互作用方面起着重要作用。尤其是作为软组织的大脑，需要低弹性模量的聚合物材料，而提高聚合物膜力学性能的策略是将两种或两种以上具有不同刚度的聚合物混合。在最近的一项工作中，利用相转化技术制备了 PCL 与 PU(PCL－PU)的生物合成共混膜，并与 CHT、PCL 和 PU 的复合膜进行了比较，以评价不同力学性质的复合膜对促进神经元再生的影响。PCL－PU 膜具有促进神经凸起生长和特定神经元标志物表达的力学特性，为神经元细胞的生长和分化提供了一个宽松的环境。

另一篇论文主要比较了聚乳酸(PLA)与聚丙二醇－丙交酯(PELA)嵌段共聚物或不同分子量的 PEG 均聚物的二元共混膜的区别。含有共聚物 PELA 的膜可以在柔韧性和刚度之间进行调节，这使得猴子的神经干细胞得以存活和分化。

Shih 等提出一种新的生物电沉积方法，并基于此开发了一种先进的原位结合细胞和生长因子的神经元结构，它不仅减少了引导结构单元的尺寸，以实现细胞的最大附着和生长，而且有效地将组织工程的所有三个主要组成部分整合到一个简单、低成本的过程中。

1. 体外神经元组织模型中的生物杂化膜系统

在过去的十年里，开发出模拟体内环境特异性的体外先进的神经元生长装置，正成为神经元组织工程的一个重要挑战。迄今为止，几种神经膜系统已被用作研究神经生物学事件、药理学筛选和神经退行性疾病研究平台的体外神经组织模型。

Giusi 等以先前建立的 FC 膜和原代神经元构成的生物杂化膜系统作为海马组织模型，研究 $GABA_A$ 受体亚基激动剂和反激动剂对仓鼠海马胶原性细胞形态功能的影响。首次发现 $GABA_A$ α 受体的两个主要亚基(α_2,5)对神经元的形态和某些主要细胞骨架因子(GAP－43，神经营养素－BDNF)的表达至关重要，并影响转录的神经活动。这也证明了在 CA1(Cornu Amonis 1 区)神经元发育过程中 GABAergic/Gluergic 机制的一种特殊紧密的相互作用关系，这可能有助于确定更有选择性海马相关神经疾病的治疗靶点。同样的神经膜系统也被用来确定 GABAergic 系统通过抑制 NMDA 受体和激活 AMPA 受体，以及 mGluR5 对兴奋性毒性发作的神经保护作用，从而提出它们作为治疗人类脑缺血损伤的新靶点。

以支持神经元生长和分化的 PCL 膜系统为工具,研究新合成的 Zn(Ⅱ)姜黄素复合物对人神经瘤母细胞系 SH-SY5Y 的细胞毒性作用。该研究为所有新复合物的抗肿瘤活性提供了证据,结果表明,所有物种均具有剂量依赖性的抗扩增作用,通过激活 JNK、caspase-3 和改变线粒体膜电位等分子机制可诱导细胞凋亡,表现出较强的细胞毒性活性。该神经-PCL 膜系统也被用作过氧化氢(H_2O_2)诱导损伤后的体外氧化应激模型,首次证实类黄酮香风草甙的神经保护作用。香风草甙能够通过恢复正常的细胞状态来修复氧化损伤。其神经保护作用的机制可能与激活抗氧化酶和抑制凋亡有关。这些数据表明,香风草甙可能是一个潜在的治疗分子,用于治疗与氧化应激相关的神经退行性疾病。

研究人员建立了一种分隔膜系统,利用氧糖剥夺(OGD)模拟体外脑缺血损伤,并研究在此情况下人骨间质干细胞(hMSC)对海马神经元的保护作用。膜系统呈三明治结构,海马细胞被接种在 FC 膜上,hMSC 通过半透性的 PES 膜分离,保证了分子和旁分泌因子的转运,但阻止了细胞间的接触。这种体外脑缺血模型表明,hMSC 分泌因子通过表达特定的神经元结构标志物、抑制凋亡激活和维持特定的代谢功能,保护海马细胞免受 OGD 损伤。

近年来,采用 FC/PES 分室膜系统,分别在 FC 膜和 PES 膜上培养仓鼠海马和下丘脑细胞,研究交叉神经抑制肽儿茶酚(CST)对缺血性损伤的保护作用。研究表明在体外模拟缺血条件下,CST、ORXergic 和 NMDAergic 神经元响应之间存在相关性。特别的是,在共培养的下丘脑细胞中,CST 对 BDNF 和 ORX-A 的产生有显著的影响,同时 NMDAR 和 ORXR 含量也发生了改变,这表明含有 ORX 的神经元是对抗缺血损伤的主要成分。

目前的一些研究发现,生物反应器可以技术克服传统静态培养系统的扩散限制,从而提高了离体神经元的再生能力。

在最近的一项工作中,我们开发了一种神经元 PAN-HF 膜生物反应器,作为体外重建具有明确功能、几何和神经解剖学特征的神经元网络的平台。生物反应器由于膜的渗透性,允许分子在细胞间的运输和流体动力学特性,为促进体外神经再生提供了良好的控制微环境和适宜的条件。生物反应器中的神经细胞完全覆盖纤维表面,显示出高密度的轴突网络,形成了非常复杂的三维结构组织(图 12.5)。以神经膜生物反应器作为淀粉样蛋白(Aβ)诱导的阿尔茨海默病毒性的体外模型,测试藏红花素的神经保护作用。这种类胡萝卜素通过抑制 Aβ 聚集和其随后导致的神经中毒来保护神经元,避免其凋亡。

12.3.2 体内神经元再生膜

管状和中空纤维结构的膜在体内广泛用于修复神经传导(表 12.4)。Benvensite 等研制了 Diaflo 中空纤维膜微透析管,并将其植入大鼠海马,这是 HFM 装置在中枢神经组织中应用的首个例子。Reynolds 等制备的 p(HEMA-co-MMA)多孔管能够改善脊髓切除术后大鼠的运动功能。MWCO 为 100 ku 的半透性聚砜管状膜可以支持仓鼠坐骨神经的再生。此外,膜也被用来封装细胞,通过渗透到小于一定尺寸的分子中,免疫分离宿主细胞,但限制了抗体和补体等大分子进入膜腔并与被包裹的细胞直接相互作用。采用聚丙烯腈和聚氯乙烯共聚(PAN-PVC)的中空纤维膜分别包埋大鼠右侧顶叶皮质和啮齿动物纹状体的巨细胞以及分泌左旋多巴和多巴胺的 PC-12 细胞。包裹胶质细胞源性神经营养因子的 PES-HF

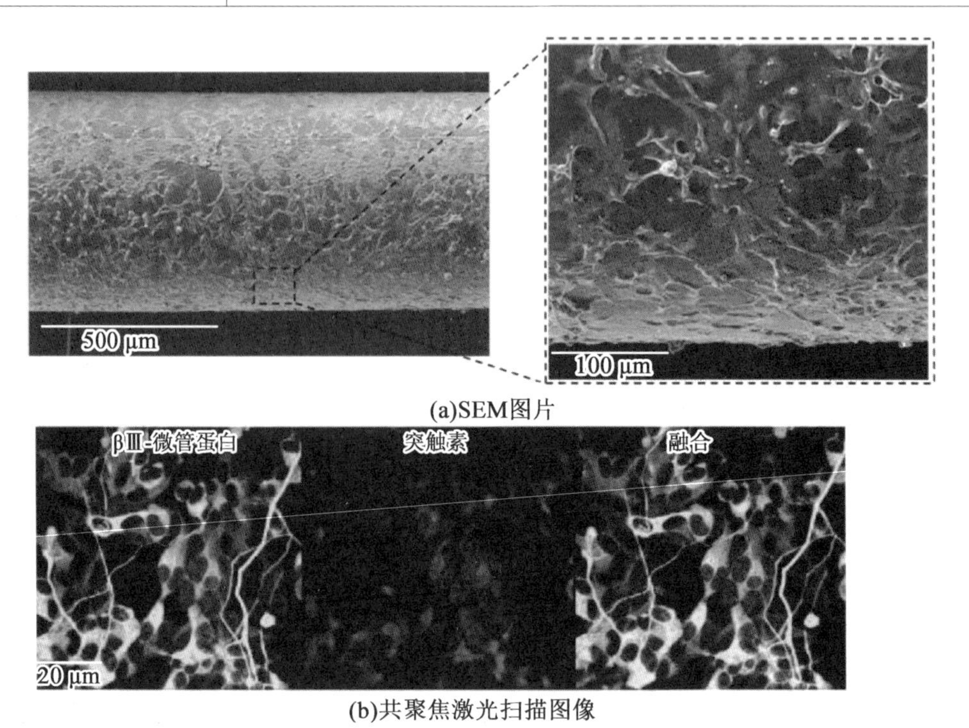

图 12.5 培养 14 天后 PAN HF 膜生物反应器神经元细胞的 SEM 图片和共聚焦激光扫描图像(彩图见附录)

(细胞染色为 βⅢ - 微管蛋白、突触素和融合)

临床实验表明,硅胶管可以恢复前臂正中神经和尺神经的功能。由于硅胶管不能降解,可能会引起慢性炎症反应,因此需要进行第二次手术来移除导管。为了克服不可降解的缺点,研究重点在于寻找可降解材料用于体内神经再生。

Liang 等开发了一种羟乙基 CHT 膜作为角膜内皮细胞的载体,兔子移植后显著促进了机械损伤角膜上皮的修复。超薄微孔可生物降解的 PCL 和 PCL/PLA 膜能促进运动神经元 NG108 - 15 细胞和原发性施万细胞的扩增和分化。这种导管的植入在 2 周内填补了 10 mm 的间隙,促进了大鼠坐骨神经的再生。

Hausner 等用可生物降解聚氨酯(PU)管膜包裹纤维蛋白胶,使大鼠坐骨神经切断 8 mm段后再生。近年来,一种高缝合固位强度的胶原 - SF 膜被成功应用于家兔角膜再生。它在 35 天内促进完全上皮化,并在第一个月内迅速恢复透明。未观察到角膜排斥反应、新生血管和圆锥角膜。

Zhu 等开发了一种基于 PLCL 和聚丙二醇(PPG)共混物的一步电纺制备新型无缝双层纳米纤维神经导管的工艺,其特征在于:具有促进神经再生的纵向排列的纳米纤维的腔层和具有随机组织的纳米纤维的外层支持。大鼠坐骨神经横断模型的长期活体研究表明,双层排列的纳米纤维神经导管优于随机排列的纳米纤维神经导管,对神经再生的疗效与自体神经移植相当。先前的研究表明,在神经再生的早期阶段,导管壁上随机取向和排列的电纺纤维起着重要的作用,这是由于细胞黏附的表面积增加和细胞生长的接触引导。

表 12.4　体内神经元再生的膜系统

膜材料	构型	膜性质	细胞	作用
Diaflo	微透析管	MWCO = 50 ku	—	植入物的细胞反应
p(HEMA – co – MMA)	管	致密结构	—	脊髓横断术后运动功能的改善
PSf	管	MWCO = 10 ku,100 ku	坐骨神经	MWCO = 10 ku 的膜修复周围神经缺损
PAN – PVC	胶囊	—	巨细胞	异种移植免疫隔离
PAN – PVC	中空纤维	水凝胶	PC12 和 C2C12 CNTF 分泌	细胞增殖及左旋多巴和 CNTF 的释放
PES[159]	纤维	内径:500 μm	MDX12 分泌 GDNF	黑质纹状体多巴胺能纤维的再生
CHT	平面	高的透明度、离子和葡萄糖渗透性、降解性和生物相容性	角膜内皮细胞	角膜上皮机械性损伤的修复
PCL, PCL/PLA	平面和绕管	导管内径:1.6 mm	施万细胞	10 mm 间隙桥接大鼠坐骨神经 2 周后的再生
PU – 纤维蛋白	管状	单向孔隙结构	施万细胞	大鼠坐骨神经 8 mm 段的再生
胶原蛋白 – 丝素蛋白	平面	弹性模量:4.51 MPa 抗拉强度:0.97 MPa	—	35 天内完全上皮化
PLCL/PPG	纳米纤维	取向度:65.52%, 随机纳米纤维取向度:50.26%	—	与随机排列的纳米纤维相比, 排列的纳米纤维允许上神经再生
GDNF – PCLEEP	纤维	内径:1.5 mm 壁厚:83.2 μm	—	大鼠坐骨神经在 15 mm 严重缺损处的再生及定向 GDNF – PCLEEP 纤维治疗后 44% 的电生理恢复
PLGA/PCL	管	小孔:700 nm 大孔:20 μm	—	大鼠坐骨神经 10 mm 神经间隙的活体再生
PCL	纤维	内径:1.34 mm 外径:1.53 mm 接触角:(74 ± 3)° 弹性模量:(153 ± 12.8) MPa	—	Wistar 大鼠腓、正中神经小(0.5 cm)和 中等(1.5 cm)缺损 45 天和 6 个月后的再生

续表 12.4

膜	构型	膜性质	细胞	作用
PCL	管	纤维直径:1 μm 破坏应力:4.25 MPa 空隙率:90%	—	改善神经突生长
PLGA/F127	管	内表面孔:50 nm 外表面孔:50 μm	—	植入24周后出现功能性再神经
PCL	管	内表面比多孔外表面光滑	骨髓间充质干细胞	骨髓间充质干细胞植入 PCL管后10周促进正中神经再生
胶原蛋白	管	内径:3 mm 壁厚:0.13 mm 长度:36 mm	—	犬坐骨神经30 mm间隙的再生及 最小疤痕组织形成或炎症反应

注:p(HEMA-co-MMA),聚甲基丙烯酸羟乙基酯-甲基丙烯酸甲酯;PSf,聚砜;PAN-PVC,丙烯腈-氯乙烯共聚物;PES,聚醚砜;CHT,壳聚糖;PCL,聚己内酯;PLA,聚乳酸;PU,聚氨酯;PLCL,聚(L-丙交酯-己内酯);PPG,聚丙二醇;GDNF-PCLEEP,胶质细胞源性神经营养因子-己内酯磷酸乙酯;PLGA,乳酸乙醇酸

采用气隙静电纺丝工艺，将纳米至微米直径的纤维沉积成与圆柱体长轴平行排列的线束，制备了一种PCL三维神经导管。这些结构提供了成千上万的潜在通道来指引轴突的生长。大鼠体内实验表明，与PCL空管相比，如果NGC以PCL排列的纳米纤维作为内部填充物，25%的轴突到达末梢残端的时间可缩短两倍。PCL熔融挤压膜对Wistar大鼠腓肠肌和正中神经小(0.5 cm)和中等(1.5 cm)大小的神经缺损都是有效的。

值得注意的是，神经管壁孔隙度在神经管再生过程中具有重要作用，因而提出了一些不同的策略和方法来提高神经管孔隙度和孔连通性。为了获得具有交联孔道结构的材料，Oh等采用非溶剂诱导相分离的方法制备了具有选择性渗透性和亲水性的PLGA和F127的不对称多孔管，并将其作为神经导管。管的内表面有纳米孔，可以有效防止纤维组织浸润，但可以渗透营养物质，保留所需神经营养因子；外表面有微孔，可以让血管向内生长，向管内有效供给营养物质。在大鼠坐骨神经的体内研究表明，PLGA/F127膜比无孔的硅胶或疏水PLGA管具有更好的神经再生性能。

采用相变与微印刷相结合的创新技术，制备了不对称的微孔PLA膜，得到了不对称的渗透率，并利用表面微槽指导细胞排列。这些微槽/微孔PLA膜能够修复大鼠10 mm坐骨神经横切缺损，其髓鞘形成程度高于无表面微沟槽的不对称导管。

近年来，细胞治疗被认为是治疗周围神经损伤的有效方法。含施万细胞和神经营养因子LIF(白血病抑制因子)的PCL导管可促进大鼠面神经颊支10 mm神经间隙的再生。间充质干细胞能分化成神经元细胞，被认为是可移植细胞，可替代胶质细胞。Oliveira等在2014年证明使用PCL导管和骨髓来源的骨髓间充质干细胞移植能够改善正中神经再生。PCL/MSC管在治疗正中神经缺损时，与空管相比，能够诱导更多的骨髓纤维。

通过使用不同的方法组装外部引导和填充物，已经形成了先进的非常复杂的神经元结构。将排列好的电纺纤维放置在多孔膜的表面，轧制并纵向黏合。Okamoto等已经开发出一种由胶原管支架组成的人工神经导管，这种支架填充了纵向胶原纤维，成功地在狗的坐骨神经中再生了30 mm的间隙，并显示出最小的疤痕或炎症反应。虽然功能恢复发生在52周内，但形态学分析显示，完全修复周围神经需要更长的时间。完全基于天然聚合物(如胶原蛋白)的复合导管的降解率比严重神经缺损再生所需的降解率高。理想情况下，外部导向装置应基于缓慢降解的硬质材料，如生物相容的合成聚合物。另外，内基体应以天然聚合物为基础，为SC的黏附和迁移提供亲和条件。

12.4 本章小结

近十年来，膜科学技术的不断进步，帮助人们克服了很多先进的体外和体内组织再生系统开发面临的许多重要的挑战。已经提出了新的方法和策略来实现可植入患者体内的定制膜装置，以诱导组织再生或替换衰竭或故障的器官。生物杂化膜系统也可以作为研究生理或病理事件的研究平台，用于新药开发，或用于动物实验。事实上，这些设备可以扮演功能性肝脏或神经组织，因为它们提供了一个良好的三维微环境，促进了细胞生长和分化，并维持特定功能，激活体内的状态。考虑到组织工程的多学科性质，临床医生、基础科学家和工程师必须合作并探索所有可能的领域,以实现创造整个器官的新进展。

本章参考文献

[1] Murray, J. E.; Merrill, J. P.; Harrison, J. H. Renal Homotransplantation in Identical Twins. Surg. Forum 1956, 6, 432 – 436.

[2] de Grey, A.; Rae, M. Ending Aging: The Rejuvenation Breakthroughs That Could Reverse Human Aging in Our Lifetime; St. Martin's Press: New York, 2007.

[3] 'United Network for Organs Sharing' www.unos.organ. Data as December 5, 2016.

[4] Koh, C. J.; Atala, A. Tissue Engineering, Stem Cells, and Cloning: Opportunities for Regenerative Medicine. J. Am. Soc. Nephrol. 2004, 15, 1113 – 1125.

[5] Patino, M. G.; Neiders, M. E.; Andreana, S.; Noble, B.; Cohen, R. E. Collagen as an Implantable Material in Medicine and Dentistry. J. Oral Implantol. 2002, 28, 220 – 225.

[6] Coviello, T.; Matricardi, P.; Marianecci, C.; Alhaique, F. Polysaccharide Hydrogels for Modified Release Formulations. J. Control. Release 2007, 119, 5 – 24.

[7] Morelli, S.; Salerno, S.; Ahmed, H. M. M.; Piscioneri, A.; De Bartolo, L. Recent Strategies Combining Biomaterials and Stem Cells for Bone, Liver and Skin Regeneration. Curr. Stem Cell Res. Ther. 2016, 11 (8), 676 – 691.

[8] Salerno, S.; Morelli, S.; De Bartolo, L. Advanced Membrane Systems for Tissue Engineering. Curr. Org. Chem. 2016. http://dx.doi.org/10.2174/1385272820666160617092944.

[9] De Bartolo, L.; Leindlein, A.; Hofmann, D.; Bader, A.; de Grey, A.; Curcio, E.; Drioli, E. Bio – Hybrid Organs and Tissues for Patient Therapy: A Future Vision for 2030. Chem. Eng. Process.: Process Intesif. 2012, 51, 79 – 87.

[10] Lopez, A. D.; Mathers, C. D.; Ezzati, M.; Jamison, D. T.; Murray, C. J. L. Measuring the Global Burden of Disease and Risk Factors, 1990 – 2001. In Source Global Burden of Disease and Risk Factors; Lopez, A. D.; Mathers, C. D.; Ezzati, M.; Jamison, D. T.; Murray, C. J. L., Eds.; World Bank: Washington (DC), 2006; pp 1 – 14.

[11] Mathers, C. D.; Loncar, D. Projections of Global Mortality and Burden of Disease From 2002 to 2030. PLoS Med. 2006, 3 (11), e442.

[12] 'European Liver Transplant Registry' www.eltr.org.

[13] Adam, R.; Mcmaster, P.; O' grady, J. G.; Castaing, D.; Klempnauer, J. L.; Jamieson, N.; Neuhaus, P.; Lerut, J.; Salizzoni, M.; Pollard, S.; Muhlbacher, F.; Rogiers, X.; Garcia Valdecasas, J. C.; Berenguer, J.; Jaeck, D.; Moreno

Gonzalez, E. Evolution of Liver Transplantation in Europe: Report of the European Liver Transplant Registry. Liver Transpl. 2003, 9 (12), 1231 - 1243.

[14] Palakkan, A. A.; Hay, D. C.; Anil Kumar, P. R.; Kumary, T. V.; Ross, J. A. Liver Tissue Engineering and Cell Sources: Issues and Challenges. Liver Int. 2013, 33,666 - 676.

[15] Knell, A. J.; Dukes, D. C. Dialysis Procedures in Acute Liver Coma. Lancet 1976, 2, 402 - 403.

[16] Strain, A. J.; Neuberger, J. M. A Bioartificial Liver—State of the Art. Science 2002, 295, 1005 - 1009.

[17] Salerno, S.; De Bartolo, L.; Drioli, E. Membrane Systems in Liver Regenerative Medicine. In Stem Cell Therapy—State of the Art and Vision for the Future; De Bartolo,L.; Bader, A., Eds.; CRC Press: Boca Raton FL, 2013; pp 37 - 64.

[18] Morelli, S.; Salerno, S.; Piscioneri, A.; Rende, M.; Campana, C.; De Bartolo, L. Membrane Approaches for Liver and Neuronal Tissue Engineering. In ComprehensiveMembrane Science and Engineering, 1st ed.; Drioli, E.; Giorno, L., Eds.; vol. 3; Academic Press Elsevier: Oxford, 2010; pp 229 - 252.

[19] Morelli, S.; Salerno, S.; Piscioneri, A.; Campana, C.; Drioli, E.; De Bartolo, L. Membrane Bioreactors for Regenerative Medicine: An Example of the Bioartificial Liver. Asia Pac. J. Chem. Eng. 2010, 5 (1), 146 - 159.

[20] Donato, M. T.; Castell, J. V.; Gomez - Lechon, M. J. Characterization of Drug Metabolizing Activities in Pig Hepatocytes for Use in Bioartificial Liver Devices: Comparison With Other Hepatic Cellular Models. J. Hepatol. 1999, 31, 542 - 549.

[21] Yang, Q.; Liu, F.; Pan, X. P.; Lv, G. L.; Zhang, A. Y.; Yu, C. B.; Li, L. J. Fluidized - Bed Bioartificial Liver Assist Devices (BLADs) Based on Microencapsulated Primary Porcine Hepatocytes Have Risk of Porcine Endogenous Retroviruses Transmission. Hepatol. Int. 2010, 4, 757 - 761.

[22] Kono, Y.; Yang, S.; Letarte, M.; Roberts, E. A. Establishment of a Human Hepatocyte Line Derived From Primary Culture in a Collagen Gel Sandwich Culture System. Exp. Cell Res. 1995, 221, 478 - 485.

[23] McCloskey, P.; Edwards, R. J.; Tootle, R.; Selden, C.; Roberts, E.; Hodgson, H. J. Resistance of Three Immortalized Human Hepatocyte Cell Lines to Acetaminophen and N - Acetyl - Pbenzoquinoneimine Toxicity. J. Hepatol. 1999, 31, 841 - 851.

[24] Mazariegos, G. V.; Patzer, J. F., 2nd; Lopez, R. C.; Giraldo, M.; Devera, M. E.; Grogan, T. A.; Zhu, Y.; Fulmer, M. L.; Amiot, B. P.; Kramer, D. J. First Clinical Use of a Novel Bioartificial Liver Support System (BLSS). Am. J. Transplant. 2002, 2, 260 - 266.

[25] Knowles, B. B.; Howe, C. C.; Aden, D. P. Human Hepatocellular Carcinoma Cell

Lines Secrete the Major Plasma Proteins and Hepatitis B Surface Antigen. Science 1980,209, 497 – 499.

[26] Lu, H.; Wang, Z.; Zheng, Q.; Li, J. H.; Chong, X. Q.; Xiao, S. D. Efficient Differentiation of Newly Derived Human Embryonic Stem Cells From Discarded Blastocysts Into Hepatocyte – Like Cells. J. Dig. Dis. 2010, 11, 376 – 382.

[27] Payne, C. M.; Samuel, K.; Pryde, A.; King, J.; Brownstein, D.; Schrader, J.; Medine, C. N.; Forbes, S. J.; Iredale, J. P.; Newsome, P. N.; Hay, D. C. Persistence ofFunctional Hepatocyte – Like Cells in Immune – Compromised Mice. Liver Int. 2011, 31, 254 – 262.

[28] Sullivan, G. J.; Hay, D. C.; Park, I. H.; Fletcher, J.; Hannoun, Z.; Payne, C. M.; Dalgetty, D.; Black, J. R.; Ross, J. A.; Samuel, K.; Wang, G.; Daley, G. Q.; Lee, J. H.;Church, G. M.; Forbes, S. J.; Iredale, J. P.; Wilmut, I. Generation of Functional Human Hepatic Endoderm From Human Induced Pluripotent Stem Cells. Hepatology2010, 51, 329 – 335.

[29] Fausto, N. Liver Regeneration and Repair: Hepatocytes, Progenitor Cells, and Stem Cells. Hepatology 2004, 39, 1477 – 1487.

[30] Wege, H.; Le, H. T.; Chui, M. S.; Liu, L.; Wu, J.; Giri, R.; Malhi, H.; Sappal, B. S.; Kumaran, V.; Gupta, S.; Zern, M. A. Telomerase Reconstitution Immortalizes Human Fetal Hepatocytes Without Disrupting Their Differentiation Potential. Gastroenterology 2003, 124, 432 – 444.

[31] Mahieu – Caputo, D.; Allain, J. E.; Branger, J.; Coulomb, A.; Delgado, J. P.; Andreoletti, M.; Mainot, S.; Frydman, R.; Leboulch, P.; Di Santo, J. P.; Capron, F.; Weber, A. Repopulation of Athymic Mouse Liver by Cryopreserved Early Human Fetal Hepatoblasts. Hum. Gene Ther. 2004, 15 (12), 1219 – 1228.

[32] Jauregui, H. O.; McMillian, P. N.; Driscoll, J.; Naik, S. Attachment and Long Term Survival of Adult Rat Hepatocytes in Primary Monolayer Cultures: Comparison ofDifferent Substrata and Tissue Culture Media Formulations. In Vitro Cell. Dev. Biol. 1986, 22, 13 – 22. Membrane Approaches for Liver and Neuronal Tissue Engineering 267

[33] Dunn, J. C.; Tompkins, R. G.; Yarmush, M. L. Long – Term In Vitro Function of Adult Hepatocytes in a Collagen Sandwich Configuration. Biotechnol. Prog. 1991, 7 (3),237 – 245.

[34] Sakai, Y.; Ichikawa, K.; Sakoda, A.; Suzuki, M. Quantitative Comparison of Rat Hepatocyte Functions in Two Improved Culture Systems With or Without Rat Liver Epithelial Cell Line. Cytotechnology 1996, 21, 243 – 252.

[35] De Bartolo, L.; Morelli, S.; Gallo, M. C.; Campana, C.; Statti, G.; Rende, M.; Salerno, S.; Drioli, E. Effect of Isoliquiritigenin on Viability and Differentiated Functions of Human Hepatocytes Maintained on PEEK – WC – Polyurethane Membranes.

Biomaterials 2005, 26, 6625 -6634.

[36] Miyoshi, H. ; Okawa, K. ; Ohshima, N. Hepatocyte Culture Utilizing Porous Polyvinyl Formal Resin Maintains Long - Term Stable Albumin Secretion Activity. J. Biomater. Sci. Polym. Ed. 1998, 9, 227 -237.

[37] Ranucci, C. S. ; Moghe, P. V. Polymer Substrate Topography Actively Regulates the Multicellular Organization and Liver - Specific Functions of Cultured Hepatocytes. Tissue Eng. 1999, 5, 407 -420.

[38] Yamada, K. ; Kamihira, M. ; Ijima, S. Self - Organization of Liver Constitutive Cells Mediated by Artificial Matrix and Improvement of Liver Functions in Long - Term Culture. Biochem. Eng. J. 2001, 8, 135 - 143.

[39] Eschbach, E. ; Chatterjee, S. S. ; Noldner, M. ; Gottwald, E. ; Dertinger, H. ; Weibezahn, K. F. ; Knedlitschek, G. Microstructured Scaffolds for Liver Tissue Cultures of High Cell Density: Morphological and Biochemical Characterization of Tissue Aggregates. J. Cell. Biochem. 2005, 95, 243 -255.

[40] Nakazawa, K. ; Matsushita, T. ; Funatsu, K. Prolonged Lidocaine Metabolizing Activity of Primary Hepatocytes With Spheroid Culture Using Polyurethane Foam as a Culture Substratum. Cytotechnology 1997, 24, 235 -242.

[41] Joly, A. ; Desjardins, J. F. ; Fremond, B. ; Desille, M. ; Campion, J. P. ; Malledant, Y. ; Lebreton, Y. ; Semana, G. ; Edwards - Levy, F. ; Levy, M. C. ; Clement, B. Survival, Proliferation, and Functions of Porcine Hepatocytes Encapsulated in Coated Alginate Beads: A Step Toward a Reliable Bioartificial Liver. Transplantation 1997, 63, 795 -803.

[42] Curcio, E. ; De Bartolo, L. ; Barbieri, G. ; Rende, M. ; Giorno, L. ; Morelli, S. ; Drioli, E. Diffusive and Convective Transport Through Hollow Fiber Membranes for Liver Cell Culture. J. Biotechnol. 2005, 117, 309 -321.

[43] De Bartolo, L. ; Morelli, S. ; Bader, A. ; Drioli, E. Evaluation of Cell Behaviour Related to Physico - Chemical Properties of Polymeric Membranes to be Used in Bioartificial Organs. Biomaterials 2002, 23 (12), 2485 -2497.

[44] Morelli, S. ; Salerno, S. ; Rende, M. ; Lopez, L. C. ; Favia, P. ; Procino, A. ; Memoli, B. ; Andreucci, V. E. ; d'Agostino, R. ; Drioli, E. ; De Bartolo, L. Human Hepatocyte Functions in Galactosylated Membrane Bioreactor. J. Membr. Sci. 2007, 302, 27 -35.

[45] Pavlica, S. ; Piscioneri, A. ; Peinemann, F. ; Keller, M. ; Milosevic, J. ; Staeudte, A. ; Heilmann, A. ; Schulz - Siegmund, M. ; Laera, S. ; Favia, P. ; De Bartolo, L. ; Bader, A. Rat Embryonic Liver Cell Expansion and Differentiation on NH3 Plasma - Grafted PEEK - WC - PU Membranes. Biomaterials 2009, 30, 6514 -6521.

[46] Salerno, S. ; Piscioneri, A. ; Laera, S. ; Morelli, S. ; Favia, P. ; Bader, A. ; Drioli, E. ; De Bartolo, L. Improved Functions of Human Hepatocytes on NH3 Plasma -

Grafted PEEK? WC - PU Membranes. Biomaterials 2009, 30, 4348 - 4356.

[47] De Bartolo, L.; Morelli, S.; Lopez, L. C.; Giorno, L.; Campana, C.; Salerno, S.; Rende, M.; Favia, P.; Detomaso, L.; Gristina, R.; d'Agostino, R.; Drioli, E. Biotransformation and Liver - Specific Functions of Human Hepatocytes in Culture on RGD - Immobilized Plasma - Processed Membranes. Biomaterials 2005, 26, 4432 - 4441.

[48] De Bartolo, L.; Morelli, S.; Rende, M.; Salerno, S.; Giorno, L.; Lopez, L. C.; Favia, P.; d'Agostino, R.; Drioli, E. Galactose Derivative - Immobilized Glow Discharge Processed Polyethersulfone Membranes Maintain the Liver Cell Metabolic Activity. J. Nanosci. Nanotechnol. 2006, 6, 2344 - 2353.

[49] Arnaout, W. S.; Moscioni, A. D.; Barbout, R. L.; Demetriou, A. A. Development of Bioartificial Liver: Bilirubin Conjugation in Gunn Rats. J. Surg. Res. 1990, 48, 379 - 382.

[50] Matsumura, K. N.; Guevara, G. R.; Huston, H.; Hamilton, W. L.; Rikimaru, M.; Yamasaki, G.; Matsumura, M. S. Hybrid Bioartificial Liver in Hepatic Failure: Preliminary Clinical Report. Surgery 1987, 101, 99 - 103.

[51] Margulis, M. S.; Erukhimov, E. A.; Andreiman, L. A.; Viksna, L. M. Temporary Organ Substitution by Hemoperfusion Through Suspension of Active Donor Hepatocytes in a Total Complex of Intensive Therapy in Patients With Acute Hepatic Insufficiency. Resuscitation 1989, 18, 85 - 94.

[52] Sussman, N. L.; Chong, M. G.; Koussayer, T.; He, D. E.; Shang, T. A.; Whisennand, H. H.; Kelly, J. H. Reversal of Fulminant Hepatic Failure Using an ExtracorporealLiver Assist Device. Hepatology 1992, 16, 60 - 65.

[53] Millis, J. M.; Cronin, D. C.; Johnson, R.; Conjeevaram, H.; Conlin, C.; Trevino, S.; Maguire, P. Initial Experience With the Modified Extracorporeal Liver - Assist Device for Patients With Fulminant Hepatic Failure: System Modifications and Clinical Impact. Transplantation 2002, 74, 1735 - 1746.

[54] Demetriou, A. A.; Rozga, J.; Podesta, L.; Lepage, E.; Morsiani, E.; Moscioni, A. D.; Hoffman, A.; McGrath, M.; Kong, L.; Rosen, H.; et al. Early Clinical Experience With a Hybrid Bioartificial Liver. Scand. J. Gastroenterol. Suppl. 1995, 208, 111 - 117.

[55] Demetriou, A.; et al. Prospective, Randomized, Multicenter, Controlled Trial of a Bioartificial Liver in Treating Acute Liver Failure. Ann. Surg. 2004, 239, 667 - 670.

[56] Gerlach, J. C.; Encke, J.; Hole, O.; Muller, C.; Ryan, C. J.; Neuhaus, P. Bioreactor for Larger Scale Hepatocyte In Vitro Perfusion. Transplantation 1994, 58, 984 - 988.

[57] Sauer, I. M.; Zeilinger, K.; Obermayer, N.; Pless, G.; Grünwald, A.; Pascher, A.; Mieder, T.; Roth, S.; Goetz, M.; Kardassis, D.; Mas, A.; Neuhaus, P.;

Gerlach, J. C Primary Human Liver Cells as Source for Modular Extracorporeal Liver Support—A Preliminary Report. Int. J. Artif. Organs 2002, 25, 1001 - 1005.

[58] Patzer, J. F.; Mazariegos, G. V.; Lopez, R. Preclinical Evaluation of the Excorp Medical, Inc, Bioartificial Liver Support System. J. Am. Coll. Surg. 2002, 195, 299 - 310.

[59] Flendrig, L. M.; la Soe, J. W.; Jorning, G. G.; Steenbeek, A.; Karlsen, O. T.; Bovee, W. M.; Ladiges, N. C.; te Velde, A. A.; Chamuleau, R. A. In Vitro Evaluation of a Novel Bioreactor Based on an Integral Oxygenator and a Spirally Wound Nonwoven Polyester Matrix for Hepatocyte Culture as Small Aggregates. J. Hepatol. 1997, 26, 1379 - 1392.

[60] Ding, Y. T.; Qiu, Y. D.; Chen, Z.; Xu, Q. X.; Zhang, H. Y.; Tang, Q.; Yu, D. C. The Development of a New Bioartificial Liver and Its Application in 12 Acute Liver Failure Patients. World J. Gastroenterol. 2003, 9, 829 - 832.

[61] Glorioso, J. M.; Mao, S. A.; Rodysill, B.; Mounajjed, T.; Kremers, W. K.; Elgilani, F.; Hickey, R. D.; Haugaa, H.; Rose, C. F.; Amiot, B.; Nyberg, S. L. Pivotal Preclinical Trial of the Spheroid Reservoir Bioartificial Liver. J. Hepatol. 2015, 63, 388 - 398.

[62] Morsiani, E.; Brogli, M.; Galavotti, D.; Bellini, T.; Ricci, D.; Pazzi, P.; Puviani, A. C. Long - Term Expression of Highly Differentiated Functions by Isolated Porcine Hepatocytes Perfused in a Radial - Flow Bioreactor. Artif. Organs 2001, 25, 740 - 748.

[63] Hu, W. S.; Friend, J. R.; Wu, F. J.; Sielaff, T.; Peshwa, M. V.; Lazer, A.; Nygerg, S. L.; Remmel, R. P.; Cerra, F. B. Development of a Bioartificial Liver Employing Xenogeneic Hepatocytes. Cytotechnology 1997, 23, 29 - 38.

[64] Shiraha, H.; Koide, N.; Hada, H.; Ujike, K.; Nakamura, M.; Shinji, T.; Gotoh, S.; Tsuji, T. Improvement of Serum Amino Acid Profile in Hepatic Failure With the Bioartificial Liver Using Multicellular Hepatocyte Spheroids. Biotechnol. Bioeng. 1996, 50, 416 - 421.

[65] Naka, S.; Takeshita, K.; Yamamoto, T.; Tani, T.; Kodama, M. Bioartificial Liver Support System Using Porcine Hepatocytes Entrapped in a Three - Dimensional Hollow FiberModule With Collagen Gel: An Evaluation in the Swine Acute Liver Failure Model. Artif. Organs 1999, 23, 822 - 828.

[66] De Bartolo, L.; Jarosch - Von Schweder, G.; Haverich, A.; Bader, A. A Novel Full - Scale Flat Membrane Bioreactor Utilizing Porcine Hepatocytes: Cell Viability and Tissue? Specific Functions. Biotechnol. Prog. 2000, 16, 102 - 108.

[67] Nagaki, M.; Miki, K.; Kim, Y.; Ishiyama, H.; Hirahara, I.; Takahashi, H.; Sugiyama, A.; Muto, Y.; Moriwaki, H. Development and Characterization of a Hybrid Bioartificial Liver Using Primary Hepatocytes Entrapped in a Basement Membrane

Matrix. Dig. Dis. Sci. 2001, 46, 1046 - 1056.

[68] Hoffmann, S. A.; Müller - Vieira, U.; Biemel, K.; Knobeloch, D.; Heydel, S.; Lübberstedt, M.; Nüssler, A. K.; Andersson, T. B.; Gerlach, J. C.; Zeilinger, K. Analysis of Drug Metabolism Activities in a Miniaturized Liver Cell Bioreactor for Use in Pharmacological Studies. Biotechnol. Bioeng. 2012, 109, 3172 - 3181.

[69] Mizumoto, H.; Funatsu, K. Liver Regeneration Using a Hybrid Artificial Liver Support System. Artif. Organs 2004, 28, 53 - 57. 268 Membrane Approaches for Liver and Neuronal Tissue Engineering

[70] Fukuda, J.; Sakiyama, R.; Nakazawa, K.; Ijima, H.; Yamashita, Y.; Shimada, M.; Shirabe, K.; Tsujita, E.; Sugimachi, K.; Funatsu, K. Mass Preparation of Primary Porcine Hepatocytes and the Design of a Hybrid Artificial Liver Module Using Spheroid Culture for a Clinical Trial. Int. J. Artif. Organs 2001, 24, 799 - 806.

[71] Jasmund, L.; Langsch, A.; Simmoteit, R.; Bader, A. Cultivation of Primary Porcine Hepatocytes in an OXY - HFB for Use as a Bioartificial Liver Device. Biotechnol. Prog. 2002, 18, 839 - 846.

[72] Curcio, E.; Salerno, S.; Barbieri, G.; De Bartolo, L.; Drioli, E.; Bader, A. Mass Transfer and Metabolic Reactions in Hepatocyte Spheroids Cultured in Rotating Wall Gas? Permeable Membrane System. Biomaterials 2007, 28, 5487 - 5497.

[73] Schmitmeier, S.; Langsch, A.; Jasmund, I.; Bader, A. Development and Characterization of a Small - Scale Bioreactor Based on a Bioartificial Hepatic Culture Model for Predictive Pharmacological in Vitro Screenings. Biotechnol. Bioeng. 2006, 95, 1198 - 1206.

[74] Sauer, I. M.; Scwartlander, R.; Schmid, J.; Efimova, E.; Vondran, F. W. R.; Kehr, D.; Pless, G.; Spinelli, A.; Brandeburg, B.; Hildt, E.; Neuhaus, P. The Slide Reactor—A simple Hollow Fiber Based Bioreactor Suitable for Light Microscopy. Artif. Organs 2005, 29, 264 - 267.

[75] Roy, P.; Baskaran, H.; Tilles, A. W.; Yarmush, M.; Toner, M. Analysis of Oxygen Transport to Hepatocytes in a Flat - Plate Microchannel Bioreactor. Ann. Biomed. Eng. 2001, 29, 947 - 955.

[76] Ostrovidov, S.; Jiang, J.; Sokai, Y.; Fujii, T. Membrane - Based PDMS Microbioreactor for Perfused 3D Primary Rat Hepatocyte Cultures. Biomed. Microdevices 2004, 6, 279 - 287.

[77] Ye, S. H.; Watanable, J.; Takai, M.; Iwasaki, Y.; Ishihara, K. High Functional Hollow Fiber Membrane Modified With Phospholipid Polymers for a Liver Assist Bioreactor. Biomaterials 2006, 27, 1955 - 1962.

[78] De Bartolo, L.; Morelli, S.; Rende, M.; Campana, C.; Salerno, S.; Quintiero, N.; Drioli, E. Human Hepatocyte Morphology and Functions in a Multibore Fiber Bioreactor. Macromol. Biosci. 2007, 7, 671 - 680.

[79] Lu, H. F. ; Lim, W. S. ; Zhang, P. C. ; Chia, S. M. ; Yu, H. ; Mao, H. Q. ; Leong, K. W. Galactosylated Poly (Vinylidene Difluoride) Hollow Fiber Bioreactor for HepatocyteCulture. Tissue Eng. 2005, 11, 1667 - 1677.

[80] Memoli, B. ; De Bartolo, L. ; Favia, P. ; Morelli, S. ; Lopez, L. C. ; Procino, A. ; Barbieri, G. ; Curcio, E. ; Giorno, L. ; Esposito, P. ; Cozzolino, M. ; Brancaccio, D. ; Andreucci, V. E. ; d' Agostino, R. ; Drioli, E. Fetuin - A Gene Expression, Synthesis and Release in Primary Human Hepatocytes Cultured in a Galactosylated Membrane Bioreactor. Biomaterials 2007, 28, 4836 - 4844.

[81] De Bartolo, L. ; Salerno, S. ; Curcio, E. ; Piscioneri, A. ; Rende, M. ; Morelli, S. ; Tasselli, F. ; Bader, A. ; Drioli, E. Human Hepatocyte Functions in a Crossed Hollow FiberMembrane Bioreactor. Biomaterials 2009, 30, 2531 - 2543.

[82] Salerno, S. ; Campana, C. ; Morelli, S. ; Drioli, E. ; De Bartolo, L. Human Hepatocytes and Endothelial Cells in Organotypic Membrane Systems. Biomaterials 2011, 32, 8848 - 8859.

[83] McClelland, R. ; Wauthier, E. ; Zhang, L. ; Melhem, A. ; Schmelzer, E. ; Barbier, C. ; Reid, L. M. Ex Vivo Conditions for Self - Replication of Human Hepatic Stem Cells. TissueEng. Part C 2008, 14, 341 - 351.

[84] Kulig, K. M. ; Vacanti, J. P. Hepatic Tissue Engineering. Transpl. Immunol. 2004, 12, 303 - 310.

[85] Piscioneri, A. ; Campana, C. ; Salerno, S. ; Morelli, S. ; Bader, A. ; Giordano, F. ; Drioli, E. ; De Bartolo, L. Biodegradable and Synthetic Membranes for the Expansion andFunctional Differentiation of Rat Embryonic Liver Cells. Acta Biomater. 2011, 7, 171 - 179.

[86] Salerno, S. ; Piscioneri, A. ; Morelli, S. ; Al - Fageeh, M. B. ; Drioli, E. ; De Bartolo, L. Membrane Bioreactor for Expansion and Differentiation of Embryonic Liver Cells. Ind. Eng. Chem. Res. 2013, 52, 10387 - 10395.

[87] Chiono, V. ; Tonda - Turo, C. Trends in the Design of Nerve Guidance Channels in Peripheral Nerve Tissue Engineering. Prog. Neurobiol. 2015, 131, 87 - 104.

[88] Ai, J. ; Kiasat - Dolatabadi, A. ; Ebrahimi - Barough, S. ; Ai, A. ; Lotfibakhshaiesh, N. ; Norouzi - Javidan, A. ; Saberi, H. ; Arjmand, B. ; Aghayan, H. R. Polymeric Scaffolds in Neural Tissue Engineering: A Review. Arch. Neurosci. 2013, 1 (1), 15 - 20.

[89] Khan, F. ; Tanaka, M. ; Ahmad, S. R. Fabrication of Polymeric Biomaterials: A Strategy for Tissue Engineering and Medical Devices. J. Mater. Chem. B 2015, 3, 8224 - 8249.

[90] Schmidt, C. E. ; Leach, J. B. Neural Tissue Engineering: Strategies for Repair and Regeneration. Annu. Rev. Biomed. Eng. 2003, 5, 293 - 347.

[91] Chesmel, K. D. ; Black, J. Cellular Responses to Chemical and Morphologic Aspects

of Biomaterial Surfaces, I. A Novel In Vitro Model System. J. Biomed. Mater. Res. 1995, 29, 1089 - 1099.

[92] Borgens, R. B. Electrically Mediated Regeneration and Guidance of Adult Mammalian Spinal Axons Into Polymeric Channels. Neuroscience 1999, 91, 251 - 264.

[93] Aebischer, P.; Guenard, V.; Valentini, R. F. The Morphology of Regenerating Peripheral Nerves is Modulated by the Surface Microgeometry of Polymeric Guidance Channels. Brain Res. 1990, 531, 211 - 218.

[94] Aebischer, P.; Guenard, V.; Brace, S. Peripheral Nerve Regeneration Through Blind - Ended Semipermeable Guidance Channels: Effect of the Molecular Weight Cut Off. J. Neurosci. 1989, 9, 3590 - 3595.

[95] Valentini, R. F.; Sabatini, A. M.; Dario, P.; Aebischer, P. Polymer Electret Guidance Channels Enhance Peripheral Nerve Regeneration in Mice. Brain Res. 1989, 480, 300 - 304.

[96] Maquet, V.; Martin, D.; Scholtes, F.; Franzen, R.; Schoenen, J.; Moonen, G.; Jérôme, R. Poly(D, L - Lactide) Foams Modified by Poly (Ethylene Oxide) - Block - Poly(D, L - Lactide) Copolymers and a - FGF: In Vitro and In Vivo Evaluation for Spinal Cord Regeneration. Biomaterials 2001, 22, 1137 - 1146.

[97] Gomez, N.; Lu, Y.; Chen, S.; Schmidt, C. E. Immobilized Nerve Growth Factor and Microtopography Have Distinct Effects on Polarization Versus Axon Elongation in Hippocampal Cells in Culture. Biomaterials 2007, 28 (2), 271 - 284.

[98] Dowell - Mesfin, N. M.; Abdul - Karim, M. A.; Turner, A. M.; Schanz, S.; Craighead, H. G.; Roysam, B.; Turner, J. N.; Shain, W. J. Topographically Modified Surfaces Affect Orientation and Growth of Hippocampal Neurons. J. Neural Eng. 2004, 1 (2), 78 - 90.

[99] Schmidt, C. E.; Shastri, V. R.; Vacanti, J. P.; Langer, R. Stimulation of Neurite Outgrowth Using an Electrically Conducting Polymer. Proc. Natl. Acad. Sci. U. S. A. 1997, 94, 8948 - 8953.

[100] Ahmed, I.; Liu, H. Y.; Mamiya, P. C.; Ponery, A. S.; Babu, A. N.; Weik, T.; Schindler, M.; Meiners, S. J. Three - Dimensional Nanofibrillar Surfaces Covalently Modified With Tenascin - C - Derived Peptides Enhance Neuronal Growth In Vitro. J. Biomed. Mater. Res. A 2006, 76 (4), 851 - 860.

[101] Yang, F.; Murugan, R.; Wang, S.; Ramakrishna, S. Electrospinning of Nano/Micro Scale Poly(L - Lactic Acid) Aligned Fibers and Their Potential in Neural Tissue Engineering. Biomaterials 2005, 26 (15), 2603 - 2610.

[102] Lovat, V.; Panzarotto, D.; Lagostena, L.; Cacciari, B.; Gandolfo, M.; Righi, M.; Spalluto, G.; Prato, M.; Ballerini, L. Carbon Nanotube Substrates Boost Neuronal Electrical Signaling. Nano Lett. 2005, 5 (6), 1107 - 1110.

[103] Norman, J.; Desai, T. Methods for Fabrication of Nanoscale Topography for Tissue

Engineering Scaffolds. Ann. Biomed. Eng. 2006, 34 (1), 89 - 101.

[104] Li, G. N. ; Hoffman - Kim, D. Tissue - Engineered Platforms of Axon Guidance. Tissue Eng. 2008, 14 (1), 33 - 35.

[105] Mahoney, M. J. ; Chen, R. R. ; Tan, J. ; Saltzman, W. M. The Influence of Microchannels on Neurite Growth and Architecture. Biomaterials 2005, 26 (7), 771 - 778. 106. Li, J. ; McNally, H. ; Shi, R. Enhanced Neurite Alignment on Micro - Patterned Poly - L - Lactic Acid Films. J. Biomed. Mater. Res. A 2008, 87 (2), 392 - 404.

[107] Corey, J. M. ; Gertz, C. C. ; Wang, B. S. ; Birrel, L. K. ; Johnson, S. L. ; Martin, D. C. ; Feldman, E. L. The Design of Electrospun PLLA Nanofiber Scaffold Compatible With Serum - Free Growth of Primary Motor and Sensory Neurons. Acta Biomater. 2008, 4, 863 - 875.

[108] Recknor, J. B. ; Sakaguchi, D. S. ; Mallapragada, S. K. Directed Growth and Selective Differentiation of Neural Progenitor Cells on Micropatterned Polymer Substrates. Biomaterials 2006, 27, 4098 - 4108.

[109] Zhang, N. ; Zhang, C. ; Wen, X. J. Fabrication of Semipermeable Hollow Fiber Membranes With Highly Aligned Texture for Nerve Guidance. J. Biomed. Mater. Res. A 2005, 75, 941 - 949. Membrane Approaches for Liver and Neuronal Tissue Engineering 269

[110] Morelli, S. ; Salerno, S. ; Piscioneri, A. ; Papenburg, B. J. ; Di Vito, A. ; Giusi, G. ; Canonaco, M. ; Stamatialis, D. ; Drioli, E. ; De Bartolo, L. Influence of Micropatterned PLLA Membranes on the Outgrowth and Orientation of Hippocampal Neuritis. Biomaterials 2010, 31, 7000 - 7011.

[111] Fan, Y. W. ; Cui, F. Z. ; Chen, L. N. ; Zhai, Y. ; Xu, Q. Y. ; Lee, I. S. Adhesion of Neural Cells on Silicon Wafer With Nano - Topographic Surface. Appl. Surf. Sci. 2002, 187, 313 - 318.

[112] De Bartolo, L. ; Rende, M. ; Morelli, S. ; Giusi, G. ; Salerno, S. ; Piscioneri, A. ; Gordano, A. ; Di Vito, A. ; Canonaco, M. ; Drioli, E. Influence of Membrane Surface Properties on the Growth of Neuronal Cells Isolated Form Hippocampus. J. Membr. Sci. 2008, 325, 139 - 149.

[113] Manwaring, M. E. ; Biran, R. ; Tresco, P. A. Characterization of Rat Meningeal Cultures on Materials of Differing Surface Chemistry. Biomaterials 2001, 22, 3155 - 3168.

[114] Lee, S. J. ; Khang, G. ; Lee, Y. M. ; Lee, H. B. The Effect of Surface Wettability on Induction and Growth of Neurites From the PC - 12 Cell on a Polymer Surface. J. Colloid Interface Sci. 2003, 259, 228 - 235.

[115] Chang, K. - Y. ; Chen, L. - W. ; Young, T. - H. ; Hsieh, K. - H. PEI/EVAL Blend Membranes for Granule Neuronal Cell Culture. J. Polym. Res. 2007, 14,

229 - 243.

[116] Young, T. - H. ; Hung, C. - H. Behavior of Embryonic Rat Cerebral Cortical Stem Cells on the PVA and EVAL Substrates. Biomaterials 2005, 26, 4291 - 4299.

[117] Lopez, C. A. ; Fleischman, A. J. ; Roy, S. ; Desai, T. A. Evaluation of Silicon Nanoporous Membranes and ECM - Based Microenvironments on Neurosecretory Cells. Biomaterials 2006, 27, 3075 - 3083.

[118] Zhang, N. ; Yan, H. ; Wen, X. Tissue - Engineering Approaches for Axonal Guidance. Brain Res. Rev. 2005, 49, 48 - 64.

[119] Li, R. H. ; Williams, S. ; White, M. ; Rein, D. Dose Control With Cell Lines Used for Encapsulated Cell Therapy. Tissue Eng. 1999, 5, 453 - 465.

[120] Broadhead, K. W. ; Biran, R. ; Tresco, P. A. Hollow Fiber Membrane Diffusive Permeability Regulates Encapsulated Cell Line Biomass, Proliferation, and Small Molecule Release. Biomaterials 2002, 23, 4689 - 4699.

[121] Huang, C. ; Chen, R. ; Ke, Q. ; Morsi, Y. ; Zhang, K. ; Mo, X. Electrospun Collagen - Chitosan - TPU Nanofibrous Scaffolds for Tissue Engineered Tubular Grafts. Colloids Surf. B 2011, 82, 307 - 315.

[122] Yucel, D. ; Kose, G. T. ; Hasirci, V. Polyester Based Nerve Guidance Conduit Design. Biomaterials 2010, 31, 1596 - 1603.

[123] Morelli, S. ; Piscioneri, A. ; Salerno, S. ; Tasselli, F. ; Di Vito, A. ; Giusi, G. ; Canonaco, M. ; Drioli, E. ; De Bartolo, L. PAN Hollow Fiber Membranes Elicit Functional Hippocampal Neuronal Network. J. Mater. Sci. Mater. Med. 2012, 23, 149 - 156.

[124] Morelli, S. ; Piscioneri, A. ; Salerno, S. ; Rende, M. ; Campana, C. ; Tasselli, F. ; Di Vito, A. ; Giusi, G. ; Canonaco, M. ; Drioli, E. ; De Bartolo, L. Flat and Tubular Membrane Systems for the Reconstruction of Hippocampal Neuronal Network. J. Tissue Eng. Regen. Med. 2012, 6, 299 - 313.

[125] Wang, G. ; Ao, Q. ; Gong, K. ; Wang, A. ; Zheng, L. ; Gong, Y. ; Zhang, X. The Effect of Topology of Chitosan Biomaterials on the Differentiation and Proliferation of Neural Stem Cells. Acta Biomater. 2010, 6 (9), 3630 - 3639.

[126] Yuan, Y. ; Zhang, P. ; Yang, Y. ; Wang, X. ; Gu, X. The Interaction of Schwann Cells With Chitosan Membranes and Fibers in Vitro. Biomaterials 2004, 25 (18), 4273 - 4278.

[127] Huang, Y. C. ; Huang, C. C. ; Huang, Y. Y. ; Chen, K. S. Surface Modification and Characterization of Chitosan or PLGA Membrane With Laminin by Chemical and Oxygen Plasma Treatment for Neural Regeneration. J. Biomed. Mater. Res. A 2007, 82 (4), 842 - 851.

[128] Li, W. ; Long, Y. ; Liu, Y. ; Long, K. ; Liu, S. ; Wang, Z. ; Wang, Y. ; Ren, L. Fabrication and Characterization of Chitosan - Collagen Crosslinked Membranes for

Corneal Tissue Engineering. J. Biomater. Sci. Polym. Ed. 2014, 25 (17), 1962 - 1972.

[129] Liang, Y.; Liu, W.; Han, B.; Yang, C.; Ma, Q.; Zhao, W.; Rong, M.; Li, H. Fabrication and Characters of a Corneal Endothelial Cells Scaffold Based on Chitosan. J. Mater. Sci. Mater. Med. 2011, 22 (1), 175 - 183.

[130] Wang, T. J.; Wang, I. J.; Lu, J. N.; Young, T. H. Novel Chitosan - Polycaprolactone Blends as Potential Scaffold and Carrier for Corneal Endothelial Transplantation. Mol. Vis. 2012, 18, 255 - 264.

[131] Long, K.; Liu, Y.; Li, W.; Wang, L.; Liu, S.; Wang, Y.; Wang, Z.; Ren, L. Improving the Mechanical Properties of Collagen - Based Membranes Using Silk Fibroin for Corneal Tissue Engineering. J. Biomed. Mater. Res. A 2015, 103 (3), 1159 - 1168.

[132] Jiang, X.; Lim, S. H.; Mao, H. Q.; Chew, S. Y. Current Applications and Future Perspectives of Artificial Nerve Conduits. Exp. Neurol. 2010, 223, 86 - 101.

[133] Lim, S. H.; Liu, X. Y.; Song, H. J.; Yarema, K. J.; Mao, H. Q. The Effect of Nanofiber Guided Cell Alignment on the Preferential Differentiation of Neural Stem Cells. Biomaterials 2010, 31, 9031 - 9039.

[134] Subramanian, A.; Krishnan, U. M.; Sethuraman, S. Fabrication, Characterization and In Vitro Evaluation of Aligned PLGA - PCL Nanofibers for Neural Regeneration. Ann. Biomed. Eng. 2012, 40, 2098 - 2110.

[135] Tonda - Turo, C.; Cipriani, E.; Gnavi, S.; Chiono, V.; Mattu, C.; Gentile, P.; Perroteau, I.; Zanetti, M.; Ciardelli, G. Cross Linked Gelatin Nanofibres: Preparation, Characterisation and In Vitro Studies Using Glial - Like Cells. Mater. Sci. Eng. C 2013, 33, 2723 - 2735.

[136] Tonda - Turo, C.; Audisio, C.; Gnavi, S.; Chiono, V.; Gentile, P.; Raimondo, S.; Geuna, S.; Perroteau, I.; Ciardelli, G. Porous Poly(Epsilon - Caprolactone) Nerve Guide Filled With Porous Gelatin Matrix for Nerve Tissue Engineering. Adv. Eng. Mater. 2011, 13, B151 - B164.

[137] Sun, C.; Jin, X.; Holzwarth, J. M.; Liu, X.; Hu, J.; Gupte, M. J.; Zhao, Y.; Ma, P. X. Development of Channeled Nanofibrous Scaffolds for Oriented Tissue Engineering. Macromol. Biosci. 2012, 12, 761 - 769.

[138] Chen, H.; Fan, X.; Xia, J.; Chen, P.; Zhou, X.; Huang, J.; Yu, J.; Gu, P. Electrospun Chitosan - Graft - Poly (Varepsilon - Caprolactone)/Poly (Varepsilon - Caprolactone) Nanofibrous Scaffolds for Retinal Tissue Engineering. Int. J. Nanomed. 2011, 6, 453 - 461.

[139] Steedman, M. R.; Tao, S. L.; Klassen, H.; Desai, T. A. Enhanced Differentiation of Retinal Progenitor Cells Using Microfabricated Topographical Cues. Biomed. Microdevices 2010, 12, 363 - 369.

[140] Redenti, S.; Tao, S.; Yang, J.; Gu, P.; Klassen, H.; Saigal, S.; Desai, T.; Young, M. J. Retinal Tissue Engineering Using Mouse Retinal Progenitor Cells and a Novel Biodegradable, Thin - Film Poly(Ecaprolactone) Nanowire Scaffold. J. Ocul. Biol. Dis. Infor. 2008, 1, 19 - 29.

[141] Zhang, D.; Ni, N.; Chen, J.; Yao, Q.; Shen, B.; Zhang, Y.; Zhu, M.; Wang, Z.; Ruan, J.; Wang, J.; Mo, X.; Shi, W.; Ji, J.; Fan, X.; Gu, P. Electrospun SF/PLCL Nanofibrous Membrane: A Potential Scaffold for Retinal Progenitor Cell Proliferation and Differentiation. Sci. Rep. 2015, 5, 14326. http://dx.doi.org/10.1038/srep14326.

[142] Lins, L. C.; Wianny, F.; Livi, S.; Dehay, C.; Duchet - Rumeau, J.; Gérard, J. - F. Effect of Polyvinylidene Fluoride Electrospun Fiber Orientation on Neural Stem Cell Differentiation. J. Biomed. Mater. Res. B Appl. Biomater. 2016, 1 - 18. http://dx.doi.org/10.1002/jbm.b.33778.

[143] Clements, I. P.; Kim, Y. T.; English, A. W.; Lu, X.; Chung, A.; Bellamkonda, R. V. Thin Film Enhanced Nerve Guidance Channels for Peripheral Nerve Repair. Biomaterials 2009, 30, 3834 - 3846.

[144] Morelli, S.; Piscioneri, A.; Messina, A.; Salerno, S.; Al - Fageeh, M. B.; Drioli, E.; De Bartolo, L. Neuronal Growth and Differentiation on Biodegradable Membranes. J. Tissue Eng. Regen. Med. 2015, 9 (2), 106 - 117.

[145] Lins, L. C.; Wianny, F.; Livi, S.; Hidalgo, I. A.; Dehay, C.; Duchet - Rumeau, J.; Gérard, J. F. Development of Bioresorbable Hydrophilic Hydrophobic Electrospun Scaffolds for Neural Tissue Engineering. Biomacromolecules 2016, 17, 3172 - 3187.

[146] Shih, Y. H.; Yang, J. C.; Su - Han Li, S. H.; Yang, W. C. V.; Chen, C. C. Bio - Electrospinning of Poly(l - Lactic Acid) Hollow Fibrous Membrane. Text. Res. J. 2012, 82 (6), 602 - 612.

[147] Giusi, G.; Facciolo, R. M.; Rende, M.; Alo, R.; Di Vito, A.; Salerno, S.; Morelli, S.; De Bartolo, L.; Drioli, E.; Canonaco, M. Distinct a Subunits of the GABAA Receptor are Responsible for Early Hippocampal Silent Neuron - Related Activities. Hippocampus 2009, 19, 1103 - 1114.

[148] Di Vito, A.; Giusi, G.; Alò, R.; Piscioneri, A.; Morelli, S.; De Bartolo, L.; Canonaco, M. Distinct a GABAAR Subunits Influence Structural and Transcriptional Properties of CA1 Hippocampal Neurons. Neurosci. Lett. 2011, 496, 106 - 110.

[149] Di Vito, A.; Mele, M.; Piscioneri, A.; Morelli, S.; De Bartolo, L.; Barni, T.; Facciolo, R. M.; Canonaco, M. Overstimulation of Glutamate Signals Leads to Hippocampal Transcriptional Plasticity in Hamsters. Cell. Mol. Neurobiol. 2014, 34, 501 - 509. 270 Membrane Approaches for Liver and Neuronal Tissue Engineering

[150] Pucci, D.; Crispini, A.; Sanz Mendiguchía, B.; Pirillo, S.; Ghedini, M.; Morel-

li, S. ; De Bartolo, L. Improving the Bioactivity of Zn(II) – Curcumin Based Complexes. Dalton Trans. 2013, 42, 9679 – 9687.

[151] Morelli, S. ; Piscioneri, A. ; Salerno, S. ; Al – Fageeh, M. ; Drioli, E. ; De Bartolo, L. Neuroprotective Effect of Didymin on H2O2 – Induced Injury in Neuronal Membrane System. Cells Tissues Organs 2014, 199, 184 – 200.

[152] Morelli, S. ; Salerno, S. ; Piscioneri, A. ; Tasselli, F. ; Drioli, E. ; De Bartolo, L. Neuronal Membrane Bioreactor as a Tool for Testing Crocin Neuroprotective Effect in Alzheimer's Disease. Chem. Eng. J. 2016, 305, 69 – 78.

[153] Piscioneri, A. ; Morelli, S. ; Mele, M. ; Canonaco, M. ; Bilotta, E. ; Pantano, P. ; Drioli, E. ; De Bartolo, L. Neuroprotective Effect of Human Mesenchymal Stem Cells in a Compartmentalized Neuronal Membrane System. Acta Biomater. 2015, 24, 297 – 308.

[154] Mele, M. ; Morelli, S. ; Fazzari, G. ; Avolio, E. ; Alò, R. ; Piscioneri, A. ; De Bartolo, L. ; Facciolo, R. M. ; Canonaco, M. Application of the Co – culture Membrane System Pointed to a Protective Role of Catestatin on Hippocampal Plus Hypothalamic Neurons Exposed to Oxygen and Glucose Deprivation. Mol. Neurobiol. 2016. http://dx.doi.org/10.1007/s12035 – 016 – 0240 – 5.

[155] Benveniste, H. ; Diemer, N. H. Cellular Reactions to Implantation of a Microdialysis Tube in the Rat Hippocampus. Acta Neuropathol. 1987, 74, 234 – 238.

[156] Reynolds, L. F. ; Bren, M. C. ; Wilson, B. C. ; Gibson, G. D. ; Shoichet, M. S. ; Murphy, R. J. L. Transplantation of Porous Tubes Following Spinal Cord Transection Improves Hindlimb Function in the Rat. Spinal Cord 2008, 46, 58 – 64.

[157] Uludag, H. ; De Vos, P. ; Tresco, P. A. Technology of Mammalian Cell Encapsulation. Adv. Drug Deliv. Rev. 2000, 42, 29 – 64.

[158] Winn, S. R. ; Aebischer, P. ; Galletti, P. M. Brain Tissue Reaction to Permselective Polymer Capsules. J. Biomed. Mater. Res. 1989, 23, 31 – 44.

[159] Sajadi, A. ; Bansadoun, J. C. ; Schneider, B. L. ; Lo Bianco, C. ; Aebischer, P. Transient striatal delivery of GDNF via encapsulated cells leads to sustained behavioral improvement in a bilateral model of Parkinson disease. Neurobiol. Dis. 2006, 22, 119 – 129.

[160] Lundborg, G. ; Rosen, B. ; Dahlin, L. ; Danielsen, N. ; Holmberg, J. Tubular Versus Conventional Repair of Median and Ulnar Nerves in the Human Forearm: Early Results From a Prospective, Randomized, Clinical Study. J. Hand. Surg. Am. 1997, 22, 99 – 106.

[161] Liang, Y. ; Xu, W. ; Han, B. ; Li, N. ; Zhao, W. ; Liu, W. Tissue – Engineered Membrane Based on Chitosan for Repair of Mechanically Damaged Corneal Epithelium. J. Mater. Sci. Mater. Med. 2014, 25 (9), 2163 – 2171.

[162] Sun, M. ; Kingham, P. J. ; Reid, A. J. ; Armstrong, S. J. ; Terenghi, G. ;

Downes, S. In Vitro and In Vivo Testing of Novel Ultrathin PCL and PCL/PLA Blend Films as Peripheral Nerve Conduit. J. Biomed. Mater. Res. A 2010, 93 (4), 1470 - 1481.

[163] Hausner, T. ; Schmidhammer, R. ; Zandieh, S. ; Hopf, R. ; Schultz, A. ; Gogolewski, S. ; Hertz, H. ; Redl, H. Nerve Regeneration Using Tubular Scaffolds From Biodegradable Polyurethane. Acta Neurochir. 2007, 100, 69 - 72.

[164] Zhu, Y. ; Wang, A. ; Patel, S. ; Kurpinski, K. ; Diao, E. ; Bao, X. ; Kwong, G. ; Young, W. ; Li, S. Engineering Bi - Layer Nanofibrous Conduits for Peripheral Nerve Regeneration. Tissue Eng. C Methods 2011, 17, 705 - 715.

[165] Chew, S. Y. ; Mi, R. ; Hoke, A. ; Leong, K. W. Aligned Protein - Polymer Composite Fibers Enhance Nerve Regeneration: A Potential Tissue - Engineering Platform. Adv. Funct. Mater. 2007, 17, 1288 - 1296.

[166] Panseri, S. ; Cunha, C. ; Lowery, J. ; Del Carro, U. ; Taraballi, F. ; Amadio, S. ; Vescovi, A. ; Gelain, F. Electrospun Micro - and Nanofiber Tubes for Functional Nervous Regeneration in Sciatic Nerve Transections. BMC Biotechnol. 2008, 8, 39. http://dx. doi. org/10. 1186/1472 - 6750 - 8 - 39.

[167] Jha, B. S. ; Colello, R. J. ; Bowman, J. R. ; Sell, S. A. ; Lee, K. D. ; Bigbee, J. W. ; Bowlin, G. L. ; Chow, W. N. ; Mathern, B. E. ; Simpson, D. G. Two Pole Air Gap Electrospinning: Fabrication of Highly Aligned, Three - Dimensional Scaffolds for Nerve Reconstruction. Acta Biomater. 2011, 7, 203 - 215.

[168] Chiono, V. ; Vozzi, G. ; Vozzi, F. ; Salvadori, C. ; Dini, F. ; Carlucci, F. ; Arispici, M. ; Burchielli, S. ; Di Scipio, F. ; Geuna, S. ; Fornaro, M. ; Tos, P. ; Nicolino, S. ; Audisio, C. ; Perroteau, I. ; Chiaravalloti, A. ; Domenici, C. ; Giusti, P. ; Ciardelli, G. Melt - Extruded Guides for Peripheral Nerve Regeneration. Part I: Poly(Epsiloncaprolactone). Biomed. Microdevices 2009, 11, 1037 - 1050.

[169] Oh, S. H. ; Kim, J. H. ; Song, K. S. ; Jeon, B. H. ; Yoon, J. H. ; Seo, T. B. ; Narngung, U. ; Lee, I. W. ; Lee, J. H. Peripheral Nerve Regeneration Within an Asymmetrically Porous PLGA/Pluronic F127 Nerve Guide Conduit. Biomaterials 2008, 29, 1601 - 1609.

[170] Hsu, S. H. ; Ni, H. C. Fabrication of the Microgrooved/Microporous Polylactide Substrates as Peripheral Nerve Conduits and In Vivo Evaluation. Tissue Eng. A 2009, 15, 1381 - 1390.

[171] Galla, T. J. ; Vedecnik, S. V. ; Halbgewachs, J. ; Steinmann, S. ; Friedrich, C. ; Stark, G. B. Fibrin/Schwann Cell Matrix in Poly - Epsilon - Caprolactone Conduits Enhances uided Nerve Regeneration. Int. J. Artif. Organs 2004, 27, 127 - 136.

[172] Oliveira, J. T. ; Bittencourt - Navarrete, R. E. ; de Almeida, F. M. ; Tonda - Turo, C. ; Martinez, A. M. ; Franca, J. G. Enhancement of Median Nerve Regeneration by Mesenchymal Stem Cells Engraftment in an Absorbable Conduit: Improvement

of Peripheral Nerve Morphology With Enlargement of Somatosensory Cortical Representation. Front. Neuroanat. 2014, 8 (111), 1 - 12. http://dx.doi.org/10.3389/fnana.2014.

[173] Okamoto, H.; Hata, K. I.; Kagami, H.; Okada, K.; Ito, Y.; Narita, Y.; Hirata, H.; Sekiya, I.; Otsuka, T.; Ueda, M. Recovery Process of Sciatic Nerve Defect With Novel Bioabsorbable Collagen Tubes Packed With Collagen Filaments in Dogs. J. Biomed. Mater. Res. A 2010, 92 (3), 859 - 868.

第 13 章　微孔膜在哺乳动物细胞培养中的应用和操作

13.1　背　景

一个多世纪以来,具有严格孔径规格的微孔过滤器一直用于水和有机溶剂中颗粒物的净化。关于在组织培养中使用商业用的微孔滤膜的报道可以追溯到 20 世纪 50 年代初。最早的一篇报道研究了微孔滤膜在组织发育中的应用。将滤膜放置在不同的组织切片之间,用于分离细胞分化过程中膜与细胞直接接触产生的生物因子表达。在此之后,1962 年 Stephen Boyden 在一项著名研究中报道了使用微孔过滤器来量化白细胞侵袭细菌分离物的速率。在这项研究中,多孔膜的使用使细胞通过滤孔向从结核杆菌中分离出的具有化学吸引力的产物的迁移速率得以量化。这种类型的研究现在被称为波伊登室迁移实验分析法,目前已被以各种形式商业化,但仍然是一种确定细胞向吸引物迁移速率的方法。在 20 世纪 80 年代早期,微孔滤膜作为研究细胞片生物转运的一种新方法得到了新的应用。在 1981 年发表的一份报告中,聚四氟乙烯(PTFE)膜被用来支持猪血管内皮细胞的培养,表明通过培养的融合内皮细胞的白蛋白运输显著减少。在此之后,Beck 等报道称,滤膜也可用于建立血脑屏障(BBB)细胞界面模型,证明了神经胶质细胞调节了在膜反面培养的内皮细胞的响应。通过这种方式,在培养过程中使用多孔膜产生了现有的组织培养技术无法实现的结果,在细胞片培养中,更能模拟体内组织反应。

在这些早期报告中,研究人员需要创建独立的定制室或将其安装在组织培养板的孔中。在 20 世纪 80 年代末,孔板培养插入物(包括滤膜),以及标准组织培养皿及孔板插入物的大规模生产得以实现。图 13.1(a)所示为波伊登室的内部结构剖面示意图,用于研究膜在细胞培养首次应用中白细胞的趋化性。腔室由丙烯酸制成,在含有纯化细菌产物的腔室(腔室②)上方有一孔径为 8 μm 的径迹蚀刻膜(腔室①)以支持白细胞细胞培养。细胞通过膜通道被吸引,染色并计数以量化迁移。图 13.1(b)所示为用于细胞培养板的定制插入物的剖面示意图。细胞通常被播种到室①的膜上,下井(室②)可以不播种,或播种细胞或化学吸引因子。径迹蚀刻膜通常用于研究上皮层的形成。图 13.1(c)所示为量产的培养基插入物,这里给出的是 Corning™ TransWell® 插入物的图片,其是在 20 世纪 80 年代末问世的,大大增加了使用多孔过滤器进行研究的便利性、范围和规模。这导致了膜在组织培养应用中的使用急剧增加。在此之后,更多的研究集中在多孔膜上细胞薄片的培养,并首次证明了在多孔膜上培养的融合上皮细胞片可形成紧密连接,细胞在这些细胞片内极化,产生了明显的顶端和基底外侧。膜也被用来支持从人表皮角质形成细胞培养大的表皮片,这是首次报道的无支架组织生成方法之一。Patrone 等还展示了在膜上培养的上皮细胞片时,会形成一个基底膜样的致密蛋白层,而这是现有的非膜培养技术无法复制的。

在 20 世纪 90 年代早期,培养插入物的可用性促进了新型癌细胞迁移分析。采用波伊登室式迁移实验分析法研究人胰腺癌细胞整合素与细胞外基质蛋白结合的作用。多孔插入物的使用已经成为研究癌细胞迁移潜能的一种有效方法。多孔膜的其他应用也逐渐出现。Stoppini 等利用多孔膜将小鼠海马脑片组织保持在液 - 气界面上,这是目前神经电生理领域的一项成熟技术。同样,过滤器插入物也被用于最初的一批共培养实验,将神经细胞暴露于胶质细胞分泌的产物中,多孔膜在其他地方还可被用作在电穿孔和细胞转导过程中,以提高细胞活力。

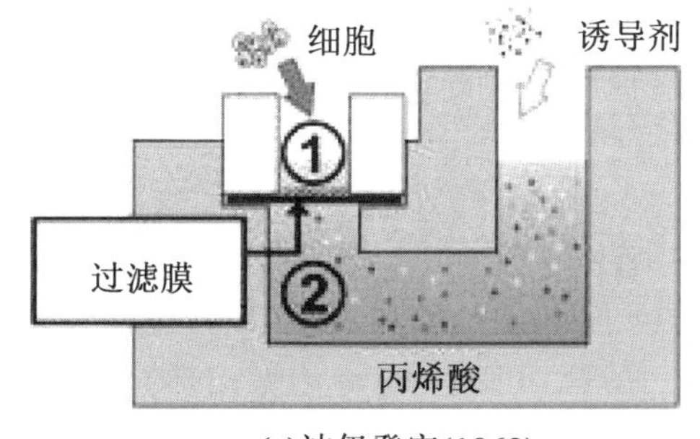

(a)波伊登室(1962)

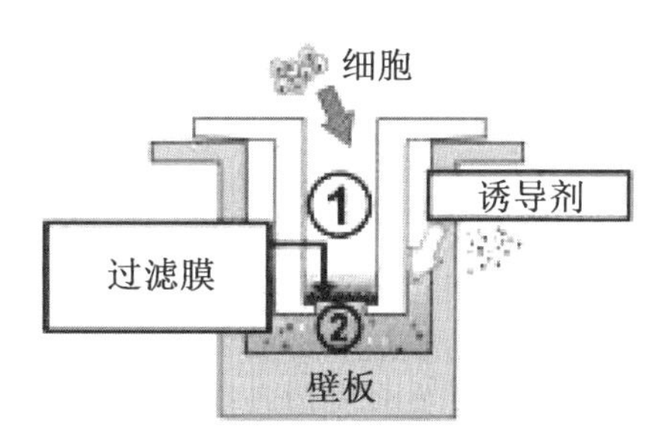

(b)定制插入培养(1981)

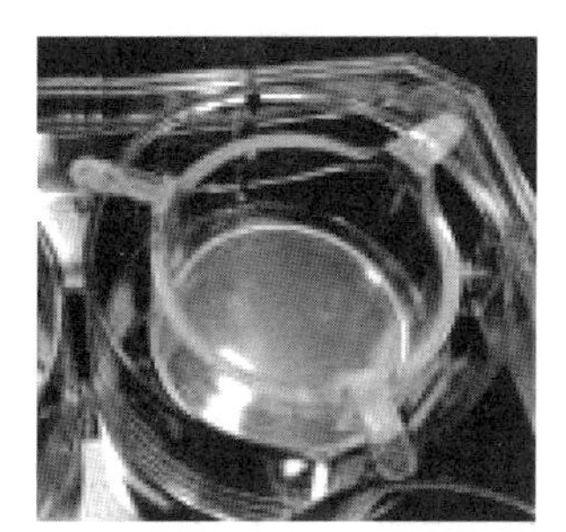

(c)Corning™TransWells插入物(1989)

图 13.1 波伊登室和定制培养插入物的剖面示意图及 Corning™TransWells 插入物实物照片

用于组织工程应用的薄组织支架也可以被认为是微孔膜。许多不同的技术已经被开发用来制造定制的膜,这些膜可与细胞相互作用,并随着时间的推移降解,从而产生新的组织。纳米纤维和微纤维聚合物的静电纺丝支架可用于特定的应用和细胞类型,如干细胞的培养和分化。最近,微工程技术的应用使新一代工程多孔膜的制备成为可能,其中每个孔的位置、宽度和形状都可以用在纳米级别上精确地制造。这些发展使得现有应用具有更高的精度,同时利用更高级别的微尺度分辨率和重复性,还能够促进一系列新的应用。

13.2　商用膜

在许多不同种类的膜中,只有一部分能用于细胞培养研究。四种最常用的薄膜类型是径迹蚀刻(聚碳酸酯或聚乙烯)、相分离纤维素、机械拉伸聚四氟乙烯和蚀刻多孔氧化铝(PAO),它们都具有良好的孔隙大小和孔隙度,由生物惰性材料制成。由于大量生产可以显著降低成本,因此这些过滤器的商业应用是可行的,使基于过滤器的研究比使用定制膜更为可行。不同类型的可用预消毒组织培养插入物的使用非常方便,进一步推进了他们的应用。这些插入物通常涂覆了特殊的细胞外基质(ECM)蛋白来促进细胞附着,许多插入物在针对特定细胞检测的试剂盒中可用。为了选择合适的膜,明确商业可用的膜之间的差异以及这些差异如何改变细胞反应是很有意义的。

13.2.1　径迹蚀刻膜

径迹蚀刻膜是应用最广的多孔膜类型之一,适用于许多不同类型的细胞培养应用。与规定孔径的差别是细微的,每个孔都作为单独的通道穿过薄膜(图13.2)。这种膜是采用两步法由聚碳酸酯(PC)膜、聚对苯二甲酸乙二醇酯(PET)(也称为聚乙烯)膜和一小部分聚酰亚胺(PI)膜制得的,主要用于细胞培养。在制造过程中,致密的聚合物片受到重离子源的照射以形成损伤径迹。使用酸或碱试剂蚀刻这些轨迹,然后形成具有严格规定的均匀直径的孔和直通道。径迹蚀刻膜的孔隙大小是不同的,通常从200 nm ~ 10 μm,各种尺寸的膜目前都可以从供应商那里获得,如Millipore™(Isopore®聚碳酸酯膜)、GE Healthcare™(Whatman™ Cyclopore®和Nuclepore®聚碳酸酯膜)、Corning™(TransWell插入物)、SPI Supplies™(SPI - Pore®)和BD Falcon™(细胞培养插入)。大部分膜是半透明的,但也有透明的PET膜,以便于显微成像。黑色染色膜也可用于荧光显微镜检查。PC和PET膜可以稳定到140 ℃,而PI膜能稳定到400 ℃,有利于高压蒸气灭菌。在未经处理的情况下,膜是疏水的,不能与蛋白质结合。然而,通过一些处理可以激活薄膜,使它们适合于细胞培养,如暴露在氧等离子体中。使用径迹蚀刻膜的一个潜在缺点是,它们的孔隙度比较低(通常为10% ~15%),这大大降低了膜的传输。这种低孔隙度是减少随机重叠的孔隙通道出现的必要条件,否则这些通道结合在一起会形成更大通道。表面上孔隙的随机分布和通道穿过膜的随机角度导致通道路径长度的变化也被视为一个缺点。

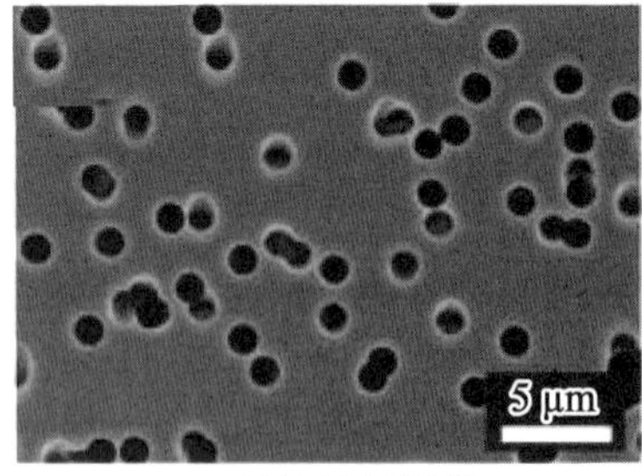

(a)径迹蚀刻树脂

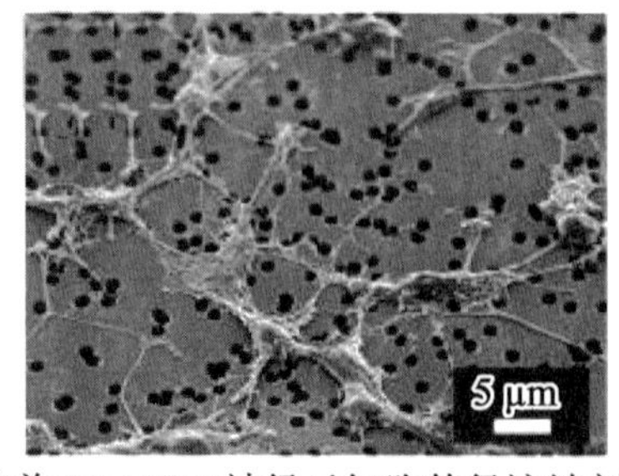

(b)培养SH-SY5Y神经元细胞的径迹蚀刻树脂

图13.2　孔径为1.2 μm的径迹蚀刻膜的扫描电子显微图像

13.2.2 PTFE 膜

PTFE 膜被广泛用于细胞培养研究。虽然它们的孔径(0.1 ~ 10 μm)处于径迹蚀刻膜的范围,但孔径不均匀,通道高度分枝和曲折。PTFE 膜的一个显著优点是其孔隙度非常高,通常大于 80%。PTFE 膜的表面结构和内部结构不同于径迹蚀刻膜和多孔氧化铝膜。岛状晶体聚合物由无定形聚合物的细丝连接,这是在单轴或双轴机械拉伸熔融挤压的结晶 PTFE 片时形成的。PTFE 膜采用无溶剂技术生产,不包含溶剂。它们是非常惰性的,适合于低蛋白结合应用,由于其低水平的荧光效应,可用于活细胞观察和免疫荧光应用。未经处理的多孔膜和用于组织培养插入物的膜都可以从主要供应商处购得,如 Millipore™(Millicells 细胞培养插入物)和 Corning (Corning™ TransWell® PTFE 插入物)。

13.2.3 纤维素膜

纤维素膜主要用于过滤,也可以用于需要多孔培养基的细胞培养。膜的孔隙度非常高,通常为 70% ~85%,这使得它们成为一种很有前景的无支架组织工程培养基。再生纤维素和醋酸纤维素膜对蛋白质的结合亲和力很低,而硝酸纤维素膜很容易结合蛋白质。再生纤维素膜是由纯醋酸纤维素或硝酸纤维素通过相转化工艺制成的,它是亲水的,而醋酸纤维素和硝酸纤维素膜是疏水的,在制造过程中需加入少量表面活性剂以确保浸润。这种薄膜耐温可达 180 ℃,适于灭菌。由于滤膜的纤维性质,表面的孔洞不均匀、直径不同,膜的内部结构会有曲折的分支通道。尽管滤膜的孔径范围很广,几乎覆盖了所有的细胞长度(10 nm ~ 10 μm),但由于膜的纤维结构,即使有合适的大孔径,细胞也不太可能迁移到滤膜中。很多供应商都销售纤维素膜,包括 Millipore™、Corning™ 和 GE healthcare™。

13.2.4 PAO 膜

PAO 膜一般厚 50 ~ 100 μm,孔径在 20 ~ 200 nm 之间。当需要纳米孔径膜或化学惰性陶瓷膜的时候,它们可以作为径迹蚀刻膜的一个替代培养系统。这种膜需要纳米孔径,或者需要化学惰性陶瓷。PAO 膜的孔隙度(通常为 25% ~50%)略高于径迹蚀刻膜,但由于孔隙分布是规律性排列的,细胞附着的非孔表面积明显减少。PAO 膜由高纯铝片制得,并用一种称为阳极氧化的电化学氧化工艺进行蚀刻。暴露在酸性电解液(如磷酸)的电场中,会产生自组织凹坑,随着氧化层变厚而加深。在此过程中阳极氧化电压的降低会使氧化层从下面的铝基体中分离出来,之后,在较大的凹坑底部形成较小的孔洞,从而产生具有孔径不对称的膜(即,上部的气孔较大,下部的气孔小得多)。也有可能从较薄的铝片中产生具有对称孔径的膜。要了解更多细节,读者可以参考 Ingham 等的一篇综述论文。PAO 膜可从 GE Healthcare™(如 Whatman™ Anotop® and Anodisk®)和 Nunc™获得(细胞培养插入物和细胞培养板)。

13.3 细胞响应

细胞的存活、增殖和迁移进入通道和穿过多孔膜的表面是由培养基的表面化学和拓扑结构调节的,无论是在微尺度还是纳米尺度上。许多细胞行为受细胞骨架的响应控制,而细胞骨架又受细胞表面黏附受体的控制,这些受体与吸收到培养表面的ECM蛋白结合并相互作用。除了这个基本的响应,细胞的结构和形态是动态灵活的,细胞骨架快速组装和分解,使细胞能够探索多种形式的拓扑结构,并挤过比细胞本身小得多的通道。在多孔膜中,细胞的探索和通过小通道的过程最初受到扩张的丝状体直径的物理限制,最终受到细胞核(最大的细胞器)大小的限制,后者有效地阻碍了通过狭窄的膜通道的前进。

13.3.1 细胞行为的黏附调节

能否与哺乳动物细胞相互作用并指导其响应的微环境范围,与细胞骨架中肌蛋白束、丝状体、细胞核和黏着斑等单个细胞成分的大小密切相关(图13.3)。当一个典型的哺乳动物细胞悬浮在直径7~20 μm的范围,细胞附着在表面时会拉长和变平。亚细胞组分直接与培养基的拓扑结构相互作用。黏着斑大小是由与膜表面的相互作用决定的,它调节着细胞的行为和细胞的迁移速率。细胞核抵抗大的形变,阻止细胞通过较小的孔隙迁移。由于大多数类型的哺乳动物细胞需要固定在ECM的蛋白质上或附着在周围的细胞上,以防止称为凋亡或失巢的受控性细胞死亡的过程,因此动态组装适当的大黏着斑接触的能力特别值得注意,这个过程被认为有预防癌症的作用。为了实现这一点,漂浮在细胞膜(整合素)内的细胞黏附蛋白与ECM蛋白中存在的外部配体动态连接,特别是与肽序列(如RGDS)结合。细胞-细胞结合蛋白(cadherins)执行类似的任务,将细胞结合在一起。这些结合蛋白通过细胞膜连接到细胞质内聚集的蛋白质群,形成黏着斑块。细胞骨架与这些斑块相连并从中聚集,形成调节细胞形状和驱动细胞迁移的硬杆。这些组合物还能调节和驱动细胞信号通路,阻止细胞凋亡并引导细胞蛋白表达。改变组装、大小和动态稳定性的局部黏附率导致底层基质发生变化,这些变化反过来又会调节细胞黏附、形状、运动、分化、增殖和基因表达。

基于这个前提,多孔滤膜必须支持细胞黏着斑块的形成,使细胞能够附着和迁移。在平面基底上,通过整合素受体与被吸附的ECM蛋白结合,这些黏着斑最初组装为未成熟的黏着斑。黏着斑尺寸反过来能调节细胞迁移速度。培养表面ECM-整合素结合位点密度的变化改变了细胞结合的强度和形成纤维细胞骨架的能力。细胞通过延伸丝状体探索局部膜表面,形成的膜-细胞骨架宽度通常在100 nm到几微米之间,而长度约为5~35 μm。当丝状体延伸并接触到细胞边界以外的结合位点,形成黏着斑块时,肌动蛋白-肌凝蛋白细胞骨架与该斑块结合并动态收缩,将细胞拉向新的黏着斑。旧的斑块在细胞的后端分解,细胞向新的结合位点移动。这种运动对不连续表面很敏感,这种效应被称为接触导引,此时细胞的迁移可能会被阻止,或者细胞可以绕过尖锐的边缘,如径迹蚀刻膜表面孔的边缘。

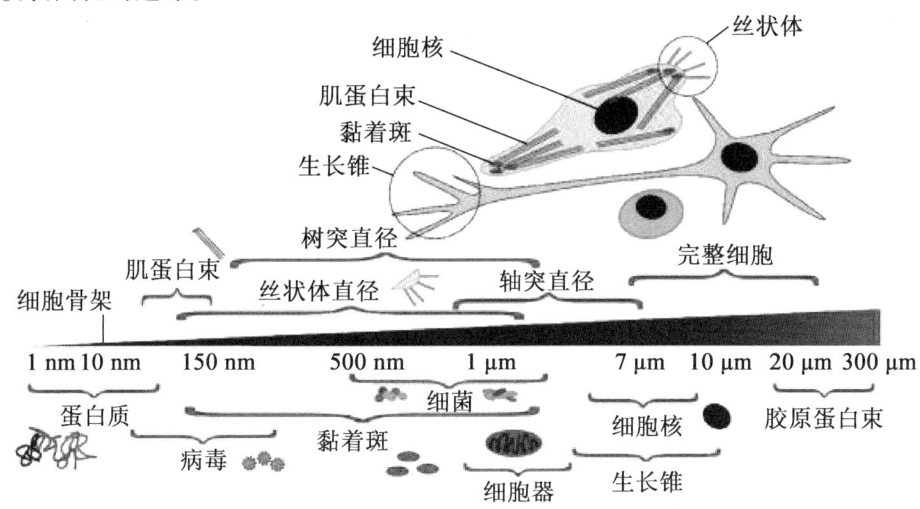

图 13.3 细胞骨架中单个细胞成分的长度范围

虽然多孔膜的微观结构可以通过物理引导细胞骨架的延伸和定位来改变细胞的生长和迁移,但据报道,膜的纳米结构表面也可以调节细胞的生长和附着。例如,反应离子蚀刻(RIE)已经被证明可以增加多孔膜表面纳米级结构,从而促进膀胱和胶质母细胞瘤癌细胞聚集。具有天然纳米多孔表面形貌的纳米多孔阳极氧化铝膜也被用于促进 PC12 神经细胞系的生长和延伸。

13.3.2 限制细胞迁移的孔道

细胞通过径迹蚀刻多孔膜通道的迁移是波伊登室细胞迁移实验的基础。连续穿过膜的通道壁支持细胞快速迁移,因为不连续的通道壁可能会减慢或困住细胞。膜孔也必须足够大,以允许细胞通过。具有较窄通道的多孔膜可以作为渗透性屏障,阻止整个细胞迁移,但允许生物因子通过。细胞核被认为是细胞通过微米直径孔迁移的限速器。细胞核一般为球形或卵形,直径为 5 ~ 10 μm,有时会更大。但是,细胞可以变形以适应直径只有 2 mm 的小孔,这意味着细胞核也发生了一定程度的形变。由于细胞核内染色质通过浓缩和开放状态可以在整个细胞周期内改变其柔韧性,因此核膜的硬度很可能是决定细胞核变形能力的关键因素。核膜由层粘连蛋白网支撑的脂质双层膜组成,保护染色质免受机械应力。由于不同类型的细胞具有不同程度的核纤层蛋白的表达,所以膜的刚性随细胞类型变化而变化,这可能是白细胞等细胞能够挤过比其他类型细胞小很多的孔径的原因。

13.3.3 微孔膜调节细胞组织

体内的许多组织由层状、片状和小管状的细胞结构组成。已经确认在多孔膜上培养上皮组织是很好的方法。上皮层形成许多不同器官的外表面和内管,典型的例子是皮肤、肾脏、肺、消化道和血管系统的内层。上皮组织中细胞连接在一起,形成紧密的细胞间(E－cadherin)连接,细胞片充当一个屏障,控制液体和生物因子进出组织的运输。在固体塑料和玻璃培养皿中,上皮细胞(如通常研究的 Madin Darby 犬肾(MDCK)细胞系)在培养皿中扩散,通常只有 3～5 μm 高。相反,在滤膜上培养时,MDCK 细胞更紧密地堆积在一起,厚度可以达到 10～15 μm(图 13.4(a))。在体内,上皮细胞将其结构极化,使其保持顶端基底外侧方向的独立面,基底外侧表面附着在体内的基底膜上(图 13.4(b))。在培养过程中,细胞也极化到与培养表面结合的 ECM 层上。Bacallao 等在一项开创性的研究中发现,与固体培养基相比,在 0.4 μm 的 PC 径迹蚀刻膜上培养 MDCK 细胞,MDCK 细胞能够形成功能紧密连接和更广泛极化的屏障膜。当 ECM 蛋白聚集在膜的孔内,这种效应会进一步增强。上皮细胞的基底外侧表面在体内时,更易接触血液,因此基底外侧膜更容易吸附营养物质。固体培养面阻止了细胞的基底外侧表面与培养基直接接触,从而阻止细胞部分极化和分化(图 13.4(c)),而在过滤培养中,培养基可以很容易通过膜孔扩散到上皮片的基底外侧表面。

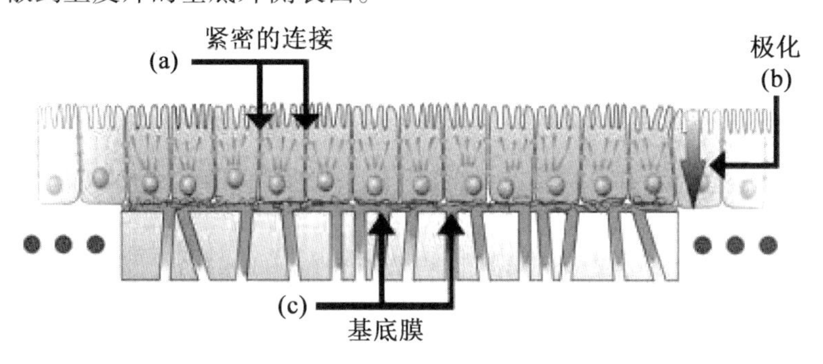

图 13.4　多孔膜培养对上皮细胞宏观结构的影响

膜表面特征的形状也影响细胞的生长、分化和其他行为。有报道称,纤维原细胞和骨细胞(MG63)在 PC 径迹蚀刻膜(孔径 0.2～8 μm)上的黏附和增殖率随着孔径的增大而降低。同样,人的软骨细胞在 8 μm 孔径的膜上保持圆形表型和蛋白聚糖的表达,而表型和表达在孔径较小的膜上则会消失。也可以通过在膜表面添加微尺度特征的后续程序来修改商用滤膜的结构。Frohlich 等使用热压技术在 PC 径迹蚀刻膜表面添加了 0.5 μm、0.75 μm、1 μm 宽和 1 μm 深的凹槽。结果表明,微凹槽的引入可以改变肾细胞在膜上的生长和排列,并被认为可以增加细胞功能,更准确地复制自然的组织生理状态。纳米多孔膜也有类似的报道。在直径为 100 nm 的纳米多孔氧化铝上,骨髓间充质干细胞的生长和分化为成骨细胞的速度比在直径为 20 nm 的纳米多孔氧化铝膜上要快很多。将骨形态发生蛋白(BMP－2)生长因子固定在直径为 100 nm 的纳米多孔氧化铝表面,发现了类似的效果,从而显著提高了矿化率,有利于成骨植入物的活性功能。

13.4 细胞培养中使用膜

膜虽然最初是为杀菌和微生物检测应用而开发的,但在许多不同的细胞培养应用中都获得了成功。在培养过程中,膜既是细胞附着的表面,又是营养物质和细胞迁移的通透屏障。它还可以方便地将细胞培养分为两个室,分别进行分析。用于细胞培养的膜厚度通常在10~100 μm,这使得因子和细胞(需要较大孔径)可以通过通道在不同的隔室间快速移动。这些通道本身就像蓄水池,将生物分子(如ECM蛋白和生长因子)集中到培养细胞可及的范围内。可以选择不同尺寸的膜孔径和孔隙度来控制两个隔室之间的相互作用程度,例如,在膜两侧培养的两层细胞之间的相互作用。与其他三维或多层细胞培养技术不同,在膜表面培养的细胞易于使用显微镜和传统的研究技术,这使得研究设计和结果分析具有一定的灵活性。

13.4.1 使用膜研究细胞迁移

细胞迁移是许多不同类型细胞在一生中共有的基本行为,发生在胚胎形成、组织发育,以及免疫响应、伤口愈合和癌症细胞转移等过程中。细胞向目标迁移的速率可以通过在培养皿中直接观察,或间接通过细胞在长通道或水凝胶中的移动距离来间接确定,然而,这些技术执行起来很复杂,并且容易发生异化。膜的应用使对细胞迁移的研究更加迅速、方便和可靠。在过滤实验中,多孔膜既是培养表面,又是限制性屏障,细胞和细胞的行为通过它以限速的方式展开。可以通过观察在限定的时间有多少细胞通过膜来量化迁移。波伊登室迁移实验是最早使用膜检测细胞迁移的方法之一,最初是为了测定白细胞向细菌产品的迁移率。该实验使用一种孔径为8 μm的径迹蚀刻膜,如图13.5所示。选择这种膜是为了让细胞能够在不受阻碍的情况下,迅速地通过膜的均匀的、非分支通道进行迁移。这些类型的膜仍然是满足方便、快速、可靠和成本要求的理想选择,并且通常以Transwell®插入物和其他井式装置的形式使用。径迹蚀刻膜相对较低的孔隙度也意味着它们有较大的表面积(通常85%的表面积是无孔的)来支持细胞附着和扩散。本实验采取了多种不同的形式,一般形式下,细胞以相对较高的密度(通常为5×10^4 ~ $1\times10^5\ cm^{-2}$)在膜上培养,培养时间较短(通常为2~4 h),然后选择适宜迁移的细胞(图13.5(a))。根据迁移细胞类型,如白细胞,通过通道向下迁移到位于下腔的趋化剂。之后,取出培养基,将细胞培养在4%的多聚甲醛溶液中。种子细胞通常在上腔室清洗,以便更清楚地观察迁移到下腔室的细胞。这些细胞通常是用染色剂(如1%的结晶紫等)染色,膜的下面被成像,细胞体通过眼睛或使用自动图像分析软件计数。实验的基本形式可以通过几种方式进行扩展,例如在膜上预涂一层厚的ECM蛋白,为细胞提供一个生物屏障,细胞利用蛋白酶在向趋化剂迁移的过程中,将这个生物屏障切断。该实验的另一种形式是将溶液中的ECM蛋白放置在较低的位置,通过膜通道扩散,作为一种触发迁移的趋同梯度。

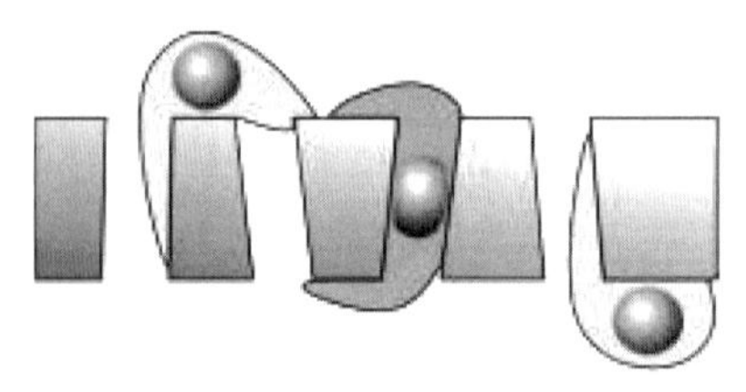

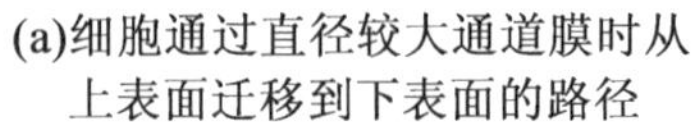

(a)细胞通过直径较大通道膜时从上表面迁移到下表面的路径

(b)细胞通过直径较小通道膜时从胞体分离的过程

图 13.5 利用径迹蚀刻膜研究细胞迁移

20 世纪 90 年代,细胞黏附及其迁移原因的研究非常活跃,8 μm 孔径的径迹蚀刻膜在确认整合素受体结合 ECM 组分调控细胞迁移过程中发挥了关键作用。例如,通过对人胰腺癌细胞经径迹蚀刻膜迁移的研究,确定 αVβ3 整合素仅与 ECM 蛋白的玻璃粘连蛋白和纤维蛋白原结合。多孔膜还被用于研究免疫细胞迁移的新方法。例如,利用穿过 5 μm直径孔的多孔膜的下侧的流体,创建了趋化因子 CCL19 和 CXCL12 的竞争梯度。结果表明,活化的人体 T - 细胞更倾向于向 CCL19 的梯度迁移,而不是向 CXCL12 的梯度迁移。最近,免疫细胞通过滤膜向癌细胞类型的迁移也得到了研究。2010 年,Su 等证明 T 细胞通过滤膜通道向肿瘤源性成纤维细胞迁移。利用这种细胞向其他细胞迁移的实验来开发特定的抗癌疗法是可能的。众所周知,胶质母细胞瘤很难治疗。研究发现,人类神经元样的 NT2 细胞可通过径迹蚀刻微孔膜向人 U87 胶质母细胞瘤细胞主动迁移,因此,研究人员开发了一种治疗性的 NT2 细胞,并对其进行了基因改造,使其成为攻击侵袭性脑癌细胞的载体。

利用多孔膜进行细胞迁移的研究也有助于再生医学的研究。实现这一目标的一个方法是研究哪些因素可用于将与组织再生相关的细胞富集到受损组织区域。活化的大鼠胰腺星状细胞被认为在受损胰腺组织的再生中起重要作用。血小板源性生长因子(PDGF)能吸引这些细胞通过 ECM 涂层的径迹蚀刻膜迁移,表明 PDGF 的释放可用于帮助损伤后的再生。证明细胞不会迁移在再生治疗的发展中也很重要。例如,滤膜被用来证明从吸脂中获得的脂肪衍生的 MSC 细胞不会向细菌细胞壁产物迁移。这意味着这些细胞不应该因术后常见的细菌感染而从再生部位去除。

在类似的实验中,使用孔径和孔道直径较窄(1 ~3 μm)的径迹蚀刻膜来限制整个细胞的迁移,并研究更小的细胞过程(统称为假胞)通过膜的延伸(图 13.5(b))。这使得能够研究影响伪足延伸的因素,以及进行从细胞体分离出伪足含量的研究。利用该技术,揭示了 Rac1 在小鼠和猴子成纤维细胞中向溶磷脂酸(LPA)的趋化剂梯度延伸和收缩伪足的激活。通过膜孔分离伪足也被用来证明蛋白质是如何在从极化迁移细胞前后延伸的伪足中进行差异定位和磷酸化的。该方法用于研究细胞向刺激物迁移过程中伪足中核糖核酸(RNA)的定位。在基因芯片阵列中分析从分离的伪足和细胞体部分提取的总 RNA,发现在趋化性(LPA)和趋触性(纤维连接蛋白)刺激下,50 多个不同的 RNA 序列在成纤维细胞伪足中显著富集。

在神经元和星形胶质细胞形成神经网络过程中,使用直径分别为 1 μm 和 3 μm 的径迹蚀刻膜研究伪足延伸尤为重要。多孔膜已被用来分离特定的 RNA 和蛋白质,表明它们在星形胶质细胞内的重要地位。伪足分离实验也被发展用来确定神经突对有吸引力的药剂的生长速率。Torre 等在早期的研究中利用径迹蚀刻膜证明蛋白质的合成直接发生在神经元轴突和树突内部,而不在细胞体。近年来,该技术的一种拓展技术被用于从神经元中分离轴突,以研究神经退化性疾病中轴突变性相关的分子和生化过程。

13.4.2 用膜增加扩散

膜还被用作培养基底,以支持组织切片和培养细胞层的长期生存能力。与非多孔培养表面不同,培养基可以通过多孔滤膜扩散,细胞废物可以从细胞团向膜内扩散。对于某些组织类型,通过将细胞膜置于气液界面,可以进一步提高细胞的长期存活率,从而增加细胞层或组织切片内外的气体扩散。以这种方式培养的细胞可以存活数天或数周的研究。该系统最早报道的用途之一是取代滚筒式培养,并能长期培养 1 ~4 个细胞层厚的新生小鼠和海马切片。培养切片内的细胞在滤膜上存活长达一周,有助于长期记录细胞内外的兴奋性和抑制性突触电位。从那时起,动物脑切片的有机滤膜培养已经成为一种成熟的技术,用于电生理研究和发育研究,如神经前体细胞向脑片的迁移研究。滤膜也被用于培养其他组织类型,如大鼠脂肪组织切片,以更好地定位脂肪祖细胞。最近,过滤培养使小鼠胚胎体外生长的研究得以在培养皿中进行发育事件的研究和操作。甚至有报道称,通过过滤器的扩散还可以促进人类胚胎干细胞的生长和分化。与传统的皿培养技术相比,膜能更好地代表干细胞的生态位,使细胞能够从基底和顶端表面吸收和分泌分子。

通过多孔膜的扩散也被用于研究药物传递到细胞和通过细胞片的输运。在早期的报告中,就有关于在 PC 径迹蚀刻膜上培养单层肠上皮对药物吸收的研究。在培养 10 天后,结果表明融合上皮单层细胞无法透过聚乙二醇(MW 4000),这样的结果可用于β - 阻滞剂的输运速率研究。近年来,径迹蚀刻膜与微流体系结合在一起,得到了可以用来测量细胞培养中药物梯度对细胞响应的腔室。在这个研究中,用时间推移显微镜观察中性粒细胞对趋化肽梯度的反响应,结果显示超过 70% 的细胞向梯度高的位置迁移。纳米孔氧化铝膜也非常适合作为药物传递研究的培养载体。例如,通过氧化铝多孔膜(55 nm 孔径)扩散,研究顺铂对聚乙二醇水凝胶包埋的人食管鳞癌细胞微阵列的细胞毒性作用。高通量系统可以快速测定药物对癌细胞数量和细胞形态的毒性作用。

通过膜的扩散除了支持较厚组织的培养和药物传递的研究外,还被广泛用于促进不同类型共培养体系的研究。在过滤共培养中,分离的细胞群可以在不直接接触和混合细胞群的情况下交换因子。在最常见的设置中,孔板培养中的细胞暴露在由第二个细胞群表达的因子中,第二个细胞群被播种到一个孔径为 0.4 μm 膜上,该膜位于第一个培养细胞群正上方,通常被固定在 Transwell® 悬挂插入物内。这种更小的孔径可以防止细胞通过细胞膜迁移,并防止细胞在培养过程中污染下面的孔板表面。随着时间的推移,几种不同类型的膜已被用于共培养的应用。纤维素和聚四氟乙烯滤膜是首批用于共培养研究的商用孔板插入物。在 1993 年发表的一份报告中,用 0.4 mm 孔径的聚四氟乙烯滤膜证实小胶质细胞分泌的因子对神经元具有神经毒性,而星形胶质细胞分泌的因子具有神经保护作用。在另一个共培养的研究中,过度表达的己糖胺苷酶基因的神经干细胞被培养在多孔膜上(同样是0.4 μm的孔),并被证明可以恢复缺乏该基因的共培养细胞的行为,这突显了开发基因工程神经干细胞治疗Tay-Sachs病的可能性。虽然早期的研究使用纤维素膜,但最近的研究倾向于使用PC或PET径迹蚀刻膜,这是Villars等在1996年提出的一种选择。该研究表明,多孔氧化铝和纤维素膜上的内皮细胞生长速率降低,而径迹蚀刻膜上的内皮细胞生长速率增加,说明径迹蚀刻膜在成本和支持细胞附着和生长方面是最佳选择。

膜基共培养体系的一个主要用途是用在膜上培养具有另一种细胞类型的细胞所表达的生物因子的一种细胞类型。同样,膜培养细胞可以用来表达控制细胞分化的生物信号。例如,将人子宫内膜细胞培养在滤膜上作为饲养层,用于支持小鼠囊胚源性干细胞的共培养。利用这种方法,研究人员可以在培养的几个星期内保持干细胞的多能性。共培养也已用于通过暴露于接种在PC Transwell®插入物上的关节软骨细胞分泌的因子(孔径0.4 μm)来分化人类干细胞。共培养暴露导致干细胞分化,从而表达更高水平的软骨生成基因,并产生比培养的软骨细胞更多的软骨ECM。通过膜共培养,提高了免疫细胞的分化能力。血细胞衍生的单核细胞在膜上的内皮细胞层中迁移,并分化为树突状细胞。此外,这些细胞被认为能更好地代表在生理条件下发现的抗原提呈细胞群,而树突状细胞是通过传统的细胞因子暴露而分化出来的。

Ryu等使用定制的醋酸纤维素膜创建了另一种共培养系统,膜两侧的细胞通过膜孔进行更紧密的接触。膜的孔隙度要大于50%,厚度小于500 nm,孔径分为0.1 μm、0.4 μm和0.9 μm。与孔径相近的径迹蚀刻膜相比,新型超薄醋酸纤维素膜能使蛋白质快速扩散,使细胞间通过膜孔的结合更加紧密。发现膜上培养的间充质干细胞与0.4 μm和0.8 μm孔径膜上共培养的成心肌细胞形成近距离接触(<100 nm),显著增强了这些干细胞向心肌细胞的分化(图13.6)。

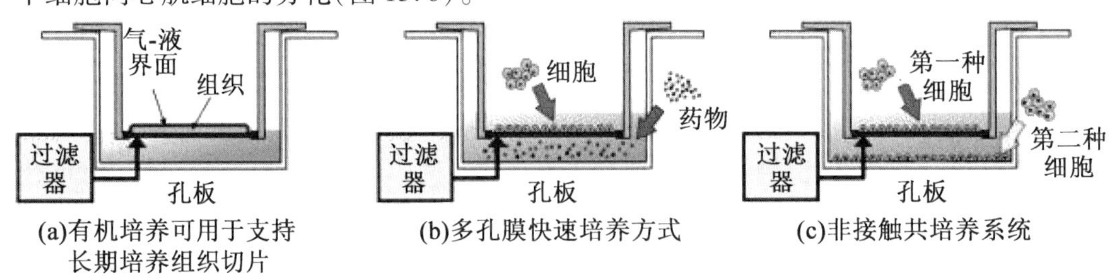

图13.6 使用孔膜促进培养室之间的扩散

13.4.3 用膜培养细胞片

研究人员是在20世纪80年代初开始使用滤膜进行内皮和上皮层培养的。他们发现使用膜培养细胞片的好处有三点。首先,从片下扩散可以改善营养物质从片下向培养细胞的输运。其次,细胞片的完整性、传输和通过细胞片的阻力可以更容易地测量和研究。第三,过滤器中的通道可以充当生物因子的储藏库,将生长因子、细胞因子和ECM蛋白储存在靠近细胞板基底表面的地方,并在许多方面起到细胞与体内结合的基底膜基质的作用。在多孔膜上的细胞片培养中,细胞之间形成紧密的连接,其内部结构向膜方向极化,在体内复制细胞片屏障的结构。这些因素结合在一起,创造了一个比传统单层培养皿更好地复制体内情况的环境,同时也保持了对细胞膜的接触,简化了分析。

细胞膜的完整性可以用几种不同的方法来测量。在许多不同的研究中,可定量化学物质的泄漏被用来检测细胞片形成屏障的完整性。例如,通过融合 MDCK 上皮细胞片泄漏的荧光素钠,可以评估暴露于刺激物后片的完整性。对蔗糖、生物素结合葡聚糖和放射性标记示踪剂的渗透性也被用于研究膜的完整性和渗漏,无论在建立过程中还是在暴露于实验和因子中都是适用的。文献中常用的一种测量方法是跨内皮电阻(TEER),测量单位为两个培养室之间的阻值 Ω/cm^2。当细胞片没有紧密连接时,阻值可能为 300 Ω/cm^2 和 800 Ω/cm^2,而当细胞片紧密连接时,阻值往往会达到 1 200 Ω/cm^2 左右。对于双片层,如在 BBB 中发现的那种,其阻值可高达 1 650 Ω/cm^2。然而,对于逐层系统,一维 TEER 值不能同时判断两个细胞片的完整性,因为其中一层被破坏时,另一层会提供一定程度的补偿。在许多膜完整性的分析中,需要对整个细胞薄片成像,细胞在膜上融合,并在细胞水平进行免疫染色,以显示细胞间紧密连接的存在,证明一些蛋白质(如 claudin－5、claudin、ZO－1 和 PECAM－1)位于细胞连接处。

细胞板屏障对多种因素都很敏感,因此考虑原生组织中与细胞片相邻的其他细胞类型的表达因子作用是非常重要的。在血－视网膜屏障模型中,牛视网膜毛细血管内皮细胞片在 0.4 μm 孔径的径迹刻蚀膜上培养,暴露于与视网膜 Müller 细胞的共培养井中。在正常氧(20% 氧)和低氧(1% 氧)条件下评估屏障的完整性。结果发现,与 Müller 细胞共培养增强了常压培养下内皮屏障的完整性,而低氧暴露导致 Müller 细胞功能障碍,明显损害了细胞屏障的完整性。直接的细胞接触也能调节细胞屏障的完整性。Mathura 等使用纤维连接蛋白涂覆的 PET 径迹蚀刻膜(孔径为 0.4 μm)研究了牛动脉平滑肌细胞和内皮细胞屏障片的水力流动。结果发现,当两种细胞直接在膜的两侧培养时,屏障的完整性最高,将细胞分开共培养时,则效果不好。在双层培养模型中,孔径是一个重要的考虑因素。一项研究发现肺上皮细胞和内皮细胞在孔径为 0.4 μm 的滤膜上形成不同的双层,然而,孔径较大的 3 μm 和 5 μm 滤膜允许上皮细胞通过滤膜迁移并破坏内皮细胞单层的形成。最后,细胞类型的选择对于建立相应的屏障模型也非常重要。为了建立一个研究细菌通过上皮细胞膜侵袭的模型,Hirakata 等在膜两边都放置一个探针,并记录穿过细胞片的 TEER 来测量屏障形成能力。在三种不同类型的肺上皮细胞中,只有两种能够成功地形成完整性屏障所必需的紧密连接(图 13.7)。

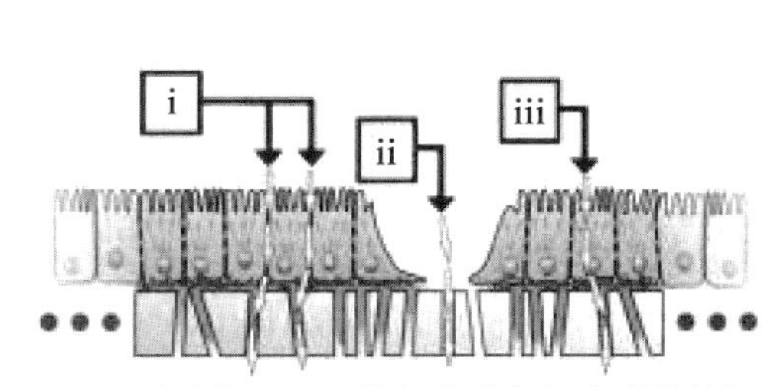

(a)因子通过若干公认的方式进行细胞片的输运

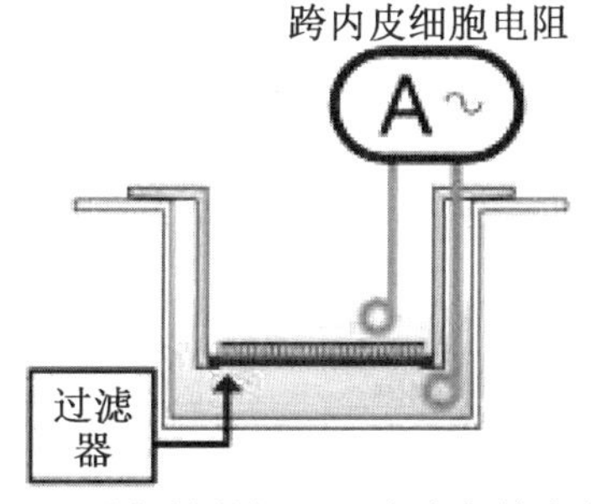

(b)通过测量TEER来确定单片上皮细胞的屏障完整性

图 13.7　利用膜研究上皮细胞片的输运

13.4.4 组织模型

在哺乳动物细胞片屏障模型培养中使用多孔膜的优点:促进了研究和商业模型的生产,这些适合于取代学术机构、制药公司和合同研究组织基础药物发现研究中动物测试的第一阶段。建立一个真实的非动物肺模型是一个重要的研究领域。通过增加非动物组织模型的适用性,可以帮助探索由污染和疾病(如哮喘、肺纤维化和慢性阻塞性肺疾病)引起的肺损伤治疗方法。目前最成功的模型之一是ALI肺上皮屏障模型。这款EpiAirway™在2000年由MatTek公司推出,是第一个商用ALI模型,拥有非常高的可信性和重现性。屏障板使用了人呼吸道上皮细胞,能够在培养过程中存活3个月,因此可以被直接运送到世界各地的客户手中。EpiAirway™模型的成功使MatTek公司继续开发了角膜、皮肤、肠和口腔上皮的商业ALI模型,以及肺的全厚度模型和皮肤的三层全厚度模型,所有这些模型都是在0.4 μm孔径过滤器插入物上培养的。许多研究小组也在研究肺上皮模型的变体,例如上皮和内皮双层系统中免疫响应的研究。更大规模的上皮片的生产也已经被证实。将人支气管上皮细胞在旋转壁生物反应器内的滤膜上培养21天,可以形成大面积健康的极化上皮片。

膜也被用来建立肝脏和肠的模型。在肝模型的一个例子中,使用了0.8 μm孔径的薄膜作为夹层培养系统的顶层,充当质量传输的屏障,并在细胞片上下浓缩因子。这导致细胞极性的建立和细胞分化的维持。膜也被用来研究肠和肝细胞的相互作用,通过肠细胞和肝细胞的共培养能够分析视黄酸的吸收和代谢。在血管模型中,用滤膜研究了牛视网膜毛细血管内皮细胞和平滑肌细胞在低血清和高血清培养基中共培养时的导水性,发现在膜的对侧培养不同类型的细胞,使透膜通量最小,高血清水平也降低了液体通量。

另一个广泛关注的领域是BBB的真实模型的构建,星形胶质细胞与血管细胞相互作用,保护大脑免受病原体传输的影响。文献中经常使用孔径为1~3 μm的径迹蚀刻膜来产生双层系统,允许细胞间的相互作用,同时限制细胞在层间的迁移。早期研究描述了胶质细胞与内皮细胞的双层相互作用,孔径为1 μm,允许星形胶质细胞足突穿透膜,同时限制细胞迁移。在后来的研究中,周细胞的内含体导致形成了更紧密的屏障。周细胞与脑内皮细胞接触,共享一个基底膜。周细胞的加入形成了一个三重培养模型,可以更好地复制体内解剖情况,重现体内屏障的紧密性和与动物模型相比的药物传递反应。这类模型的细胞通常来源于小鼠或猪的动物模型,然而,其驱动力是使用人类的细胞,这样可以更好地用结果推断人体内的情况。BBB模型为研究药物在脑内的输运提供了一种可行的方法,然而,人们也有兴趣使用这种模型来研究脑卒中发作期间BBB的分解。例如,通过对缺氧缺糖条件下基于膜的BBB模型的研究,可以探讨不同细胞类型在内皮层破坏中的作用。

膜的使用直接扩展了传统的单层培养皿,膜作为一种工具将培养物分为两个室,并作为一种培养基来复制在自然组织中发现的基底膜的各个方面,从而形成更逼真和功能性更强的组织结构。许多不同的上皮层组织模型的发展和商业化,减少了研究和药物发现中动物模型的使用,其驱动力是进一步发展细胞特异性和培养系统的多功能性,以创建体外人体模型,更好地复制人体内的组织响应;还有一个驱动力是这些模型的尺寸小型化,以适应微流体系统。然而,商业过滤系统的孔隙是随机的,可变性较大,这种现象与减小规模尤其相关。但另外,人们又希望增加所产生组织的大小,并使用多孔膜培养物来创建用于再生医学的结构化组织。然而,使用过滤培养物产生的组织厚度通常比在体内发现的要薄得多。这些挑战正在通过开发新型的组织工程培养基(也称为组织支架和微工程多孔膜)来解决。

13.5 组织工程多孔膜

科学、伦理和经济要求需要创造更好的三维人体组织培养模型,用于替代或减少研究中的动物使用。医学上也需要开发功能性组织,用于替换、支持和再生患病或受损的组织。许多不同的材料已经被研究,以评估它们作为哺乳动物细胞培养基质的适用性,以及它们被设计用于复制原生组织结构的潜力。合成聚合物和蛋白质支架都是常用的研究对象,其材料的选择要根据具体应用而定。美国食品及药物管理局(FDA)批准能自然生物降解为酸性副产物的聚合物可以被选为许多组织工程研究的材料,其目标是开发医疗用途的产品。乳酸-乙醇酸共聚物(PLGA)和聚己内酯(PCL)是这类聚合物的典型代表。

大多数组织支架的研究集中在制造相对薄的多孔膜来支持细胞的生长。如果没有血管系统在支架中主动灌注培养细胞,那么营养物质的运输和废物的清除只能被动地依靠扩散来实现。这就要求支架足够薄,以确保扩散能到达中心部位,通常认为密植支架的厚度不应超过200 μm。虽然可以使用诸如强制灌注和逐层组装细胞板等技术来得到较厚的组织结构,但在这些结构中保持细胞活力是相当具有挑战性的。薄支架的使用也有助于对生成的组织结构进行下游分析,使共焦显微镜和多光子显微镜等技术能够通过培养物得到全厚度成像。

13.5.1 静电纺丝支架

静电纺丝技术可以用不同类型的聚合物去制备非织造纳米纤维基质(图13.8)。通过改变静电纺丝参数,可以控制纤维直径(从100 nm到几微米)、支架孔隙度、膜强度和本体降解速率。使用这些类型的非织造支架的研究强调了细胞对纤维直径的敏感性。例如,在200 nm直径的纤维上培养的间充质干细胞比在400 nm直径的纤维上培养的细胞分化更快,扩增更慢。据报道,神经干细胞能沿着直径大于700 nm的纤维迁移,但在直径小于300 nm的纤维上,基本保持静止,能部分穿过纤维组成的筛孔。对于神经元和施万细胞来说,较细的纤维降低了细胞迁移的速率,而较宽的纤维促进了细胞迁移的速率。可见,较小的纤维直径限制了细胞黏着斑的生长,而较大的纤维能够组装出较大的黏着斑复合物,进而可以调节细胞骨架的形成,以及细胞扩散、迁移和扩增等下游过程。

也可以通过调节静电纺丝膜的其他性质来控制细胞的行为。使用特殊的改性过的收集器,如旋转的圆筒和旋转的圆盘,可以收集对齐的电纺纤维。生长在这些支架上的细胞倾向于沿着纤维排列,并沿着排列的方向扩增。调整支架的特性,也可能会提高细胞向选定细胞系分化的速度。例如,在静电纺丝纤维中加入磷灰石矿物可以支持祖细胞向成骨细胞分化,并维持成骨细胞表型。电纺支架的一个缺点是无纺布纤维垫往往有小孔,这防止了细胞向支架内和在支架内的迁移。增加纤维间孔径的技术可以提高细胞浸润率。一旦进入支架,密植的细胞就可以形成宏观结构。例如,在平均孔径大于 40 μm 的电纺支架上种植的内皮祖细胞能够迅速定植支架并形成微细胞管状结构。

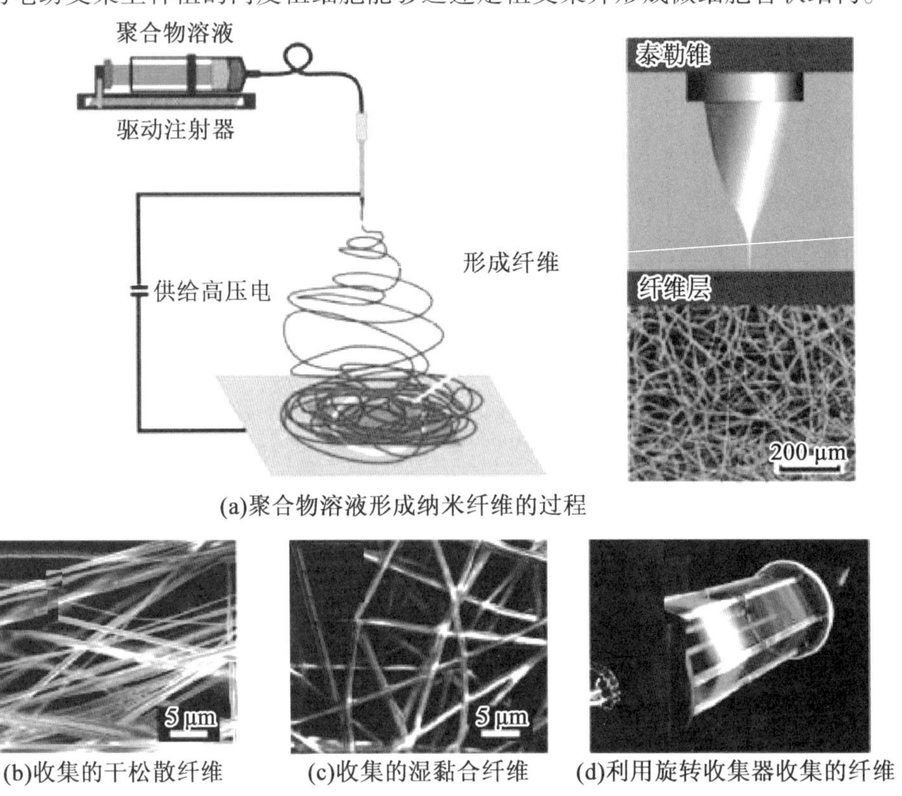

图 13.8 纳米纤维聚合物支架的静电纺丝示意图

13.5.2 泡沫支架

合成和生物聚合物泡沫可以使用许多不同的技术制备,并已广泛用作薄多孔支架。为了增加细胞向这些支架内生长的程度,孔径通常控制在 40 ~ 100 μm 之间。聚苯乙烯,通常用于制造组织培养皿,可以发泡,并用作组织培养支架,在长期研究中是稳定的。这种支架的一个商业例子是 Alvetex®(神经移植,英国)。它的厚度为200 μm,平均孔径为 36 ~ 40 μm。这个厚度是优化后的结果,以使密集培养的细胞能够在支架内建立类似于体外的生态位,同时周围的培养基仍然可以通过扩散接触到这些细胞。当在这种环境中培养时,许多细胞类型会以一种更为生理的方式去响应。例如,在Alvetexs®支架中培养的星形胶质细胞表现出非活性表型,并表达成熟细胞的标记物,这表明培养环境在生理上比传统培养系统更接近于活体脑环境。对于高密度培养的细胞,表达因子的扩散会导致支架内的局部浓缩。这一点,再加上细胞与细胞间接触的增加,会在局部培养中形成因子的微阵列，从而产生类似组织的微环境并形成模式化的细胞宏观结构。

13.5.3 生物支架

除了使用合成聚合物制作支架外，还可以直接用动物和人体组织中提取的蛋白质制作出薄的培养膜。溶液中的蛋白质通常被浇铸到膜片中，膜片可以自然交联形成稳定的基质，也可以通过生物制剂和合成制剂人工交联。细胞可以在交联过程中播种到支架内，也可以随后播种到支架表面。直接使用蛋白质的显著优点是，所得到的支架很容易通过使用细胞受体（如整合素）支持细胞黏附，并通过使用细胞酶（如金属蛋白酶）的活性降解进行重塑。

（1）胶原蛋白。

胶原蛋白是一种普遍存在于人体几乎所有组织中的蛋白质，许多不同类型的胶原支架已经被研究。它已经被用来建立纤毛上皮组织模型，可以在培养基中维持数月，从而能够对肺部候选药物进行长期评估。它也可以作为一个压缩凝胶支架来培养一系列不同类型的细胞。例如，压缩胶原凝胶已被用于培养人角膜基质细胞作为角膜基质模型，人膀胱平滑肌细胞和尿路上皮细胞作为膀胱组织再生的潜在支架，真皮成纤维细胞用于组织工程皮肤。

（2）血液中的蛋白质。

蛋白质衍生支架膜是临床治疗发展的首选，如烧伤和其他类型皮肤缺损的替代性皮肤治疗。来源于血液的蛋白质是支架材料的更好的选择。纤维蛋白和纤维蛋白原在血栓和结痂形成过程中必不可少，容易与细胞结合，并被成纤维细胞等细胞迅速重塑。利用直接从患者血液中提取的人纤维蛋白，以及从该患者体内提取并在培养基中扩增的人成纤维细胞和角质形成细胞，可以创建用于皮肤置换治疗的完全自体皮肤组织等效物。这种方法可以提高皮肤等效物的整合度，同时降低免疫排斥的风险。也可以选择重组产生的蛋白质支架，与使用动物源性蛋白质相比，减少病原体转移和异种免疫排斥的风险。例如，用 1 - 乙基 - 3 -（3 - 二甲氨基丙基）碳化二亚胺（EDC）和 N - 羟基琥珀酰亚胺（NHS）交联的重组Ⅰ型和Ⅲ型胶原培养角膜上皮细胞已经用于临床植入。

（3）脱细胞膜。

从动物或人体组织中提取的脱细胞膜也可以制成薄支架。人类脱细胞脂肪组织被用作乳腺癌细胞生长的模型，创造了一个更接近体内环境的仿生微环境。此外，来自胎盘最内层的人类羊膜也很容易支持细胞培养，可以用于组织工程应用。它通常用于眼科手术，以促进眼表重建，正如 Eidet 等评论的那样，许多研究都已经证明利用羊膜可以进行角膜组织替换。

虽然使用组织工程支架建立更厚的组织模型和治疗方法有很大的潜力，但在许多情况下，生成的组织功能会由于细胞生长紊乱而受损。目前，使用大体积制造技术无法复制体内发现的组织的微尺度结构和组织。大规模的组织结构在发育过程中形成缓慢，由此产生的组织结构是高度组织化的，无论是纳米纤维的分布还是成熟器官的宏观结构。使用脱细胞组织能够建立天然蛋白质结构，并可以在研究和临床治疗中重复使用，但是，脱细胞组织的灵活性、适用性和可用性是有限的。正因为如此，更好地控制支架和三维培养基质的微观组织将有助于克服上述缺点。开发和使用生物3D打印技术是一种很有前途的解决方案,但是,实现快速、可扩展的纳米级分辨率制造也是一个相当大的挑战。

13.6　多孔膜的微加工

批量制造多孔膜目前是可以实现的,甚至一些用于组织支架的膜,还可以定制,但是这些制造技术不能用于生产具有规则有序孔阵列和定制通道结构的膜。利用可伸缩的微加工技术,可以制造出具有精确规定孔径、孔位置和孔隙度的膜。在膜的表面和内部也可以设计微通道的形状。目前,许多利用微孔滤膜进行细胞培养的应用将从这些高精度的工程化微制造膜中受益,其中一个最有说服力的论据是利用缩小的组织模型可以获得更高的效率,因为可以使用高通量技术增加平行测试的数量。本节介绍了几种半导体工业中开发的制造工艺。利用集成电子技术制造生物传感器也是工程化微加工膜的一个有前途的应用。然而,有几个问题阻碍了工程化微加工膜的广泛应用,其中最大的挑战是制造的初始成本和用于研究小批量微加工所需的专业知识。这一挑战可以通过引进商用的微加工多孔膜,如美国的 Precision Membranes®公司生产的那些膜(图13.9),以及开发廉价生产高阵列多孔膜的技术来解决(如利用呼吸模式制作蜂窝多孔基板)。

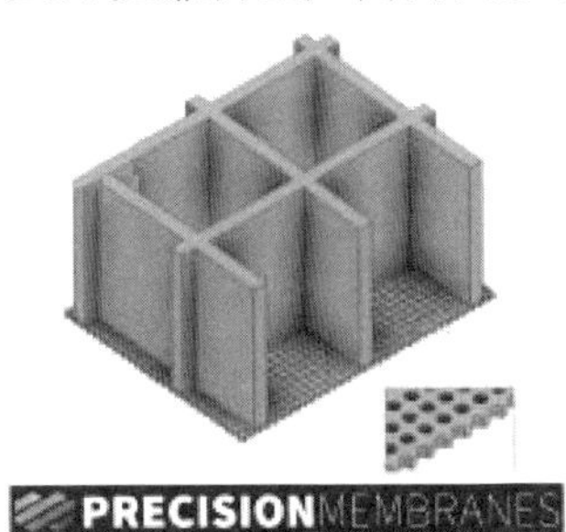

(a)具有密集排列的孔隙,并由背部的支撑结构提供刚性的膜

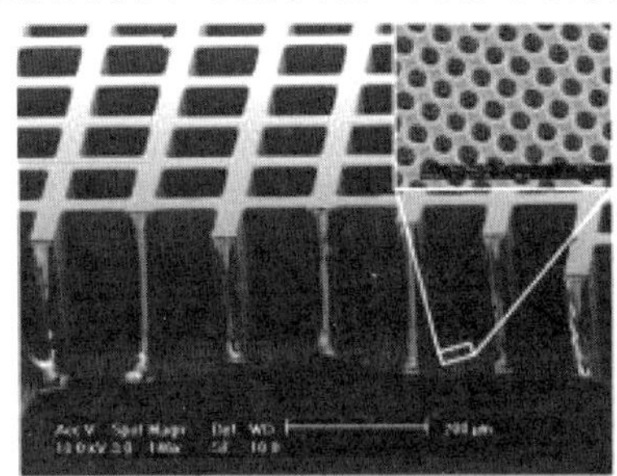

(b)具有极其均匀且可调孔隙的膜

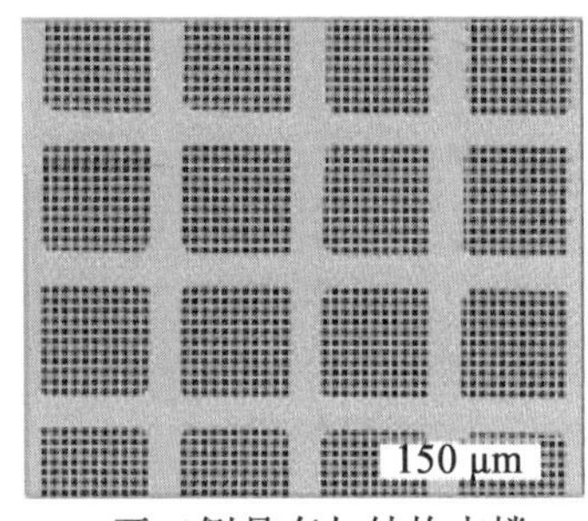

(c)开口侧具有与结构支撑相反的实心网格区域膜

图13.9　商用微加工膜

13.6.1　光刻技术

光刻技术可用于快速、准确的加工,其特征在于分辨率是亚微米级别的,加工区域可达厘米级。为了制造微孔膜,使用具有微米尺寸特征的精细图案光掩模来对紫外光的通过进行图案设计。通过光掩模的光用于交联感光聚合物膜,该感光聚合物膜被薄薄地涂覆在适当平坦的衬底上,例如硅片。曝光后,非交联聚合物从衬底上溶解,留下复制光掩模特征的精细特征。烘烤步骤可以使图案化膜变硬,然后可以将图案化膜从衬底上移除并加工以用于细胞培养。利用该技术,可以准确控制孔径、位置和膜孔的孔隙度,保证孔道不相交。薄膜的厚度也可以精确控制,以确保产生的膜是透明的,适合荧光显微分析。

一些研究小组报道了光刻技术在生产细胞培养用多孔膜方面的应用。例如,使用光固化的 SU－8 光聚合物制作了多孔衬底，并用微加工硅柱压印以引入微尺度的凸起。所得膜具有高孔隙度和0.5～4 μm 的精密排列孔。在培养过程中，膜被用作结直肠癌细胞生长的基质。细胞在膜上生长融合后，形成紧密的连接，在微尺度凸起周围生长成绒毛状结构，形成胃肠道上皮微流控制培养模型。在另一个例子中，光刻技术被用来制作细胞培养膜，这些膜的孔径分别为0.8 μm、1.2 μm、2 μm 和4 μm。由于光聚合物1002F 具有较低的自荧光性，降低了显微镜下的背景荧光，因此选择它作为膜材料。利用电子束光刻技术制作的高分辨率铬石英光掩模对光聚合物进行图案化设计，从而获得精确的孔径。利用这种技术，薄膜的孔隙度达到40%，使用牺牲性皂层来帮助薄膜从晶片上脱离，还可以将薄膜的厚度控制在1 μm 以下。增加一个50 μm 支撑层作为基础，以提供机械稳定性。经空气等离子体处理和人纤维蛋白涂覆后，培养在基质表面的小鼠成纤维细胞表现出良好的附着和铺展，并有可能获得培养细胞的清晰荧光图像。

高孔膜也可用于捕获循环肿瘤细胞（CTC），这是一种用于转移癌患者预后评估的技术。例如，使用光刻技术制作了两层间距为6.5 μm 的多孔聚对二甲苯薄膜，其顶部薄膜上有9 μm 的孔，底部薄膜上有8 μm 的孔，与顶部和底部膜上的孔是错位的。这种排列使得通过该装置的血液中的 CTC 被截留，因为这些细胞无法变形以通过膜之间6.5 μm 的间隙，因此被截留在顶部的膜孔中。另一个利用光刻技术制造多孔膜来截留 CTC 的例子使用了一种新型的制造技术，制备出一个具有锥形狭缝（2°角）和出口宽度分别为6 μm 和8 μm 的膜。该过滤器捕获了血液样本中82.44%的癌细胞，其中72%被捕获癌细胞在培养5天后仍然存活。也可以用这些类型的滤膜来捕获其他类型的细胞，如脂肪组织中的干细胞。

通过操纵进入光聚合物膜的光的焦点，可以使用两步过程来产生漏斗状的孔。通过在准直的紫外光源和光掩模之间放置一个漫射板，暴露在外的微结构的侧壁可以被塑造成漏斗甚至滴漏状的模板。采用这种方法和二次镀镍工艺，可在成形漏斗模板周围制作10 μm 厚的膜。然后，镍模板被机械分离或采用湿法蚀刻工艺分离。研究发现，由此形成的锥形孔在捕捉细胞方面更有效，而更宽的漏斗是最有效的。

13.6.2 RIE

在为半导体微电子工业开发的光刻技术的扩展中，使用反应离子的气体等离子体或反应性化学物质的溶液从硅片上蚀刻材料，硅片由光图案化聚合物掩模（称为光刻胶）选择性地保护。由于硅片的晶体性质，它优先以平面方式腐蚀，其速度比保护性光刻胶材料更快。这就产生了具有垂直侧壁的图案特征，并且可以通过蚀刻整个圆片来扩展形成孔洞。Ogura 等在1991 年首次报道了这种技术在哺乳动物细胞中的应用，当时使用了一个厚为0.4 μm、孔径为1 μm 的硅膜研究红细胞的变形性。此后，许多研究探索了 RIE 在多孔培养基质上的应用，这种具有精确孔排列的培养基质可用于免疫隔离、药物传递和生物传感。

RIE 也被用于生产具有精确孔阵列和离散孔径的微筛。Lim 等利用深层 RIE 技术在硅片上形成蜂窝阵列的微孔。采用该技术制作了直径为10 μm 的筛网，筛网厚度为30 μm，筛网密度为5 000 孔/mm^2。筛子成功地从血液中分离出 CTC，捕获了测试血中

80%以上的癌细胞。最近,Mazzocchi 等利用 RIE 微加工技术制备了超薄(0.3 μm 厚)多孔膜,其孔径分别为0.5 μm 和3 μm,与脂肪干细胞共培养人脐血管内皮细胞,促进干细胞向内皮细胞的分化。Chen 等将 RIE 应用到聚二甲基硅氧烷(PDMS)薄膜上,利用光刻技术在 PDMS 薄膜上生成 SU-8 模板图案。然后使用 SF_6 和 O_2 混合气体的 RIE 在 PDMS 膜上牺牲蚀刻4 μm 宽的孔洞。结果得到了孔隙度为30%、厚度为10 μm 的薄膜。用该技术制备的多孔 PDMS 膜被用作从血液中分离免疫细胞的微筛。

13.6.3 激光和离子束写入和铣削

激光扫描固化光敏聚合物薄膜,称为激光直写,是一种高度可定制的微加工技术。由于这种制备工艺的连续性较差,目前只有少量的研究报告使用这种方法。在一项这样的研究中,激光直写用于制作微孔细胞培养支架,其通道宽度可在2~10 μm 范围内调节。利用支架研究小鼠成纤维细胞和 A549 上皮细胞在不同孔径迁移中的差异,发现在没有血清梯度的情况下,小鼠成纤维细胞容易通过直径10 μm 的通道迁移。层粘连蛋白 A/C 基因敲除成纤维细胞具有灵活的细胞核,因而可以迁移通过7 μm 的狭窄通道,而人 A549 细胞需要一定的血清梯度才能迁移通过10 μm 的直径通道,并且迁移过程不受层粘连蛋白 A/C 基因敲除的影响。

激光直写非常适合逐层加工,使培养支架的内部结构得到精确设计。这种可高度定制的快速制备技术,称为立体造影术,适用于生产复杂的微型多孔支架和膜。通过使用数字镜装置(DMD)以逐层方式对光固化聚合物进行图形化,可以实现快速制造。Gauvin 等在一项研究中以光引发剂 Irgacure 2959 交联的甲基丙烯酸明胶为原料,演示了利用 DMD 立体光刻技术制备复合多孔组织工程支架的工艺。人脐静脉内皮细胞在支架上生长融合并保持其表型。然而,由于该技术分辨率较低,报道的孔径要比立体造影术得到的孔径大很多,在该研究中,实际孔径约为500 μm。亚微米级分辨率目前也已通过立体光刻技术得到证明,预计这项技术的应用将更加广泛,从而能够生产高度定制的微孔膜。

干涉光刻是一种改进的利用激光制备纳米孔膜的微加工技术。可以通过使用干涉光栅将亚微米栅格图案绘制在光固化聚合物薄膜上来实现孔洞制备,例如,制造孔径为600 nm 的筛片。或者,可以通过在光固化聚合物溶液中同时发生的多次激光打击产生干涉图样,从而产生具有复杂内部三维微观和纳米结构的高度有序的多孔结构。虽然已有细胞与用干涉光刻技术制备的纳米结构的相互作用方面的研究,但还没有发现在细胞培养中使用这种纳米多孔膜的报道。

激光还可以用来铣削薄膜,形成特定的多孔阵列。Matsunaga 等使用准分子激光(波长248 nm,频率150 Hz)通过铣削38 μm 厚的黑色 PET 薄膜,形成了间距为30 μm、孔径分别为2 μm、5 μm 和10 μm 的孔阵列,这些孔呈现了锥形通道。将阵列集成到微流控制芯片中,利用压力梯度将细胞诱捕到2 μm 孔阵列上,进行 mRNA 分析。在后续的研究中,Hosokawa 等利用这种技术,通过32 μm 厚的 PET 薄膜构筑微腔,产生孔径为2 μm、间距为60 μm 的锥形孔洞阵列,将下表面孔洞扩大到30 μm。通过对通道施加负压,可以在每个孔上捕获单个细胞,再次促进了快速显微镜成像和分析。Daskalova 等还对明胶和胶原薄膜进行了激光铣削,从而形成直径从100 nm 到2 μm 不等的孔洞。用激光铣削在

PC 薄膜中创建了微阵列孔,并将其用于神经培养(图 13.10)。细胞很容易被观测,并迁移到生成的孔隙中。尽管这些孔阵列的创建非常耗时,但是这种方法的快速可定制性在研究环境中非常有用。

利用电子束烧蚀和聚焦离子束铣削可以在纳米尺度上雕刻出更小的孔。Ma 等利用电子束光刻技术制备了孔径分别为 0.3 μm 和 0.5 μm 的氮化硅膜。虽然这些技术可以精确地产生排列整齐的微尺度和纳米尺度的孔阵列,但制造过程必然是昂贵和耗时的,需要独立的定位和铣削过程来创建每个孔隙。

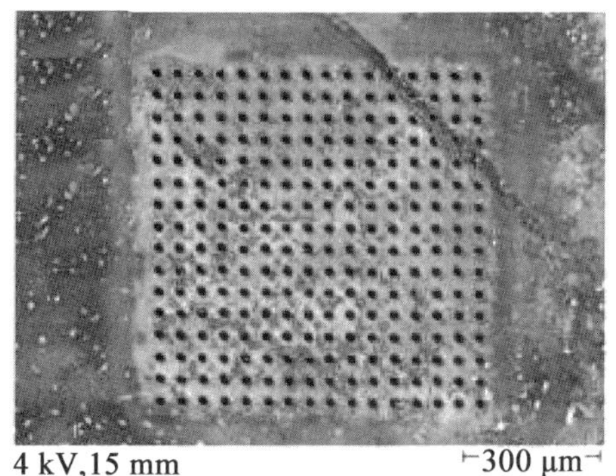

(a)激光铣削可使聚合物膜具备微尺度特征

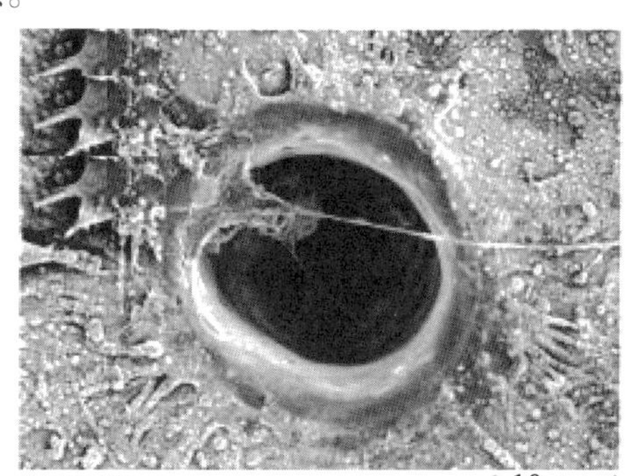

(b)在膜上培养的神经元很容易探索表面并延伸到孔中

图 13.10　激光铣削的具有孔阵列、用于神经细胞培养的聚碳酸酯薄膜

13.6.4　自组织

以上讨论的微加工技术需要高端、昂贵的设备,这些设备位于洁净室内或由具有特定技术知识和经验的熟练人员操作的专用设施内。然而,利用自组织来模板化微孔阵列的形成,可以制备阵列微孔基板。实现这一目标的一种方法是使用高填充微珠模板生产微孔薄膜。Ding 等利用这种技术,通过电镀自组织的纳米聚苯乙烯球层,制备出具有排列纳米孔径孔的多孔铜膜。化学浴沉积法也被用于聚苯乙烯微球模板制备氧化镍多孔膜,然而,这些类型的体系尚未在细胞培养中进行测试。

利用可混溶液体的自组织性,也可以制备高度阵列的多孔材料。例如,由蒸发冷却形成的六方密堆积水滴,可以充当一个自组织模板,在其周围浇铸含有溶解聚合物的有机溶剂。在溶剂蒸发后不久,水滴也会蒸发,剩下的就是一种具有高度组织性的蜂窝状多孔聚合物膜。这种薄膜可以由许多不同类型的聚合物铸造而成,包括聚苯乙烯和二氧化硅、氟化聚合物、和聚(ε-己内酯),其结构具有很高的孔隙度(通常为 30%~50%)和均匀可控的孔径(如 500 nm~12 μm)。细胞很好地附着在纤维连接蛋白涂覆的蜂窝膜上,膜的制造也相对容易和便宜。

13.7　本章小结

微孔膜作为培养基质的使用,使哺乳动物细胞的生长方式比在非多孔培养皿的传统培养基更具有生物学上的现实意义。与其他由支架包裹细胞的三维培养体系不同的是,多孔膜上的培养物仍然易于接近,便于随后的分析。利用多孔膜培养的细胞的隔室特性,也可以对这些细胞进行广泛的研究。系统设计中固有的灵活性允许研究人员通过控制孔径、孔隙度和表面拓展结构,直接调控跨膜相互作用的类型和速率。含有微孔滤膜的商用组织培养插入物的使用,促进了滤膜在许多不同类型应用中的使用。其中一个主要的应用是细胞片的培养,因为培养的细胞片可以从两侧获得,从而可以研究因子和药物的运输。对于需要制作较厚组织切片的应用,多孔膜需要允许细胞的生长和整合,并且在组织再生中,在植入过程和随后的宿主反应中存活。在这些情况下,组织工程技术可以用来创造多孔膜,充当细胞支架,针对选定的组织类型进行定制。用于分析的细胞的可及性不那么重要,研究重点已转向通过提供特定的生物学信号来创建具有生物学相关性的支架。支架还需坚固和灵活,具有与选定组织相匹配的机械性能。对于需要在组织修复过程中移除的支架,支架的降解率与组织再生率同步是非常重要的。

随着多孔膜在哺乳动物细胞培养中的优势日益显著,与多孔膜相关的应用不断被认可和报道。人们越来越感兴趣的一个领域是在微型化微流控制体系中使用多孔膜来创建芯片上的器官模型,这种模型比静态培养组织模型更有效、更接近实际。一个例子描述了使用5 μm孔的径迹蚀刻膜来创建用于药物测试的微流控制人体皮肤模型。该膜用于在气－液界面的全厚度人体皮肤上生长和测试药物,培养时间长达3周。虽然结果与在过滤插入物上培养细胞的结果相当,但微流控制体系的效率要高得多,培养基的使用减少了1/36。在另一个例子中,通过在两个微流控制通道之间培养人体肠上皮细胞,利用一种涂有ECM的多孔柔膜建立了芯片肠模型。与静态过滤器培养插入相比,微流体技术可创建更真实的肠道模型。微流体在多孔膜上的培养也使得细胞的培养密度高于静态培养技术。例如,在微流控制体系中,介质通过多孔膜扩散,在类似组织的微结构中培养高密度肝细胞阵列。最近,多孔膜被用于人体芯片系统,这种系统将微流体技术与多种组织模型进行组合。这实现了研究药物和其他生物因子对多种组织系统的复合作用,而不需要使用动物模型。

通过缩小培养模型,可以显著减少进行研究所需的细胞和试剂的数量。当结合使用高通量方法时,可以大大提高研究的效率。然而,在小型化系统中使用商用滤膜和定制的组织工程支架(具有随机放置的孔和可变的局部孔隙度)可能会带来非预期的可变性。为了克服这一问题,微工程技术可用于制备多孔膜,其孔阵列在尺寸和位置上具有纳米级的可调性。对孔布局的控制可使膜具有密集的孔阵列,更适合于自动微尺度分析。与这种方法相一致的是将微电子学集成到多孔膜中,这样它们就可以用作生物传感器。例如,利用微加工技术将微电极阵列集成到纳米多孔氧化铝膜中,用于记录膜上培养的心肌细胞的电位。提高精密工程微缩膜的可用性将使这些类型的膜在培养中的应用更加广泛,有利于建立更高的通量和更有效的培养工具,同时能够开发更真实的组织发育和功能的微模型。

本章参考文献

[1] Grobstein, C. Morphogenetic Interaction between Embryonic Mouse Tissues Separated by a Membrane Filter. Nature 1953, 172 (4384), 869 -870.

[2] Boyden, S. The Chemotactic Effect of Mixtures of Antibody and Antigen on Polymorphonuclear Leucocytes. J. Exp. Med. 1962, 115, 453 -466.

[3] McCall, E. ; Povey, J. ; Dumonde, D. C. The Culture of Vascular Endothelial Cells to Confluence on Microporous Membranes. Thromb. Res. 1981, 24 (5), 417 -431.

[4] Beck, D. W. ; Roberts, R. L. ; Olson, J. J. Glial Cells Influence Membrane - Associated Enzyme Activity at the Blood - Brain Barrier. Brain Res. 1986, 381 (1), 131 -137.

[5] Laabich, A. ; Sensenbrenner, M. ; Delaunoy, J. P. Monolayer Cultures of Ependymal Cells on Porous Bottom Dishes. A Tool for Transport Studies across the Brain Cerebrospinal Barrier. Neurosci. Lett. 1989, 103 (2), 157 -161.

[6] Bacallao, R. ; Antony, C. ; Dotti, C. ; Karsenti, E. ; Stelzer, E. H. K. ; Simons, K. The Subcellular Organization of Madin - Darby Canine Kidney Cells During the Formation of a Polarized Epithelium. J. Cell Biol. 1989, 109 (6.1), 2817 -2832.

[7] Parenteau, N. L. ; Nolte, C. M. ; Bilbo, P. ; Rosenberg, M. ; Wilkins, L. M. ; Johnson, E. W. ; Watson, S. ; Mason, V. S. ; Bell, E. Epidermis Generated In Vitro: Practical Considerations and Applications. J. Cell. Biochem. 1991, 45 (3), 245 -251.

[8] Patrone, L. M. ; Cook, J. R. ; Crute, B. E. ; Van Buskirk, R. G. Differentiation of Epithelial Cells on Microporous Membranes. J. Tissue Cult. Methods 1992, 14 (4), 225 -234.

[9] Leavesley, D. I. ; Ferguson, G. D. ; Wayner, E. A. ; Cheresh, D. A. Requirement of the Integrin Beta 3 Subunit for Carcinoma Cell Spreading or Migration on Vitronectin and Fibrinogen. J. Cell Biol. 1992, 117 (5), 1101 -1107.

[10] Stoppini, L. ; Buchs, P. A. ; Muller, D. A Simple Method for Organotypic Cultures of Nervous Tissue. J. Neurosci. Methods 1991, 37 (2), 173 -182.

[11] Giulian, D. ; Vaca, K. ; Corpuz, M. Brain Glia Release Factors With Opposing Actions upon Neuronal Survival. J. Neurosci. 1993, 13 (1), 29 -37.

[12] Sedivy, J. M. Efficient In Situ Electroporation of Mammalian Cells Grown on Microporous Membranes. Nucleic Acids Res. 1995, 23 (15), 2803 -2810.

[13] Dhandayuthapani, B.; Yoshida, Y.; Maekawa, T.; Kumar, D. S. Polymeric Scaffolds in Tissue Engineering Application: A Review. Int. J. Polym. Sci. 2011, 2011, 19.

[14] Lim, S. H.; Mao, H. Q. Electrospun Scaffolds for Stem Cell Engineering. Adv. Drug Deliv. Rev. 2009, 61 (12), 1084-1096.

[15] Warkiani, M. E.; Bhagat, A. A. S.; Khoo, B. L.; Han, J.; Lim, C. T.; Gong, H. Q.; Fane, A. G. Isoporous Micro/nanoengineered Membranes. ACS Nano 2013, 7 (3), 1882-1904.

[16] Lalia, B. S.; Kochkodan, V.; Hashaikeh, R.; Hilal, N. A Review on Membrane Fabrication: Structure, Properties and Performance Relationship. Desalination 2013, 326, 77-95.

[17] Kurumada, K. I.; Kitamura, T.; Fukumoto, N.; Oshima, M.; Tanigaki, M.; Kanazawa, S. I. Structure Generation in PTFE Porous Membranes Induced by the Uniaxial and Biaxial Stretching Operations. J. Membr. Sci. 1998, 149 (1), 51-57.

[18] Li, A.; Wang, Y.; Deng, L.; Zhao, X.; Yan, Q.; Cai, Y.; Lin, J.; Bai, Y.; Liu, S.; Zhang, Y. Use of Nitrocellulose Membranes as a Scaffold in Cell Culture. Cytotechnology 2013, 65 (1), 71-81.

[19] Mayer-Wagner, S.; Schiergens, T. S.; Sievers, B.; Redeker, J. I.; Schmitt, B.; Buettner, A.; Jansson, V.; Mukller, P. E. Scaffold-Free 3D Cellulose Acetate Membrane-Based Cultures Form Large Cartilaginous Constructs. J. Tissue Eng. Regen. Med. 2011, 5 (2), 151-155.

[20] Brüggemann, D. Nanoporous Aluminium Oxide Membranes as Cell Interfaces. J. Nanomater. 2013, 2013, 18.

[21] Ingham, C. J.; ter Maat, J.; de Vos, W. M. Where Bio Meets Nano: The Many Uses for Nanoporous Aluminum Oxide in Biotechnology. Biotechnol. Adv. 2012, 30 (5), 1089-1099. 288 Use and Manipulation of Microporous Membranes in Mammalian Cell Cultures

[22] Stevens, M. M.; George, J. H. Exploring and Engineering the Cell Surface Interface. Science 2005, 310 (November), 1135-1138.

[23] Gilmore, A. P. Anoikis. Cell Death Differ. 2005, 12 (Suppl 2), 1473-1477.

[24] Kim, D. H.; Wirtz, D. Focal Adhesion Size Uniquely Predicts Cell Migration. FASEB J. 2013, 27 (4), 1351-1361.

[25] Geiger, B.; Spatz, J. P.; Bershadsky, A. D. Environmental Sensing Through Focal Adhesions. Nat. Rev. Mol. Cell Biol. 2009, 10 (1), 21-33.

[26] Dalby, M. J.; Gadegaard, N.; Oreffo, R. O. C. Harnessing Nanotopography and Integrin-Matrix Interactions to Influence Stem Cell Fate. Nat. Mater. 2014, 13 (6), 558-569.

[27] Wehrle - Haller, B. ; Imhof, B. A. The Inner Lives of Focal Adhesions. Trends Cell Biol. 2002, 12 (8), 382 -389.

[28] Frith, J. E. ; Mills, R. J. ; Cooper - White, J. J. Lateral Spacing of Adhesion Peptides Influences Human Mesenchymal Stem Cell Behaviour. J. Cell Sci. 2012, 125 (2), 317 -327.

[29] Wood, W. ; Martin, P. Structures in Focus—Filopodia. Int. J. Biochem. Cell Biol. 2002, 34 (7), 726 -730.

[30] Teixeira, A. I. ; Abrams, G. A. ; Bertics, P. J. ; Murphy, C. J. ; Nealey, P. F. Epithelial Contact Guidance on Well - Defined Micro - and Nanostructured Substrates. J. Cell Sci. 2003, 116 (Pt 10), 1881 -1892.

[31] Makarova, O. V. ; Adams, D. L. ; Divan, R. ; Rosenmann, D. ; Zhu, P. ; Li, S. ; Amstutz, P. ; Tang, C. - M. Polymer Microfilters With Nanostructured Surfaces for the Culture of Circulating Cancer Cells. Mater. Sci. Eng. , C 2016, 66, 193 -198.

[32] Altuntas, S. ; Buyukserin, F. ; Haider, A. ; Altinok, B. ; Biyikli, N. ; Aslim, B. Protein - Releasing Conductive Anodized Alumina Membranes for Nerve - Interface Materials. Mater. Sci. Eng. , C 2016, 67, 590 -598.

[33] Versaevel, M. ; Riaz, M. ; Grevesse, T. ; Gabriele, S. Cell Confinement:Putting the Squeeze on the Nucleus. Soft Matter 2013, 9 (29), 6665 -6676.

[34] Greiner, A. M. ; Jäckel, M. ; Scheiwe, A. C. ; Stamow, D. R. ; Autenrieth, T. J. ; Lahann, J. ; Franz, C. M. ; Bastmeyer, M. Multifunctional Polymer Scaffolds With Adjustable Pore Size and Chemoattractant Gradients for Studying Cell Matrix Invasion. Biomaterials 2014, 35 (2), 611 -619.

[35] Zegers, M. M. P. ; O'Brien, L. E. ; Yu, W. ; Datta, A. ; Mostov, K. E. Epithelial Polarity and Tubulogenesis In Vitro. Trends Cell Biol. 2003, 13 (4), 169 -176.

[36] Handler, J. S. ; Preston, A. S. ; Steele, R. E. Factors Affecting the Differentiation of Epithelial Transport and Responsiveness to Hormones. Fed. Proc. 1984, 43 (8), 2221 -2224.

[37] Lee, J. H. ; Lee, S. J. ; Khang, G. ; Lee, H. B. Interaction of Fibroblasts on Polycarbonate Membrane Surfaces with Different Micropore Sizes and Hydrophilicity. J. Biomater. Sci. Polym. Ed. 1999, 10 (3), 283 -294.

[38] Lee, S. J. ; Choi, J. S. ; Park, K. S. ; Khang, G. ; Lee, Y. M. ; Lee, H. B. Response of MG63 Osteoblast - like Cells Onto Polycarbonate Membrane Surfaces With Different Micropore Sizes. Biomaterials 2004, 25 (19), 4699 -4707.

[39] Lee, S. J. ; Lee, Y. M. ; Han, C. W. ; Lee, H. B. ; Khang, G. Response of Human Chondrocytes on Polymer Surfaces With Different Micropore Sizes for Tissue - Engineered Cartilage. J. Appl. Polym. Sci. 2004, 92 (5), 2784 -2790.

[40] Frohlich, E. M. ; Alonso, J. L. ; Borenstein, J. T. ; Zhang, X. ; Arnaout, M. A. ;

Charest, J. L. Topographically - Patterned Porous Membranes in a Microfluidic Device as an In Vitro Model of Renal Reabsorptive Barriers. Lab Chip 2013, 13 (12), 2311 - 2319.

[41] Song, Y.; Ju, Y.; Song, G.; Morita, Y. In Vitro Proliferation and Osteogenic Differentiation of Mesenchymal Stem Cells on Nanoporous Alumina. Int. J. Nanomedicine 2013, 8, 2745 - 2756.

[42] Song, Y.; Ju, Y.; Morita, Y.; Xu, B.; Song, G. Surface Functionalization of Nanoporous Alumina With Bone Morphogenetic Protein 2 for Inducing Osteogenic Differentiation of Mesenchymal Stem Cells. Mater. Sci. Eng., C 2014, 37, 120 - 126.

[43] Cai, D.; Chen, S. C.; Prasad, M.; He, L.; Wang, X.; Choesmel - Cadamuro, V.; Sawyer, J. K.; Danuser, G.; Montell, D. J. Mechanical Feedback Through E - Cadherin Promotes Direction Sensing During Collective Cell Migration. Cell 2014, 157 (5), 1146 - 1159.

[44] Weijer, C. J. Collective Cell Migration in Development. J. Cell Sci. 2009, 122 (Pt 18), 3215 - 3223.

[45] Chilton, J. K. Molecular Mechanisms of Axon Guidance. Dev. Biol. 2006, 292 (1), 13 - 24.

[46] Sallusto, F.; Mackay, C. R.; Lanzavecchia, A. The Role of Chemokine Receptors in Primary, Effector, and Memory Immune Responses. Annu. Rev. Immunol. 2000, 18, 593 - 620.

[47] Poujade, M.; Grasland - Mongrain, E.; Hertzog, A.; Jouanneau, J.; Chavrier, P.; Ladoux, B.; Buguin, A.; Silberzan, P. Collective Migration of an Epithelial Monolayer in Response to a Model Wound. Proc. Natl. Acad. Sci. U. S. A. 2007, 104 (41), 15988 - 15993.

[48] Friedl, P.; Gilmour, D. Collective Cell Migration in Morphogenesis, Regeneration and Cancer. Nat. Rev. Mol. Cell Biol. 2009, 10 (July), 445 - 457.

[49] Chen, H. - C. Boyden Chamber Assay. Methods Mol. Biol. 2005, 294, 15 - 22.

[50] Ponath, P. D.; Wang, J.; Heath, H. Transwell Chemotaxis. Methods Mol. Biol. 2000, 138, 113 - 120.

[51] Lin, F.; Butcher, E. C. T Cell Chemotaxis in a Simple Microfluidic Device. Lab Chip 2006, 6 (11), 1462 - 1469.

[52] Su, X.; Ye, J.; Hsueh, E. C.; Zhang, Y.; Hoft, D. F.; Peng, G. Tumor Microenvironments Direct the Recruitment and Expansion of Human Th17 Cells. J. Immunol. 2010, 184 (3), 1630 - 1641.

[53] Zhao, Y.; Wang, S. Human NT2 Neural Precursor - Derived Tumor - Infiltrating Cells as Delivery Vehicles for Treatment of Glioblastoma. Hum. Gene Ther. 2010, 21 (6), 683 - 694.

[54] Phillips, P. A.; Wu, M. J.; Kumar, R. K.; Doherty, E.; McCarroll, J. A.; Park, S.; Pirola, R. C.; Wilson, J. S.; Apte, M. V. Cell Migration:A Novel Aspect of Pancreatic Stellate Cell Biology. Gut 2003, 52 (5), 677 -682.

[55] Herzmann, N.; Salamon, A.; Fiedler, T.; Peters, K. Analysis of Migration Rate and Chemotaxis of Human Adipose - Derived Mesenchymal Stem Cells in Response to LPS and LTA In Vitro. Exp. Cell Res. 2016, 342 (2), 95 -103.

[56] Cho, S. Y.; Klemke, R. L. Purification of Pseudopodia From Polarized Cells Reveals Redistribution and Activation of Rac through Assembly of a CAS/Crk Scaffold. J. Cell Biol. 2002, 156 (4), 725 -736.

[57] Wang, Y.; Ding, S. -J.; Wang, W.; Yang, F.; Jacobs, J. M.; Camp, D.; Smith, R. D.; Klemke, R. L. Methods for Pseudopodia Purification and Proteomic Analysis. Sci. STKE 2007, 2007 (400), l4.

[58] Thomsen, R.; Lade Nielsen, A. A Boyden Chamber - Based Method for Characterization of Astrocyte Protrusion Localized RNA and Protein. Glia 2011, 59 (11), 1782 - 1792.

[59] Smit, M.; Leng, J.; Klemke, R. L. Assay for Neurite Outgrowth Quantification. Biotechniques 2003, 35 (2), 254 -256.

[60] Torre, E. R.; Steward, O. Demonstration of Local Protein Synthesis Within Dendrites Using a New Cell Culture System That Permits the Isolation of Living Axons and Dendrites From Their Cell Bodies. J. Neurosci. 1992, 12 (3), 762 -772.

[61] Unsain, N.; Heard, K. N.; Higgins, J. M.; Barker, P. A. Production and Isolation of Axons from Sensory Neurons for Biochemical Analysis Using Porous Filters. J. Vis. Exp. 2014, 89, 8.

[62] Humphreys, P.; Hendelman, W. Analysis of Cerebrocortical Neuronal Migration in Three - Dimensional Fetal Mouse Cerebral Explants:Comparison With In Vivo. Int. J. Dev. Neurosci. 2000, 18 (6), 573 -584.

[63] Anayama, H.; Fukuda, R.; Yamate, J. Adipose Progenitor Cells Reside Among the Mature Adipocytes:Morphological Research Using an Organotypic Culture System. Cell Biol. Int. 2015, 39 (11), 1288 -1298.

[64] Gonçalves, A. B.; Thorsteinsdóttir, S.; Deries, M. Rapid and Simple Method for In Vivo Ex Utero Development of Mouse Embryo Explants. Differentiation 2016, 91 (4 - 5), 57 -67.

[65] Jin, S.; Yao, H.; Krisanarungson, P.; Haukas, A.; Ye, K. Porous Membrane Substrates Offer Better Niches to Enhance the Wnt Signaling and Promote Human Embryonic Stem Cell Growth and Differentiation. Tissue Eng. Part A 2012, 18 (13 - 14), 1419 - 1430. Use and Manipulation of Microporous Membranes in Mammalian Cell Cultures 289

[66] Artursson, P. Epithelial Transport of Drugs in Cell Culture. I:A Model for Studying the Passive Diffusion of Drugs over Intestinal Absorbtive (Caco - 2) Cells. J. Pharm. Sci. 1990, 79 (6), 476 - 482.

[67] Sip, C. G.; Bhattacharjee, N.; Folch, A. Microfluidic Transwell Inserts for Generation of Tissue Culture - Friendly Gradients in Well Plates. Lab Chip 2014, 14 (2), 302 - 314.

[68] Liu, Z. - B.; Zhang, Y.; Yu, J. - J.; Mak, A. F. - T.; Li, Y.; Yang, M. A Microfluidic Chip with Poly(ethylene Glycol) Hydrogel Microarray on Nanoporous Alumina Membrane for Cell Patterning and Drug Testing. Sensors Actuators B Chem. 2010, 143 (2), 776 - 783.

[69] Flax, J. D.; Aurora, S.; Yang, C.; Simonin, C.; Wills, A. M.; Billinghurst, L. L.; Jendoubi, M.; Sidman, R. L.; Wolfe, J. H.; Kim, S. U.; Snyder, E. Y. Engraftable Human Neural Stem Cells Respond to Development Cues, Replace Neurons, and Express Foreign Genes. Nat. Biotechnol. 1998, 16 (11), 1033 - 1039.

[70] Villars, F.; Conrad, V.; Rouais, F.; Lefebvre, F.; Amédée, J.; Bordenave, L. Ability of Various Inserts to Promote Endothelium Cell Culture for the Establishment of Coculture Models. Cell Biol. Toxicol. 1996, 12 (4 - 6), 207 - 214.

[71] Desai, N.; Ludgin, J.; Goldberg, J.; Falcone, T. Development of a Xeno - Free Non - Contact Co - Culture System for Derivation and Maintenance of Embryonic Stem Cells Using a Novel Human Endometrial Cell Line. J. Assist. Reprod. Genet. 2013, 30 (5), 609 - 615.

[72] Pereira, R. C.; Costa - Pinto, A. R.; Frias, A. M.; Neves, N. M.; Azevedo, H. S.; Reis, R. L. In Vitro Chondrogenic Commitment of Human Wharton's Jelly Stem Cells by Co - Culture With Human Articular Chondrocytes. J. Tissue Eng. Regen. Med. 2015, 12.

[73] Drake, D.; Moe, D.; Li, C.; Fahlenkamp, H.; Sanchez - Schmitz, G.; Higbee, R.; Parkhill, R.; Warren, W. Porous Membrane Device That Promotes the Differentiation of Monocytes into Dendritic Cells. US Patent 2007, US20070178076 A1, 35.

[74] Ryu, S.; Yoo, J.; Jang, Y.; Han, J.; Yu, S. J.; Park, J.; Jung, S. Y.; Ahn, K. H.; Im, S. G.; Char, K.; Kim, B. - S. Nanothin Coculture Membranes With Tunable Pore Architecture and Thermoresponsive Functionality for Transfer - Printable Stem Cell - Derived Cardiac Sheets. ACS Nano 2015, 9 (10), 10186 - 10202.

[75] Bé, K. B.; Pitt, A.; Hayden, P.; Prytherch, Z.; Job, C. Filter - Well Technology for Advanced Three - Dimensional Cell Culture: Perspectives for Respiratory Research. Supplement 2010, 1, 49 - 65.

[76] Ward, R. K.; Mungall, S.; Carter, J.; Clothier, R. H. Evaluation of Tissue Culture Insert Membrane Compatibility in the Fluorescein Leakage Assay. Toxicol. in

Vitro 1997, 11 (6), 761 – 768.

[77] Tretiach, M.; Madigan, M. C.; Wen, L.; Gillies, M. C. Effect of Müller Cell Co – Culture on In Vitro Permeability of Bovine Retinal Vascular Endothelium in Normoxic and Hypoxic Conditions. Neurosci. Lett. 2005, 378 (3), 160 – 165.

[78] Mathura, R. A.; Russell – Puleri, S.; Cancel, L. M.; Tarbell, J. M. Hydraulic Conductivity of Endothelial Cell – Initiated Arterial Cocultures. Ann. Biomed. Eng. 2014, 42 (4), 763 – 775.

[79] Weppler, A.; Rowter, D.; Hermanns, I.; Kirkpatrick, C. J.; Issekutz, A. C. Modulation of Endotoxin – Induced Neutrophil Transendothelial Migration by Alveolar Epithelium in a De fined Bilayer Model. Exp. Lung Res. 2006, 32 (10), 455 – 482.

[80] Hirakata, Y.; Yano, H.; Arai, K.; Endo, S.; Kanamori, H.; Aoyagi, T.; Hirotani, A.; Kitagawa, M.; Hatta, M.; Yamamoto, N.; Kunishima, H.; Kawakami, K.; Kaku, M. Monolayer Culture Systems With Respiratory Epithelial Cells for Evaluation of Bacterial Invasiveness. Tohoku J. Exp. Med. 2010, 220 (1), 15 – 19.

[81] Kasper, J. Y.; Hermanns, M. I.; Unger, R. E.; Kirkpatrick, C. J. A Responsive Human Triple – Culture Model of the Air – Blood Barrier: Incorporation of Different Macrophage Phenotypes. J. Tissue Eng. Regen. Med. 2015, 2015, 12.

[82] Raredon, M. S. B.; Ghaedi, M.; Calle, E. A.; Niklason, L. E. A Rotating Bioreactor for Scalable Culture and Differentiation of Respiratory Epithelium. Cell Med. 2015, 7 (3), 109 – 121.

[83] Du, Y.; Han, R.; Wen, F.; Ng San San, S.; Xia, L.; Wohland, T.; Leo, H. L.; Yu, H. Synthetic Sandwich Culture of 3D Hepatocyte Monolayer. Biomaterials 2008, 29 (3), 290 – 301.

[84] Rossi, C.; Guantario, B.; Ferruzza, S.; Guguen – Guillouzo, C.; Sambuy, Y.; Scarino, M. L.; Bellovino, D. Co – Cultures of Enterocytes and Hepatocytes for Retinoid Transport and Metabolism. Toxicol. in Vitro 2012, 26 (8), 1256 – 1264.

[85] Rubin, L. L.; Hall, D. E.; Porter, S.; Barbu, K.; Cannon, C.; Horner, H. C.; Janatpour, M.; Liaw, C. W.; Manning, K.; Morales, J. A Cell Culture Model of the Blood – Brain Barrier. J. Cell Biol. 1991, 115 (6), 1725 – 1735.

[86] Cecchelli, R.; Dehouck, B.; Descamps, L.; Fenart, L.; Buée – Scherrer, V.; Duhem, C.; Lundquist, S.; Rentfel, M.; Torpier, G.; Dehouck, M. P. In Vitro Model for Evaluating Drug Transport Across the Blood – Brain Barrier. Adv. Drug Deliv. Rev. 1999, 36 (2 – 3), 165 – 178.

[87] Demeuse, P.; Kerkhofs, A.; Struys – Ponsar, C.; Knoops, B.; Remacle, C.; van den Bosch de Aguilar, P. Compartmentalized Coculture of Rat Brain Endothelial Cells and Astrocytes: A Syngenic Model to Study the Blood Brain Barrier. J. Neurosci. Methods 2002, 121, 21.

[88] Nakagawa, S. ; Deli, M. A. ; Nakao, S. ; Honda, M. ; Hayashi, K. ; Nakaoke, R. ; Kataoka, Y. ; Niwa, M. Pericytes from Brain Microvessels Strengthen the Barrier Integrity in Primary Cultures of Rat Brain Endothelial Cells. Cell. Mol. Neurobiol. 2007, 27 (6), 687 -694.

[89] Nakagawa, S. ; Deli, M. A. ; Kawaguchi, H. ; Shimizudani, T. ; Shimono, T. ; Kittel, á. ; Tanaka, K. ; Niwa, M. A New Blood - Brain Barrier Model Using Primary Rat Brain Endothelial Cells, Pericytes and Astrocytes. Neurochem. Int. 2009, 54 (3 -4), 253 -263.

[90] Hatherell, K. ; Couraud, P. - O. ; Romero, I. A. ; Weksler, B. ; Pilkington, G. J. Development of a Three - Dimensional, All - Human in Vitro Model of the Blood - Brain Barrier Using Mono - , Co - , and Tri - Cultivation Transwell Models. J. Neurosci. Methods 2011, 199 (2), 223 -229.

[91] He, Y. ; Yao, Y. ; Tsirka, S. E. ; Cao, Y. Cell - Culture Models of the Blood - Brain Barrier. Stroke 2014, 45 (8), 2514 -2526.

[92] Neuhaus, W. ; Gaiser, F. ; Mahringer, A. ; Franz, J. ; Riethmüller, C. ; Förster, C. The Pivotal Role of Astrocytes in an In Vitro Stroke Model of the Blood - Brain Barrier. Front. Cell. Neurosci. 2014, 8 (October), 352.

[93] Schindler, M. ; Nur - E - Kamal, A. ; Ahmed, I. ; Kamal, J. ; Liu, H. - Y. ; Amor, N. ; Ponery, A. S. ; Crockett, D. P. ; Grafe, T. H. ; Chung, H. Y. ; Weik, T. ; Jones, E. ; Meiners, S. Living in Three Dimensions:3D Nanostructured Environments for Cell Culture and Regenerative Medicine. Cell Biochem. Biophys. 2006, 45 (2), 215 -227.

[94] Bhattarai, S. R. ; Bhattarai, N. ; Yi, H. K. ; Hwang, P. H. ; Cha, D. , Il; Kim, H. Y. Novel Biodegradable Electrospun Membrane:Scaffold for Tissue Engineering. Biomaterials 2004, 25 (13), 2595 -2602.

[95] Kuo, Y. - C. ; Hung, S. - C. ; Hsu, S. - H. The Effect of Elastic Biodegradable Polyurethane Electrospun Nanofibers on the Differentiation of Mesenchymal Stem Cells. Colloids Surf. B Biointerfaces 2014, 122, 414 -422.

[96] Christopherson, G. T. ; Song, H. ; Mao, H. - Q. The Influence of Fiber Diameter of Electrospun Substrates on Neural Stem Cell Differentiation and Proliferation. Biomaterials 2009, 30 (4), 556 -564.

[97] Gnavi, S. ; Fornasari, B. E. ; Tonda - turo, C. ; Ciardelli, G. ; Zanetti, M. ; Geuna, S. ; Perroteau, I. The Influence of Electrospun Fibre Size on Schwann Cell Behaviour and Axonal Outgrowth. Mater. Sci. Eng. , C 2015, 48, 620 -631.

[98] Diaz - Gómez, L. ; Ballarin, F. M. ; Abraham, G. A. ; Concheiro, A. ; Alvarez - Lorenzo, C. Random and Aligned PLLA:PRGF Electrospun Scaffolds for Regenerative Medicine. J. Appl. Polym. Sci. 2015, 132 (5), 9.

[99] Jang, J. –H. ; Castano, O. ; Kim, H. –W. Electrospun Materials as Potential Platforms for Bone Tissue Engineering. Adv. Drug Deliv. Rev. 2009, 61 (12), 1065 –1083.

[100] Hong, J. K. ; Bang, J. Y. ; Xu, G. ; Lee, J. –H. ; Kim, Y. –J. ; Lee, H. –J. ; Kim, H. S. ; Kwon, S. – M. Thickness – Controllable Electrospun Fibers Promote Tubular Structure Formation by Endothelial Progenitor Cells. Int. J. Nanomedicine 2015, 10, 1189 –1200.

[101] Aram, E. ; Mehdipour – Ataei, S. A Review on the Micro – and Nanoporous Polymeric Foams:Preparation and Properties. Int. J. Polym. Mater. Polym. Biomater. 2016, 65 (7), 358 –375.

[102] Lin, H. –R. ; Chen, K. –S. ; Chen, S. –C. ; Lee, C. –H. ; Chiou, S. –H. ; Chang, T. –L. ; Wu, T. –H. Attachment of Stem Cells on Porous Chitosan Scaffold Crosslinked by Na5P3O10. Mater. Sci. Eng. C 2007, 27 (2), 280 –284.290 Use and Manipulation of Microporous Membranes in Mammalian Cell Cultures

[103] Knight, E. ; Murray, B. ; Carnachan, R. ; Przyborski, S. Alvetexs: Polystyrene Scaffold Technology for Routine Three Dimensional Cell Culture. Methods Mol. Biol. 2011, 695, 323 –340.

[104] Ugbode, C. ; Hirst, W. D. ; Rattray, M. Astroytes grown in Alvetexs Three Dimensional Scaffolds Retain a Non – reactive Phenotype. Neurochem Res. 2016, 41, 1857 –1867.

[105] Badylak, S. F. ; Freytes, D. O. ; Gilbert, T. W. Extracellular Matrix as a Biological Scaffold Material:Structure and Function. Acta Biomater. 2009, 5 (1), 1 –13.

[106] Wang, Y. ; Wong, L. B. ; Mao, H. Creation of a Long – Lifespan Ciliated Epithelial Tissue Structure Using a 3D Collagen Scaffold. Biomaterials 2010, 31 (5), 848 –853.

[107] Abidin, F. Z. ; Gouveia, R. M. ; Connon, C. J. Application of Retinoic Acid Improves Form and Function of Tissue Engineered Corneal Construct. Organogenesis 2015, 11 (3), 122 –136.

[108] Engelhardt, E. M. ; Stegberg, E. ; Brown, R. A. ; Hubbell, J. A. ; Wurm, F. M. ; Adam, M. ; Frey, P. Compressed Collagen Gel:A Novel Scaffold for Human Bladder Cells. J. Tissue Eng. Regen. Med. 2010, 4 (2), 123 –130.

[109] Hu, K. ; Shi, H. ; Zhu, J. ; Deng, D. ; Zhou, G. ; Zhang, W. ; Cao, Y. ; Liu, W. Compressed Collagen Gel as the Scaffold for Skin Engineering. Biomed. Microdevices 2010, 12 (4), 627 –635.

[110] McManus, M. C. ; Boland, E. D. ; Simpson, D. G. ; Barnes, C. P. ; Bowlin, G. L. Electrospun Fibrinogen:Feasibility as a Tissue Engineering Scaffold in a Rat Cell Culture Model. J. Biomed. Mater. Res. A 2007, 81 (2), 299 –309.

[111] Mazlyzam, A. L.; Aminuddin, B. S.; Fuzina, N. H.; Norhayati, M. M.; Fauziah, O.; Isa, M. R.; Saim, L.; Ruszymah, B. H. I. Reconstruction of Living Bilayer Human Skin Equivalent Utilizing Human Fibrin as a Scaffold. Burns 2007, 33 (3), 355 - 363.

[112] Liu, W.; Merrett, K.; Griffith, M.; Fagerholm, P.; Dravida, S.; Heyne, B.; Scaiano, J. C.; Watsky, M. A.; Shinozaki, N.; Lagali, N.; Munger, R.; Li, F. Recombinant Human Collagen for Tissue Engineered Corneal Substitutes. Biomaterials 2008, 29 (9), 1147 - 1158.

[113] Dunne, L. W.; Huang, Z.; Meng, W.; Fan, X.; Zhang, N.; Zhang, Q.; An, Z. Human Decellularized Adipose Tissue Scaffold as a Model for Breast Cancer Cell Growth and Drug Treatments. Biomaterials 2014, 35 (18), 4940 - 4949.

[114] Wilshaw, S. - P.; Kearney, J. N.; Fisher, J.; Ingham, E. Production of an Acellular Amniotic Membrane Matrix for Use in Tissue Engineering. Tissue Eng. 2006, 12 (8), 2117 - 2129.

[115] Eidet, J. R.; Dartt, D. A.; Utheim, T. P. Concise Review: Comparison of Culture Membranes Used for Tissue Engineered Conjunctival Epithelial Equivalents. J. Funct. Biomater. 2015, 6 (4), 1064 - 1084.

[116] Jakab, K.; Norotte, C.; Marga, F.; Murphy, K.; Vunjak - Novakovic, G.; Forgacs, G. Tissue Engineering by Self - Assembly and Bio - Printing of Living Cells. Biofabrication 2010, 2 (2), 22001.

[117] Wu, G. H.; Hsu, S. H. Review: Polymeric - Based 3D Printing for Tissue Engineering. J. Med. Biol. Eng. 2015, 35 (3), 285 - 292.

[118] Selimis, A.; Mironov, V.; Farsari, M. Direct Laser Writing: Principles and Materials for Scaffold 3D Printing. Microelectron. Eng. 2014, 132, 83 - 89.

[119] Lu, M. H.; Zhang, Y. Microbead Patterning on Porous Films with Ordered Arrays of Pores. Adv. Mater. 2006, 18 (23), 3094 - 3098.

[120] Esch, M. B.; Sung, J. H.; Yang, J.; Yu, C.; Yu, J.; March, J. C.; Shuler, M. L. On Chip Porous Polymer Membranes for Integration of Gastrointestinal Tract Epithelium with Microfluidic "Body - on - a - Chip" Devices. Biomed. Microdevices 2012, 14 (5), 895 - 906.

[121] Kim, M. Y.; Li, D. J.; Pham, L. K.; Wong, B. G.; Hui, E. E. Microfabrication of High - Resolution Porous Membranes for Cell Culture. J. Membr. Sci. 2014, 452, 460 - 469.

[122] Zheng, S.; Lin, H. K.; Lu, B.; Williams, A.; Datar, R.; Cote, R. J.; Tai, Y. - C. 3D Microfilter Device for Viable Circulating Tumor Cell (CTC) Enrichment from Blood. Biomed. Microdevices 2011, 13 (1), 203 - 213.

[123] Kang, Y. - T.; Doh, I.; Cho, Y. - H. Tapered - Slit Membrane Filters for High -

Throughput Viable Circulating Tumor Cell Isolation. Biomed. Microdevices 2015, 17 (2), 45.

[124] Higuchi, A.; Wang, C. -T.; Ling, Q. -D.; Lee, H. H. -C.; Kumar, S. S.; Chang, Y.; Alarfaj, A. A.; Munusamy, M. A.; Hsu, S. -T.; Wu, G. -J.; Umezawa, A. A Hybrid - Membrane Migration Method to Isolate High - Purity Adipose - Derived Stem Cells From Fat Tissues. Sci. Rep. 2015, 5, 10217.

[125] Choi, D. -H.; Yoon, G. -W.; Park, J. W.; Ihm, C.; Lee, D. -S.; Yoon, J. -B. Fabrication of a Membrane Filter With Controlled Pore Shape and Its Application to Cell Separation and Strong Single Cell Trapping. J. Micromech. Microeng. 2015, 25 (10), 105007.

[126] Ogura, E.; Abatti, P. J.; Moriizumi, T. Measurement of Human Red Blood Cell Deformability Using a Single Micropore on a Thin Si3N4 Film. IEEE Trans. Biomed. Eng. 1991, 38 (8), 721 -726.

[127] Desai, T. A.; Hansford, D. J.; Ferrari, M. Micromachined Interfaces: New Approaches in Cell Immunoisolation and Biomolecular Separation. Biomol. Eng. 2000, 17 (1), 23 -36.

[128] Ainslie, K. M.; Desai, T. A. Microfabricated Implants for Applications in Therapeutic Delivery, Tissue Engineering, and Biosensing. Lab Chip 2008, 8 (11), 1864 -1878.

[129] Reimhult, E.; Kumar, K. Membrane Biosensor Platforms Using Nano - and Microporous Supports. Trends Biotechnol. 2008, 26 (2), 82 -89.

[130] Mendelsohn, A.; Desai, T. Inorganic Nanoporous Membranes for Immunoisolated Cell - Based Drug Delivery. Adv. Exp. Med. Biol. 2010, 670, 104 -125.

[131] Lim, L. S.; Hu, M.; Huang, M. C.; Cheong, W. C.; Gan, A. T. L.; Looi, X. L.; Leong, S. M.; Koay, E. S. -C.; Li, M. -H. Microsieve Lab - Chip Device for Rapid Enumeration and Fluorescence In Situ Hybridization of Circulating Tumor Cells. Lab Chip 2012, 12 (21), 4388 -4396.

[132] Mazzocchi, A. R.; Man, A. J.; DesOrmeaux, J. -P. S.; Gaborski, T. R. Porous Membranes Promote Endothelial Differentiation of Adipose - Derived Stem Cells and Perivascular Interactions. Cell. Mol. Biol. 2014, 7 (3), 369 -378.

[133] Chen, W.; Lam, R. H. W.; Fu, J. Photolithographic Surface Micromachining of Polydimethylsiloxane (PDMS). Lab Chip 2012, 12 (2), 391 -395.

[134] Chen, W.; Huang, N. -T.; Oh, B.; Lam, R. H. W.; Fan, R.; Cornell, T. T.; Shanley, T. P.; Kurabayashi, K.; Fu, J. Surface - Micromachined Microfiltration Membranes for Efficient Isolation and Functional Immunophenotyping of Subpopulations of Immune Cells. Adv. Healthcare Mater. 2013, 2 (7), 965 -975.

[135] Melchels, F. P. W.; Feijen, J.; Grijpma, D. W. A Review on Stereolithography

and Its Applications in Biomedical Engineering. Biomaterials 2010, 31 (24), 6121 -6130.

[136] Gauvin, R.; Chen, Y. C.; Lee, J. W.; Soman, P.; Zorlutuna, P.; Nichol, J. W.; Bae, H.; Chen, S.; Khademhosseini, A. Microfabrication of Complex Porous Tissue Engineering Scaffolds Using 3D Projection Stereolithography. Biomaterials 2012, 33 (15), 3824 -3834.

[137] Maruo, S.; Ikuta, K. Submicron Stereolithography for the Production of Freely Movable Mechanisms by Using Single - Photon Polymerization. Sens. Actuators, A 2002, 100 (1), 70 -76.

[138] Maldovan, M.; Ullal, C. K.; Jang, J. H.; Thomas, E. L. Sub - Micrometer Scale Periodic Porous Cellular Structures: Microframes Prepared by Holographic Interference Lithography. Adv. Mater. 2007, 19 (22), 3809 -3813.

[139] Gutierrez - Rivera, L. E.; Cescato, L. SU -8 Submicrometric Sieves Recorded by UV Interference Lithography. J. Micromech. Microeng. 2008, 18 (11), 115003.

[140] Kang, D. - Y.; Moon, J. H. Lithographically Defined Three - Dimensional Pore - Patterned Carbon with Nitrogen Doping for High - Performance Ultrathin Supercapacitor Applications. Sci. Rep. 2014, 4, 5392.

[141] Hyuk Moon, J.; Yang, S. Creating Three Dimensional Polymeric Microstructures by Multi - Beam Interference Lithography. J. Macromol. Sci. C Polym. Rev. J. 2005, 45 (4), 351 -373.

[142] Yu, F.; Mücklich, F.; Li, P.; Shen, H.; Mathur, S.; Lehr, C. M.; Bakowsky, U. In Vitro Cell Response to a Polymer Surface Micropatterned by Laser Interference Lithography. Biomacromolecules 2005, 6 (3), 1160 -1167.

[143] Ertorer, E.; Vasefi, F.; Keshwah, J.; Najiminaini, M.; Halfpap, C.; Langbein, U.; Carson, J. J. L.; Hamilton, D. W.; Mittler, S. Large Area Periodic, Systematically Changing, Multishape Nanostructures by Laser Interference Lithography and Cell Response to These Topographies. J. Biomed. Opt. 2013, 18 (3), 35002.

[144] Matsunaga, T.; Hosokawa, M.; Arakaki, A.; Taguchi, T.; Mori, T.; Tanaka, T.; Takeyama, H. High - Efficiency Single - Cell Entrapment and Fluorescence In Situ Hybridization Analysis Using a Poly(dimethylsiloxane) Microfluidic Device Integrated with a Black Poly(ethylene Terephthalate) Micromesh. Anal. Chem. 2008, 80 (13), 5139 -5145.

[145] Hosokawa, M.; Arakaki, A.; Takahashi, M.; Mori, T.; Takeyama, H.; Matsunaga, T. High - Density Microcavity Array for Cell Detection: Single - Cell Analysis of Hematopoietic Stem Cells in Peripheral Blood Mononuclear Cells. Anal. Chem. 2009, 81 (13), 5308 -5313. Use and Manipulation of Microporous Membranes in Mammalian Cell Cultures 291

[146] Daskalova, A.; Nathala, C. S. R.; Bliznakova, I.; Stoyanova, E.; Zhelyazkova, A.; Ganz, T.; Lueftenegger, S.; Husinsky, W. Controlling the Porosity of Collagen, Gelatin and Elastin Biomaterials by Ultrashort Laser Pulses. Appl. Surf. Sci. 2014, 292, 367 -377.

[147] Ma, S. H.; Lepak, L. A.; Hussain, R. J.; Shain, W.; Shuler, M. L. An Endothelial and Astrocyte Co - Culture Model of the Blood—Brain Barrier Utilizing an Ultra - Thin, Nanofabricated Silicon Nitride Membrane. Lab Chip 2004, 5 (1), 74 - 85.

[148] Ding, L.; Yu - Ren, W.; Yong, Y.; Wen - Jie, M.; et al. Improving Nucleation in the Fabrication of High - Quality 3D Macro - Porous Copper Film through the SurfaceModification of a Polystyrene Colloid - Assembled Template. Chinese Phys. 2007, 16 (2), 468 -471.

[149] Xiao, A.; Yang, J.; Zhang, W. Hierarchically Porous - Structured Nickel Oxide Film Prepared by Chemical Bath Deposition through Polystyrene Spheres Template. J. Porous. Mater. 2009, 17 (3), 283 -287.

[150] Yabu, H.; Takebayashi, M.; Tanaka, M.; Shimomura, M. Superhydrophobic and Lipophobic Properties of Self - Organized Honeycomb and Pincushion Structures. Langmuir 2005, 21 (8), 3235 -3237.

[151] Yamamoto, S.; Tanaka, M.; Sunami, H.; Arai, K.; Takayama, A.; Yamashita, S.; Morita, Y.; Shimomura, M. Relationship Between Adsorbed Fibronectin and Cell Adhesion on a Honeycomb - Patterned Film. Surf. Sci. 2006, 600 (18), 3785 -3791.

[152] Arai, K.; Tanaka, M.; Yamamoto, S.; Shimomura, M. Effect of Pore Size of Honeycomb Films on the Morphology, Adhesion and Cytoskeletal Organization of Cardiac Myocytes. Colloids Surf. A Physicochem. Eng. Asp. 2008, 313 -314, 530 -535.

[153] Huh, D.; Torisawa, Y.; Hamilton, G. A.; Kim, H. J.; Ingber, D. E. Microengineered Physiological Biomimicry: Organs - on - Chips. Lab Chip 2012, 12, 2156 -2164.

[154] Abaci, H. E.; Gledhill, K.; Guo, Z.; Christiano, A. M.; Shuler, M. L. Pumpless Microfluidic Platform for Drug Testing on Human Skin Equivalents. Lab Chip 2014, 15 (3), 882 -888.

[155] Kim, H. J.; Huh, D.; Hamilton, G.; Ingber, D. E. Human Gut - on - a - Chip Inhabited by Microbial Flora That Experiences Intestinal Peristalsis - like Motions and Flow. Lab Chip 2012, 12 (12), 2165 -2174.

[156] Zhang, M. Y.; Lee, P. J.; Hung, P. J.; Johnson, T.; Lee, L. P.; Mofrad, M. R. K. Microfluidic Environment for High Density Hepatocyte Culture. Biomed. Microdevices 2008, 10 (1), 117 -121.

[157] Jin, H.; Yu, Y. A Review of the Application of Body - on - a - Chip for Drug Test and Its Latest Trend of Incorporating Barrier Tissue. J. Lab. Autom. 2015, 21 (5), 615 - 624.

[158] Wesche, M.; Hüske, M.; Yakushenko, A.; Brüggemann, D.; Mayer, D.; Offenhäusser, A.; Wolfrum, B. A Nanoporous Alumina Microelectrode Array for Functional Cell - Chip Coupling. Nanotechnology 2012, 23 (49), 495303.

第 14 章　报废膜的挑战和机遇

14.1　概　述

由于膜技术具有模块化和能够对水高质量处理的优点，因此使用该技术可以在整体循环系统中加强对水的管理。利用反渗透（RO）对海水（SW）和微咸水（BW）进行脱盐，在淡水生产行业中已得到广泛应用。RO 是全球范围内使用最广泛的海水淡化技术，超过95%的RO 海水淡化厂都是使用聚芳酰胺基复合膜进行作业。早在2000 年，大型海水淡化厂就已被设计用于供应沿海城市 5% ~10% 的饮用水。最近，西班牙、澳大利亚、以色列、阿尔及利亚和新加坡等国家已开始进行海水淡化项目，旨在满足 20% ~50% 的长期饮用水需求。在 2019 年，RO 系统元件市场已达到 88 亿美元，年复合增长率为 10.5%。

海水淡化的主要成本在于能源，其约占运营成本的 30% ~50%，而且很多调查研究都集中在这一课题上。因此，在过去几十年中，SWRO 工厂在海水淡化作业中所需的电量急剧下降，已接近理论最小能耗（1.06 kWh/m^3）。但是，整体能耗仍然高出 3 ~4 倍。RO 过程本身能耗为 2.2 ~2.8 kWh/m^3，这取决于所使用的集中能量回收方式。能耗的减少归功于技术的持续改进，包括更高的渗透效率、使用能量回收装置、使用更高效的泵、预处理和后处理改进，以及在非高峰时段运行。

此外，海水淡化能力虽迅速增强，但需进一步关注该过程对环境的影响。海水淡化厂的具体影响包括由于海水的大量摄入而对生物产生影响和干扰，以及由于该过程中巨大的能量需求而排放的空气污染物。还须研究废水的排放、预处理和膜清洗过程中使用的化学品产生的废物的潜在后果。

海水淡化中使用的 RO 膜预计寿命为 5 ~8 年，属于需经常更换的易耗品，是一种特殊废品。许多学术和工业研究都致力于开发优良材料、改良工艺以延长 RO 膜的可用时间。目前，报废膜的管理也引起了科研界和工业界的兴趣，然而目前很少有这方面的公开发表信息。最近有很多项目获得资助以解决这一问题。本章的目的是概述海水淡化和其他应用中，处理废弃膜的挑战和最新研究进展，旨在为报废膜的处理提供新的机会。

14.2 当前报废膜的挑战

14.2.1 填埋处理

尽管采取了许多预防策略,但由于每年要处理数千吨 RO 膜,因此污染是不可避免的。当跨膜压差、渗透通量和(或)渗透质量相对于初始值在 10% ~15% 之间变化时,清洁循环便开始运行了。当前的经济处于线性模型,该模型假定资源丰富且具有"获取—制造—消费和处置"的模式。依赖于膜技术的工业过程也不例外。当前的经济模型中,当通量/水质不可恢复时,膜往往会被丢弃。每年的更换以及 RO 技术的不断更新,使报废膜持续增加。在海水淡化中,每年膜的更换比率为安装数量的 5% ~20%。然而,该百分比取决于进料水的性质(如 SW、BW 或废水)。表 14.1 从目前仅有的报告中总结了与膜更换成本有关的数据。

表 14.1 海水和微咸水的海水淡化厂的膜更换成本

类型	总成本/(美元·m^{-3})	更换膜成本/(美元·m^{-3})	更换成本率/%	参考文献
海水	0.525	0.028	5.3	[16]
微咸水	0.248	0.02	8.1	[17]
海水/微咸水	—	0.008 ~0.05	—	[14]及其文献

通常,报废膜根据每个国家的法律进行处理,旧膜通常会被填埋。填埋处理是一种浪费且对环境有害的高成本废物管理办法。此外,这种做法违背了欧盟实现循环经济体系和实现跨大陆循环型社会的目标。为实现这一目标,需要改变各国的做法,同时需要持续性的工业努力,以及立法并建立社会意识,接受利用再循环产品。目前,是由水处理厂的管理人员决定报废膜的最终处理方法。由于缺乏替代方法,而且这种处理膜的方式成本很低,所以这种做法很普遍。由表 14.2 可知,处理成本取决于膜废物分类(危险或非危险)和运输成本。尽管处理成本似乎并不高,但根据可持续性的原则,也应考虑经济性和对环境的影响。

表 14.2 根据欧洲废弃物清单的膜废物分类和预估处置及运输成本

<table>
<tr><th>处置</th><th>欧洲废弃物清单代码</th><th>膜分类</th><th>成本</th></tr>
<tr><td rowspan="4">运输</td><td>150203:非危险材料滤膜</td><td>非危险品</td><td>45 欧元/t</td></tr>
<tr><td>150203[a]:没有在 150202 中提及的滤膜</td><td>危险品</td><td>—</td></tr>
<tr><td>190808[a]:含有重金属的膜</td><td>物料</td><td>425 欧元/t</td></tr>
<tr><td colspan="2">30 m^3 集装箱在各省地区的成本为 100 ~150 欧元[a]。单膜组件的体积为 0.314 m^3</td><td>1 ~1.6 欧元/个组件</td></tr>
</table>

注:[a] 西班牙有 50 个省,平均每个区域面积为 10 200 km^2

在中型到大型的 SWRO 工厂中，平均每 100 个 RO 组件（8"螺旋缠绕单元）每天能生产 1 000 m^3 淡水。根据 8"膜的平均质量（17 kg）和不同的膜更换率，Landaburu 等估计，在西班牙（全球淡化水生产能力排第四的国家），每年约有 81 425 个报废膜（相当于 1 000 t 以上）被弃置于土地填埋场。这一结果可以推广到全球范围内，全球海水淡化总装机容量（每天 8 680 万 m^3）的 65% 来自 RO 膜技术。按 15% 的膜更换率估算，预计每年报废的膜元件超过 840 000 块（或超过 14 000 t）。

14.2.2　报废膜的特性

1. 报废膜的污染与性能

一旦膜的性能（渗透率和截留系数）显著下降并且超出恢复范围，膜就要被更换。然而，在其他情况下，膜的更换只是因为它们达到了制造商建议的使用寿命，或是因为膜更换的融资获得批准。

一种确定膜衰竭主要原因的方法是膜解剖。膜解剖是对报废膜元件进行的一系列观察和科学测试。Peña－García 等公布了对 RO 膜进行 600 次膜解剖的结果，结果显示膜失效的主要原因是污染，其次才是化学损伤（氧化）和物理损伤（磨损）。实际上，这项研究的大部分报废 RO 膜都是用来处理 BW 的。这可能是由于 BW 膜具有比 SW 膜更高的通量，因此浓差极化加剧了污染。RO 膜中的主要污染类型包括以下几种：①无机污染/结垢（在膜表面形成了无机盐沉淀）；②有机污染（沉积了有机化合物，如蛋白质和腐殖质）；③胶体污染（胶体的沉积，如黏土、淤泥、颗粒腐殖质等）；④生物污损（微生物的黏附和积聚以及生物膜形成）。图 14.1 是在报废膜解剖中拍摄的有代表性的照片，分别呈现了 BWRO 工厂的三种膜的无机污染（黏土－胶体，结垢）和有机污染。

图 14.1　生活改造项目中安装在 BWRO 脱盐装置上的不同的膜上形成的各种污垢

总体来说,膜解剖可以通过对一个特定模块的详尽概述来了解一组膜的情况。然而,需要注意的是,由于污染类型和程度的不同,膜的性能会因其在处理列中的位置而有很大的不同。图14.2呈现了在同一压力容器中处理BW的六种膜元件的不同渗透率和脱盐系数。位置1是入口(膜首先与进料接触),位置6对应于出口(膜与更浓的溶液接触)。例如,放置在首位上的膜通常比其余膜具有更多的有机胶体、金属氧化物、污垢和生物污染,而置于最后面的膜可显示出更多的无机结垢污染。通常对置于第一和最后位置的膜进行膜解剖。根据解剖后获得的信息,可以设计合适的膜清洗程序,以重建膜的性能,延长其工业使用寿命。然而,膜解剖需要模块结构拆解和一套完整的鉴定,费用在4 000~5 000美元。

但是,还是有一些非破坏性技术可以初步识别污染水平和类型。其中最简单的就是测试膜的质量。事实上,根据Life-Transfomem项目获得的结果,当膜质量增加约3倍时,通常是由于形成了一层厚厚的盐沉积(高结垢程度)。然而,当旧膜的质量不超过原来质量的1.5倍时,污染可能是有机的或无机的,应该使用其他表征技术如膜解剖来识别膜污染源。此外,膜性能表征也大有用处。评估潜在的废物管理方案(如本章后面所述的清洗、回收、重新利用),图14.3为图14.1所示的三种报废膜的渗透率和脱盐系数(天然进料BW,电导率为11 mS/cm)。随着膜质量的增加,脱盐系数普遍降低,渗透率增大。在A情况下(高结垢水平,原质量的2.9倍),由于聚酰胺(PA)层的机械和/或化学降解,导致膜性能急剧下降,从而获得了较低的截留系数和较高的渗透率。在这种情况下,建议使用间接回收策略作为处理办法。在B情况下(有机/无机污染,原质量的1.5倍),膜表现出一些商业纳滤(NF)膜的典型截留反应。在这种情况下,这些膜可以在NF工艺中清洗和重复使用,或者将其回收转化为超滤(UF)膜。最后,在C情况下(无机-黏土污染,原质量的1.3倍),脱盐系数在可接受范围,大于97%。在这种情况下,膜可以作为RO膜重复使用,但需要用在脱盐系数需求比SW脱盐低的工艺中。确定适宜的替代方案是关键步骤。

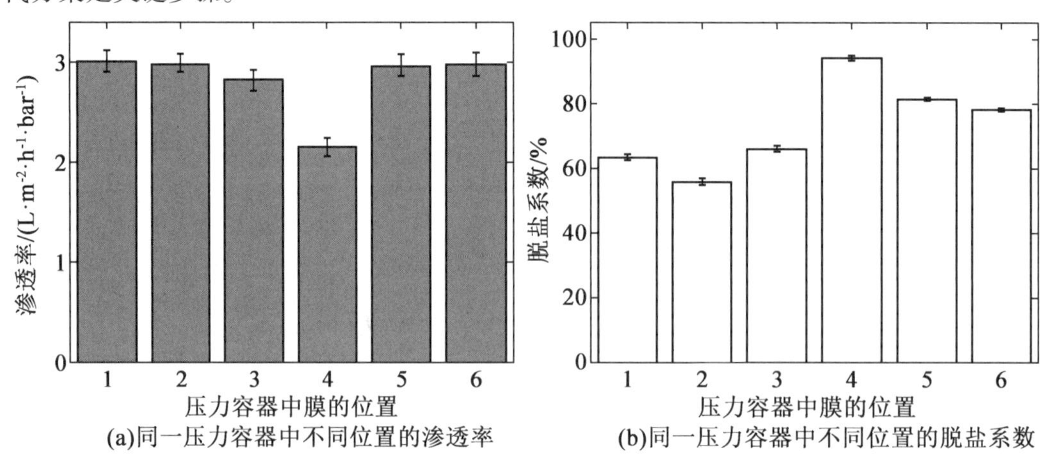

(a)同一压力容器中不同位置的渗透率 (b)同一压力容器中不同位置的脱盐系数

图14.2 西班牙一家海水淡化厂的同一压力容器中指定位置的处理BW的膜性能

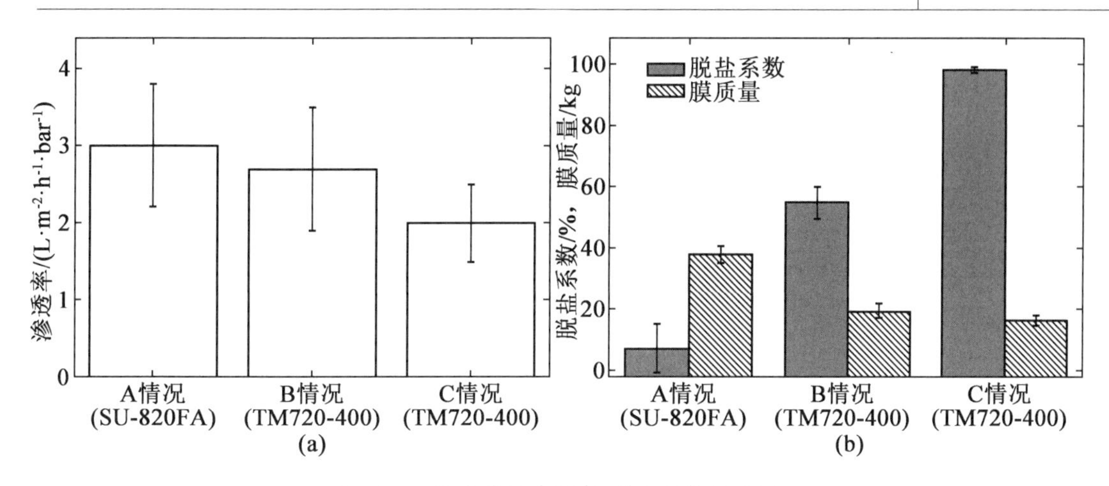

图 14.3 报废膜的渗透率、脱盐系数和质量

2. 报废膜的储存和干燥

在使用 RO 膜的过程中,一个潜在的难题就是报废膜的储存和运输,以及由此产生的对未来膜性能的影响。

研究储存方案的主要目的是防止膜表面滋生微生物,而这会极大地影响膜的使用。膜储存拟定的方案是在 pH >3 的环境下,使用质量分数为 1% 的食品级亚硫酸钠缓冲溶液。溶液在薄膜中流通,然后分别用隔氧塑料袋和真空密封包装。如果不采取这些保存方法或不保持水合作用(通常在即将报废期处理),薄膜就会干透,导致渗透率明显降低。

渗透性骤降的原因是由于 PES/PSf 膜层的孔隙结构坍塌,导致孔隙收缩和体积缩小。当膜孔中的水蒸发时,膜孔就会塌陷,形成更致密的结构。这种效应可以用 Young - Laplace 公式描述:

$$\Delta p = 2\gamma r\cos\ \theta$$

式中,p 是孔隙闭合力(Pa);γ 是表面张力(N/m);r 是孔隙半径(m);θ 是液体与膜材料接触角。毛细管压力与润湿液的表面张力成正比,与孔隙半径成反比。当膨胀膜模量小于干燥孔的受力时,气孔就会塌陷,形成致密的结构。随着膜孔变小,压力增大,膜孔再润湿所需的压力增大。由于不对称膜的表皮层孔隙明显小于膜的其他孔隙,因此孔隙塌陷在表面区域最为明显。这种渗透性损失不能通过正常操作恢复,在所有 RO 膜和致密的 PES/PSf UF 膜之间很常见。

许多学者都对这种效应进行了研究,并得出结论,孔隙破裂在水力性能损失中起着重要作用。学界已经意识到由干燥导致的渗透率下降的问题,但还没有被量化,因此,已经开发了许多导致更大孔径的干燥制造技术。这种更大的孔径意味着毛细管力显著降低,从而形成一种可反复浸湿和干燥的膜。然而,这些考虑仅局限于已经不再常用的醋酸纤维素 RO 膜。膜制造商也意识到膜元件干燥的负面影响,并注意到由于 PSf 层的孔隙结构改变会导致不可避免的损失。

之前的一项研究使用了许多技术来探索干燥导致的孔隙坍塌机理,这些技术包括选择性干燥、同步加速器小角度 X 射线散射分析、扫描电子显微镜(SEM)、原子力显微镜和截留表征,并评估了各种再润湿技术的有效性。由图14.4可看出,RO和致密UF膜的渗透性是如何随干燥下降的。

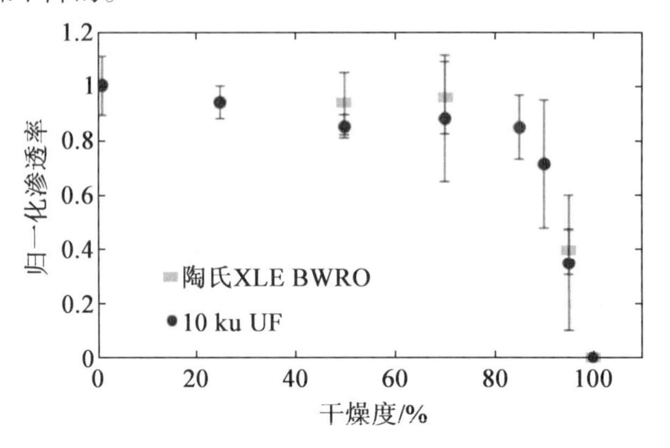

图14.4　不同程度干燥之后的膜性能

(干燥度指的是干燥时水损失的百分比,0意味着含水状态,100%意味着彻底失水)

当膜中80%的水被除去时,渗透率的损失才有所体现,说明只有极度干燥才会导致不可逆转的孔隙崩塌。研究表明,干燥对RO膜的脱盐性能没有影响。而对于UF膜,干燥会导致蛋白和腐殖质截留增加,说明孔隙塌陷导致平均孔径明显减小。此外,致密的UF膜(10~30 ku)在干燥过程中会损失100%的初始渗透率,而100 ku的膜仅损失了初始渗透率的50%,说明孔隙坍塌取决于初始平均孔隙的大小。在广泛测试了包括RO膜制造商推荐在内的多种复湿策略后,发现将膜浸泡在50%(质量分数)乙醇溶液中15 min以上是最佳方法。在十二烷基硫酸钠溶液中浸泡50 h也能得到类似的结果。在完全干燥的膜上,并未实现渗透率的彻底恢复。用许多制造商推荐的方法,如浸泡在低浓度的HCl和HNO_3溶液中,并没有取得显著的性能恢复。

图14.5是目前在海水淡化厂中储存的报废膜。薄膜在空气中保持干燥,可以减轻其质量和运输处理成本。然而,显而易见,在运输或维护过程中应首先保证膜水化;否则会发生不可逆的性能损失。如果膜没有正确储存并完全干燥,那么重新润湿的步骤将是一个关键的挑战,这会引起性能下降并增加额外的成本。

(a)尼尔帕尔默拍摄

(b)皮埃尔·勒克莱赫拍摄

图14.5　在海水淡化厂的集装箱中储存的报废膜

14.3 报废膜的主要处理方法

根据欧盟指令 2008/98/EC 对废弃物金字塔管理办法,应采用诸如材料预防、再利用、再循环、回收和处置等作为优先选择。尽管废弃物管理指令是金字塔型的,但 Landaburu 等提出了一种新的 RO 膜一体化管理方案(图 14.6)。根据这一想法,制造商可能会在不久的将来设计出新的螺旋盘绕式 RO 结构,使其可回收利用,从而将 RO 海水淡化工业引向循环经济。在海水淡化装置中,通常采用防污膜,并通过预处理和定期清洗来优化膜的使用,以达到预防的目的。然而,报废膜日益增加是不争的事实。尽管不做任何额外处理就直接重新使用旧膜是优先选择,但对其当前性能的适当评估、进一步验证和采用适当的化学清洗是确定最佳选择的关键。

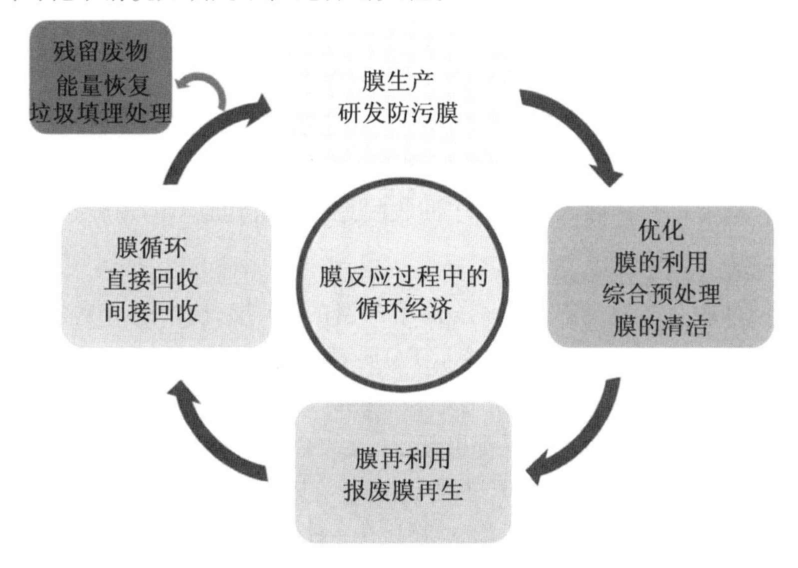

图 14.6 实现海水淡化用膜的循环经济

14.3.1 再利用

在废物层次结构中,“再利用”包括检查、清洗或修复回收,通过这些操作,可以将已经成为废物的产品或元件加以利用,无须任何其他预处理即可重复使用。一些研究表明,报废 RO 膜的性能与 NF 膜相似。根据海水淡化厂(Sadyt 和 Valoriza Agua Cos.)的处理经验,使用一段时间的膜经常在内部作为“牺牲”原件重复使用(将它们放置在第一或最后一个位置),以承担主要的污染。最近,Aqualia 公司在“Life - Remembrance”项目中发起了一项针对机械和化学处理以清洗报废 RO 膜的中试级别研究。该项目的主要研究目的是恢复 RO 膜的性能,使用清洗程序,而不破坏 PA 层,以便进一步再利用。通过这种方式,研究了膜在同一脱盐过程中的重复利用,这些脱盐过程来自于其他需要较低水质的应用,如城市三级污水处理。在这两种情况下,工业设备都是由 Aqualia 公司管理的,这是一个集中管理报废膜的案例。欧洲的"Life - Releach"项目于 2014 年启动,同样旨在利用再生 RO 膜处理垃圾渗滤液。

一直以来,美国 Watersurplus 公司似乎都是二手 RO、NF 和 UF 膜元件的唯一商业供应商。该公司购买、清理、测试、重新打包并再利用这些元件,为用户节省了大量成本。单位成本从 150 美元到 400 美元不等,可批量购买多达 400 种元件。在 2016 年,该公司已经再利用了超过 25 000 个报废的 RO 元件,这些元件可用于电力、石油、天然气、采矿、农业、工业循环用水和化学制造等不同的应用领域。

除了以上所有这些例子外,人们对于那些由于膜污染严重或悬浮颗粒磨损造成的物理损伤的报废 RO 膜再利用也产生了越来越浓厚的兴趣,但对报废 RO 膜再利用的选择并不总是可行的。在这些情况下,膜回收成为另一个潜在的方案。

14.3.2 回收

根据欧盟废弃物框架指令(2008),"回收"是指通过该操作,废弃物被重新加工成产品、材料或物质,无论是用于原料还是其他用途。包括对有机材料的再加工,但不包括能源回收和对用作燃料或回填作业材料的再加工。在这个框架下,膜工艺的回收可分为两种类型:直接回收和间接回收。这取决于回收膜是否保留其原来的螺旋缠绕结构。

1. 直接回收

目前,直接回收是指通过部分或完全降解致密的 PA 层,使报废 RO 膜发生转化。在老化/化学降解的背景下,人们广泛研究了 PA 层对传统氧化剂的相对脆弱性。在直接回收的情况下,PA 氧化通常作为改变膜形态和性能的回收机制。事实上,通过化学改性实现膜的直接循环,在学术界和工业界都引起了广泛的关注。Rodriguez 等介绍了将报废膜转化为 UF 膜的概念及其在废水处理过程中的进一步应用。在早期的研究中,次氯酸钠(NaClO)和其他强氧化化学物质,如过氧化氢(H_2O_2)、十二烷基硫酸钠、高锰酸钾($KMnO_4$),在不同的操作条件下(浸泡膜的主动循环与被动浸没)用于降解膜的活性层。在使用的化学试剂中,研究人员确定 $KMnO_4$ 是最成功的,最佳剂量为1 000 mg/L,反应时间为 1 ~2 h。将回收的膜作为 RO 预处理进行测试,可去除高达 96% 的悬浮固体。虽然在过滤过程中会发生较高程度的污染,但有可能完全恢复渗透率。根据这一研究结论,Ambrosi 和 Tessaro 使用 $KMnO_4$ 对即将报废的 PA 层进行了更可控的降解。

另外,通过提高氧化剂的接触程度 mg/(L · h)和在碱性 pH 下使用游离氯作为 PA 降解剂,发现再生膜可具有更高的渗透性。Lawler 等证明,由于活性 PA 层的完全去除,是可以将报废的 RO 膜转化为 UF 膜的。他们声称,用 3 000 mg/L 的 NaClO 处理报废的 Lenntech CSM 膜可将其渗透率提高 8.6 倍。膜的脱盐能力接近于零,使 NaCl 脱盐系数小于 1% 。如能更好地控制膜接触氯的时间,可以进一步引导膜向再生 NF 膜转化。Garcia - Pacheco 等使用了一种由一价、二价和低分子有机化合物组成的混合溶液(合成 BW),以确定 RO、NF 和 UF 膜特性之间的边界条件。在该研究中,他们得出的结论是,大多数情况下需要 50 h(游离氯浓度达到 6 200 mg/L)和 242 h(游离氯浓度达到 30 000 mg/L)才能将报废的 RO 膜分别转化为 NF 和 UF 膜。事实上,在一个平行研究中,Molina 等证明,在与 NaClO 的接触后,膜表面发生了显著的变化。图 14.7(a)为不同处理时间后 TM720-400 报废膜的衰减全反射-傅立叶变换红外光谱(ATR-FTIR)。对所有光谱在 1 240 cm^{-1}处的谱带进行归一化,该谱带是 PSf 支撑层中苯醚拉伸振动产生的,在 PA 层的降解过程中保持不变。报废膜的光谱图在 1 664 ~ 1 542 cm^{-1}处给出了谱峰,分别对应于酰胺 Ⅰ 和酰胺 Ⅱ 吸收带,与 C ═ O 拉伸和 N—H 平面弯曲有关。1 610 cm^{-1}的谱峰是芳香族酰胺键拉伸振动的典型代表。在 50 h 的降解过程中,酰胺的谱峰与报废膜类似。但是,当反应达到 242 h 和 410 h(430.000 mg/(L·h))时,这些峰值的强度逐渐降低至不可检测。PA 层的消除导致峰的消失。事实上,进一步的 SEM 图分析(图 14.7(b))有助于表征膜表面,在对四个商业品牌的报废 RO 膜观察时,可见纳米孔直径在13 nm左右。

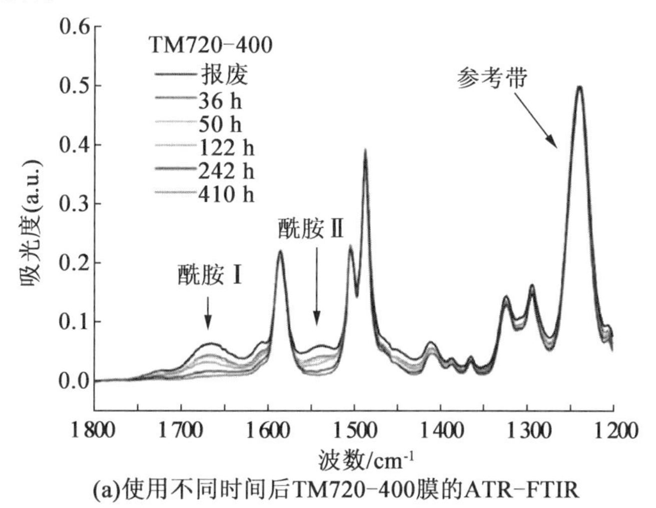

(a)使用不同时间后TM720-400膜的ATR-FTIR

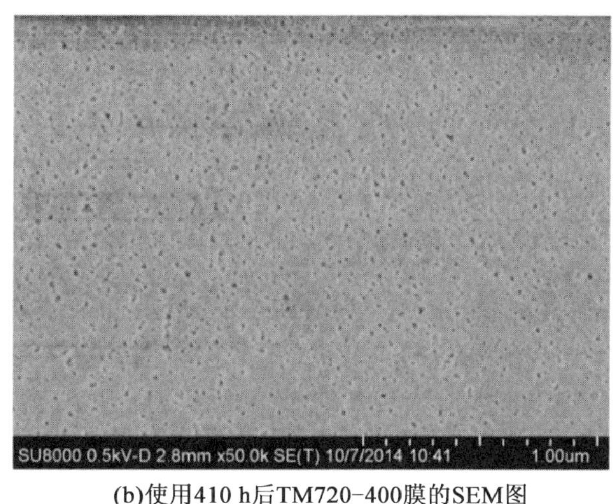

(b)使用410 h后TM720-400膜的SEM图

图 14.7 TM720-400 报废膜的 ATR-FTIR 和 SEM 图(彩图见附录)

(两种情况下均采用 124 mg/L 游离氯、pH > 10 和被动浸入转化法进行转化)

在这两项研究中(García - Pacheco 等和 Molina - Martínez 等),由于使用了低浓度游离氯(124 mg/L),需要很长时间才能得到可回收的 UF 膜,因此,在“Life - Transfomem”项目中,进一步研究了一种获得更真实处理时间的工业方法。在该案例中,按照实验室的处理水平(mg/(L・h)),但使用了更高自由氯浓度的溶液处理报废的 8" RO 膜。因此,实现降低所需的处理时间明显减少。图 14.8 显示了使用这两种方法将两种报废的 RO 膜模型(TM720 - 400,BW 和 HSWC3,SW)转换为 NF 和 UF 膜后获得的渗透率(图 14.8(a))和盐脱盐系数(图 14.8(b))。在转化为 NF 膜后,渗透率相对于初始值增加了 1.5 倍,而盐的脱盐能力略有下降。另外,向 UF 膜的转化过程导致 PA 层完全降解,从而使膜失去了离子脱盐能力。事实上,拥有游离氯离子的报废 BW 膜可使其渗透率提高 25 倍。然而,对于 SWRO 膜,渗透率仅增加 5 倍。这可能是由于在 SW 脱盐过程中施加了较高的操作压力(60 bar 以上),导致 PSf 孔隙的进一步压实,最终产生更高的抗水性。此外,渗透率的变化也可能是由于不同膜中的 PSf 特性不同导致的。

如图 14.8 所示,被动(浸泡膜)和主动(再循环溶液)转换方法之间没有显著差异。然而,使用活性方法(需要更少的 mg/(L・h))可以更快地将报废膜转化为可回收的 UF 膜。然而,氧化剂溶液的循环将比在静态反应器中浸泡膜需要更多的能量和设备成本。

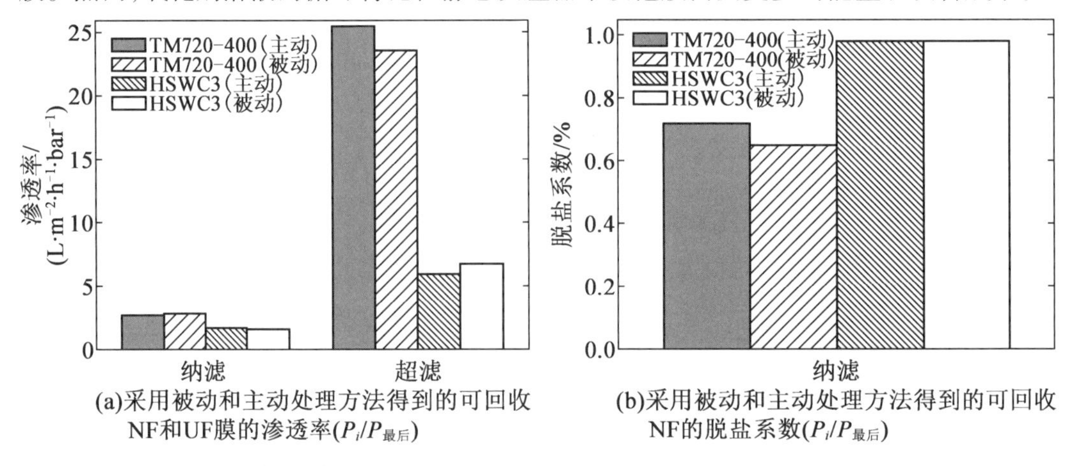

图 14.8 采用被动和主动处理方法得到的可回收 NF 和 UF 膜的渗透率和脱盐系数

2. 间接回收

间接回收涉及模块分解,将整个膜或一部分元件段再加工成工业产品。因此,这也是针对不能直接回收的报废膜和那些已经用过的回收膜的一种处理选择。

如前所述,膜通常由许多高分子材料构成。如 RO 膜是由微孔 PSf 内层支撑的芳香 PA 致密层和非织造聚酯(PET)组成的薄膜。此外,进料垫片和渗透垫片分别采用聚丙烯(PP)和 PET 制成。丙烯腈 - 丁二烯 - 苯乙烯共聚物(ABS)用于渗透管和端盖,玻璃纤维外壳,以及含有环氧树脂成分的胶合部件。因此,每一种材料都可以加以提取和回收(机械的或化学的)。

之前曾研究过报废膜处理的可行方案,涵盖了很多选项,从织物和服装装饰到更实际地用作复合混凝土和木质填料中的骨料材料。PET 渗透垫片和 ABS 渗透管是最有可能被回收利用的材料,因为这些材料只暴露在干净的水中。PET 被广泛地回收利用,特别是饮料容器的制造商。这种材料可以被分离出来送到 PET 回收工厂。对于 PP 进料垫片,主要的挑战仍然是膜上沉积的大量污染物,需要进行充分的清洗。据报道,一些膜元件也可以直接再利用。例如,为了固定装饰性岩石的位置,并消灭杂草,在家庭花园的砾石层下,薄板和垫片被回收用作土工织物。此外,垫片在农业中也有应用,包括鸟网、防风网或草坪保护网。作为传统滴滤器的填充物,利用进料垫片和 ABS 盖可以促进微生物的生长,在废水处理中尤其具有应用价值。虽然还没有关于玻璃纤维组件回收利用的报道,但已有对纤维增强塑料复合材料进行回收利用的研究。尽管垃圾填埋和焚化是玻璃纤维最常见的垃圾处理方式,但也可以使用物理机械的回收方法,将其转化为热固性材料。还有一种可能性是使用惰性颗粒材料在胶结混合物中部分取代团聚体。

到目前为止,只有一家公司(德国 MemRe GmbH Co.)提供报废 RO 膜的间接回收服务。该公司管理报废膜的运输和标签,从现场回收到工厂,根据客户需求,还可以提供放射性污染膜的特殊服务。该公司向其客户提供处置证书,最终确认流程,并完成客户(如监管机构、官方或政府机构或控制委员会)的文件要求。

14.3.3 能源回收

基于废弃物管理层级的概念,将固体废弃物转化为可控制的热能进行释放,对于报废产品处置也是一个很好的方式。工业上常用的热加工主要有焚烧、热解、无氧热加工、气化(即部分燃烧与有限的空气产生合成气)和催化转化成燃油。在环境方面,气化和热解比焚烧具有优势,因为这些过程产生更少的排放,减少了废物残留物,并增加了能源回收。最重要的是,其中一些工艺可以应用于混合塑料废料,例如用于制造膜元件的组合材料。塑料固体垃圾焚烧可以减少 90% ~99% 的体积,从而大大减少了填埋场的压力。此外,热能可以回收用于发电或其他与热有关的反应中。

随着 RO 膜热分解研究的开展,学者开始考虑在热过程中使用旧的膜。如前所述,除玻璃纤维外壳外,膜元件由合成聚合物组成。对于主要的膜元件来说,聚合物的碳含量在 60% ~90% 之间。一个典型的 8" RO 膜元件含有 13.5 kg 聚合物,预计含有大约 9.1 kg的碳,这让它能够适用于许多热处理工艺。此外,膜元件的能量含量与煤炭相当,通过焚烧来回收能源是一个较好的选择,从而大大减少了废物量,也产生了可用的能源。然而,虽然目前的技术可以使焚化厂的排放量大大减少,但在一些地区还存在着很大的舆论和政治阻力。

热解处理是一种能源回收的替代策略,利用塑料气化可生产高能量的合成气。热解相比传统焚烧有许多优点,可以减少气体排放和生产可用燃料产品。由于这些优点,这种三级处理的塑料垃圾被视为最具可持续性的解决方案之一。生成合成气并不是一种新工艺(传统上以煤为原料),它为废塑料提供了一种很有前景的能源回收方法。

在电弧炉(EAF)炼钢过程中,利用旧的膜元件作为聚合材料来源是一种新的处理方案。近些年,废弃塑料和橡胶的使用得到了广泛的实验。这种方法已经专门用膜元件进行了测试。结果表明,它们的优良性能与其他被测试的废料类似。部分废旧聚合材料的替代品实际上是通过增加能量保留和促进泡沫渣改善了电弧炉工艺。然而,在这一过程中,对反应物的质量有严格的要求,任何类型的污染都可能对钢材质量产生负面影响。沉积在膜表面的物质和模块化学组成的变化使得这种可行方案的过程变得非常复杂。由于这一工艺的工业应用以同质和来源充足的废旧汽车轮胎为原料,因此使用诸如生物膜等复杂的废物来源还不是一个有吸引力的提议。

14.4 更好的管理路线图

14.4.1 报废政策-产品标准

全球的城市和工业废料不断增加,促使许多国家政府制定和实施了一些政策,以便更好地管理包括高端产品在内的各种报废产品。因此,目前出台大量政策以处理特定的废物材料,并且为旧膜的处理开展立法也是切实可行的。值得注意的是,最近为电子废物(e-waste)管理而发展的产品管理概念是一个可参考的案例研究,可以从中为膜组件的处理寻找一些经验。

电子垃圾(如电脑、电视等)会对环境产生重大影响,现一般由地方政府、当局或理事会回收。一些供应商也制定了自己的回收计划,但由于回收行为会带来高额的成本负担,所以未能在全球范围内实施。因此必须执行强制性措施,而处理报废产品的责任(和有关费用)应该由供应商承担,而不是地方政府。这无疑会增加膜元件的初始成本,但能保证在产品使用寿命结束时会对其进行适当管理。

澳大利亚政府通过了一项法案,提供了61个详细的框架,允许利益相关者围绕以下三种选择制定具体的产品管理安排:自愿,协调,或根据行业的责任水平强制性安排。在澳大利亚出台的新规下,人们已经开始讨论如何将现有政策应用于膜供应商/用户。除了需要与利益相关者进行必要的协商,在实施旧膜元件废弃物管理之前,许多问题仍亟待解决:与其他类型的废物(塑料瓶、电子垃圾等)相比,薄膜废物的体积占比仍然相对较小,而且预计薄膜废弃物的性质/污染也因地点而异。而且,这种废料的原始位置和生产频率也将给实施带来巨大挑战。

其他文件,如包装契约,可以为膜废物的可持续管理提供潜在的指导。国家包装契约一般包含下列问题:资源效率和更容易回收的包装设计,增加回收以及回收使用旧包装,减少包装垃圾的产生和影响。尽管未来的膜元件设计很难符合这些因素,但这能促进企业生产更具可持续性的产品。

如前所述,人们对替代管理路线越来越感兴趣。图14.9为报废膜再利用和再循环的一些可供选择方案框架。

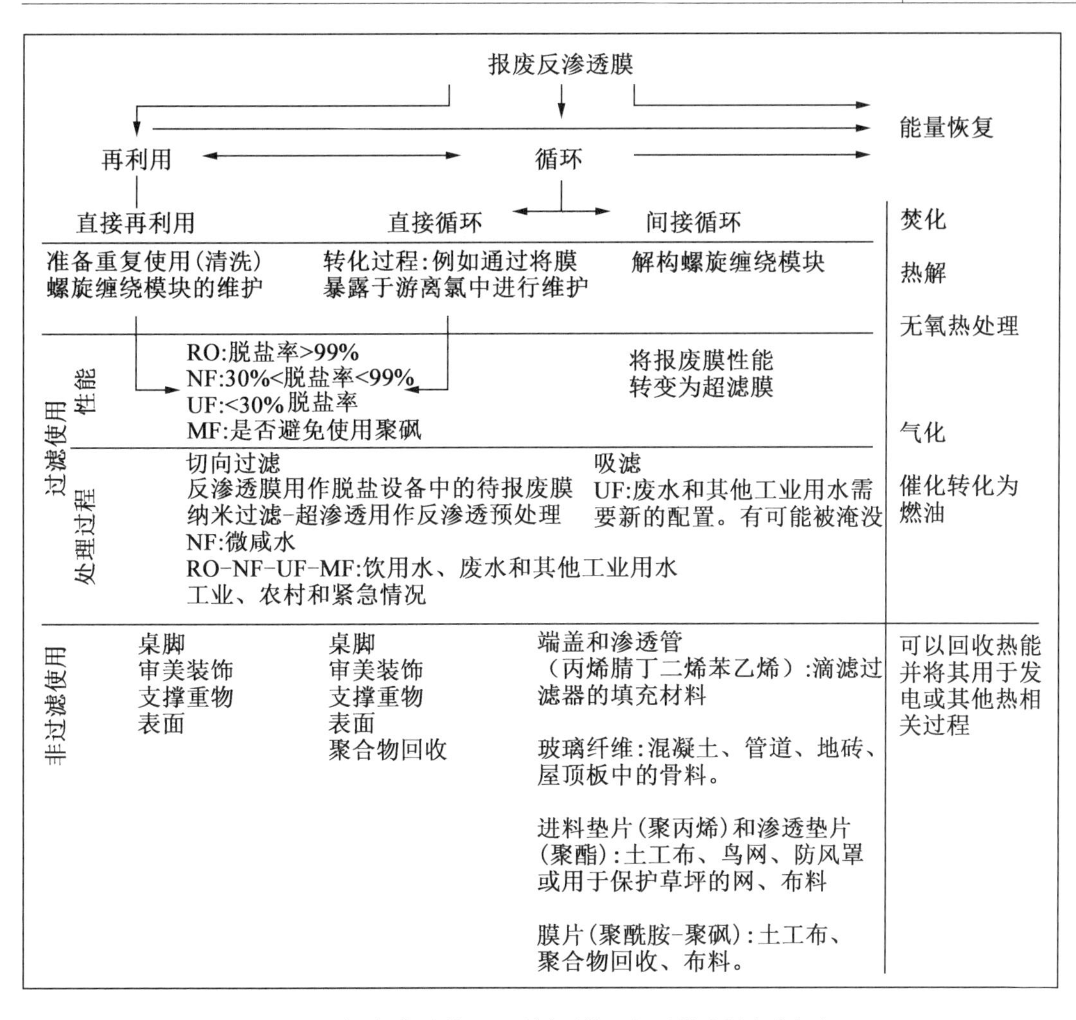

图 14.9 报废膜再利用和再循环的一些可供选择方案框架

14.4.2 废弃反渗透膜的生命周期评估

在为使用过的膜组件选择报废方案时,最主要的考虑因素之一是它对环境的相对影响。生命周期评估(LCA)可以用来量化不同制造过程和处置方案的影响。LCA 是一种系统工具,它考虑了包括原材料的提取、加工、能源消耗和运输在内的各种投入。

图 14.10 为膜元件从原料提取到报废处理的生命周期,以及 LCA 的每个相关阶段。这种工具在水处理工业中得到了越来越多的应用。

LCA 遵循 ISO 14044/44 中概述的严格方法,包括四个主要步骤:①定义目标和范围,确定研究目的,包括要研究的对象和过程及其系统边界;②生命周期清单,包括系统范围内所有过程的所有相关输入和输出的系统收集;③生命周期影响评估(LCIA),其中收集的数据被分组并分配到特定的影响类别,并使用合适的 LCIA 模型进行特征描述;④生命周期解释,其中 LCIA 模型用于在原始研究目标的背景下做出结论和建议。

通过 RO 和其他膜技术处理生产饮用水的多项 LCA 研究已经完成。研究表明,由

RO 膜生产和替换产生的影响在每单位水的整体占比不足5%。然而,这只是强调了脱盐过程给环境带来的负担,并没有否定 RO 膜的有效使用带来的好处。

早期研究表明,在以往工作的基础上,将膜的使用阶段从生命周期中排除,因此强调了制造和处理的影响。这项研究是从澳大利亚的地理角度完成的,使用 RO 膜组件作为功能单元,并比较了所有报废方案的生产补偿。例如,如果一个元件在性能较差的应用程序中被重新利用,那么它会在新元件的生产中产生部分补偿。在图 14.11 中可以看到使用的各种成分对于制造标准 8" RO 膜模块的等效影响。研究结果包括气候变化、资源枯竭、人类健康和毒性以及空气污染等 9 个影响类别。这些数据用来突出生产过程中可以改进的领域,在比较不同的报废处理方案时也起到关键作用。

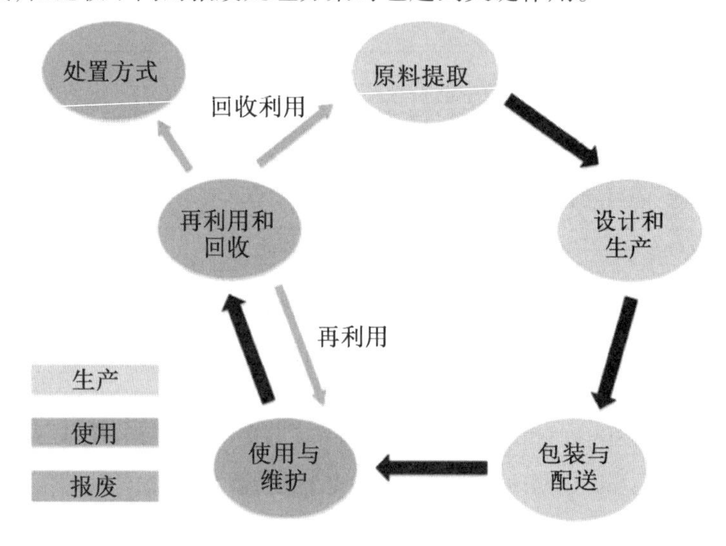

图 14.10 膜的生命周期

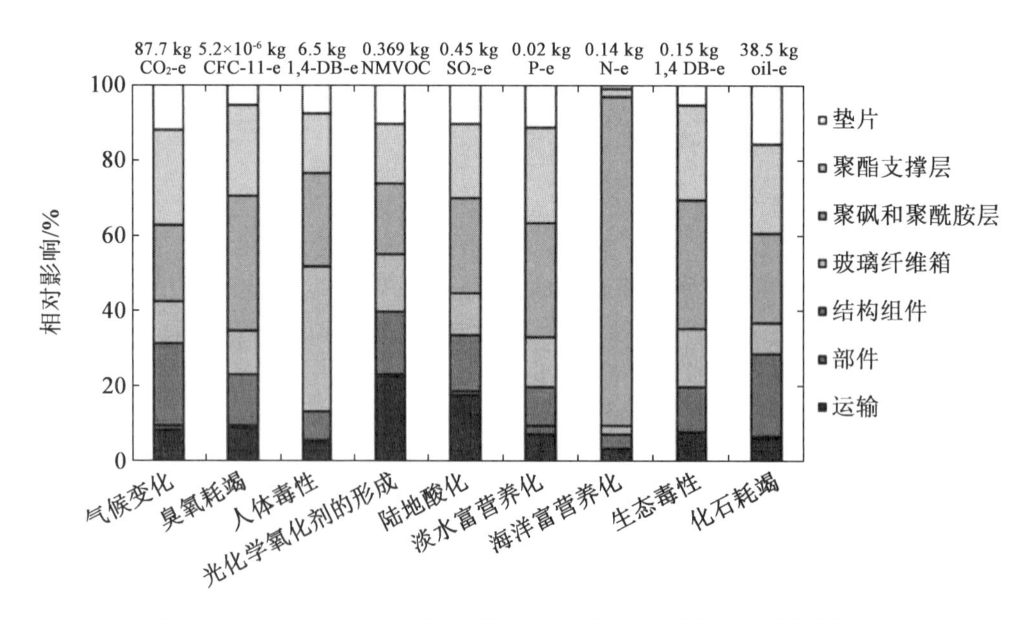

图 14.11 一个 RO 组件制造过程中不同部件的相对影响(彩图见附录)

该研究比较了不同的处理报废品的方法，包括焚烧、合成气转换、在 EAF 中用作焦炭替代品、材料回收、RO 膜的直接回收以及用化学方法转化成 UF 膜再利用。图 14.12 呈现了这些方法相对于元件生产的影响。例如，-100% 相对影响代表着模块生产的完全抵消。在调查了 9 个影响类别时，CO_2 当量(CO_2 - e)排放和石油当量(oil - e)消耗分别用来反映对气候变化的潜在影响和不可再生资源的消耗程度，这是当前关键的环境问题。

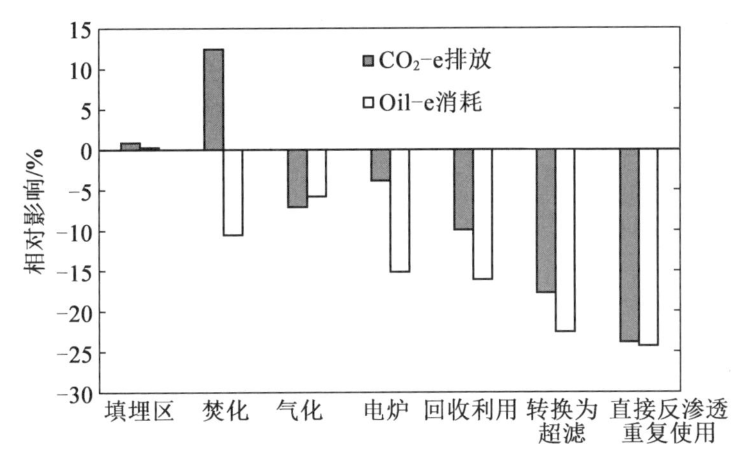

图 14.12 一个 RO 膜元件的温室气体排放和资源消耗
(结果显示了膜生产相对补偿)

该研究的结果与废弃物管理层级的预期结果非常接近，就 CO_2 - e 和 oil - e 而言，直接的膜再利用是最有利的选择，而填埋是最不利的选择。建造填埋区使用的是惰性物料，其对环境的影响相对较小，而最主要的环境问题是需要弃置土地。从垃圾填埋场转移的质量来说，焚烧是最有利的，因为它处理了 90% 以上的垃圾，剩下未处理的部分是玻璃纤维外壳的硅残渣。在这方面，直接膜的再利用性能最差，因为膜再利用后仍需处理。这些处理结果与物品使用时间和运输距离密切相关，在最开始的工作中可以找到详细的灵敏度分析。材料回收也是一个有利的选择——尽管只有总质量 40% 的元件可以回收，而剩下仍需填埋处理。

这类 LCA 强调了系统性回收项目的益处，鼓励发展膜拆卸回收工艺并在制造过程中使用可回收元件。此外，膜制造模型可直接应用于 RO 海水淡化装置的未来 LCA 研究，取代膜建造和更换的常用的简化占位模型。

14.4.3 报废膜用户的决策工具

近年来，人们采用了多种方法对报废膜进行评估，包括财务可行性、环境影响和技术可行性。为了将这些信息结合起来，选择最佳的报废方案，研究者们创建了一个决策工具。这个工具是 MemEOL。

该工具基于离散多指标决策分析系统(MCDA)，这是一个用于建模并解决多因素问题的有效方式。MCDA 的优点是可以使用不同单位测量的标准，可以使用定性和定量信息。具体来说,LCA的定量结果(如环境影响)和LCA的定性结果(如公众接受度、项目复杂性等定性信息)可以结合在一起进行考虑。MCDA使用的方法就是简单的加权,又称加权和法,是多属性效用理论的一个子集。该工具使用简单、不使用重叠的标准来评估所用膜的报废替代品性能。选择这些指标是为了反映用户的重要参数,并有助于全面地评估报废方案。指标包括财务影响、公众认知、项目复杂性、堆填区影响和环境影响。在该模型的开发过程中,考虑的报废方案选择包括垃圾填埋场处理、市政焚烧、气化、电弧炼钢炉(EAF)中作为焦炭替代品的使用、材料的直接回收、化学方法转化为UF膜,以及对性能要求较低的RO膜的直接重新利用。该工具还可以根据薄膜性能不同而改变输入值,并根据不同的参数排序,以考虑特定的寿命结束程序的重要性。

模型的简化结果,包括对各种报废方案的比较如图14.13所示,相对评估分数0~1代表从最无利到最有利。可以进行一些观察,这将有助于深入了解决策工具提供的结果。RO膜的直接回收利用,在许多方面都是非常有利的,所以该选项在用户选择输入指标时经常被选中。此外,没有任何评估标准表明转换到UF膜比RO膜的直接回收利用更可取;所以只有当直接回收利用不可行时,或者作为次要选择时,才会推荐使用它。然而,如果用户指出该方案存在物理损伤,或者膜不在可用性能范围内,那么将选择其他评估指标。如果减少填埋垃圾是用户的优先选项,那么焚烧、气化和EAF的方案是非常受欢迎的。除减少填埋垃圾外,焚化已被证实是最不利的选择。将报废膜送至垃圾填埋场是执行起来最容易的方法,但也是最差的方法。

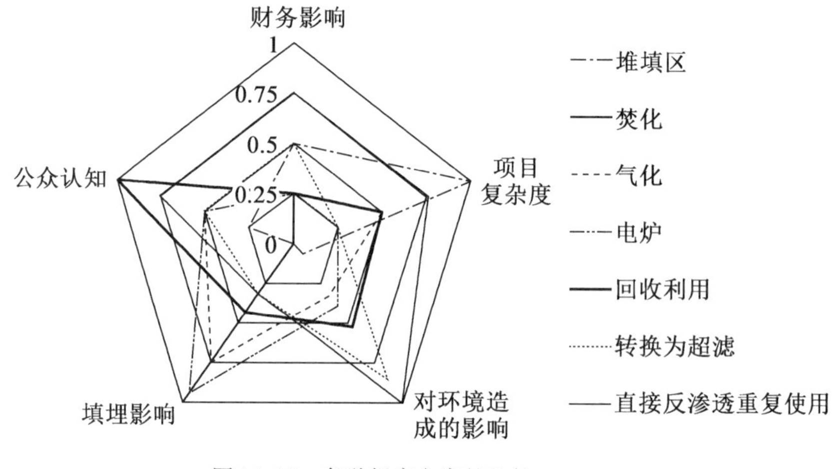

图14.13　各种报废方案的比较

这个决策工具可以促进海水淡化行业更好的发展,帮助用户选择最适合的RO膜报废处理方案。该工具可以为了不同的目标改变输入的指标和权重。

14.5 与膜直接回收和再利用相关的潜在市场

RO 技术的不断发展,以及每年的膜置换率(5% ~20%),不仅使报废膜的数量不断增加,也不断产生新的反渗透膜元件市场。在 2004 年,更换产品已经占 RO/UF 膜年销售额的 60% 左右。因此,全球都有 RO 膜的报废品,其中有很大一部分可以通过直接回收的方法转化成螺旋缠绕 NF 膜和 UF 膜。图 14.14 为循环利用报废 RO 膜装置的商业计划。

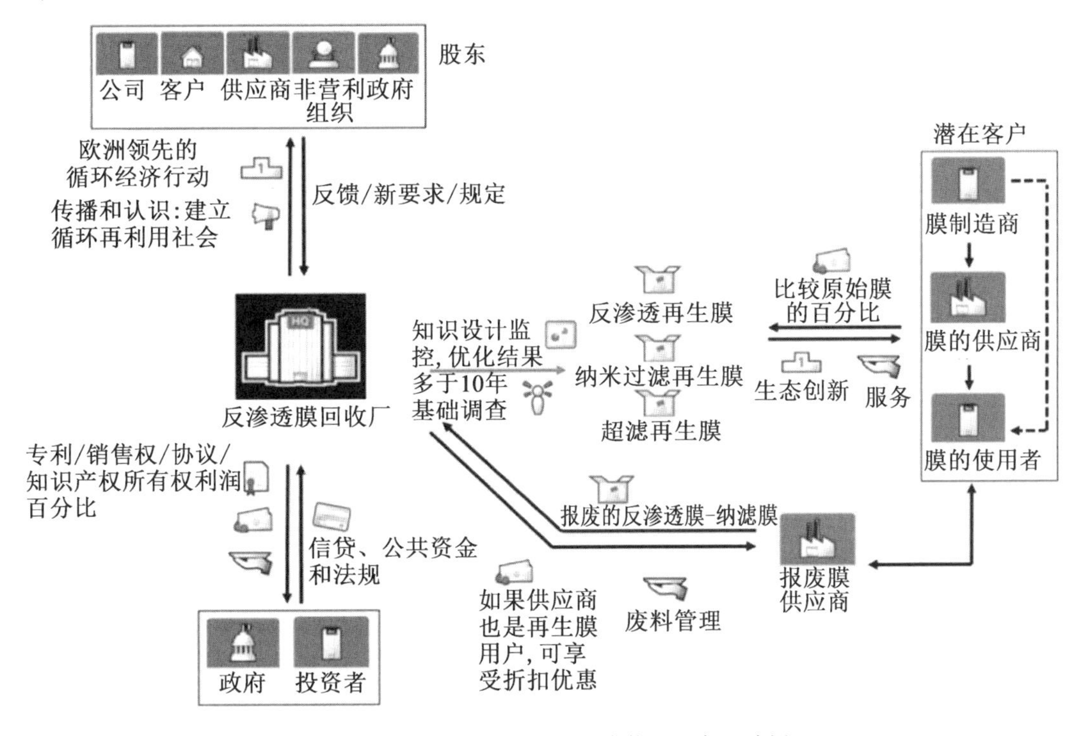

图 14.14 循环利用报废 RO 膜装置的商业计划

如图 14.14 所示,该商业计划基于四个主要支柱:①RO 膜回收工厂;②有兴趣购买回收膜的潜在客户;③包括政府在内的投资者和股东;④利益相关者。

14.5.1 RO 膜回收工厂

从技术上讲,膜的直接回收是可行的,并且预期获得的产品在现有的膜市场上具有竞争力,直接回收过程的成功与否取决于供求关系。如图 14.14 所示,一个膜回收的工厂最好由一家来自废物、海水淡化或膜制造部门的公司管理。回收工厂将有三种主要的环境友好型创新产品:RO、NF 和 UF 回收膜。这些产品具有模块化、灵活性、智能监控、高效处理和低成本的市场多元化等特性。虽然在过去十年中已经进行了一些研究,但再生膜工厂将改善实验室和试点的操作条件,并将研究独有的真正规模化的专有技术,包括专利权和知识产权所有权。

工厂可以适应不同的业务模式。一方面,一个集中的商业计划模式可能会吸引膜制造公司或废料管理公司的兴趣,他们可以从海水淡化厂收集膜,并产生一系列性能各异的再生膜。另一方面,大型的海水淡化公司(Veolia、GE、Doosan、IDE、Sadyt、Acciona 等)可以正常地建造、管理和维护其他工业工厂,如 BW 和污水厂,它们可以回收利用报废的 RO 膜,并在它们自己的工业设施(分散式方案)中进一步重复使用。

14.5.2 潜在客户

潜在客户包括膜制造商、膜供应商和膜用户。膜制造商生产他们自己的膜。然而,将再生膜作为生态创新品牌列入他们的产品目录可以增加他们的产品多样化。实际上,膜供应商可以根据需求购买回收模块,以便保证库存。相比传统薄膜,制造商和供应商的成本更低,因为从回收过程中他们可以获得更大的经济利润。

膜的使用者可以分为两类:长期膜用户和短期膜用户。对于长期膜用户,旧的 RO 膜(仍然保持 RO 性能)可以在 RO 海水淡化厂作为替代膜,根据主要的膜污染倾向,被放置在第一或最后的位置。在这种情况下,16% ~30% 的膜可能是二手膜,从而降低了替换成本,减少了制造新原始模块所需的原材料。此外,对长期膜的用户来说,NF 膜可以通过回收处理 BW 的 NF 膜来得到。最后,回收的 UF 膜在脱盐过程中可以作为 RO 预处理重复使用。

此外,回收膜可能在分散的废水处理设施中发挥作用。例如:在西班牙,现有的 8 000 多个自治市中有近 6 000 个是小型社区(少于 2 000 人),它们的废水处理率不到 50%,而且缺乏处理这些水的三级处理设施。由于经济原因,先进处理设施的安装常常受阻。小型社区无法从规模经济效应中获益,因此每个居住者承担的成本较高,在大多数情况下无法负担。在这种情况,低成本的废水处理设施有一个潜在的市场,可以在那里使用再生膜。

短期膜用户可包括那些要求准时治疗的患者,因为膜的低成本,使他们的使用成为可能。此外,在水质含有机质较高或高盐度的情况下,可以使用再生膜。这种情况下污染较大,膜的置换率会提高。垃圾填埋场、畜牧业、纺织、制药或食品工业的工业废水就是典型的污染水域。再生膜可以通过使用移动式装置或租用临时系统来进行临时处理。

另一部分低成本膜的使用者是国际合作机构,负责评估两级饮用水:家庭处理和常规饮用水生产和分配,特别是在紧急情况下的生产和分配。用于生产和分配水的常用系统通常很健全,具有易于更换的部件和简单的操作技术。主要方式为间歇混凝消毒或砂-活性炭压滤消毒。然而,这种系统对水质有限制,如去除盐分是否达到要求。由于水资源盐碱化而引起台风或海啸又是一个需要关注的问题。事实上,在使用膜处理 BW 和 SW 的应急响应背后有一个市场:3E(SETA)、Aquamove MORO(Veolia Water)、Emergency Service - Mobile Water Services(GE POWER & WATER)和 Emergency SW 800 (Big Brand Water Filter)。此外,2004 年用于移动式海水淡化(ROWPU)系统的膜的军用采购也超过了 1 500 万美元。

文献中公认,直接回收的报废的 RO 膜可以用于低成本的人道主义水处理项目。此外,由 Life - Transfomem 联盟进行的初步研究表明,根据国际标准建议(每人每天 15 L),一个回收的 UF 螺旋缠绕模块适用于少数家庭。的确,再生膜可以达到世界卫生组织要求的最大微生物降低标准(细菌和原生动物的减少为大于 10^4,病毒的减少为大于 10^5)。

尽管总结了所有的选择,但预计二手膜在高风险应用中(如饮用水和制药行业的水再使用)将很难得到验证。的确,根据海水淡化厂(特别是在大型工厂)的装机容量,回收膜的再利用需要在规定的时间内使用,这样才能保证零风险。

14.5.3 投资者和股东

为了获得成功的市场渗透,商业模式需要考虑投资者和股东的关键合作关系,这将为行业注入资金和资源。此外,应调查各国政府的财政资金和监管情况,以便在立法批准的情况下将产品投放市场并保证其可持续性。一些立法行为可以促进回收膜的使用,例如出台一种环境税用来惩治填埋的实施者,对回收膜使用者实施补贴,或对回收厂降息降税。

14.5.4 利益相关者

尽管膜的回收在技术上是可行的,但膜回收在工业上的广泛应用和市场占有量很大程度上取决于克服进一步的技术短板、市场竞争和社会障碍。

1. 技术短板

再生膜技术的主要缺点与传统膜类似,如过滤过程所需的能量、污染、清理和浓缩流管理。

2. 市场竞争

RO 技术在海水淡化领域占据主导地位,市场地位稳固。总容量的 65% 都依托 RO 技术的实施。然而,具有更高渗透性等性能改进的新型膜模型不断在市场上涌现。由于 RO 元件的使用寿命预计在 5 ~ 10 年之间,因此回收的 RO 膜将不得不与新的商业模型竞争。事实上,据制造商称,用于回收膜研究的 TM720 - 400 或 HWC3 型号已不再生产。

NF 膜的成功运用主要依赖于它的截留能力,特别是对二价化合物的截留。尽管 NF 工艺仅占全球 BW 处理装机容量的 2%,但它在其他领域有很多应用,尤其是在废水处理、制药和生物技术以及食品工程方面。Van der Bruggen 确定了改善 NF 膜的必要性,如减少膜污染、提高分离和截留效率、提高膜的使用寿命和化学抗性等。为了实现这些改进,研究者开发了很多创新的 NF 膜制备方法,如 UV 或光接枝、电子束辐照、等离子接枝和逐层方法。然而,通过界面聚合方法获得的薄膜复合的 NF 膜有望在未来几年继续成为发展的标杆。这和制造 RO 膜的方法是一样的;这也为 RO 膜再生制备 NF 膜找到一个潜在的市场,因为它们可以满足 NF 膜的需求,并且比目前通过商业途径购买的膜截留性能更好。

然而,实施起来最困难的是 UF 膜市场。螺旋缠绕的 UF 膜必须与中空纤维、管状和平面几何结构竞争。其中,中空纤维和螺旋缠绕仍然是许多工业应用中最常用的配置,如牛奶以及水的过滤,因为它们的投资低,能量成本高。提高 UF 循环利用膜的防污性能将使其形成价值链,并巩固其在市场上的地位。

聚合物膜占全球处理总量的80% ~90%,然而,陶瓷膜广泛应用于制药、食品、饮料和工业水处理领域,主要是因为它们对恶劣的操作和清洁环境具有较强的抵抗力。另外,Veolia (CeraMem)、Metawater 和 Nanostone (CM-151)等公司提供陶瓷膜。事实上,对陶瓷膜的需求正呈现持续上升的趋势,2020 年的年化增长率已达到12%。因此,它们(如回收的 UF 膜)也可能成为聚合膜的有力竞争者。

3. 社会障碍

除了技术和市场障碍,社会认可和监管支持对于在市场上的成功的二手产品是至关重要的。为了吸引潜在用户,再生膜必须彰显几个关键的功能,如出色的去除能力、低价、较低或类似的能源消耗,以及与同源 RO、NF 和 UF 商业膜相似的寿命。另外,还应进行健康风险评估,并采用严格的验证方法,以保证失败的风险最小。

14.6　未来研究方向

本章提出了一种可行的报废膜的处理办法。然而,随着膜污染程度或损伤程度的不同,报废 RO 膜的初始膜性能也存在较大差异,因此仍需对报废 RO 膜的管理路径进行研究。报废膜的质量可作为膜污染程度较容易获取的指标;然而它不够准确,通常需要进一步的表征方法。在脱盐装置中,单膜的原位截留特性可能是一种潜在的解决方案。此外,MemEol 等识别工具可以帮助用户识别和选择使用过的 RO 膜,从而促进海水淡化行业更好的发展。

膜回收方面的科研结果表明这个方向很有前景。然而,膜回收的研究仍是较新的领域,值得进一步研究。必须指出,正确储存报废膜以保持它们的性能十分重要。事实上,用次氯酸钠直接回收膜的可行性已经被证实。然而,新的化学物质可以用于膜转化,也可以改善再生膜的防污性能。另外,当回收膜耗尽了它们的新生命,而且性能无法进一步恢复,间接回收就可以紧接直接回收而进行。对螺旋缠绕模块的分解以回收塑料部件,或在单独的回收路线中插入一些塑料材料,是主要的备选方案。此外,还对一些可选的处理方案包括能源回收进行 LCA。结果表明:就减少 CO_2-e 排放和 oil-e 消耗而言,膜的直接再利用是最有利的选择,填埋是最不利的选择;而从填埋量来看,分化是最有利的选择,因为它减少了总处理量的90%。

此外,本章还呈现了基于四个主要部分可以遵循的业务模型:

①将膜回收实体作为商业计划的中心。

②确定的潜在客户,例如污水处理厂和应急响应系统。

③股东和政府,不仅要投入研发,还要进一步发展回收流程和产品投入资金。

④政府、社会等利益相关者/终端用户,需要接受市场中出现的新产品。所以需要一个支持性的监管框架。

生产饮用水的再生材料需得到批准,政策激励也应鼓励膜回收和再利用程序,从而促进其成功实施。此外,仍存在技术障碍,因此仍应对膜的回收进行进一步的全面监测。

而且需要更详细研究膜及其改造的成本、有效性、耐久性、能源需求和维护。事实上,每个部分都有传统的方式作为竞争对手,还需研究金融和经济方面的影响。

本章参考文献

[1] Lee, K. P.; Arnot, T. C.; Mattia, D. A Review of Reverse Osmosis Membrane Materials for Desalination—Development to Date and Future Potential. J. Membr. Sci. 2011, 370, 1-22.

[2] Geise, G. M.; Lee, H.; Miller, D. J.; Freeman, B. D.; Mcgrath, J. E.; Paul, D. R. Water Purification by Membranes: The Role of Polymer Science. J Polym Sci B 2010, 48, 1685-1718.

[3] Voutchkov, N. Desalination Engineering: Planning and Design. McGraw Hill Professional, 2012.

[4] Atkinson, S. RO membranes and components market is growing at 10.5% CAGR. Membr. Technol. 2015, 2015, 4.

[5] Burn, S.; Hoang, M.; Zarzo, D.; Olewniak, F.; Campos, E.; Bolto, B.; et al. Desalination Techniques—A Review of the Opportunities for Desalination in Agriculture. Desalination 2015, 364, 2-16.

[6] Elimelech, M.; Phillip, W. A. The Future of Seawater and the Environment: Energy, Technology, and the Environment. Science 2011, 333, 712-718.

[7] Fritzmann, C.; Löwenberg, J.; Wintgens, T.; Melin, T. State-of-the-Art of Reverse Osmosis Desalination. Desalination 2007, 216, 1-76.

[8] Garcia, C.; Molina, F.; Zarzo, D. 7 Year Operation of a BWRO Plant With Raw Water From a Coastal Aquifer for Agricultural Irrigation. Desalin. Water Treat. 2011, 31, 331-338.

[9] Lattemann, S.; Höpner, T. Environmental Impact and Impact Assessment of Seawater Desalination. Desalination 2008, 220, 1-15.

[10] Ang, W. S.; Tiraferri, A.; Chen, K. L.; Elimelech, M. Fouling and Cleaning of RO Membranes Fouled by Mixtures of Organic Foulants Simulating Wastewater Effluent. J. Membr. Sci. 2011, 376, 196-206.

[11] Lawler, W.; Bradford-Hartke, Z.; Cran, M. J.; Duke, M.; Leslie, G.; Ladewig, B. P.; et al. Towards New Opportunities for Reuse, Recycling and Disposal of Used Reverse Osmosis Membranes. Desalination 2012, 299, 103-112.

[12] Ministerio de Sanidad y Política Social Guia de Desalación: aspectos técnicos y sanitarios en la producción de agua de consumo humano; Ministerio de Sanidad y Política Social: Spain, 2009.

[13] Landaburu-Aguirre, J.; García-Pacheco, R.; Molina, S.; Rodríguez-Sáez, L.;

Rabadán, J. ; García - Calvo, E. Fouling Prevention, Preparing for Re - use and Membrane Recycling. Towards Circular Economy in RO Desalination. Desalination 2016, 393, 16 - 30.

[14] Greenlee, L. F. ; Lawler, D. F. ; Freeman, B. D. ; Marrot, B. ; Moulin, P. Reverse Osmosis Desalination: Water Sources, Technology, and Today's Challenges. Water Res. 2009, 43, 2317 - 2348.

[15] Muñoz, S. ; Frank, R. ; Pilar, I. ; Pérez, C. ; Xavier Simón, F. Life t Remembrane: End - of - Life Recovery of Reverse Osmosis. FuturENVIRO 2014, November, 1 - 5.

[16] Reddy, K. V. ; Ghaffour, N. Overview of the Cost of Desalinated Water and Costing Methodologies. Desalination 2007, 205, 340 - 353.

[17] Zarzo, D. ; Campos, E. ; Terrero, P. Spanish Experience in Desalination for Agriculture. Desalin. Water Treat. 2012, 51, 53 - 66.

[18] Commission Decision No. 2014/955/EU. European List of Wastes, 2014; OJ L 370/44.

[19] Spanish National Statistics Institute (INE), España en cifras, 2016.

[20] Virgili, F. ; Pankratz, T. ; Gasson, J. IDA Desalination Yearbook 2015 - 2016; IDA: Topsfield, MA, 2016.

[21] Peña García, N. ; del Vigo, F. ; Chesters, S. ; Armstrong, M. ; Wilson, R. ; Fazel, M. A Study of the Physical and Chemical Damage on Reverse. In Proceedings of the IDAWC'13, 2013. Tianjin, 20 - 25 October, 2013.

[22] Foulants and Cleaning Procedures for Composite Polyamide RO Membrane Elements (ESPA, ESNA, CPA, LFC, NANO and SWC), Technical Service Bulletin, Oct. 2011.

[23] DOW, 2012. FILMTEC TM Reverse Osmosis Membranes Technical Manual. Available from www. dowwaterandprocess. com.

[24] CSM, 2006. Technical Manual: Reverse Osmosis Membrane. Available from http://www. csmfilter. com/.

[25] Pinnau, I. ; Freeman, B. D. Formation and Modification of Polymeric Membranes: Overview. Membr. Form. Modif. 1999, 744, 1 - 22.

[26] Noble, R. ; Stern, S. A. Membrane Separations Technology, Principles and Applications. In Membrane Science and Technology, Series, Elsevier Science: Amsterdam, 1995; vol. 2.

[27] Subrahmanyan, S. An Investigation of Pore Collapse in Asymmetric Polysulfone Membranes; Virginia Polytechnic Institute and State University: Blacksburg, VA, 2003.

[28] Lawler, W. Assessment of End - of - Life Opportunities for Reverse Osmosis Membranes; The University of New South Wales: Kensington, NSW, 2015.

[29] Kesting, R. E. Preparation of Reverse Osmosis Membranes by Complete Evaporation of the Solvent System. U. S. Patent 3,884,801, 1975.

[30] European Parliament and Council, Directive 2008/98/EC of the European Parliament and of the Council. Waste and Repealing Certain Directives (Waste Framework), 2008, 3 - 30; OJ L 312.

[31] Ould Mohamedou, E.; Penate Suarez, D. B.; Vince, F.; Jaouen, P.; Pontie, M. New Lives for Old Reverse Osmosis (RO) Membranes. Desalination 2010, 253, 62 - 70. End - of - Life Membranes: Challenges and Opportunities 309

[32] Muñoz, S.; Frank, R.; Pilar, I.; Pérez, C.; Xavier Simón, F. Life t Remembrane: End - of - Life Recovery of Reverse Osmosis. FuturENVIRO 2014, 25 - 29.

[33] Case Study: Repurposed RO Membrane Program and Rental Project Profile. http://www.watersurplus.com/watersurplus - resources - membrane - program - case study.cfm (access Aug. 2016).

[34] Kang, G. - D.; Gao, C. - J.; Chen, W. - D.; Jie, X. - M.; Cao, Y. - M.; Yuan, Q. Study on Hypochlorite Degradation of Aromatic Polyamide Reverse Osmosis Membrane. J. Membr. Sci. 2007, 300, 165 - 171.

[35] Mitrouli, S. T.; Karabelas, A. J.; Isaias, N. P. Polyamide Active Layers of Low Pressure RO Membranes: Data on Spatial Performance Non - uniformity and Degradation by Hypochlorite Solutions. Desalination 2010, 260, 91 - 100. doi: 10.1016/j.desal.2010.04.061.

[36] Donose, B. C.; Sukumar, S.; Pidou, M.; Poussade, Y.; Keller, J.; Gernjak, W. Effect of pH on the Ageing of Reverse Osmosis Membranes Upon Exposure to Hypochlorite. Desalination 2013, 309, 97 - 105.

[37] Rodríguez, J. J.; Jiménez, V.; Trujillo, O.; Veza, J. M. Reuse of Reverse Osmosis Membranes in Advanced Wastewater Treatment. Desalination 2002, 150, 219 - 225.

[38] Veza, J. M.; Rodriguez - Gonzalez, J. J. Second Use for Old Reverse Osmosis Membranes: Wastewater Treatment. Desalination 2003, 157, 65 - 72.

[39] Ambrosi, A.; Tessaro, I. C. Study on Potassium Permanganate Chemical Treatment of Discarded Reverse Osmosis Membranes Aiming Their Reuse. Sep. Sci. Technol. 2013, 48, 1537 - 1543.

[40] Raval, H. D.; Chauhan, V. R.; Raval, A. H.; Mishra, S. Rejuvenation of Discarded RO Membrane for New Applications. Desalin. Water Treat. 2012, 48, 349 - 359.

[41] Lawler, W.; Antony, A.; Cran, M.; Duke, M.; Leslie, G.; Le - Clech, P. Production and Characterisation of UF Membranes by Chemical Conversion of Used RO Membranes. J. Membr. Sci. 2013, 447, 203 - 211.

[42] García - Pacheco, R.; Landaburu - Aguirre, J.; Molina, S.; Rodríguez - Sáez, L.; Teli, S. B.; García - Calvo, E. Transformation of End - of - Life RO Membranes into NF and UF Membranes: Evaluation of Membrane Performance. J. Membr. Sci. 2015,

495, 305 - 315.

[43] Molina, S.; García - Pacheco, R.; Rodríguez - Sáez, L.; García - Calvo, E.; Campos, E.; Zarzo, D.; et al. Transformation of End - of - Life RO Membranes Into Recycled NF and UF Membranes, Surface Characterization (15WC - 51551). In Proceedings of IDAWC15, 2015. San Diego, 30 Aug. - 4 Sept.

[44] Ettori, A.; Gaudichet - Maurin, E.; Schrotter, J. - C.; Aimar, P.; Causserand, C. Permeability and Chemical Analysis of Aromatic Polyamide Based Membranes Exposed to Sodium Hypochlorite. J. Membr. Sci. 2011, 375, 220 - 230.

[45] Campos, E.; García - Pacheco, R.; et al. Proceso de transformación de membranas de poliamida con enrollamiento en espiral que han agotado su vida útil en membrane de utilidad industrial. Spain Pat. P201630931, Jul 08, 2016.

[46] García - Pacheco, R.; Rabadán, F. J.; Terrero, P.; Molina Martínez, S.; Martínez, D.; Campos, E.; et al. Life ι 13 Transfomem: A Recycling Example Within the Desalination World. In XI AEDyR International Congress, 2016. Valencia, VAL - 112 - 16.

[47] Singh, P. S.; Joshi, S. V.; Trivedi, J. J.; Devmurari, C. V.; Rao, A. P.; Ghosh, P. K. Probing the Structural Variations of Thin Film Composite RO Membranes Obtained by Coating Polyamide Over Polysulfone Membranes of Different Pore Dimensions. J. Membr. Sci. 2006, 278, 19 - 25.

[48] Ghosh, A. K.; Hoek, E. M. V. Impacts of Support Membrane Structure and Chemistry on Polyamide - Polysulfone Interfacial Composite Membranes. J. Membr. Sci. 2009, 336, 140 - 148.

[49] Prince, M. D. C.; Cran, M.; Le - Clech, P.; Uwe - Hoehn, K. Reuse and Recycling of Used Desalination Membranes. In Proceedings of OzWater '11, 2011. Adelaide, 9 - 12, paper 190.

[50] National Centre of Excellence in Desalination (NCEDA). Retrieved Jan. 13, 2016 from http://desalination.edu.au/2015/05.

[51] Asokan, P.; Osmani, M.; Price, A. D. F. Assessing the Recycling Potential of Glass Fibre Reinforced Plastic Waste in Concrete and Cement Composites. J. Clean. Prod. 2009, 17, 821 - 829.

[52] López, F. A.; Martín, M. I.; Alguacil, F. J.; Rincón, J. M.; Centeno, T. A.; Romero, M. Thermolysis of Fibreglass Polyester Composite and Reutilisation of the Glass Fibre Residue to Obtain a Glass - Ceramic Material. J. Anal. Appl. Pyrolysis 2012, 93, 104 - 112.

[53] Cunliffe, A. M.; Jones, N.; Williams, P. T. Recycling of Fibre - Reinforced Polymeric Waste by Pyrolysis: Thermo - Gravimetric and Bench - Scale Investigations. J. Anal. Appl. Pyrolysis 2003, 70, 315 - 338.

[54] García, D.; Vegas, I.; Cacho, I. Mechanical Recycling of GFRP Waste as Short -

Fiber Reinforcements in Microconcrete. Construct. Build Mater. 2014, 64, 293 - 300.

[55] Wu, C.; Williams, P. T. Pyrolysis - Gasification of Plastics, Mixed Plastics and Real - World Plastic Waste With and Without Ni - Mg - Al Catalyst. Fuel 2010, 89, 3022 - 3032.

[56] Zaman, A. U. Comparative Study of Municipal Solid Waste Treatment Technologies Using Life Cycle Assessment Method. Int. J. Environ. Sci. Technol. 2010, 7, 225 - 234.

[57] Saikia, N.; De Brito, J. Use of Plastic Waste as Aggregate in Cement Mortar and Concrete Preparation: A Review. Construct. Build Mater. 2012, 34, 385 - 401.

[58] Al - Salem, S. M.; Lettieri, P.; Baeyens, J. Recycling and Recovery Routes of Plastic Solid Waste (PSW): A Review. Waste Manag. 2009, 29, 2625 - 2643.

[59] Sahajwalla, V.; Zaharia, M.; Rahman, M.; Khanna, R.; Saha - Chaudhury, N.; O'Kane, P.; et al. Recycling Rubber Ryres and Waste Plastics in EAF Steelmaking. Steel Res. Int. 2011, 82, 566 - 572.

[60] DEWHA, Television and Computer Scheme E; Bulletin Issue 1 - 6, National Television and Computer Product Stewardship Scheme, 2010.

[61] The Parliament of the Commonwealth of Australia, Product Stewardship Bill 2011, Canberra, 2011.

[62] Australian Packaging Covenant, Sustainable Packaging Guidelines, APC Sustainable Packaging Guidelines, 2010.

[63] Ribera, G.; Clarens, F.; Martínez - Lladó, X.; Jubany, I.; Martí, V.; Rovira, M. Life Cycle and Human Health Risk Assessments as Tools for Decision Making in the Design and Implementation of Nanofiltration in Drinking Water Treatment Plants. Sci. Total Environ. 2014, 466 - 467, 377 - 386.

[64] ISO, 2006a. ISO 14040, Environmental Management—Life Cycle Assessment—Principles and Framework.

[65] ISO, 2006b. ISO 14044, Environmental Management—Life Cycle Assessment—Requirements and Guidelines.

[66] Vince, F.; Aoustin, E.; Bréant, P.; Marechal, F. LCA Tool for the Environmental Evaluation of Potable Water Production. Desalination 2008, 220, 37 - 56.

[67] Raluy, G.; Serra, L.; Uche, J. Life Cycle Assessment of MSF, MED and RO Desalination Technologies. Energy 2006, 31, 2025 - 2036.

[68] Biswas, W. K. Life Cycle Assessment of Seawater Desalinization in Western Australia. World Acad. Sci. Eng. Technol. 2009, 56, 369 - 375.

[69] Lawler, W.; Alvarez - Gaitan, J.; Leslie, G.; Le - Clech, P. Comparative Life Cycle Assessment of End - of - Life Options for Reverse Osmosis Membranes. Desalination 2015, 357, 45 - 54.

[70] http://www. desalwiki. che. unsw. edu. au/w/index. php/Membrane_end – of – life_(MemEOL)_Tool.

[71] Munier, N. A Strategy for Using Multicriteria Analysis in Decision – Making—A Guide for Simple and Complex Environmental Projects; Springer, 2011.

[72] Soltani, A. ; Hewage, K. ; Reza, B. ; Sadiq, R. Multiple Stakeholders in Multi – criteria Decision – Making in the Context of Municipal Solid Waste Management: A Review. Waste Manag. 2015, 35, 318 – 328.

[73] Zarghami, M. ; Szidarovszky, F. Multicriteria Analysis. Springer – Verlag: Berlin, 2011.

[74] Truby, R. Market outlook for RO/NF and UF/MF membranes used for large – volume applications. Ultrapure Water 2004, 21, 2 – 4.

[75] The Sphere Project, Humanitarian Charter and Minimum Standards in Humanitarian Response, 2011.

[76] Technologies, W. T. Results of Round I of the WHO International Scheme to Evaluate Household Water Treatment Technologies. World Health Organization: Geneva, 2014.

[77] Regula, C. ; Carretier, E. ; Wyart, Y. ; Gésan – Guiziou, G. ; Vincent, A. ; Boudot, D. ; et al. Chemical Cleaning/Disinfection and Ageing of Organic UF Membranes: A Review. Water Res. 2014, 56, 325 – 365.

[78] Mohammad, A. W. ; Teow, Y. H. ; Ang, W. L. ; Chung, Y. T. ; Oatley – Radcliffe, D. L. ; Hilal, N. Nanofiltration Membranes Review: Recent Advances and Future Prospects. Desalination 2015, 356, 226 – 254.

[79] Van der Bruggen, B. ; Mänttäri, M. ; Nyström, M. Drawbacks of Applying Nanofiltration and How to Avoid Them: A Review. Sep. Purif. Technol. 2008, 63, 251 – 263.

[80] Guerra, K. ; Pellegrino, J. Investigation of Low – Pressure Membrane Performance, Cleaning, and Economics Using a Techno – Economic Modeling Approach; 2012.

[81] MarketandMarket, Ceramic Membrane Market—Global Trends & Forecasts to 2020, 2014.

附录　部分彩图

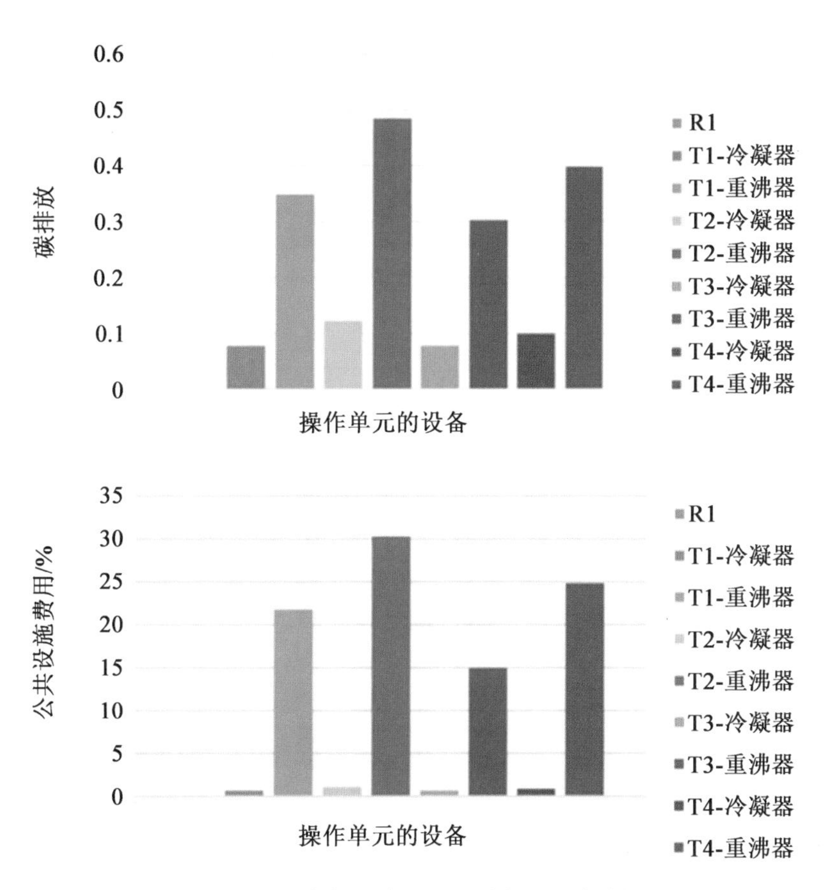

图 2.8　基本案例设计的 LCA 分析和经济分析

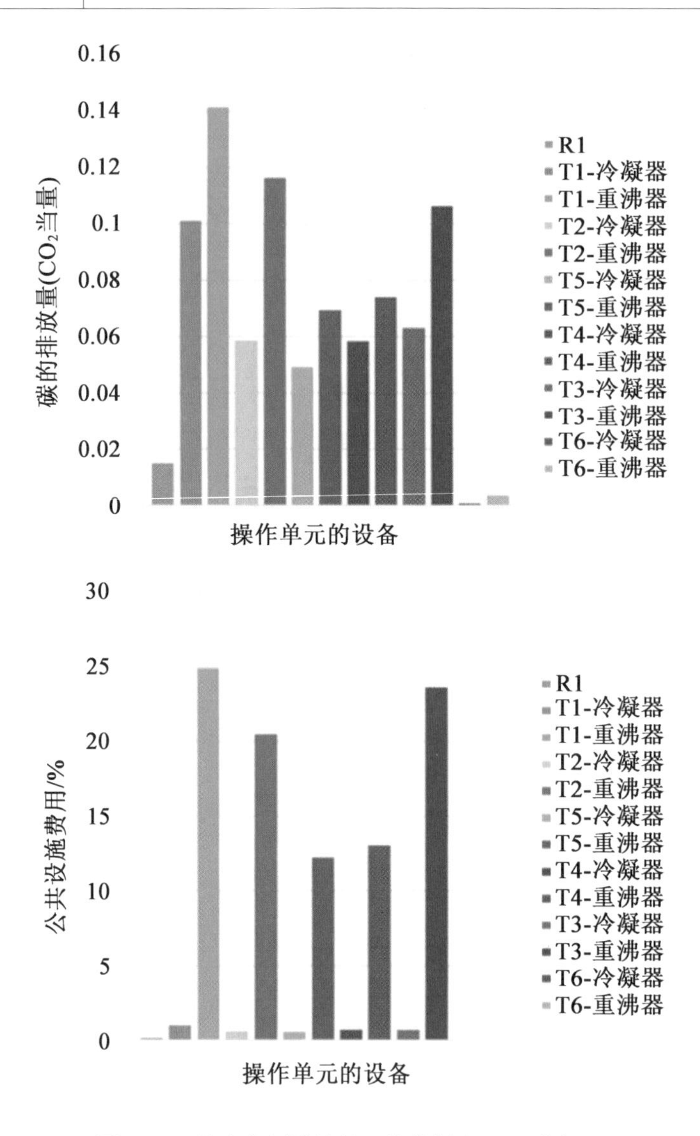

图2.17 基本案例设计的经济分析和LCA分析

(基本案例设计的碳排放量和公共设施费用对比)

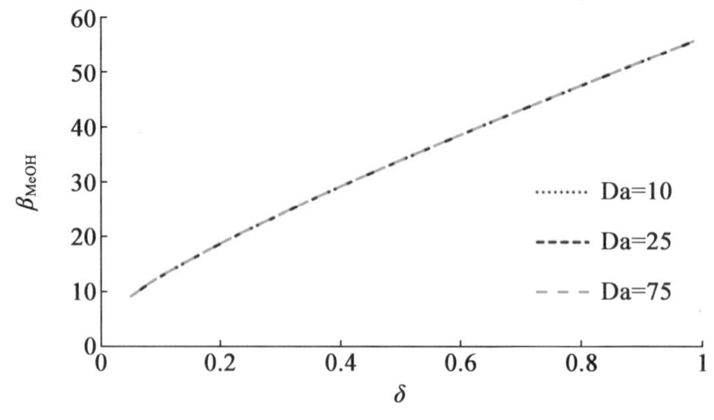

图2.22 HOAc转化率为0.92时,产量比(δ)在不同Da数值下对膜选择性的影响

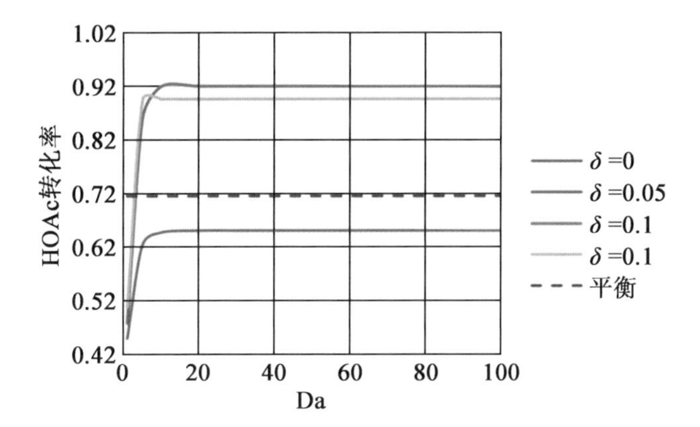

图 2.23　Da 数值在不同产量比下对 HOAc 转化率的影响

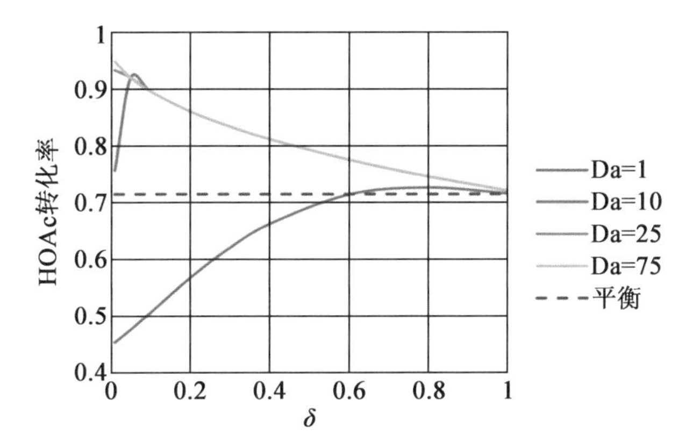

图 2.24　产量比在不同 Da 数值下对 HOAc 转化率的影响

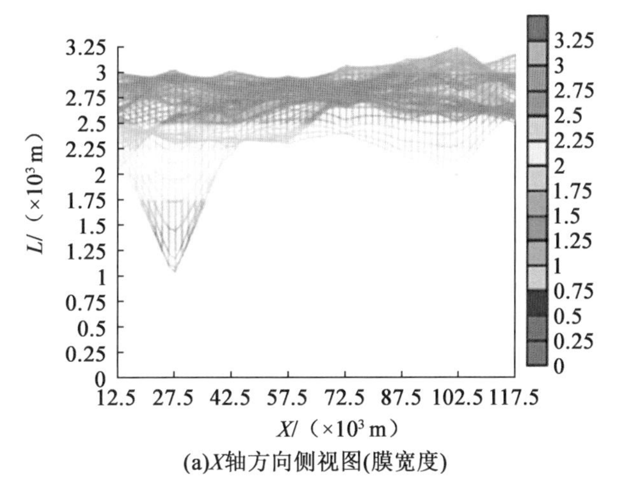

图 4.9　滤饼厚度分布

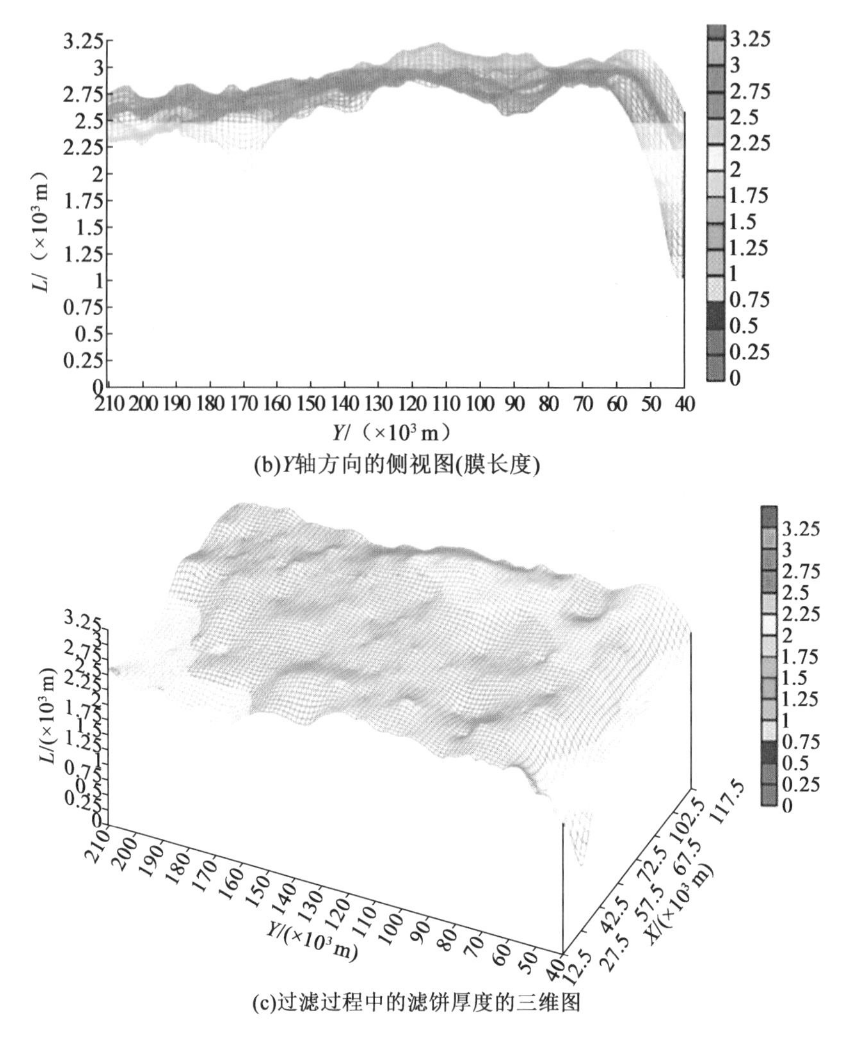

(b)Y轴方向的侧视图(膜长度)

(c)过滤过程中的滤饼厚度的三维图

续图 4.9

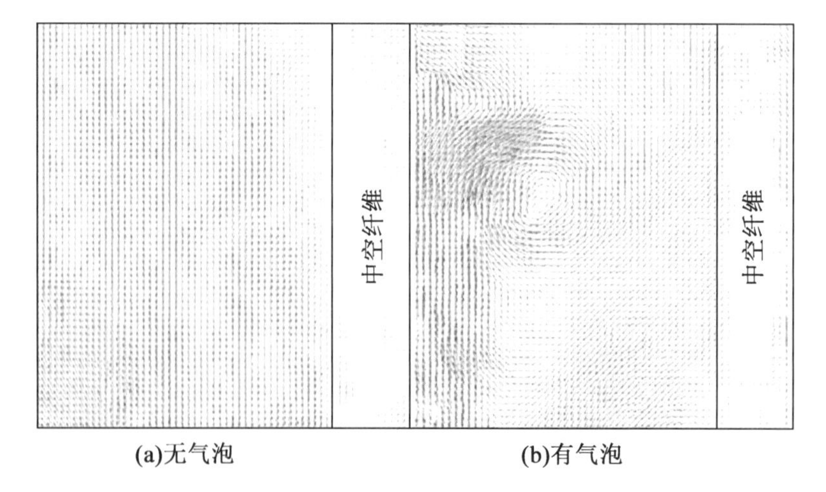

(a)无气泡 (b)有气泡

图 4.11 速度图

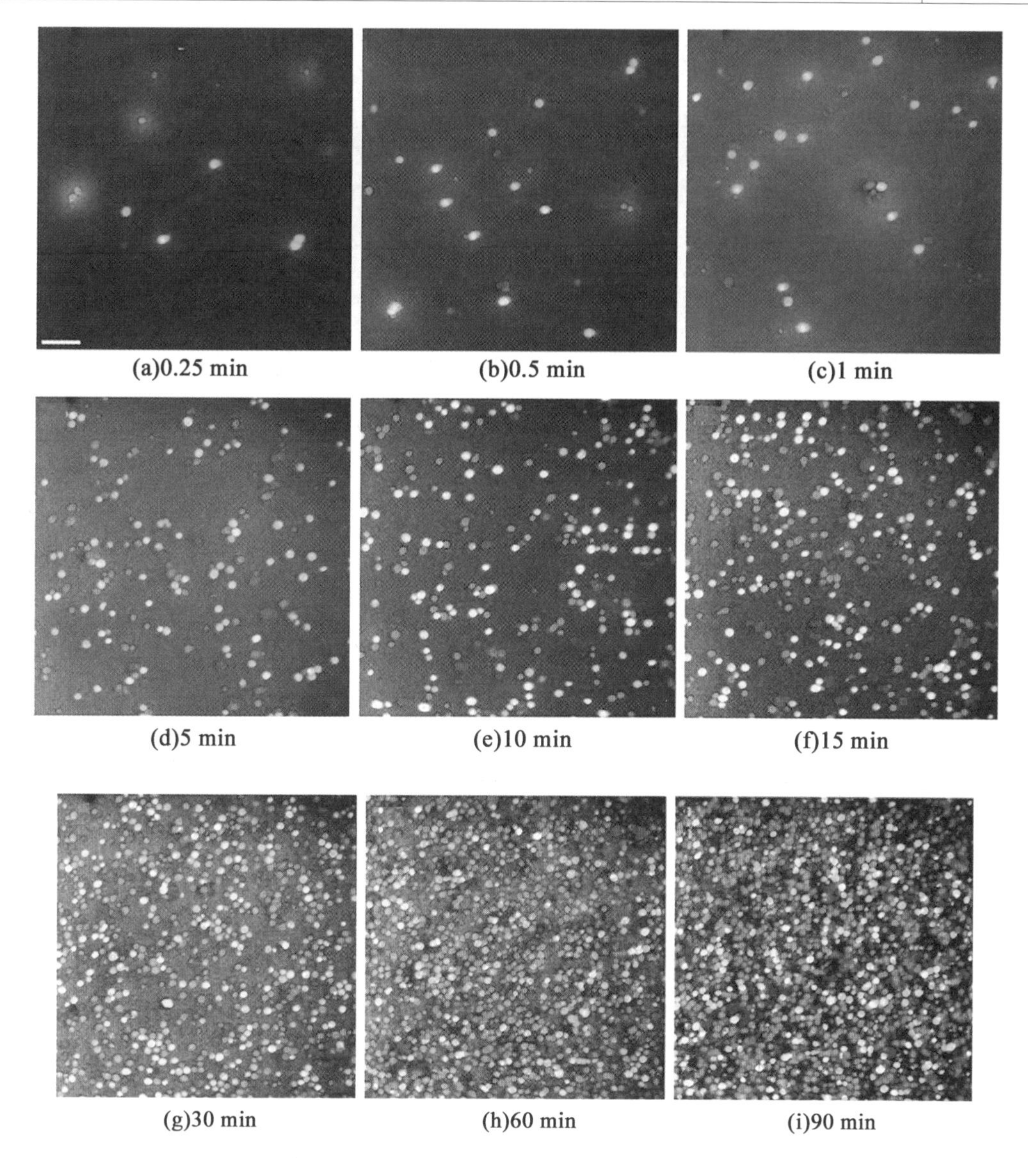

图 4.12　在不同时间点用荧光标记和水洗酵母细胞悬浮液制备滤饼的定时系列 3DFI 图像

（酵母菌质量浓度为 0.007 4 g/L，TMP 为 5.0×10^3 Pa（0.05 bar），横流速度（CFV）为 0.08 m/s。图片尺寸为 206 μm × 206 μm。插图标尺为 20 μm。荧光蓝色表示用荧光增白剂标记的细胞壁；荧光红色表示使用碘化丙酸标记的死亡细胞。酸橙用来表示活细胞的 pH。酸性细胞呈荧光红色或紫色，碱性细胞呈荧光绿色）

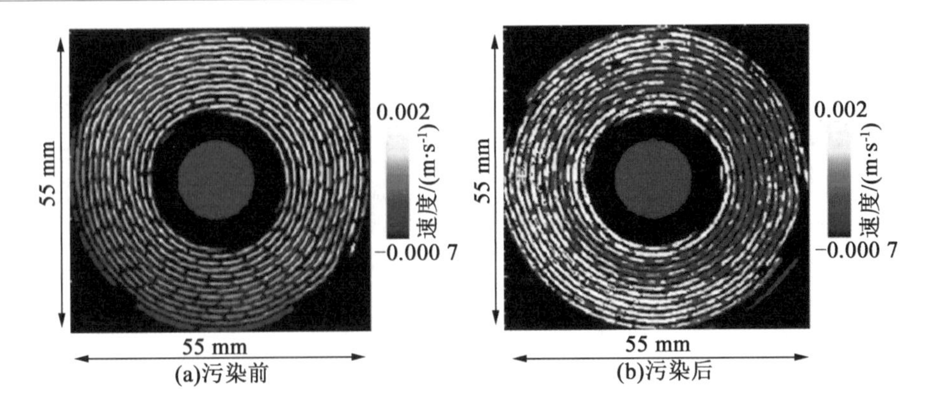

图 4.21 生物污染前后二维径向速度图像

(图像显示了表面流组件(z)在0.000 7 m/s(黑色)~0.002 m/s(浅黄色)的色标上。流程超出了页面)

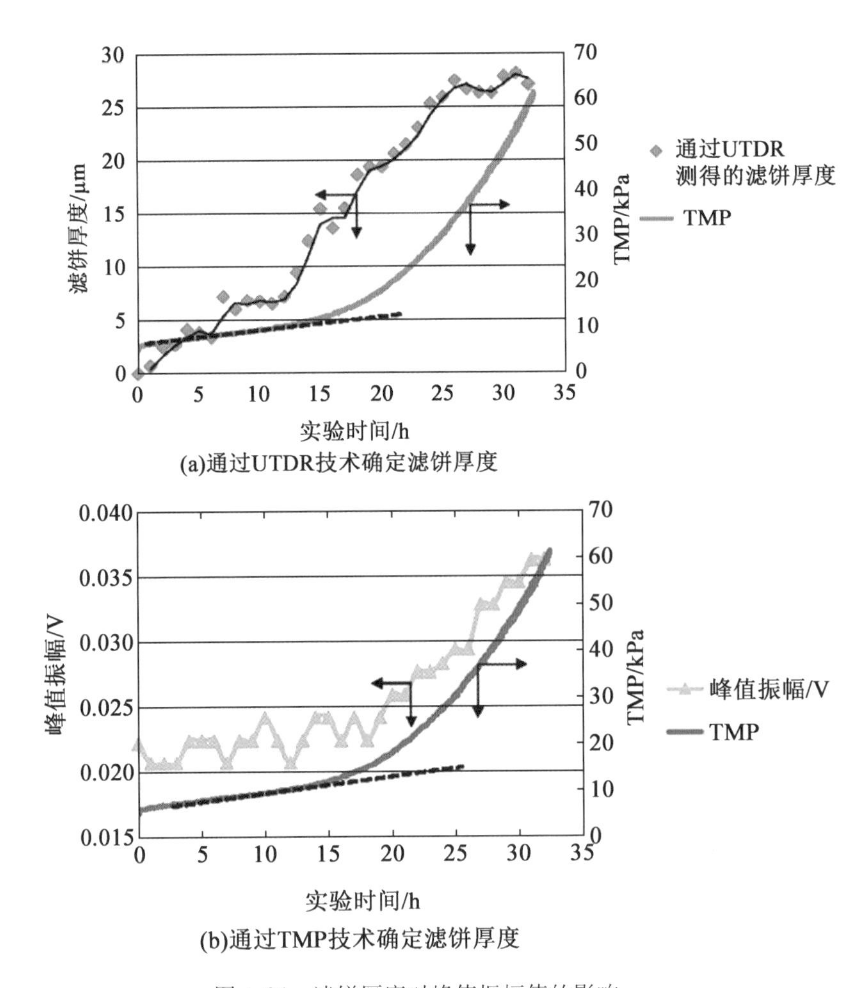

图 4.24 滤饼厚度对峰值振幅值的影响

(硅质量浓度为0.4 g/L、氯化钠质量浓度为2 g/L、横向气流速度为0.15 m/s、渗透通量为44.4 L/(m^2·h))

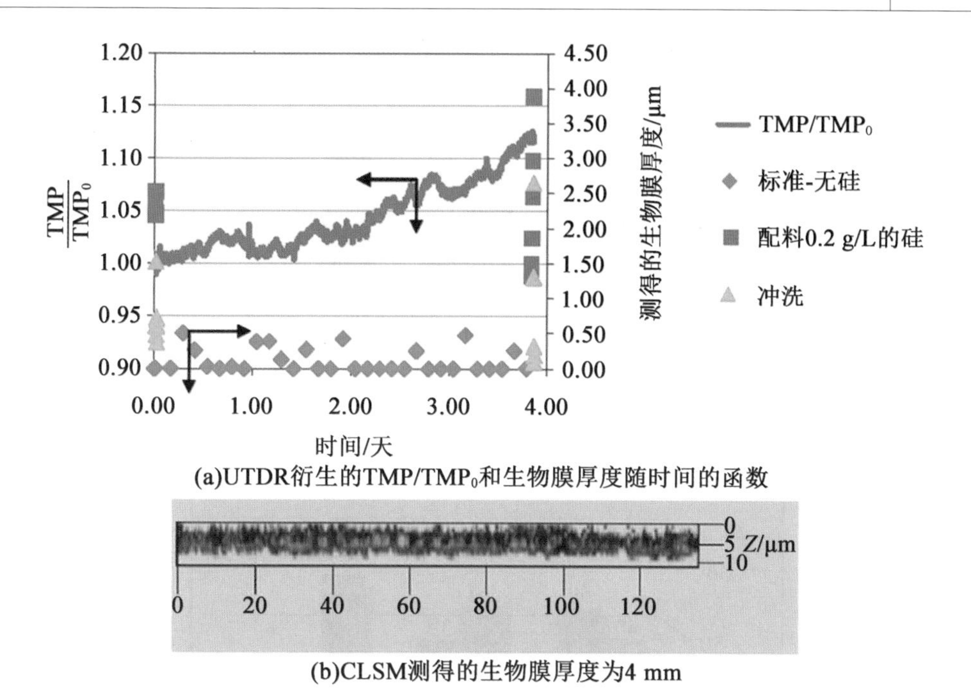

(a)UTDR衍生的TMP/TMP$_0$和生物膜厚度随时间的函数

(b)CLSM测得的生物膜厚度为4 mm

图4.25 硬声示踪剂对检测生物膜的影响

(RO膜，横向气流速度为0.15 m/s、渗透通量为35 L/(m^2·h)、细菌为假单胞菌2 g/L氯化钠和铜绿假单胞菌0.02 g/L营养液)

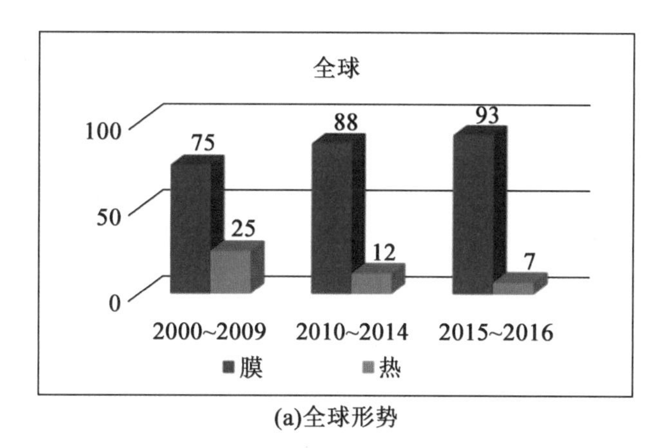

(a)全球形势

图6.1 膜与热技术的时间演化

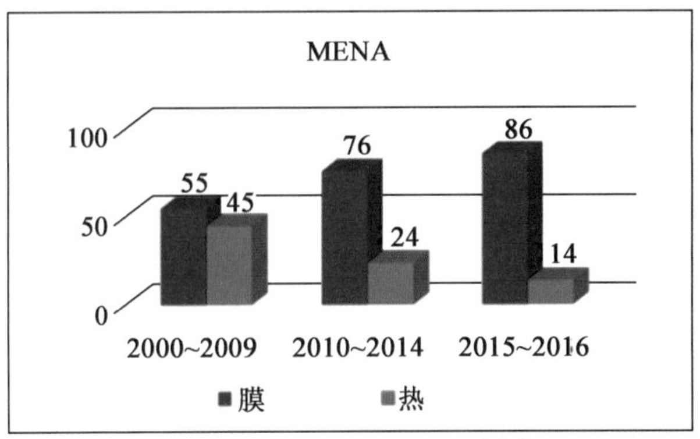

(b)中东和北非（MENA）国家

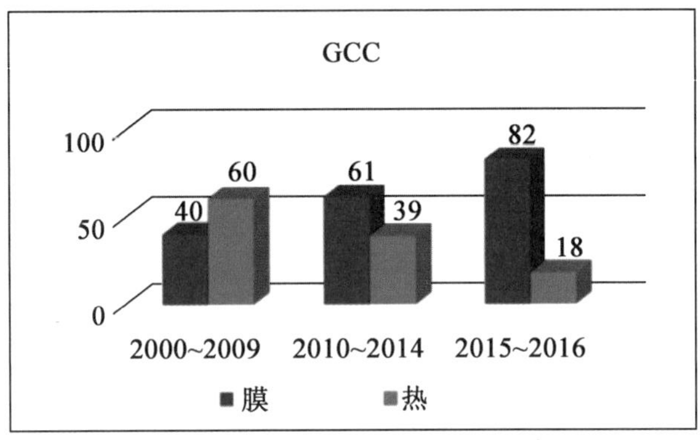

(c)海湾合作委员会（GCC）国家

续图 6.1

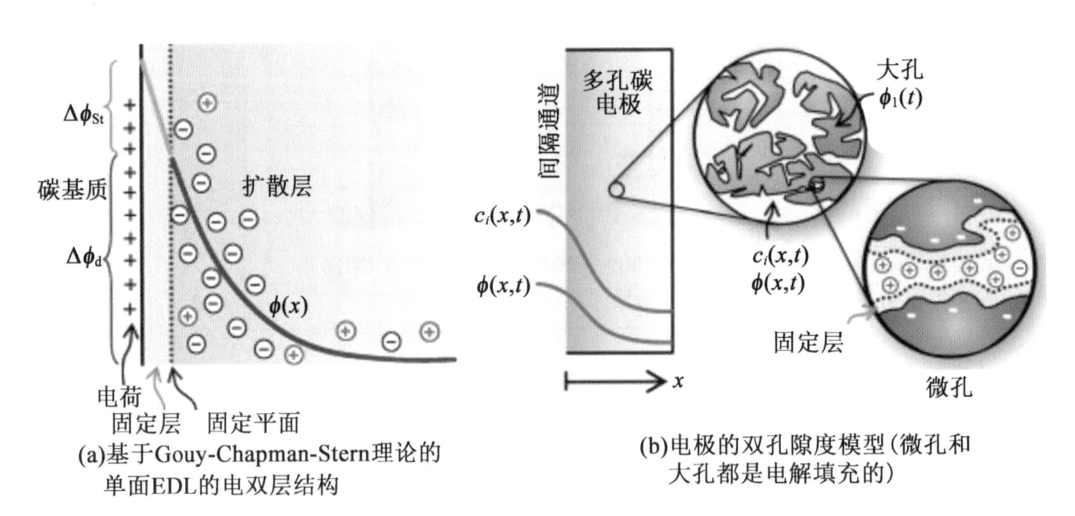

(a)基于Gouy-Chapman-Stern理论的单面EDL的电双层结构

(b)电极的双孔隙度模型(微孔和大孔都是电解填充的)

图 6.4 多孔 CDI 电极的电荷和离子存储模型

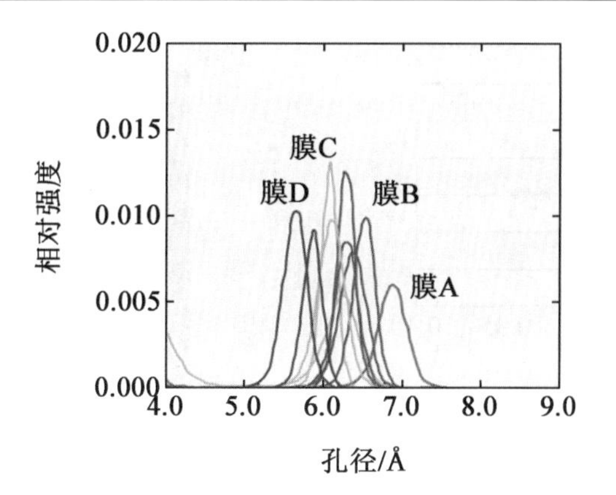

图 7.7　孔径分布

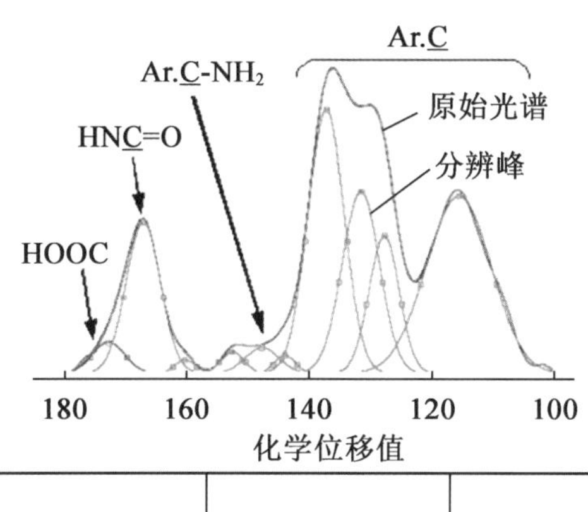

部分	芳香胺	卤代芳香酸
摩尔比	1.2	1

图 7.9　RO 膜的 DD/MAS ^{13}C NMR 谱图及各组分摩尔比

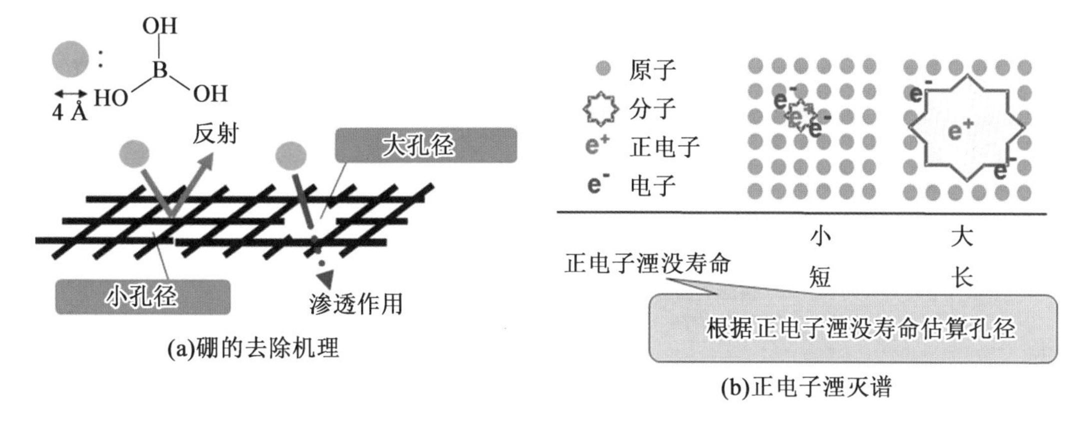

图 7.10　RO 膜孔径估算

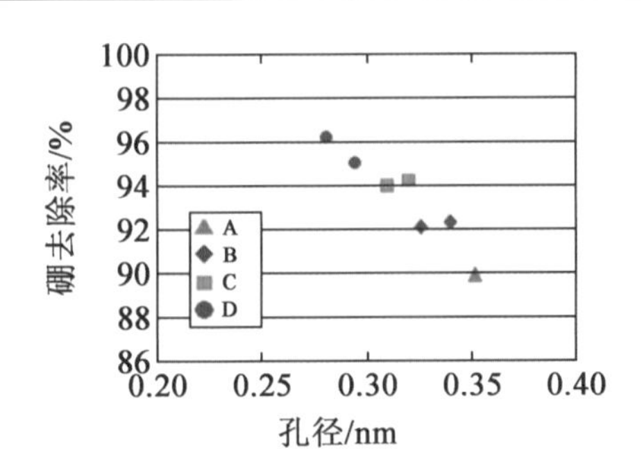

(c)PALS孔径与SWRO硼去除率的关系

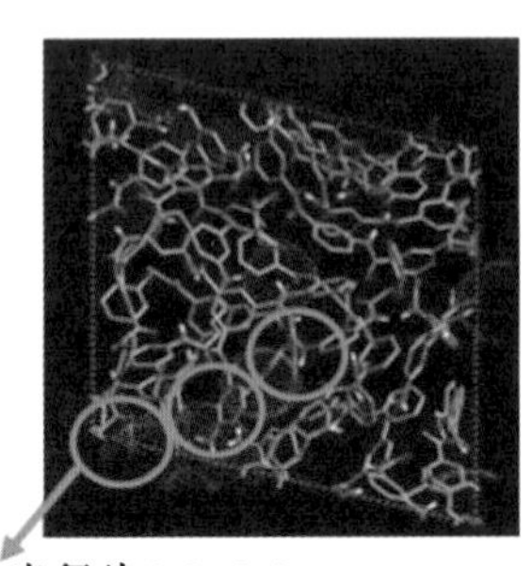

(d)分子动力学模拟确定孔结构

续图 7.10

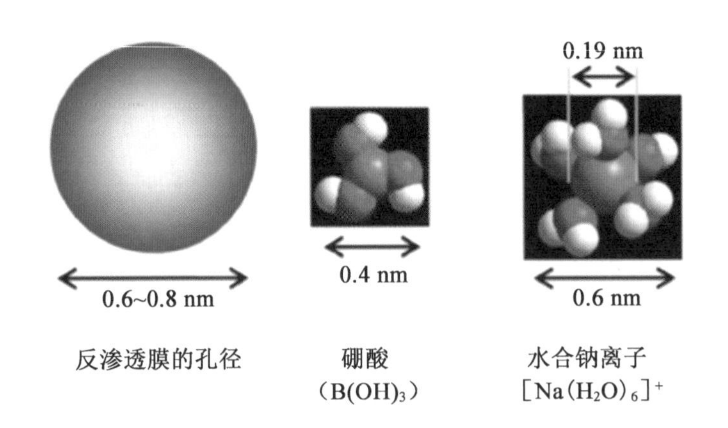

图 7.11　RO 膜孔径与典型去除物质水化状态的对比

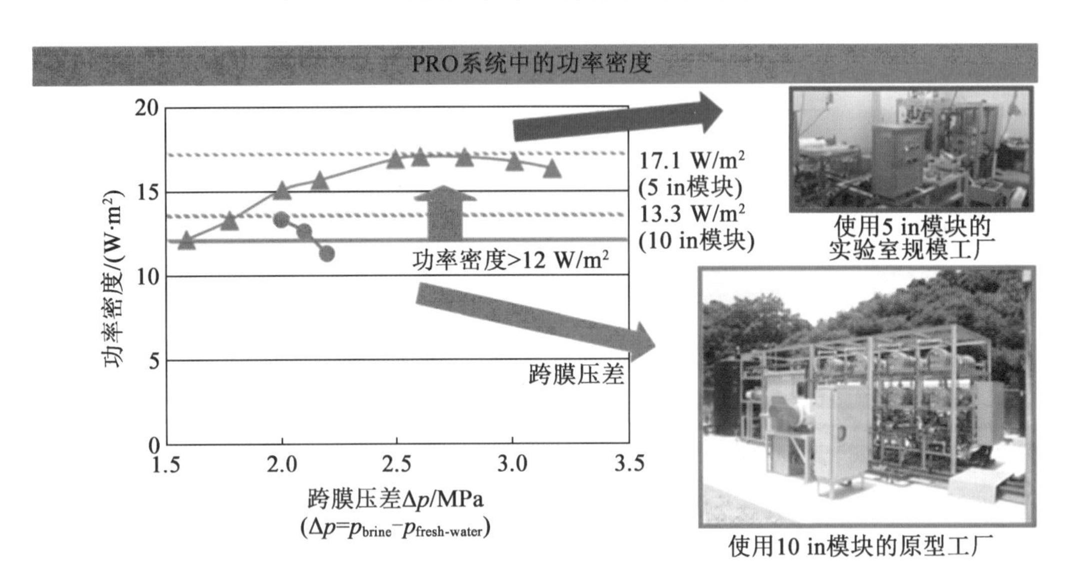

图 7.25　标准工厂和实验室级别车间的功率密度对比

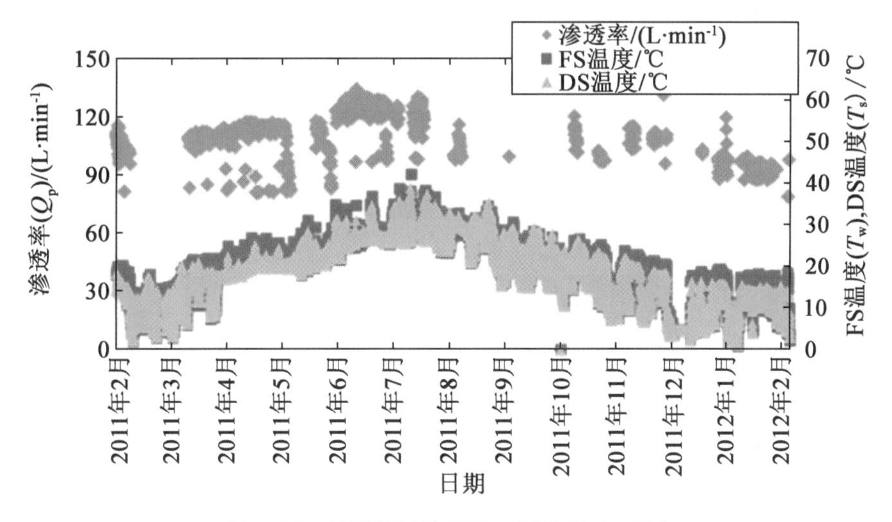

图 7.26　长期的运作超过一年的 PRO 工厂

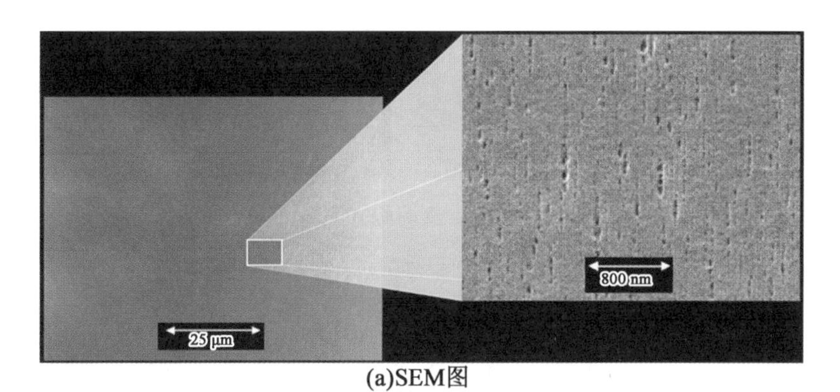

(a)SEM图

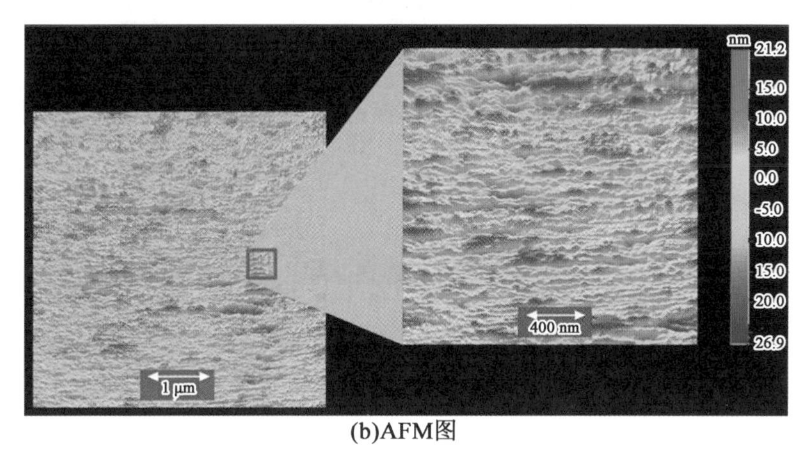

(b)AFM图

图 11.2　非对称膜(Polyamix™)与血液接触的内表面形貌表征

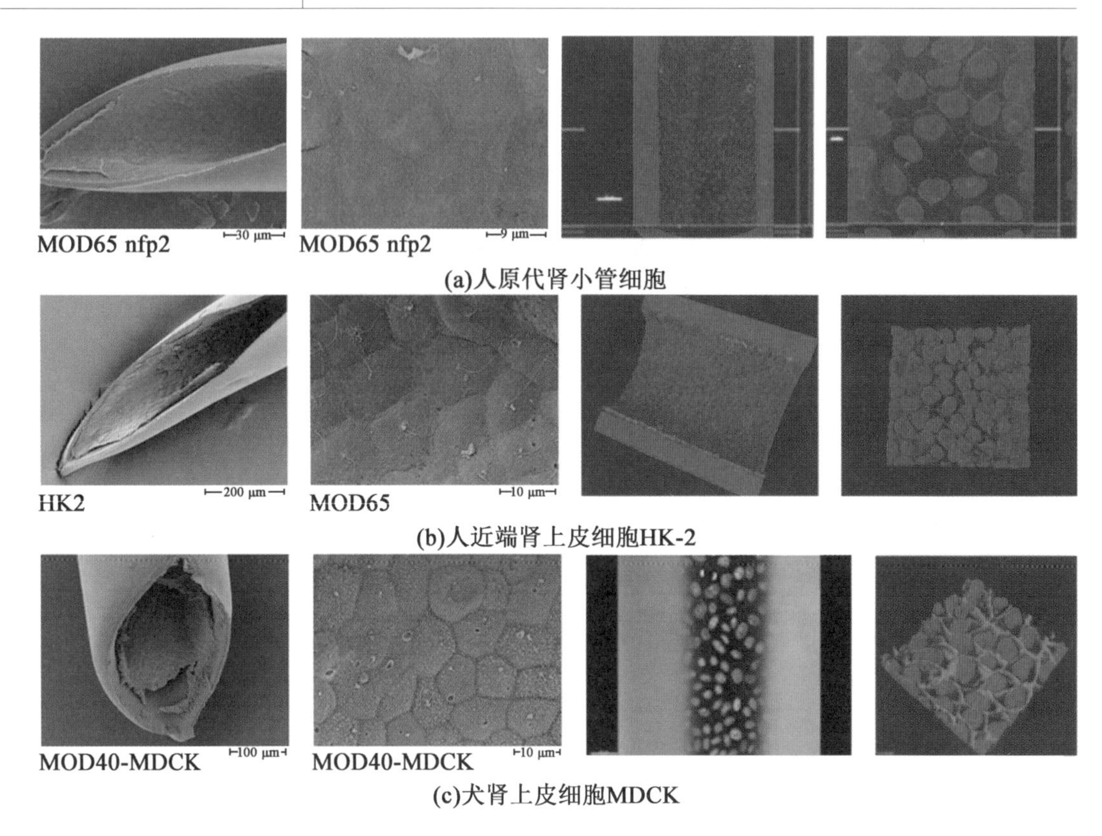

图 11.22　上皮细胞覆盖的合成中空纤维

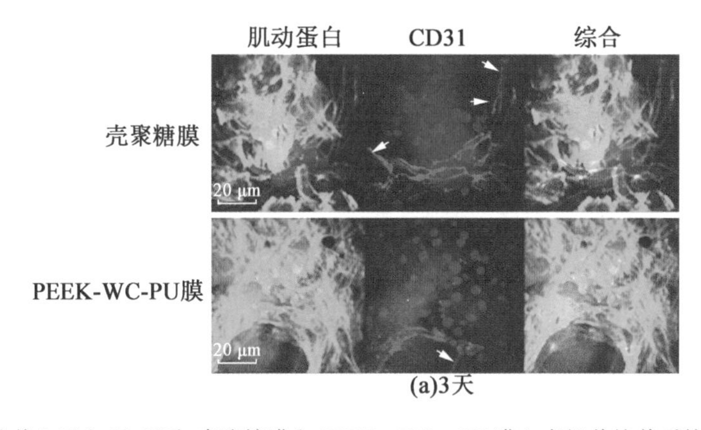

图 12.2　培养3天和13天后,壳聚糖膜和 PEEK - WC - PU 膜上有机共培养系统中的原代人肝细胞和内皮细胞的共焦激光扫描显微照片

(细胞骨架蛋白肌动蛋白和细胞核染色;HUVECs 细胞黏附受体 CD31 染色。白色箭头表示管状结构)

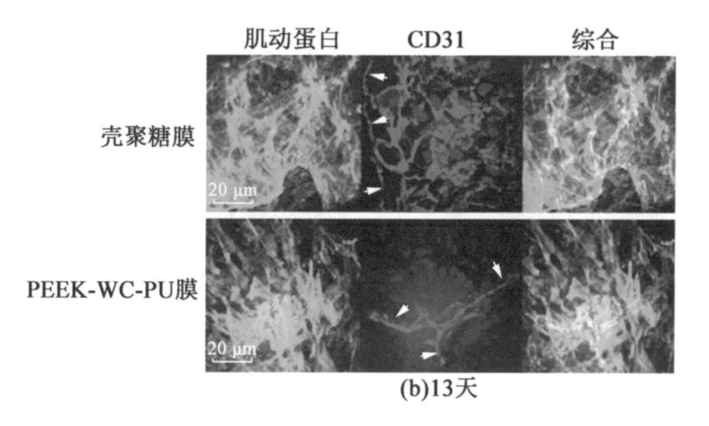

(b)13天

续图 12.2

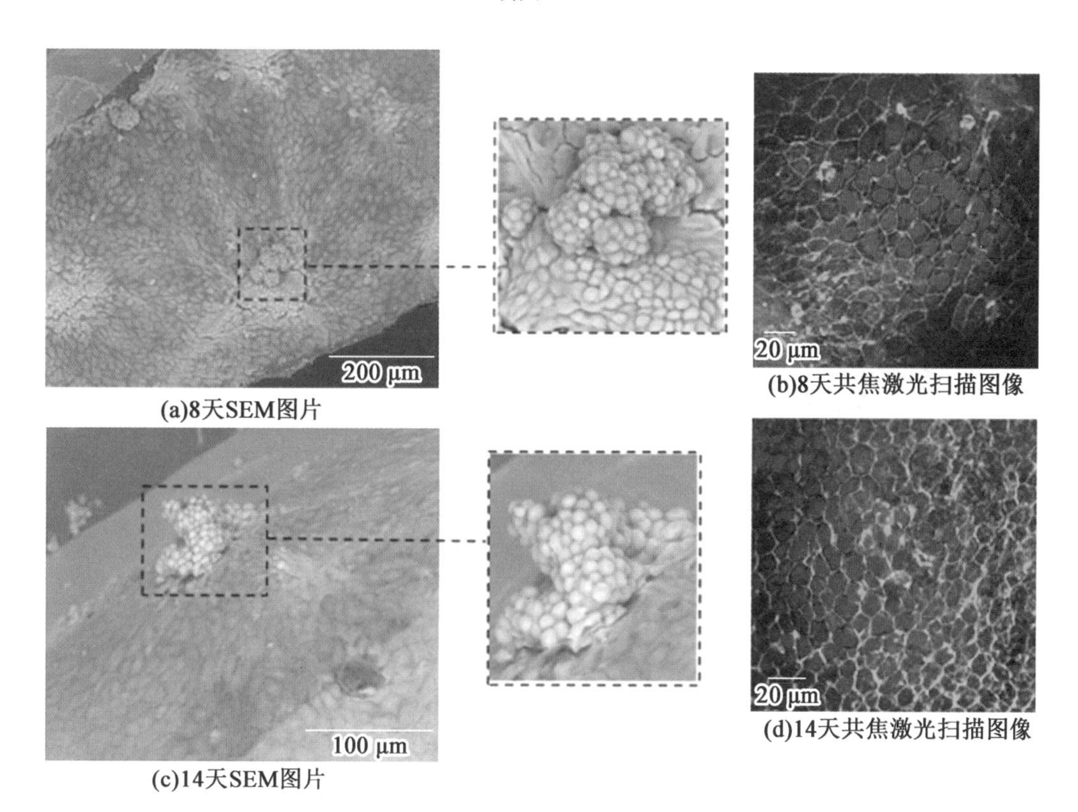

(a)8天SEM图片

(b)8天共焦激光扫描图像

(c)14天SEM图片

(d)14天共焦激光扫描图像

图 12.3　交叉中空纤维膜生物反应器培养大鼠胚胎肝细胞

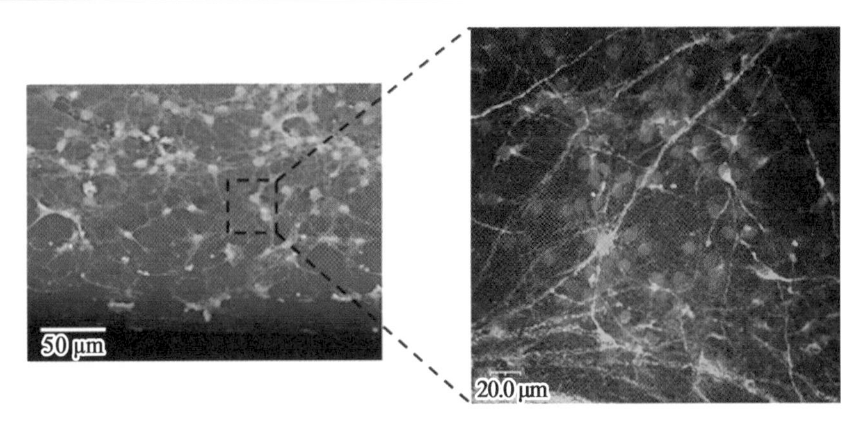

图12.4 用扫描电镜和激光共聚焦扫描电镜观察了培养在PEEK－WC中空纤维膜上的海马神经元

(细胞染色为βⅢ－微管蛋白、轴突标志物GAP－43和细胞核)

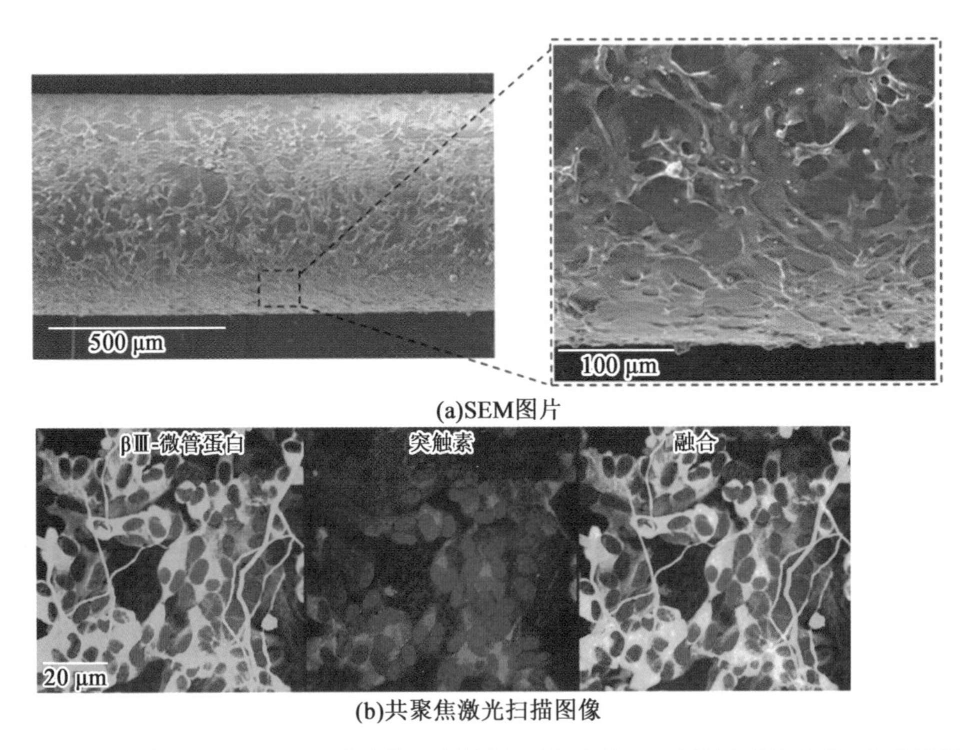

图12.5 培养14天后PAN HF膜生物反应器神经元细胞的SEM图片和共聚焦激光扫描图像

(细胞染色为βⅢ－微管蛋白、突触素和融合)

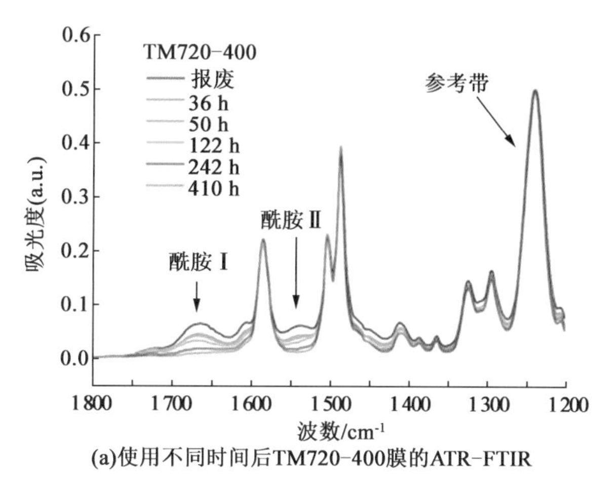

(a)使用不同时间后TM720-400膜的ATR-FTIR

(b)使用410 h后TM720-400膜的SEM图

图 14.7　TM720－400 报废膜的 ATR－FTIR 和 SEM 图

（两种情况下均采用 124 mg/L 游离氯、pH＞10 和被动浸入转化法进行转化）

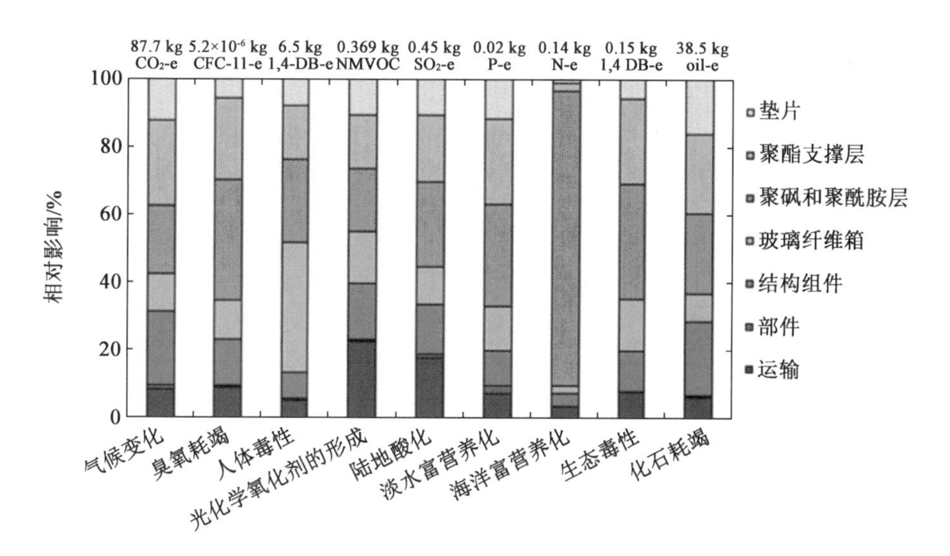

图 14.11　一个 RO 组件制造过程中不同部件的相对影响